机工通信

/第**2**版/

PCI Express
体系结构导读

—— 王齐 编著 ——

PCI
EXPRESS
Introduction to System Architecture

机械工业出版社
CHINA MACHINE PRESS

本书讲述了与 PCI 及 PCI Express 总线相关的最基础的内容,并介绍了一些必要的、与 PCI 总线相关的处理器体系结构知识,这也是本书的重点所在。深入理解处理器体系结构是理解 PCI 与 PCI Express 总线的重要基础。

读者通过对本书的学习,可超越 PCI 与 PCI Express 总线自身的内容,理解在一个通用处理器系统中局部总线的设计思路与实现方法,从而理解其他处理器系统使用的局部总线。本书适用于希望多了解一些硬件的软件工程师,以及希望多了解一些软件的硬件工程师,也可供电子工程和计算机类的研究生自学参考。

图书在版编目(CIP)数据

PCI Express 体系结构导读/王齐编著. —2 版. —北京:机械工业出版社,2024.6(2024.12 重印)
ISBN 978-7-111-74819-9

Ⅰ. ①P… Ⅱ. ①王… Ⅲ. ①总线-结构 Ⅳ. ①TP336

中国国家版本馆 CIP 数据核字(2024)第 057957 号

机械工业出版社(北京市百万庄大街 22 号 邮政编码 100037)
策划编辑:秦 菲 责任编辑:秦 菲
责任校对:王荣庆 宋 安 责任印制:刘 媛
北京中科印刷有限公司印刷
2024 年 12 月第 2 版第 2 次印刷
184mm×260mm·28.5 印张·2 插页·702 千字
标准书号:ISBN 978-7-111-74819-9
定价:175.00 元

电话服务 网络服务

客服电话:010-88361066 机 工 官 网:www.cmpbook.com
010-88379833 机 工 官 博:weibo.com/cmp1952
010-68326294 金 书 网:www.golden-book.com
封底无防伪标均为盗版 机工教育服务网:www.cmpedu.com

前　言

PCI 与 PCI Express（PCIe）总线在处理器系统中得到了大规模应用。PCISIG 也制定了一系列 PCI 与 PCI Express 总线相关的规范，这些规范所涉及的内容庞杂广泛。对于已经理解了 PCI 与 PCI Express 总线的工程师，这些规范便于他们进一步获得必要的细节知识。对于刚刚接触 PCI 与 PCI Express 总线的工程师，这些规范性的文档并不适合阅读。在阅读这些规范时，工程师还需要具备一些与体系结构相关的基础知识，这恰是规范并不涉及的内容。对于多数工程师，规范文档适合查阅，不便于学习。

本书将以处理器体系结构为主线介绍 PCI Express 总线的组成，以便读者进一步理解 PCI Express 总线协议。本书并不是关于 PCI 和 PCI Express 总线的百科全书，因为读者完全可以通过阅读 PCI 和 PCI Express 总线规范获得细节信息。本书侧重的是 PCI 和 PCI Express 总线中与处理器体系结构相关的内容。

本书不会对 PCI 总线的相关规范进行简单重复，部分内容并不在 PCI 总线规范定义的范围内，例如 HOST 主桥和 RC。PCI 总线规范并没有规定处理器厂商如何实现 HOST 主桥和 RC，不同的处理器厂商实现的 HOST 主桥和 RC 有较大差异，而这些内容正是本书所讨论的重点。此外本书还讲述了一些在 PCI 总线规范中提及，但是容易被忽略的一些重要概念。

本书共三篇。第 I 篇（第 1~3 章）介绍 PCI 总线的基础知识。第 II 篇（第 4~13 章）介绍 PCI Express 总线的相关概念。第 II 篇的内容以第 I 篇为基础。从系统软件的角度来看，PCI Express 总线向前兼容 PCI 总线，理解 PCI Express 总线必须建立在深刻理解 PCI 总线的基础之上。读者需要按照顺序阅读这两篇。

第 1 章主要说明 PCI 总线涉及的一些基本知识。有些知识稍显过时，但是在 PCI 总线中出现的一些数据传送方式，如 Posted、Non-Posted 和 Split 数据传送方式，依然非常重要，也是读者需要掌握的。

第 2 章重点介绍 PCI 桥。PCI 桥是 PCI 及 PCI Express 体系结构的精华所在，本章还使用了一定篇幅介绍了非透明桥。非透明桥不是 PCI 总线定义的标准桥片，但是在处理器系统之间的互联中得到了广泛的应用。

第 3 章详细阐述 PCI 总线的数据传送方式，与 Cache 相关的内容和预读机制是本章的重点。目前 PCI 与 PCI Express 对预读机制的支持并不理想。但是在可以预见的将来，PCI Express 总线将充分使用智能预读机制进一步提高总线的利用率。

第 4 章是 PCIe 总线概述。第 5 章以 Intel 的笔记本平台 Montevina 为例说明 RC 的各个组成模块。实际上 RC 这个概念，只有在 x86 处理器平台中才真正存在。其他处理器系统中，并不存在严格意义上的 RC。

第 6、7 章分别介绍 PCI Express 总线的事务层、数据链路层和物理层。物理层是 PCI Express 总线的真正核心，也是中国工程师最没有机会接触的内容。这是我们这一代工程师的遗憾与无奈。第 8 章简要说明了 PCI Express 总线的链路训练与电源管理。

第 9 章主要讨论的是通用流量控制的管理方法与策略。PCI Express 总线的流量控制机制仍需完善，其中不等长的报文长度也是限制 PCI Express 总线流量控制进一步提高的重要因素。

第 10 章重点介绍 MSI 和 MSI-X 中断机制。MSI 中断机制在 PCI 总线中率先提出，但是在 PCI Express 总线中才得到大规模普及。目前 x86 架构多使用 MSI-X 中断机制，而在许多嵌入式处理器中仍然使用 MSI 中断机制。

第 11 章的篇幅很短，重点介绍 PCI 和 PCI Express 总线中的序。有志于学习处理器体系结构的工程师务必掌握这部分内容。在处理器体系结构中有关 Cache 和数据传送序的内容非常复杂，掌握这些内容也是系统工程师进阶所必需的。

第 12 章讲述了笔者的一个实际设计——Capric 卡，简单介绍了 Linux 设备驱动程序的实现过程，并对 PCI Express 总线的延时与带宽进行了简要分析。

第 13 章介绍 PCIe 总线与虚拟化相关的一些内容。虚拟化技术已崭露头角，与虚拟化相关的一系列内容将对处理器体系结构产生深远的影响。目前虚拟化技术已经在 x86 处理器中得到了广泛的应用。

第Ⅲ篇（第 14、15 章）以 Linux 系统为实例说明 PCI 总线在处理器系统中的使用方法，也许有许多读者对这一篇有着浓厚的兴趣。Linux 无疑是一个非常优秀的操作系统。但是需要提醒系统工程师，Linux 系统仅是一个完全开源的操作系统。对于有志于学习处理器体系结构的工程师，学习 Linux 系统是必要的，但是仅靠学习 Linux 系统并不足够。

通常说来，理解处理器体系结构至少需要了解两三种处理器，并了解它们在不同操作系统上的实现。尺有所短，寸有所长。不同的处理器和操作系统所应用的领域并不完全相同。也是因为这个原因，本书以 PowerPC 和 x86 处理器为基础对 PCI 和 PCI Express 总线进行说明。

本书在写作过程中得到了我的同事和在处理器及操作系统行业奋战多年的朋友们的帮助。在 Linux 系统中许多与处理器和 PCI 总线相关的模块，都有着他们的辛勤付出。刘建国和郭超宏先生审阅了本书的第Ⅰ篇。马明辉先生审阅了本书的第Ⅱ篇。张巍、余珂与刘劲松先生审阅了第 13 章。吴晓川、王勇、丁建峰、李力与吴强先生共同审阅了全书。

本书第 12 章中出现的 Capric 和 Cornus 卡由郭冠军和高健协助完成。看着他们通过对 PCI Express 总线理解的逐渐深入，最终设计出一个具有较高性能的 Cornus 卡，备感欣慰。此外杨强浩先生也参与了 Capric 和 Cornus 卡的原始设计与方案制定，在此对他及他的团队在这个过程中给予的帮助表示感谢，我们也一道通过这两块卡的制作进一步领略了 PCI Express 总线的技术之美。

一个优秀的协议，从制定到广大技术人员理解其精妙之处，再从协议应用到一个个优秀产品中，需要更多的人参与、投入、实践，这也是编写此书最大的动力源泉。本书的完成与我的妻子范淑琴的激励直接相关，Capricornus 也是她的星座。还需要感谢机械工业出版社的各位编辑，正是他们的努力使得本书顺利出版。

对本书尚留疑问的读者，可通过我的邮箱 sailingw@ gmailcom 与我联系。最后希望这本书对您有所帮助。

作　者

目　　录

第 II 篇　PCI Express 体系结构概述

第 Ⅲ 篇　Linux 与 PCI 总线

第 I 篇　PCI 体系结构概述

PCI（Peripheral Component Interconnect）总线的诞生与 PC（Personal Computer）的蓬勃发展密切相关。在处理器体系结构中，PCI 总线属于局部总线（Local Bus）。局部总线作为系统总线的延伸，其主要功能是连接外部设备。

处理器主频的不断提升，要求速度更快、带宽更高的局部总线。起初 PC 使用 8 位的 XT 总线作为局部总线，很快升级到 16 位的 ISA（Industry Standard Architecture）总线，并逐步发展到 32 位的 EISA（Extended Industry Standard Architecture）、VESA（Video Electronics Standards Association）和 MCA（Micro Channel Architecture）总线。

PCI 总线规范在 20 世纪 90 年代提出。这条总线推出之后，很快得到了各大主流半导体厂商的认同，并迅速统一了当时并存的各类局部总线，EISA、VESA 等其他 32 位总线很快就被 PCI 总线淘汰了。从那时起，PCI 总线一直在处理器体系结构中占有重要地位。

在此后相当长的一段时间里，处理器系统的大多数外部设备都是直接或者间接地与 PCI 总线相连。即使目前 PCI Express 总线逐步取代 PCI 总线成为 PC 局部总线的主流，也不能掩盖 PCI 总线的光芒。从软件层面上看，PCI Express 总线与 PCI 总线基本兼容；从硬件层面上看，PCI Express 总线在很大程度上继承了 PCI 总线的设计思路。因此 PCI 总线依然是软硬件工程师在进行处理器系统的开发与设计时必须掌握的一条局部总线。

PCI 总线规范由 Intel 的 IAL（Intel Architecture Lab）提出，其 V1.0 规范在 1992 年 6 月 22 日正式发布。IAL 是 Intel 的一个重要实验室，USB（Universal Serial Bus）、AGP（Accelerated Graphics Port）、PCI Express 总线规范和 PC 的南北桥结构都是由这个实验室提出的。

IAL 起初的研究领域包括硬件和软件，但是 IAL 在软件领域的研究遭到了 Microsoft 的抵制，IAL 提出的许多软件规范并不被 Microsoft 认可，于是 IAL 更专注硬件领域，并在 PC 体系架构上取得了一个又一个突破。IAL 是现代 PC 体系架构的重要奠基者。2001 年，IAL 由于其创始人的离去而临时解散。2005 年，Intel 重建了这个实验室。

PCI 总线 V1.0 规范仅针对在一个 PCB（Printed Circuit Board）环境内的器件之间的互连，而 1993 年 4 月 30 日发布的 V2.0 规范增加了对 PCI 插槽的支持。1995 年 6 月 1 日，PCI V2.1 总线规范发布，这个规范具有里程碑意义。正是这个规范使得 PCI 总线大规模普及，至此 PCI 总线完成了对(E)ISA 和 MCA 总线的替换。

至 1996 年，VESA 总线也逐渐离开了人们的视线，当然 PCI 总线并不能完全提供显卡所需的带宽，真正替代 VESA 总线的是 AGP 总线。随后 PCISIG（PCI Special Interest Group）陆续发布了 PCI 总线 V2.2、V2.3 规范，并最终将 PCI 总线规范定格在 V3.0。

除了 PCI 总线规范外，PCISIG 还定义了一些与 PCI 总线相关的规范，如 PCMCIA（Personal Computer Memory Card International Association）规范和 MiniPCI 规范。其中 PCMCIA 规范主要针对 Laptop 应用，后来 PCMCIA 升级为 PC Card（Cardbus）规范，而 PC Card 又升级为 ExpressCard 规范。

PC Card 规范基于 32 位、33MHz 的 PCI 总线；而 ExpressCard 规范基于 PCI Express 和 USB 2.0。这两个规范都在 Laptop 领域中获得了成功。除了 PCMCIA 规范外，Mini PCI 总线也非常流行，与标准 PCI 插槽相比，Mini PCI 插槽占用面积较小，适用于一些对尺寸有要求的应用。

除了以上规范之外，PCISIG 还推出了一系列和 PCI 总线直接相关的规范。如 PCI-to-PCI 桥规范、PCI 电源管理规范、PCI 热插拔规范和 CompactPCI 总线规范。其中 PCI-to-PCI 桥规范最为重要，理解 PCI-to-PCI 桥是理解 PCI 体系结构的基础；而 CompactPCI 总线规范多用于具有背板结构的大型系统，并支持热插拔。

PCISIG 在 PCI 总线规范的基础上，进一步提出 PCI-X 规范。与 PCI 总线相比，PCI-X 总线规范可以支持 133MHz、266MHz 和 533MHz 的总线频率，并在传送规则上做了一些改动。虽然 PCI-X 总线还没有得到大规模普及就被 PCI Express 总线替代，但是在 PCI-X 总线中提出的许多设计思想仍然被 PCI Express 总线继承。

PCI 总线规范是 Intel 对 PC 领域做出的一个巨大贡献。Intel 也在 PCI 总线规范中留下了深深的印记，PCI 总线规范的许多内容都与基于 IA（Intel Architecture）架构的 x86 处理器密切相关。但是这并不妨碍其他处理器系统使用 PCI 总线，事实上 PCI 总线在非 x86 处理器系统上也取得了巨大的成功。目前绝大多数处理器系统都使用 PCI/PCI Express 总线连接外部设备，特别是一些通用外设。

随着时间的推移，PCI 和 PCI-X 总线逐步遇到瓶颈。PCI 和 PCI-X 总线使用单端并行信号进行数据传递，由于单端信号容易被外部系统干扰，其总线频率很难进一步提高。目前，为了获得更高的总线频率以提高总线带宽，高速串行总线逐步替代了并行总线。PCI Express 总线也逐渐替代 PCI 总线成为主流。但是从系统软件的角度上看，PCI Express 总线仍然基于 PCI 总线。理解 PCI Express 总线的一个基础是深入理解 PCI 总线，同时 PCI Express 总线也继承了 PCI 总线的许多概念。本篇将详细介绍与处理器体系结构相关的一些必备的 PCI 总线知识。

为简化起见，本篇主要介绍 PCI 总线的 32 位地址模式。在实际应用中，使用 64 位地址模式的 PCI 设备非常少。而且在 PCI Express 总线逐渐取代 PCI 总线的大趋势之下，将来也很难会有更多的使用 64 位地址的 PCI 设备。如果读者需要掌握 PCI 总线的 64 位地址模式，请自行阅读 PCI 总线的相关规范。实际上，如果读者真正掌握了 PCI 总线的 32 位地址模式之后，理解 64 位地址模式并不困难。

为节省篇幅，下文将 PCI Express 总线简称为 PCIe 总线，PCI-to-PCI 桥简称为 PCI 桥，PCI Express-to-PCI 桥简称为 PCIe 桥，Host-to-PCI 主桥简称为 HOST 主桥。值得注意的是许多书籍将 HOST 主桥称为 PCI 主桥或者 PCI 总线控制器。

第1章 PCI总线的基本知识

PCI 总线作为处理器系统的局部总线，其主要目的是为了连接外部设备，而不是作为处理器的系统总线连接 Cache 和主存储器。但是 PCI 总线、系统总线和处理器体系结构之间依然存在着紧密的联系。

PCI 总线作为系统总线的延伸，其设计考虑了许多与处理器相关的内容，如处理器的 Cache 共享一致性和数据完整性（Data Consistency，也称为 Memory Consistency），以及如何与处理器进行数据交换等一系列内容。其中 Cache 共享一致性和数据完整性是现代处理器局部总线的设计的重点和难点，也是本书将重点讲述的主题之一。

孤立地研究 PCI 总线并不可取，因为 PCI 总线仅是处理器系统的一个部分。深入理解 PCI 总线需要了解一些与处理器体系结构相关的知识。这些知识是本书侧重描述的，同时也是 PCI 总线规范忽略的内容。脱离实际的处理器系统，不容易也不可能深入理解 PCI 总线规范。

对于今天的读者来说，PCI 总线提出的许多概念略显过时，也有许多不足之处。但是在当年，PCI 总线与之前存在的其他并行局部总线如 ISA、EISA 和 MCA 总线相比，具有许多突出的优点，是一个全新的设计。

（1）PCI 总线空间与处理器空间隔离

PCI 设备具有独立的地址空间，即 PCI 总线地址空间，该空间与存储器地址空间通过 HOST 主桥隔离。处理器需要通过 HOST 主桥才能访问 PCI 设备，而 PCI 设备需要通过 HOST 主桥才能访问主存储器。在 HOST 主桥中含有许多缓冲，这些缓冲使得处理器总线与 PCI 总线工作在各自的时钟频率中，互不干扰。HOST 主桥的存在也使得 PCI 设备和处理器可以方便地共享主存储器资源。

处理器访问 PCI 设备时，必须通过 HOST 主桥进行地址转换；而 PCI 设备访问主存储器时，也需要通过 HOST 主桥进行地址转换。HOST 主桥的一个重要作用就是将处理器访问的存储器地址转换为 PCI 总线地址。PCI 设备使用的地址空间是属于 PCI 总线域的，这与存储器地址空间不同。

x86 处理器对 PCI 总线域与存储器域的划分并不明晰，这也使得许多程序员并没有准确地区分 PCI 总线域地址空间与存储器域地址空间。而本书将反复强调存储器地址和 PCI 总线地址的区别，因为这是理解 PCI 体系结构的重要内容。

PCI 规范并没有对 HOST 主桥的设计进行约束。每一个处理器厂商使用的 HOST 主桥，其设计都不尽相同。HOST 主桥是联系 PCI 总线与处理器的核心部件，掌握 HOST 主桥的实现机制是深入理解 PCI 体系结构的前提。

本书将以 Freescale 的 PowerPC 处理器和 Intel 的 x86 处理器为例，说明各自 HOST 主桥的实现方式，值得注意的是本书涉及的 PowerPC 处理器仅针对 Freescale 的 PowerPC 处理器，而不包含 IBM 的 Power 和 AMCC 的 PowerPC 处理器。而且如果没有特别说明，本书中涉及的 x86 处理器特指 Intel 的处理器，而不是其他厂商的 x86 处理器。

（2）可扩展性

PCI 总线具有很强的扩展性。在 PCI 总线中，HOST 主桥可以直接推出一条 PCI 总线，这条总线也是该 HOST 主桥管理的第一条 PCI 总线，该总线还可以通过 PCI 桥扩展出一系列 PCI 总线，并以 HOST 主桥为根节点，形成 1 棵 PCI 总线树。这些 PCI 总线都可以连接 PCI 设备，但是在 1 棵 PCI 总线树上，最多只能挂接 256 个 PCI 设备（包括 PCI 桥）。

在同一条 PCI 总线上的设备间可以直接通信，而并不会影响其他 PCI 总线上设备间的数据通信。隶属于同一棵 PCI 总线树上的 PCI 设备，也可以直接通信，但是需要通过 PCI 桥进行数据转发。

PCI 桥是 PCI 总线的一个重要组成部件，该部件的存在使得 PCI 总线极具扩展性。PCI 桥也是有别于其他局部总线的一个重要部件。在"以 HOST 主桥为根节点"的 PCI 总线树中，每一个 PCI 桥下也可以连接一个 PCI 总线子树，PCI 桥下的 PCI 总线仍然可以使用 PCI 桥继续进行总线扩展。

PCI 桥可以管理这个 PCI 总线子树，PCI 桥的配置空间含有一系列管理 PCI 总线子树的配置寄存器。在 PCI 桥的两端，分别连接了两条总线，分别是上游总线（Primary Bus）和下游总线（Secondary Bus）。其中与处理器距离较近的总线被称为上游总线，另一条被称为下游总线。这两条总线间的通信需要通过 PCI 桥进行。PCI 桥中的许多概念被 PCIe 总线采纳，理解 PCI 桥也是理解 PCIe 体系结构的基础。

（3）动态配置机制

PCI 设备使用的地址可以根据需要由系统软件动态分配。PCI 总线使用这种方式合理地解决了设备间的地址冲突，从而实现了"即插即用"功能。因此 PCI 总线不需要使用 ISA 或者 EISA 接口卡为解决地址冲突而使用的硬件跳线。

每一个 PCI 设备都有独立的配置空间，在配置空间中含有该设备在 PCI 总线中使用的基地址，系统软件可以动态配置这个基地址，从而保证每一个 PCI 设备使用的物理地址并不相同。PCI 桥的配置空间中含有其下 PCI 子树所能使用的地址范围。

（4）总线带宽

PCI 总线与之前的局部总线相比，极大提高了数据传送带宽，32 位/33 MHz 的 PCI 总线可以提供 132 MB/s 的峰值带宽，而 64 位/66 MHz 的 PCI 总线可以提供的峰值带宽为 532 MB/s。虽然 PCI 总线所能提供的峰值带宽远不能和 PCIe 总线相比，但是与之前的局部总线 ISA、EISA 和 MCA 总线相比，仍然具有极大的优势。

ISA 总线的最高主频为 8 MHz，位宽为 16，其峰值带宽为 16 MB/s；EISA 总线的最高主频为 8.33 MHz，位宽为 32，其峰值带宽为 33 MB/s；而 MCA 总线的最高主频为 10 MHz，最高位宽为 32，其峰值带宽为 40 MB/s。PCI 总线提供的峰值带宽远高于这些总线。

（5）共享总线机制

PCI 设备通过仲裁获得 PCI 总线的使用权后，才能进行数据传送，在 PCI 总线上进行数据传送，并不需要处理器进行干预。

PCI 总线仲裁器不在 PCI 总线规范定义的范围内，也不一定是 HOST 主桥和 PCI 桥的一部分。虽然绝大多数 HOST 主桥和 PCI 桥都包含 PCI 总线仲裁器，但是在某些处理器系统的设计中也可以使用独立的 PCI 总线仲裁器。如在 PowerPC 处理器的 HOST 主桥中含有 PCI 总线仲裁器，但是用户可以关闭这个总线仲裁器，而使用独立的 PCI 总线仲裁器。

PCI 设备使用共享总线方式进行数据传递，在同一条总线上，所有 PCI 设备共享同一总线带宽，这将极大地影响 PCI 总线的利用率。这种机制显然不如 PCIe 总线采用的交换结构，但是在 PCI 总线盛行的年代，半导体的工艺、设计能力和制作成本决定了采用共享总线方式是当时的最优选择。

（6）中断机制

PCI 总线上的设备可以通过四根中断请求信号 INTA～D#向处理器提交中断请求。与 ISA 总线上的设备不同，PCI 总线上的设备可以共享这些中断请求信号，不同的 PCI 设备可以将这些中断请求信号"线与"后，与中断控制器的中断请求引脚连接。PCI 设备的配置空间记录了该设备使用这四根中断请求信号的信息。

PCI 总线还进一步提出了 MSI（Message Signal Interrupt）机制，该机制使用存储器写总线事务传递中断请求，并可以使用 x86 处理器 FSB（Front Side Bus）总线提供的 Interrupt Message 总线事务，从而提高了 PCI 设备的中断请求效率。

虽然从现代总线技术的角度来看，PCI 总线仍有许多不足之处，但也不能否认 PCI 总线已经获得了巨大的成功。不仅 x86 处理器将 PCI 总线作为标准的局部总线连接各类外部设备，PowerPC、MIPS 和 ARM[⊖]处理器也将 PCI 总线作为标准局部总线。除此之外，基于 PCI 总线的外部设备，如以太网控制器、声卡、硬盘控制器等，也已经成为主流。

1.1　PCI 总线的组成结构

如上文所述，PCI 总线作为处理器系统的局部总线，是处理器系统的一个组成部件，讲述 PCI 总线的组成结构不能离开处理器系统这个大环境。在一个处理器系统中，与 PCI 总线相关的模块如图 1-1 所示。

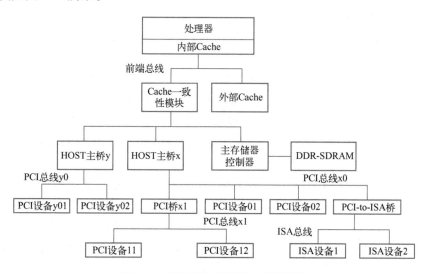

图 1-1　基于 PCI 总线的处理器系统

⊖　在 ARM 处理器中，使用 SoC 平台总线，即 AMBA 总线，连接片内设备。但是某些 ARM 生产厂商，依然使用 AMBA-to-PCI 桥推出 PCI 总线，以连接 PCI 设备。

图中与 PCI 总线相关的模块包括：HOST 主桥、PCI 总线、PCI 桥和 PCI 设备。PCI 总线由 HOST 主桥和 PCI 桥推出，HOST 主桥与主存储器控制器在同一级总线上，因此 PCI 设备可以方便地通过 HOST 主桥访问主存储器，即进行 DMA 操作。

值得注意的是，PCI 设备的 DMA 操作需要与处理器系统的 Cache 进行一致性操作，当 PCI 设备通过 HOST 主桥访问主存储器时，Cache 一致性模块将进行地址监听，并根据监听的结果改变 Cache 的状态。

在一些简单的处理器系统中，可能不含有 PCI 桥，此时所有 PCI 设备都是连接在 HOST 主桥推出的 PCI 总线上。此外在一些处理器系统中可能含有多个 HOST 主桥，如图 1-1 所示的处理器系统中含有 HOST 主桥 x 和 HOST 主桥 y。

1.1.1 HOST 主桥

HOST 主桥是一个很特别的桥片，其主要功能是隔离处理器系统的存储器域与处理器系统的 PCI 总线域，管理 PCI 总线域，并完成处理器与 PCI 设备间的数据交换。处理器与 PCI 设备间的数据交换主要由 "处理器访问 PCI 设备的地址空间" 和 "PCI 设备使用 DMA 机制访问主存储器" 这两部分组成。

为简便起见，下面将处理器系统的存储器域简称为存储器域，而将处理器系统的 PCI 总线域称为 PCI 总线域，存储器域和 PCI 总线域的详细介绍见第 2.1 节。值得注意的是，在一个处理器系统中，有几个 HOST 主桥，就有几个 PCI 总线域。

HOST 主桥在处理器系统中的位置并不相同，如 PowerPC 处理器将 HOST 主桥与处理器集成在一个芯片中。而有些处理器不进行这种集成，如 x86 处理器使用南北桥结构，处理器内核在一个芯片中，而 HOST 主桥在北桥中。但是从处理器体系结构的角度看，这些集成方式并不重要。

PCI 设备通过 HOST 主桥访问主存储器时，需要与处理器的 Cache 进行一致性操作，因此在设计 HOST 主桥时需要重点考虑 Cache 一致性操作。在 HOST 主桥中，还含有许多数据缓冲，以支持 PCI 总线的预读机制。

HOST 主桥是联系处理器与 PCI 设备的桥梁。在一个处理器系统中，每一个 HOST 主桥都管理了一棵 PCI 总线树，在同一棵 PCI 总线树上的所有 PCI 设备属于同一个 PCI 总线域。如图 1-1 所示，HOST 主桥 x 之下的 PCI 设备属于 PCI 总线 x 域，而 HOST 主桥 y 之下的 PCI 设备属于 PCI 总线 y 域。在这棵总线树上的所有 PCI 设备的配置空间都由 HOST 主桥通过配置读写总线周期访问。

如果 HOST 主桥支持 PCI V3.0 规范的 Peer-to-Peer 数据传送方式，那么分属不同 PCI 总线域的 PCI 设备可以直接进行数据交换。如图 1-1 所示，如果 HOST 主桥 y 支持 Peer-to-Peer 数据传送方式，PCI 设备 y01 可以直接访问 PCI 设备 01 或者 PCI 设备 11，而不需要通过处理器的参与。但是这种跨越总线域的数据传送方式在 PC 架构中并不常用，在 PC 架构中，重点考虑的是 PCI 设备与主存储器之间的数据交换，而不是 PCI 设备之间的数据交换。此外在 PC 架构中，具有两个 HOST 主桥的处理器系统也并不多见。

在 PowerPC 处理器中，HOST 主桥可以通过设置 Inbound 寄存器，使得分属于不同 PCI 总线域的设备可以直接通信。许多 PowerPC 处理器都具有多个 HOST 主桥，有关 PowerPC 处理器使用的 HOST 主桥详见第 2.2 节。

1.1.2　PCI 总线

在处理器系统中，含有 PCI 总线和 PCI 总线树这两个概念。这两个概念并不相同，在一棵 PCI 总线树中可能具有多条 PCI 总线，而具有血缘关系的 PCI 总线组成一棵 PCI 总线树。如在图 1-1 所示的处理器系统中，PCI 总线 x 树具有两条 PCI 总线，分别为 PCI 总线 x0 和 PCI 总线 x1。而 PCI 总线 y 树中仅有一条 PCI 总线。

PCI 总线由 HOST 主桥或者 PCI 桥管理，用来连接各类设备，如声卡、网卡和 IDE 接口卡等。在一个处理器系统中，可以通过 PCI 桥扩展 PCI 总线，并形成具有血缘关系的多级 PCI 总线，从而形成 PCI 总线树型结构。在处理器系统中有几个 HOST 主桥，就有几棵这样的 PCI 总线树，而每一棵 PCI 总线树都与一个 PCI 总线域对应。

与 HOST 主桥直接连接的 PCI 总线通常被命名为 PCI 总线 0。考虑到在一个处理器系统中可能有多个主桥，图 1-1 将 HOST 主桥 x 推出的 PCI 总线命名为 x0 总线，而将 PCI 桥 x1 扩展出的 PCI 总线称为 x1 总线，将 HOST 主桥 y 推出的 PCI 总线称为 y0～yn。分属不同 PCI 总线树的设备，其使用的 PCI 总线地址空间分属不同的 PCI 总线域空间。

1.1.3　PCI 设备

在 PCI 总线中有三类设备：PCI 主设备、PCI 从设备和桥设备。其中 PCI 从设备只能被动地接收来自 HOST 主桥或者其他 PCI 设备的读写请求；而 PCI 主设备可以通过总线仲裁获得 PCI 总线的使用权，主动地向其他 PCI 设备或者主存储器发起存储器读写请求。而桥设备的主要作用是管理下游的 PCI 总线，并转发上下游总线之间的总线事务。

一个 PCI 设备可以既是主设备也是从设备，但是在同一个时刻，这个 PCI 设备或者为主设备或者为从设备。PCI 总线规范将 PCI 主从设备统称为 PCI Agent 设备。在处理器系统中常见的 PCI 网卡、显卡、声卡等设备都属于 PCI Agent 设备。

在 PCI 总线中，HOST 主桥是一个特殊的 PCI 设备，该设备可以获取 PCI 总线的控制权访问 PCI 设备，也可以被 PCI 设备访问。但是 HOST 主桥并不是 PCI 设备。PCI 规范也没有规定如何设计 HOST 主桥。

在 PCI 总线中，还有一类特殊的设备，即桥设备。它包括 PCI 桥、PCI-to-(E)ISA 桥和 PCI-to-Cardbus 桥。本书重点介绍 PCI 桥，而不介绍其他桥设备的实现原理。PCI 桥的存在使 PCI 总线极具扩展性，处理器系统可以使用 PCI 桥进一步扩展 PCI 总线。

PCI 桥的出现使得采用 PCI 总线进行大规模系统互连成为可能。但是在目前已经实现的大规模处理器系统中，并没有使用 PCI 总线进行处理器系统与处理器系统之间的大规模互连。因为 PCI 总线是一个以 HOST 主桥为根的树型结构，使用主从架构，因而不易实现多处理器系统间的对等互连。

即便如此 PCI 桥仍然是 PCI 总线规范的精华所在，掌握 PCI 桥是深入理解 PCI 体系结构的基础。PCI 桥可以连接两条 PCI 总线，上游 PCI 总线和下游 PCI 总线，这两个 PCI 总线属于同一个 PCI 总线域，使用 PCI 桥扩展的所有 PCI 总线都同属于一个 PCI 总线域。

其中对 PCI 设备配置空间的访问仅可以从上游总线转发到下游总线，而数据传送可以双方向进行。在 PCI 总线中，还存在一种非透明 PCI 桥，该桥片不是 PCI 总线规范定义的标准桥片，但是适用于某些特殊应用，在第 2.5 节中将详细介绍这种桥片。在本书中，如不特别强调，PCI 桥是指透明桥，透明桥也是 PCI 总线规范定义的标准桥片。

PCI-to-(E)ISA 桥和 PCI-to-Cardbus 桥的主要作用是通过 PCI 总线扩展 (E)ISA 和 Cardbus 总线。在 PCI 总线推出之后，(E)ISA 总线并没有在处理器系统中立即消失，此时需要使用 PCI-(E)ISA 桥扩展 (E)ISA 总线，而使用 PCI-to-Cardbus 桥用来扩展 Cardbus 总线。本书并不关心 (E)ISA 和 Cardbus 总线的设计与实现。

1.1.4 HOST 处理器

PCI 总线规定在同一时刻内，在一棵 PCI 总线树上有且只有一个 HOST 处理器。这个 HOST 处理器可以通过 HOST 主桥，发起 PCI 总线的配置请求总线事务，并对 PCI 总线上的设备和桥片进行配置。

在 PCI 总线中，HOST 处理器是一个较为模糊的概念。在 SMP（Symmetric Multiprocessing）处理器系统中，所有 CPU 都可以通过 HOST 主桥访问其下的 PCI 总线树，这些 CPU 都可以作为 HOST 处理器。但是值得注意的是，PCI 总线树的实际管理者是 HOST 主桥，而不是 HOST 处理器。

在 HOST 主桥中，设置了许多寄存器，HOST 处理器通过操作这些寄存器来管理 PCI 设备。如在 x86 处理器的 HOST 主桥中设置了 0xCF8 和 0xCFC 这两个 I/O 端口访问 PCI 设备的配置空间，而 PowerPC 处理器的 HOST 主桥设置了 CFG_ADDR 和 CFG_DATA 寄存器访问 PCI 设备的配置空间。值得注意的是，在 PowerPC 处理器中并没有 I/O 端口，因此使用存储器映像寻址方式访问外部设备的寄存器空间。

1.1.5 PCI 总线的负载

PCI 总线能挂接的负载与总线频率相关，其中总线频率越高，能挂接的负载越少。下面以 PCI 总线和 PCI-X 总线为例说明总线频率、峰值带宽和负载能力之间的关系，如表 1-1 所示。

表 1-1　PCI 总线频率、峰值带宽与负载能力之间的关系

总 线 类 型	总线频率/MHz	峰值带宽/（MB/s）	负 载 能 力
PCI	33	133	4~5 个插槽
	66	266	1~2 个插槽
PCI-X	66	266	4 个插槽
	133	533	2 个插槽
	266	1066	1 个插槽
	533	2131	1 个插槽

由表 1-1 可知，PCI 总线频率越高，能挂接的负载越少，但是整条总线能提供的带宽越大。值得注意的是，PCI-X 总线与 PCI 总线的传送协议略有不同，因此 66 MHz 的 PCI-X 总线的负载数较大。PCI-X 总线的详细说明见第 1.5 节。当 PCI-X 总线频率为 266 MHz 和 533 MHz 时，该总线只能挂接一个 PCI-X 插槽。在 PCI 总线中，一个插槽相当于两个负载，接插件和插卡各算为一个负载。在表 1-1 中，33 MHz 的 PCI 总线可以挂接 4~5 个插槽，相当于

直接挂接 8~10 个负载。

1.2 PCI 总线的信号定义

PCI 总线是一条共享总线,在一条 PCI 总线上可以挂接多个 PCI 设备。这些 PCI 设备通过一系列信号与 PCI 总线相连,这些信号由地址/数据信号、控制信号、仲裁信号、中断信号等多种信号组成。

PCI 总线是一个同步总线,每一个设备都具有一个 CLK 信号,其发送设备与接收设备使用这个 CLK 信号进行同步数据传递。PCI 总线可以使用 33 MHz 或者 66 MHz 的时钟频率,而 PCI-X 总线可以使用 133 MHz、266 MHz 或者 533 MHz 的时钟频率。

除了 RST#、INTA~D#、PME#和 CLKRUN#等信号之外,PCI 设备使用的绝大多数信号都使用这个 CLK 信号进行同步。其中 RST#是复位信号,而 PCI 设备使用 INTA~D#信号进行中断请求。本书并不详细介绍 PME#和 CLKRUN#信号。

1.2.1 地址和数据信号

在 PCI 总线中,与地址和数据相关的信号如下所示。

(1) AD[31:0]信号

PCI 总线复用地址与数据信号。PCI 总线事务在启动后的第一个时钟周期传送地址,这个地址是 PCI 总线域的存储器地址或者 I/O 地址;而在下一个时钟周期传送数据[注]。传送地址的时钟周期也被称为地址周期,而传送数据的时钟周期也被称为数据周期。PCI 总线支持突发传送,即在一个地址周期之后,可以紧跟多个数据周期。

(2) PAR 信号

PCI 总线使用奇偶校验机制,保证地址和数据信号在进行数据传递时的正确性。PAR 信号是 AD[31:0]和 C/BE[3:0]的奇偶校验信号。PCI 主设备在地址周期和数据周期中,使用该信号为地址和数据信号线提供奇偶校验位。

(3) C/BE[3:0]#信号

PCI 总线复用命令与字节选通引脚。在地址周期中,C/BE[3:0]#信号表示 PCI 总线的命令。而在数据周期中,C/BE[3:0]#引脚输出字节选通信号,其中 C/BE3#、C/BE2#、C/BE1# 和 C/BE0#与数据的字节 3、2、1 和 0 对应。使用这组信号可以对 PCI 设备进行单个字节、字和双字访问。PCI 总线通过 C/BE[3:0]#信号定义了多个总线事务,这些总线事务如表 1-2 所示。

表 1-2 PCI 总线事务

C/BE[3:0]#	命 令 类 型	说　　　明
0000	Interrupt Acknowledge	中断响应总线事务读取当前挂接在 PCI 总线上的中断控制器的中断向量号。目前大多数处理器系统的中断控制器都不挂接在 PCI 总线上,因此这种总线事务很少使用

⊖ 双地址周期在第一、二个时钟周期,都传送地址。

（续）

C/BE[3:0]#	命令类型	说明
0001	Special Cycle	HOST 主桥可以使用 Special Cycle 事务在 PCI 总线上进行信息广播
0010	I/O Read	HOST 主桥可以使用该总线事务对 PCI 设备的 I/O 地址空间进行读操作。目前多数 PCI 设备都不支持 I/O 地址空间，而仅支持存储器地址空间，但是仍有部分 PCI 设备同时包含 I/O 地址空间和存储器地址空间
0011	I/O Write	对 PCI 总线的 I/O 地址空间进行写操作
0100	Reserved	保留
0101	Reserved	保留
0110	Memory Read	HOST 主桥可以使用该总线事务对 PCI 设备的存储器空间进行读操作。PCI 设备也可以使用该总线事务读取处理器的存储器空间
0111	Memory Write	HOST 主桥可以使用该总线事务对 PCI 设备的存储器空间进行写操作。PCI 设备也可以使用该总线事务向处理器的存储器空间进行写操作
1000	Reserved	保留
1001	Reserved	保留
1010	Configuration Read	HOST 主桥可以对 PCI 设备的配置空间进行读操作。每一个 PCI 设备都有独立的配置空间。在多功能 PCI 设备中，每一个子设备（Function）也有一个独立的配置空间。该总线事务只能由 HOST 主桥发出，PCI 桥可以转发该总线事务
1011	Configuration Write	HOST 主桥对 PCI 设备的配置空间进行写操作
1100	Memory Read Multiple	HOST 主桥可以使用该总线事务对 PCI 设备的存储器空间进行多行读操作，这种操作并不多见。该总线事务的主要用途是供 PCI 设备使用，读取主存储器。这个读操作与 Memory Read 操作（C/BE [3: 0] 为 0x0110 时）略有不同，详见第 3.4.5 节
1101	Dual Address Cycle	PCI 总线支持 64 位地址，处理器或者其他 PCI 设备访问 64 位 PCI 总线地址时，必须使用双地址周期产生 64 位的 PCI 总线地址。PCI 设备使用 DMA 读写方式访问 64 位的存储器地址时，也可以使用该总线事务
1110	Memory Read Line	HOST 主桥可以使用该总线事务对 PCI 设备的存储器空间进行单行读操作，这种操作并不多见。该总线事务的主要用途是供 PCI 设备使用，读取主存储器。详见第 3.4.5 节
1111	Memory Write and Invalidate	存储器写并无效操作，与存储器写不同，PCI 设备可以使用该总线事务对主存储器空间进行写操作。该总线事务将数据写入主存储器的同时，将对应 Cache 行中的数据"使无效"，详见第 3.3.4 节

1.2.2 接口控制信号

在 PCI 总线中，接口控制信号的主要作用是保证数据的正常传递，并根据 PCI 主从设备的状态，暂停、终止或者正常完成当前总线事务，其主要信号如下。

（1）FRAME#信号

该信号指示一个 PCI 总线事务的开始与结束。当 PCI 设备获得总线的使用权后，将置该信号有效，即置为低，启动 PCI 总线事务，当结束总线事务时，将置该信号无效，即置为高。PCI 设备（包括 HOST 主桥）只有通过仲裁获得当前 PCI 总线的使用权后，才能驱动该信号。

（2）IRDY#信号

该信号由 PCI 主设备（包括 HOST 主桥）驱动，该信号有效时表示 PCI 主设备的数据已经准备完毕。如果当前 PCI 总线事务为写事务，表示数据已经在 AD[31:0]上有效；如果为读事务，表示 PCI 目标设备已经准备好接收缓冲，目标设备可以将数据发送到 AD[31:0]上。

（3）TRDY#信号

该信号由目标设备驱动，该信号有效时表示目标设备已经将数据准备完毕。如果当前 PCI 总线事务为写事务，表示目标设备已经准备好接收缓冲，可以将 AD[31:0]上的数据写入目标设备；如果为读事务，表示 PCI 设备需要的数据已经在 AD[31:0]上有效。

该信号可以和 IRDY#信号联合使用，在 PCI 总线事务上插入等待周期，对 PCI 总线的数据传送进行控制。

（4）STOP#信号

该信号有效时表示目标设备请求主设备停止当前 PCI 总线事务。一个 PCI 总线事务除了可以正常结束外，目标设备还可以使用该信号终止当前 PCI 总线事务。目标设备可以根据不同的情况，要求主设备对当前 PCI 总线事务进行重试（Retry）、断连（Disconnect），也可以向主设备报告目标设备夭折（Target Abort）。

目标设备要求主设备 Retry 和 Disconnect 并不意味着当前 PCI 总线事务出现错误。当目标设备没有将数据准备好时，可以使用 Retry 周期使主设备重试当前 PCI 总线事务。有时目标设备不能接收来自主设备较长的 Burst 操作时，可以使用 Disconnect 周期，将一个较长的 Burst 操作分解为多个 Burst 操作。当主设备访问的地址越界时，目标设备可以使用 Disconnect 周期，终止主设备的越界访问。

而 Target Abort 表示在数据传送中出现错误。处理器系统必须对这种情况进行处理。在 PCI 总线中，出现 Abort 一般意味着当前 PCI 总线域出现了较为严重的错误。

（5）IDSEL 信号

PCI 总线在进行配置读写总线事务时，使用该信号选择 PCI 目标设备。配置读写总线事务与存储器读写总线事务在实现上略有不同。在 PCI 总线中，存储器读写总线事务使用地址译码方式访问外部设备。而配置读写总线事务使用"ID 译码方式"访问 PCI 设备，即通过 PCI 设备的总线号、设备号和寄存器号访问 PCI 设备的配置空间。

IDSEL 信号与 PCI 设备的设备号相关，相当于 PCI 设备配置空间的片选信号，这部分内容将在第 2.4.4 节中详细介绍。

（6）DEVSEL#信号

该信号有效时表示 PCI 总线的目标设备准备好，该信号与 TRDY#信号的不同之处在于该信号有效仅表示目标设备已经完成了地址译码。目标设备使用该信号通知 PCI 主设备，其访问对象在当前 PCI 总线上，但是并不表示目标设备可以与主设备进行数据交换。而 TRDY#信号表示数据有效，PCI 主设备可以向目标设备写入或者从目标设备读取数据。

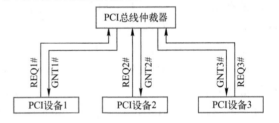

PCI 总线规范根据设备的译码速度,将 PCI 设备分为快速、中速和慢速三种。在 PCI 总线上还有一种特殊的设备,即负向译码设备,在一条 PCI 总线上当快速、中速和慢速三种设备都不能响应 PCI 总线事务的地址时,负向译码设备将被动地接收这个 PCI 总线事务。如果在 PCI 主设备访问的 PCI 总线上,没有任何设备可以置 DEVSEL#信号为有效,主设备将使用 Master Abort 周期结束当前总线事务。

(7) LOCK#信号

PCI 主设备可以使用该信号,将目标设备的某个存储器或者 I/O 资源锁定,以禁止其他 PCI 主设备访问此资源,直到锁定这个资源的主设备将其释放。PCI 总线使用 LOCK#信号实现 LOCK 总线事务,只有 HOST 主桥、PCI 桥或者其他桥片可以使用 LOCK#信号。在 PCI 总线的早期版本中,PCI Agent 设备也可以使用 LOCK#信号,而目前 PCI 总线使用 LOCK#信号仅是为防止死锁和向前兼容。LOCK 总线事务将严重影响 PCI 总线的传送效率,在实际应用中,设计者应当尽量避免使用该总线事务。

1.2.3　仲裁信号

PCI 设备使用该组信号进行总线仲裁,并获得 PCI 总线的使用权。只有 PCI 主设备需要使用该组信号,而 PCI 从设备可以不使用总线仲裁信号。这组信号由 REQ#和 GNT#组成。其中 PCI 主设备的 REQ#和 GNT#信号与 PCI 总线的仲裁器直接相连。

PCI 主设备的总线仲裁信号与 PCI 总线仲裁器的连接关系如图 1-2 所示。值得注意的是,每一个 PCI 主设备都具有独立的总线仲裁信号,并与 PCI 总线仲裁器一一相连。而总线仲裁器需要保证在同一个时间段内,只有一个 PCI 设备可以使用当前总线。

图 1-2　PCI 设备与总线仲裁器的连接关系

在一个处理器系统中,一条 PCI 总线可以挂接 PCI 主设备的数目,除了与负载能力相关之外,还与 PCI 总线仲裁器能够提供的仲裁信号数目直接相关。

在一棵 PCI 总线树中,每一条 PCI 总线上都有一个总线仲裁器。一个处理器系统可以使用 PCI 桥扩展出一条新的 PCI 总线,这条新的 PCI 总线也需要一个总线仲裁器,通常在 PCI 桥中集成了这个总线仲裁器。多数 HOST 主桥也集成了一个 PCI 总线仲裁器,但是 PCI 总线也可以使用独立的 PCI 总线仲裁器。

PCI 主设备使用 PCI 总线进行数据传递时,需要首先置 REQ#信号有效,向 PCI 总线仲裁器发出总线申请,当 PCI 总线仲裁器允许 PCI 主设备获得 PCI 总线的使用权后,将置 GNT#信号为有效,并将其发送给指定的 PCI 主设备。而 PCI 主设备在获得总线使用权之后,将可以置 FRAME#信号有效,与 PCI 从设备进行数据通信。

1.2.4　中断请求等其他信号

PCI 总线提供了 INTA#、INTB#、INTC#和 INTD#四个中断请求信号,PCI 设备借助这些中断请求信号,使用电平触发方式向处理器提交中断请求。当这些中断请求信号为低时,PCI 设备将向处理器提交中断请求;当处理器执行中断服务程序清除 PCI 设备的中断请求后，PCI 设备将该信号置高[⊖]，结束当前中断请求。

　　PCI 总线规定单功能设备只能使用 INTA#信号，而多功能设备才能使用 INTB#/C#/D#信号。PCI 设备的这些中断请求信号可以通过某种规则进行线与，之后与中断控制器的中断请求信号线相连。而处理器系统需要预先知道这个规则，以便正确处理来自不同 PCI 设备的中断请求，这个规则也被称为中断路由表，有关中断路由表的详细描述见第 1.4.2 节。

　　PCI 总线在进行数据传递过程时，难免会出现各种各样的错误，因此 PCI 总线提供了一些错误信号，如 PERR#和 SERR#信号。其中当 PERR#信号有效时，表示数据传送过程中出现奇偶校验错（Special Cycle 周期除外）；而当 SERR#信号有效时，表示当前处理器系统出现了三种错误可能，分别为地址奇偶校验错、在 Special Cycle 周期中出现数据奇偶校验错、系统出现其他严重错误。

　　如果 PCI 总线支持 64 位模式，还需要提供 AD[63:32]、C/BE[7:4]、REQ64、ACK64 和 PAR64 这些信号。此外 PCI 总线还有一些与 JTAG、SMBCLK 以及 66MHz 使能相关的信号，本章并不介绍这些信号。

1.3　PCI 总线的存储器读写总线事务

　　总线的基本任务是实现数据传送，将一组数据从一个设备传送到另一个设备，当然总线也可以将一个设备的数据广播到多个设备。在处理器系统中，这些数据传送都要依赖一定的规则，PCI 总线并不例外。

　　PCI 总线使用单端并行数据线，采用地址译码方式进行数据传递，而采用 ID 译码方式进行配置信息的传递。其中地址译码方式使用地址信号，而 ID 译码方式使用 PCI 设备的 ID 号，包括 Bus Number、Device Number、Function Number 和 Register Number。下面将以图 1-1 中的处理器系统为例，简要介绍 PCI 总线支持的总线事务及其传送方式。

　　由表 1-2 可知，PCI 总线支持多种总线事务。本节重点介绍存储器读写总线事务与 I/O 读写总线事务，并在第 2.4 节详细介绍配置读写总线事务。值得注意的是，PCI 设备只有在系统软件初始化配置空间之后，才能够被其他主设备访问。

　　当 PCI 设备的配置空间被初始化之后，该设备在当前的 PCI 总线树上将拥有一个独立的 PCI 总线地址空间，即 BAR（Base Address Register）寄存器所描述的空间，有关 BAR 寄存器的详细说明见第 2.3.2 节。

　　处理器与 PCI 设备进行数据交换，或者 PCI 设备之间进行存储器数据交换时，都将通过 PCI 总线地址完成。而 PCI 设备与主存储器进行 DMA 操作时，使用的也是 PCI 总线域的地址，而不是存储器域的地址，此时 HOST 主桥将完成 PCI 总线地址到存储器域地址的转换，不同的 HOST 主桥进行地址转换时使用的方法并不相同。

　　PCI 总线的配置读写总线事务与 HOST 主桥与 PCI 桥相关，因此读者需要了解 HOST 主桥和 PCI 桥的详细实现机制之后，才能深入理解这部分内容。在第 2.4 节将详细介绍这些内容。在下文中，假定所使用的 PCI 设备的配置空间已经被系统软件初始化。

　　⊖　INTx#这组信号为开漏输出，当所有的驱动源不驱动该信号时，该信号由上拉电阻驱动为高。

PCI 总线支持以下几类存储器读写总线事务。

1）HOST 处理器对 PCI 设备的 BAR 空间进行数据读写，BAR 空间可以使用存储器或者 I/O 译码方式。HOST 处理器使用 PCI 总线的存储器读写总线事务和 I/O 读写总线事务访问 PCI 设备的 BAR 空间。

2）PCI 设备之间的数据传递。在 PCI 总线上的两个设备可以直接通信，如一个 PCI 设备可以访问另外一个设备的 BAR 空间。不过这种数据传递在 PC 处理器系统中较少使用。

3）PCI 设备对主存储器进行读写，即 DMA 读写操作。DMA 读写操作在所有处理器系统中都较为常用，也是 PCI 总线数据传送的重点。在多数情况下，DMA 读写操作结束后将伴随着中断的产生。PCI 设备可以使用 INTA#、INTB#、INTC#和 INTD#信号提交中断请求，也可以使用 MSI 机制提交中断请求。

1.3.1　PCI 总线事务的时序

PCI 总线使用第 1.2 节所述的信号进行数据和配置信息的传递，一个 PCI 总线事务的基本访问时序如图 1-3 所示，与 PCI 总线事务相关的控制信号有 FRAME#、IRDY#、TRDY#、DEVSEL#等其他信号。

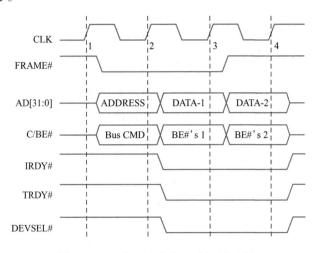

图 1-3　PCI 总线事务的基本访问时序

当一个 PCI 主设备需要使用 PCI 总线时，首先需要发送 REQ#信号，通过总线仲裁获得总线使用权，即 GNT#信号有效后，使用以下步骤完成一个完整 PCI 总线事务，对目标设备进行存储器或者 I/O 地址空间的读写访问。

1）当 PCI 主设备获得总线使用权之后，将在 CLK1 的上升沿置 FRAME#信号有效，启动 PCI 总线事务。当 PCI 总线事务结束后，FRAME#信号将被置为无效。

2）PCI 总线周期的第一个时钟周期（CLK1 的上升沿到 CLK2 的上升沿之间）为地址周期。在地址周期中，PCI 主设备将访问的目的地址和总线命令分别驱动到 AD［31:0］和 C/BE#信号上。如果当前总线命令是配置读写，那么 IDSEL 信号线也被置为有效，IDSEL 信号与 PCI 总线的 AD［31:11］相连，详见第 2.4.4 节。

3）当 IRDY#、TRDY#和 DEVSEL#信号都有效后，总线事务将使用数据周期进行数据传递。当 IRDY#和 TRDY#信号没有同时有效时，PCI 总线不能进行数据传递，PCI 总线使用这两个信号进行传送控制。

4）PCI 总线支持突发周期，因此在地址周期之后可以有多个数据周期，可以传送多组数据。而目标设备并不知道突发周期的长度，如果目标设备不能继续接收数据时，可以 disconnect（断连）当前总线事务。值得注意的是，只有存储器读写总线事务可以使用突发周期。

一个完整的 PCI 总线事务远比上述过程复杂得多，因为 PCI 总线还支持许多传送方式，如双地址周期、fast back-to-back（快速背靠背）、插入等待状态、重试和断连、总线上的错误处理等一系列总线事务。本书不一一介绍这些传送方式。

1.3.2　Posted 和 Non-Posted 传送方式

PCI 总线规定了两类数据传送方式，分别是 Posted 和 Non-Posted 数据传送方式。其中使用 Posted 数据传送方式的总线事务也被称为 Posted 总线事务；而使用 Non-Posted 数据传送方式的总线事务也被称为 Non-Posted 总线事务。

其中 Posted 总线事务指 PCI 主设备向 PCI 目标设备进行数据传递时，当数据到达 PCI 桥后，即由 PCI 桥接管来自上游总线的总线事务，并将其转发到下游总线。采用这种数据传送方式，在数据还没有到达最终的目的地之前，PCI 总线就可以结束当前总线事务，从而在一定程度上解决了 PCI 总线的拥塞问题。

而 Non-Posted 总线事务是指 PCI 主设备向 PCI 目标设备进行数据传递时，数据必须到达最终目的地之后，才能结束当前总线事务的一种数据传递方式。

显然采用 Posted 传送方式，当这个 Posted 总线事务通过某条 PCI 总线后，就可以释放 PCI 总线的资源；而采用 Non-Posted 传送方式，PCI 总线在没有结束当前总线事务时必须等待。这种等待将严重阻塞当前 PCI 总线上的其他数据传送，因此 PCI 总线使用 Delayed 总线事务处理 Non-Posted 数据请求，使用 Delayed 总线事务可以相对缓解 PCI 总线的拥塞。Delayed 总线事务的详细介绍见第 1.3.5 节。

PCI 总线规定只有存储器写请求（包括存储器写并无效请求）可以采用 Posted 总线事务，下文将 Posted 存储器写请求简称为 PMW（Posted Memory Write），而存储器读请求、I/O 读写请求、配置读写请求只能采用 Non-Posted 总线事务。

下面以图 1-1 的处理器系统中的 PCI 设备 11 向存储器进行 DMA 写操作为例，说明 Posted 传送方式的实现过程。PCI 设备 11 进行 DMA 写操作时使用存储器写总线事务，当 PCI 设备 11 获得 PCI 总线 x1 的使用权后，将发送存储器写总线事务到 PCI 总线 x1。当 PCI 桥 x1 发现这个总线事务的地址不在该桥管理的地址范围内将首先接收这个总线事务，并结束 PCI 总线 x1 的总线事务。

此时 PCI 总线 x1 使用的资源已被释放，PCI 设备 11 和 PCI 设备 12 可以使用 PCI 总线 x1 进行通信。PCI 桥 x1 获得 PCI 总线 x0 的使用权后，将转发这个存储器写总线事务到 PCI 总线 x0，之后 HOST 主桥 x 将接收这个存储器写总线事务，并最终将数据写入主存储器。

由以上过程可以发现，Posted 数据请求在通过 PCI 总线之后，将逐级释放总线资源，因此 PCI 总线的利用率较高。而使用 Non-Posted 方式进行数据传送的处理过程与此不同，Non-Posted 数据请求在通过 PCI 总线时，并不会及时释放总线资源，从而在某种程度上影响 PCI

总线的使用效率和传送带宽。

1.3.3　HOST 处理器访问 PCI 设备

HOST 处理器对 PCI 设备的数据访问主要包含两方面内容，一方面是处理器向 PCI 设备发起存储器和 I/O 读写请求；另一方面是处理器对 PCI 设备进行配置读写。

在 PCI 设备的配置空间中，共有 6 个 BAR 寄存器。每一个 BAR 寄存器都与 PCI 设备使用的一组 PCI 总线地址空间对应，BAR 寄存器记录这组地址空间的基地址。本书将与 BAR 寄存器对应的 PCI 总线地址空间称为 BAR 空间，在 BAR 空间中可以存放 I/O 地址空间，也可以存放存储器地址空间。

PCI 设备可以根据需要，有选择地使用这些 BAR 空间。值得注意的是，在 BAR 寄存器中存放的是 PCI 设备使用的"PCI 总线域"的物理地址，而不是"存储器域"的物理地址，有关 BAR 寄存器的详细介绍见第 2.3.2 节。

HOST 处理器访问 PCI 设备 I/O 地址空间的过程，与访问存储器地址空间略有不同。有些处理器，如 x86 处理器，具有独立的 I/O 地址空间。x86 处理器可以将 PCI 设备使用的 I/O 地址映射到存储器域的 I/O 地址空间中，之后处理器可以使用 IN、OUT 等指令对存储器域的 I/O 地址进行访问，然后通过 HOST 主桥将存储器域的 I/O 地址转换为 PCI 总线域的 I/O 地址，最后使用 PCI 总线的 I/O 总线事务对 PCI 设备的 I/O 地址进行读写访问。在 x86 处理器中，存储器域的 I/O 地址与 PCI 总线域的 I/O 地址相同。

对于有些没有独立 I/O 地址空间的处理器，如 PowerPC 处理器，需要在 HOST 主桥初始化时，将 PCI 设备使用的 I/O 地址空间映射为处理器的存储器地址空间。PowerPC 处理器对这段"存储器域"的存储器空间进行读写访问时，HOST 主桥将存储器域的这段存储器地址转换为 PCI 总线域的 I/O 地址，然后通过 PCI 总线的 I/O 总线事务对 PCI 设备的 I/O 地址进行读写操作。

在 PCI 总线中，存储器读写事务与 I/O 读写事务的实现较为类似。首先 HOST 处理器在初始化时，需要将 PCI 设备使用的 BAR 空间映射到"存储器域"的存储器地址空间。之后处理器通过存储器读写指令访问"存储器域"的存储器地址空间，HOST 主桥将"存储器域"的读写请求翻译为 PCI 总线的存储器读写总线事务之后，再发送给目标设备。

值得注意的是存储器域和 PCI 总线域的概念。PCI 设备能够直接使用的地址是 PCI 总线域的地址，在 PCI 总线事务中出现的地址也是 PCI 总线域的地址；而处理器能够直接使用的地址是存储器域的地址。理解存储器域与 PCI 总线域的区别对于理解 PCI 总线至关重要，在第 2.1 节将专门讨论这两个概念。

以上对 PCI 总线的存储器与 I/O 总线事务的介绍并没有考虑 PCI 桥的存在，如果将 PCI 桥考虑进来，情况将略微复杂。下面将以图 1-1 为例说明处理器如何通过 HOST 主桥和 PCI 桥 x1 对 PCI 设备 11 进行存储器读写操作。当处理器对 PCI 设备 11 进行存储器写操作时，这些数据需要通过 HOST 主桥 x 和 PCI 桥 x1，最终到达 PCI 设备 11，其访问步骤如下。值得注意的是，以下步骤忽略 PCI 总线的仲裁过程。

1）首先处理器将要传递的数据放入通用寄存器中，之后向 PCI 设备 11 映射到的存储器域的地址进行写操作。值得注意的是，处理器并不能直接访问 PCI 设备 11 的 PCI 总线地址空间，因为这些地址空间是属于 PCI 总线域的，处理器所能直接访问的空间是存储器域的地址空间。处理器必须通过 HOST 主桥将存储器域的数据访问转换为 PCI 总线事务才能对 PCI 总线地址空间进行访问。

2）HOST 主桥 x 接收来自处理器的存储器写请求，之后处理器结束当前存储器写操作，释放系统总线。HOST 主桥 x 将存储器域的存储器地址转换为 PCI 总线域的 PCI 总线地址。并向 PCI 总线 x0 发起 PCI 写请求总线事务。值得注意的是，虽然在许多处理器系统中，存储器地址和 PCI 总线地址完全相等，但其含义并不相同。

3）PCI 总线 x0 上的 PCI 设备 01、PCI 设备 02 和 PCI 桥 x1 将同时监听这个 PCI 写总线事务。最后 PCI 桥 x1 接收这个写总线事务，并结束来自 PCI 总线 x0 的 PCI 总线事务。之后 PCI 桥 x1 向 PCI 总线 x1 发起新的 PCI 总线写总线事务。

4）PCI 总线 x1 上的 PCI 设备 11 和 PCI 设备 12 同时监听这个 PCI 写总线事务。最后 PCI 设备 11 通过地址译码方式接收这个写总线事务，并结束来自 PCI 总线 x1 上的 PCI 总线事务。

由以上过程可以发现，由于存储器写总线事务使用 Posted 传送方式，因此数据通过 PCI 桥后都将结束上一级总线的 PCI 总线事务，从而上一级 PCI 总线可以被其他 PCI 设备使用。如果使用 Non-Posted 传送方式，直到数据发送到 PCI 设备 11 之后，PCI 总线 x1 和 x0 才能依次释放，从而在某种程度上将造成 PCI 总线的拥塞。

处理器对 PCI 设备 11 进行 I/O 读写操作和存储器读操作时只能采用 Non-Posted 方式进行，与 Posted 方式相比，使用 Non-Posted 方式，当数据到达目标设备后，目标设备需要向主设备发出"回应$^{\ominus}$"，当主设备收到这个"回应"后才能结束整个总线事务。本节不再讲述处理器如何对 PCI 设备进行 I/O 写操作，请读者思考这个过程。

处理器对 PCI 设备 11 进行存储器读时，这个读请求需要首先通过 HOST 主桥 x 和 PCI 桥 x1 到达 PCI 设备，之后 PCI 设备将读取的数据再次通过 PCI 桥 x1 和 HOST 主桥 x 传递给 HOST 处理器，其步骤如下所示。我们首先假设 PCI 总线没有使用 Delayed 传送方式处理 Non-Posted 总线事务，而是使用纯粹的 Non-Posted 方式。

1）首先处理器准备接收数据使用的通用寄存器，之后向 PCI 设备 11 映射到的存储器域的地址进行读操作。

2）HOST 主桥 x 接收来自处理器的存储器读请求。HOST 主桥 x 进行存储器地址到 PCI 总线地址的转换，之后向 PCI 总线 x0 发起存储器读总线事务。

3）PCI 总线 x0 上的 PCI 设备 01、PCI 设备 02 和 PCI 桥 x1 将监听这个存储器读请求，之后 PCI 桥 x1 接收这个存储器读请求。然后 PCI 桥 x1 向 PCI 总线 x1 发起新的 PCI 总线读请求。

4）PCI 总线 x1 上的 PCI 设备 11 和 PCI 设备 12 监听这个 PCI 读请求总线事务。最后 PCI 设备 11 接收这个存储器读请求总线事务，并将这个读请求总线事务转换为存储器读完成总线事务之后，将数据传送到 PCI 桥 x1，并结束来自 PCI 总线 x1 上的 PCI 总线事务。

5）PCI 桥 x1 将接收到的数据通过 PCI 总线 x0，继续上传到 HOST 主桥 x，并结束 PCI 总线 x0 上的 PCI 总线事务。

⊖　如果是存储器、I/O 读或者配置读总线事务，这个回应包含数据；如果是 I/O 写或者配置写，这个回应不包含数据。

6）HOST 主桥 x 将数据传递给处理器，最终结束处理器的存储器读操作。

显然这种方式与 Posted 传送方式相比，PCI 总线的利用率较低。因为只要 HOST 处理器没有收到来自目标设备的"回应"，那么 HOST 处理器到目标设备的传送路径上使用的所有 PCI 总线都将被阻塞。因而 PCI 总线 x0 和 x1 并没有被充分利用。

由以上例子，可以发现只有"读完成"依次通过 PCI 总线 x1 和 x0 之后，存储器读总线事务才不继续占用 PCI 总线 x1 和 x0 的资源，显然这种数据传送方式并不合理。因此 PCI 总线使用 Delayed 传送方式解决这个总线拥塞问题，有关 Delayed 传送方式的实现机制见第 1.3.5 节。

1.3.4　PCI 设备读写主存储器

PCI 设备与存储器直接进行数据交换的过程也被称为 DMA。与其他总线的 DMA 过程类似，PCI 设备进行 DMA 操作时，需要获得数据传送的目的地址和传送大小。支持 DMA 传递的 PCI 设备可以在其 BAR 空间中设置两个寄存器，分别保存这个目标地址和传送大小。这两个寄存器也是 PCI 设备 DMA 控制器的组成部件。

值得注意的是，PCI 设备进行 DMA 操作时，使用的目的地址是 PCI 总线域的物理地址，而不是存储器域的物理地址，因为 PCI 设备并不能识别存储器域的物理地址，而仅能识别 PCI 总线域的物理地址。

HOST 主桥负责完成 PCI 总线地址到存储器域地址的转换。HOST 主桥需要进行合理设置，将存储器的地址空间映射到 PCI 总线之后，PCI 设备才能对这段存储器空间进行 DMA 操作。PCI 设备不能直接访问没有经过主桥映射的存储器空间。

许多处理器允许 PCI 设备访问所有存储器域地址空间，但是有些处理器可以设置 PCI 设备所能访问的存储器域地址空间，从而对存储器域地址空间进行保护。例如 PowerPC 处理器的 HOST 主桥可以使用 Inbound 寄存器组，设置 PCI 设备访问的存储器地址范围和属性，只有在 Inbound 寄存器组映射的存储器空间才能被 PCI 设备访问，在第 2.2 节将详细介绍 PowerPC 处理器的这组寄存器。

综上所述，在一个处理器系统中，并不是所有存储器空间都可以被 PCI 设备访问，只有在 PCI 总线域中有映像的存储器空间才能被 PCI 设备访问。经过 HOST 主桥映射的存储器，具有两个"地址"，一个是在存储器域的地址，一个是在 PCI 总线域的 PCI 总线地址。当处理器访问这段存储器空间时，使用存储器地址；而 PCI 设备访问这段内存时，使用 PCI 总线地址。在多数处理器系统中，存储器地址与 PCI 总线地址相同，但是系统程序员需要正确理解这两个地址的区别。

下面以 PCI 设备 11 向主存储器写数据为例，说明 PCI 设备如何进行 DMA 写操作。

1）首先 PCI 设备 11 将存储器写请求发向 PCI 总线 x1，注意这个写请求使用的地址是 PCI 总线域的地址。

2）PCI 总线 x1 上的所有设备监听这个请求，因为 PCI 设备 11 是向处理器的存储器写数据，所以 PCI 总线 x1 上的 PCI Agent 设备都不会接收这个数据请求。

3）PCI 桥 x1 发现当前总线事务使用的 PCI 总线地址不是其下游设备使用的 PCI 总线地址，则接收这个数据请求，有关 PCI 桥的 Secondary 总线接收数据的过程见第 3.2.1 节。此时 PCI 桥 x1 将结束来自 PCI 设备 11 的 Posted 存储器写请求，并将这个数据请求推到上游

PCI 总线上，即 PCI 总线 x0 上。

4）PCI 总线 x0 上的所有 PCI 设备包括 HOST 主桥将监听这个请求。PCI 总线 x0 上的 PCI Agent 设备也不会接收这个数据请求，此时这个数据请求将由 HOST 主桥 x 接收，并结束 PCI 桥 x1 的 Posted 存储器写请求。

5）HOST 主桥 x 发现这个数据请求发向存储器，则将来自 PCI 总线 x0 的 PCI 总线地址转换为存储器地址，之后通过存储器控制器将数据写入存储器，完成 PCI 设备的 DMA 写操作。

PCI 设备进行 DMA 读过程与 DMA 写过程较为类似。不过 PCI 总线的存储器读总线事务只能使用 Non-Posted 总线事务，其过程如下。

1）首先 PCI 设备 11 将存储器读请求发向 PCI 总线 x1。

2）PCI 总线 x1 上的所有设备监听这个请求，因为 PCI 设备 11 是从存储器中读取数据，所以 PCI 总线 x1 上的设备，如 PCI 设备 12，不会接收这个数据请求。PCI 桥 x1 发现下游 PCI 总线没有设备接收这个数据请求，则接收这个数据请求，并将这个数据请求推到上游 PCI 总线上，即 PCI 总线 x0 上。

3）PCI 总线 x0 上的设备将监听这个请求。PCI 总线 x0 上的设备也不会接收这个数据请求，最后这个数据请求将由 HOST 主桥 x 接收。

4）HOST 主桥 x 发现这个数据请求是发向主存储器的，则将来自 PCI 总线 x0 的 PCI 总线地址转换为存储器地址，之后通过存储器控制器将数据读出，并转发到 HOST 主桥 x。

5）HOST 主桥 x 将数据经由 PCI 桥 x1 传递到 PCI 设备 11，PCI 设备 11 接收到这个数据后结束 DMA 读。

以上过程仅是 PCI 设备向存储器读写数据的一个简单流程。如果考虑处理器中的 Cache，这些存储器读写过程较为复杂。

PCI 总线还允许 PCI 设备之间进行数据传递，PCI 设备间的数据交换较为简单。在实际应用中，PCI 设备间的数据交换并不常见。下面以图 1-1 为例，简要介绍 PCI 设备 11 将数据写入 PCI 设备 01 的过程；请读者自行考虑 PCI 设备 11 从 PCI 设备 01 读取数据的过程。

1）首先 PCI 设备 11 将 PCI 写总线事务发向 PCI 总线 x1 上。PCI 桥 x1 和 PCI 设备 12 同时监听这个写总线事务。

2）PCI 桥 x1 将接收这个 PCI 写请求总线事务，并将这个 PCI 写总线事务上推到 PCI 总线 x0。

3）PCI 总线 x0 上的所有设备将监听这个 PCI 写总线事务，最后由 PCI 设备 01 接收这个数据请求，并完成 PCI 写事务。

1.3.5　Delayed 传送方式

如上所述，当处理器使用 Non-Posted 总线周期对 PCI 设备进行读操作，或者 PCI 设备使用 Non-Posted 总线事务对存储器进行读操作时，如果数据没有到达目的地，那么在这个读操作路径上的所有 PCI 总线都不能被释放，这将严重影响 PCI 总线的使用效率。

为此 PCI 桥需要对 Non-Posted 总线事务进行优化处理，并使用 Delayed 总线事务处理这些 Non-Posted 总线事务，PCI 总线规定只有 Non-Posted 总线事务可以使用 Delayed 总线事务。PCI 总线的 Delay 总线事务由 Delay 读写请求和 Delay 读写完成总线事务组成，当 Delay 读写请求到达目的地后，将被转换为 Delay 读写完成总线事务。基于 Delay 总线请求的数据交换如图 1-4 所示。

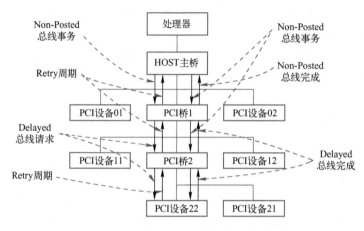

图 1-4　基于 Delayed 总线请求的数据交换

假设处理器通过存储器读、I/O 读写或者配置读写访问 PCI 设备 22 时，首先经过 HOST 主桥进行存储器域与 PCI 总线域的地址转换，并由 HOST 主桥发起 PCI 总线事务，然后通过 PCI 桥 1、2，最终到达 PCI 设备 22。其详细步骤如下。

1）HOST 主桥完成存储器域到 PCI 总线域的转换，然后启动 PCI 读总线事务。

2）PCI 桥 1 接收这个读总线事务，并首先使用 Retry 周期，使 HOST 主桥择时重新发起相同的总线周期。此时 PCI 桥 1 的上游 PCI 总线将被释放。值得注意的是 PCI 桥并不会每一次都使用 Retry 周期，使上游设备择时进行重试操作。在 PCI 总线中，有一个 "16 Clock" 原则，即 FRAME# 信号有效后，必须在 16 个时钟周期内置为无效，如果 PCI 桥发现来自上游设备的读总线事务不能在 16 个时钟周期内结束时，则使用 Retry 周期终止该总线事务。

3）PCI 桥 1 使用 Delayed 总线请求继续访问 PCI 设备 22。

4）PCI 桥 2 接收这个总线请求，并将这个 Delayed 总线请求继续传递。此时 PCI 桥 2 也将首先使用 Retry 周期，使 PCI 桥 1 择时重新发起相同的总线周期。此时 PCI 桥 2 的上游 PCI 总线被释放。

5）这个数据请求最终到达 PCI 设备 22，如果 PCI 设备 22 没有将数据准备好时，也可以使用 Retry 周期，使 PCI 桥 2 择时重新发起相同的总线周期；如果数据已经准备好，PCI 设备 22 将接收这个数据请求，并将这个 Delayed 总线请求转换为 Delayed 总线完成事务。如果 Delayed 总线请求是读请求，则 Delayed 总线完成事务中含有数据，否则只有完成信息，而不包含数据。

6）Delayed 总线完成事务将 "数据或者完成信息" 传递给 PCI 桥 2，当 PCI 桥 1 重新发出 Non-Posted 总线请求时，PCI 桥 2 将这个 "数据或者完成信息" 传递给 PCI 桥 1。

7）HOST 主桥重新发出存储器读总线事务时，PCI 桥 1 将 "数据或者完成信息" 传递给 HOST 主桥，最终完成整个 PCI 总线事务。

由以上分析可知，Delayed 总线周期由 Delayed 总线请求和 Delayed 总线完成两部分组成。下面将 Delayed 读请求总线事务简称为 DRR（Delayed Read Request），Delayed 读完成总线事务简称为 DRC（Delayed Read Completion）；而将 Delayed 写请求总线事务简称为 DWR

（Delayed Write Request），Delayed 写完成总线事务简称为 DWC（Delayed Write Completion）。

PCI 总线使用 Delayed 总线事务，在一定程度上可以提高 PCI 总线的利用率。因为在进行 Non-Posted 总线事务时，Non-Posted 请求在通过 PCI 桥之后，可以暂时释放 PCI 总线，但是采用这种方式，HOST/PCI 桥将会择时进行重试操作。在许多情况下，使用 Delayed 总线事务，并不能取得理想的效果，因为过多的重试周期也将大量消耗 PCI 总线的带宽。

为了进一步提高 Non-Posted 总线事务的执行效率，PCI-X 总线将 PCI 总线使用的 Delayed 总线事务，升级为 Split 总线事务。采用 Split 总线事务可以有效解决 HOST/PCI 桥的这些重试操作。Split 总线事务的基本思想是发送端首先将 Non-Posted 总线请求发送给接收端，然后再由接收端主动地将数据传递给发送端。

除了 PCI-X 总线可以使用 Split 总线事务进行数据传送之外，有些处理器，如 x86 和 PowerPC 处理器的 FSB（Front Side Bus）总线也支持这种 Split 总线事务，因此这些 HOST 主桥也可以发起这种 Split 总线事务。在 PCIe 总线中，Non-Posted 数据传送都使用 Split 总线事务完成，而不再使用 Delayed 总线事务。在第 1.5.1 节将简要介绍 Split 总线事务和 PCI-X 总线对 PCI 总线的一些功能上的增强。

1.4　PCI 总线的中断机制

PCI 总线使用 INTA#、INTB#、INTC#和 INTD#信号向处理器发出中断请求。这些中断请求信号为低电平有效，并与处理器的中断控制器连接。在 PCI 体系结构中，这些中断信号属于边带信号（Sideband Signals），PCI 总线规范并没有明确规定在一个处理器系统中如何使用这些信号，因为这些信号对于 PCI 总线是可选信号。PCI 设备还可以使用 MSI 机制向处理器提交中断请求，而不使用这组中断信号。有关 MSI 机制的详细说明见第 10 章。

1.4.1　中断信号与中断控制器的连接关系

不同的处理器使用的中断控制器不同，如 x86 处理器使用 APIC（Advanced Programmable Interrupt Controller）中断控制器，而 PowerPC 处理器使用 MPIC（Multiprocessor Interrupt Controller）中断控制器。这些中断控制器都提供了一些外部中断请求引脚 IRQ_PINx#。外部设备，包括 PCI 设备可以使用这些引脚向处理器提交中断请求。

但是 PCI 总线规范没有规定 PCI 设备的 INTx 信号如何与中断控制器的 IRQ_PINx#信号相连，这为系统软件的设计带来了一定的困难，为此系统软件使用中断路由表存放 PCI 设备的 INTx 信号与中断控制器的连接关系。在 x86 处理器系统中，BIOS 可以提供这个中断路由表，而在 PowerPC 处理器中 Firmware 也可以提供这个中断路由表。

在一些简单的嵌入式处理器系统中，Firmware 并没有提供中断路由表，系统软件开发者需要事先了解 PCI 设备的 INTx 信号与中断控制器的连接关系。此时外部设备与中断控制器的连接关系由硬件设计人员指定。

假设在一个处理器系统中，共有 3 个 PCI 插槽（分别为 PCI 插槽 A、B 和 C），这些 PCI 插槽与中断控制器的 IRQ_PINx 引脚（分别为 IRQW#、IRQX#、IRQY#和 IRQZ#）可以按照图 1-5 所示的拓扑结构进行连接。

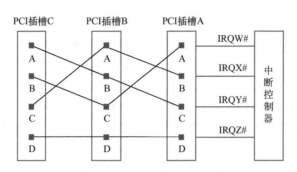

图 1-5　PCI 插槽与中断控制器连接拓扑图

采用图 1-5 所示的拓扑结构时，PCI 插槽 A、B、C 的 INTA#、INTB#和 INTC#信号将分散连接到中断控制器的 IRQW#、IRQX#和 IRQY#信号，而所有 INTD#信号将共享一个 IRQZ#信号。采用这种连接方式时，整个处理器系统使用的中断请求信号，其负载较为均衡。而且这种连接方式保证了每一个插槽的 INTA#信号都与一根独立的 IRQx#信号对应，从而提高了 PCI 插槽中断请求的效率。

在一个处理器系统中，多数 PCI 设备仅使用 INTA#信号，很少使用 INTB#和 INTC#信号，而 INTD#信号更是极少使用。在 PCI 总线中，PCI 设备配置空间的 Interrupt Pin 寄存器记录该设备究竟使用哪个 INTx 信号，该寄存器的详细介绍见第 2.3.2 节。

1.4.2　中断信号与 PCI 总线的连接关系

在 PCI 总线中，INTx 信号属于边带信号。所谓边带信号是指这些信号在 PCI 总线中是可选信号，而且只能在一个处理器系统的内部使用，并不能离开这个处理器环境。PCI 桥也不会处理这些边带信号。这给 PCI 设备将中断请求发向处理器带来了一些困难，特别是给挂接在 PCI 桥之下的 PCI 设备进行中断请求带来了一些麻烦。

在一些嵌入式处理器系统中，这个问题较易解决。因为嵌入式处理器系统很清楚在当前系统中存在多少个 PCI 设备，这些 PCI 设备使用了哪些中断资源。在多数嵌入式处理器系统中，PCI 设备的数量小于中断控制器提供的外部中断请求引脚数，而且在嵌入式系统中，多数 PCI 设备仅使用 INTA#信号提交中断请求。

在这类处理器系统中，可能并不含有 PCI 桥，因而 PCI 设备的中断请求信号与中断控制器的连接关系较易确定。即便存在 PCI 桥，来自 PCI 桥之下的 PCI 设备的中断请求也较易处理。

在多数情况下，嵌入式处理器系统使用的 PCI 设备仅使用 INTA#信号进行中断请求，所以只要将这些 INTA#信号挂接到中断控制器的独立 IRQ_PIN#引脚上即可。这样每一个 PCI 设备都可以独占一个单独的中断引脚。

而在 x86 处理器系统中，这个问题需要 BIOS 参与来解决。在 x86 处理器系统中，有许多 PCI 插槽，处理器系统并不知道在这些插槽上将要挂接哪些 PCI 设备，也并不知道这些 PCI 设备是否需要使用所有的 INTx#信号线。因此 x86 处理器系统必须对各种情况进行处理。

x86 处理器系统还经常使用 PCI 桥进行 PCI 总线扩展，扩展出来的 PCI 总线还可能挂接一些 PCI 插槽，这些插槽上的 INTx#信号仍然需要处理。PCI 桥规范并没有要求桥片传递其下 PCI 设备的中断请求。事实上多数 PCI 桥也没有为下游 PCI 总线提供中断引脚 INTx#，管理其下游总线的 PCI 设备。但是 PCI 桥规范推荐使用表 1-3 建立下游 PCI 设备的 INTx 信号与上游 PCI 总线 INTx 信号之间的映射关系。

表 1-3　PCI 设备 INTx#信号与 PCI 总线 INTx#信号的映射关系

设　备　号	PCI 设备的 INTx#信号	PCI 总线的 INTx#信号
0, 4, 8, 12, 16, 20, 24, 28	INTA#	INTA#
	INTB#	INTB#
	INTC#	INTC#
	INTD#	INTD#
1, 5, 9, 13, 17, 21, 25, 29	INTA#	INTB#
	INTB#	INTC#
	INTC#	INTD#
	INTD#	INTA#
2, 6, 10, 14, 18, 22, 26, 30	INTA#	INTC#
	INTB#	INTD#
	INTC#	INTA#
	INTD#	INTB#
3, 7, 11, 15, 19, 23, 27, 31	INTA#	INTD#
	INTB#	INTA#
	INTC#	INTB#
	INTD#	INTC#

下面举例说明该表的含义。在 PCI 桥下游总线上的 PCI 设备，如果其设备号为 0，那么这个设备的 INTA#引脚将和 PCI 总线的 INTA#引脚相连；如果其设备号为 1，其 INTA#引脚将和 PCI 总线的 INTB#引脚相连；如果其设备号为 2，其 INTA#引脚将和 PCI 总线的 INTC#引脚相连；如果其设备号为 3，其 INTA#引脚将和 PCI 总线的 INTD#引脚相连。

在 x86 处理器系统中，由 BIOS 或者 APCI 表记录 PCI 总线的 INTA~D#信号与中断控制器之间的映射关系，保存这个映射关系的数据结构也被称为中断路由表。大多数 BIOS 使用表 1-3 中的映射关系，这也是绝大多数 BIOS 支持的方式。如果在一个 x86 处理器系统中，PCI 桥下游总线的 PCI 设备使用的中断映射关系与此不同，那么系统软件程序员需要改动 BIOS 中的中断路由表。

BIOS 初始化代码根据中断路由表中的信息，可以将 PCI 设备使用的中断向量号写入到该 PCI 设备配置空间的 Interrupt Line register 寄存器中，该寄存器将在第 2.3.2 节中介绍。

1.4.3　中断请求的同步

在 PCI 总线中，INTx 信号是一个异步信号。所谓异步是指 INTx 信号的传递并不与 PCI 总线的数据传送同步，即 INTx 信号的传递与 PCI 设备使用的 CLK#信号无关。这个"异步"信号给系统软件的设计带来了一定的麻烦。

系统软件程序员需要注意"异步"这种事件，因为几乎所有"异步"事件都会带来系统的"同步"问题。以图 1-1 为例，当 PCI 设备 11 使用 DMA 写方式，将一组数据写入存储器，该设备在最后一个数据离开 PCI 设备 11 的发送 FIFO 时，会认为 DMA 写操作已经完成。此时这个设备将通过 INTx 信号，通知处理器 DMA 写操作完成。

此时处理器（驱动程序的中断服务例程）需要注意，因为 INTx 信号是一个异步信号，当处理器收到 INTx 信号时，并不意味着 PCI 设备 11 已经将数据写入存储器中，因为 PCI 设备 11 的数据传递需要通过 PCI 桥 x1 和 HOST 主桥，最终才能到达存储器控制器。

而 INTx 信号是"异步"发送给处理器的，PCI 总线并不知道这个"异步"事件何时被处理。很有可能处理器已经接收到 INTx 信号，开始执行中断处理程序时，该 PCI 设备还没有完全将数据写入存储器。

因为"PCI 设备向处理器提交中断请求"与"将数据写入存储器"分别使用了两个不同的路径，处理器系统无法保证哪个信息率先到达。从而在处理器系统中存在"中断同步"的问题，PCI 总线提供了以下两种方法解决这个同步问题。

（1）PCI 设备保证在数据到达目的地之后，再提交中断请求。

显然这种方法不仅加大了硬件的开销，而且也不容易实现。如果 PCI 设备采用 Posted 写总线事务，PCI 设备无法单纯通过硬件逻辑判断数据什么时候写入到存储器。此时为了保证数据到达目的地后，PCI 设备才能提交中断请求，PCI 设备需要使用"读刷新"的方法保证数据可以到达目的地，其方法如下。

PCI 设备在提交中断请求之前，向 DMA 写的数据区域发出一个读请求，这个读请求总线事务将被 PCI 设备转换为读完成总线事务，当 PCI 设备收到这个读完成总线事务后，再向处理器提交中断请求。PCI 总线的"序"机制保证这个存储器读请求，会将 DMA 数据最终写入存储器，有关 PCI 序的详细说明见第 11.3 节。

PCI 总线规范要求 HOST 主桥和 PCI 桥必须保证这种读操作可以刷新写操作。但问题是，没有多少芯片设计者愿意提供这种机制，因为这将极大地增加他们的设计难度。除此之外，使用这种方法也将增加中断请求的延时。

（2）中断服务例程使用"读刷新"方法。

中断服务例程在使用"PCI 设备写入存储器"的这些数据之前，需要对这个 PCI 设备进行读操作。这个读操作也可以强制将数据最终写入存储器，实际上是将数据写到存储器控制器中。这种方法利用了 PCI 总线的传送序规则，与第 1 种方法基本相同，只是这种方法使用软件方式，而第 1 种方式使用硬件方式。第 11.3 节将详细介绍这个读操作如何将数据刷新到存储器中。

第 2 种方法也是绝大多数处理器系统采用的方法。程序员在编写中断服务例程时，往往都是先读取 PCI 设备的中断状态寄存器，判断中断产生原因之后，才对 PCI 设备写入的数据进行操作。这个读取中断状态寄存器的过程，一方面可以获得设备的中断状态，另一方面可以保证 DMA 写的数据最终到达存储器。如果驱动程序不这样做，就可能产生数据完整性问题。产生这种数据完整性问题的原因是 INTx 这个异步信号。

这里也再次提醒系统程序员注意 PCI 总线的"异步"中断所带来的数据完整性问题。在一个操作系统中，即便中断处理程序没有首先读取 PCI 设备的寄存器，也多半不会出现问题，因为在操作系统中，一个 PCI 设备从提交中断到处理器开始执行设备的中断服务例程，所需要的时间较长，处理器系统基本上可以保证此时数据已经写入存储器。

但是如果系统程序员不这样做，这个驱动程序依然有 Bug，尽管这些 Bug 因为各种机缘巧合，始终不能够暴露出来，而一旦这些 Bug 被暴露出来将难以定位。为此系统程序员务必重视设计中的每一个实现细节，当然仅凭小心谨慎是远远不够的，因为重视细节的前提是充分理解这些细节。

PCI 总线 V2.2 规范还定义了一种新的中断机制，即 MSI 中断机制。MSI 中断机制采用存储器写总线事务向处理器系统提交中断请求，其实现机制是向 HOST 处理器指定的一个存储器地址写指定的数据。这个存储器地址一般是中断控制器规定的某段存储器地址范围，而且数据也是事先安排好的数据，通常含有中断向量号。

HOST 主桥会将 MSI 这个特殊的存储器写总线事务进一步翻译为中断请求，提交给处理器。目前 PCIe 和 PCI-X 设备必须支持 MSI 中断机制，但是 PCI 设备并不一定都支持 MSI 中断机制。

目前 MSI 中断机制虽然在 PCIe 总线上已经成为主流，但是在 PCI 设备中并不常用。即便是支持 MSI 中断机制的 PCI 设备，在设备驱动程序的实现中也很少使用这种机制。首先 PCI 设备具有 INTx#信号可以传递中断，而且这种中断传送方式在 PCI 总线中根深蒂固。其次 PCI 总线是一个共享总线，传递 MSI 中断需要占用 PCI 总线的带宽，需要进行总线仲裁等一系列过程，远没有使用 INTx#信号线直接。

但是使用 MSI 中断机制可以取消 PCI 总线这个 INTx#边带信号，可以解决使用 INTx 中断机制所带来的数据完整性问题。而更为重要的是，PCI 设备使用 MSI 中断机制，向处理器系统提交中断请求时，还可以通知处理器系统产生该中断的原因，即通过不同中断向量号表示中断请求的来源。当处理器系统执行中断服务例程时，不需要读取 PCI 设备的中断状态寄存器，获得中断请求的来源，从而在一定程度上提高了中断处理的效率。本书将在第 10 章详细介绍 MSI 中断机制。

1.5　PCI-X 总线简介

PCI-X 总线仍采用并行总线技术。PCI-X 总线使用的大多数总线事务基于 PCI 总线，但是在实现细节上略有不同。PCI-X 总线将工作频率提高到 533 MHz，并首先引入了 PME（Power Management Event）机制。除此之外，PCI-X 总线还提出了许多新的特性。

1.5.1　Split 总线事务

Split 总线事务是 PCI-X 总线的一个重要特性。该总线事务替代了 PCI 总线的 Delayed 数据传送方式，从而提高了 Non-Posted 总线事务的传送效率。下面以存储器读为例，说明 PCI-X 设备如何使用 Split 总线事务。

PCI-X 总线在进行存储器读总线事务时，总线事务的发起方（Requester）使用 Split 总线事务与总线事务接收端（Completer）进行数据交换，其步骤如下。

1）Requester 向 Completer 发起存储器读请求总线事务。

2）这个存储器读请求在到达 Completer 之前，可能会经过多级 PCI-X 桥。这些 PCI-X 桥使用 Split Response 周期结束当前总线事务，释放上游 PCI 总线。之后继续转发这个存储器读请求，直到 Completer 认领这个存储器读请求总线事务。

3）Completer 认领存储器读请求总线事务后，会记录 Requester 的 ID 号，并使用 Split

Response 周期结束存储器读请求总线事务。

4）Completer 准备好数据后，将重新申请总线，并使用存储器读完成总线事务主动地将数据传送给 Requester。在这个完成报文中包含 Requester 的 ID 号，因为完成报文使用 ID 路由而不是地址路由。

5）这些完成报文根据 ID 路由方式，最终到达 Requester。Requester 从完成报文中接收数据并完成整个存储器读请求。

与 Delayed 总线事务相比，Requester 获得的数据是 Completer 将数据完全准备好后，由 Completer 主动传递的，而不是通过 Requester 通过多次重试获得的，因此能够提高 PCI-X 总线的使用效率。PCI-X 总线提出的 Split 总线事务被 PCIe 总线继承。

1.5.2 总线传送协议

PCI-X 总线改变了 PCI 总线使用的传送协议。目标设备可以将主设备发送的命令锁存，然后在下一个时钟周期进行译码操作。与 PCI 总线事务相比，PCI-X 总线采用的这种方式，虽然在总线时序中多使用了一个时钟周期，但是可以有效提高 PCI-X 总线的运行频率。

因为主设备通过数据线将命令发送到目标设备需要一定的延时。如果 PCI 总线频率较高，目标设备很难在一个时钟周期内接收完毕总线命令，并同时完成译码工作。而如果目标设备能够将主设备发出的命令先进行锁存，然后在下一个时钟周期进行译码则可以有效解决这个译码时间 Margin 不足的问题，从而提高 PCI-X 总线的频率。PCI-X 1.0 总线可以使用的最高总线频率为 133 MHz，而 PCI-X 2.0 总线可以使用的最高总线频率为 533 MHz，远比 PCI 总线使用的总线频率高。

除了信号传送协议外，PCI-X 总线在进行 DMA 读写时，可以不进行 Cache 共享一致性操作，而 PCI 总线进行 DMA 读写时必须进行 Cache 一致性操作。在某些特殊情况下，DMA 读写时进行 Cache 共享一致性不但不能提高总线传送效率，反而会降低。第 3.3 节将详细讨论与 Cache 一致性相关的 PCI 总线事务。

此外 PCI-X 总线还支持乱序总线事务，即 Relaxed Ordering，该总线事务被 PCIe 总线继承。对于某些应用，PCI-X 设备使用 Relaxed ordering 方式，可以有效地提高数据传送效率。但是支持 Relaxed Ordering 的设备，需要较多的数据缓存和硬件逻辑处理这些乱序，这为 PCI-X 设备的设计带来了不小的困难。

1.5.3 基于数据块的突发传送

在 PCI 总线中，一次突发传送的大小为 2 个以上的双字。一次突发传送所携带的数据越多，突发传送的总线利用率也越高。

而 PCI 总线的突发传送仍然存在缺陷。在 PCI 总线中，数据发送端知道究竟需要发送多少字节的数据，但是接收端并不清楚到底需要接收多少数据。这种不确定性，为接收端的缓冲管理带来了较大的挑战。

为此 PCI-X 总线使用基于数据块的突发传送方式，发送端以 ADB（Allowable Disconnect Boundary）为单位，将数据发送给接收端，一次突发读写为一个以上的 ADB。采用这种方式，接收端可以事先预知是否有足够的接收缓冲，接收来自发送端的数据，从而可以及时断连当前总线周期，以节约 PCI-X 总线的带宽。在 PCI-X 总线中，ADB 的大小为 128B。

由于 ADB 的引入，PCI 总线与 Cache 相关的总线事务如 Memory Read Line、Memory Read Multiline 和 Memory Write and Invalidate，都被 PCI-X 总线使用与 ADB 相关的总线事务替代。因为通过 ADB，PCI-X 桥（HOST 主桥）可以准确地预知即将访问的数据在 Cache 中的分布情况。

PCI-X 总线还增加了一些其他特性，如在总线事务中增加传送字节计数，限制等待状态等机制，并增强了奇偶校验的管理方式。但是 PCI-X 总线还没有普及，就被 PCIe 总线替代。因此在 PC 领域和嵌入式领域很少有基于 PCI-X 总线的设备，PCI-X 设备仅在一些高端服务器上出现。因此本节不对 PCI-X 总线做进一步描述。事实上，PCI-X 总线的许多特性都被 PCIe 总线继承。

1.6　小结

本章主要介绍了 PCI 总线的基本组成部件，PCI 设备如何提交中断请求，以及 PCI-X 总线对 PCI 总线的功能增强。本章的重点在于 PCI 总线的 Posted 和 Non-Posted 总线事务，以及 PCI 总线如何使用 Delayed 传送方式处理 Non-Posted 总线事务，请读者务必深入理解这两种总线事务的不同。

第2章 PCI总线的桥与配置

在 PCI 体系结构中，含有两类桥，一类是 HOST 主桥，另一类是 PCI 桥。在每一个 PCI 设备中（包括 PCI 桥）都含有一个配置空间。这个配置空间由 HOST 主桥管理，而 PCI 桥可以转发来自 HOST 主桥的配置访问。在 PCI 总线中，PCI Agent 设备使用的配置空间与 PCI 桥使用的配置空间有些差别，但这些配置空间都是由处理器通过 HOST 主桥管理的。

2.1 存储器域与 PCI 总线域

HOST 主桥的实现因处理器系统而异。PowerPC 处理器和 x86 处理器的 HOST 主桥除了集成方式不同之外，其实现机制也有较大差异。但是这些 HOST 主桥所完成的最基本功能依然是分离存储器域与 PCI 总线域，完成 PCI 总线域到存储器域，存储器域到 PCI 总线域之间的数据传递，并管理 PCI 设备的配置空间。

之前曾经多次提到，在一个处理器系统中，存在 PCI 总线域与存储器域，深入理解这两个域的区别是理解 HOST 主桥的关键所在。在一个处理器系统中，存储器域、PCI 总线域与 HOST 主桥的关系如图 2-1 所示。

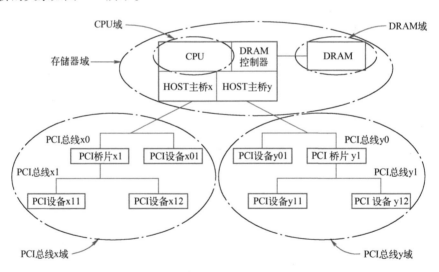

图 2-1 存储器域、PCI 总线域与 HOST 主桥的关系

图中的处理器系统由一个 CPU、一个 DRAM 控制器和两个 HOST 主桥组成。在这个处理器系统中，包含 CPU 域、DRAM 域、存储器域和 PCI 总线域地址空间。其中 HOST 主桥 x 和 HOST 主桥 y 分别管理 PCI 总线 x 域与 PCI 总线 y 域。PCI 设备访问存储器域时，也需要通过 HOST 主桥，并由 HOST 主桥进行 PCI 总线域到存储器域的地址转换；CPU 访问 PCI 设备时，同样需要通过 HOST 主桥进行存储器域到 PCI 总线域的地址转换。

如果 HOST 主桥支持 Peer-to-Peer 传送机制, PCI 总线 x 域上的设备可以与 PCI 总线 y 域上的设备直接通信, 如 PCI 设备 x11 可以直接与 PCI 设备 y11 通信。为简化模型, 在本书中, PCI 总线仅使用 32 位地址空间。

2.1.1　CPU 域、DRAM 域与存储器域

CPU 域地址空间指 CPU 所能直接访问的地址空间集合。在本书中, CPU、处理器与处理器系统的概念不同。如 MPC8548 处理器的内核是 E500 V2[⊖], 本书将这个处理器内核称为 CPU; 处理器由一个或者多个 CPU、外部 Cache、中断控制器和 DRAM 控制器组成; 而处理器系统由一个或者多个处理器和外部设备组成。

在 CPU 域中有一个重要概念, 即 CPU 域边界。所谓 CPU 域边界, 即 CPU 所能控制的数据完整性边界。CPU 域的边界由 Memory Fence 指令[⊖]的作用范围确定, CPU 域边界的划分对数据完整性 (Data Consistency) 非常重要。与 CPU 域相关的数据完整性知识较为复杂, 可以独立成书, 因此本书对数据完整性不做进一步介绍。

严格地讲, CPU 域仅在 CPU 内核中有效。CPU 访问主存储器时, 首先将读写命令放入读写指令缓冲中, 然后将这个命令发送到 DRAM 控制器或者 HOST 主桥。DRAM 控制器或者 HOST 主桥将 CPU 地址转换为 DRAM 或者 PCI 总线地址, 分别进入 DRAM 域或者 PCI 总线域后, 再访问相应的地址空间。

DRAM 域地址空间指 DRAM 控制器所能访问的地址空间集合。目前处理器系统的 DRAM 一般由 DDR-SDRAM 组成, 有的书籍也将这部分内存称为主存储器。在有些处理器系统中, DRAM 控制器能够访问的地址空间, 并不能被处理器访问, 因此在这类处理器系统中, CPU 域与 DRAM 域地址空间并不等同。

比如有些 CPU 可以支持 36 位的物理地址, 而有些 DRAM 控制器仅支持 32 位的物理地址, 此时 CPU 域包含的地址空间大于 DRAM 域地址空间。但是这并不意味着 DRAM 域一定包含在 CPU 域中, 在某些处理器系统中, CPU 并不能访问在 DRAM 域中的某些数据区域。而 CPU 域中除了包含 DRAM 域外, 还包含外部设备空间。

在多数处理器系统中, DRAM 域空间是 CPU 域空间的一部分, 但是也有例外。比如显卡控制器可能会借用一部分主存储器空间, 这些被借用的空间不能被 CPU 访问, 而只能被 DRAM 控制器, 更为准确地说是显卡通过 DRAM 控制器访问, 因此这段空间不属于 CPU 域, 严格地讲, 这段空间属于外部设备域。

本书使用存储器域统称 CPU 域与 DRAM 域。存储器域包括 CPU 内部的通用寄存器、存储器映像寻址的寄存器、主存储器空间和外部设备空间。在 Intel 的 x86 处理器系统中, 外部设备空间与 PCI 总线域地址空间等效, 因为在 x86 处理器系统中, 使用 PCI 总线统一管理全部外部设备。为简化起见, 本书使用 PCI 总线域替代外部设备域。

值得注意的是, 存储器域的外部设备空间, 在 PCI 总线域中还有一个地址映射。当处理器访问 PCI 设备时, 首先访问的是这个设备在存储器域上的 PCI 设备空间, 之后 HOST 主桥

⊖　MPC8548 处理器基于 E500 V2 内核。目前 E500 内核包括 V1、V2 和 mc (MultiCore) 三个版本。

⊖　x86 处理器的 Memory Fence 指令为 MFENCE、LFENCE 和 SFENCE, 而 PowerPC 处理器的 Memory Fence 指令为 msync 和 mbar。

将这个存储器域的 PCI 总线地址转换为 PCI 总线域的物理地址[⊖]，然后通过 PCI 总线事务访问 PCI 总线域的地址空间。

2.1.2　PCI 总线域

在 x86 处理器系统中，PCI 总线域是外部设备域的重要组成部分。实际上在 Intel 的 x86 处理器系统中，所有的外部设备都使用 PCI 总线管理。而 AMD 的 x86 处理器系统中还存在一条 HT（Hyper Transport）总线，HT 总线的主要目的是替代 FSB 总线，但是也可以作为局部总线连接一些高速设备即 HT 设备，因此在 AMD 的 x86 处理器系统中还存在 HT 总线域。本书对 HT 总线不做进一步介绍。

PCI 总线域（PCI Segment）由 PCI 设备所能直接访问的地址空间组成。在一个处理器系统中，可能存在多个 HOST 主桥，因此也存在多个 PCI 总线域。如在图 2-1 所示的处理器系统中，具有两个 HOST 主桥，因而在这个处理器系统中存在 PCI 总线 x 和 y 域。

在多数处理器系统中，分属于两个 PCI 总线域的 PCI 设备并不能直接进行数据交换，而需要通过 FSB 进行数据交换。值得注意的是，如果某些处理器的 HOST 主桥支持 Peer-to-Peer 数据传送，那么这个 HOST 主桥可以支持不同 PCI 总线域间的数据传送。

PowerPC 处理器使用了 OCeaN 技术连接两个 HOST 主桥，OCeaN 可以将属于 x 域的 PCI 数据请求转发到 y 域，OCeaN 支持 PCI 总线的 Peer-to-Peer 数据传送。有关 OCeaN 技术的详细说明见第 2.2 节。

2.1.3　处理器域

处理器域是指一个处理器系统能够访问的地址空间集合。处理器系统能够访问的地址空间由存储器域和外部设备域组成。其中存储器域地址空间较为简单，而在不同的处理器系统中，外部设备域的组成结构并不相同。如在 x86 处理器系统中，外部设备域主要由 PCI 总线域组成，因为大多数外部设备都是挂接在 PCI 总线[⊖]上的，而在 PowerPC 处理器和其他处理器系统中，有相当多的设备与 FSB 直接相连，而不与 PCI 总线相连。

本书仅介绍 PCI 总线域而不对其他外部设备域进行说明。其中存储器域与 PCI 总线域之间由 HOST 主桥联系在一起。深入理解这些域的关系是深入理解 PCI 体系结构的关键所在，实际上这也是理解处理器体系结构的基础。

通过 HOST 主桥，处理器系统可以将处理器域划分为存储器域与 PCI 总线域。其中存储器域与 PCI 总线域彼此独立，并通过 HOST 主桥进行数据交换。HOST 主桥是联系存储器域与 PCI 总线域的桥梁，是 PCI 总线域实际的管理者。

有些书籍认为 HOST 处理器是 PCI 总线域的管理者，这种说法并不准确。假设在一个 SMP 处理器系统中，存在 4 个 CPU 而只有一个 HOST 主桥，这 4 个 CPU 将无法判断究竟谁是 HOST 处理器。不过究竟是哪个处理器作为 HOST 处理器并不重要，因为在一个处理器系统中，是 HOST 主桥管理 PCI 总线域，而不是 HOST 处理器。当一个处理器系统中含有多个 CPU 时，如果每个 CPU 都可以访问 HOST 主桥，那么这些 CPU 都可以作为这个 HOST 主桥

　⊖　PCI 总线域只含有物理地址，因此下文将直接使用 PCI 总线地址，而不使用 PCI 总线物理地址。

　⊖　AMD 的 x86 处理器中的某些外部设备，可能是基于 HT 总线，而不使用 PCI 总线。

所管理 PCI 总线树的 HOST 处理器。

在一个处理器系统中，CPU 所能访问的 PCI 总线地址一定在存储器域中具有地址映射；而 PCI 设备能访问的存储器域的地址也一定在 PCI 总线域中具有地址映射。当 CPU 访问 PCI 域地址空间时，首先访问存储器域的地址空间，然后经过 HOST 主桥转换为 PCI 总线域的地址，再通过 PCI 总线事务进行数据访问。而当 PCI 设备访问主存储器时，首先通过 PCI 总线事务访问 PCI 总线域的地址空间，然后经过 HOST 主桥转换为存储器域的地址后，再对这些空间进行数据访问。

由此可见，存储器域与 PCI 总线域的转换关系由 HOST 主桥统一进行管理。有些处理器提供了一些寄存器进行这种地址映射，如 PowerPC 处理器使用 Inbound 和 Outbound 寄存器组保存存储器域与 PCI 总线域的地址映射关系；而有些处理器并没有提供这些寄存器，但是存储器域到 PCI 总线域的转换关系依然存在。

HOST 主桥进行不同地址域间的数据交换时，需要遵循以下规则。为区别存储器域到 PCI 总线域的地址映射，下面将 PCI 总线域到存储器域的地址映射称为反向映射。

1）处理器访问 PCI 总线域地址空间时，首先需要访问存储器域的地址空间，再通过 HOST 主桥将存储器地址转换为 PCI 总线地址，之后才能进入 PCI 总线域进行数据交换。PCI 设备使用的地址空间保存在各自的 PCI 配置寄存器中，即 BAR 寄存器中。这些 PCI 总线地址空间需要在初始化时映射成为存储器域的存储器地址空间，之后处理器才能访问这些地址空间。在有些处理器的 HOST 主桥中，具有独立的寄存器保存这个地址映射规则，如 PowerPC 处理器的 Outbound 寄存器组；而有些处理器，如在 x86 处理器中，虽然没有这样的寄存器组，但是在 HOST 主桥的硬件逻辑中仍然存在这个地址转换的概念。

2）PCI 设备访问存储器域时，首先需要访问 PCI 总线域的地址空间，再通过 HOST 主桥将 PCI 总线地址转换为存储器地址，才能穿越 HOST 主桥进行数据交换。为此处理器需要通过 HOST 主桥将这个 PCI 总线地址反向映射为存储器地址。PCI 设备不能访问在 PCI 总线域中没有进行这种反向映射的存储器域地址空间。PowerPC 处理器使用 Inbound 寄存器组存放 PCI 设备所能访问的存储器空间，而在 x86 处理器中并没有这样的寄存器组，但是依然存在这个地址转换的概念。

3）如果 HOST 主桥不支持 Peer-to-Peer 传送方式，那么分属不同 PCI 总线域的 PCI 设备间不能直接进行数据交换。在 32 位的 PCI 总线中，每一个 PCI 总线域的地址范围都是 0x0000-0000~0xFFFF-FFFF，但是这些地址没有直接联系。PCI 总线 x 域上的 PCI 总线地址 0x0000-0000 与 PCI 总线 y 域上的 PCI 总线地址 0x0000-0000 并不相同，而且这两个 PCI 总线地址经过 HOST 主桥反向映射后，得到的存储器地址也不相同。

在第 2.2 节中，将主要以 PowerPC 处理器为例说明 HOST 主桥的实现机制，并在第 2.2.4 节简要说明 x86 处理器中的南北桥构架。尽管部分读者对 PowerPC 处理器并不感兴趣，笔者仍然强烈建议读者仔细阅读第 2.2 节的全部内容。

在 PowerPC 处理器中，HOST 主桥的实现比较完整，尤其是 PCI 总线域与存储器域的映射关系比较明晰，便于读者准确掌握这个重要的概念。而 x86 处理器由于考虑向前兼容（forward compatibility），设计中包含了太多的不得已。x86 处理器有时不得不保留原设计中的不完美，向前兼容是 Intel 的重要成就，也是一个沉重的十字架。

2.2　HOST 主桥

本节以 MPC8548 处理器为例说明 HOST 主桥在 PowerPC 处理器中的实现机制，并简要介绍 x86 处理器系统使用的 HOST 主桥。

MPC8548 处理器是 Freescale 基于 E500 V2 内核的一个 PowerPC 处理器，该处理器中集成了 DDR 控制器、多个 eTSEC（Enhanced Three-Speed Ethernet Controller）、PCI/PCI-X 和 PCIe 总线控制器等一系列接口。MPC8548 处理器的拓扑结构如图 2-2 所示。

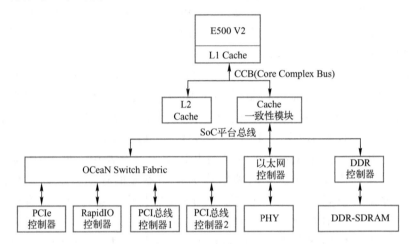

图 2-2　MPC8548 处理器的拓扑结构

图中，MPC8548 处理器的 L1 Cache 在 E500 V2 内核中，而 L2 Cache 与 FSB$^{\ominus}$ 直接相连，不属于 E500 内核。值得注意的是有些高端 PowerPC 处理器的 L2 Cache 也在 CPU 中，而 L3 Cache 与 CCB 总线直接相连。

在 MPC8548 处理器中，所有外部设备，如以太网控制器、DDR 控制器和 OCeaN 连接的总线控制器都与 SoC 平台总线$^{\ominus}$直接连接。而 SoC 平台总线通过 Cache 共享一致性模块与 FSB 连接。

在 MPC8548 处理器中，具有一个 32 位的 PCI 总线控制器、一个 64 位的 PCI/PCI-X 总线控制器，还有多个 PCIe 总线控制器。MPC8548 处理器使用 OCeaN 连接这些 PCI、PCI-X 和 PCIe 总线控制器。在 MPC8548 处理器系统中，PCI 设备进行 DMA 操作时，首先通过 OCeaN，之后经过 SoC 平台总线到达 DDR 控制器。

OCeaN 是 MPC8548 处理器中连接快速外设使用的交叉互连总线，不仅可以连接 PCI、PCI-X 和 PCIe 总线控制器，而且可以连接 RapidIO$^{\ominus}$总线控制器。使用 OCeaN 进行互连的总线控制器可以直接通信，而不需要通过 SoC 平台总线。

　⊖　MPC8548 也将 FSB 称为 CCB（Core Complex Bus）。

　⊜　PowerPC 处理器并没有公开其 SoC 平台总线的设计规范。ARM 提出的 AMBA 总线是一条典型的 SoC 平台总线。

　⊜　RapidIO 总线是由 Mercury Computer System 和 Motorola Semiconductor（目前的 Freescale）共同提出，用于解决背板互连的一条外部总线。

如来自 HOST 主桥 1 的数据报文可以通过 OCeaN 直接发向 HOST 主桥 2，而不需要将数据通过 SoC 平台总线，再进行转发，从而减轻了 SoC 平台总线的负担。OCeaN 部件的拓扑结构如图 2-3 所示。

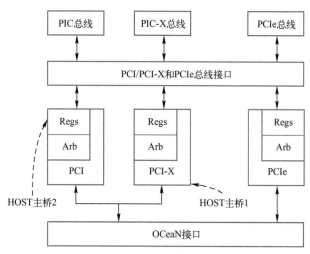

图 2-3　MPC8548 处理器的 HOST 主桥

在 MPC8548 处理器中，有两个 HOST 主桥，分别是 HOST 主桥 1 和 HOST 主桥 2，其中 HOST 主桥 1 可以支持 PCI-X 总线，而 HOST 主桥 2 只能支持 PCI 总线。此外该处理器还含有多个 PCIe 总线控制器。

本节仅介绍 HOST 主桥，即 MPC8548 处理器中的 PCI 总线控制器，而不介绍该处理器的 PCIe 总线控制器。因为从软件层面上看，MPC8548 处理器的 PCIe 总线控制器与 PCI/PCI-X 总线控制器功能类似。

MPC8548 处理器既可以作为 PCI 总线的 HOST 处理器，也可以作为 PCI 总线的从设备，本节仅讲述 MPC8548 处理器如何作为 PCI 总线的 HOST 处理器管理 PCI 总线树，而并不关心 MPC8548 处理器作为从设备的情况。

在 MPC8548 处理器的 HOST 主桥中，定义了一系列与系统软件相关的寄存器。本节将通过介绍这些寄存器，说明这个 HOST 主桥的功能。囿于篇幅，本节仅介绍与 HOST 主桥 1 相关的寄存器，HOST 主桥 2 使用的寄存器与 HOST 主桥 1 使用的寄存器类似。

2.2.1　PCI 设备配置空间的访问机制

PCI 总线规定访问配置空间的总线事务，即配置读写总线事务，使用 ID 号进行寻址。PCI 设备的 ID 号由总线号（Bus Number）、设备号（Device Number）和功能号（Function Number）组成。

其中总线号在 HOST 主桥遍历 PCI 总线树时确定。PCI 总线可以使用 PCI 桥扩展 PCI 总线，并形成一棵 PCI 总线树。在一棵 PCI 总线树上，有几个 PCI 桥（包括 HOST 主桥），就有几条 PCI 总线。在一棵 PCI 总线树中，总线号由系统软件决定，通常与 HOST 主桥直接相连的 PCI 总线编号为 0，系统软件使用 DFS（Depth-First Search）算法扫描 PCI 总线树上的所有 PCI 总线，并依次进行编号。

一条 PCI 总线的设备号由 PCI 设备的 IDSEL 信号与 PCI 总线地址线的连接关系确定，

而功能号与 PCI 设备的具体设计相关。在一个 PCI 设备中最多有 8 个功能设备，而且每一个功能设备都有各自的 PCI 配置空间，而在绝大多数 PCI 设备中只有一个功能设备。HOST 主桥使用寄存器号，访问 PCI 设备配置空间的某个寄存器。

在 MPC8548 处理器的 HOST 主桥中，与 PCI 设备配置空间相关的寄存器由 CFG_ADDR、CFG_DATA 和 INT_ACK 寄存器组成。系统软件使用 CFG_ADDR 和 CFG_DATA 寄存器访问 PCI 设备的配置空间，而使用 INT_ACK 寄存器访问挂接在 PCI 总线上的中断控制器的中断向量，HOST 主桥这 3 个寄存器的地址偏移和属性如表 2-1 所示。

表 2-1 PCI 总线配置寄存器

地 址 偏 移	寄 存 器	属 性	复 位 值
0x0_8000	CFG_ADDR	可读写	0x0000-0000
0x0_8004	CFG_DATA	可读写	0x0000-0000
0x0_8008	INT_ACK	只读	0x0000-0000

在 MPC8548 处理器中，所有内部寄存器都使用存储器映射方式进行寻址，并存放在以 BASE_ADDR$^{\ominus}$变量为起始地址的"1 MB 连续的物理地址空间"中。PowerPC 处理器可以通过 BASE_ADDR+Offset 的方式访问表 2-1 中的寄存器。

MPC8548 处理器使用 CFG_ADDR 寄存器和 CFG_DATA 寄存器访问 PCI 设备的配置空间，其中用 CFG_ADDR 寄存器保存 PCI 设备的 ID 号和寄存器号，该寄存器的各个字段的详细说明如下所示。

- Enable 位。当该位为 1 时，HOST 主桥使能对 PCI 设备配置空间的访问，当 HOST 处理器对 CFG_DATA 寄存器进行访问时，HOST 主桥将对这个寄存器的访问转换为 PCI 配置读写总线事务并发送到 PCI 总线上。
- Bus Number 字段记录 PCI 设备所在的总线号。
- Device Number 字段记录 PCI 设备的设备号。
- Function Number 字段记录 PCI 设备的功能号。
- Register Number 字段记录 PCI 设备的配置寄存器号。

MPC8548 处理器访问 PCI 设备的配置空间时，首先需要在 CFG_ADDR 寄存器中设置这个 PCI 设备对应的总线号、设备号、功能号和寄存器号，然后使能 Enable 位。之后当 MPC8548 处理器对 CFG_DATA 寄存器进行读写访问时，HOST 主桥将这个存储器读写访问转换为 PCI 配置读写请求，并发送到 PCI 总线上。如果 Enable 位没有使能，处理器对 CFG_DATA 的访问不过是一个普通的 I/O 访问，HOST 主桥并不能将其转换为 PCI 配置读写请求。

HOST 主桥根据 CFG_ADDR 寄存器中的 ID 号，生成 PCI 配置读写总线事务，并将这个读写总线事务，通过 ID 译码方式发送到指定的 PCI 设备。PCI 设备将接收来自配置写总线事务的数据，或者为配置读总线事务提供数据。

值得注意的是，在 PowerPC 处理器中，在 CFG_DATA 寄存器中保存的数据采用大端方式进行编址，而 PCI 设备的配置寄存器采用小端编址，因此 HOST 主桥需要进行端模式转换。下面以源代码 2-1 为例说明 PowerPC 处理器如何访问 PCI 配置空间。

$\ominus$ 在 MPC8548 处理器中，BASE_ADDR 存放在 CCSRBAR 寄存器中。

源代码 2-1   PowerPC 处理器访问 PCI 配置空间

```
stw r0,0(r1)
ld r3,0(r2)
```

首先假设寄存器 r1 的初始值为 BASE_ADDR+0x0_8000（即 CFG_ADDR 寄存器的地址），寄存器 r0 的初始值为 0x8000-0008，寄存器 r2 的初始值为 BASE_ADDR+0x0_8004（即 CFG_DATA 寄存器的地址），而指定 PCI 设备（总线号、设备号、功能号都为 0）的配置寄存器的 0x0B~0x08 中的值为 0x9988-7766。

这段源代码的执行步骤如下。

1）将 r0 寄存器赋值到 r1 寄存器所指向的地址空间中，即初始化 CFG_ADDR 寄存器为 0x8000-0008。

2）从 r2 寄存器所指向的地址空间中读取数据到 r3 寄存器中，即从 CFG_DATA 寄存器中读取数据到 r3 寄存器。

在 MPC8548 处理器中，源代码 2-1 执行完毕后，寄存器 r3 保存的值为 0x6677-8899，而不是 0x9988-7766。系统程序员在使用这个返回值时，一定要注意大小端模式的转换。值得注意的是，源代码 2-1 可以使用 lwbrx 指令进行优化，该指令可以在读取数据的同时，进行大小端模式的转换。

处理器读取 INT_ACK 寄存器时，HOST 主桥将这个读操作转换为 PCI 总线中断响应事务。PCI 总线中断响应事务的作用是通过 PCI 总线读取中断控制器的中断向量号，这样做的前提是中断控制器需要连接在 PCI 总线上。

PowerPC 处理器使用的 MPIC 中断控制器不是挂接在 PCI 总线上，而是挂接在 SoC 平台总线上，因此 PCI 总线提供的中断应答事务在这个处理器系统中并没有太大用途。但是并不排除某些 PowerPC 处理器系统使用了挂接在 PCI 总线上的中断控制器，比如 PCI 南桥芯片，此时 PowerPC 处理器系统需要使用中断应答事务读取 PCI 南桥中的中断控制器，以获取中断向量号。

2.2.2　存储器域地址空间到 PCI 总线域地址空间的转换

MPC8548 处理器使用 ATMU（Address Translation and Mapping Unit）寄存器组进行存储器域到 PCI 总线域，以及 PCI 总线域到存储器域的地址映射。ATMU 寄存器组由两大组寄存器组成，分别为 Outbound 和 Inbound 寄存器组。其中 Outbound 寄存器组将存储器域的地址转换为 PCI 总线域的地址，而 Inbound 寄存器组将 PCI 总线域的地址转换为存储器域的地址。

在 MPC8548 处理器中，只有当 CPU 读写访问的地址范围在 Outbound 寄存器组管理的地址空间之内时，HOST 主桥才能接收 CPU 的读写访问，并将 CPU 在存储器域上的读写访问转换为 PCI 总线域上的读写访问，然后才能对 PCI 设备进行读写操作。

如图 2-2 所示，CPU 对存储器域的地址访问，首先使用 CCB 总线事务，如果所访问的地址在 Cache 中命中，则从 Cache 中直接获得数据，否则将从存储器域中获取数据。而在绝大多数情况下，外部设备使用的地址空间是不可 Cache[⊖]的，所以发向 PCI 设备的 CCB 总线

⊖　PCI 设备使用的 ROM 空间可以是"可 Cache"的地址空间。

事务通常不会与 Cache 进行数据交换。

如果 CCB 总线事务使用的地址在 HOST 主桥的 Outbound 寄存器窗口中命中，HOST 主桥将接收这个 CCB 总线事务，并将其转换为 PCI 总线事务之后，再发送到 PCI 总线上。MPC8548 处理器的每一个 HOST 主桥都提供了 5 个 Outbound 寄存器窗口来实现存储器域地址到 PCI 总线域地址的映射，其映射过程如图 2-4 所示。

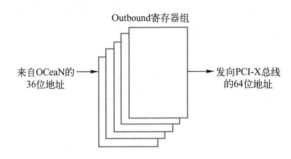

图 2-4　MPC8548 处理器存储器域到 PCI 总线域的转换

在介绍 MPC8548 处理器如何使用 Outbound 寄存器组进行存储器域地址空间到 PCI 总线域地址空间的转换之前，本节将首先介绍 Outbound 寄存器组中的相应寄存器。Outbound 寄存器组的地址偏移、属性和复位值如表 2-2 所示。

表 2-2　PCI/X ATMU Outbound 寄存器组

地 址 偏 移	寄 存 器	属 性	复 位 值
0x0_8C00/20/40/60/80	POTARn	可读写	0x0000-0000
0x0_8C04/24/44/64/84	POTEARn	可读写	0x0000-0000
0x0_8C28/48/68/88	POWBARn	可读写	0x0000-0000
0x0_8C30/50/70/90	POWARn	可读写	0x0000-0000

1. POTARn 和 POTEARn 寄存器

在 POTARn 和 POTEARn 寄存器中保存当前 Outbound 窗口在 PCI 总线域中的 64 位地址空间的基地址。这两个寄存器的主要字段如下。

- POTARn 寄存器的 TEA 字段，第 0~11 位，保存 PCI 总线地址空间的 43~32 位。
- POTARn 寄存器的 TA 字段，第 12~31 位，保存 PCI 总线地址空间的 31~12 位[○]。
- POTEARn 寄存器的 TEA 字段，第 12~31 位，保存 PCI 总线地址空间的 63~44 位。

2. POWBARn 寄存器和 POWARn 寄存器

而 POWBARn 寄存器保存当前 Outbound 窗口在存储器域中的 36 位地址空间的基地址[○]，其主要字段如下。

- WBEA 字段保存存储器域地址的第 0~3 位。
- WBA 字段保存存储器域地址的第 4~23[○] 位。

○　POTARn 寄存器没有保存 PCI 总线的 11~0 位，因为 Outbound 窗口大小至少为 4 KB。

○　MPC8548 处理器的物理地址为 36 位。注意在 PowerPC 处理器中，第 0 位是地址的最高位。

○　WBA 字段并没有保存存储器域的第 24~35 位地址，因为 Outbound 窗口大小至少为 4 KB 的整数倍。

POWARn 寄存器描述 Outbound 窗口的属性，其主要字段如下。

- EN 位，第 0 位。该位是 Outbound 窗口的使能位，为 1 表示当前 Outbound 寄存器组描述的存储器地址空间到 PCI 总线地址空间的映射关系有效；为 0 表示无效。
- RTT 字段，第 12~15 位，该字段描述当前窗口的读传送类型，为 0b0100 表示存储器读，为 0b1000 表示 I/O 读。
- WTT 字段，第 16~19 位，该字段描述当前窗口的写传送类型，为 0b0100 表示存储器写，为 0b1000 表示 I/O 写。在 PCIe 总线控制器中，RTT 字段和 WTT 字段还可以支持对配置空间的读写操作。
- OWS 字段，第 26~31 位，该字段描述当前窗口的大小，Outbound 窗口的大小在 4 KB~64 GB 之间，其值为 2^{OWS+1}。

3. 使用 Outbound 寄存器访问 PCI 总线地址空间

MPC8548 处理器使用 Outbound 寄存器组访问 PCI 总线地址空间的步骤如下。

1）首先 MPC8548 处理器需要将程序使用的 32 位有效地址 EA（Effective Address）转换为 41 位的虚拟地址 VA（Virtual Address）。E500 V2 内核不能关闭 MMU（Memory Management Unit），因此不能直接访问物理地址。

2）MPC8548 处理器通过 MMU 将 41 位的虚拟地址转换为 36 位的物理地址。在 E500 V2 内核中，物理地址是 36 位（默认是 32 位，需要使能）。

3）检查 LAWBAR 和 LAWAR 寄存器，判断当前 36 位的物理地址是否属于 PCI 总线空间。在 MPC8548 中定义了一组 LAWBAR 和 LAWAR 寄存器对，每一对寄存器描述当前物理空间是与 PCI 总线、PCIe 总线、DDR 还是 RapidIO 空间对应。该组寄存器的详细说明见 MPC8548 PowerQUICC III™ Integrated Host Processor Family Reference Manual。如果 CPU 访问的空间为 PCI 总线空间，则执行第 4）步，否则处理器将不会访问 PCI 地址空间。

4）判断当前 36 位物理地址是否在 POWBARn 寄存器 1~4 描述的窗口中，如果在则将 36 位的处理器物理地址通过寄存器 POTARn 和 POTEARn 转换为 64 位的 PCI 总线地址，然后 HOST 主桥将来自处理器的读写请求发送到 PCI 总线上；如果不在 POWBARn 寄存器 1~4 描述的窗口中，POWBAR0 寄存器作为缺省窗口，接管这个存储器访问，并使用寄存器 PO-TAR0 和 POTEAR0，将处理器物理地址转换为 PCI 总线地址，当然在正常设计中很少出现这种情况。

许多系统软件，将 Outbound 窗口两边的寄存器使用 "直接相等" 的方法进行映射，将存储器域的地址与 PCI 总线地址设为相同的值。但是系统软件程序员务必注意这个存储器地址与 PCI 总线地址是分属于存储器域与 PCI 总线域的，这两个值虽然相等，但是所代表的地址并不相同，一个属于存储器域，而另一个属于 PCI 总线域。

2.2.3　PCI 总线域地址空间到存储器域地址空间的转换

MPC8548 处理器使用 Inbound 寄存器组将 PCI 总线域地址转换为存储器域的地址。PCI 设备进行 DMA 读写时，只有访问的地址在 Inbound 窗口中时，HOST 主桥才能接收这些读写请求，并将其转发到存储器控制器。MPC8548 处理器提供了 3 组 Inbound 寄存器，即提供 3 个 Inbound 寄存器窗口，实现 PCI 总线地址到存储器地址的反向映射。

从 PCI 设备的角度来看，PCI 设备访问存储器域的地址空间时，首先需要通过 Inbound 窗口将 PCI 总线地址转换为存储器域的地址；而从处理器的角度来看，处理器必须将存储器地址通过 Inbound 寄存器组反向映射为 PCI 总线地址空间，才能被 PCI 设备访问。

PCI 设备只能使用 PCI 总线地址访问 PCI 总线域的地址空间。HOST 主桥将这段地址空间通过 Inbound 窗口转换为存储器域的地址之后，PCI 设备才能访问存储器域地址空间。这个地址转换过程如图 2-5 所示。

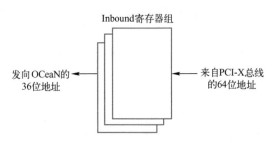

图 2-5　MPC8548 处理器 PCI 域到存储器域的转换

在介绍 MPC8548 处理器如何使用 Inbound 寄存器组进行 PCI 总线域地址空间到存储器域地址空间的转换之前，我们首先需要介绍 Inbound 寄存器组中的相应寄存器。该组寄存器的地址偏移、属性和复位值如表 2-3 所示。

表 2-3　PCI/X ATMU Inbound 寄存器组

地 址 偏 移	寄 存 器	属　　性	复 位 值
0x0_8DA0/C0/E0	PITARn	可读写	0x0000-0000
0x0_8DA8/C8/E8	PIWBARn	可读写	0x0000-0000
0x0_8DAC/CC	PIWBEARn	可读写	0x0000-0000
0x0_8DB0/D0/F0	PIWARn	可读写	0x0000-0000

值得注意的是，Inbound 寄存器组除了可以进行 PCI 总线地址空间到存储器域地址空间的转换之外，还可以转换分属不同 PCI 总线域的地址空间，以支持 PCI 总线的 Peer-to-Peer 数据传送方式。

1. PITARn 寄存器

PITARn 寄存器保存当前 Inbound 窗口在存储器域中的 36 位地址空间的基地址，其地址窗口的大小至少为 4 KB，因此在该寄存器中仅存放存储器域地址的第 0~23 位，该寄存器的主要字段如下所示。

- TEA 字段存放存储器地址空间的第 0~3 位。
- TA 字段存放存储器地址空间的第 4~23 位。

2. PIWBARn 寄存器和 PIWBEARn 寄存器

PIWBARn 寄存器和 PIWBEARn 寄存器保存当前 Inbound 窗口在 PCI 总线域中的 64 位地址空间的基地址的第 63~12 位，Inbound 窗口使用的最小地址空间为 4 KB，因此在这两个寄存器中不含有 PCI 总线地址空间的第 11~0 位。这两个寄存器的主要字段如下所示。

- PIWBARn 寄存器的 BEA 字段存放 PCI 总线地址空间的第 43~32 位。

- PIWBARn 寄存器的 BA 字段存放 PCI 总线地址空间的第 31~12 位。
- PIWBEARn 寄存器的 BEA 字段存放 PCI 总线地址空间的第 63~44 位。

3. PIWARn 寄存器

PIWARn 寄存器描述当前 Inbound 窗口的属性，该寄存器由以下位和字段组成。

- EN 位，第 0 位。该位是 Inbound 窗口的使能位，为 1 表示当前 Inbound 寄存器组描述的存储器地址空间到 PCI 总线地址空间的映射关系有效；为 0 表示无效。
- PF 位，第 2 位。该位为 1 表示当前 Inbound 窗口描述的存储区域支持预读；为 0 表示不支持预读。
- TGI 字段，第 8~11 位。该字段为 0b0010 表示当前 Inbound 窗口描述的存储区域属于 PCIe 总线域地址空间；为 0b1100 表示当前 Inbound 窗口描述的存储区域属于 RapidIO 总线域地址空间。该字段对于 OCeaN 实现不同域间的报文转发非常重要，如果当前 Inbound 窗口的 TGI 字段为 0b0010，此时 PCI 总线上的设备可以使用该 Inbound 窗口，通过 OCeaN 直接读取 PCIe 总线的地址空间，而不需要经过 SoC 平台总线。如果 TGI 字段为 0b1111 表示 Inbound 窗口描述的存储器区域属于主存储器地址空间，这也是最常用的方式。使用该字段可以实现 HOST 主桥的 Peer-to-Peer 数据传送方式。
- RTT 字段和 WTT 字段，分别为该寄存器的第 12~15 位和第 16~19 位。Inbound 窗口的 RTT/WTT 字段的含义与 Outbound 窗口的 RTT/WTT 字段基本类似。只是在 Inbound 窗口中可以规定 PCI 设备访问主存储器时，是否需要进行 Cache 一致性操作（Cache Lock and Allocate），在进行 DMA 写操作时，数据是否可以直接进入 Cache。该字段是 PowerPC 处理器对 PCI 总线规范的有效补充，由于该字段的存在，PowerPC 处理器的 PCI 设备可以将数据直接写入 Cache，也可以视情况决定 DMA 操作是否需要进行 Cache 共享一致性操作。
- IWS 字段，第 26~31 位。该字段描述当前窗口的大小，Inbound 窗口的大小在 4 KB~ 16 GB 之间，其值为 2^{IWS+1}。

4. 使用 Inbound 寄存器组进行 DMA 操作

PCI 设备使用 DMA 操作访问主存储器空间，或者访问其他 PCI 总线域地址空间时，需要通过 Inbound 窗口，其步骤如下。

1）PCI 设备在访问主存储器空间时，将首先检查当前 PCI 总线地址是否在 PIWBARn 和 PIWBEARn 寄存器描述的窗口中。如果在这个窗口中，则将这个 PCI 总线地址通过 PITARn 寄存器转换为存储器域的地址或者其他 PCI 总线域的地址；如果不在将禁止本次访问。

2）如果 PCI 设备访问的是存储器地址空间，HOST 主桥将来自 PCI 总线的读写请求发送到存储器空间，进行存储器读写操作，并根据 Inbound 寄存器组的 RTT/WTT 位决定是否需要进行 Cache 一致性操作，或者将数据直接写入到 Cache 中。

结合 Outbound 寄存器组，可以发现 PCI 总线地址空间与存储器地址空间是有一定联系的。如果存储器域地址空间被 Inbound 寄存器组反向映射到 PCI 空间，这个存储器地址具有两个地址，一个是在存储器域的地址，一个是在 PCI 总线域的地址；同理 PCI 总线空间的地址如果使用 Outbound 寄存器映射到寄存器地址空间，这个 PCI 总线地址也具有两个地址，一个是在 PCI 总线域的地址，一个是在存储器域的地址。

能够被处理器和 PCI 总线同时访问的地址空间，一定在 PCI 总线域和存储器域中都存在地址映射。再次强调，绝大多数操作系统将同一个空间的 PCI 总线域地址和存储器地址设为相同的值，但是这两个相同的值所代表的含义不同。

由此可以看出，如果 MPC8548 处理器的某段存储器区域没有在 Inbound 窗口中定义时，PCI 设备将不能使用 DMA 机制访问这段存储器空间；同理如果 PCI 设备的空间不在 Outbound 窗口，HOST 处理器也不能访问这段 PCI 地址空间。

在绝大多数 PowerPC 处理器系统中，PCI 设备地址空间都在 HOST 主桥的 Outbound 窗口中建立了映射；而 MPC8548 处理器可以选择将哪些主存储器空间共享给 PCI 设备，从而对主存储器空间进行保护。

2.2.4　x86 处理器的 HOST 主桥

x86 处理器使用南北桥结构连接 CPU 和 PCI 设备。其中北桥（North Bridge）连接快速设备，如显卡和内存条，并推出 PCI 总线，HOST 主桥包含在北桥中。而南桥（South Bridge）连接慢速设备。x86 处理器使用的南北桥结构如图 2-6 所示。

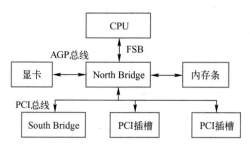

图 2-6　x86 处理器的南北桥结构

Intel 使用南北桥概念统一 PC 架构。但是从体系结构的角度上看，南北桥架构并不重要，北桥中存放的主要部件不过是存储器控制器、显卡控制器和 HOST 主桥而已，而南桥存放的是一些慢速设备，如 ISA 总线和中断控制器等。

不同的处理器系统集成这些组成部件的方式并不相同，如 PowerPC、MIPS 和 ARM 处理器系统通常将 CPU 和主要外部设备都集成到一颗芯片中，组成一颗基于 SoC 架构的处理器系统。这些集成方式并不重要，每一个处理器系统都有其针对的应用领域，不同应用领域的需求对处理器系统的集成方式有较大的影响。Intel 采用的南北桥架构针对 x86 处理器的应用领域而设计，并不能说采用这种结构一定比 MPC8548 处理器中既含有 HOST-to-PCI 主桥也含有 HOST-to-PCIe 主桥更为合理。

在许多嵌入式处理器系统中，既含有 PCI 设备也含有 PCIe 设备，为此 MPC8548 处理器同时提供了 PCI 总线和 PCIe 总线接口，在这个处理器系统中，PCI 设备可以与 PCI 总线直接相连，而 PCIe 设备可以与 PCIe 总线直接相连，因此并不需要使用 PCIe 桥扩展 PCI 总线，从而在一定程度上简化了嵌入式系统的设计。

嵌入式系统所面对的应用千变万化，进行芯片设计时所要考虑的因素相对较多，因而在某种程度上为设计带来了一些难度。而 x86 处理器系统所面对的应用领域针对个人 PC 和服务器，向前兼容和通用性显得更加重要。在多数情况下，一个通用处理器系统的设计难度超过专用处理器系统的设计, Intel 为此付出了极大的代价。

在一些相对较老的北桥中, 如 Intel 440 系列芯片组中包含了 HOST 主桥, 从系统软件的角度上看 HOST-to-PCI 主桥实现的功能与 HOST-to-PCIe 主桥实现的功能相近。本节仅简单介绍 Intel 的 HOST-to-PCI 主桥如何产生 PCI 的配置周期, 有关 Intel HOST-to-PCIe 主桥⊖的详细信息参见第 5 章。

x86 处理器定义了两个 I/O 端口寄存器, 分别为 CONFIG_ADDRESS 和 CONFIG_DATA 寄存器, 其地址为 0xCF8 和 0xCFC。x86 处理器使用这两个 I/O 端口访问 PCI 设备的配置空间。PCI 总线规范也以这两个寄存器为例, 说明处理器如何访问 PCI 设备的配置空间。其中 CONFIG_ADDRESS 寄存器存放 PCI 设备的 ID 号, 而 CONFIG_DATA 寄存器存放进行配置读写的数据。

CONFIG_ADDRESS 寄存器与 PowerPC 处理器中的 CFG_ADDR 寄存器的使用方法类似, 而 CONFIG_DATA 寄存器与 PowerPC 处理器中的 CFG_DATA 寄存器的使用方法类似。CONFIG_ADDRESS 寄存器的结构如图 2-7 所示。

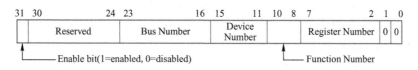

图 2-7　CONFIG_ADDRESS 寄存器的结构

CONFIG_ADDRESS 寄存器的各个字段和位的说明如下所示。

- Enable 位, 第 31 位。该位为 1 时, 对 CONFIG_DATA 寄存器进行读写时将引发 PCI 总线的配置周期。
- Bus Number 字段, 第 23~16 位, 记录 PCI 设备的总线号。
- Device Number 字段, 第 15~11 位, 记录 PCI 设备的设备号。
- Function Number 字段, 第 10~8 位, 记录 PCI 设备的功能号。
- Register Number 字段, 第 7~2 位, 记录 PCI 设备的寄存器号。

当 x86 处理器对 CONFIG_DATA 寄存器进行 I/O 读写访问, 且 CONFIG_ADDR 寄存器的 Enable 位为 1 时, HOST 主桥将这个 I/O 读写访问转换为 PCI 配置读写总线事务, 然后发送到 PCI 总线上, PCI 总线根据保存在 CONFIG_ADDR 寄存器中的 ID 号, 将 PCI 配置读写请求发送到指定 PCI 设备的指定配置寄存器中。

x86 处理器使用小端地址模式, 因此从 CONFIG_DATA 寄存器中读出的数据不需要进行模式转换, 这点和 PowerPC 处理器不同, 此外 x86 处理器的 HOST 主桥也实现了存储器域到 PCI 总线域的地址转换, 但是这个概念在 x86 处理器中并不明晰。

本书将在第 5 章以 HOST-to-PCIe 主桥为例, 详细介绍 Intel 处理器的存储器地址与 PCI 总线地址的转换关系, 而在本节不对 x86 处理器的 HOST 主桥做进一步说明。x86 处理器系统的升级速度较快, 目前在 x86 的处理器体系结构中, 已很难发现 HOST 主桥的身影。

目前 Intel 对南北桥架构进行了升级, 其中北桥被升级为 MCH (Memory Controller Hub),

⊖　这个 HOST-to-PCIe 主桥也是 RC (Root Complex) 的一部分。

而南桥被升级为 ICH（I/O Controller Hub）。x86 处理器系统在 MCH 中集成了存储器控制器、显卡芯片和 HOST-to-PCIe 主桥，并通过 Hub Link 与 ICH 相连；而在 ICH 中集成了一些相对低速总线接口，如 AC′97、LPC（Low Pin Count）、IDE 和 USB 总线，当然也包括一些低带宽的 PCIe 总线接口。

在 Intel 最新的 Nehalem[⊖]处理器系统中，MCH 被一分为二，存储器控制器和图形控制器已经与 CPU 内核集成在一个 DIE 中，而 MCH 剩余的部分与 ICH 合并成为 PCH（Peripheral Controller Hub）。但是从体系结构的角度上看，这些升级与整合并不重要。

目前 Intel 在 Menlow[⊖]平台基础上，计划推出基于 SoC 架构的 x86 处理器，以进军手持设备市场。在基于 SoC 构架的 x86 处理器中将逐渐淡化 Chipset 的概念，其拓扑结构与典型的 SoC 处理器，如 ARM 和 PowerPC 处理器，较为类似。

2.3　PCI 桥与 PCI 设备的配置空间

PCI 设备都有独立的配置空间，HOST 主桥通过配置读写总线事务访问这段空间。PCI 总线规定了三种类型的 PCI 配置空间，分别是 PCI Agent 设备使用的配置空间，PCI 桥使用的配置空间和 Cardbus 桥片使用的配置空间。

本节重点介绍 PCI Agent 和 PCI 桥使用的配置空间，而并不介绍 Cardbus 桥片使用的配置空间。值得注意的是，在 PCI 设备配置空间中出现的地址都是 PCI 总线地址，属于 PCI 总线域地址空间。

2.3.1　PCI 桥

PCI 桥的引入使 PCI 总线极具扩展性，也极大地增加了 PCI 总线的复杂度。PCI 总线的电气特性决定了在一条 PCI 总线上挂接的负载有限，当 PCI 总线需要连接多个 PCI 设备时，需要使用 PCI 桥进行总线扩展，扩展出的 PCI 总线可以连接其他 PCI 设备，包括 PCI 桥。在一棵 PCI 总线树上，最多可以挂接 256 个 PCI 设备，包括 PCI 桥。PCI 桥在 PCI 总线树中的位置如图 2-8 所示。

PCI 桥作为一个特殊的 PCI 设备，具有独立的配置空间。但是 PCI 桥配置空间的定义与 PCI Agent 设备有所不同。PCI 桥的配置空间可以管理其下 PCI 总线子树的 PCI 设备，并可以优化这些 PCI 设备通过 PCI 桥的数据访问。PCI 桥的配置空间在系统软件遍历 PCI 总线树时进行配置，系统软件不需要专门的驱动程序设置 PCI 桥的使用方法，这也是 PCI 桥被称为透明桥的主要原因。

在某些处理器系统中，还有一类 PCI 桥，叫作非透明桥。非透明桥不是 PCI 总线定义的标准桥片，但是在使用 PCI 总线挂接另外一个处理器系统时非常有用，非透明桥片的主要作用是连接两个不同的 PCI 总线域，进而连接两个处理器系统，本章将在第 2.5 节中详细介绍 PCI 非透明桥。

⊖　Nehalem 处理器也称为 Core i7 处理器。

⊖　Menlow 平台于 2008 年 3 月发布，其目标应用为 MID（Mobile Internet Device）设备。Menlow 平台基于低功耗处理器内核 Atom。

使用 PCI 桥可以扩展出新的 PCI 总线，在这条 PCI 总线上还可以继续挂接多个 PCI 设备。PCI 桥跨接在两个 PCI 总线之间，其中距离 HOST 主桥较近的 PCI 总线被称为该桥片的上游总线（Primary Bus），距离 HOST 主桥较远的 PCI 总线被称为该桥片的下游总线（Secondary Bus）。如图 2-8 所示，PCI 桥 1 的上游总线为 PCI 总线 x0，而 PCI 桥 1 的下游总线为 PCI 总线 x1。这两条总线间的数据通信需要通过 PCI 桥 1。

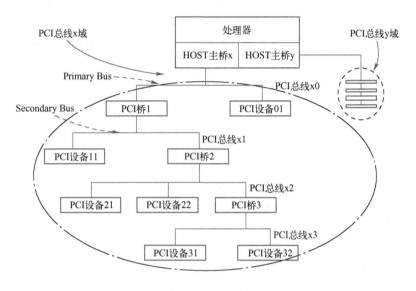

图 2-8　使用 PCI 桥扩展 PCI 总线

通过 PCI 桥连接的 PCI 总线属于同一个 PCI 总线域，在图 2-8 中，PCI 桥 1、2 和 3 连接的 PCI 总线都属于 PCI 总线 x 域。在这些 PCI 总线域上的设备可以通过 PCI 桥直接进行数据交换而不需要进行地址转换；而分属不同 PCI 总线域的设备间的通信需要进行地址转换，如与 PCI 非透明桥两端连接的设备之间的通信。

如图 2-8 所示，每一个 PCI 总线的下方都可以挂接一个到多个 PCI 桥，每一个 PCI 桥都可以推出一条新的 PCI 总线。在同一条 PCI 总线上的设备之间的数据交换不会影响其他 PCI 总线。如 PCI 设备 21 与 PCI 设备 22 之间的数据通信仅占用 PCI 总线 x2 的带宽，而不会影响 PCI 总线 x0、x1 与 x3，这也是引入 PCI 桥的一个重要原因。

由图 2-8 还可以发现 PCI 总线可以通过 PCI 桥组成一个胖树结构，其中每一个桥片都是父节点，而 PCI Agent 设备只能是子节点。当 PCI 桥出现故障时，其下的设备不能将数据传递给上游总线，但是并不影响 PCI 桥下游设备间的通信。当 PCI 桥 1 出现故障时，PCI 设备 11、PCI 设备 21 和 PCI 设备 22 将不能与 PCI 设备 01 和存储器进行通信，但是 PCI 设备 21 和 PCI 设备 22 之间的通信可以正常进行。

使用 PCI 桥可以扩展一条新的 PCI 总线，但是不能扩展新的 PCI 总线域。如果当前系统使用 32 位的 PCI 总线地址，那么这个系统的 PCI 总线域的地址空间为 4 GB 大小，在这个总线域上的所有设备将共享这个 4GB 大小的空间。如在 PCI 总线 x 域上的 PCI 桥 1、PCI 设备 01、PCI 设备 11、PCI 桥 2、PCI 设备 21 和 PCI 设备 22 等都将共享一个 4 GB 大小的空间。再次强调这个 4 GB 空间是 PCI 总线 x 域的"PCI 总线地址空间"，和存储器域地址空间和 PCI 总线 y 域没有直接联系。

处理器系统可以通过 HOST 主桥扩展出新的 PCI 总线域，如 MPC8548 处理器的 HOST 主桥 x 和 y 可以扩展出两个 PCI 总线域 x 和 y。这两个 PCI 总线域 x 和 y 之间的 PCI 空间在正常情况下不能直接进行数据交换，但是 PowerPC 处理器可以通过设置 PIWARn 寄存器的 TGI 字段使得不同 PCI 总线域的设备直接通信，详见第 2.2.3 节。

许多处理器系统使用的 PCI 设备较少，因而并不需要使用 PCI 桥。因此在这些处理器系统中，PCI 设备都是直接挂接在 HOST 主桥上，而不需要使用 PCI 桥扩展新的 PCI 总线。即便如此读者也需要深入理解 PCI 桥的知识。

PCI 桥对于理解 PCI 和 PCIe 总线都非常重要。在 PCIe 总线中，虽然在物理结构上并不含有 PCI 桥，但是与 PCI 桥相关的知识在 PCIe 总线中无处不在，比如在 PCIe 总线的 Switch 中，每一个端口都与一个虚拟 PCI 桥对应，Switch 使用这个虚拟 PCI 桥管理其下 PCI 总线子树的地址空间。

2.3.2　PCI Agent 设备的配置空间

在一个具体的处理器应用中，PCI 设备通常将 PCI 配置信息存放在 E^2PROM 中。PCI 设备进行上电初始化时，将 E^2PROM 中的信息读到 PCI 设备的配置空间中作为初始值。这个过程由硬件逻辑完成，绝大多数 PCI 设备使用这种方式初始化其配置空间。

读者可能会对这种机制产生一个疑问，如果系统软件在 PCI 设备将 E^2PROM 中的信息读到配置空间之前，就开始操作配置空间，会不会带来问题？因为此时 PCI 设备的初始值并不"正确"，仅仅是 PCI 设备使用的复位值。

读者的这种担心是多余的，因为 PCI 设备在配置寄存器没有初始化完毕之前，即 E^2PROM 中的内容没有导入 PCI 设备的配置空间之前，可以使用 PCI 总线规定的"Retry"周期使 HOST 主桥在合适的时机重新发起配置读写请求。

在 x86 处理器中，系统软件使用 CONFIG_ADDR 和 CONFIG_DATA 寄存器，读取 PCI 设备配置空间的这些初始化信息，然后根据处理器系统的实际情况使用 DFS 算法，初始化处理器系统中所有 PCI 设备的配置空间。

在 PCI Agent 设备的配置空间中包含了许多寄存器，这些寄存器决定了该设备在 PCI 总线中的使用方法，本节不会全部介绍这些寄存器，因为系统软件只对部分配置寄存器感兴趣。PCI Agent 设备使用的配置空间如图 2-9 所示。

在 PCI Agent 设备配置空间中包含的寄存器如下所示。

（1）Device ID 和 Vendor ID 寄存器

这两个寄存器的值由 PCISIG 分配，只读。其中 Vendor ID 代表 PCI 设备的生产厂商，而 Device ID 代表这个厂商所生产的具体设备。如 Intel 公司的基于 82571EB 芯片的系列网卡，其 Vendor ID 为 0x8086[⊖]，而 Device ID 为 0x105E[⊖]。

其中 0x8086 代表 Intel，0x105E 代表 82571EB 网卡芯片。Intel 将 0x10xx 作为 LAN 设备的 Device ID。Intel 在 PCISIG 上注册了多如牛毛的 Device ID，这些 Device ID 放在一起，几页纸也列不完。不过 16 位的 Device ID 即便对于 Intel 这样大的公司，也基本没有用完的可能。当 Vendor ID 寄存器为 0xFFFF 时，表示为无效 Vendor ID。

⊖　PCI SIG 分配给 Intel 的 Vendor ID 号是 0x8086，8086 处理器也是 Intel 设计的第一个 PC 处理器。

⊖　这仅是 Intel 为 82571 的 Copper 口分配的 Vendor ID。

31	24	23	16	15	8	7	0	
Device ID				Vendor ID				0x00
Status				Command				0x04
Class Code						Revision ID		0x08
BIST		Header Type		Latency Timer		Cache Line Size		0x0C
Base Address Register0								0x10
Base Address Register1								0x14
Base Address Register2								0x18
Base Address Register3								0x1C
Base Address Register4								0x20
Base Address Register5								0x24
Cardbus CIS Pointer								0x28
Subsystem ID				Subsystem Vendor ID				0x2C
Expansion ROM Base Address								0x30
Reserved						Capabilities Pointer		0x34
Reserved								0x38V
MAX_Lat		Min_Gnt		Interrupt Pin		Interrupt Line		0x3C

图 2-9　PCI Agent 设备的配置空间

（2）Revision ID 和 Class Code 寄存器

这两个寄存器只读。其中 Revision ID 寄存器记载 PCI 设备的版本号。该寄存器可以被认为是 Device ID 寄存器的扩展。

而 Class Code 寄存器记载 PCI 设备的分类，该寄存器由三个字段组成，分别是 Base Class Code、Sub Class Code 和 Interface。其中 Base Class Code 将 PCI 设备分类为显卡、网卡、PCI 桥等设备；Sub Class Code 对这些设备进一步细分；而 Interface 定义编程接口。Class Code 寄存器可供系统软件识别当前 PCI 设备的分类。

除此之外硬件逻辑设计也需要使用该寄存器识别不同的设备。当 Base Class Code 寄存器为 0x06，Sub Class Code 寄存器为 0x04 时，如果 Interface 寄存器为 0x00，表示当前 PCI 设备为一个标准的 PCI 桥；如果 Interface 寄存器为 0x01，表示当前 PCI 设备为一个使用"负向译码"的 PCI 桥。

硬件逻辑需要根据这些寄存器判断当前 PCI 桥的使用方式，许多 PCI 桥既可以支持"正向"译码，也可以支持"负向"译码，系统软件必须合理设置 Class Code 寄存器。有关正向译码与负向译码的详细说明见第 3.2.1 节。

（3）Header Type 寄存器

该寄存器只读，由 8 位组成。

- 第 7 位为 1 表示当前 PCI 设备是多功能设备，为 0 表示为单功能设备。
- 第 6~0 位表示当前配置空间的类型，为 0 表示该设备使用 PCI Agent 设备的配置空间，普通 PCI 设备都使用这种配置头；为 1 表示使用 PCI 桥的配置空间，PCI 桥使用这种配置头；为 2 表示使用 Cardbus 桥片的配置空间，Card Bus 桥片使用这种配置头，本书对这类配置头不作详解。

系统软件需要使用该寄存器区分不同类型的 PCI 配置空间，该寄存器的初始化必须与 PCI 设备的实际情况对应，而且必须为一个合法值。

（4）Cache Line Size 寄存器

该寄存器记录 HOST 处理器使用的 Cache 行长度。在 PCI 总线中和 Cache 相关的总线事务，如存储器写并无效和 Cache 多行读等总线事务需要使用这个寄存器。值得注意的是，该寄存器由系统软件设置，但是在 PCI 设备的运行过程中，只有其硬件逻辑才会使用该寄存器，比如 PCI 设备的硬件逻辑需要得知处理器系统 Cache 行的大小，才能进行存储器写并无效总线事务，单行读和多行读总线事务。

如果 PCI 设备不支持与 Cache 相关的总线事务，系统软件可以不设置该寄存器，此时该寄存器为初始值 0x00。对于 PCIe 设备，该寄存器的值无意义，因为 PCIe 设备在进行数据传送时，在其报文中含有一次数据传送的大小，PCIe 总线控制器可以使用这个"大小"，判断数据区域与 Cache 行的对应关系。

（5）Subsystem ID 和 Subsystem Vendor ID 寄存器

这两个寄存器和 Device ID 及 Vendor ID 类似，也是记录 PCI 设备的生产厂商和设备名称。但是这两个寄存器和 Device ID 及 Vendor ID 寄存器略有不同。下面以一个实例说明 Subsystem ID 和 Subsystem Vendor ID 的用途。

Xilinx 公司在 FGPA 中集成了一个 PCIe 总线接口的 IP 核，即 LogiCORE。用户可以使用 LogiCORE 设计各种各样基于 PCIe 总线的设备，但是这些设备的 Device ID 都是 0x10EE，而 Vendor ID 为 0x0007[⊖]。

因此仅使用 Device ID 和 Vendor ID 寄存器无法区分这些设备。此时必须使用 Subsystem ID 和 Subsystem Vendor ID。如果 Intel 也使用 LogiCORE 设计一款网卡适配器，那么这个基于 LogiCORE 的网卡适配器的 Subsystem Vendor ID 寄存器为 0x8086，而 Subsystem ID 寄存器将是 0x10xx。

（6）Expansion ROM Base Address 寄存器

有些 PCI 设备在处理器还没有运行操作系统之前，就需要完成基本的初始化设置，比如显卡、键盘和硬盘等设备。为了实现这个"预先执行"功能，PCI 设备需要提供一段 ROM 程序，而处理器在初始化过程中将运行这段 ROM 程序，初始化这些 PCI 设备。Expansion ROM base address 记载这段 ROM 程序的基地址。

（7）Capabilities Pointer 寄存器

在 PCI 设备中，该寄存器是可选的，但是在 PCI-X 和 PCIe 设备中必须支持这个寄存器，Capabilities Pointer 寄存器存放 Capabilities 寄存器组的基地址，PCI 设备使用 Capabilities 寄存器组存放一些与 PCI 设备相关的扩展配置信息。该组寄存器的详细说明见第 4.3 节。

（8）Interrupt Line 寄存器

这个寄存器是系统软件对 PCI 设备进行配置时写入的，该寄存器记录当前 PCI 设备使用的中断向量号，设备驱动程序可以通过这个寄存器，判断当前 PCI 设备使用处理器系统中的哪个中断向量号，并将驱动程序的中断服务例程注册到操作系统中[⊖]。

该寄存器由系统软件初始化，其保存的值与 8259A 中断控制器相关，该寄存器的值也是由 PCI 设备与 8259A 中断控制器的连接关系决定的。如果在一个处理器系统中，没有使

⊖ Xilinx 使用的 Device ID 号为 0x10EE，而 LogiCORE 的 Vendor ID 号为 0x0007。

⊖ Linux 系统使用 request_irq 函数注册一个设备的中断服务例程。

用 8259A 中断控制器管理 PCI 设备的中断，则该寄存器中的数据并没有意义。

在多数 PowerPC 处理器系统中，并不使用 8259A 中断控制器管理 PCI 设备的中断请求，因此该寄存器没有意义。即使在 x86 处理器系统中，如果使用 I/O APIC 中断控制器，该寄存器保存的内容仍然无效。目前在绝大多数处理器系统中，并没有使用该寄存器存放 PCI 设备使用的中断向量号。

（9）Interrupt Pin 寄存器

这个寄存器保存 PCI 设备使用的中断引脚。PCI 总线提供了四个中断引脚：INTA#、INTB#、INTC#和 INTD#。Interrupt Pin 寄存器为 1 时表示使用 INTA#引脚向中断控制器提交中断请求，为 2 表示使用 INTB#，为 3 表示使用 INTC#，为 4 表示使用 INTD#。

如果 PCI 设备只有一个子设备时，该设备只能使用 INTA#；如果有多个子设备时，可以使用 INTB~D#信号。如果 PCI 设备不使用这些中断引脚，向处理器提交中断请求时，该寄存器的值必须为 0。值得注意的是，虽然在 PCIe 设备中并不含有 INTA~D#信号，但是依然可以使用该寄存器，因为 PCIe 设备可以使用 INTx 中断消息，模拟 PCI 设备的 INTA~D#信号，详见第 6.3.4 节。

（10）Base Address Register 0~5 寄存器

该组寄存器简称为 BAR 寄存器，BAR 寄存器保存 PCI 设备使用的地址空间的基地址，该基地址保存的是该设备在 PCI 总线域中的地址。其中每一个设备最多可以有 6 个基址空间，但多数设备不会使用这么多组地址空间。

在 PCI 设备复位之后，该寄存器将存放 PCI 设备需要使用的基址空间大小，这段空间是 I/O 空间还是存储器空间⊖，如果是存储器空间该空间是否可预取，有关 PCI 总线预读机制的详细说明见第 3.4.5 节。

系统软件对 PCI 总线进行配置时，首先获得 BAR 寄存器中的初始化信息，之后根据处理器系统的配置，将合理的基地址写入相应的 BAR 寄存器中。系统软件还可以使用该寄存器，获得 PCI 设备使用的 BAR 空间的长度，其方法是向 BAR 寄存器写入 0xFFFF-FFFF，之后再读取该寄存器。Linux 系统使用 pci_read_base 函数获得 BAR 寄存器的长度，其步骤详见第 14.3.2 节。

处理器访问 PCI 设备的 BAR 空间时，需要使用 BAR 寄存器提供的基地址。值得注意的是，处理器使用存储器域的地址，而 BAR 寄存器存放 PCI 总线域的地址。因此处理器系统并不能直接使用"BAR 寄存器+偏移"的方式访问 PCI 设备的寄存器空间，而需要将 PCI 总线域的地址转换为存储器域的地址。在 Linux 系统中，一个处理器系统使用 BAR 空间的正确方式如源代码 2-2 所示。

源代码 2-2　Linux 系统使用 BAR 空间的正确方法

```
pciaddr = pci_resource_start(pdev,1);

if (! pciaddr) {
    rc = -EIO;
    dev_err(&pdev->dev,"no MMIO resource\n");
```

⊖　一般来说 PCI 设备使用 E^{2}PROM 保存 BAR 寄存器的初始值。

```
                goto err_out_res;
            }
    ...

            regs = ioremap(pciaddr,CP_REGS_SIZE);
```

在 Linux 系统中，使用 pci_dev→resource[bar].start 参数保存 BAR 寄存器在存储器域的地址。在编写 Linux 设备驱动程序时，必须使用 pci_resource_start 函数获得 BAR 空间对应的存储器域的物理地址，而不能使用从 BAR 寄存器中读出的地址。

当驱动程序获得 BAR 空间在存储器域的物理地址后，再使用 ioremap 函数将这个物理地址转换为虚拟地址。Linux 系统直接使用 BAR 空间的方法是不正确的，如源代码 2-3 所示。

源代码 2-3　Linux 系统使用 BAR 空间的错误方法

```
            ret = pci_read_config_dword(pdev,1,&pciaddr);

            if ( ! pciaddr) {
                rc = -EIO;
                dev_err(&pdev->dev,"no MMIO resource\n");
                goto err_out_res;
            }
    ...

            regs = ioremap(pciaddr,BAR_SIZE);
```

在 Linux 系统中，使用 pci_read_config_dword 函数获得的是 PCI 总线域的物理地址，在许多处理器系统中，如 Alpha 和 PowerPC 处理器系统，PCI 总线域的物理地址与存储器域的物理地址并不相等。

如果 x86 处理器系统使能了 IOMMU 后，这两个地址也并不一定相等，因此处理器系统直接使用这个 PCI 总线域的物理地址，并不能确保访问 PCI 设备的 BAR 空间的正确性。除此之外在 Linux 系统中，ioremap 函数的输入参数为存储器域的物理地址，而不能使用 PCI 总线域的物理地址。

而在 pci_dev→resource[bar].start 参数中保存的地址已经经过 PCI 总线域到存储器域的地址转换，因此在编写 Linux 系统的设备驱动程序时，需要使用 pci_dev→resource[bar].start 参数中的物理地址，再用 ioremap 函数将物理地址转换为"存储器域"的虚拟地址。

(11) Command 寄存器

该寄存器为 PCI 设备的命令寄存器，在初始化时，其值为 0，此时这个 PCI 设备除了能够接收配置请求总线事务之外，不能接收任何存储器或者 I/O 请求。系统软件需要合理设置该寄存器之后，才能访问该设备的存储器或者 I/O 空间。在 Linux 系统中，设备驱动程序调用 pci_enable_device 函数[⊖]，使能该寄存器的 I/O 和 Memory Space 位之后，才能访问该设备的存储器或者 I/O 地址空间。Command 寄存器的各位的含义如表 2-4 所示。

⊖　pci_enable_device 函数的详细说明第 12.3.2 节。

表 2-4　Command 寄存器

位	描　　述
0	I/O Space 位，该位表示 PCI 设备是否响应 I/O 请求，为 1 时响应，为 0 时不响应。如果 PCI 设备支持 I/O 地址空间，系统软件会将该位置 1。复位值为 0
1	Memory Space 位，该位表示 PCI 设备是否响应存储器请求，为 1 时响应，为 0 时不响应。如果 PCI 设备支持存储器地址空间，系统软件会将该位置 1。复位值为 0
2	Bus Master 位。该位表示 PCI 设备是否可以作为主设备，为 1 时 PCI 设备可以作为主设备，为 0 时不能。复位值为 0
3	Special Cycle 位，该位表示 PCI 设备是否响应 Special 总线事务，为 1 时响应，为 0 时不响应。PCI 设备可以使用 Special 总线事务，将一些信息广播发送到多个目标设备，Specail 总线事务不能穿越 PCI 桥。如果一个 PCI 设备需要将 Special 总线事务发送到 PCI 桥之下的总线时，必须使用 Type 01h 配置周期。PCI 桥可以将 Type 01h 配置周期转换为 Special 周期。该位的复位值为 0
4	Memory Write and Invalidate 位，该位表示 PCI 设备是否支持 Memory Write and Invalidate 总线事务，为 1 时支持，为 0 时不支持。许多低端的 PCI 设备不支持这种总线事务。该位对 PCIe 设备无意义
5	VGA Palette Snoop 位。该位为 1 时支持 Palette Snoop 功能，为 0 时不支持
6	Parity Error Response 位，复位值为 0。该位为 1，而且 PCI 设备在传送过程中出现奇偶校验错误时，PCI 设备将 PERR#信号设置为 1；该位为 0 时，即便出现奇偶检验错误，PCI 设备也仅会将 Status 寄存器的 "Detected Parity Error" 位置 1
8	SERR# Enable 位，复位值为 0。该位为 1，而且 PCI 设备出现错误时，将使用 SERR#信号，将这个错误信息发送给 HOST 主桥，为 0 时，不能使用 SERR#信号
9	Fast Back-to-Back 位。该位为 1 时，PCI 设备使用 Fast Back-to-Back（快速背靠背）总线周期，这种周期是一种提高传送效率的方法。但并不是所有的 PCI 设备都支持 Fast Back-to-Back 传送周期。该位的复位值为 0
10	Interrupt Disable 位，复位值为 0。该位为 1 时，PCI 设备不能通过 INTx 信号向 HOST 主桥提交中断请求，为 0 时可以使用 INTx 信号提交中断请求。当 PCI 设备使用 MSI 中断方式提交中断请求时，该位将被置为 1

（12）Status 寄存器

该寄存器的绝大多数位都是只读位，保存 PCI 设备的状态，其含义如表 2-5 所示。

表 2-5　Status 寄存器

位	描　　述
3	Interrupt Status 位，该位只读。该位为 1 且 Command 寄存器的 Interrupt Disable 位为 0 时，表示 PCI 设备已经使用 INTx 信号向处理器提交了中断请求。在多数 PCI 设备中的 BAR 空间，存在自定义的中断状态寄存器，因此设备驱动程序很少使用该位判断 PCI 设备是否提交了中断请求
4	Capabilities List 位，该位只读。该位为 1 时 Capability Pointer 寄存器中的值有效。本书在第 4.3 节详细介绍 PCI 设备的 Capability Pointer 寄存器
5	66MHz Capability 位，该位只读。为 1 时表示此设备支持 66 MHz 的 PCI 总线
7	Fast Back-to-Back Capable 位。该位只读，该位为 1 表示此设备支持快速 "背靠背" 总线周期
8	Master Data Parity Error 位。PCI 总线的 PERR#信号有效时将置该位为 1；当 PCI 总线出现数据传送错误时置此位为 1；当 Command 寄存器的 Parity Error Response 位为 1 时，此位为 1
9~10	DEVSEL timing 字段。该字段为 0b00 时表示 PCI 设备为快速设备；为 0b01 时表示 PCI 设备为中速设备；为 0b10 时表示 PCI 设备为慢速设备。快速设备要求 PCI 总线主设备置 FRAME#信号有效的一个时钟周期后，置 DEVSEL#信号有效；中速设备要求 PCI 总线主设备置 FRAME#信号有效的两个时钟周期后，置 DEVSEL#信号有效；慢速设备要求 PCI 总线主设备置 FRAME#信号有效的三个时钟周期后，置 DEVSEL#信号有效

（续）

位	描 述
9~10	在一条 PCI 总线上，如果快速设备、中速设备和慢速设备都没有使用 DEVSEL#信号响应当前总线事务时，这条总线上的负向译码设备，将被动地接收这个总线事务。如果在这条总线上没有负向译码设备，主设备在 FRAME#信号有效后的第 4 个时钟周期，使用主设备夭折时序，结束当前总线事务。有关负向译码设备的详细说明见第 3.2.1 节。 值得注意的是，在 PCI-X 总线中，该字段的含义与 PCI 总线有所不同
11	Signaled Target Abort 位。该位由 PCI 目标设备设置，当目标设备使用目标设备夭折（Target Abort）时序，结束当前总线周期时，PCI 设备将置该位为 1
12	Received Target Abort 位。该位由 PCI 主设备设置，当发生目标设备夭折时序时，该位被置为 1
13	Received Master Abort 位。该位由 PCI 主设备设置，当发生主设备夭折时序时，该位被置为 1。当以上几个 Abort 位有效时，表示 PCI 总线的数据传送通路出现了较为严重的问题
14	Signaled System Error 位。当设备置 SERR#信号有效时，该位被置 1
15	Detected Parity Error 位。当设备发现奇偶校验错时，该位被置 1

（13）Latency Timer 寄存器

在 PCI 总线中，多个设备共享同一条总线带宽。该寄存器用来控制 PCI 设备占用 PCI 总线的时间，当 PCI 设备获得总线使用权，并使能 Frame#信号后，Latency Timer 寄存器将递减，当该寄存器归零后，该设备将使用超时机制停止[⊖]对当前总线的使用。

如果当前总线事务为 Memory Write and Invalidate 时，需要保证对一个完整 Cache 行的操作结束后才能停止当前总线事务。对于多数 PCI 设备而言，该寄存器的值为 32 或者 64，以保证一次突发传送的基本单位为一个 Cache 行。

PCIe 设备不需要使用该寄存器，该寄存器的值必须为 0。因为 PCIe 总线的仲裁方法与 PCI 总线不同，使用的连接方法也与 PCI 总线不同。

2.3.3　PCI 桥的配置空间

PCI 桥使用的配置空间的寄存器如图 2-10 所示。PCI 桥作为一个 PCI 设备，使用的许多配置寄存器与 PCI Agent 的寄存器是类似的，如 Device ID、Vendor ID、Status、Command、Interrupt Pin、Interrupt Line 寄存器等，本节不再重复介绍这些寄存器。下面将重点介绍在 PCI 桥中与 PCI Agent 的配置空间不相同的寄存器。

与 PCI Agent 设备不同，在 PCI 桥中只含有两组 BAR 寄存器，即 Base Address Register 0~1 寄存器。这两组寄存器与 PCI Agent 设备配置空间的对应寄存器的含义一致。但是在 PCI 桥中，这两组寄存器是可选的。如果在 PCI 桥中不存在私有寄存器，那么可以不使用这两组寄存器设置 BAR 空间。

在大多数 PCI 桥中都不存在私有寄存器，操作系统也不需要为 PCI 桥提供专门的驱动程序，这也是这类桥被称为透明桥的原因。如果在 PCI 桥中不存在私有空间时，PCI 桥将这两个 BAR 寄存器初始化为 0。在 PCI 桥的配置空间中使用两个 BAR 寄存器的原因是这两个 32 位的寄存器可以组成一个 64 位地址空间。

在 PCI 桥的配置空间中，有许多寄存器是 PCI 桥所特有的。PCI 桥除了作为 PCI 设备之

⊖　此时 GNT#信号为无效。为提高仲裁效率，PCI 设备在进行数据传送时，GNT#信号可能已经无效。

外，还需要管理其下连接的 PCI 总线子树使用的各类资源，即 Secondary Bus 所连接 PCI 总线子树使用的资源。这些资源包括存储器、I/O 地址空间和总线号。

31 24	23 16	15 8	7 0	
Device ID		Vendor ID		0x00
Status		Command		0x04
Class Code			Revision ID	0x08
BIST	Header Type	Primary Latency Timer	Cache Line Size	0x0C
Base Address Register0				0x10
Base Address Register1				0x14
Secondary Latency Timer	Subordinate Bus Number	Secondary Bus Number	Primary Bus Number	0x18
Secondary Status		I/O Limit	I/O Base	0x1C
Memory Limit		Memory Base		0x20
Prefetchable Memory Limit		Prefetchable Memory Base		0x24
Prefetchable Base Upper 32 Bits				0x28
Prefetchable Limit Upper 32 Bits				0x2C
I/O Limit Upper 16 bits		I/O Base Upper 16 bits		0x30
Reserved			Capabilities Pointer	0x34
Expansion ROM Base Address				0x38V
Bridge Control		Interrupt Pin	Interrupt Line	0x3C

图 2-10　PCI 桥的配置空间

在 PCI 桥中，与 Secondary Bus 相关的寄存器包括两大类。一类寄存器管理 Secondary Bus 之下 PCI 子树的总线号，如 Secondary 和 Subordinate Bus Number 寄存器；另一类寄存器管理下游 PCI 总线的 I/O 和存储器地址空间，如 I/O 和 Memory Limit、I/O 和 Memory Base 寄存器。在 PCI 桥中还使用 Primary Bus 寄存器保存上游的 PCI 总线号。

其中存储器地址空间还分为可预读空间和不可预读空间，Prefetchable Memory Limit 和 Prefetchable Memory Base 寄存器管理可预读空间，而 Memory Limit、Memory Base 管理不可预读空间。在 PCI 体系结构中，除了 ROM 地址空间之外，PCI 设备使用的地址空间大多都是不可预读的。

（1）Subordinate Bus Number、Secondary Bus Number 和 Primary Bus Number 寄存器

PCI 桥可以管理其下的 PCI 总线子树。其中 Subordinate Bus Number 寄存器存放当前 PCI 子树中，编号最大的 PCI 总线号。而 Secondary Bus Number 寄存器存放当前 PCI 桥 Secondary Bus 使用的总线号，这个 PCI 总线号也是该 PCI 桥管理的 PCI 子树中编号最小的 PCI 总线号。因此一个 PCI 桥能够管理的 PCI 总线号在 Secondary Bus Number～Subordinate Bus Number 之间。这两个寄存器的值由系统软件遍历 PCI 总线树时设置。

Primary Bus Number 寄存器存放该 PCI 桥上游的 PCI 总线号，该寄存器可读写。Primary Bus Number、Subordinate Bus Number 和 Secondary Bus Number 寄存器在初始化时必须为 0，系统软件将根据这几个寄存器是否为 0，判断 PCI 桥是否被配置过。

不同的操作系统使用不同的 Bootloader 引导，有的 Bootloader 可能会对 PCI 总线树进行遍历，此时操作系统不必重新遍历 PCI 总线树。在 x86 处理器系统中，BIOS 会遍历处理器系统中的所有 PCI 总线树，操作系统可以直接使用 BIOS 的结果，也可以重新遍历 PCI 总线树。而 PowerPC 处理器系统中的 Bootloader，如 U-Boot 并没有完全遍历 PCI 总线树，此时操作系统必须重新遍历 PCI 总线树。本书将在第 14 章以 Linux 系统为例说明 PCI 总线树的遍

历过程。

（2）Secondary Status 寄存器

该寄存器的含义与 PCI Agent 配置空间的 Status 寄存器的含义相近，PCI 桥的 Secondary Status 寄存器记录 Secondary Bus 的状态，而不是 PCI 桥作为 PCI 设备时使用的状态。在 PCI 桥配置空间中还存在一个 Status 寄存器，该寄存器保存 PCI 桥作为 PCI 设备时的状态。

（3）Secondary Latency Timer 寄存器

该寄存器的含义与 PCI Agent 配置空间的 Latency Timer 寄存器的含义相近，PCI 桥的 Secondary Latency Timer 寄存器管理 Secondary Bus 的超时机制，即 PCI 桥发向下游的总线事务；在 PCI 桥配置空间中还存在一个 Latency Timer 寄存器，该寄存器管理 PCI 桥发向上游的总线事务。

（4）I/O Limit 和 I/O Base 寄存器

在 PCI 桥管理的 PCI 子树中包含许多 PCI 设备，而这些 PCI 设备可能会使用 I/O 地址空间。PCI 桥使用这两个寄存器，存放 PCI 子树中所有设备使用的 I/O 地址空间集合的基地址和大小。

（5）Memory Limit 和 Memory Base 寄存器

在 PCI 桥管理的 PCI 子树中有许多 PCI 设备，这些 PCI 设备可能会使用存储器地址空间。这两个寄存器存放所有这些 PCI 设备使用的存储器地址空间集合的基地址和大小，PCI 桥规定这个空间的大小至少为 1MB。

（6）Prefetchable Memory Limit 和 Prefetchable Memory Base 寄存器

在 PCI 桥管理的 PCI 子树中有许多 PCI 设备，如果这些 PCI 设备支持预读，则需要从 PCI 桥的可预读空间中获取地址空间。PCI 桥的这两个寄存器存放这些 PCI 设备使用的可预取存储器空间的基地址和大小。

如果 PCI 桥不支持预读，则其下支持预读的 PCI 设备需要从 Memory Base 寄存器为基地址的存储器空间中获取地址空间。如果 PCI 桥支持预读，其下的 PCI 设备需要根据情况，决定使用可预读空间还是不可预读空间。PCI 总线建议 PCI 设备支持预读，但是支持预读的 PCI 设备并不多见。

（7）I/O Base Upper 16 bits 和 I/O Limit Upper 16 bits 寄存器

如果 PCI 桥仅支持 16 位的 I/O 端口，这组寄存器只读，且其值为 0。如果 PCI 桥支持 32 位 I/O 端口，这组寄存器可以提供 I/O 端口的高 16 位地址。

（8）Bridge Control 寄存器

该寄存器用来管理 PCI 桥的 Secondary Bus，其主要位的描述如下。

- Secondary Bus Reset 位，第 6 位，可读写。当该位为 1 时，将使用下游总线提供的 RST#信号复位与 PCI 桥的下游总线连接的 PCI 设备。通常情况下与 PCI 桥下游总线连接的 PCI 设备，其复位信号需要与 PCI 桥提供的 RST#信号连接，而不能与 HOST 主桥提供的 RST#信号连接。
- Primary Discard Timer 位，第 8 位，可读写。PCI 桥支持 Delayed 传送方式，当 PCI 桥的 Primary 总线上的主设备使用 Delayed 方式进行数据传递时，PCI 桥使用 Retry 周期结束 Primary 总线的 Non-Posted 数据请求，并将这个 Non-Posted 数据请求转换为 Delayed 数据请求，之后主设备需要择时重试相同的 Non-Posted 数据请求。当该位为 1

时，表示在 Primary Bus 上的主设备需要在 2^{10} 个时钟周期之内重试这个数据请求，为 0 时，表示主设备需要在 2^{15} 个时钟周期之内重试这个数据请求，否则 PCI 桥将丢弃 Delayed 数据请求。

- Secondary Discard Timer 位，第 9 位，可读写。当该位为 1 时，表示在 Secondary Bus 上的主设备需要在 2^{10} 个时钟周期之内重试这个数据请求，为 0 时，表示主设备需要在 2^{15} 个时钟周期之内重试这个数据请求，如果主设备在规定的时间内没有进行重试时，PCI 桥将丢弃 Delayed 数据请求。

2.4　PCI 总线的配置

PCI 总线定义了两类配置请求，一类是 Type 00h 配置请求，另一类是 Type 01h 配置请求。PCI 总线使用这些配置请求访问 PCI 总线树上的设备配置空间，包括 PCI 桥和 PCI Agent 设备的配置空间。

其中 HOST 主桥或者 PCI 桥使用 Type 00h 配置请求，访问与 HOST 主桥或者 PCI 桥直接相连的 PCI Agent 设备或者 PCI 桥[⊖]；而 HOST 主桥或者 PCI 桥使用 Type 01h 配置请求，需要至少穿越一个 PCI 桥，访问没有与其直接相连的 PCI Agent 设备或者 PCI 桥。如图 2-8 所示，HOST 主桥可以使用 Type 00h 配置请求访问 PCI 设备 01，而使用 Type 01h 配置请求通过 PCI 桥 1、2 或者 3 转换为 Type 00h 配置请求之后，访问 PCI 总线树上的 PCI 设备 11、21、22、31 和 32[⊖]。

当 x86 处理器对 CONFIG_DATA 寄存器进行读写操作时，HOST 主桥将决定向 PCI 总线发送 Type 00h 配置请求还是 Type 01h 配置请求。在 PCI 总线事务的地址周期中，这两种配置请求总线事务的不同反映在 PCI 总线的 AD［31:0］信号线上。

值得注意的是，PCIe 总线还可以使用 ECAM（Enhanced Configuration Access Mechanism）机制访问 PCIe 设备的扩展配置空间，使用这种方式可以访问 PCIe 设备 256B～4 KB 之间的扩展配置空间。但是本节仅介绍如何使用 CONFIG_ADDRESS 和 CONFIG_FATA 寄存器产生 Type 00h 和 Type 01h 配置请求。有关 ECAM 机制的详细说明见第 5.3.2 节。

处理器首先将目标 PCI 设备的 ID 号保存在 CONFIG_ADDRESS 寄存器中，之后 HOST 主桥根据该寄存器的 Bus Number 字段，决定是产生 Type 00h 配置请求，还是 Type 01h 配置请求。当 Bus Number 字段为 0 时，将产生 Type 00h 配置请求，因为与 HOST 主桥直接相连的总线号为 0；大于 0 时，将产生 Type 01h 配置请求。

2.4.1　Type 01h 和 Type 00h 配置请求

本节首先介绍 Type 01h 配置请求，并从 PCI 总线使用的信号线的角度上，讲述 HOST 主桥如何生成 Type 01 配置请求。在 PCI 总线中，只有 PCI 桥能够接收 Type 01h 配置请求。Type 01h 配置请求不能直接发向最终的 PCI Agent 设备，而只能由 PCI 桥将其转换为 Type 01h 继续发向其他 PCI 桥，或者转换为 Type 00h 配置请求发向 PCI Agent 设备。PCI 桥还可

⊖　此时 PCI 桥作为一个 PCI 设备，接收访问其配置空间的读写请求。

⊖　最终 Type 01h 配置请求将会被转换为 Type 00h 配置请求，然后访问 PCI Agent 设备。

以将 Type 01h 配置请求转换为 Special Cycle 总线事务（HOST 主桥也可以实现该功能），本节对这种情况不做介绍。

在地址周期中，HOST 主桥使用配置读写总线事务，将 CONFIG_ADDRESS 寄存器的内容复制到 PCI 总线的 AD［31:0］信号线中。CONFIG_ADDRESS 寄存器与 Type 01h 配置请求的对应关系如图 2-11 所示。

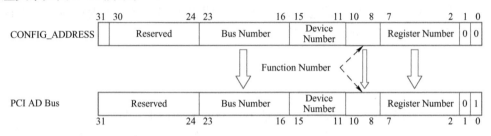

图 2-11　CONFIG_ADDRESS 寄存器与 Type 01h 配置请求的对应关系

从图 2-11 中可以发现，CONFIG_ADDRESS 寄存器的内容基本上是原封不动地复制到 PCI 总线的 AD［31:0］信号线上的[⊖]。其中 CONFIG_ADDRESS 的使能位不被复制，而 AD 总线的第 0 位必须为 1，表示当前配置请求是 Type 01h。

当 PCI 总线接收到 Type 01 配置请求时，将寻找合适的 PCI 桥[⊖]接收这个配置信息。如果这个配置请求是直接发向 PCI 桥下的 PCI 设备时，PCI 桥将接收这个 Type 01 配置请求，并将其转换为 Type 00h 配置请求；否则 PCI 桥将当前 Type 01h 配置请求原封不动地传递给下一级 PCI 总线。

如果 HOST 主桥或者 PCI 桥发起的是 Type 00h 配置请求，CONFIG_ADDRESS 寄存器与 AD［31:0］的转换如图 2-12 所示。

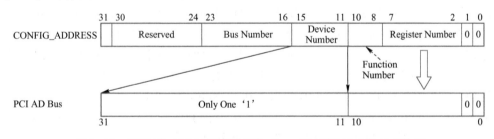

图 2-12　CONFIG_ADDRESS 寄存器与 Type 00h 配置请求的对应关系

此时处理器对 CONFIG_DATA 寄存器进行读写时，处理器将 CONFIG_ADDRESS 寄存器中的 Function Number 和 Register Number 字段复制到 PCI 的 AD 总线的第 10~2 位；将 AD 总线的第 1~0 位赋值为 0b00。PCI 总线在配置请求总线事务的地址周期根据 AD［1:0］判断当前配置请求是 Type 00h 还是 Type 01h，如果 AD［1:0］等于 0b00 表示是 Type 00h 配置请求，如果 AD［1:0］等于 0b01 表示是 Type 01h 配置请求。

而 AD［31:11］与 CONFIG_ADDRESS 的 Device Number 字段有关，在 Type 00h 配置请

⊖　Type 01h 配置头信息存在于 PCI 总线事务的地址周期中。

⊖　PCI 桥根据 Subordinate Bus Number 和 Secondary Bus Number 寄存器，决定是否接收当前配置请求。

求的地址周期中，AD［31:11］位有且只有一位为 1，其中 AD［31:11］的每一位选通一个 PCI 设备的配置空间。如第 1.2.2 节所述，PCI 设备配置空间的片选信号是 IDSEL，因此 AD［31:11］将与 PCI 设备的 IDSEL 信号对应相连。

当以下两种请求之一满足时，HOST 主桥或者 PCI 桥将生成 Type 00h 配置头，并将其发送到指定的 PCI 总线上。

1) CONFIG_ADDRESS 寄存器的 Bus Number 字段为 0 时，处理器访问 CONFIG_DATA 寄存器时，HOST 主桥将直接向 PCI 总线 0 发出 Type 00h 配置请求。因为与 HOST 主桥直接相连的 PCI 总线号为 0，此时表示 HOST 主桥需要访问与其直接相连的 PCI 设备。

2) 当 PCI 桥收到 Type 01h 配置头时，将检查 Type 01 配置头的 Bus Number 字段，如果这个 Bus Number 与 PCI 桥的 Secondary Bus Number 相同，则将这个 Type 01 配置头转换为 Type 00h 配置头，并发送到该 PCI 桥的 Secondary 总线上。

2.4.2　PCI 总线配置请求的转换原则

当 CONFIG_ADDRESS 寄存器的 Enable 位为 1，系统软件访问 CONFIG_DATA 寄存器时，HOST 主桥可以产生两类 PCI 总线配置读写总线事务，分别为 Type 00h 和 Type 01h 配置读写总线事务。在配置读写总线事务的地址周期和数据周期中，CONFIG_ADDRESS 和 CONFIG_DATA 寄存器中的数据将被放置到 PCI 总线的 AD 总线上。其中 Type 00h 和 Type 01h 配置读写总线事务映射到 AD 总线的数据并不相同。

其中 Type 00h 配置请求可以直接读取 PCI Agent 设备的配置空间，而 Type 01h 配置请求在通过 PCI 桥时，最终将被转换为 Type 00h 配置请求，并读取 PCI Agent 设备的配置寄存器。本节重点讲述 PCI 桥如何将 Type 01h 配置请求转换为 Type 00h 配置请求。

首先 Type 00h 配置请求不会被转换成 Type 01h 配置请求，因为 Type 00h 配置请求是发向最终 PCI Agent 设备，这些 PCI Agent 设备不会转发这些配置请求。

当 CONFIG_ADDRESS 寄存器的 Bus Number 字段为 0 时，处理器对 CONFIG_DATA 寄存器操作时，HOST 主桥将直接产生 Type 00h 配置请求，挂接在 PCI 总线 0 上的某个设备将通过 ID 译码接收这个 Type 00h 配置请求，并对配置寄存器进行读写操作。如果 PCI 总线上没有设备接收这个 Type 00h 配置请求，将引发 Master Abort，详情见 PCI 总线规范，本节对此不做进一步说明。

如果 CONFIG_ADDRESS 寄存器的 Bus Number 字段为 n（n≠0），即访问的 PCI 设备不是直接挂接在 PCI 总线 0 上的，此时 HOST 主桥对 CONFIG_DATA 寄存器操作时，将产生 Type 01h 配置请求，PCI 总线 0 将遍历所有在这条总线上的 PCI 桥，确定由哪个 PCI 桥接收这个 Type 01h 配置请求。

如果 n 大于或等于某个 PCI 桥的 Secondary Bus Number 寄存器，而且小于或等于 Subordinate Bus number 寄存器，那么这个 PCI 桥将接收在当前 PCI 总线上的 Type 01 配置请求，并采用以下规则进行递归处理。

1) 开始。

2) 遍历当前 PCI 总线的所有 PCI 桥。

3) 如果 n 等于某个 PCI 桥的 Secondary Bus Number 寄存器，说明这个 Type 01 配置请求的目标设备直接连接在该 PCI 桥的 Secondary bus 上。此时 PCI 桥将 Type 01 配置请求转换为 Type 00h 配置请求，并将这个配置请求发送到 PCI 桥的 Secondary Bus 上，Secondary Bus 上的某个设备将响应这个 Type 00h 配置请求，并与 HOST 主桥进行配置信息的交换，转 5）。

4）如果 n 大于 PCI 桥的 Secondary Bus Number 寄存器，而且小于或等于 PCI 桥的 Subordinate Bus number 寄存器，说明这个 Type 01 配置请求的目标设备不与该 PCI 桥的 Secondary Bus 直接相连，但是由这个 PCI 桥下游总线上的某个 PCI 桥管理。此时 PCI 桥将首先认领这个 Type 01 配置请求，并将其转发到 Secondary Bus，转 2）。

5）结束。

下面将举例说明 PCI 总线配置请求的转换原则，并以图 2-8 为例说明处理器如何访问 PCI 设备 01 和 PCI 设备 31 的配置空间。PCI 设备 01 直接与 HOST 主桥相连，因此 HOST 主桥可以使用 Type 00h 配置请求访问该设备。

而 HOST 主桥需要经过多级 PCI 桥才能访问 PCI 设备 31，因此 HOST 主桥需要首先使用 Type 01h 配置请求，之后通过 PCI 桥 1、2 和 3 将 Type 01h 配置请求转换为 Type 00h 配置请求，最终访问 PCI 设备 31。

1. PCI 设备 01

这种情况较易处理，当 HOST 处理器访问 PCI 设备 01 的配置空间时，发现 PCI 设备 01 与 HOST 主桥直接相连，所以将直接使用 Type 00h 配置请求访问该设备的配置空间，具体步骤如下。

首先 HOST 处理器将 CONFIG_ADDRESS 寄存器的 Enabled 位置 1，Bus Number 号置为 0，并对该寄存器的 Device、Function 和 Register Number 字段赋值。当处理器对 CONFIG_DATA 寄存器访问时，HOST 主桥将存放在 CONFIG_ADDRESS 寄存器中的数值，转换为 Type 00h 配置请求，并发送到 PCI 总线 0 上，PCI 设备 01 将接收这个 Type 00h 配置请求，并与处理器进行配置信息交换。

2. PCI 设备 31

HOST 处理器对 PCI 设备 31 进行配置读写时，需要通过 HOST 主桥、PCI 桥 1、2 和 3，最终到达 PCI 设备 31。

当处理器访问 PCI 设备 31 时，首先将 CONFIG_ADDRESS 寄存器的 Enabled 位置 1，Bus Number 字段置为 3，并对 Device、Function 和 Register Number 字段赋值。之后当处理器对 CONFIG_DATA 寄存器进行读写访问时，HOST 主桥、PCI 桥 1、2 和 3 将按照以下步骤进行处理，最后 PCI 设备 31 将接收这个配置请求。

1）HOST 主桥发现 Bus Number 字段的值为 3，该总线号并不是与 HOST 主桥直接相连的 PCI 总线的 Bus Number，所以 HOST 主桥将处理器对 CONFIG_DATA 寄存器的读写访问直接转换为 Type 01h 配置请求，并将这个配置请求发送到 PCI 总线 0 上。PCI 总线规定 Type 01h 配置请求只能由 PCI 桥负责处理。

2）在 PCI 总线 0 上，PCI 桥 1 的 Secondary Bus Number 为 1 而 Subordinate Bus Number 为 3。而 1<Bus Number≤3，所以 PCI 桥 1 将接收来自 PCI 总线 0 的 Type 01h 配置请求，并将这个配置请求直接下推到 PCI 总线 1。

3）在 PCI 总线 1 上，PCI 桥 2 的 Secondary Bus Number 为 2 而 Subordinate Bus Number 为 3。而 1<Bus Number≤3，所以 PCI 桥 2 将接收来自 PCI 总线 0 的 Type 01h 配置请求，并将

这个配置请求直接下推到 PCI 总线 2。

4）在 PCI 总线 2 上，PCI 桥 3 的 Secondary Bus Number 为 3，因此 PCI 桥 3 将 "来自 PCI 总线 2 的 Type 01h 配置请求" 转换为 Type 00h 配置请求，并将其下推到 PCI 总线 3。PCI 总线规定，如果 PCI 桥的 Secondary Bus Number 与 Type 01h 配置请求中包含的 Bus Number 相同时，该 PCI 桥将接收的 Type 01h 配置请求转换为 Type 00h 配置请求，然后再发向其 Secondary Bus。

5）在 PCI 总线 3 上，有两个设备：PCI 设备 31 和 PCI 设备 32。在这两个设备中，必然有一个设备将要响应这个 Type 00h 配置请求，从而完成整个配置请求周期。在第 2.4.1 节中，讨论了究竟是 PCI 设备 31 还是 PCI 设备 32 接收这个配置请求，这个问题涉及 PCI 总线如何分配 PCI 设备使用的设备号。

2.4.3　PCI 总线树 Bus 号的初始化

在一个处理器系统中，每一个 HOST 主桥都推出一棵 PCI 总线树。在一棵 PCI 总线树中有多少个 PCI 桥（包括 HOST 主桥），就含有多少条 PCI 总线。系统软件在遍历当前 PCI 总线树时，需要首先对这些 PCI 总线进行编号，即初始化 PCI 桥的 Primary、Secondary 和 Subordinate Bus Number 寄存器。

在一个处理器系统中，一般将与 HOST 主桥直接相连的 PCI 总线命名为 PCI 总线 0。然后系统软件使用 DFS（Depth First Search）算法，依次对其他 PCI 总线进行编号。值得注意的是，与 HOST 主桥直接相连的 PCI 总线，其编号都为 0，因此当处理器系统中存在多个 HOST 主桥时，将有多个编号为 0 的 PCI 总线，但是这些编号为 0 的 PCI 总线分属不同的 PCI 总线域，其含义并不相同。

在一个处理器系统中，假设 PCI 总线树的结构如图 2-13 所示。当然在一个实际的处理器系统中，很少会出现这样复杂的 PCI 总线树结构，本节采用这个结构的目的是便于说明 PCI 总线号的分配过程。

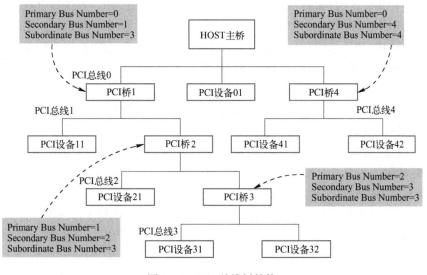

图 2-13　PCI 总线树结构

在 PCI 总线中，系统软件使用深度优先 DFS 算法对 PCI 总线树进行遍历，DFS 算法和广度优先 BFS（Breadth First Search）算法是遍历树型结构的常用算法。与 BFS 算法相比，DFS 算法的空间复杂度较低，因此绝大多数系统在遍历 PCI 总线树时，都使用 DFS 算法而不是 BFS 算法。

DFS 是搜索算法的一种，其实现机制是沿着一棵树的深度遍历各个节点，并尽可能深地搜索树的分支，DFS 的算法为线性时间复杂度，适合对拓扑结构未知的树进行遍历。在一个处理器系统的初始化阶段，PCI 总线树的拓扑结构是未知的，适合使用 DFS 算法进行遍历。下面以图 2-13 为例，说明系统软件如何使用 DFS 算法，分配 PCI 总线号，并初始化 PCI 桥中的 Primary Bus Number、Secondary Bus Number 和 Subordinate Bus Number 寄存器。所谓 DFS 算法是指按照深度优先的原则遍历 PCI 胖树，其步骤如下。

1）HOST 主桥扫描 PCI 总线 0 上的设备。系统软件首先忽略这条总线上的所有 PCI Agent 设备，因为在这些设备之下不会挂接新的 PCI 总线。例如 PCI 设备 01 下不可能挂接新的 PCI 总线。

2）HOST 主桥首先发现 PCI 桥 1，并将 PCI 桥 1 的 Secondary Bus 命名为 PCI 总线 1。系统软件将初始化 PCI 桥 1 的配置空间，将 PCI 桥 1 的 Primary Bus Number 寄存器赋值为 0，而将 Secondary Bus Number 寄存器赋值为 1，即 PCI 桥 1 的上游 PCI 总线号为 0，而下游 PCI 总线号为 1。

3）扫描 PCI 总线 1，发现 PCI 桥 2，并将 PCI 桥 2 的 Secondary Bus 命名为 PCI 总线 2。系统软件将初始化 PCI 桥 2 的配置空间，将 PCI 桥 2 的 Primary Bus Number 寄存器赋值为 1，而将 Secondary Bus Number 寄存器赋值为 2。

4）扫描 PCI 总线 2，发现 PCI 桥 3，并将 PCI 桥 3 的 Secondary Bus 命名为 PCI 总线 3。系统软件将初始化 PCI 桥 3 的配置空间，将 PCI 桥 3 的 Primary Bus Number 寄存器赋值为 2，而将 Secondary Bus Number 寄存器赋值为 3。

5）扫描 PCI 总线 3，没有发现任何 PCI 桥，这表示 PCI 总线 3 下不可能有新的总线，此时系统软件将 PCI 桥 3 的 Subordinate Bus Number 寄存器赋值为 3。系统软件在完成 PCI 总线 3 的扫描后，将回退到 PCI 总线 3 的上一级总线，即 PCI 总线 2，继续进行扫描。

6）在重新扫描 PCI 总线 2 时，系统软件发现 PCI 总线 2 上除了 PCI 桥 3 之外没有发现新的 PCI 桥，而 PCI 桥 3 之下的所有设备已经完成了扫描过程，此时系统软件将 PCI 桥 2 的 Subordinate Bus Number 寄存器赋值为 3。继续回退到 PCI 总线 1。

7）PCI 总线 1 上除了 PCI 桥 2 外，没有其他桥片，于是继续回退到 PCI 总线 0，并将 PCI 桥 1 的 Subordinate Bus Number 寄存器赋值为 3。

8）在 PCI 总线 0 上，系统软件扫描到 PCI 桥 4，则首先将 PCI 桥 4 的 Primary Bus Number 寄存器赋值为 0，而将 Secondary Bus Number 寄存器赋值为 4，即 PCI 桥 1 的上游 PCI 总线号为 0，而下游 PCI 总线号为 4。

9）系统软件发现 PCI 总线 4 上没有任何 PCI 桥，将结束对 PCI 总线 4 的扫描，并将 PCI 桥 4 的 Subordinate Bus Number 寄存器赋值为 4，之后回退到 PCI 总线 4 的上游总线，即 PCI 总线 0 继续进行扫描。

10）系统软件发现在 PCI 总线 0 上的两个桥片 PCI 总线 0 和 PCI 总线 4 都已完成扫描后，将结束对 PCI 总线的 DFS 遍历全过程。

从以上算法可以看出，PCI 桥的 Primary Bus 和 Secondary Bus 号的分配在遍历 PCI 总线树的过程中从上向下分配，而 Subordinate Bus 号是从下向上分配的，因为只有确定了一个 PCI 桥之下究竟有多少条 PCI 总线后，才能初始化该 PCI 桥的 Subordinate Bus 号。

2.4.4　PCI 总线 Device 号的分配

一条 PCI 总线会挂接各种各样的 PCI 设备，而每一个 PCI 设备在 PCI 总线下具有唯一的设备号。系统软件通过总线号和设备号定位一个 PCI 设备之后，才能访问这个 PCI 设备的配置寄存器。值得注意的是，系统软件使用"地址寻址方式"访问 PCI 设备的存储器和 I/O 地址空间，这与访问配置空间使用的"ID 寻址方式"不同。

PCI 设备的 IDSEL 信号与 PCI 总线的 AD［31:0］信号的连接关系决定了该设备在这条 PCI 总线的设备号。如上文所述，每一个 PCI 设备都使用独立的 IDSEL 信号，该信号将与 PCI 总线的 AD［31:0］信号连接，IDSEL 信号的含义见第 1.2.2 节。

在此我们简要回顾 PCI 的配置读写事务使用的时序。如图 1-3 所示，PCI 总线事务由一个地址周期加若干个数据周期组成。在进行配置读写请求总线事务时，C/BE#信号线的值在地址周期中为 0x1010 或为 0x1011，表示当前总线事务为配置读或者配置写请求。此时出现在 AD［31:0］总线上的值并不是目标设备的 PCI 总线地址，而是目标设备的 ID 号，这与 PCI 总线进行 I/O 或者存储器请求时不同，因为 PCI 总线使用 ID 号而不是 PCI 总线地址对配置空间进行访问。

如图 2-12 所示，在配置读写总线事务的地址周期中，AD［10:0］信号已经被 Function Number 和 Register Number 使用，因此 PCI 设备的 IDSEL 只能与 AD［31:11］信号连接。

认真的读者一定可以发现在 CONFIG_ADDRESS 寄存器中 Device Number 字段一共有 5 位可以表示 32 个设备，而 AD［31:11］只有 21 位，显然在这两者之间无法建立一一对应的映射关系。因此在一条 PCI 总线上如果有 21 个以上的 PCI 设备，那么总是有几个设备无法与 AD［31:11］信号线连接，从而 PCI 总线无法访问这些设备。因为 PCI 总线在配置请求的地址周期中，只能使用第 31~11 这些 AD 信号，所以在一条总线上最多也只能挂接 21 个 PCI 设备。这 21 个设备可能是从 0 到 20，也可能是从 11 到 31 排列。从而系统软件在遍历 PCI 总线时，还是需要从 0 到 31 遍历整条 PCI 总线。

在实际的应用中，一条 PCI 总线能够挂接 21 个设备已经足够了，实际上由于 PCI 总线的负载能力有限，即便在总线频率为 33 MHz 的情况下，在一条 PCI 总线中最多也只能挂接 10 个负载，一条 PCI 总线所能挂接的负载详见表 1-1。AD 信号线与 PCI 设备 IDSEL 线的连接关系如图 2-14 所示。

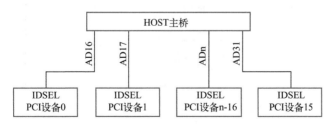

图 2-14　PCI 总线设备号的分配

PCI 总线推荐了一种 Device Number 字段与 AD［31:16］之间的映射关系。其中 PCI 设备 0 与 Device Number 字段的 0b00000 对应；PCI 设备 1 与 Device Number 字段的 0b00001 对应，并以此类推，PCI 设备 15 与 Device Number 字段的 0b01111 对应。

在这种映射关系之下，一条 PCI 总线中，与信号线 AD16 相连的 PCI 设备的设备号为 0；与信号线 AD17 相连的 PCI 设备的设备号为 1；以此类推，与信号线 AD31 相连的 PCI 设备的设备号为 15。在 Type 00h 配置请求中，设备号并没有像 Function Number 和 Register Number 那样以编码的形式出现在 AD 总线上，而是与 AD 信号一一对应，如图 2-12 所示。

这里有一个原则需要读者注意，就是对 PCI 设备的配置寄存器进行访问时，一定要有确定的 Bus Number、Device Number、Function Number 和 Register Number，这"四元组"缺一不可。在 Type 00h 配置请求中，Device Number 由 AD［31:11］信号线与 PCI 设备 IDSEL 信号的连接关系确定；Function Number 保存在 AD［10:8］字段中；而 Register Number 保存在 AD［7:0］字段中；在 Type 01h 配置请求中，也有完整的四元组信息。

在一个处理器系统的设计中，如果在一条 PCI 总线上使用的 PCI 插槽少于 4 个时，笔者建议优先使用 AD［17:20］信号与 PCI 设备的 IDSEL 信号连接。因为 PCI-X 总线规范建议使用 AD17 连接 PCI 设备 1、AD18 连接 PCI 设备 2、AD19 连接 PCI 设备 3、AD20 连接 PCI 设备 4，采用这种方法便于实现 PCI 总线与 PCI-X 总线的兼容。

2.5 非透明 PCI 桥

PCI 桥规范定义了透明桥的实现规则，在第 2.3.1 节中详细介绍了这种桥片。通过透明桥，处理器系统可以以 HOST 主桥为根节点，建立一颗 PCI 总线树，在这个树上的 PCI 设备共享同一个 PCI 总线域上的地址空间。

但是在某些场合下 PCI 透明桥并不适用。在图 2-15 所示的处理器系统中存在两个处理器，此时使用 PCI 桥 1 连接处理器 2 并不利于整个处理器系统的配置与管理。假定 PCI 总线使用 32 位地址空间，而处理器 1 和处理器 2 所使用的存储器大小都为 2 GB，同时假定处理器 1 和处理器 2 使用的存储器都可以被 PCI 设备访问。

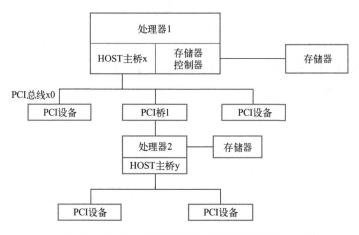

图 2-15 不适合 PCI 透明桥的处理器系统互连方式

此时处理器 1 和 2 使用的存储器空间必须映射到 PCI 总线的地址空间中，而 32 位的 PCI 总线只能提供 4GB 地址空间，此时 PCI 总线 x0 的地址空间将全部被处理器 1 和 2 的存储器空间占用，而没有额外的空间分配给 PCI 设备。

此外有些处理器不能作为 PCI Agent 设备，因此不能直接连接到 PCI 桥上，比如 x86 处理器就无法作为 PCI Agent 设备，因此使用 PCI 透明桥无法将两个 x86 处理器直接相连。如果处理器 2 有两个以上的 PCI 接口，其中一个可以与 PCI 桥 1 相连（此时处理器 2 将作为 PCI Agent 设备），而另一个作为 HOST 主桥 y 连接 PCI 设备。此时 HOST 主桥 y 挂接的 PCI 设备将无法被处理器 1 直接访问。

使用透明桥也不便于解决处理器 1 与处理器 2 间的地址冲突。对于图 2-15 所示的处理器系统，如果处理器 1 和 2 都将各自的存储器映射到 PCI 总线地址空间中，有可能出现地址冲突。虽然 PowerPC 处理器可以使用 Inbound 寄存器，将存储器地址空间映射到不同的 PCI 总线地址空间中，但并非所有的处理器都具有这种映射机制。许多处理器的存储器地址与 PCI 总线地址使用了"简单相等"这种映射方法，如果 PCI 总线连接了两个这样的处理器，将不可避免地出现 PCI 总线地址的映射冲突。

采用非透明桥将有效解决以上这些问题，非透明桥并不是 PCI 总线定义的标准桥片，但是这类桥片在连接两个处理器系统中得到了广泛的应用。一个使用非透明桥连接两个处理器系统的实例如图 2-16 所示。

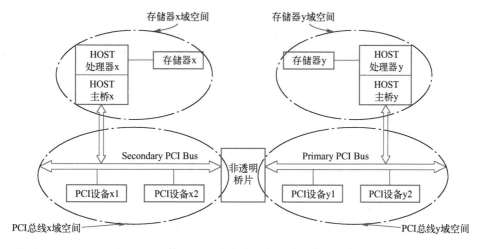

图 2-16　使用 PCI 非透明桥连接两个处理器系统

使用非透明 PCI 桥可以方便地连接两个处理器系统。从图 2-16 中我们可以发现非透明桥可以将 PCI 总线 x 域与 PCI 总线 y 域进行隔离。值得注意的是，非透明 PCI 桥的作用是对不同 PCI 总线域地址空间进行隔离，而不是隔离存储器域地址空间。而 HOST 主桥的作用才是将存储器域与 PCI 总线域进行隔离。

非透明 PCI 桥可以连接两条独立的 PCI 总线，一条被称为 Secondary PCI 总线，另一条被称为 Primary PCI 总线，但是这两条总线没有从属关系，两边是对等的⊖。从处理器 x 的角

⊖　有些非透明桥，如 DEC21554 的两边并不完全对等的，尤其是在处理 64 位地址空间时，本文对此不做详细说明。

度来看，与非透明 PCI 桥右边连接的总线叫 Secondary PCI 总线；而从处理器 y 的角度来看，非透明 PCI 桥左边连接的总线叫 Secondary PCI 总线。

HOST 处理器 x 和 PCI 设备可以通过非透明 PCI 桥直接访问 PCI 总线 y 域的地址空间，并通过 HOST 主桥 y 访问存储器 y；HOST 处理器 y 和 PCI 设备也可以通过非透明 PCI 桥，直接访问 PCI 总线 x 域的地址空间，并通过 HOST 主桥 x 访问存储器 x。为此非透明 PCI 桥需要对分属不同 PCI 总线域的地址空间进行转换。

目前有许多厂商可以提供非透明 PCI 桥的芯片，在具体实现上各有差异，但是其基本原理类似，下面以 Intel 21555 为例说明非透明 PCI 桥。值得注意的是，在 PCIe 体系结构中，也存在非透明 PCI 桥的概念。

2.5.1 Intel 21555 中的配置寄存器

Intel 21555 非透明 PCI 桥源于 DEC21554[⊖]，并在此基础上做了一些改动。Intel 21555 桥片与其他透明桥在系统中的位置相同。如图 2-16 所示，这个桥片一边与 Primary PCI 总线相连，另一边与 Secondary PCI 总线相连。

在 Intel 21555 桥片中，包含两个 PCI 设备配置空间，分别是 Primary PCI 总线配置空间和 Secondary PCI 总线配置空间，处理器可以使用 Type 00h 配置请求访问这些配置空间。在大多数情况之下，在 Primary PCI 总线上的 HOST 处理器管理 Primary PCI 配置空间；在 Secondary PCI 总线上的 HOST 处理器管理 Secondary PCI 配置空间[⊖]。

在 Intel 21555 桥片中，还有一组私有寄存器 CSR（Control and Status Register），系统软件使用这组寄存器对非透明桥进行管理并获得桥片的一些信息，这组寄存器可以被映射成为 PCI 总线的存储器地址空间或者 I/O 地址空间。

本章仅介绍 Primary PCI 总线这一边的配置寄存器，Secondary PCI 总线的配置寄存器虽然与 Primary PCI 总线的这些寄存器略有不同，但是基本对等，因此本节对此不做介绍。Primary PCI 总线的配置寄存器如表 2-6 所示。

表 2-6　Primary PCI 总线的配置寄存器

地 址 偏 移	寄 　 存 　 器	PCI 配置寄存器	复 　 位 　 值
0x13～0x10	Primary CSR and Memory 0 BAR	BAR0	0x0000-0000
0x17～0x14	Primary CSR I/O BAR	BAR1	0x0000-0001
0x1B～0x18	Downstream Memory 1 BAR	BAR2	0x0000-0000
0x1F～0x1C	Downstream Memory 2 BAR	BAR3	0x0000-0000
0x23～0x20	Downstream Memory 3 BAR	BAR4	0x0000-0000
0x27～0x24	Downstream Memory 3 Upper 32 Bits	BAR5	0x0000-0000
0x97～0x94	Downstream Memory 0 Translated Base	None	不确定
0x9B～0x98	Downstream I/O or Memory 1 Translated Base	None	不确定
0x9F～0x9C	Downstream Memory 2 Translated Base	None	不确定
0xA3～0xA0	Downstream Memory 3 Translated Base	None	不确定

⊖ DEC21554 是 Digital 公司的产品。

⊖ Intel 21555 非透明桥片两边的 HOST 处理器都可以访问 Primary 和 Secondary 总线的配置寄存器。

从表 2-6 中，我们可以发现 Primary PCI 总线的这些配置寄存器共分为两组，一组寄存器与 PCI 设备的配置寄存器的 BAR0～5 对应，这些寄存器与标准 PCI 配置寄存器 BAR0～5 的功能相同；另一组寄存器是 Translated Base 寄存器，这组寄存器的主要作用是将来自 Primary PCI 总线的数据访问转换到 Secondary PCI 总线。

其中 BAR0～5 寄存器在系统初始化时由 Primary PCI 总线上的 HOST 处理器进行配置，配置过程与 PCI 总线上的普通设备完全相同。只是 Intel 21555 规定，BAR0 只能映射为 32 位存储器空间。

CSR 寄存器可以根据需要映射在 BAR0 空间中，此时 BAR0 空间最小为 4 KB。CSR 寄存器也可以根据需要使用 BAR1 寄存器映射为 I/O 地址空间，同时 BAR1 寄存器还可以映射其他 I/O 空间；BAR2～3 只能映射为 32 位存储器地址空间；而 BAR4～5 用来映射 64 位的存储器地址空间。

对于 Primary PCI 总线，所有 BAR0～5 寄存器映射的地址空间都将占用 Primary PCI 总线域，然而这些地址空间中所对应的数据并不在 Primary PCI 总线域中，而是在 Secondary PCI 总线域中。Translated Base 寄存器实现不同 PCI 总线域地址空间的转换，Intel 21555 将不同 PCI 总线域地址空间的转换过程称为 "地址翻译"。

Intel 21555 支持两种地址翻译方法，一种是直接地址翻译，另一种是查表翻译。Primary PCI 总线的 BAR 空间只支持直接地址翻译，而 Secondary PCI 总线的 Memory 2 BAR 空间支持查表翻译，本节仅介绍直接地址翻译方法，对查表翻译有兴趣的读者请阅读 Intel 21555 的数据手册⊖。直接地址翻译过程如图 2-17 所示。

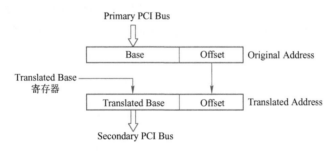

图 2-17 Intel 21555 的直接地址翻译过程

当 Primary PCI 总线对非透明桥 21555 的 BAR0～5 地址空间进行数据请求时，这个数据请求将被转换为对 Secondary PCI 总线的数据请求。Translated Base 寄存器将完成这个地址翻译过程，下节将结合实例说明这个直接地址翻译过程。

2.5.2 通过非透明桥片进行数据传递

下面以图 2-16 中处理器 x 访问处理器 y 存储器地址空间的实例，说明非透明桥 21555 如何将 PCI 总线 x 域与 PCI 总线 y 域联系在一起。

处理器 x 在访问处理器 y 的存储器空间之前，需要做一些必要的准备工作。

⊖ 多数半导体厂商提供两类芯片手册，分别是 Datasheet 和 User manual。其中 Datasheet 偏重硬件电气特性，User Manual 偏重芯片使用原理。

1）首先确定由哪一个 BAR 寄存器空间映射处理器 y 的存储器地址空间。本节假定使用 BAR2 寄存器映射处理器 y 的存储器地址空间。

2）BAR2 寄存器使用 Downstream Memory 2 Translated Base 寄存器，将来自 Primary PCI 总线的访问转换为对 Secondary PCI 总线地址空间的访问。其中 Downstream Memory 2 Translated Base 寄存器可以由处理器 x 或者处理器 y 根据需要进行设置。

假定处理器 x 和 y 的 HOST 主桥使用"直接相等"策略，建立存储器域与 PCI 总线域间的映射；而处理器 x 使用 BAR2 地址空间访问处理器 y 存储器空间 0x1000-000～0x1FFF-FFFF；处理器 x 的系统软件事先将 BAR2 寄存器设置完毕。处理器 x 访问处理器 y 的这段存储器空间的步骤如下，读者可参考图 2-18 理解以下步骤。

1）首先处理器 x 访问在处理器 x 域中，且与非透明桥的 BAR2 空间相对应的存储器地址空间。

2）HOST 主桥将进行存储器域到 PCI 总线域的转换，并将这个请求发送到 Primary PCI 总线上。

3）非透明桥发现这个数据请求发向 BAR2 地址空间，则接收这个数据请求，并在桥片中暂存这个数据请求。

4）非透明桥根据 Downstream Memory 2 Translated Base 寄存器的内容，按照图 2-17 所示的规则进行地址转换。假设 Downstream Memory 2 Translated Base 寄存器的基地址被预先设置为 0x1000-0000，大小为 256 MB（这个物理地址属于处理器 y 的主存储器地址空间）。

5）经过非透明桥的转换后，这个数据请求将穿越非透明桥，从 Primary PCI 总线域进入 Secondary PCI 总线域，然后访问处理器 y 的基地址为 0x1000-0000 的存储器区域。

6）处理器 y 的 HOST 主桥接收这个存储器访问请求，并最终将数据请求发向处理器 y 的存储器中。

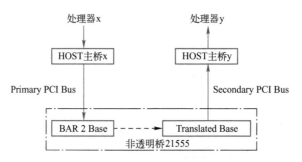

图 2-18　通过非透明桥 21555 进行数据传递

非透明桥 21555 除了可以支持存储器到存储器之间的数据传递，还支持 PCI 总线域到存储器域，以及 PCI 总线域之间的数据传递，此外非透明桥 21555 还可以通过 I²O 和 Doorbell 寄存器进行 Primary PCI 总线与 Secondary PCI 总线之间的中断信号传递。本节对这部分内容不做进一步介绍。

非透明桥有效解决了使用 PCI 总线连接两个处理器存在的问题，因而得到了广泛的应用。在 PCIe 体系结构中，也存在非透明 PCI 桥的概念。如在 PLX 的 Switch 芯片中，各个端口都可以设置为非透明模式。

2.6　小结

本章介绍了在 PCI 总线中使用的桥，包括 HOST 主桥和 PCI 桥，并较详细地介绍了如何使用这些桥访问 PCI 设备的配置空间。

其中 HOST 主桥并不在 PCI 总线规范的约束范围内，不同的处理器可以根据需要设计出不同的 HOST 主桥。本章更加侧重介绍 PowerPC 处理器使用的 HOST 主桥，在该主桥的设计中，提出了许多新的概念，并极大促进了 PCI 总线的发展，在这个桥片中出现的许多新的思想被 PCI V3.0 总线规范采纳。

在 PowerPC 处理器的 HOST 主桥中，明确了存储器域与 PCI 总线域的概念。而区分存储器域与 PCI 总线域也是本章的书写重点，本书将始终强调这两个域的不同。有些处理器系统并没有明确区分这两个域的差别，因此许多读者忽略了 PCI 总线域的存在，并错误地认为 PCI 总线域是存储器域的一部分。

本章还重点介绍了 PCI 桥的实现机制。在许多较简单的处理器系统中，并不包含 PCI 桥，但是读者仍然需要深入理解 PCI 桥这一重要概念。深入理解 PCI 桥的运行机制，是理解 PCI 体系结构的重要基础。

第 3 章　PCI 总线的数据交换

PCI Agent 设备之间以及 HOST 处理器和 PCI Agent 设备之间可以使用存储器读写和 I/O 读写等总线事务进行数据传送。在大多数情况下，PCI 桥不直接与 PCI 设备或者 HOST 主桥进行数据交换，而仅转发来自 PCI Agent 设备或者 HOST 主桥的数据。

PCI Agent 设备间的数据交换并不是本章讨论的重点。本章更侧重讲述 PCI Agent 设备使用 DMA 机制读写主存储器的数据，以及 HOST 处理器如何访问 PCI 设备的 BAR 空间。本章还将使用一定的篇幅讨论在 PCI 总线中与 Cache 相关的总线事务，并在最后介绍预读机制。

3.1　PCI 设备 BAR 空间的初始化

在 PCI Agent 设备进行数据传送之前，系统软件需要初始化 PCI Agent 设备的 BAR0~5 寄存器和 PCI 桥的 Base、Limit 寄存器。系统软件使用 DFS 算法对 PCI 总线进行遍历时，完成这些寄存器的初始化，即分配这些设备在 PCI 总线域的地址空间。当这些寄存器初始化完毕后，PCI 设备可以使用 PCI 总线地址进行数据传递。

值得注意的是，PCI Agent 设备的 BAR0~5 寄存器和 PCI 桥的 Base 寄存器保存的地址都是 PCI 总线地址。而这些地址在处理器系统的存储器域中具有映像，如果一个 PCI 设备的 BAR 空间在存储器域中没有映像，处理器将不能访问该 PCI 设备的 BAR 空间。

如上文所述，处理器通过 HOST 主桥将 PCI 总线域与存储器域隔离。当处理器访问 PCI 设备的地址空间时，需要首先访问该设备在存储器域中的地址空间，并通过 HOST 主桥将这个存储器域的地址空间转换为 PCI 总线域的地址空间之后，再使用 PCI 总线事务将数据发送到指定的 PCI 设备中。

PCI 设备访问存储器域的地址空间，即进行 DMA 操作时，也是首先访问该存储器地址空间所对应的 PCI 总线地址空间，之后通过 HOST 主桥将这个 PCI 总线地址空间转换为存储器地址空间，再由 DDR 控制器对存储器进行读写访问。

不同的处理器系统采用不同的机制实现存储器域和 PCI 总线域的转换。如 PowerPC 处理器使用 Outbound 寄存器组实现存储器域到 PCI 总线域间的转换，并使用 Inbound 寄存器组实现 PCI 总线域到存储器域间的转换。

而 x86 处理器没有这种地址空间域的转换机制，因此从 PCI 设备的角度来看，PCI 设备可以直接访问存储器地址；从处理器的角度来看，处理器可以直接访问 PCI 总线地址空间。但是读者需要注意，在 x86 处理器的 HOST 主桥中仍然有存储器域与 PCI 总线域这个概念。只是在 x86 处理器的 HOST 主桥中，存储器域的存储器地址与 PCI 总线地址相等，这种"简单相等"也是一种映射关系。

3.1.1　存储器地址与 PCI 总线地址的转换

下面根据 PowerPC 和 x86 处理器的主桥，抽象出一个虚拟的 HOST 主桥，并以此为例讲述 PCI Agent 设备之间以及 PCI Agent 设备与主存储器间的数据传送过程。

假设在一个 32 位处理器中，存储器域的 0xF000-0000~0xF7FF-FFFF（共 128MB）这段物理地址空间与 PCI 总线的地址空间存在映射关系。

当处理器访问这段存储器地址空间时，HOST 主桥会认领这个存储器访问，并将该存储器访问使用的物理地址空间转换为 PCI 总线地址空间，并与 0x7000-0000~0x77FF-FFFF 这段 PCI 总线地址空间对应。

为简化起见，假定在存储器域中只映射了 PCI 设备的存储器地址空间，而不映射 PCI 设备的 I/O 地址空间。而 PCI 设备的 BAR 空间使用 0x7000-0000~0x77FF-FFFF 这段 PCI 总线域的存储器地址空间。

在这个 HOST 主桥中，存储器域与 PCI 总线域的映射关系如图 3-1 所示。

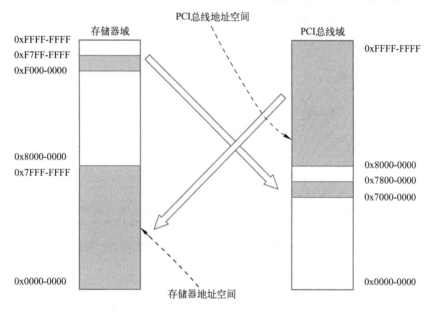

图 3-1　存储器域与 PCI 总线域的映射关系

当 PCI 设备使用 DMA 机制访问存储器域地址空间时，处理器系统同样需要将存储器域的地址空间反向映射到 PCI 总线地址空间。假设在一个处理器系统中，主存储器大小为 2 GB，其在存储器域的地址范围为 0x0000-0000~0x7FFF-FFFF，而这段地址在 PCI 总线域中对应的"PCI 总线地址空间"为 0x8000-0000~0xFFFF-FFFF。

PCI 设备进行 DMA 操作时，必须使用 0x8000-0000~0xFFFF-FFFF 这段 PCI 总线域的地址，HOST 主桥才能认领这个 PCI 总线事务，并将这个总线事务使用的 PCI 总线地址转换为存储器地址，并与 0x0000-0000~0x7FFF-FFFF 这段存储器区域进行数据传递。

在一个实际的处理器系统中，很少有系统软件采用这样的方法，实现存储器域与 PCI 总线域之间的映射，"简单相等"还是最常用的映射方法。本章采用图 3-1 的映射关系，虽然增加了映射复杂度，却便于读者深入理解存储器域到 PCI 总线域之间的映射关系。下面将以这种映射关系为例，详细讲述 PCI 设备 BAR0~5 寄存器的初始化。

3.1.2　PCI 设备 BAR 寄存器和 PCI 桥 Base、Limit 寄存器的初始化

PCI 桥的 Base、Limit 寄存器保存"该桥所管理的 PCI 子树"的存储器或者 I/O 空间的

基地址和长度。值得注意的是，PCI 桥也是 PCI 总线上的一个设备，在其配置空间中也有 BAR 寄存器，本节不对 PCI 桥 BAR 寄存器进行说明，因为在多数情况下透明桥并不使用其内部的 BAR 寄存器。下面以图 3-2 所示的处理器系统为例说明上述寄存器的初始化过程，该处理器系统使用的存储器域与 PCI 总线域的映射关系如图 3-1 所示。

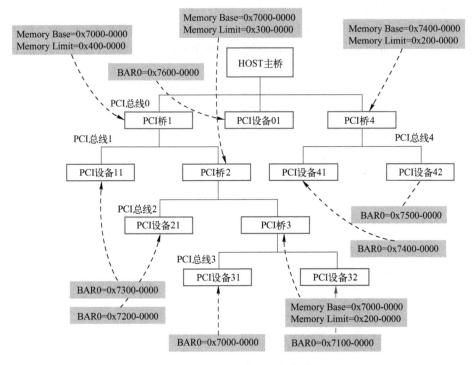

图 3-2　BAR 寄存器的初始化

在 PCI 设备的 BAR 寄存器中，包含该设备使用的 PCI 总线域的地址范围。在 PCI 设备的配置空间中共有 6 个 BAR 寄存器，因此一个 PCI 设备最多可以使用 6 组 32 位的 PCI 总线地址空间，或者 3 组 64 位的 PCI 总线地址空间。这些 BAR 空间可以保存 PCI 总线域的存储器地址空间或者 I/O 地址空间，目前多数 PCI 设备仅使用存储器地址空间。而在通常情况下，一个 PCI 设备使用 2~3 个 BAR 寄存器就足够了。

为简化起见，首先假定在图 3-2 中所示的 PCI 总线树中，所有 PCI Agent 设备只使用了 BAR0 寄存器，其申请的数据空间大小为 16MB（即 0x1000000B）而且不可预读，而且 PCI 桥不占用 PCI 总线地址空间，即 PCI 桥不含有 BAR 空间。并且假定当前 HOST 主桥已经完成了对 PCI 总线树的编号。

根据以上假设，该 PCI 总线树的遍历过程如下所示。

1）系统软件根据 DFS 算法，首先寻找到第一组 PCI 设备，分别为 PCI 设备 31 和 PCI 设备 32[○]，并根据这两个 PCI 设备需要的 PCI 空间大小，从 PCI 总线地址空间中（0x7000- 0000～

[○]　HOST 主桥下的第一个桥片是 PCI 桥 1，PCI 桥 1 下的第一个桥片是 PCI 桥 2，而 PCI 桥 2 下的第一个桥片是 PCI 桥 3，因而第一组 PCI 设备为 PCI 总线 3 下的 PCI 设备。不同的系统软件查找第一组 PCI 设备的方法不同，Linux 认为第一组 PCI 设备为 PCI 总线 0 下的 PCI 设备。

0x77FF- FFFF）为这两个 PCI 设备的 BAR0 寄存器分配基地址，分别为 0x7000- 0000 和 0x7100- 0000。

2）当系统软件完成 PCI 总线 3 下所有设备的 BAR 空间的分配后，将初始化 PCI 桥 3 的配置空间。这个桥片的 Memory Base 寄存器保存其下所有 PCI 设备使用的"PCI 总线域地址空间的基地址"，而 Memory Limit 寄存器保存其下 PCI 设备使用的"PCI 总线域地址空间的大小"。系统软件将 Memory Base 寄存器赋值为 0x7000- 0000，而将 Memory Limit 寄存器赋值为 0x200- 0000。

3）系统软件回溯到 PCI 总线 2，并找到 PCI 总线 2 上的 PCI 设备 21，并将 PCI 设备 21 的 BAR0 寄存器赋值为 0x7200- 0000。

4）完成 PCI 总线 2 的遍历后，系统软件初始化 PCI 桥 2 的配置寄存器，将 Memory Base 寄存器赋值为 0x7000- 0000，Memory Limit 寄存器赋值为 0x300- 0000。

5）系统软件回溯到 PCI 总线 1，并找到 PCI 设备 11，并将这个设备的 BAR0 寄存器赋值为 0x7300- 0000。并将 PCI 桥 1 的 Memory Base 寄存器赋值为 0x7000- 0000，Memory Limit 寄存器赋值为 0x400- 0000。

6）系统软件回溯到 PCI 总线 0，并在这条总线上发现另外一个 PCI 桥，即 PCI 桥 4。并使用 DFS 算法继续遍历 PCI 桥 4。首先系统软件将遍历 PCI 总线 4，并发现 PCI 设备 41 和 PCI 设备 42，并将这两个 PCI 设备的 BAR0 寄存器分别赋值为 0x7400- 0000 和 0x7500- 0000。

7）系统软件初始化 PCI 桥 4 的配置寄存器，将 Memory Base 寄存器赋值为 0x7400- 0000，Memory Limit 寄存器赋值为 0x200- 0000。系统软件再次回到 PCI 总线 0，这一次系统软件没有发现新的 PCI 桥，于是将初始化这条总线上的所有 PCI 设备。

8）PCI 总线 0 上只有一个 PCI 设备，即 PCI 设备 01。系统软件将这个设备的 BAR0 寄存器赋值为 0x7600- 0000，并结束整个 DFS 遍历过程。

3.2 PCI 设备的数据传递

PCI 设备的数据传递使用地址译码方式，当一个存储器读写总线事务到达 PCI 总线时，在这条总线上的所有 PCI 设备将进行地址译码，如果当前总线事务使用的地址在某个 PCI 设备的 BAR 空间中，该 PCI 设备将使能 DEVSEL#信号，认领这个总线事务。

如果 PCI 总线上的所有设备都不能通过地址译码，认领这个总线事务时，这条总线的"负向译码"设备将认领这个总线事务，如果在这条 PCI 总线上没有"负向译码"设备，该总线事务的发起者将使用 Master Abort 总线周期结束当前 PCI 总线事务。

3.2.1 PCI 设备的正向译码与负向译码

如上文所述，PCI 设备使用"地址译码"方式接收存储器读写总线请求。在 PCI 总线中定义了两种"地址译码"方式，一种是正向译码，另一种是负向译码。

下面仍以图 3-2 所示的处理器系统为例，说明数据传送使用的寻址方法。当 HOST 主桥通过存储器或者 I/O 读写总线事务访问其下所有 PCI 设备时，PCI 总线 0 下的所有 PCI 设备都将对出现在地址周期中的 PCI 总线地址进行译码。如果这个地址在某个 PCI 设备的 BAR 空间中命中时，这个 PCI 设备将接收这个 PCI 总线请求。这个过程也被称为 PCI 总线的正向译码，这种方式也是大多数 PCI 设备所采用的译码方式。

但是在 PCI 总线上的某些设备，如 PCI-to-(E)ISA 桥并不使用正向译码接收来自 PCI 总线的请求，PCI-to-ISA 桥在处理器系统中的位置如图 1-1 所示。PCI 总线 0 上的总线事务在三个时钟周期后，没有得到任何 PCI 设备响应时（即总线请求的 PCI 总线地址不在这些设备的 BAR 空间中），PCI-to-ISA 桥将被动地接收这个数据请求。这个过程被称为 PCI 总线的负向译码。可以进行负向译码的设备也被称为负向译码设备。

在 PCI 总线中，除了 PCI-to-(E)ISA 桥可以作为负向译码设备，PCI 桥也可以作为负向译码设备，但是 PCI 桥并不是在任何时候都可以作为负向译码设备。在绝大多数情况下，PCI 桥无论是处理"来自上游总线"，还是处理"来自下游总线"的总线事务时，都使用正向译码方式，但是在某些特殊应用中，PCI 桥也可以作为负向译码设备。

笔记本在连接 Dock 插座时，也使用了 PCI 桥。因为在大多数情况下，笔记本与 Dock 插座是分离使用的，而且 Dock 插座上连接的设备多为慢速设备，此时用于连接 Dock 插座的 PCI 桥使用负向译码。Dock 插座在笔记本系统中的位置如图 3-3 所示。

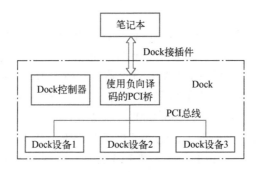

图 3-3　Dock 插座与笔记本的连接关系

当笔记本与 Dock 建立连接之后，如果处理器需要访问 Dock 中的外部设备时，Dock 中的 PCI 桥将首先使用负向译码方式接收 PCI 总线事务，之后将这个 PCI 总线事务转发到 Dock 的 PCI 总线中，再访问相应的 PCI 设备。

在 Dock 中使用负向译码 PCI 桥的优点是，该桥管理的设备并不参与处理器系统对 PCI 总线的枚举过程。当笔记本插入到 Dock 之后，系统软件并不需要重新枚举 Dock 中的设备并为这些设备分配系统资源，而仅需要使用负向译码 PCI 桥管理好其下的设备即可，从而极大降低了 Dock 对系统软件的影响。

当 HOST 处理器访问 Dock 中的设备时，负向译码 PCI 桥将首先接管这些存储器读写总线事务，然后发送到 Dock 设备中。值得注意的是，在许多笔记本的 Dock 实现中，并没有使用负向译码 PCI 桥，而使用 PCI-to-ISA 桥。

PCI 总线规定使用负向译码的 PCI 桥，其 Base Class Code 寄存器为 0x06，Sub Class Code 寄存器为 0x04，而 Interface 寄存器为 0x01；使用正向译码方式的 PCI 桥的 Interface 寄存器为 0x00。系统软件（E^2PROM）在初始化 Interface 寄存器时务必注意这个细节。

综上所述，在 PCI 总线中有两种负向译码设备，PCI-to-E(ISA)桥和 PCI 桥。但 PCI 桥并非在任何时候都是负向译码设备，只有 PCI 桥连接 Dock 插座时，PCI 桥的 Primary Bus 才使用负向译码方式。而这个 PCI 桥的 Secondary Bus 在接收 Dock 设备的请求时仍然使用正向译码方式。

PCI 桥使用的正向译码方式与 PCI 设备使用的正向译码方式有所不同。如图 3-4 所示，当一个总线事务是从 PCI 桥的 Primary Bus 到 Secondary Bus 时，PCI 桥使用的正向译码方式与 PCI 设备使用的方式类似。如果该总线事务使用的地址在 PCI 桥任意一个 Memory Base 窗口[⊖]命中时，该 PCI 桥将使用正向译码方式接收该总线事务，并根据实际情况决定是否将这个总线事务转发到 Secondary Bus。

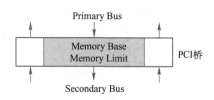

图 3-4   PCI 桥使用的正向译码方式

当一个总线事务是从 PCI 桥的 Secondary Bus 到 Primary Bus 时，如果该总线事务使用的地址没有在 PCI 桥所有的 Memory Base 窗口命中，表明当前总线事务不是访问该 PCI 桥管理的 PCI 子树中的设备，因此 PCI 桥将接收当前总线事务，并根据实际情况决定是否将这个总线事务转发到 Primary Bus。

以图 3-2 为例，当 PCI 设备 11 访问主存储器空间时，首先将存储器读写总线事务发送到 PCI 总线 1 上，而这个存储器地址显然不会在 PCI 总线 1 的任何 PCI 设备的 BAR 空间中，此时 PCI 桥 1 将认领这个 PCI 总线的数据请求，并将这个总线事务转发到 PCI 总线 0 上。最后 HOST 主桥将接收这个总线事务，并将 PCI 总线地址转换为存储器域的地址，与主存储器进行读写操作。

值得注意的是，PCI 总线并没有规定 HOST 主桥使用正向还是负向译码方式接收这个存储器读写总线事务，但是绝大多数 HOST 主桥使用正向译码方式接收来自下游的存储器读写总线事务。在 PowerPC 处理器中，如果当前存储器读写总线事务使用的地址在 Inbound 窗口内，HOST 主桥将接收这个总线事务，并将其转换为存储器域的读写总线事务，与主存储器进行数据交换。

3.2.2　处理器到 PCI 设备的数据传送

下面以图 3-2 所示的处理器系统为例，说明处理器向 PCI 设备 11 进行存储器写的数据传送过程。处理器向 PCI 设备进行读过程与写过程略有区别，因为存储器写使用 Posted 方式，而存储器读使用 Non-Posted 方式，但是存储器读使用的地址译码方式与存储器写类似，因此本节对处理器向 PCI 设备进行存储器读的过程不做进一步介绍。

PCI 设备 11 在 PCI 总线域的地址范围是 0x7300-0000 ~ 0x73FF-FFFF。这段空间在存储器域中对应的地址范围是 0xF300-0000 ~ 0xF3FF-FFFF。下面假设处理器使用存储器写指令，访问 0xF300-0008 这个存储器地址，其步骤如下。

1）存储器域将 0xF300-0008 这个地址发向 HOST 主桥，0xF000-0000 ~ 0xF7FF-FFFF 这

⊖　PCI 桥除了具有 Memory Base 窗口外，还有 I/O Base 窗口和 Prefetchable Memory Base 窗口。

段地址已经由 HOST 主桥映射到 PCI 总线域地址空间，所以 HOST 主桥认为这是一个对 PCI 设备的访问。因此 HOST 主桥将首先接管这个存储器写请求。

2）HOST 主桥将存储器域的地址 0xF300- 0008 转换为 PCI 总线域的地址 0x7300- 0008，并通过总线仲裁获得 PCI 总线 0 的使用权，启动 PCI 存储器写周期，并将这个存储器写总线事务发送到 PCI 总线 0 上。值得注意的是，这个存储器读写总线事务使用的地址为 0x7300- 0008，而不是 0xF300- 0008。

3）PCI 总线 0 的 PCI 桥 1 发现 0x7300- 0008 在自己管理的地址范围内，于是接管这个存储器写请求，并通过总线仲裁逻辑获得 PCI 总线 1 的使用权，并将这个请求转发到 PCI 总线 1 上。

4）PCI 总线 1 的 PCI 设备 11 发现 0x7300- 0008 在自己的 BAR0 寄存器中命中，于是接收这个 PCI 写请求，并完成存储器写总线事务。

3.2.3　PCI 设备的 DMA 操作

下面以图 3-2 所示的处理器系统为例，说明 PCI 设备 11 向存储器进行 DMA 写的数据传送过程。PCI 设备的 DMA 写使用 Posted 方式而 DMA 读使用 Non-Posted 方式。本节不介绍 PCI 设备进行 DMA 读的过程，而将这部分内容留给读者分析。

假定 PCI 设备 11 需要将一组数据发送到 0x1000- 0000~0x1000-FFFF 这段存储器域的地址空间中。由上文所述，存储器域的 0x0000- 0000~0x7FFF-FFFF 这段存储器空间与 PCI 总线域的 0x8000- 0000~0xFFFF-FFFF 这段 PCI 总线地址空间对应。

PCI 设备 11 并不能直接操作 0x1000- 0000~0x1000-FFFF 这段存储器域的地址空间，PCI 设备 11 需要对 PCI 总线域的地址空间 0x9000- 0000~0x9000-FFFF 进行写操作，因为 PCI 总线地址空间 0x9000- 0000~0x9000-FFFF 已经被 HOST 主桥映射到 0x1000- 0000~0x1000-FFFF 这段存储器域。这个 DMA 写具体的操作流程如下。

1）首先 PCI 设备 11 通过总线仲裁逻辑获得 PCI 总线 1 的使用权，之后将存储器写总线事务发送到 PCI 总线 1 上。值得注意的是，这个存储器写总线事务的目的地址是 PCI 总线域的地址空间 0x9000- 0000~0x9000-FFFF，这个地址是主存储器在 PCI 总线域的地址映像。

2）PCI 总线 1 上的设备将进行地址译码，确定这个写请求是不是发送到自己的 BAR 空间，在 PCI 总线 1 上的设备除了 PCI 设备 11 之外，还有 PCI 桥 2 和 PCI 桥 1。

3）首先 PCI 桥 1、2 和 PCI 设备 11 对这个地址同时进行正向译码。PCI 桥 1 发现这个 PCI 地址并不在自己管理的 PCI 总线地址范围之内，因为 PCI 桥 1 所管理的 PCI 总线地址空间为 0x7000- 0000~0x73FF-FFFF。此时 PCI 桥 1 将接收这个存储器写总线事务，因为 PCI 桥 1 所管理的 PCI 总线地址范围并不包含当前存储器写总线事务的地址，所以其下所有 PCI 设备都不可能接收这个存储器写总线事务。

4）PCI 桥 1 发现自己并不能处理当前这个存储器写总线事务，则将这个存储器写总线事务转发到上游总线。PCI 桥 1 首先通过总线仲裁逻辑获得 PCI 总线 0 的使用权后，然后将这个总线事务转发到 PCI 总线 0。

5）HOST 主桥发现 0x9000- 0000~0x9000-FFFF 这段 PCI 总线地址空间与存储器域的存储器地址空间 0x1000- 0000~0x1000-FFFF 对应，于是将这段 PCI 总线地址空间转换成为存储器域的存储器地址空间，并完成对这段存储器的写操作。

6）存储器控制器将从 HOST 主桥接收数据，并将其写入主存储器。PCI 设备间的数据传递与 PCI 设备到存储器的数据传送大体类似。我们以 PCI 设备 11 将数据传递到 PCI 设备 42 为例说明这个转递过程。我们假定 PCI 设备 11 将一组数据发送到 PCI 设备 42 的 PCI 总线地址 0x7500- 0000~0x7500-FFFF 这段地址空间中。这个过程与 PCI 设备 11 将数据发送到存储器的第 1~5 步基本类似，只是第 5、6 步不同。PCI 设备 11 将数据发送到 PCI 设备 42 的第 5、6 步如下所示。

7）PCI 总线 0 发现其下的设备 PCI 桥 4 能够处理来自 PCI 总线 0 的数据请求，则 PCI 桥 4 将接管这个 PCI 写请求，并通过总线仲裁逻辑获得 PCI 总线 4 的使用权，之后将这个存储器写请求发向 PCI 总线 4。此时 HOST 主桥不会接收当前存储器写总线事务，因为 0x7500-0000~0x7500-FFFF 这段地址空间并不是 HOST 主桥管理的地址范围。

8）PCI 总线 4 的 PCI 设备 42 将接收这个存储器写请求，并完成这个 PCI 存储器写请求总线事务。

PCI 总线树内的数据传送始终都在 PCI 总线域中进行，不存在不同域之间的地址转换，因此 PCI 设备 11 向 PCI 设备 42 进行数据传递时，并不会进行 PCI 总线地址空间到存储器地址空间的转换。

3.2.4　PCI 桥的 Combining、Merging 和 Collapsing

由上所述，PCI 设备间的数据传递有时将通过 PCI 桥。在某些情况下，PCI 桥可以合并一些数据传递，以提高数据传递的效率。PCI 桥可以采用 Combining、Merging 和 Collapsing 三种方式，优化数据通过 PCI 桥的效率。

1. Combining

PCI 桥可以将接收到的多个存储器写总线事务合并为一个突发存储器写总线事务。PCI 桥进行这种 Combining 操作时需要注意数据传送的“顺序”。当 PCI 桥接收到一组物理地址连续的存储器写访问时，如对 PCI 设备的某段空间的 DW1、DW2 和 DW4 进行存储器写访问时，PCI 桥可以将这组访问转化为一个对 DW1~DW4 的突发存储器写访问，并使用字节使能信号 C/BE[3:0]#进行控制，其过程如下所示。

PCI 桥将在数据周期 1 中，置 C/BE[3:0]#信号为有效表示传递数据 DW1；在数据周期 2 中，置 C/BE[3:0]#信号为有效表示传递数据 DW2；在数据周期 3 中，置 C/BE[3:0]#信号为无效表示在这个周期中所传递的数据无效，从而跳过 DW3；并在数据周期 4 中，置 C/BE[3:0]#信号为有效表示传递数据 DW4。

目标设备将最终按照发送端的顺序，接收 DW1、DW2 和 DW4，采用这种方法在不改变传送序的前提下，提高了数据的传送效率。值得注意的是，有些 HOST 主桥也提供这种 Combining 方式，合并多次数据访问。如果目标设备不支持突发传送方式，该设备可以使用 Disconnect 周期，终止突发传送，此时 PCI 桥/HOST 主桥可以使用多个存储器写总线事务分别传送 DW1、DW2 和 DW4，而不会影响数据传送。

如果 PCI 桥收到“乱序”的存储器写访问，如对 PCI 设备的某段空间的 DW4、3 和 1 进行存储器写访问时，PCI 桥不能将这组访问转化为一个对 DW1~4 的突发存储器写访问，此时 PCI 桥必须使用三个存储器写总线事务转发这些存储器写访问。

2. Merging

PCI 桥可以将收到的多个对同一个 DW 地址的 Byte、Word 进行的存储器写总线事务，合并为一个对这个 DW 地址的存储器写总线事务。PCI 规范并没有要求这些对 Byte、Word 进行的存储器写在一个 DW 的边界之内，但是建议 PCI 桥仅处理这种情况。本节也仅介绍在这种情况下，PCI 桥的处理过程。

PCI 规范允许 PCI 桥进行 Merging 操作的存储器区域必须是可预读的，而可预读的存储器区域必须支持这种 Merging 操作。Merging 操作可以不考虑访问顺序，可以将对 Byte0、Byte1、Byte3 的存储器访问合并为一个 DW，也可以将对 Byte3、Byte1、Byte0 的存储器访问合并为一个 DW。在这种情况下，PCI 总线事务仅需屏蔽与 Byte2 相关的字节使能信号 C/BE2# 即可。

如果 PCI 设备对 Byte1 进行存储器写、然后再对 Byte1、Byte2、Byte3 进行存储器写时，PCI 桥不能将这两组存储器写合并为一次对 DW 进行存储器写操作。但是 PCI 桥可以合并后一组存储器写，即首先对 Byte1 进行存储器写，然后合并后一组存储器写（Byte1、Byte2 和 Byte3）为一个 DW 写，并屏蔽相应的 C/BE0# 信号。Combining 与 Merging 操作之间没有直接联系，PCI 桥可以同时支持这两种方式，也可以支持任何一种方式。

3. Collapsing

Collapsing 指 PCI 桥可以将对同一个地址进行的 Byte、Word 和 DW 存储器写总线事务合并为一个存储器写操作。使用 PCI 桥的 Collapsing 方式是，具有某些条件限制，在多数情况下，PCI 桥不能使用 Collapsing 方式合并多个存储器写总线事务。

当 PCI 桥收到一个对"DW 地址 X"的 Byte3 进行的存储器写总线事务，之后又收到一个对"DW 地址 X"的 Byte、Word 或者 DW 存储器写总线事务，而且后一个对 DW 地址 X 进行的存储器写仍然包含 Byte3 时，如果 PCI 桥支持 Collapsing 方式，就可以将这两个存储器写合并为一个存储器写。

PCI 桥在绝大多数情况下不能支持这种方式，因为很少有 PCI 设备支持这种数据合并方式。通常情况下，对 PCI 设备的同一地址的两次写操作代表不同的含义，因此 PCI 桥不能使用 Collapsing 方式将这两次写操作合并。PCI 规范仅是提出了 Collapsing 方式的概念，几乎没有 PCI 桥支持这种数据合并方式。

3.3　与 Cache 相关的 PCI 总线事务

PCI 总线规范定义了一系列与 Cache 相关的总线事务，以提高 PCI 设备与主存储器进行数据交换的效率，即 DMA 读写的效率。当 PCI 设备使用 DMA 方式向存储器进行读写操作时，一定需要经过 HOST 主桥，而 HOST 主桥通过 FSB 总线[⊖]向存储器控制器进行读写操作时，需要进行 Cache 共享一致性操作。

PCI 设备与主存储器进行的 Cache 共享一致性增加了 HOST 主桥的设计复杂度。在高性能处理器中 Cache 状态机的转换模型十分复杂。而 HOST 主桥是 FSB 上的一个设备，需要按照 FSB 规定的协议处理这个 Cache 一致性，而多级 Cache 的一致性和状态转换模型一直是高

　　⊖　在许多处理器中，HOST 主桥与 FSB 之间还存在 SoC 平台总线。

性能处理器设计中的难点。

不同的 HOST 主桥处理 PCI 设备进行的 DMA 操作时，使用的 Cache 一致性的方法并不相同。因为 Cache 一致性操作不仅与 HOST 主桥的设计相关，而且主要与处理器和 Cache Memory 系统设计密切相关。

PowerPC 和 x86 处理器可以对 PCI 设备所访问的存储器进行设置，其设置方法并不相同。其中 PowerPC 处理器，如 MPC8548 处理器，可以使用 Inbound 寄存器的 RTT 字段和 WTT 字段，设置在 PCI 设备进行 DMA 操作时，是否需要进行 Cache 一致性操作，是否可以将数据直接写入 Cache 中。RTT 字段和 WTT 字段的详细说明见第 2.2.3 节。

而 x86 处理器可以使用 MTRR（Memory Type Range Registers）设置物理存储器区间的属性是否为可 Cache 空间。下文分别讨论在 PowerPC 与 x86 处理器中，PCI 设备进行 DMA 写操作时，如何进行 Cache 一致性操作。

但是与 PowerPC 处理器相比，x86 处理器在处理 PCI 设备的 Cache 一致性上略有不足，特别是网络设备与存储器系统进行数据交换的效率。因为 x86 处理器重点优化的是 PCIe 设备，目前 x86 处理器使用的 IOAT（I/O Acceleration Technology）技术，显著提高了 PCIe 设备与主存储器进行数据通信的效率。

3.3.1　Cache 一致性的基本概念

PCI 设备对可 Cache 的存储器空间进行 DMA 读写操作的过程较为复杂，有关 Cache Memory 的话题可以独立成书。而不同的处理器系统使用的 Cache Memory 的层次结构和访问机制有较大的差异，这部分内容也是现代处理器系统设计的重中之重。

本节仅介绍在 Cache Memory 系统中与 PCI 设备进行 DMA 操作相关的一些最为基础的概念。在多数处理器系统中，使用了以下概念描述 Cache 一致性的实现过程。

1. Cache 一致性协议

多数 SMP 处理器系统使用了 MESI 协议处理多个处理器之间的 Cache 一致性。该协议也称为 Illinois protocol，在 SMP 处理器系统中得到了广泛的应用。MESI 协议使用四个状态位描述每一个 Cache 行。

- M（Modified）位。M 位为 1 时表示当前 Cache 行中包含的数据与存储器中的数据不一致，而且它仅在本 CPU 的 Cache 中有效，不在其他 CPU 的 Cache 中存在副本，在这个 Cache 行的数据是当前处理器系统中最新的数据副本。当 CPU 对这个 Cache 行进行替换操作时，必然会引发系统总线的写周期，将 Cache 行中数据与内存中的数据同步。

- E（Exclusive）位。E 位为 1 时表示当前 Cache 行中包含的数据有效，而且该数据仅在当前 CPU 的 Cache 中有效，而不在其他 CPU 的 Cache 中存在副本。在该 Cache 行中的数据是当前处理器系统中最新的数据副本，而且与存储器中的数据一致。

- S（Shared）位。S 位为 1 表示 Cache 行中包含的数据有效，而且在当前 CPU 和至少其他一个 CPU 中具有副本。在该 Cache 行中的数据是当前处理器系统中最新的数据副本，而且与存储器中的数据一致。

- I（Invalid）位。I 位为 1 表示当前 Cache 行中没有有效数据或者该 Cache 行没有使能。MESI 协议在进行 Cache 行替换时，将优先使用 I 位为 1 的 Cache 行。

MESI 协议还存在一些变种，如 MOESI 协议和 MESIF 协议。基于 MOESI 协议的 Cache 一致性模型如图 3-5 所示。AMD 处理器就使用 MOESI 协议。不同的处理器在实现 MOESI 协议时，状态机的转换原理类似，但是在处理上仍有较大的区别。

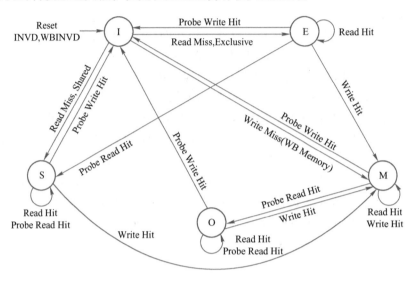

图 3-5 基于 MOESI 协议的 Cache 一致性模型

MOESI 协议引入了一个 O（Owned）状态，并在 MESI 协议的基础上，重新定义了 S 状态，而 E、M 和 I 状态和 MESI 协议的对应状态相同。

- O 位。O 位为 1 表示在当前 Cache 行中包含的数据是当前处理器系统最新的数据副本，而且在其他 CPU 中一定具有该 Cache 行的副本，其他 CPU 的 Cache 行状态为 S。如果主存储器的数据在多个 CPU 的 Cache 中都具有副本时，有且仅有一个 CPU 的 Cache 行状态为 O，其他 CPU 的 Cache 行状态只能为 S。与 MESI 协议中的 S 状态不同，状态为 O 的 Cache 行中的数据与存储器中的数据并不一致。
- S 位。在 MOESI 协议中，S 状态的定义发生了细微的变化。当一个 Cache 行状态为 S 时，其包含的数据并不一定与存储器一致。如果在其他 CPU 的 Cache 中不存在状态为 O 的副本时，该 Cache 行中的数据与存储器一致；如果在其他 CPU 的 Cache 中存在状态为 O 的副本时，Cache 行中的数据与存储器不一致。

在一个处理器系统中，主设备（CPU 或者外部设备）进行存储器访问时，将试图从存储器系统（主存储器或者其他 CPU 的 Cache）中获得最新的数据副本。如果该主设备访问的数据没有在本地命中时，将从其他 CPU 的 Cache 中获取数据，如果这些数据仍然没有在其他 CPU 的 Cache 中命中，主存储器将提供数据。外设设备进行存储器访问时，也需要进行 Cache 共享一致性。

在 MOESI 模型中，"Probe Read" 表示主设备从其他 CPU 中获取数据副本的目的是为了读取数据；而 "Probe Write" 表示主设备从其他 CPU 中获取数据副本的目的是为了写入数据；"Read Hit" 和 "Write Hit" 表示主设备在本地 Cache 中获得数据副本；"Read Miss" 和 "Write Miss" 表示主设备没有在本地 Cache 中获得数据副本；"Probe Read Hit" 和 "Probe Write Hit" 表示主设备在其他 CPU 的 Cache 中获得数据副本。

本节为简便起见，仅介绍 CPU 进行存储器写和与 O 状态相关的 Cache 行状态迁移，CPU 进行存储器读的情况相对较为简单，请读者自行分析这个过程。

当 CPU 对一段存储器进行写操作时，如果这些数据在本地 Cache 中命中时，其状态可能为 E、S、M 或者 O。

- 状态为 E 或者 M 时，数据将直接写入 Cache 中，并将状态改为 M。
- 状态为 S 时，数据将直接写入 Cache 中，并将状态改为 M，同时其他 CPU 保存该数据副本的 Cache 行状态将从 S 或者 O 迁移到 I（Probe Write Hit）。
- 状态为 O 时，数据将直接写入 Cache 中，并将状态改为 M，同时其他 CPU 保存该数据副本的 Cache 行状态将从 S 迁移到 I（Probe Write Hit）。

当 CPU A 对一段存储器进行写操作时，如果这些数据没有在本地 Cache 中命中时，而在其他 CPU，如 CPU B 的 Cache 中命中时，其状态可能为 E、S、M 或者 O。其中 CPU A 使用 CPU B 在同一个 Cache 共享域中。

- Cache 行状态为 E 时，CPU B 将该 Cache 行状态改为 I；而 CPU A 将从本地申请一个新的 Cache 行，将数据写入，并将该 Cache 行状态更新为 M。
- Cache 行状态为 S 时，CPU B 将该 Cache 行状态改为 I，而且具有同样副本的其他 CPU 的 Cache 行也需要将状态改为 I；而 CPU A 将从本地申请一个 Cache 行，将数据写入，并将该 Cache 行状态更新为 M。
- Cache 行状态为 M 时，CPU B 将原 Cache 行中的数据回写到主存储器，并将该 Cache 行状态改为 I；而 CPU A 将从本地申请一个 Cache 行，将数据写入，并将该 Cache 行状态更新为 M。
- Cache 行状态为 O 时，CPU B 将原 Cache 行中的数据回写到主存储器，并将该 Cache 行状态改为 I，具有同样数据副本的其他 CPU 的 Cache 行也需要将状态从 S 更改为 I；CPU A 将从本地申请一个 Cache 行，将数据写入，并将该 Cache 行状态更新为 M。

Cache 行状态可以从 M 迁移到 O。例如当 CPU A 读取的数据从 CPU B 中命中时，如果在 CPU B 中 Cache 行的状态为 M 时，将迁移到 O，同时 CPU B 将数据传送给 CPU A 新申请的 Cache 行中，而且 CPU A 的 Cache 行状态将被更改为 S。

当 CPU 读取的数据在本地 Cache 中命中，而且 Cache 行状态为 O 时，数据将从本地 Cache 获得，并不会改变 Cache 行状态。如果 CPU A 读取的数据在其他 Cache 中命中，如在 CPU B 的 Cache 中命中而且其状态为 O 时，CPU B 将该 Cache 行状态保持为 O，同时 CPU B 将数据传送给 CPU A 新申请的 Cache 行中，而且 CPU A 的 Cache 行状态将被更改为 S。

在某些应用场合，使用 MOESI 协议将极大提高 Cache 的利用率，因为该协议引入了 O 状态，从而在发送 Read Hit 的情况时，不必将状态为 M 的 Cache 回写到主存储器，而是直接从一个 CPU 的 Cache 将数据传递到另外一个 CPU。目前 MOESI 协议在 AMD 和 RMI 公司的处理器中得到了广泛的应用。

Intel 提出了另外一种 MESI 协议的变种，即 MESIF 协议，该协议与 MOESI 协议有较大的不同，也远比 MOESI 协议复杂，该协议由 Intel 的 QPI（Quick Path Interconnect）技术引入，其主要目的是解决"基于点到点的全互连处理器系统"的 Cache 共享一致性问题，而不是"基于共享总线的处理器系统"的 Cache 共享一致性问题。

在基于点到点互连的 NUMA（Non-Uniform Memory Architecture）处理器系统中，包含多个子处理器系统，这些子处理器系统由多个 CPU 组成。如果这个处理器系统需要进行全机 Cache 共享一致性，该处理器系统也被称为 ccNUMA（Cache Cohenrent NUMA）处理器系统。MESIF 协议主要解决 ccNUMA 处理器结构的 Cache 共享一致性问题，这种结构通常使用目录表，而不使用总线监听处理 Cache 的共享一致性。

MESIF 协议引入了一个 F（Forward）状态。在 ccNUMA 处理器系统中，可能在多个处理器的 Cache 中存在相同的数据副本，在这些数据副本中，只有一个 Cache 行的状态为 F，其他 Cache 行的状态都为 S。Cache 行的状态位为 F 时，Cache 中的数据与存储器一致。

当一个数据请求方读取这个数据副本时，只有状态为 F 的 Cache 行，可以将数据副本转发给数据请求方，而状态位为 S 的 Cache 不能转发数据副本。从而 MESIF 协议有效解决了在 ccNUMA 处理器结构中，所有状态位为 S 的 Cache 同时转发数据副本给数据请求方，而造成的数据拥塞。

在 ccNUMA 处理器系统中，如果状态位为 F 的数据副本被其他 CPU 复制，F 状态位将会被迁移，新建的数据副本的状态位将为 F，而老的数据副本的状态位将改变为 S。当状态位为 F 的 Cache 行被改写后，ccNUMA 处理器系统需要首先 Invalidate 状态位为 S 其他的 Cache 行，之后将 Cache 行的状态更新为 M。

独立地研究 MESIF 协议并没有太大意义，该协议由 Boxboro-EX 处理器系统⊖引入，目前 Intel 并没有公开 Boxboro-EX 处理器系统的详细设计文档。MESIF 协议仅是解决该处理器系统中 Cache 一致性的一个功能，该功能的详细实现与 QPI 的 Protocal Layer 相关，QPI 由多个层次组成，而 Protocal Layer 是 QPI 的最高层。

对 MESIF 协议 QPI 互连技术有兴趣的读者，可以在深入理解"基于目录表的 Cache 一致性协议"的基础上，阅读 Robert A. Maddox, Gurbir Singh and Robert J. Safranek 合著的书籍"Weaving High Performance Multiprocessor Fabric"以了解该协议的实现过程和与 QPI 互连技术相关的背景知识。

值得注意的是，MESIF 协议解决主要的问题是 ccNUMA 架构中 SMP 子系统与 SMP 子系统之间 Cache 一致性。而在 SMP 处理器系统中，依然需要使用传统的 MESI 协议。Nehalem EX 处理器也可以使用 MOESI 协议进一步优化 SMP 系统使用的 Cache 一致性协议，但是并没有使用该协议。

为简化起见，本章假设处理器系统使用 MESI 协议进行 Cache 共享一致性，而不是 MOESI 协议或者 MESIF 协议。

2. HIT#和 HITM#信号

在 SMP 处理器系统中，每一个 CPU 都使用 HIT#和 HITM#信号反映 HOST 主桥访问的地址是否在各自的 Cache 中命中。当 HOST 主桥访问存储器时，CPU 将驱动 HITM#和 HIT#信号，其描述如表 3-1 所示。

⊖ Boxboro-EX 处理器系统由多个 Nehalem EX 处理器组成，而 Nehalem EX 处理器由两个 SMP 处理器系统组成，一个 SMP 处理器系统由 4 个 CPU 组成，而每一个 CPU 具有 2 个线程。其中 SMP 处理器系统之间使用 QPI 进行连接，而在一个 SMP 处理器内部的各个 CPU 仍然使用 FSB 连接。

表 3-1　HITM#和 HIT#信号的含义

HITM#	HIT#	描　　述
1	1	表示 HOST 主桥访问的地址没有在 CPU 的 Cache 中命中
1	0	表示 HOST 主桥访问的地址在 CPU 的 Cache 中命中，而且 Cache 的状态为 S（Shared）或者 E（Exclusive），即 Cache 中的数据与存储器的数据一致
0	1	表示 HOST 主桥访问的地址在 CPU 的 Cache 中命中，而且 Cache 的状态为 M（Modified），即 Cache 中的数据与存储器的数据不一致，在 Cache 中保存最新的数据副本
0	0	MESI 协议规定这种情况不允许出现，但是在有些处理器系统中仍然使用了这种状态，表示暂时没有获得是否在 Cache 中命中的信息，需要等待几拍后重试

HIT#和 HITM#信号是 FSB 中非常重要的两个信号，各个 CPU 的 HIT#和 HITM#信号通过"线与"方式直接相连⊖。而在一个实际 FSB 中，还包括许多信号，本节并不会详细介绍这些信号。

3. Cache 一致性协议中使用的 Agent

在处理器系统中，与 Cache 一致性相关的 Agent 如下所示。

- Request Agent。FSB 总线事务的发起设备。在本节中，Request Agent 特指 HOST 主桥。实际上在 FSB 总线上的其他设备也可以成为 Request Agent，但这些 Request Agent 并不是本节的研究重点。Request Agent 需要进行总线仲裁后，才能使用 FSB，在多数处理器的 FSB 中，需要对地址总线与数据总线分别进行仲裁。
- Snoop Agents。FSB 总线事务的监听设备。Snoop Agents 为 CPU，在一个 SMP 处理器系统中，有多个 CPU 共享同一个 FSB，此时这些 CPU 都是这条 FSB 上的 Snoop Agents。Snoop Agents 监听 FSB 上的存储器读写事务，并判断这些总线事务访问的地址是否在 Cache 中命中。Snoop Agents 通过 HIT#和 HITM#信号向 FSB 通知 Cache 命中的结果。在某些情况下，Snoop Agents 需要将 Cache 中的数据回写到存储器，同时为 Request Agent 提供数据。
- Response Agent。FSB 总线事务的目标设备。在本节中，Response Agent 特指存储器控制器。Response Agent 根据 Snoop Agents 提供的监听结果，决定如何接收数据或者向 Request Agent 设备提供数据。在多数情况下，当前数据访问没有在 Snoop Agents 中命中时，Response Agent 需要提供数据，此外 Snoop Agents 有时需要将数据回写到 Response Agent 中。

4. FSB 的总线事务

一个 FSB 的总线事务由多个阶段组成，包括 Request Phase、Snoop Phase、Response Phase 和 Data Phase。目前在多数高端处理器中，FSB 支持流水操作，即在同一个时间段内，不同的阶段可以重叠，如图 3-6 所示。

在一个实际的 FSB 中，一个总线事务还可能包含 Arbitration Phase 和 Error Phase。而本节仅讲述图 3-6 中所示的 4 个基本阶段。

- Request Phase。Request Agent 在获得 FSB 的地址总线的使用权后，在该阶段将访问数据区域的地址和总线事务类型发送到 FSB 上。

⊖　HIT#和 HITM#信号是 Open Drain（开漏）信号，Open Drain 信号可以直接相连，而不用使用逻辑门。

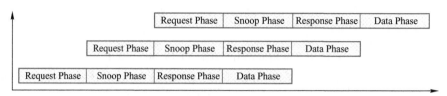

图 3-6 FSB 的流水操作

- Snoop Phase。Snoop Agents 根据访问数据区域在 Cache 中的命中情况，使用 HIT#和 HITM#信号，向其他 Agents 通知 Cache 一致性的结果。有时 Snoop Agent 需要将数据回写到存储器。

- Reponse Phase。Response Agent 根据 Request 和 Snoop Phase 提供的信号，可以要求 Request Agent 重试（Retry），或者 Response Agent 延时处理（Defer）当前总线事务。在 FSB 总线事务的各个阶段中，该步骤的处理过程最为复杂。本章将在下文结合 PCI 设备的 DMA 读写执行过程，说明该阶段的实现原理。

- Data Phase。一些不传递数据的 FSB 总线事务不包含该阶段。该阶段用来进行数据传递，包括 Request Agent 向 Response Agent 写入数据；Response Agent 为 Request Agent 提供数据；和 Snoop Agent 将数据回写到 Response Agent。

下面将使用本小节中的概念，描述在 PCI 总线中，与 Cache 相关的总线事务，并讲述相关的 FSB 的操作流程。

3.3.2 PCI 设备对不可 Cache 的存储器空间进行 DMA 读写

在 x86 处理器和 PowerPC 处理器中，PCI 设备对"不可 Cache 的存储器空间"进行 DMA 读写的过程并不相同。其中 PowerPC 处理器对"不可 Cache 的存储器空间"进行 DMA 读写进行了专门的处理，而 x86 处理器在对这类空间操作时，效率相对较低。

1. x86 处理器

x86 处理器使用 MTRR（Memory Type Range Register）寄存器设置存储器空间的属性，如果存储器空间为"可 Cache 空间"，x86 处理器还可以进一步设置这段空间为"Write Through""Write Combining""Write Protect"和"Write Back"。但是这些设置与 PCI 设备进行 DMA 操作时，是否进行 Cache 一致性操作并没有直接关系。

在 x86 处理器系统中，一个 PCI 设备进行 DMA 写操作，可以将数据从 PCI 设备写入到主存储器中。这个数据首先需要通过 HOST 主桥，然后经过 FSB 发送到存储器控制器。虽然在 x86 处理器系统中，CPU 知道这个存储器区域是否为"可 Cache 的"，但是 HOST 主桥并不知道 PCI 设备访问的存储器地址是否为"可 Cache 的"，因此都需要使用"Cache 一致"的 FSB 总线传送事务[⊖]进行存储器写操作，从而数据在发向 FSB 时，CPU 必须要进行总线监听，通知 FSB 总线这段空间是"不可 Cache 的"。

在 x86 处理器中，PCI 设备向不可 Cache 的存储器空间进行读操作时，CPU 也必须进行

⊖ FSB 总线定义了许多总线事务，有的 FSB 总线提供了一个 Snoop 信号，该信号为 1 时表示当前 FSB 的总线事务需要进行 Cache 共享一致性，为 0 时不需要进行 Cache 共享一致性。

Cache 共享一致性操作，而这种没有必要的 Cache 共享一致性操作将影响 PCI 总线的传送效率。当 PCI 设备所访问的存储器空间没有在 CPU 的 Cache 命中时，CPU 会通知 FSB，数据没有在 Cache 中命中，此时 PCI 设备访问的数据将从存储器中直接读出。

x86 处理器在前端总线上进行 Cache 共享一致性操作时，需要使用 Snoop Phase，如果 PCI 设备能事先得知所访问的存储器是"不可 Cache 的"，就不必在前端总线上进行 Cache 共享一致性操作，即 FSB 总线事务不必包含 Snoop Phase，从而可以提高前端总线的使用效率。但是 x86 处理器并不支持这种方式。

在 x86 处理器系统中，无论 PCI 设备访问的存储器空间是否为"不可 Cache 的"，都需要进行 Cache 共享一致性操作。这也是 PCI 总线在 x86 处理器使用中的一个问题。而 PCIe 总线通过在数据报文中设置"Snooping"位解决了这个问题，有关 PCIe 总线 Snooping 位的内容参见第 6.1.3 节。

2. PowerPC 处理器

在 MPC8548 处理器中，HOST 主桥可以通过 PIWARn 寄存器⊖的 RTT 字段和 WTT 字段预知 PCI 设备访问的存储器空间是否为可 Cache 空间。当 HOST 主桥访问"不可 Cache 空间时"，可以使用 FSB 总线的"不进行 Cache 一致性"的总线事务。

此时 PowerPC 处理器不会在 FSB 总线中进行 Cache 一致性操作，即忽略 FSB 总线事务的 Snoop Phase。PCI 设备进行 DMA 写时，数据将直接进入主存储器，而 PCI 设备进行 DMA 读所读取的数据将直接从主存储器获得。与 x86 处理器相比，PowerPC 处理器可以忽略 CPU 进行总线监听的动作，从而提高了 FSB 传送效率。

3.3.3　PCI 设备对可 Cache 的存储器空间进行 DMA 读写

PCI 设备向"可 Cache 的存储器空间"进行读操作的过程相对简单。对于 x86 处理器或者 PowerPC 处理器，如果访问的数据在 Cache 中命中，CPU 会通知 FSB 总线，PCI 设备所访问的数据在 Cache 中。

首先 HOST 主桥发起存储器读总线事务，并在 Request Phase 中提供地址。Snoop Agent 在 Snoop Phase 进行总线监听，并通过 HIT#和 HITM#信号将监听结果通知给 Response Agent。如果 Cache 行的状态为 E 时，Response Agent 将提供数据，而 CPU 不必改变 Cache 行状态。如果 Snoop Agent 可以直接将数据提供给 HOST 主桥，无疑数据访问的延时更短，但是采用这种方法无疑会极大地提高 Cache Memory 系统的设计难度，因此采用这种数据传送方式的处理器⊖并不多。

如果 Cache 行的状态为 M 时，Response Agent 在 Response Phase 阶段，要求 Snoop Agent 将 Cache 中的数据回写到存储器，并将 Cache 行状态更改为 E。Snoop Agent 在 Data Phase 将 Cache 中的数据回写给存储器控制器，同时为 HOST 主桥提供数据。Snoop Agent 也可以直接将数据提供给 HOST 主桥，不需要进行数据回写过程，也不更改 Cache 行状态，但是采用这种方法会提高 Cache Memory 系统的设计难度。

⊖　该寄存器在 Inbound 寄存器组中，详见第 2.2.3 节。
⊖　目前 Cortex A8/A9 和 Intel 的 Sandy Bridge 处理器支持这种方式。

如果 PCI 设备访问的数据没有在 Cache 中命中，Snoop Agents 会通知 FSB 总线，PCI 设备所访问的数据不在 Cache 中，此时存储器控制器（Response Agent）将在 Data Phase 向 HOST 主桥提供数据。

PCI 设备向"可 Cache 的"存储器区域进行写操作，无论对于 PowerPC 处理器还是 x86 处理器，都较为复杂。当 HOST 主桥通过 FSB 将数据发送给存储器控制器时，在这个系统总线上的所有 CPU 都需要对这个 PCI 写操作进行监听，并根据监听结果，合理地改动 Cache 行状态，并将数据写入存储器。

下面以图 3-7 所示的 SMP 处理器系统为例，说明 PCI 设备对"可 Cache 的存储器空间"进行 DMA 写的实现过程。

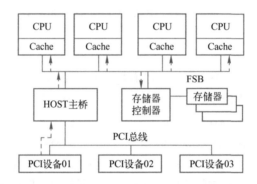

图 3-7　PCI 设备向可 Cache 的存储器空间进行写操作

在图 3-7 所示的处理器系统中，存在 4 个 CPU，这 4 个 CPU 通过一条 FSB 连接在一起，CPU 之间使用 MESI 协议进行 Cache 一致性处理，而 HOST 主桥和存储器控制器与 FSB 直接相连。HOST 主桥向存储器控制器传递数据时，需要处理 Cache 的一致性。

在这个处理器系统中，当 PCI 设备，如 PCI 设备 01，进行 DMA 写操作时，数据将首先到达 HOST 主桥，而 HOST 主桥将首先接管该 PCI 设备数据访问并将其转换为 FSB 总线事务，并在 Request Phase 中，提供本次 FSB 总线事务的地址。CPU 将在 Snoop Phase 对这个地址进行监听，判断当前地址在 Cache 中的命中情况。

当 HOST 主桥访问的地址不在 Cache 中命中时，此时在处理器系统中，所有 CPU 都没有驱动 HIT#和 HITM#信号，HIT#和 HITM#信号都为 1，表示 HOST 主桥访问的地址没有在 CPU 的 Cache 中命中，HOST 主桥可以简单地将数据写入存储器。当 HOST 主桥访问的存储器地址在 Cache 中命中时，Cache 行的状态可以为 S、E 或者为 M，此时处理器系统的处理过程相对较为复杂，下一节将专门讨论这种情况。

3.3.4　PCI 设备进行 DMA 写时发生 Cache 命中

如果 PCI 设备访问的地址在某个 CPU 的 Cache 行中命中时，可能会出现三种情况。

第一种情况是命中的 Cache 行其状态为 E，即 Cache 行中的数据与存储器中的数据一致；而第二种情况是命中的 Cache 行其状态为 S。其中 E 位为 1 表示该数据在 SMP 处理器系统中，有且仅有一个 CPU 的 Cache 中具有数据副本；而 S 位为 1 表示在 SMP 处理器系统中，该数据至少在两个以上 CPU 的 Cache 中具有数据副本。

当 Cache 行状态为 E 时，这种情况比较容易处理。因为 PCI 设备（通过 HOST 主桥）写入存储器的信息比 Cache 行中的数据新，而且 PCI 设备在进行 DMA 写操作之前，存储器与 Cache 中数据一致，此时 CPU 仅需要在 Snoop Phase 使无效（Invalidate）这个 Cache 行，然后 FSB 总线事务将数据写入存储器即可。当然如果 FSB 总线事务可以将数据直接写入 Cache，并将 Cache 行的状态更改为 M，也可提高 DMA 写的效率，这种方式的实现难度较大，第 3.3.5 节将介绍这种优化方式。

Cache 行状态为 S 时的处理情况与状态为 E 时的处理情况大同小异，PCI 设备在进行写操作时也将数据直接写入主存储器，并使无效状态为 S 的 Cache 行。

第三种情况是命中的 Cache 行其状态为 M（Modified），即 Cache 行中的数据与存储器的数据不一致，Cache 行中保存最新的数据副本，主存储器中的部分数据无效。对于 SMP 系统，此时有且仅有一个 CPU 中的 Cache 行的状态为 M，因为 MESI 协议规定存储器中的数据不能在多个 CPU 的 Cache 行中的状态为 M。

我们假定一个处理器的 Cache 行长度为 32B，即 256 bit。当这个 Cache 行的状态为 M 时，表示这个 Cache 行的某个字节、双字、几个双字，或者整个 Cache 行中的数据比主存储器中含有的数据新。

假设 HOST 主桥访问的地址，在 Snoop Phase，通过 CPU 进行总线监听后，发现其对应的 Cache 行状态为 M。此时 HOST 主桥进行存储器写操作时，处理情况较为复杂，此时这些状态为 M 的数据需要回写到主存储器。

下面考虑如图 3-8 所示的实例。假定处理器的 Cache 使用回写（Write-Back）策略进行更新。在这个实例中，HOST 主桥对存储器的某个地址进行写操作，而所有 CPU 通过 FSB 总线进行总线监听时发现，HOST 主桥使用的这个目的地址在某个 CPU 的 Cache 行命中，此时这个 CPU 将置 HITM#信号为 0，并置 HIT#信号为 1，表示当前 Cache 行中含有的数据比存储器中含有的数据更新。

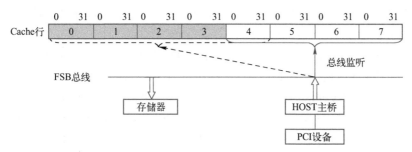

图 3-8　PCI 设备向 Cache 行状态为 M 的存储器进行写操作

假设此时在 Cache 行中，阴影部分的数据比存储器中的数据新，而其他数据与存储器保持一致，即在这个 Cache 行中第 0~3 个双字的数据是当前处理器系统中最新的数据，而第 4~7 个双字中的数据与存储器保持一致。

如果 PCI 设备向存储器写的数据区域可以完全覆盖这些阴影部分，如对第 0~5 个双字进行写操作时，这种情况不难处理。此时 CPU 只需在总线监听阶段，将这个 Cache 行使无效，然后将数据写入存储器即可。因为完成这个存储器写操作之后，PCI 设备写入的数据是最新的，而且这个最新的数据将完全覆盖在 Cache 行中阴影部分的数据，所以 CPU 只需要简单地将这个 Cache 行使无效即可。

然而 PCI 设备（HOST 主桥）无法预先知道这些 Cache 行中的数据哪些是有效的，哪些是无效的，而仅知道命中了一个"被修改过"的 Cache 行，从而 PCI 设备（HOST 主桥）无法保证对 Cache 行中有效数据进行覆盖。因此 PCI 设备对存储器进行写操作时，不能简单地使无效（Invalid）状态位为 M 的 Cache 行。

仍然以图 3-8 为例，考虑一个 PCI 设备将 4 个双字（第 4~7 个双字）的数据写入一个存储器中，这 4 个双字所访问的数据在某个 CPU 的 Cache 行中命中，该 Cache 行的状态为 M，而且这个 Cache 行的前 4 个双字曾被处理器修改过。

此时 CPU 对 FSB 总线监听时，不能简单将当前 Cache 行使无效，因为这个使无效操作将丢失阴影部分的有效数据。这个阴影部分中的有效数据并没有被 PCI 设备重新写入，因此在整个处理器系统中，这个阴影部分仍然包含最新的数据。将最新的数据丢弃显然是一种错误做法，会导致处理器系统的崩溃。

为此 HOST 主桥需要专门处理这种情况，不同的 HOST 主桥采用了不同的方法处理这种情况，但无外乎以下三种方法。

1）CPU 进行总线监听后发现，HOST 主桥访问的数据命中了一个状态位为 M 的 Cache 行，此时存储器控制器将通知 HOST 主桥重试或者延时处理，并暂时停止 HOST 主桥发起的这次存储器写操作。随后 CPU 将状态位为 M 的 Cache 行与存储器进行同步后，再使无效这个 Cache 行。之后 HOST 主桥在合适的时机，重新发起被 HOST 主桥要求重试的总线事务，此时 CPU 再次进行总线监听时不会再次出现 Cache 命中的情况，因此 HOST 主桥可以直接将数据写入存储器。许多 HOST 主桥使用这种方法处理 PCI 设备的存储器写总线事务。

2）首先 HOST 主桥将接收 PCI 设备进行 DMA 写的数据，并将这些数据放入存储器控制器的一个缓冲区中，同时结束 PCI 设备的存储器写总线事务。之后 CPU 进行总线监听，如果 CPU 发现 HOST 主桥访问的数据命中了一个状态位为 M 的 Cache 行时，则这个 Cache 行放入存储器控制器的另一个缓冲区后，使无效这个 Cache 行。最后存储器控制器将这两个缓冲区的数据合并然后统一写入存储器中。

3）HOST 主桥并不结束当前 PCI 总线周期，而直接进行总线监听，如果 CPU 进行总线监听发现 HOST 主桥访问的数据命中了一个状态位为 M 的 Cache 行时，则将这个 Cache 行整体写入存储器控制器的缓冲区后使无效这个 Cache 行，之后 HOST 主桥开始从 PCI 设备接收数据，并将这些数据直接写入这个缓冲区中。最后 HOST 主桥结束 PCI 设备的存储器写总线周期，同时存储器控制器将这个缓冲区内的数据写入存储器。

以上这几种情况是 PCI 设备进行存储器写时，HOST 主桥可能的处理情况，其中第 1 种方法最常用。而 x86 处理器使用的 implicit writeback 方式，与第 2 种方法基本类似。第 3 种方法与第 2 种方法并没有本质不同。

但是如果 PCI 设备对一个或者多个完整 Cache 行的存储器区域进行写操作时，上述过程显得多余。对完整 Cache 行进行写操作，可以保证将 Cache 行对应的存储器区域完全覆盖，此时 Cache 行中的数据在 PCI 设备完成这样的操作后，在处理器系统中将不再是最新的。PCI 设备进行这样的存储器写操作时，可以直接将数据写入存储器，同时直接使无效状态为 M 的 Cache 行。

PCI 总线使用存储器写并无效（Memory Write and Invalidate）总线事务，支持这种对一个完整 Cache 行进行的存储器写总线事务。PCI 设备使用这种总线事务时，必须事先知道当前处理器系统中 CPU 使用的 Cache 行大小，使用这种总线事务时，一次总线事务传递数据的大小必须以 Cache 行为单位对界。为此 PCI 设备必须使用配置寄存器 Cache Line Size 保存当前 Cache 行的大小，Cache Line Size 寄存器在 PCI 配置空间的位置见图 2-9。

存储器读（Memory Read）、存储器多行读（Memory Read Multiple）和存储器单行读（Memory Read Line）总线事务也是 PCI 总线中的重要总线事务，这些总线事务不仅和 Cache 有关，还和 PCI 总线的预读机制有关，在第 3.4.5 节中将重点介绍这些总线事务。

3.3.5　DMA 写时发生 Cache 命中的优化

在许多高性能处理器中，还提出了一些新的概念，以加速外设到存储器的 DMA 写过程。如 Freescale 的 I/O Stashing 和 Intel 的 IOAT 技术。

如图 3-8 所示，当设备进行存储器写时，如果可以对 Cache 直接进行写操作，即便这个存储器写命中了一个状态为 M 的 Cache 行，也不必将该 Cache 行的数据回写到存储器中，而是直接将数据写入 Cache，之后该 Cache 行的状态依然为 M。采用这种方法可以有效提高设备对存储器进行写操作的效率。采用直接向 Cache 行写的方法，PCI 设备对存储器写命中一个状态为 M 的 Cache 行时，将执行以下操作。

1）HOST 主桥将对存储器的写请求发送到 FSB 总线上。

2）CPU 通过对 FSB 监听，发现该写请求在某个 Cache 行中命中，而且该 Cache 行的状态为 M。

3）HOST 主桥将数据直接写入 Cache 行中，并保持 Cache 行的状态为 M。注意此时设备不需要将数据写入存储器中。

从原理上看，这种方法并没有奇特之处，只要 Cache 能够提供一个接口，使外部设备能够直接写入即可。但是从具体实现上看，设备直接将数据写入 Cache 中，还是有相当大的难度。特别是考虑在一个处理器中，可能存在多级 Cache，当 CPU 进行总线监听时，可能是在 L1、L2 或者 L3 Cache 中命中，此时的情况较为复杂，多级 Cache 间的协议状态机远比 FSB 总线协议复杂得多。

在一个处理器系统中，如果 FSB 总线事务在"与 FSB 直接相连的 Cache"中命中时，这种情况相对容易处理；但是在与 BSB（Back-Side Bus）直接相连的 Cache 命中时，这种情况较难处理。下面分别对这两种情况进行讨论，在一个处理器中，采用 FSB 和 BSB 连接 Cache 的拓扑如图 3-9 所示。

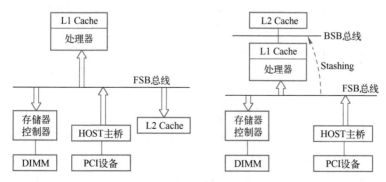

图 3-9　采用 FSB/BSB 进行 Cache 连接

当采用 FSB 总线连接 L2 Cache 时，L2 Cache 直接连接到 FSB 总线上，设备通过 FSB 总线向 L2 Cache 进行写操作并不难实现，MPC8548 处理器就是采用了这种结构将 L2 Cache 直接连接到 FSB 总线上。

但是由于 FSB 总线的频率低于 BSB 总线频率，因此采用这种结构将影响 L2 Cache 的访问速度，为此高端处理器多采用 BSB 总线连接 L2 Cache，x86 处理器在 Pentium Pro 之后的高性能处理器都使用 BSB 总线连接 L2 Cache，Freescale 的 G4 系列处理器和最新的 P4080 处理器也使用 BSB 总线连接 L2 Cache。

当 L2 Cache 没有直接连接到 FSB 上时，来自外部设备的数据并不容易到达 BSB 总线。除了需要考虑 Cache 连接在 BSB 总线的情况外，在外部设备进行 DMA 操作时，还需要考虑多处理器系统的 Cache 共享一致性协议。设计一个专用通道，将数据从外部设备直接写入处理器的 Cache 中并不容易实现。Intel 的 IOAT 和 Freescale 的 I/O Stashing 可能使用了这种专用通道技术，直接对 L1 和 L2 Cache 进行写操作，并在极大增加了设计复杂度的前提下，提高了处理器系统的整体效率。

以上对 Cache 进行直接写操作，仅是 Intel 的 IOAT 和 Freescale 的 I/O Stashing 技术的一个子集。目前 Intel 和 Freescale 没有公开这些技术的具体实现细节。在一个处理器系统中，可能存在多级 Cache，这些 Cache 的层次组成结构和状态机模型异常复杂，本章对这些内容不做进一步说明。

3.4　预读机制

随着处理器制造工艺的进步，处理器主频越来越高，存储器和外部设备的访问速度虽然也得到极大的提升，但是依然不与处理器主频的提升速度成正比，从而处理器的运行速度和外部设备的访问速度之间的差距越来越大，存储器瓶颈问题愈发严重。虽然 Cache 的使用有效缓解了存储器瓶颈问题，但是仅使用 Cache 远远不够。

因为无论 Cache 的命中率有多高，总有发生 Cache 行 Miss 的情况。一旦 Cache 行出现 Miss，处理器必须启动存储器周期，将需要的数据从存储器重新填入 Cache 中，这在某种程度上增加了存储器访问的开销。

使用预读机制可以在一定程度上降低 Cache 行失效所带来的影响。处理器系统可以使用的预读机制，包括指令 Fetch、数据预读、外部设备的预读队列和操作系统提供的预读策略。本章将简要介绍指令 Fetch，并重点介绍 CPU 如何对主存储器和外部设备进行数据预读。并以此为基础，详细说明 PCI 总线使用的预读机制。

3.4.1　指令 Fetch

指令预读是 CPU 指令流水的一个阶段。

在一段程序中，存在大量的分支预测指令，因而在某种程度上增加了指令 Fetch 的难度。因此如何判断程序的执行路径是指令流水首先需要解决的问题。

在 CPU 中通常设置了分支预测单元（Branch Predictor），在分支指令执行之前，分支预测单元需要预判分支指令的执行路径，从而进行指令 Fetch。但是分支预测单元并不会每次都能正确判断分支指令的执行路径,这为指令 Fetch 制造了不小的麻烦,在这个背景下许多分支预测策略应运而生。

这些分支预测策略主要分为静态预测和动态预测两种方法。静态预测方法的主要实现原理是利用 Profiling 工具,静态分析程序的架构,并为编译器提供一些反馈信息,从而对程序的分支指令进行优化。如在 PowerPC 处理器的转移指令中存在一个"at"字段,该字段可以向 CPU 提供该转移指令是否 Taken[⊖] 的静态信息。在 PowerPC 处理器中,条件转移指令"bc"表示 Taken;而"bc-"表示 Not Taken。

CPU 的分支预测单元在分析转移指令时可以预先得知该指令的转移结果。目前在多数 CPU 中提供了动态预测机制,而且动态预测的结果较为准确。因此在实现中,许多 PowerPC 内核并不支持静态预测机制,如 E500 内核。

CPU 使用的动态预测机制是本节研究的重点。而在不同的处理器中,分支预测单元使用的动态预测算法并不相同。在一些功能较弱的处理器,如 8 b/16 b 微控制器中,分支指令的动态预测机制较为简单。在这些处理器中,分支预测单元常使用以下几种方法动态预测分支指令的执行。

1)分支预测单元每一次都将转移指令预测为 Taken,采用这种方法无疑非常简单,而且命中率在 50%以上,因为无条件转移指令都是 Taken,当然使用这种方法的缺点也是显而易见的。

2)分支预测单元将向上跳转的指令预测为 Taken,而将向下跳转的指令预测为 Not Taken。分支预测单元使用的这种预测方式与多数程序的执行风格类似,但是这种实现方式并不理想。

3)一条转移指令被预测为 Taken,而之后这条转移指令的预测值与上一次转移指令的执行结果相同。

当采用以上几种方法时,分支预测单元的硬件实现代价较低,但是使用这些算法时,预测成功的概率较低。因此在高性能处理器中,如 PowerPC 和 x86 处理器并不会采用以上这 3 种方法实现分支预测单元。

目前在高性能处理器中,常使用 BTB(Branch Target Buffer)管理分支预测指令。在 BTB 中含有多个 Entry,这些 Entry 由转移指令的地址低位进行索引,而这个 Entry 的 Tag 字段存放转移指令的地址高位。BTB 的功能相当于存放转移指令的 Cache,其状态机转换也与 Cache 类似。当分支预测单元第一次分析一条分支指令时,将在 BTB 中为该指令分配一个 Entry,同时也可能会淘汰 BTB 中的 Entry。目前多数处理器使用 LRU(Least Recently Used)算法淘汰 BTB 中的 Entry。

在 BTB 的每个 Entry 中存在一个 Saturating Counter。该计数器也被称为 Bimodal Predictor,由两位组成,可以表示 4 种状态,为 0b11 时为"Strongly Taken";为 0b10 时为"Weakly Taken";为 0b01 时为"Weakly not Taken";为 0b00 时为"Strongly not Taken"。

当 CPU 第一次预测一条转移指令的执行时,其结果为 Strongly Taken,此时 CPU 将在 BTB 中为该指令申请一个 Entry,并置该 Entry 的 Saturating Counter 为 0b11。此后该指令将按

⊖　为简便起见,下文将转移指令成功进行转移称为"Taken";而将不进行转移称为"Not Taken"。

照 Saturating Counter 的值，预测执行，如果预测结果与实际执行结果不同，将 Saturating Counter 的值减 1，直到其值为 0b00；如果相同，将 Saturating Counter 的值加 1，直到其值为 0b11。目前 Power E500 内核和 Pentium 处理器使用这种算法进行分支预测。

使用 Saturating Counter 方法在处理转移指令的执行结果为 1111011111 或者 0000001000 时的效果较好，即执行结果大多数为 0 或者 1 时的预测结果较好。然而如果一条转移指令的执行结果具有某种规律，如为 010101010101 或者 001001001001 时，使用 Saturating Counter 并不会取得理想的预测效果。

在程序的执行过程中，一条转移指令在执行过程中出现这样有规律的结果较为常见，因为程序就是按照某种规则编写的，按照某种规则完成指定的任务。为此 Two-Level 分支预测方法应运而生。

Two-Level 分支预测方法使用了两种数据结构，一种是 BHR（Branch History Register）；而另一种是 PHT（Pattern History Table）。其中 BHR 由 k 位组成，用来记录每一条转移指令的历史状态，而 PHT 表含有 2^k 个 Entry，每个 Entry 由两位 Saturating Counter 组成。BHR 和 PHT 的关系如图 3-10 所示。

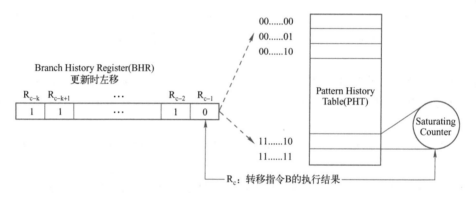

图 3-10　BHR 和 PHT 之间的关系

假设分支预测单元在使用 Two-Level 分支预测方法时，设置了一个 PBHT 表（Per-address Branch History Table）存放不同指令所对应的 BHR。在 PBHT 表中所有 BHR 的初始值为全 1，而在 PHT 表中所有 Entry 的初始值为 0b11。BHR 在 PBHT 表中的使用方法与替换机制与 Cache 类似。

当分支预测单元分析预测转移指令 B 的执行时，将首先从 PBHT 中获得与转移指令 B 对应的 BHR，此时 BHR 为全 1，因此 CPU 将从 PHT 的第 11···11 个 Entry 中获得预测结果 0b11，即 Strongly Taken。转移指令 B 执行完毕后，将实际执行结果 R_c 更新到 BHR 寄存器中，并同时更新 PHT 中对应的 Entry。

当 CPU 再次预测转移指令 B 的执行时，仍将根据 BHR 索引 PHT 表，并从对应 Entry 中获得预测结果。而当指令 B 再次执行完毕后，将继续更新 BHR 和 PHT 表中对应的 Entry。当转移指令的执行结果具有某种规律（Pattern）时，使用这种方法可以有效提高预测精度。如果转移指令 B 的实际执行结果为 001001001···001，而且 k 等于 4 时，CPU 将以 0010-0100- 1001 这样的循环访问 BHR，因此 CPU 将分别从 PHT 表中的第 0010、0100 和 1001 个 Entry 中获得准确的预测结果。

由以上描述可以发现，Two-Level 分支预测法具有学习功能，并可以根据转移指令的历史记录产生的模式，在 PHT 表中查找预测结果。该算法由 T. Y. Yeh 与 Y. N. Patt 在 1991 年提出，并在高性能处理器中得到了大规模应用。

Two-Level 分支预测法具有许多变种。目前 x86 处理器主要使用 "Local Branch Prediction" 和 "Global Branch Prediction" 两种算法。

在 "Local Branch Prediction" 算法中，每一个 BHR 使用不同的 PHT 表，Pentium II 和 Pentium III 处理器使用这种算法。该算法的主要问题是当 PBHT 表的 Entry 数目增加时，PHT 表将以指数速度增长，而且不能利用其他转移指令的历史信息进行分支预测。而在 "Global Branch Prediction" 算法中，所有 BHR 共享 PHT 表，Pentium M、Pentium Core 和 Core 2 处理器使用这种算法。

在高性能处理器中，分支预测单元对一些特殊的分支指令如 "Loop" 和 "Indirect 跳转指令" 设置了 "Loop Prediction" 和 "Indirect Prediction" 部件优化这两种分支指令的预测。此外，分支预测单元还设置了 RSB（Return Stack Buffer），当 CPU 调用一个函数时，RSB 将记录该函数的返回地址，当函数返回时，将从 RSB 中获得返回地址，而不必从堆栈中获得返回地址，从而提高了函数返回的效率。

目前在高性能处理器中，动态分支预测的主要实现机制是 CPU 通过学习以往历史信息，并进行预测，因而 Neural branch predictors 机制被引入，并取得了较为理想的效果，本节对这种分支预测技术不做进一步说明。目前指令的动态分支预测技术较为成熟，在高性能计算机中，分支预测的成功概率在 95%~98% 之间，而且很难进一步提高。

3.4.2　数据预读

数据预读是指在处理器进行运算时，提前通知存储器系统将运算过程中需要的数据准备好，而当处理器需要这些数据时，可以直接从这些预读缓冲（通常指 Cache）中获得这些数据。Steven P. Vanderwiel 与 David J. Lilja 总结了最近出现的各类数据预读机制，下面将以图 3-11 为例进一步探讨这些数据预读机制。

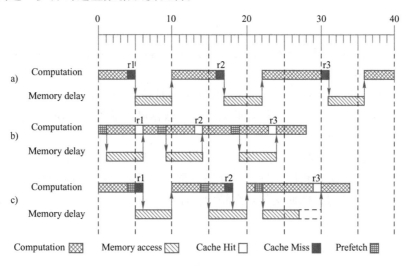

图 3-11　数据预读机制示意图

图 3-11 列举了三个实例说明数据预读的作用。其中实例 a 没有使用预读机制；实例 b 是一个采用预读机制的理想情况；而实例 c 是一个采用预读机制的次理想情况。我们假设处理器执行某个任务需要经历四个阶段，每个阶段都由处理器执行运算指令和存储指令组成。而处理器一次存储器访问需要 5 个时钟周期。其中每一个阶段的定义如下所示。

1）处理器执行 4 个时钟周期后需要访问存储器。

2）处理器执行 6 个时钟周期后需要访问存储器。

3）处理器执行 8 个时钟周期后需要访问存储器。

4）处理器执行 4 个时钟周期后完成。

实例 a 由于没有使用预读机制，因此在运算过程中需要使用存储器中的数据时，不可避免地出现 Cache Miss。实例 a 执行上述任务的过程如下。

1）执行第一阶段任务的 4 个时钟周期，之后访问存储器，此时将发生 Cache Miss。

2）Cache Miss 需要使用一个时钟周期[一]，然后在第 5 个时钟周期启动存储器读操作。

3）在第 10 个周期，处理器从存储器获得数据，继续执行第二阶段任务的 6 个时钟周期，之后访问存储器，此时也将发生 Cache Miss。

4）处理器在第 17~22 时钟周期从存储器读取数据，并在第 22 个时钟周期继续执行第三阶段任务的 8 个时钟周期，之后访问存储器，此时也将发生 Cache Miss。

5）处理器在第 31~36 时钟周期从存储器读取数据，并在第 36 个时钟周期继续执行第四阶段任务的 4 个时钟周期，完成整个任务的执行。

采用这种机制执行上述任务共需 40 个时钟周期。而使用预读机制，可以有效缩短整个执行过程，如图 3-11 中的实例 b 所示。在实例 b 中在执行过程中，都会提前进行预读操作，虽然这些预读操作也会占用一个时钟周期，但是这些预读操作是值得的。合理使用这些数据预读，完成同样的任务 CPU 仅需 28 个时钟周期，从而极大提高了程序的执行效率，其执行过程如下。

1）首先使用预读指令对即将使用的存储器进行预读[二]，然后执行第一阶段任务的 4 个时钟周期。当处理器进行存储器读时，数据已经准备好，处理器将在 Cache 中获得这个数据然后继续执行[三]。

2）处理器在执行第二阶段的任务时，先执行 2 个时钟周期之后进行预读操作，最后执行剩余的 4 个时钟周期。当处理器进行存储器读时，数据已经准备好，处理器将在 Cache 中获得这个数据然后继续执行。

3）处理器执行第三阶段的任务时，先执行 4 个时钟周期之后进行预读操作，最后执行剩余的 4 个时钟周期。当处理器进行存储器读时，数据已经准备好，处理器将在 Cache 中获得这个数据然后继续执行。

4）处理器执行第四阶段的任务，执行完 4 个时钟周期后，完成整个任务的执行。

当然这种情况是非常理想的，处理器在执行整个任务时，从始至终是连贯的，处理器执行和存储器访存完全并行，然而这种理想情况并不多见。

⊖　假定从访问 Cache 到发现 Cache Miss 需要一个时钟周期。

⊜　PowerPC 处理器使用 dcbt 指令，而 x86 处理器使用 PREFETCHh 指令，实现这种软件预读。

⊜　假定从 Cache 中获得数据需要一个时钟周期。

首先在一个任务的执行过程中，并不易确定最佳的预读时机；其次采用预读所获得数据并不一定能够被及时利用，因为在程序执行过程中可能会出现各种各样的分支选择，有时预读的数据并没有被及时使用。

在图 3-11 所示的实例 c 中，预读机制没有完全发挥作用，所以处理器在执行任务时，Cache Miss 时有发生，从而降低了整个任务的执行效率。即便这样，实例 c 也比完全没有使用预读的实例 a 的任务执行效率高一些。在实例 c 中，执行完毕图 3-11 中所示的任务共需要 34 个时钟周期。

但是在某些特殊情况下，采用预读机制有可能会降低效率。首先在一个较为复杂的应用中，很有可能预读的数据没有被充分利用，一个程序可能会按照不同的分支执行，而执行每一个分支所使用的数据并不相同。其次预读的数据即使是有效的，这些预读的数据也会污染整个 Cache 资源，在大规模并行任务的执行过程中，有可能引发 Cache 颠簸，从而极大地降低系统效率。

什么时候采用预读机制，关系到处理器系统结构的每一个环节，需要结合软硬件资源统筹考虑，并不能一概而论。处理器提供了必备的软件和硬件资源用以实现预读，而如何"合理"使用预读机制是系统程序员考虑的一个细节问题。数据预读可以使用软件预读或者硬件预读两种方式实现，下文将详细介绍这两种实现方式。

3.4.3　软件预读

软件预读机制由来已久，首先实现预读指令的处理器是 Motorola 的 88110 处理器，这颗处理器首先实现了"touch load"指令，这条指令是 PowerPC 处理器 dcbt 指令⊖的雏形。88110 处理器是 Motorola 第一颗 RISC 处理器，具有里程碑意义。这颗处理器从内核到外部总线的设计都具有许多亮点，是 Motorola 对 PowerPC 架构做出的巨大贡献。PowerPC 架构中著名的 60X 总线也源于 88110 处理器。

后来绝大多数处理器都采用这类指令进行软件预读，Intel 在 i486 处理器中提出了 Dummy Read 指令，这条指令也是后来 x86 处理器中 PREFETCHh 指令⊖的雏形。

这些软件预读指令都有一个共同的特点，就是在处理器真正需要数据之前，向存储器发出预读请求，这个预读请求不需要等待数据真正到达存储器之后，就可以执行完毕⊜。从而处理器可以继续执行其他指令，以实现存储器访问与处理器运算同步进行，从而提高了程序的整体执行效率。由此可见，处理器采用软件预读可以有效提高程序的执行效率。下面考虑源代码 3-1 所示的实例。

源代码 3-1　没有采用软件预读机制的程序

```
int ip, a[N], b[N];

for (i=0; i<N; i++)
    ip=ip+a[i] * b[i];
```

⊖ dcbt 指令是 PowerPC 处理器的一条存储器预读指令，该指令可以将内存中的数据预读到 L1 或者 L2 Cache 中。
⊖ PREFETCHh 指令是 x86 处理器的一条存储器预读指令。
⊜ 预读指令在一个时钟周期内就可以执行完毕。

这个例子在对数组进行操作时被经常使用，这段源代码的作用是将 int 类型的数组 a 和数组 b 的每一项进行相乘，然后赋值给 ip，其中数组 a 和 b 都是 Cache 行对界的。源代码 3-1 中的程序并没有使用预读机制进行优化，因此这段程序在执行时会因为 a[i] 和 b[i] 中的数据不在处理器的 Cache 中，而必须启动存储器读操作。因此在这段程序在执行过程中，必须要等待存储器中的数据后才能继续，从而降低了程序的执行效率。为此将程序进行改动，如源代码 3-2 所示。

源代码 3-2　采用软件预读机制的程序

```
int ip, a[N], b[N];

for (i=0; i<N; i++) {
    fetch(&a[i+1]);
    fetch(&b[i+1]);
    ip=ip+a[i] * b[i];
}
```

以上程序对变量 ip 赋值之前，首先预读数组 a 和 b，当对变量 ip 赋值时，数组 a 和 b 中的数据已经在 Cache 中，因而不需要进行再次进行存储器操作，从而在一定程度上提高了代码的执行效率。以上代码仍然并不完美，首先，ip、a[0] 和 b[0] 并没有被预读，其次，在一个处理器中预读是以 Cache 行为单位进行的，因此对 a[0]、a[1] 进行预读时都是对同一个 Cache 行进行预读$^{\ominus}$，从而这段代码对同一个 Cache 行进行了多次预读，结果影响了执行效率。为此再次改动程序，如源代码 3-3 所示。

源代码 3-3　软件预读机制的改进程序 1

```
int ip, a[N], b[N];

fetch(&ip);
fetch(&a[0]);
fetch(&b[0]);

for (i=0; i<N-4; i+=4) {
    fetch(&a[i+4]);
    fetch(&b[i+4]);
    ip=ip+a[i] * b[i];
    ip=ip+a[i+1] * b[i+1];
    ip=ip+a[i+2] * b[i+2];
    ip=ip+a[i+3] * b[i+3];
}

for ( ; i<N; i++)
    ip=ip+a[i] * b[i];
```

$\ominus$　假定这个处理器系统的 Cache 行长度为 4 个双字，即 128 位。

对于以上例子，采用这种预读方法可以有效提高执行效率，对此有兴趣的读者可以对以上几个程序进行简单的对比测试。但是提醒读者注意，有些较为先进的编译器，可以自动加入这些预读语句，程序员不必手工加入这些预读指令。实际上源代码 3-3 中的程序还可以进一步优化。这段程序的最终优化如源代码 3-4 所示。

源代码 3-4　软件预读机制的改进程序 2

```
int ip, a[N], b[N];

fetch( &ip);

for (i=0; i<12; i+=4){
    fetch( &a[i]);
    fetch( &b[i]);
}

for (i=0; i<N-12; i+=4){
    fetch( &a[i+12]);
    fetch( &b[i+12]);
    ip=ip+a[i] ∗ b[i];
    ip=ip+a[i+1] ∗ b[i+1];
    ip=ip+a[i+2] ∗ b[i+2];
    ip=ip+a[i+3] ∗ b[i+3];
}

for ( ; i<N; i++)
    ip=ip+a[i] ∗ b[i];
```

还可以对 ip、数据 a 和 b 进行充分预读之后，再一边预读数据，一边计算 ip 的值，最后计算 ip 的最终结果。使用这种方法可以使数据预读和计算充分并行，从而优化了整个任务的执行时间。

由以上程序可以发现，采用软件预读机制可以有效地对矩阵运算进行优化，因为矩阵运算进行数据访问时非常有规律，便于程序员或编译器进行优化，但是并不是所有程序都能如此方便地使用软件预读机制。此外，预读指令本身也需要占用一个机器周期，在某些情况下，采用硬件预读机制更为合理。

3.4.4　硬件预读

采用硬件预读的优点是不需要软件进行干预，也不需要浪费一条预读指令来进行预读。但硬件预读的缺点是预读结果有时并不准确，有时预读的数据并不是程序执行所需要的。在许多处理器中这种硬件预读通常与指令预读协调工作。硬件预读机制的历史比软件预读更为久远，在 IBM 370/168 处理器系统中就已经支持硬件预读机制。

大多数硬件预读仅支持存储器到 Cache 的预读，并在程序执行过程中，利用数据的局部性原理进行硬件预读。其中最为简单的硬件预读机制是 OBL（One Block Lookahead）机制，采用这种机制，当程序对数据块 b 进行读取出现 Cache Miss 时，将数据块 b 从存储器更新到 Cache 中，同时对数据块 b+1 也进行预读并将其放入 Cache 中；如果数据块 b+1 已经在 Cache 中，则不进行预读。

这种 OBL 机制有很多问题，一个程序可能只使用数据块 b 中的数据，而不使用数据块 b+1 中的数据，在这种情况下，采用 OBL 预读机制没有任何意义。而且使用这种预读机制时，每次预读都可能伴随着 Cache Miss，这将极大地影响效率。有时预读的数据块 b+1 会将 Cache 中可能有用的数据替换出去，从而造成 Cache 污染。有时仅预读数据块 b+1 可能并不足够，有可能程序下一个使用的数据块来自数据块 b+2。

为了解决 OBL 机制存在的问题，有许多新的预读方法涌现出来，如"tagged 预读机制"。采用这种机制，将设置一个"tag 位"，处理器访问数据块 b 时，如果数据块 b 没有在 Cache 中命中，则将数据块 b 从存储器更新到 Cache 中，同时对数据块 b+1 进行预读并将其放入 Cache 中；如果数据块 b 已经在 Cache 中，但是这个数据块 b 首次被处理器使用，此时也将数据块 b+1 预读到 Cache 中；如果数据块 b 已经在 Cache 中，但是这个数据块 b 已经被处理器使用过，此时不将数据块 b+1 预读到 Cache 中。

这种"tagged 预读机制"还有许多衍生机制，比如可以将数据块 b+1，b+2 都预读到 Cache 中，还可以根据程序的执行信息，将数据块 b-1，b-2 预读到 Cache 中。

但是这些方法都无法避免因为预读而造成的 Cache 污染问题，于是出现了 Stream Buffer 机制。采用该机制，处理器可以将预读的数据块放入 Stream Buffer 中，如果处理器使用的数据没有在 Cache 中，则首先在 Stream Buffer 中查找，采用这种方法可以消除预读对 Cache 的污染，但是增加了系统设计的复杂性。

与软件预读机制相比，硬件预读机制可以根据程序执行的实际情况进行预读操作，是一种动态预读方法；而软件预读机制需要对程序进行静态分析，并由编译器自动或者由程序员手工加入软件预读指令来实现。

3.4.5　PCI 总线的预读机制

在一个处理器系统中，预读的目标设备并不仅限于存储器，程序员还可以根据实际需要对外部设备进行预读。但并不是所有的外部设备都支持预读，只有"well-behavior"存储器支持预读。处理器使用的内部存储器，如基于 SDRAM、DDR-SDRAM 或者 SRAM 的主存储器是"well-behavior"存储器，有些外部设备也是"well-behavior"存储器。这些 well-behavior 存储器具有以下特点。

1）对这些存储器设备进行读操作时不会改变存储器的内容。显然主存储器具有这种性质。如果一个主存储器的一个数据为 0，那么读取这个数据 100 次也不会将这个结果变为 1。但是在外部设备中，一些使用存储器映像寻址的寄存器具有读清除的功能。比如某些中断状态寄存器[⊖]。当设备含有未处理的中断请求时，该寄存器的中断状态位为 1，对此寄存器进行读操作时，硬件将自动地把该中断位清零，这类采用存储映像寻址的寄存器就不是 well-behavior 存储器。

⊖　假设中断状态寄存器支持读清除功能。

2）对"well-behavior"存储器的多次读操作，可以合并为一次读操作。如向这个设备的地址 n，n+4，n+8 和 n+12 地址处进行四个双字的读操作，可以合并为对 n 地址的一次突发读操作（大小为 4 个双字）。

3）对"well-behavior"存储器的多次写操作，可以合并为一次写操作。如向这个设备的地址 n，n+4，n+8 和 n+12 地址处进行四个双字的写操作，可以合并为对 n 地址的一次突发写操作。对于主存储器，进行这种操作不会产生副作用，但是对于有些外部设备，不能进行这种操作。

4）对"well-behavior"的存储器写操作，可以合并为一次写操作。向这个设备的地址 n，n+1，n+2 和 n+3 地址处进行四个单字的写操作，可以合并为对 n 地址的一次 DW 写操作。对主存储器进行这种操作不会出现错误，但是对于有些外部设备，不能进行这种操作。

如果外部设备满足以上四个条件，该外部设备被称为"well-behavior"。PCI 配置空间的 BAR 寄存器中有一个"Prefectchable"位，该位为 1 时表示这个 BAR 寄存器所对应的存储器空间支持预读。PCI 总线的预读机制需要 HOST 主桥、PCI 桥和 PCI 设备的共同参与。在 PCI 总线中，预读机制需要分两种情况进行讨论，一个是 HOST 处理器通过 HOST 主桥和 PCI 桥访问最终的 PCI 设备；另一个是 PCI 设备使用 DMA 机制访问存储器。

PCI 总线预读机制的拓扑结构如图 3-12 所示。

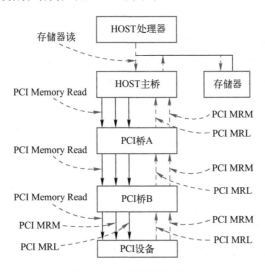

图 3-12　PCI 总线的预读

由图 3-12 可知，HOST 处理器预读 PCI 设备时，需要经过 HOST 主桥，并可能通过多级 PCI 桥，最终到达 PCI 设备，在这个数据传送路径上，有的 PCI 桥支持预读，有的不支持预读。而 PCI 设备对主存储器进行预读时也将经过多级 PCI 桥。PCI 设备除了可以对主存储器进行预读之外，还可以预读其他 PCI 设备，但是这种情况在实际应用中极少出现，本节仅介绍 PCI 设备预读主存储器这种情况。

1. HOST 处理器预读 PCI 设备

PCI 设备的 BAR 寄存器可以设置预读位，首先支持预读的 BAR 寄存器空间必须是一个 well-behavior 的存储器空间，其次 PCI 设备必须能够接收来自 PCI 桥和 HOST 主桥的 MRM

（Memory Read Multiple）和 MRL（Memory Read Line）总线事务。

如果 PCI 设备支持预读，那么当处理器对这个 PCI 设备进行读操作时，可以通过 PCI 桥启动预读机制（该 PCI 桥也需要支持预读），使用 MRM 和 MRL 总线事务，对 PCI 设备进行预读，并将预读的数据暂时存放在 PCI 桥的预读缓冲中。

之后当 PCI 主设备继续读取 PCI 设备的 BAR 空间时，如果访问的数据在 PCI 桥的预读缓冲中，PCI 桥可以不对 PCI 设备发起存储器读总线事务，而是直接从预读缓冲中获取数据，并将其传递给 PCI 主设备。当 PCI 主设备完成读总线事务后，PCI 桥必须丢弃预读的数据以保证数据的完整性。此外当 PCI 桥预读的地址空间超越了 PCI 设备可预读 BAR 空间边界时，PCI 设备需要 "disconnect" 该总线事务。

如果 PCI 桥支持 "可预读" 的存储器空间，而且其下挂接的 PCI 设备 BAR 空间也支持预读时，系统软件需要从 PCI 桥 "可预读" 的存储器空间中为该 PCI 设备分配空间。此时 PCI 桥可以将从 PCI 设备预读的数据暂存在 PCI 桥的预读缓冲中。

PCI 总线规定，如果下游 PCI 桥地址空间支持预读，则其上游 PCI 桥地址空间既可以支持也可以不支持预读机制。如图 3-12 所示，如果 PCI 桥 B 管理的 PCI 子树使用了可预读空间时，PCI 桥 A 可以不支持可预读空间，此时 PCI 桥 A 只能使用存储器读总线事务读取 PCI 设备，而 PCI 桥 B 可以将这个存储器读总线事务转换为 MRL 或者 MRM 总线事务，预读 PCI 设备的 BAR 空间（如果 PCI 设备的 BAR 空间支持预读），并将预读的数据保存在 PCI 桥 B 的数据缓冲中。

但是 PCI 总线不允许 PCI 桥 A 从其 "可预读" 的地址空间中，为 PCI 桥 B 的 "不可预读" 区域预留空间，因为这种情况将影响数据的完整性。

大多数 HOST 主桥并不支持对 PCI 设备的预读，这些 HOST 主桥并不能向 PCI 设备发出 MRL 或者 MRM 总线事务。由于在许多处理器系统中，PCI 设备是直接挂接到 HOST 主桥上的，如果连 HOST 主桥也不支持这种预读，即便 PCI 设备支持了预读机制也没有实际作用。而且如果 PCI 设备支持预读机制，硬件上需要增加额外的开销，这也是多数 PCI 设备不支持预读机制的原因。

尽管如此，本节仍需要对 HOST 处理器预读 PCI 设备进行探讨。假设在图 3-12 所示的处理器系统中，HOST 主桥和 PCI 桥 A 不支持预读，而 PCI 桥 B 支持预读，而且处理器的 Cache 行长度为 32B（0x20）。

如果 HOST 处理器对 PCI 设备的 0x8000-0000～0x8000-0003 这段地址空间进行读操作，HOST 主桥将使用存储器读总线事务读取 PCI 设备的 "0x8000-0000～0x8000-0003 这段地址空间"，这个存储器读请求首先到达 PCI 桥 A，再由 PCI 桥 A 转发给 PCI 桥 B。

PCI 桥 B 发现 "0x8000-0000～0x8000-0003 这段地址空间" 属于自己的可预读存储器区域，即该地址区域在该桥的 Prefetchable Memory Base 定义的范围内，则将该存储器读请求转换为 MRL 总线事务，并使用该总线事务从 PCI 设备[⊖]中读取 0x8000-0000～0x8000-001F 这段数据，并将该数据存放到 PCI 桥 B 的预读缓冲中。MRL 总线事务将从需要访问的 PCI 设备的起始地址开始，一直读到当前 Cache 行边界。

⊖　此时 PCI 设备的这段区域一定是可预读的存储器区域。

之后当 HOST 处理器读取 0x8000-0004~0x8000-001F 这段 PCI 总线地址空间的数据时，将从 PCI 桥 B 的预读缓冲中直接获取数据，而不必对 PCI 设备进行读取。

2. PCI 设备读取存储器

PCI 设备预读存储器地址空间时，需要使用 MRL 或者 MRM 总线事务。与 MRL 总线周期不同，MRM 总线事务将从需要访问的存储器起始地址开始，一直读到下一个 Cache 行边界为止。

对于一个 Cache 行长度为 32B（0x20）的处理器系统，如果一个 PCI 设备在对主存储器的 0x1000-0000~0x1000-0007 这段存储器地址空间进行读操作时，由于这段空间没有跨越 Cache 行边界，此时 PCI 设备将使用 MRL 总线事务对 0x1000-0000~0x1000-001F 这段地址区域发起存储器读请求。

如果一个 PCI 设备在对主存储器的 0x1000-001C~0x1000-0024 这段存储器地址空间进行读操作时，由于这段空间跨越了 Cache 行边界，此时 PCI 设备将使用 MRM 总线事务对 0x1000-001C~0x1000-002F 这段地址空间发起存储器读请求。

在图 3-12 所示的例子中，PCI 设备读取 0x1000-001C~0x1000-0024 这段存储器地址空间时，首先将使用 MRM 总线事务发起读请求，该请求将通过 PCI 桥 B 和 A 最终到达 HOST 主桥。HOST 主桥将从主存储器中读取 0x1000-001C~0x1000-002F 这段地址空间的数据⊖。如果 PCI 桥 A 也支持下游总线到上游总线的预读，这段数据将传递给 PCI 桥 A；如果 PCI 桥 A 和 B 都支持这种预读，这段数据将到达 PCI 桥 B 的预读缓冲。

如果 PCI 桥 A 和 B 都不支持预读，0x1000-0024~0x1000-002F 这段数据将缓存在 HOST 主桥中，HOST 主桥仅将 0x1000-001C~0x1000-0024 这段数据通过 PCI 桥 A 和 B 传递给 PCI 设备。之后当 PCI 设备需要读取 0x1000-0024~0x1000-002F 这段数据时，该设备将根据不同情况，从 HOST 主桥、PCI 桥 A 或者 B 中获取数据而不必读取主存储器。值得注意的是，PCI 设备在完成一次数据传送后，暂存在 HOST 主桥中的预读数据将被清除。PCI 设备采用这种预读方式，可以极大提高访问主存储器的效率。

PCI 总线规范有一个缺陷，就是目标设备并不知道源设备究竟需要读取或者写入多少个数据。例如 PCI 设备使用 DMA 读方式从存储器中读取 4KB 大小的数据时，只能通过 PCI 突发读方式，一次读取一个或者多个 Cache 行。

假定 PCI 总线一次突发读写只能读取 32B 大小的数据，此时 PCI 设备读取 4KB 大小的数据，需要使用 128 次突发周期才能完成全部数据传送。而 HOST 主桥只能一个一个地处理这些突发传送，从而存储器控制器并不能准确预知何时 PCI 设备将停止读取数据。在这种情况下，合理地使用预读机制可以有效地提高 PCI 总线的数据传送效率。

我们首先假定 PCI 设备一次只能读取一个 Cache 行大小的数据，然后释放总线，之后再读取一个 Cache 行大小的数据。如果使用预读机制，虽然 PCI 设备在一个总线周期内只能获得一个 Cache 行大小的数据，但是 HOST 主桥仍然可以从存储器获得 2 个 Cache 行以上的数据，并将这个数据暂存在 HOST 主桥的缓冲中，之后 PCI 设备再发起突发周期时，HOST 主桥可以不从存储器，而是从缓冲中直接将数据传递给 PCI 设备，从而降低了 PCI 设备对存储

⊖　假设 HOST 主桥读取存储器时支持预读，多数 HOST 主桥都支持这种预读。

器访问的次数,提高了整个处理器系统的效率。

以上描述仅是实现 PCI 总线预读的一个例子,而且仅仅是理论上的探讨。实际上绝大多数半导体厂商都没有公开 HOST 主桥预读存储器系统的细节,在多数处理器中,HOST 主桥以 Cache 行为单位读取主存储器的内容,而且为了支持 PCI 设备的预读功能 HOST 主桥需要设置必要的缓冲部件,这些缓冲的管理策略较为复杂。

目前 PCI 总线已经逐渐退出历史舞台,进一步深入研究 PCI 桥和 HOST 主桥,意义并不太大,不过读者依然可以通过学习 PCI 体系结构,获得处理器系统中有关外部设备的必要知识,并以此为基础,学习 PCIe 体系结构。

3.5 小结

本章重点介绍了 PCI 总线的数据交换。其中最重要的内容是与 Cache 相关的 PCI 总线事务和预读机制。虽然与 Cache 相关的 PCI 总线事务并不多见,但是理解这些内容对于理解 PCI 和处理器体系结构,非常重要。

第 I 篇的主体是以 PCI 总线为例,说明一个局部总线在处理器系统中的作用,这也是笔者写作本书的初衷。PCI 总线作为一个局部总线,在设计思路上,与其他局部总线并没有本质的不同。在本篇中,最重要的内容是局部总线的设计与实现方法,希望读者阅读本书时,不要仅仅将目光锁定在 PCI 总线本身。

本书的第 II 篇内容与第 I 篇密切相关,希望读者在真正理解第 I 篇内容的基础上阅读第 II 篇。PCIe 总线在继承 PCI 总线部分内容的基础上做出了许多重大调整。但是从处理器体系结构的角度来看,PCIe 总线依然是局部总线,这条局部总线与 PCI 总线以及其他平台的局部总线相比,并不存在本质的不同。而理解这些局部总线的关键,仍然是深入理解处理器的体系结构。

第Ⅱ篇 PCI Express 体系结构概述

虽然 PCI 总线取得了巨大的成功，但是随着处理器主频的不断提高，PCI 总线提供的带宽愈发显得捉襟见肘。PCI 总线也在不断地进行升级，其位宽和频率从最初的 32 位/33 MHz 扩展到 64 位/66 MHz，而 PCI-X 总线更是将总线频率提高到 533 MHz，能够提供的最大理论带宽为 4263 MB。但是 PCI 总线仍无法解决其体系结构中存在的一些缺陷，它面临着一系列挑战，包括带宽、流量控制和数据传送质量等。

PCI 总线的最高工作频率为 66 MHz，最大位宽为 64 位，从理论上讲，PCI 总线可以提供的最大传输带宽为 532 MB。然而 PCI 总线作为一个共享总线，在其上的所有 PCI 设备必须共享 PCI 总线的带宽。同时由于 PCI 总线的协议开销，导致 PCI 总线可以实际利用的数据带宽远小于其峰值带宽。

PCI 总线采用提高总线位宽和频率的方法增加其传输带宽。但是这种方法从性能价格比的角度来看，并不是最优的。数据总线位宽的提高将直接影响芯片的生产成本，64 位的 PCI 总线接口需要设计者使用更多的芯片引脚，从而导致 64 位的 PCI 总线接口芯片的价格远高于 32 位的 PCI 总线接口芯片。与 32 位 PCI 总线接口相比，设计者还需要使用更多的印制板层数来实现 64 位 PCI 总线接口。

而提高总线频率，除了给硬件工程师带来了一系列信号完整性的问题之外，更直接影响 PCI 总线的负载能力。一条 33 MHz 的 PCI 总线最多可以驱动 10 个负载，而 66 MHz 的 PCI 总线最多只能驱动 4 个负载。因此片面提高 PCI 总线的频率和位宽，并不能有效地提高 PCI 总线的带宽。

除此之外 PCI 总线在设计之初并没有考虑服务质量的问题。有些实时数据采集卡、音频或者视频的多媒体应用需要 PCI 总线提供额定带宽，而 PCI 总线上的设备只能轮流使用 PCI 总线，当一个设备长期占用 PCI 总线时，将阻止其他 PCI 设备使用 PCI 总线，从而影响了 PCI 总线的传送质量。

基于以上几个原因，PCI 总线在某种程度上说并不能完全适应现代处理器系统的需要，而使用 PCIe 总线可以有效解决 PCI 总线存在的一些问题。首先 PCIe 总线可以提供更大的总线带宽，PCIe V3.0 支持的最高总线频率为 4GHz，远高于 PCI-X 总线提供的最高总线频率。其次 PCIe 总线支持虚通路（Virtual Channel，VC）技术，优先级不同的数据报文可以使用不同的虚通路，而每一路虚通路可以独立设置缓冲，从而相对合理地解决了数据传送过程中存在的服务质量问题。

PCIe 总线由若干层次组成，包括事务层、数据链路层和物理层。PCIe 总线使用数据报文进行数据传递，这些数据报文需要通过 PCIe 总线的这些层次。PCIe 总线的这种数据传递方式与互联网使用 TCP/IP 进行数据传递有类似之处。

实际上在互联网中存在的许多概念也存在于 PCIe 总线中，如交换、路由和仲裁机制等，不过两者实现上的最大不同在于前者主要使用软件程序实现其协议栈，而后者使用硬件逻辑实现。

半导体工艺的逐步提高，使得更多的软件算法可以使用硬件逻辑来实现，这给从事集成电路设计的工程师带来了巨大的挑战，因为他们使用 Verilog/VHDL 程序编写的算法，之前是使用 C 或 C++这样的高级语言实现的。

PCIe 总线在系统软件级与 PCI 总线兼容，基于 PCI 总线的系统软件几乎可以不经修改直接移植到 PCIe 总线中。绝大多数 PCI/PCI-X 总线使用的总线事务都被 PCIe 总线保留，而 PCI 设备使用的配置空间也被 PCIe 总线继承。基于 PCI 体系结构的系统编程模型，几乎可以在没有本质变化的前提下，直接在 PCIe 体系结构中使用。

但是从体系系统的角度上看，PCIe 总线还是增加了一些新的特性，其中一些特性不仅仅是称呼上的变化，而且在功能上也得到了增强。如在 PCIe 体系结构中出现的 RC（Root Complex）。RC 的主要功能与 PCI 总线中的 HOST 主桥类似，但是在 HOST 主桥的基础上增加了许多功能。

在不同处理器系统中，RC 的实现方式不同，因此仅仅用 PCIe 总线控制器称呼 RC 是不够的，实际上 PCIe 总线规范对 RC 并没有一个合适的解释。RC 本身也随处理器系统的不同而不同，是一个很模糊的概念。Intel 并没有使用 PCIe 总线控制器，而是使用 RC 管理 PCIe 总线。基于深层次的考虑，在 x86 处理器体系结构中，RC 并不仅仅管理 PCIe 设备的数据访问，而且还包含访问控制、错误处理和虚拟化技术等一系列内容。因此用 PCIe 总线控制器统称 RC，在 x86 处理器体系结构中并不合适。

在 PCIe 总线中，还有一些特性与 PCIe 总线协议的实现相关。与 PCI 总线相比，PCIe 总线使用端到端的连接方式，添加流量控制机制，并对"访问序"做出了进一步优化。虽然从系统软件的角度来看，PCI 总线与 PCIe 总线基本一致。但是从硬件设计的角度来看 PCIe 总线完全不同于 PCI 总线，基于 PCIe 总线各类设备的硬件设计难度远大于基于 PCI 总线的对应设备的设计难度。

目前 PCIe 总线规范依然在迅猛发展，但并不是所有 PCIe 设备都支持这些在 PCIe 总线的最新规范中提及的概念。一般说来，PCIe 总线规范提出的新概念，最先在 x86 处理器系统的 Chipset 和 Intel 设计的 PCIe 设备中出现。

第4章 PCIe总线概述

随着现代处理器技术的发展，在互连领域中，使用高速差分总线替代并行总线是大势所趋。与单端并行信号相比，高速差分信号可以使用更高的时钟频率，使用更少的信号线，完成之前需要许多单端并行数据信号才能达到的总线带宽。

PCI总线使用并行总线结构，在同一条总线上的所有外部设备共享总线带宽，而PCIe总线使用了高速差分总线，并采用端到端的连接方式，因此在每一条PCIe链路中只能连接两个设备。这使得PCIe与PCI总线采用的拓扑结构有所不同。PCIe总线除了在连接方式上与PCI总线不同之外，还使用了一些在网络通信中使用的技术，如支持多种数据路由方式，基于多通路的数据传递方式，和基于报文的数据传送方式，并充分考虑了在数据传送中出现的服务质量QoS（Quality of Service）问题。

4.1 PCIe总线的基础知识

与PCI总线不同，PCIe总线使用端到端的连接方式，在一条PCIe链路的两端只能各连接一个设备，这两个设备互为数据发送端和数据接收端。PCIe总线除了总线链路外，还具有多个层次，发送端发送数据时将通过这些层次，而接收端接收数据时也使用这些层次。PCIe总线使用的层次结构与网络协议栈较为类似。

4.1.1 端到端的数据传递

PCIe链路使用"端到端的数据传送方式"，发送端和接收端中都含有TX（发送逻辑）和RX（接收逻辑），其结构如图4-1所示。

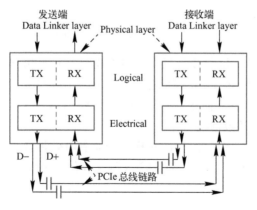

图 4-1　PCIe 总线的物理链路

如上图所示，在PCIe总线的物理链路的一个数据通路（Lane）中，有两组差分信号，共4根信号线。其中发送端的TX部件与接收端的RX部件使用一组差分信号连接，该链路也被称为发送端的发送链路，也是接收端的接收链路；而发送端的RX部件与接收端的TX

部件使用另一组差分信号连接，该链路也被称为发送端的接收链路，也是接收端的发送链路。一个 PCIe 链路可以由多个 Lane 组成。

高速差分信号电气规范要求其发送端串接一个电容，以进行 AC 耦合。该电容也被称为 AC 耦合电容。PCIe 链路使用差分信号进行数据传送，一个差分信号由 D+ 和 D- 两根信号组成，信号接收端通过比较这两个信号的差值，判断发送端发送的是逻辑 "1" 还是逻辑 "0"。

与单端信号相比，差分信号抗干扰的能力更强，因为差分信号在布线时要求 "等长" "等宽" "贴近"，而且在同层。因此外部干扰噪声将被 "同值" 而且 "同时" 加载到 D+ 和 D- 两根信号上，其差值在理想情况下为 0，对信号的逻辑值产生的影响较小。因此差分信号可以使用更高的总线频率。

此外使用差分信号能有效抑制电磁干扰（EMI，Electro Magnetic Interference）。因为差分信号 D+ 与 D- 距离很近而且信号幅值相等、极性相反，这两根线与地线间耦合电磁场的幅值相等，将相互抵消，因此差分信号对外界的电磁干扰较小。当然差分信号的缺点也是显而易见的，一是差分信号使用两根信号传送一位数据；二是差分信号的布线相对严格一些。

PCIe 链路可以由多条 Lane 组成，目前 PCIe 链路可以支持 1、2、4、8、12、16 和 32 个 Lane，即 ×1、×2、×4、×8、×12、×16 和 ×32 宽度的 PCIe 链路。每一个 Lane 上使用的总线频率与 PCIe 总线使用的版本相关。

第 1 个 PCIe 总线规范为 V1.0，之后依次为 V2.0、V3.0、V4.0、V5.0、V6.0 和 V7.0。目前 PCIe 总线的最新规范为 V7.0。不同的 PCIe 总线规范所定义的总线频率和链路编码方式并不相同，如表 4-1 所示。

表 4-1 PCIe 总线规范与总线频率和链路编码的关系

PCIe 总线规范	总线频率[①]/GHz	单 Lane 的峰值带宽/（GT/s）	编码方式
V1.x	1.25	2.5	8/10b 编码
V2.x	2.5	5	8/10b 编码
V3.0	4	8	128/130b 编码

① 这里的总线频率指差分信号按照逻辑 "0" 和 "1" 连续变化时的频率。

如上表所示，不同的 PCIe 总线规范使用的总线频率并不相同，其使用的数据编码方式也不相同。PCIe 总线 V1.x 和 V2.0 规范在物理层中使用 8/10b 编码，即在 PCIe 链路上的 10 bit 中含有 8 位的有效数据；而 V3.0 规范使用 128/130b 编码方式，即在 PCIe 链路上的 130 bit 中含有 128 位的有效数据。

V3.0 规范使用的总线频率虽然只有 4 GHz，但是其有效带宽是 V2.x 的两倍。有关 8/10b 编码的详细描述见第 7.3.3 节。下文将以 V2.x 规范为例，说明不同宽度 PCIe 链路所能提供的峰值带宽，如表 4-2 所示。

表 4-2 PCIe 总线的峰值带宽

PCIe 总线的数据位宽	×1	×2	×4	×8	×12	×16	×32
峰值带宽/（GT/s）	5	10	20	40	60	80	160

×32 的 PCIe 链路可以提供 160 GT/s 的链路带宽，远高于 PCI/PCI-X 总线所能提供的峰值带宽。而即将推出的 PCIe V3.0 规范使用 4 GHz 的总线频率，将进一步提高 PCIe 链路的峰值带宽。

在 PCIe 总线中，使用 GT（Gigatransfer）计算 PCIe 链路的峰值带宽。GT 是在 PCIe 链路上传递的峰值带宽，其计算公式为总线频率×数据位宽×2。

在 PCIe 总线中，影响有效带宽的因素有很多，因而其有效带宽较难计算，这部分内容详见第 12.4.1 节。尽管如此，PCIe 总线提供的有效带宽还是远高于 PCI 总线。PCIe 总线也有其弱点，其中最突出的问题是传送延时。

PCIe 链路使用串行方式进行数据传送，然而在芯片内部，数据总线仍然是并行的，因此 PCIe 链路接口需要进行串并转换，这种串并转换将产生较大的延时。除此之外 PCIe 总线的数据报文需要经过事务层、数据链路层和物理层，这些数据报文在穿越这些层次时，也将带来延时。本书将在第 12.4 节详细讨论 PCIe 总线的延时与带宽之间的联系。

在基于 PCIe 总线的设备中，×1 的 PCIe 链路最为常见，而×12 的 PCIe 链路极少出现，×4 和×8 的 PCIe 设备也不多见。Intel 通常在 ICH 中集成了多个×1 的 PCIe 链路用来连接低速外设，而在 MCH 中集成了一个×16 的 PCIe 链路用于连接显卡控制器。而 PowerPC 处理器通常能够支持×8、×4、×2 和×1 的 PCIe 链路。

PCIe 总线物理链路间的数据传送使用基于时钟的同步传送机制，但是在物理链路上并没有时钟线，PCIe 总线的接收端含有时钟恢复模块 CDR（Clock Data Recovery），CDR 将从接收报文中提取接收时钟，从而进行同步数据传递，PCIe 设备进行链路训练时将完成时钟的提取工作，详见第 8.2 节。

值得注意的是，在一个 PCIe 设备中除了需要从报文中提取时钟外，还使用了REFCLK+和 REFCLK-信号对作为本地参考时钟，这个信号对的描述见下文。

4.1.2　PCIe 总线使用的信号

PCIe 设备使用两种电源信号供电，分别是 V_{cc} 与 V_{aux}，其额定电压为 3.3 V。其中 V_{cc} 为主电源，PCIe 设备使用的主要逻辑模块均使用 V_{cc} 供电，而一些与电源管理相关的逻辑使用 V_{aux} 供电。在 PCIe 设备中，一些特殊的寄存器通常使用 V_{aux} 供电，如 Sticky Register，此时即使 PCIe 设备的 V_{cc} 被移除，这些与电源管理相关的逻辑状态和这些特殊寄存器的内容也不会发生改变。

在 PCIe 总线中，使用 V_{aux} 的主要原因是为了降低功耗和缩短系统恢复时间。因为 V_{aux} 在多数情况下并不会被移除，因此当 PCIe 设备的 V_{cc} 恢复后，该设备不必重新恢复使用 V_{aux} 供电的逻辑，从而设备可以很快地恢复到正常工作状态。

PCIe 链路的最大宽度为×32，但是在实际应用中，×32 的链路宽度极少使用。在一个处理器系统中，一般最多提供×16 的 PCIe 插槽，并使用 PETp0~15、PETn0~15 和 PERp0~15、PERn0~15 共 64 根信号线组成 32 对差分信号，其中 16 对 PETxx 信号用于发送链路，另外 16 对 PERxx 信号用于接收链路。这些差分信号的详细说明见第 7.3.1 节。除此之外 PCIe 总线还使用了下列辅助信号。

1. PERST#信号

该信号为全局复位信号，由处理器系统提供，处理器系统需要为 PCIe 插槽和 PCIe 设备提供该复位信号。PCIe 设备使用该信号复位内部逻辑。当该信号有效时，PCIe 设备将进行复位操作。PCIe 总线定义了多种复位方式，其中 Cold Reset 和 Warm Reset 这两种复位方式的实现与该信号有关，详见第 4.1.5 节。

2. REFCLK+和 REFCLK-信号

在一个处理器系统中，可能含有许多 PCIe 设备，这些设备可以作为 Add-In 卡与 PCIe 插槽连接，也可以作为内置模块，与处理器系统提供的 PCIe 链路直接相连，而不需要经过 PCIe 插槽。PCIe 设备与 PCIe 插槽都具有 REFCLK+和 REFCLK-信号，其中 PCIe 插槽使用这组信号与处理器系统同步。

在一个处理器系统中，通常采用专用逻辑向 PCIe 插槽提供 REFCLK+和 REFCLK-信号，如图 4-2 所示。其中 100 MHz 的时钟源由晶振提供，并经过一个"一推多"的差分时钟驱动器生成多个同相位的时钟源，与 PCIe 插槽一一对应连接。

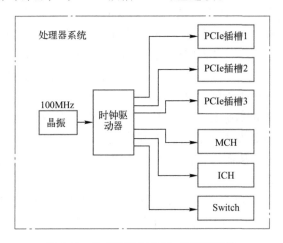

图 4-2　参考时钟与 PCIe 插槽的连接

PCIe 插槽需要使用参考时钟，其频率为 100 MHz。处理器系统需要为每一个 PCIe 插槽、MCH、ICH 和 Switch 提供参考时钟。而且要求在一个处理器系统中，时钟驱动器产生的参考时钟信号到每一个 PCIe 插槽（MCH、ICH 和 Swith）的距离差在 15in 之内。通常信号的传播速度接近光速，约为 6 in/ns，由此可见，不同 PCIe 插槽间 REFCLK+和 REFCLK-信号的传送延时差约为 2.5 ns。

当 PCIe 设备作为 Add-In 卡连接在 PCIe 插槽时，可以直接使用 PCIe 插槽提供的 REFCLK+和 REFCLK-信号，也可以使用独立的参考时钟。内置的 PCIe 设备与 Add-In 卡在处理 REFCLK+和 REFCLK-信号时使用的方法类似，PCIe 设备可以使用独立的参考时钟，而不使用 REFCLK+和 REFCLK-信号。

在 PCIe 设备配置空间的 Link Control Register 中，含有一个 "Common Clock Configuration" 位。当该位为 1 时，表示该设备与 PCIe 链路的对端设备使用 "同相位" 的参考时钟；如果为 0，表示该设备与 PCIe 链路的对端设备使用的参考时钟是异步的。Link Control Register 的详细描述见第 4.3.2 节。

在 PCIe 设备中，"Common Clock Configuration" 位的缺省值为 0，此时 PCIe 设备使用的参考时钟与对端设备没有任何联系，PCIe 链路两端设备使用的参考时钟可以异步设置。这个异步时钟设置方法对于使用 PCIe 链路进行远程连接时尤为重要。

在一个处理器系统中，如果使用 PCIe 链路进行机箱到机箱间的互连，因为参考时钟可以异步设置，机箱到机箱之间进行数据传送时仅需要差分信号线即可，而不需要参考时钟，从而极大地降低了连接难度。

3. WAKE#信号

当 PCIe 设备进入休眠状态，主电源已经停止供电时，PCIe 设备使用该信号向处理器系统提交唤醒请求，使处理器系统重新为该 PCIe 设备提供主电源 V_{cc}。在 PCIe 总线中，WAKE#信号是可选的，因此使用 WAKE#信号唤醒 PCIe 设备的机制也是可选的。值得注意的是产生该信号的硬件逻辑必须使用辅助电源 V_{aux} 供电。

WAKE#是一个 Open Drain 信号，一个处理器的所有 PCIe 设备可以将 WAKE#信号进行线与后，统一发送给处理器系统的电源控制器。当某个 PCIe 设备需要被唤醒时，该设备首先置 WAKE#信号有效，然后在经过一段延时之后，处理器系统开始为该设备提供主电源 V_{cc}，并使用 PERST#信号对该设备进行复位操作。此时 WAKE#信号需要始终保持为低，当主电源 V_{cc} 上电完成之后，PERST#信号也将置为无效并结束复位，WAKE#信号也将随之置为无效，结束整个唤醒过程。

PCIe 设备除了可以使用 WAKE#信号实现唤醒功能外，还可以使用 Beacon 信号实现唤醒功能。与 WAKE#信号实现唤醒功能不同，Beacon 使用 In-band 信号，即差分信号 D+和 D-实现唤醒功能。Beacon 信号 DC 平衡，由一组通过 D+和 D-信号生成的脉冲信号组成。这些脉冲信号宽度的最小值为 2 ns，最大值为 16 μs。当 PCIe 设备准备退出 L2 状态（该状态为 PCIe 设备使用的一种低功耗状态）时，可以使用 Beacon 信号，提交唤醒请求。

4. SMCLK 和 SMDAT 信号

SMCLK 和 SMDAT 信号与 x86 处理器的 SMBus（System Mangement Bus）相关。SMBus 于 1995 年由 Intel 提出，SMBus 由 SMCLK 和 SMDAT 信号组成。SMBus 源于 I^2C 总线，但是与 I^2C 总线存在一些差异。

SMBus 的最高总线频率为 100 kHz，而 I^2C 总线可以支持 400 kHz 和 2 MHz 的总线频率。此外 SMBus 上的从设备具有超时功能，当从设备发现主设备发出的时钟信号保持低电平超过 35 ms 时，将引发从设备的超时复位。在正常情况下，SMBus 的主设备使用的总线频率最低为 10 kHz，以避免从设备在正常使用过程中出现超时。

在 SMbus 中，如果主设备需要复位从设备时，可以使用这种超时机制。而 I^2C 总线只能使用硬件信号才能实现这种复位操作，在 I^2C 总线中，如果从设备出现错误时，单纯通过主设备是无法复位从设备的。

SMBus 还支持 Alert Response 机制。当从设备产生一个中断时，并不会立即清除该中断，直到主设备向 0b0001100 地址发出命令。

上文所述的 SMBus 和 I^2C 总线的区别还是局限于物理层和链路层上，实际上 SMBus 还含有网络层。SMBus 还在网络层上定义了 11 种总线协议，用来实现报文传递。

SMBus 在 x86 处理器系统中得到了大规模普及，其主要作用是管理处理器系统的外部设备，并收集外设的运行信息，特别是一些与智能电源管理相关的信息。PCI 和 PCIe 插槽也为 SMBus 预留了接口，以便 PCI/PCIe 设备与处理器系统进行交互。

在 Linux 系统中，SMBus 得到了广泛的应用，ACPI 也为 SMBus 定义了一系列命令，用于智能电池、电池充电器与处理器系统之间的通信。在 Windows 操作系统中，有关外部设备的描述信息，也是通过 SMBus 获得的。

5. JTAG 信号

JTAG（Joint Test Action Group）是一种国际标准测试协议，与 IEEE 1149.1 兼容，主要用于芯片内部测试。目前绝大多数器件都支持 JTAG 测试标准。JTAG 信号由 TRST#、TCK、TDI、TDO 和 TMS 信号组成。其中 TRST#为复位信号；TCK 为时钟信号；TDI 和 TDO 分别与数据输入和数据输出对应；而 TMS 信号为模式选择。

JTAG 允许多个器件通过 JTAG 接口串联在一起，并形成一个 JTAG 链。目前 FPGA 和 EPLD 可以借用 JTAG 接口实现在线编程（In-System Programming，ISP）功能。处理器也可以使用 JTAG 接口进行系统级调试工作，如设置断点、读取内部寄存器和存储器等一系列操作。除此之外 JTAG 接口也可用作"逆向工程"，分析一个产品的实现细节，因此在正式产品中，一般不保留 JTAG 接口。

6. PRSNT1#和 PRSNT2#信号

PRSNT1#和 PRSNT2#信号与 PCIe 设备的热插拔相关。在基于 PCIe 总线的 Add-In 卡中，PRSNT1#和 PRSNT2#信号直接相连，而在处理器主板中，PRSNT1#信号接地，PRSNT2#信号通过上拉电阻接为高。PCIe 设备的热插拔结构如图 4-3 所示。

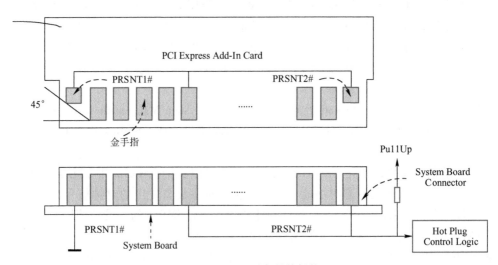

图 4-3　PCIe 设备的热插拔

当 Add-In 卡没有插入时，处理器主板的 PRSNT2#信号由上拉电阻接为高，而当 Add-In 卡插入时主板的 PRSNT2#信号将与 PRSNT1#信号通过 Add-In 卡连通，此时 PRSNT2#信号为低。处理器主板的热插拔控制逻辑将捕获这个"低电平"，得知 Add-In 卡已经插入，从而触发系统软件进行相应处理。

Add-In 卡拔出的工作机制与插入类似。当 Add-In 卡连接在处理器主板时，处理器主板的 PRSNT2#信号为低；当 Add-In 卡拔出后，处理器主板的 PRSNT2#信号为高。处理器主板的热插拔控制逻辑将捕获这个"高电平"，得知 Add-In 卡已经被拔出，从而触发系统软件进行相应处理。

不同的处理器系统处理 PCIe 设备热拔插的过程并不相同，在一个实际的处理器系统中，热拔插设备的实现也远比图 4-3 中的示例复杂得多。值得注意的是，在实现热拔插功能时，Add-In 卡需要使用"长短针"结构。

如图 4-3 所示，PRSNT1#和 PRSNT2#信号使用的金手指长度是其他信号的一半。因此当 PCIe 设备插入插槽时，PRSNT1#和 PRSNT2#信号在其他金手指与 PCIe 插槽完全接触，并经过一段延时后，才能与插槽完全接触；当 PCIe 设备从 PCIe 插槽中拔出时，这两个信号首先与 PCIe 插槽断开，再经过一段延时后，其他信号才能与插槽断开。系统软件可以使用这段延时，进行一些热拔插处理。

4.1.3　PCIe 总线的层次结构

PCIe 总线采用了串行连接方式，并使用数据包（Packet）进行数据传输，采用这种结构有效去除了在 PCI 总线中存在的一些边带信号，如 INTx 和 PME#等信号。在 PCIe 总线中，数据报文在接收和发送过程中，需要通过多个层次，包括事务层、数据链路层和物理层。PCIe 总线的层次结构如图 4-4 所示。

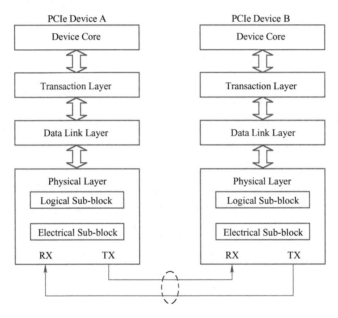

图 4-4　PCIe 总线的层次组成结构

PCIe 总线的层次组成结构与网络中的层次结构有类似之处，但是 PCIe 总线的各个层次都是使用硬件逻辑实现的。在 PCIe 体系结构中，数据报文首先在设备的核心层（Device Core）中产生，然后再经过该设备的事务层（Transaction Layer）、数据链路层（Data Link Layer）和物理层（Physical Layer），最终发送出去。而接收端的数据也需要通过物理层、数据链路和事务层，并最终到达核心层。

1. 事务层

事务层定义了 PCIe 总线使用总线事务，其中多数总线事务与 PCI 总线兼容。这些总线事务可以通过 Switch 等设备传送到其他 PCIe 设备或者 RC。RC 也可以使用这些总线事务访问 PCIe 设备。

事务层接收来自 PCIe 设备核心层的数据，并将其封装为 TLP（Transaction Layer Packet）后发向数据链路层。此外事务层还可以从数据链路层中接收数据报文，然后转发至 PCIe 设备的核心层。

事务层的一个重要工作是处理 PCIe 总线的"序"。在 PCIe 总线中，"序"的概念非常重要，也较难理解。在 PCIe 总线中，事务层传递报文时可以乱序，这为 PCIe 设备的设计制造了不小的麻烦。事务层还使用流量控制机制保证 PCIe 链路的使用效率。有关事务层的详细说明见第 6 章。

2. 数据链路层

数据链路层保证来自发送端事务层的报文可以可靠、完整地发送到接收端的数据链路层。来自事务层的报文在通过数据链路层时，将被添加 Sequence Number 前缀和 CRC 后缀。数据链路层使用 ACK/NAK 协议保证报文的可靠传递。

PCIe 总线的数据链路层还定义了多种 DLLP（Data Link Layer Packet），DLLP 产生于数据链路层，终止于数据链路层。值得注意的是，TLP 与 DLLP 并不相同，DLLP 并不是由 TLP 加上 Sequence Number 前缀和 CRC 后缀组成的。数据链路层的详细描述见第 7 章。

3. 物理层

物理层是 PCIe 总线的最底层，将 PCIe 设备连接在一起。PCIe 总线的物理电气特性决定了 PCIe 链路只能使用端到端的连接方式。PCIe 总线的物理层为 PCIe 设备间的数据通信提供传送介质，为数据传送提供可靠的物理环境。

物理层是 PCIe 体系结构最重要，也是最难以实现的组成部分。PCIe 总线的物理层定义了 LTSSM（Link Training and Status State Machine）状态机，PCIe 链路使用该状态机管理链路状态，并进行链路训练、链路恢复和电源管理。

PCIe 总线的物理层还定义了一些专门的"序列"，有的书籍将物理层这些"序列"称为 PLP（Physical Layer Packet），这些序列用于同步 PCIe 链路，并进行链路管理。值得注意的是 PCIe 设备发送 PLP 与发送 TLP 的过程有所不同。

对于系统软件而言，物理层几乎不可见，但是系统程序员仍有必要较为深入地理解物理层的工作原理。本书将在第 7.3 节详细描述 PCIe 总线物理层的实现机制，并在第 8 章详细介绍 LTSSM 状态机。

4.1.4 PCIe 链路的扩展

PCIe 链路使用端到端的数据传送方式。在一条 PCIe 链路中，这两个端口是完全对等的，分别连接发送与接收设备，而且一个 PCIe 链路的一端只能连接一个发送设备或者接收设备。因此 PCIe 链路必须使用 Switch 扩展 PCIe 链路后，才能连接多个设备。使用 Switch 进行链路扩展的实例如图 4-5 所示。

在 PCIe 总线中，Switch⊖是一个特殊的设备，该设备由 1 个上游端口和 2~n 个下游端口组成。PCIe 总线规定，在一个 Switch 中可以与 RC 直接或者间接相连⊖的端口为上游端口，

⊖ 本节出现的 Switch 指传统的 Switch，在 MR-IOV 规范定义的 Switch 与此并不相同，详见第 13.3.2 节。

⊖ 所谓间接相连是指通过其他 Switch 再与 RC 相连。

在 PCIe 总线中，RC 的位置一般在上方，这也是上游端口这个称呼的由来。在 Switch 中除了上游端口外，其他所有端口都被称为下游端口。下游端口一般与 EP 相连，或者连接下一级 Switch 继续扩展 PCIe 链路。其中与上游端口相连的 PCIe 链路被称为上游链路，与下游端口相连的 PCIe 链路被称为下游链路。

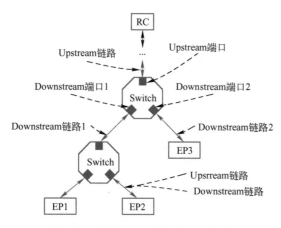

图 4-5　使用 Switch 扩展 PCIe 链路

上游（Upstream）链路和下游（Downstream）链路是相对的概念。如图 4-5 所示，Switch 与 EP2 连接的 PCIe 链路，对于 EP2 而言是上游链路，而对 Switch 而言是下游链路。

图中，Switch 中含有 3 个端口，其中一个是上游端口（Upstream Port），而其他两个为下游端口（Downstream Port）。其中上游端口与 RC 或者其他 Switch 的下游端口相连，而下游端口与 EP 或者其他 Switch 的上游端口相连。

在 Switch 中，还有两个与端口相关的概念，分别是 Egress 端口和 Ingress 端口。这两个端口与通过 Switch 的数据流向有关。其中 Egress 端口指发送端口，即数据离开 Switch 使用的端口；Ingress 端口指接收端口即数据进入 Switch 使用的端口。

Egress 端口和 Ingress 端口与上下游端口没有对应关系。在 Switch 中，上下游端口可以作为 Egress 端口，也可以作为 Ingress 端口。如图 4-5 所示，RC 对 EP3 的内部寄存器进行写操作时，Switch 的上游端口为 Ingress 端口，而下游端口为 Egress 端口；当 EP3 对主存储器进行 DMA 写操作时，该 Switch 的上游端口为 Egress 端口，而下游端口为 Ingress 端口。

PCIe 总线还规定了一种特殊的 Switch 连接方式，即 Crosslink 连接模式。支持这种模式的 Switch，其上游端口可以与其他 Switch 的上游端口连接，其下游端口可以与其他 Switch 的下游端口连接。

PCIe 总线提供 CrossLink 连接模式的主要目的是为了解决不同处理器系统之间的互连，如图 4-6 所示。使用 CrossLink 连接模式时，虽然从物理结构上看，一个 Switch 的上/下游端口与另一个 Switch 的上/下游端口直接相连，但是这个 PCIe 链路经过训练后，仍然是一个端口作为上游端口，而另一个端口作为下游端口。

处理器系统 1 与处理器系统 2 间的数据交换可通过 Crosslink 进行。当处理器系统 1(2) 访问的 PCI 总线域的地址空间或者 Requester ID 不在处理器系统 1(2) 内时，这些数据将被 Crosslink 端口接收，并传递到对端处理器系统中。Crosslink 对端接口的 P2P 桥将接收来自另一个处理器域的数据请求，并将其转换为本处理器域的数据请求。

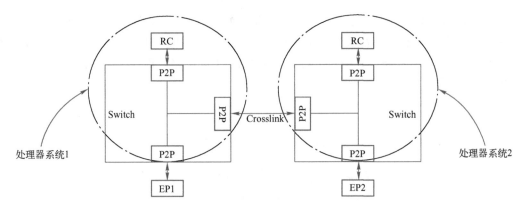

图 4-6 使用 CrossLink 方式连接两个处理器系统

使用 Crosslink 方式连接两个拓扑结构完全相同的处理器系统时，仍然有不足之处。假设图 4-6 中的处理器系统 1 和 2 的 RC 使用的 ID 号都为 0，而主存储器都是从 0x0000-0000 开始编址。当处理器系统 1 读取 EP2 的某段 PCI 总线空间时，EP2 将使用 ID 路由方式，将完成报文传送给 ID 号为 0 的 PCI 设备，此时是处理器系统 2 的 RC 而不是处理器系统 1 的 RC 收到 EP2 的数据。因为处理器系统 1 和 2 的 RC 使用的 ID 号都为 0，EP2 不能区分这两个 RC。

综上所述，使用 Crosslink 方式并不能完全解决两个处理器系统的互连问题，因此在有些 Switch 中支持非透明桥结构。这种结构与 PCI 总线非透明桥的实现机制类似，本章对此不做进一步说明。

使用非透明桥仅解决了两个处理器间数据通路问题，但是不便于 NUMA 结构对外部设备的统一管理。PCIe 总线对此问题的解决方法是使用 MR-IOV 技术，该技术要求 Switch 具有多个上游端口分别与不同的 RC 互连。目前 PLX 公司已经可以提供具有多个上游端口的 Switch，但是尚未实现 MR-IOV 技术涉及的一些与虚拟化相关的技术。有关 MR-IOV 技术的详细说明见第 13.3.2 节。

即便 MR-IOV 技术可以合理解决多个处理器间的数据访问和对 PCIe 设备的配置管理，使用 PCIe 总线进行两个或者多个处理器系统间的数据传递仍然是一个不小问题。因为 PCIe 总线的传送延时仍然是制约其在大规模处理器系统互连中应用的重要因素。

4.1.5 PCIe 设备的初始化

PCIe 总线规定了两大类复位方式，一种是传统的复位方式（Conventional Reset），另一种是 FLR（Function-Level Reset）方式。

其中 PCIe 总线的传统复位方式由两大类组成，一个是 Fundamental Reset，而另一个是 Non-Fundamental Reset。Fundamental Reset 方式包括 Cold 和 Warm Reset 方式，可以将 PCIe 设备中的绝大多数内部寄存器和内部状态都恢复成初始值；而 Non-Fundamental Reset 方式指 Hot Reset 方式。

1. 传统复位方式

传统复位方式分为 Cold、Warm 和 Hot Reset。PCIe 设备可以根据当前设备的运行状态选择合适的复位方式，PCIe 总线提供多种复位方式的主要原因是减小 PCIe 设备的复位延时。

其中传统复位方式的延时大于 FLR 方式。使用传统复位方式时，Cold Reset 使用的时间最长，而 Hot Reset 使用的时间最短。

当一个 PCIe 设备的 V$_{cc}$ 电源上电后，处理器系统将置该设备的 PERST#信号为有效，此时将引发 PCIe 设备的复位操作，PCIe 总线将这种复位方式称为 Cold Reset 方式。Cold Reset 无疑是一种彻底的复位方式，这种方式属于 Fundamental Reset。PCIe 设备进行 Cold Reset 时，所有使用 V$_{cc}$ 进行供电的寄存器和 PCIe 端口逻辑将无条件进入初始状态。但是使用这种方式依然无法复位使用 V$_{aux}$ 供电的寄存器和逻辑，这些寄存器和逻辑只能在处理器完全下电时才能被彻底复位。

当 PCIe 设备完成上电过程后，也可能重新进行 Fundamental Reset，这种复位方式也被称为 Warm Reset。PCIe 总线并没有规定 Warm Reset 的具体实现方式。一个 PCIe 设备可以使用 Watchdog 逻辑，对该 PCIe 设备进行复位，这种方式就是 Warm Reset 的一种。Warm Reset 也是一种 Fundamental Reset。

除了 Cold 和 Warm Reset 方式外，PCIe 总线还规定了另一种复位方式，即 Hot Reset 方式。当 PCIe 设备出现某种异常时，可以使用软件手段对该设备进行复位。如系统软件将 Bridge Control Register 的 Secondary Bus Reset 位置 1 时，该桥片将 Secondary 总线上的 PCI/PCIe 设备进行 Hot Reset。对于 PCI 总线，当 Secondary Bus Reset 位置 1 时，Secondary 总线将使用 RST#信号对其下游的 PCI 设备进行复位。而 PCIe 总线将通过 TS1 和 TS2 序列对下游设备进行 Hot Reset。

在 TS1 和 TS2 序列中包含一个 Hot Reset 位。当下游设备收到一个 TS1 和 TS2 序列，而且其 Hot Reset 位为 1 时，下游设备将使用 Hot Reset 方式进行复位操作。有关 TS1 和 TS2 序列的详细描述见第 8.1.1 节。除此之外当数据链路层向事务层报告 DL_Down 时，该设备也将进行 Hot Reset。DL_Down 状态的详细说明见第 7.1.1 节。

Hot Reset 方式并不属于 Fundamental Reset。PCIe 设备进行 Hot Reset 方式时，也可以将 PCIe 设备的多数寄存器和状态恢复为初始值。

当 PCIe 设备完成传统复位方式后，经过一段延时后，将开始进行 PCIe 总线的链路训练，有关链路训练的详细说明见第 8 章。

2. FLR 方式

除了传统复位方式之外，PCIe 总线还提供了 FLR 方式。系统软件填写某些寄存器时，PCIe 设备将使用 FLR 方式进行复位。支持 FLR 方式的 PCIe 设备需要在其 BAR 空间中提供一个寄存器，当系统软件对该寄存器的 Function Level Reset 位写 1 时，PCIe 设备将使用 FLR 方式复位 PCIe 设备的内部逻辑。FLR 方式对于 PCIe 设备是可选的，PCIe 总线规范并没有定义 FLR 方式的具体实现过程，但是定义了 FLR 方式的适用范围。

在一个处理器系统中，如果某个 PCIe 设备出现故障时，系统软件需要停止这个 PCIe 设备的所有 I/O 操作。如一个 PCIe 网卡出现故障时，系统软件需要对这个 PCIe 网卡的"与 PCIe 相关"和"与网络部分相关"的逻辑复位，而 Cold、Warm 和 Hot Reset 无法复位"与网络部分相关"的逻辑。此时需要使用 FLR 方式合理复位这个网卡。有些不支持 FLR 方式的网卡，也可以使用传统方式复位"与网络部分相关"的逻辑。

在一个大规模并行处理器系统中，系统软件使用分区的概念管理所有硬件资源，包括处理器资源和所有 I/O 资源，在这些 I/O 资源中通常会包含 PCIe 设备。在这种处理器系统中，任务在指定的分区中运行，当这个任务执行完毕后，系统软件需要调整硬件资源分区。此时受到影响的 PCIe 设备需要使用 FLR 方式复位内部逻辑，以免造成对新分区的资源污染，并保护之前任务的运行结果。

此外当系统软件初始化与某个 PCIe 设备相关的软件协议栈时，也可能需要使用 FLR 方式复位 PCIe 设备内部的逻辑。

由上文所示，PCIe 设备使用的 FLR 方式与传统复位方式有所不同。但是对于一些不支持 FLR 方式的 PCIe 设备，也可以使用传统复位方式实现 FLR 方式。但是采用这种方式，与 FLR 方式相比，PCIe 设备的初始化恢复时间较长。因为传统复位方式几乎复位了所有"与 PCIe 链路相关"的逻辑，而 FLR 方式仅复位部分"与 PCIe 链路相关"的逻辑。在 PCIe 总线中，链路训练与重训练的过程较长。

当 PCIe 设备使用 FLR 方式进行复位时，有些与 PCIe 链路相关的状态和寄存器并不会被复位，如下所示。

- Sticky Registers。与传统复位方式相同，FLR 方式也不能复位这些寄存器，但是系统软件可以对部分 Sticky Registers 进行修改。当 V_{aux} 被移除后，在这些寄存器中保存的数据才会丢失。
- HwInit 类型的寄存器。在 PCIe 设备中，有些配置寄存器的属性为 HwInit，这些寄存器的值由芯片的配置引脚决定，或者在上电复位后从 E^2PROM 中获取。Cold 和 Warm Reset 可以复位这些寄存器，然后从 E^2PROM 中重新获取数据；但是使用 FLR 方式，不能复位这些寄存器。
- 此外还有一些特殊的配置寄存器不能被 FLR 方式复位，如 Max_Payload_Size、RCB 和一些与电源管理、流量控制和链路控制直接相关的寄存器。
- FLR 方式不会影响 LTSSM 状态机。

4.2 PCIe 体系结构的组成部件

PCIe 总线作为处理器系统的局部总线，其作用与 PCI 总线类似，主要目的是为了连接处理器系统中的外部设备，当然 PCIe 总线也可以连接其他处理器系统。在不同的处理器系统中，PCIe 体系结构的实现方法略有不同。但是在大多数处理器系统中，都使用了 RC、Switch 和 PCIe-to-PCI 桥这些基本模块连接 PCIe 和 PCI 设备。在 PCIe 总线中，基于 PCIe 总线的设备，也称为 EP（Endpoint）。

4.2.1 基于 PCIe 架构的处理器系统

在不同的处理器系统中，PCIe 体系结构的实现方式不尽相同。PCIe 体系结构以 Intel 的 x86 处理器为蓝本实现，已深深地烙下 x86 处理器的印记。在 PCIe 总线规范中，有许多内容是 x86 处理器独有的，也仅在 x86 处理器的 Chipset 中存在。在 PCIe 总线规范中，一些最新的功能也在 Intel 的 Chipset 中率先实现。

本节将以一个虚拟的处理器系统 A 和 PowerPC 处理器为例简要介绍 RC 的实现，并简单归纳 RC 的通用实现机制。

1. 处理器系统 A

在有些处理器系统中，没有直接提供 PCI 总线，此时需要使用 PCIe 桥，将 PCIe 链路转换为 PCI 总线之后，才能连接 PCI 设备。在 PCIe 体系结构中，也存在 PCI 总线号的概念，其编号方式与 PCI 总线兼容。一个基于 PCIe 架构的处理器系统 A 如图 4-7 所示。

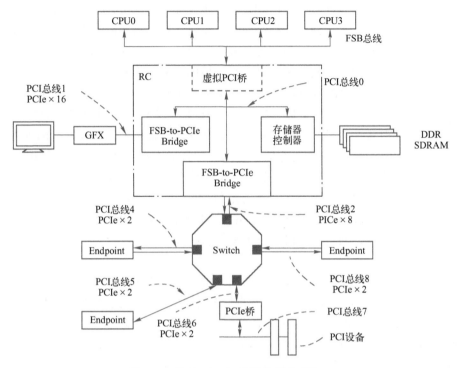

图 4-7　基于 PCIe 架构的处理器系统 A

在图 4-7 的结构中，处理器系统首先使用一个虚拟的 PCI 桥分离处理器系统的存储器域与 PCI 总线域。FSB 总线下的所有外部设备都属于 PCI 总线域。与这个虚拟 PCI 桥直接相连的总线为 PCI 总线 0。这种架构与 Intel 的 x86 处理器系统较为类似。

在这种结构中，RC 由两个 FSB-to-PCIe 桥和存储器控制器组成。值得注意的是在图 4-7 中，虚拟 PCI 桥的作用只是分离存储器域与 PCI 总线域，但是并不会改变信号的电气特性。RC 与处理器通过 FSB 连接，而从电气特性上看，PCI 总线 0 与 FSB 兼容，因此在 PCI 总线 0 上挂接的是 FSB-to-PCIe 桥，而不是 PCI-to-PCIe 桥。

在 PCI 总线 0 上有一个存储器控制器和两个 FSB-to-PCIe 桥。这两个 FSB-to-PCIe 桥分别推出一个 ×16 和 ×8 的 PCIe 链路，其中 ×16 的 PCIe 链路连接显卡控制器（GFX），其编号为 PCI 总线 1；×8 的 PCIe 链路连接一个 Switch 进行 PCIe 链路扩展。而存储器控制器作为 PCI 总线 0 的一个 Agent 设备，连接 DDR 插槽或者颗粒。

此外在这个 PCI 总线上还可能连接了一些使用 "PCI 配置空间" 管理的设备，这些设备的访问方法与 PCI 总线兼容，在 x86 处理器的 Chipset 中集成了一些内嵌的设备。这些内嵌的设备均使用 "PCI 配置空间" 进行管理，包括存储器控制器。

PCIe 总线使用端到端的连接方式，因此只有使用 Switch 才能对 PCIe 链路进行扩展，而每扩展一条 PCIe 链路将产生一个新的 PCI 总线号。如图 4-7 所示，Switch 可以将 1 个 ×8 的

PCIe 端口扩展为 4 个×2 的 PCIe 端口，其中每一个 PCIe 端口都可以挂接 EP。除此之外 PCIe 总线还可以使用 PCIe 桥，将 PCIe 总线转换为 PCI 总线或者 PCI-X 总线，之后挂接 PCI/PCI-X 设备。多数 x86 处理器系统使用这种结构连接 PCIe 或者 PCI 设备。

采用这种结构，有利于处理器系统对外部设备进行统一管理，因为所有外部设备都属于同一个 PCI 总线域，系统软件可以使用 PCI 总线协议统一管理所有外部设备。然而这种外部设备管理方法并非尽善尽美，使用这种结构时，需要注意存储器控制器使用的寄存器也被映射为 PCI 总线空间，从而属于 PCI 总线域，而主存储器（如 DDR 内存空间）仍然属于存储器域。因此在这种结构中，存储器域与 PCI 总线域的划分并不明晰。

在 PCIe 总线规范中并没有明确提及 PCIe 主桥，而使用 RC 概括除了处理器之外的所有与 PCIe 总线相关的内容。在 PCIe 体系结构中，RC 是一个很模糊也很混乱的概念。Intel 使用 PCI 总线的概念管理所有外部设备，包括与这些外部设备相关的寄存器，因此在 RC 中包含一些实际上与 PCIe 总线无关的寄存器。使用这种方式有利于系统软件使用相同的平台管理所有外部设备，也利于平台软件的一致性，但是仍有其不足之处。

PCIe 总线在 x86 处理器中始终处于核心地位。Intel 也借 PCIe 总线统一管理所有外部设备，并以此构建基于 PCIe 总线的 PC 生态系统（Ecosystem）。PCI/PCIe 总线在 x86 处理器系统中的地位超乎想象，而且并不仅局限于硬件层面。

2. PowerPC 处理器

PowerPC 处理器挂接外部设备使用的拓扑结构与 x86 处理器不同。在 PowerPC 处理器中，虽然也含有 PCI/PCIe 总线，但是仍然有许多外部设备并不是连接在 PCI 总线上的。在 PowerPC 处理器中，PCI/PCIe 总线并没有在 x86 处理器中的地位。在 PowerPC 处理器中，还含有许多内部设备，如 TSEC（Three Speed Ethenet Controller）和一些内部集成的快速设备，与 SoC 平台总线直接相连，而不与 PCI/PCIe 总线相连。在 PowerPC 处理器中，PCI/PCIe 总线控制器连接在 SoC 平台总线的下方。

Freescale 即将发布的 P4080 处理器，采用的互连结构与之前的 PowerPC 处理器有较大的不同。P4080 处理器是 Freescale 第一颗基于 E500mc 内核的处理器。E500mc 内核与之前的 E500 V2 和 V1 相比，从指令流水线结构、内存管理和中断处理上说并没有本质的不同。E500mc 内核内置了一个 128 KB 大小的 L2 Cache，该 Cache 连接在 BSB 总线上；而 E500 V1/V2 内核中并不含有 L2 Cache，而仅含有 L1 Cache，而且与 FSB 直接相连。在 E500mc 内核中，还引入了虚拟化的概念。

P4080 处理器共集成了 8 个 E500mc 内核，并使用 CoreNet 连接这 8 个 E500mc 内核，由 CoreNet 互连的处理器使用交换结构进行数据交换，而不是基于共享总线结构。在 P4080 处理器中，一些快速外部设备，如 DDR 控制器、以太网控制器和 PCI/PCIe 总线接口控制器也是直接或者间接地连接到 CoreNet 中，L3 Cache 也是连接到 CoreNet 中。P4080 处理器的拓扑结构如图 4-8 所示。

目前 Freescale 并没有公开 P4080 处理器的 L1、L2 和 L3 Cache 如何进行 Cache 共享一致性。多数采用 CoreNet 架构互连的处理器系统使用目录表法进行 Cache 共享一致性。但是 P4080 处理器并不是一个追求峰值运算的 SMP 处理器系统，而针对 Data Plane 的应用，因此 P4080 处理器可能并没有使用基于目录表的 Cache 一致性协议。在基于全互连网络的处理器系统中如果使用"类总线监听法"进行 Cache 共享一致性，将不利于多个 CPU 共享同一个存储器系统，在 Cache 一致性的处理过程中容易形成瓶颈。

如图 4-8 所示，P4080 处理器的设计重点并不是 E500mc 内核，而是 CoreNet。CoreNet 内部由全互连网络组成，其中任意两个端口间的通信并不会影响其他端口间的通信。与 MPC8548 处理器相同，P4080 处理器也使用 OCeaN[⊖]结构连接 PCIe 与 RapidIO 接口。

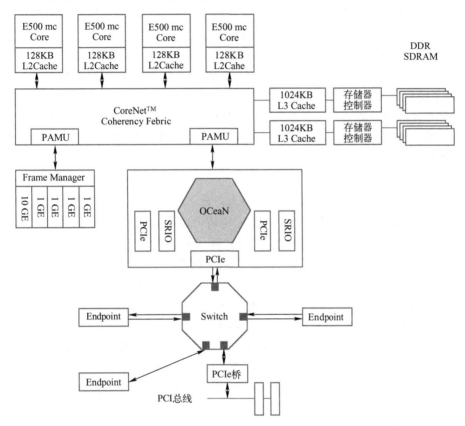

图 4-8　基于 PCIe 总线的 PowerPC 处理器系统

在 P4080 处理器中不存在 RC 的概念，仅存在 PCIe 总线控制器，当然也可以认为在 P4080 处理器中，PCIe 总线控制器即为 RC。P4080 处理器内部含有 3 个 PCIe 总线控制器，如果该处理器需要连接更多的 PCIe 设备时，需要使用 Switch 扩展 PCIe 链路。

在 P4080 处理器中，所有外部设备与处理器内核都连接在 CoreNet 中，而不使用传统的 SoC 平台总线[⊖]进行连接，从而在有效提高了处理器与外部设备间通信带宽的同时，极大降低了访问延时。此外 P4080 处理器系统使用 PAMU（Peripheral Access Management Unit）分隔外设地址空间与 CoreNet 地址空间。在这种结构下，10 GE/1 GE 接口使用的地址空间与 PCI 总线空间独立。

P4080 处理器使用的 PAMU 是对 MPC8548 处理器 ATMU 的进一步升级。使用这种结构时，外部设备使用的地址空间、PCI 总线域地址空间和存储器域地址空间的划分更加明晰。

⊖　OCeaN 是一个基于交叉矩阵的总线结构，连接在 OCeaN 中的外部设备可以直接通信，而不相互干扰。

⊖　这种方式也可以被认为是 SoC 平台总线从共享总线结构升级到 Switch 结构。

在 P4080 处理器中，存储器控制器和存储器都属于一个地址空间，即存储器域地址空间。此外这种结构还使用 OCeaN 连接 SRIO⊖和 PCIe 总线控制器，使得在 OCeaN 中的 PCIe 端口之间⊖可以直接通信，而不需要通过 CoreNet，从而减轻了 CoreNet 的负载。

从内核互连和外部设备互连的结构上看，这种结构具有较大的优势。但是采用这种结构需要使用占用芯片更多的资源，CoreNet 的设计也十分复杂。而最具挑战的问题是，在这种结构之下，Cache 共享一致性模型的设计与实现。

在 Boxboro EX 处理器系统中，可以使用 QPI 将多个处理器系统进行点到点连接，也可以组成一个全互连的处理器系统。这种结构与 P4080 处理器使用的结构类似，但是 Boxboro EX 处理器系统包含的 CPU 更多。

这种全互连的处理器结构也许是未来多核处理器发展的趋势，但是在没有合理地解决多核处理器可编程性问题之前，这种结构很可能不会被系统软件高效地利用，这也是这一结构所面临的挑战。

3. 基于 PCIe 总线的通用处理器结构

在不同的处理器系统中，RC 的实现有较大差异。PCIe 总线规范并没有规定 RC 的实现细则。在有些处理器系统中，RC 相当于 PCIe 主桥，也有的处理器系统也将 PCIe 主桥称为 PCIe 总线控制器。而在 x86 处理器系统中，RC 除了包含 PCIe 总线控制器之外，还包含一些其他组成部件，因此 RC 并不等同于 PCIe 总线控制器。

如果一个 RC 可以提供多个 PCIe 端口，这种 RC 也被称为多端口 RC。如 MPC8572 处理器的 RC 可以直接提供 3 条 PCIe 链路，因此可以直接连接 3 个 EP。如果 MPC8572 处理器需要连接更多 EP 时，需要使用 Switch 进行链路扩展。

而在 x86 处理器系统中，RC 并不是存在于一个芯片中，如在 Montevina 平台中，RC 由 MCH 和 ICH 两个芯片组成。有关 Montevina 平台的详细说明见第 5 章。本节并不对 x86 和 PowerPC 处理器使用的 PCIe 总线结构做进一步讨论，而只介绍这两种结构的相同之处。一个通用的、基于 PCIe 总线的处理器系统如图 4-9 所示。

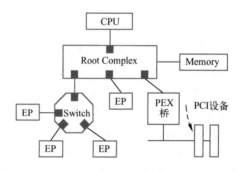

图 4-9 基于 PCIe 总线的通用处理器系统

图中所示的结构将 PCIe 总线端口、存储器控制器等一系列与外部设备有关的接口都集成在一起，并统称为 RC。RC 具有一个或者多个 PCIe 端口，可以连接各类 PCIe 设备。PCIe

⊖ SRIO 为串行 RapidIO。

⊖ PCIe 端口之间的直接通信过程也称为 Peer-to-Peer 传送方式。

设备包括 EP（如网卡、显卡等设备）、Switch 和 PEX 桥。

PCIe 总线采用端到端的连接方式，每一个 PCIe 端口只能连接一个 EP，当然 PCIe 端口也可以连接 Switch 进行链路扩展。通过 Switch 扩展出的 PCIe 链路可以继续挂接 EP 或者其他 Switch。

4.2.2　RC 的组成结构

RC 是 PCIe 体系结构的一个重要组成部件，也是一个较为混乱的概念。RC 的提出与 x86 处理器系统密切相关。事实上，只有 x86 处理器才存在 PCIe 总线规范定义的"标准 RC"，而在多数处理器系统中，并不含有在 PCIe 总线规范中涉及的与 RC 相关的全部概念。

不同处理器系统的 RC 设计并不相同，在图 4-7 中的处理器系统中，RC 包括存储器控制器、两个 FSB-to-PCIe 桥。而在图 4-8 中的 PowerPC 处理器系统中，RC 的概念并不明晰。在 PowerPC 处理器中并不存在真正意义上的 RC，而仅包含 PCIe 总线控制器。

在 x86 处理器系统中，RC 内部集成了一些 PCI 设备、RCRB（RC Register Block）和 Event Collector 等组成部件。其中 RCRB 由一系列"管理存储器系统"的寄存器组成，而仅存在于 x86 处理器中；而 Event Collector 用来处理来自 PCIe 设备的错误消息报文和 PME 消息报文。RCRB 寄存器组属于 PCI 总线域地址空间，x86 处理器访问 RCRB 的方法与访问 PCI 设备的配置寄存器相同。在有些 x86 处理器系统中，RCRB 在 PCI 总线 0 的设备 0 中。

RCRB 是 x86 处理器所独有的，PowerPC 处理器也含有一组"管理存储器系统"的寄存器，这组寄存器与 RCRB 所实现的功能类似。但是在 PowerPC 处理器中，该组寄存器以 CCSRBAR 寄存器为基地址，处理器采用存储器映像方式访问这组寄存器。

如果将 RC 中的 RCRB、内置的 PCI 设备和 Event Collector 去除，该 RC 的主要功能与 PCI 总线中的 HOST 主桥类似，其主要作用是完成存储器域到 PCI 总线域的地址转换。但是随着虚拟化技术的引入，尤其是引入 MR-IOV 技术之后，RC 的实现变得异常复杂。有关 MR-IOV 技术的详细说明见第 13.3.2 节。

但是 RC 与 HOST 主桥并不相同，RC 除了完成地址空间的转换之外，还需要完成物理信号的转换。在 PowerPC 处理器的 RC 中，来自 OCeaN 或者 FSB 的信号协议与 PCIe 总线信号使用的电气特性并不兼容，使用的总线事务也并不相同，因此必须进行信号协议和总线事务的转换。

在 P4080 处理器中，RC 的下游端口可以挂接 Switch 扩展更多的 PCIe 端口，也可以只挂接一个 EP。在 P4080 处理器的 RC 中，设置了一组 Inbound 和 Outbound 寄存器组，用于存储器域与 PCI 总线域之间地址空间的转换；而 P4080 处理器的 RC 还可以使用 Outbound 寄存器组将 PCI 设备的配置空间直接映射到存储器域中。PowerPC 处理器在处理 PCI/PCIe 接口时，都使用这组 Inbound 和 Outbound 寄存器组。

在 P4080 处理器中，RC 可以使用 PEX_CONFIG_ADDR 与 PEX_CONFIG_DATA 寄存器对 EP 进行配置读写，这两个寄存器与 MPC8548 处理器 HOST 主桥的 PCI_CONFIG_ADDR 和 PCI_CONFIG_DATA 寄存器类似，本章不再详细介绍这组寄存器。

而 x86 处理器的 RC 设计与 PowerPC 处理器有较大的不同，实际上和大多数处理器系统都不相同。x86 处理器赋予了 RC 新的含义，PCIe 总线规范中涉及的 RC 也以 x86 处理器为例进行说明，而且一些在 PCIe 总线规范中出现的最新功能也在 Intel 的 x86 处理器系统中率先实现。在 x86 处理器系统中的 RC 实现也比其他处理器系统复杂得多。深入理解 x86 处理器系统的 RC 对于理解 PCIe 体系结构非常重要，因此本书将以 Montivina 平台为例详细介绍 x86 处理器中的 RC，其详细描述见第 5 章。

4.2.3 Switch

第 4.1.4 节简单介绍了在 PCIe 总线中，如何使用 Switch 进行链路扩展，本节主要介绍 Switch$^{\ominus}$的内部结构。从系统软件的角度上看，每一个 PCIe 链路都占用一个 PCI 总线号，但是一条 PCIe 链路只能连接一个 PCI 设备、Switch、EP 或者 PCIe 桥片。PCIe 总线使用端到端的连接方式，一条 PCIe 链路只能连接一个设备。

一个 PCIe 链路需要挂接多个 EP 时，需要使用 Switch 进行链路扩展。一个标准 Switch 具有一个上游端口和多个下游端口。上游端口与 RC 或者其他 Switch 的下游端口相连，而下游端口可以与 EP、PCIe-to-PCI-X/PCI 桥或者下游 Switch 的上游端口相连。

PCIe 总线规范还支持一种特殊的连接方式，即 Crosslink 连接方式。使用这种方式时，Switch 的下游端口可以与其他 Switch 的下游端口直接连接，上游端口也可以其他 Switch 的上游端口直接连接。在 PCIe 总线规范中，Crosslink 连接方式是可选的，并不要求 PCIe 设备一定支持这种连接方式。

在 PCIe 体系结构中，Switch 的设计难度仅次于 RC，Switch 也是 PCIe 体系结构的核心所在。而从系统软件的角度上看，Switch 内部由多个 PCI-to-PCI 桥组成，其中每一个上游和下游端口都对应一个虚拟 PCI 桥。在一个 Switch 中有多少个端口，在其内部就有多少个虚拟 PCI 桥，就有多少个 PCI 桥配置空间。值得注意的是，在 Switch 内部还具有一条虚拟的 PCI 总线，用于连接各个虚拟 PCI 桥，系统软件在初始化 Switch 时，需要为这条虚拟 PCI 总线编号。Switch 的等效逻辑图如图 4-10 所示。

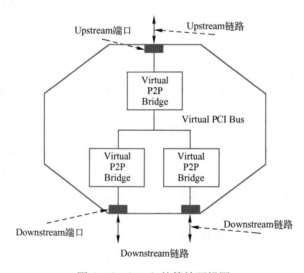

图 4-10 Switch 的等效逻辑图

$\ominus$ PCIe 总线中的 Switch 与网络应用的 Switch 的功能并不相同，而与网络应用中的 Route 功能接近。

Switch 需要处理 PCIe 总线传输过程中的 QoS 问题⊖。PCIe 总线的 QoS 要求 PCIe 总线区别对待优先权不同的数据报文，而且无论 PCIe 总线的某一个链路多么拥塞，优先级高的报文，如等时报文（Isochronous Packet）都可以获得额定的数据带宽。而且 PCIe 总线需要保证优先级较高的报文优先到达。PCIe 总线采用虚拟多通路 VC 技术⊖，并在这些数据报文中设定一个 TC（Traffic Class）标签，该标签由 3 位组成，将数据报文根据优先权分为 8 类，这 8 类数据报文可以根据需要选择不同的 VC 进行传递。

在 PCIe 总线中，每一条数据链路上最多可以支持 8 个独立的 VC。每个 VC 可以设置独立的缓冲，用来接收和发送数据报文。在 PCIe 体系结构中，TC 和 VC 紧密相连，TC 与 VC 之间的关系是"多对一"。

TC 可以由软件设置，系统软件可以选择某类 TC 由哪个 VC 进行传递。其中一个 VC 可以传递 TC 不相同的数据报文，而 TC 相同的数据报文在指定一个 VC 传递之后，不能再使用其他 VC。在许多处理器系统中，Switch 和 RC 仅支持一个 VC，而 x86 处理器系统和 PLX 的 Switch 中可以支持两个 VC。

下文将以一个简单的例子说明如何使用 TC 标签和多个 VC，以保证数据传送的服务质量。将 PCIe 总线的端到端数据传递过程模拟为使用汽车将一批货物从 A 点运送到 B 点。如果不考虑服务质量，可以使用一辆汽车运送所有这些货物，经过多次往返就可以将所有货物从 A 点运到 B 点。但是这样做会耽误一些需要在指定时间内到达 B 点的货物。有些货物，如一些急救物资、EMS 等其他优先级别较高的货物，必须及时地从 A 点运送到 B 点。这些急救物资的运送应该有别于其他普通物资的运送。

为此首先将不同种类的货物进行分类，将急救物资定义为 TC3 类货物，EMS 定义为 TC2 类货物，平信定义为 TC1 类货物，一般包裹定义为 TC0 类货物，最多可以提供 8 种 TC 类标签进行货物分类。

之后使用 8 辆汽车，分别是 VC0~VC7 运送这些货物，其中 VC7 的速度最快，而 VC0 的速度最慢。当发生堵车事件时，VC7 优先行驶，VC0 最后行驶。然后我们使用 VC3 运送急救物资，VC2 运送 EMS，VC1 运送平信，VC0 运送包裹，当然使用 VC0 同时运送平信和包裹也是可以的，但是平信或者包裹不能使用一种以上的汽车运送，如平信如果使用了 VC1 运输，就不能使用 VC0。因为 TC 与 VC 的对应关系是"多对一"的关系。

采用这种分类运输的方法，可以做到在 A 点到 B 点带宽有限的情况下，仍然可以保证急救物资和 EMS 可以及时到达 B 点，从而提高了服务质量。

PCIe 总线除了解决数据传送的 QoS 问题之外，还进一步考虑如何在链路传递过程中，使用流量控制机制防止拥塞。PCIe 总线的流量控制机制较为复杂，第 9 章将介绍和流量控制相关的内容。

在 PCIe 体系结构中，Switch 处于核心地位。PCIe 总线使用 Switch 进行链路扩展，在 Switch 中，每一个端口对应一个虚拟 PCI 桥。深入理解 PCI 桥是理解 Switch 软件组成结构的基础。目前 PCIe 总线提出了 MRA-Switch 的概念，这种 Switch 与传统 Switch 有较大的区别，

⊖　在 PCIe 体系结构中，RC 和 EP 也需要处理 QoS。

⊖　有关多通路 VC 的详细说明见第 9 章。

有关这部分内容详见第 13.3 节。

4.2.4 VC 和端口仲裁

在 Switch 中存在多个端口，其中来自不同 Ingress 端口的报文可以发向同一个 Egress 端口，因此 Switch 必须要解决端口仲裁和路由选径的问题。所谓端口仲裁指来自不同 Ingress 端口的报文到达同一个 Egress 端口的报文通过顺序，端口仲裁机制如图 4-11 所示。

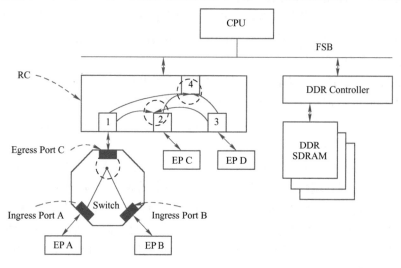

图 4-11 PCIe 总线基于端口的仲裁机制

在一个 Switch 中设有仲裁器，该仲裁器规定了数据报文通过 Switch 的规则。在 PCIe 总线中存在两种仲裁机制，分别是基于 VC 和基于端口的仲裁机制。端口仲裁机制主要针对 RC 和 Switch，当多个 Ingress 端口需要向同一个 Egress 端口发送数据报文时需要进行端口仲裁。具体地讲，在 PCIe 体系结构中有三个端口，需要进行端口仲裁。

- Switch 的 Egress 端口。当 EP A 和 EP B 同时访问 EP C，D 或者 DDR-SDRAM 时，需要通过 Switch 的 Egress 端口 C。此时 Switch 需要进行端口仲裁确定是 EP A 的数据报文还是 EP B 的数据报文优先通过 Egress 端口 C。
- 多端口 RC 的 Egress 端口。当 RC 的端口 1 和端口 3 同时访问 Endpoint C 时，RC 的端口 2 需要进行端口仲裁，决定来自 RC 哪个端口的数据可以率先通过。
- RC 通往主存储器的端口。当 RC 的端口 1、端口 2 和端口 3 同时访问 DDR 控制器时，这些数据报文将通过 RC 的 Egress 端口 4，此时需要进行端口仲裁。

在 PCIe 体系结构中，链路的端口仲裁需要根据每一个 VC 独立设置，而且可以使用不同的算法进行端口仲裁。

下文以图 4-11 中 Switch 的两个 Ingress 端口 A 和 B 向 Egress 端口 C 发送数据报文为例，简要说明端口仲裁和 VC 仲裁的使用方法，其过程如图 4-12 所示。

基于 VC 的仲裁是指发向同一个端口的数据报文，根据使用的 VC 而进行仲裁的方式。当来自端口 B 和端口 A 数据报文（分别使用 VC0 和 VC1 通路）在到达端口 C 之前，需要首先进行端口仲裁后，才能进行 VC 仲裁。PCIe 总线规定了 3 种 VC 仲裁方式，分别为 Strict Priority，RR（Round Robin）和 WRR（Weighted Round Robin）算法。

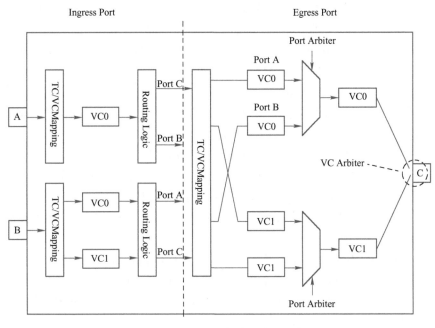

图 4-12　VC 仲裁示意图

当使用 Strict Priority 仲裁方式时，发向 VC7 的数据报文具有最高的优先级，而发向 VC0 的数据报文优先级最低。PCIe 总线允许对 Switch 或者 RC 的部分 VC 采用 Strict Priority 方式进行仲裁，而对其他 VC 采用 RR 和 WRR 算法，如 VC7~VC4 采用 Strict Priority 方式，而采用其他方式处理 VC3~VC0。

使用 RR 方式时，所有 VC 具有相同的优先级，所有 VC 轮流使用 PCIe 链路。WRR 方式与 RR 算法类似，但是可以对每一个 VC 进行加权处理，采用这种方式可以适当提高 VC7 的优先权，而将 VC0 的优先权适当降低。

我们假定 Ingress 端口 A 和 Ingress B 向 Egress 端口 C 进行数据传递时，使用两个 VC 通路，分别是 VC0 和 VC1。其中标签为 TC0~TC3 的数据报文使用 VC0 传送，而标签为 TC4~TC7 数据报文使用 VC1 传送。

而数据报文在离开 Egress 端口 C 时，需要首先进行端口仲裁，之后再通过 VC 仲裁，决定哪个报文优先传送。数据报文从 Ingress A/B 端口发送到 Egress C 端口时，将按照以下步骤进行处理。

1）首先到达 Ingress A/B 端口的数据报文，将根据该端口的 TC/VC 映射表$^{\ominus}$决定使用该端口的哪个 VC 通道。如图 4-12 所示，假设发向端口 A 的数据报文使用 TC0~TC3，而发向端口 B 的数据报文使用 TC0~TC7，这些数据报文在端口 A 中仅使用了 VC0 通道，而在端口 B 中使用了 VC0 和 VC1 两个通道。

2）数据报文在端口中传递时，将通过路由部件（Routing Logic），将报文发送到合适的端口。如图 4-12 所示，端口 C 可以接收来自端口 A 或端口 B 的数据报文。

⊖　该表存在于 PCI Express Extended Capabilities 结构中，详见第 4.3.3 小节。

3）当数据报文到达端口 C 时，首先需要经过 TC/VC 映射表，确定在端口 C 中使用哪个 VC 通路接收不同类型的数据报文。

4）对于端口 C，其 VC0 通道可能会被来自端口 A 的数据报文使用，也可能会被来自端口 B 的数据报文使用。因此在 PCIe 的 Switch 中必须设置一个端口仲裁器，决定来自不同数据端口的数据报文如何使用 VC 通路。

5）数据报文通过端口仲裁后，获得 VC 通路的使用权之后，还需要经过 Switch 中的 VC 仲裁器，将数据报文发送到实际的物理链路中。

PCIe 总线规定，系统设计者可以使用以下三种方式进行端口仲裁。

1）Hardware-fixed 仲裁策略。如在系统设计时，采用固化的 RR 仲裁方法。这种方法的硬件实现原理较为简单，此时系统软件不能对端口仲裁器进行配置。

2）WRR 仲裁策略，即加权的 RR 仲裁策略，该算法和 Time-Based WRR 算法的描述见第 4.3.3 小节。

3）Time-Based WRR 仲裁策略，基于时间片的 WRR 仲裁策略，PCIe 总线可以将一个时间段分为若干个时间片（Phase），每个端口占用其中的一个时间片，并根据端口使用这些时间片的多少对端口进行加权的一种方法。使用 WRR 和 Time-Based WRR 仲裁策略，可以在某种程度上提高 PCIe 总线的 QoS。

PCIe 设备的 Capability 寄存器规定了端口仲裁使用的算法，详见第 4.3.3 小节。有些 PCIe 设备并没有提供多种端口仲裁算法，可能也并不含有 Capability 寄存器。此时该 PCIe 设备使用 Hardware-fixed 仲裁策略。

4.2.5　PCIe-to-PCI/PCI-X 桥片

本书将 PCIe-to-PCI/PCI-X 桥片简称为 PCIe 桥片。该桥片有两个作用。

- 将 PCIe 总线转换为 PCI 总线，以连接 PCI 设备。在一个没有提供 PCI 总线接口的处理器中，需要使用这类桥片连接 PCI 总线的外设。许多 PowerPC 处理器在提供 PCIe 总线的同时，也提供了 PCI 总线，因此 PCIe-to-PCI 桥片对基于 PowerPC 处理器系统并不是必须的。
- 将 PCI 总线转换为 PCIe 总线（这也被称为 Reverse Bridge），连接 PCIe 设备。一些低端的处理器并没有提供 PCIe 总线，此时需要使用 PCIe 桥将 PCI 总线转换为 PCIe 总线，才能与其他 PCIe 设备互连。这种用法初看比较奇怪，但是在实际应用中，确实有使用这一功能的可能。本节主要讲解 PCIe 桥的第一个作用。

PCIe 桥的一端与 PCIe 总线相连，而另一端可以与一条或者多条 PCI 总线连接。其中可以连接多个 PCI 总线的 PCIe 桥也被称为多端口 PCIe 桥。

PCIe 总线规范提供了两种多端口 PCIe 桥片的扩展方法。多端口 PCIe 桥片指具有一个上游端口和多个下游端口的桥片。其中上游端口连接 PCIe 链路，而下游端口推出 PCI 总线，连接 PCI 设备。这种桥片的结构如图 4-13 所示。

PCIe 总线规范并没有强制厂商实现多端口 PCIe 桥的办法。但是值得注意的是，使用右图扩展多条 PCI 总线时，在多端口 PCIe 桥中包含一个虚拟的 PCI 总线，即 Bus 2。系统软件对 PCI 总线进行深度优先搜索 DFS（Depth-First Search）时，对图 4-13 左图和右图的处理有些区别。目前多端口 PCIe 桥多使用右图进行端口扩展。

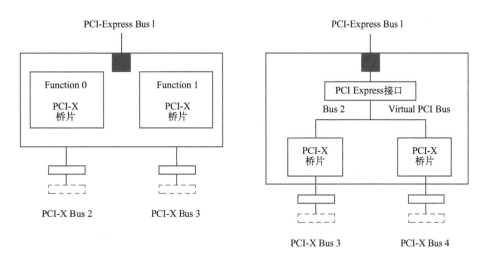

图 4-13　多端口 PCIe 桥的扩展方法

目前虽然 PCIe 总线非常普及，但是仍然有许多基于 PCI 总线的设计，这些基于 PCI 总线的设计可以通过 PCIe 桥，方便地接入到 PCIe 体系结构中。目前有多家半导体厂商可以提供 PCIe 桥片，如 PLX、NXP、Tundra 和 Intel。就功能的完善和性能而言，Intel 的 PCIe 桥无疑是最佳选择，而 PLX 和 Tundra 的 PCIe 桥在嵌入式系统中得到了广泛的应用。

4.3　PCIe 设备的扩展配置空间

本书在第 2.3.2 小节讲述了 PCI 设备使用的基本配置空间。这个基本配置空间共由 64 个字节组成，其地址范围为 0x00～0x3F，这 64 个字节是所有 PCI 设备必须支持的。事实上，许多 PCI 设备也仅支持这 64 个配置寄存器。

此外 PCI/PCI-X 和 PCIe 设备还扩展了 0x40～0xFF 这段配置空间，在这段空间主要存放一些与 MSI 或者 MSI-X 中断机制和电源管理相关的 Capability 结构。其中所有能够提交中断请求的 PCIe 设备，必须支持 MSI 或者 MSI-X Capability 结构。

PCIe 设备还支持 0x100～0xFFF 这段扩展配置空间。PCIe 设备使用的扩展配置空间最大为 4KB，在 PCIe 总线的扩展配置空间中，存放 PCIe 设备所独有的一些 Capability 结构，而 PCI 设备不能使用这段空间。

在 x86 处理器中，使用 CONFIG_ADDRESS 寄存器与 CONFIG_DATA 寄存器访问 PCIe 配置空间的 0x00～0xFF，而使用 ECAM 方式访问 0x000～0xFFF 这段空间；而在 PowerPC 处理器中，可以使用 CFG_ADDR 和 CFG_DATA 寄存器访问 0x000～0xFFF，详见第 2.2 节。

PCI-X 和 PCIe 总线规范要求其设备必须支持 Capabilities 结构。在 PCI 总线的基本配置空间中，包含一个 Capabilities Pointer 寄存器，该寄存器存放 Capabilities 结构链表的头指针。在一个 PCIe 设备中，可能含有多个 Capability 结构，这些寄存器组成一个链表，其结构如图 4-14 所示。

其中每一个 Capability 结构都有唯一的 ID 号，每一个 Capability 寄存器都有一个指针，这个指针指向下一个 Capability 结构，从而组成一个单向链表结构，这个链表的最后一个

Capability 结构的指针为 0。

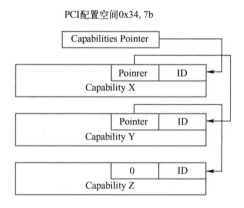

图 4-14　PCIe 总线 Capability 结构的组成

　　一个 PCIe 设备可以包含多个 Capability 结构，包括与电源管理相关、与 PCIe 总线相关的结构、与中断请求相关的 Capability 结构、PCIe Capability 结构和 PCIe 扩展的 Capability 结构。在本书的其他章节也将讲述这些 Capability 结构，读者在继续其他章节的学习之前，需要简单了解这些 Capability 结构的寄存器组成和使用方法。

　　其中读者需要重点关注的是 Power Management 和 MSI/MSI-X Capability 结构，Power Management 结构将在本节介绍，而在第 10 章将详细讨论 MSI/MSI-X Capability 结构。在 PCIe 总线规范中，定义了较多的 Capability 结构，这些结构适用于不同的应用场合，在一个指定的 PCIe 设备中，并不一定支持本书涉及的所有 Capability 结构。系统软件程序员也不需要完全掌握 PCIe 总线规范定义的这些 Capability 结构。

4.3.1　Power Management Capability 结构

　　PCIe 总线使用的软件电源管理机制与 PCI PM（Power Management）兼容。而 PCI 总线的电源管理机制需要使用 Power Management Capability 结构，该结构由一些和 PCI/PCI-X 和 PCIe 总线的电源管理相关的寄存器组成，包括 PMCR（Power Management Capabilities Register）和 PMCSR（Power Management Control and Status Register），其结构如图 4-15 所示。

PMCR	Pointer	ID	offset=0
Data	PMCSR		offset=4

图 4-15　Power Management Capability 结构

　　Capability ID 字段记载 Power Management Capability 结构的 ID 号，其值为 0x01。在 PCIe 设备中，每一个 Capability 都有唯一的一个 ID 号，而 Next Capability Pointer 字段存放下一个 Capability 结构的地址。

1. PMCR

　　PMCR 由 16 位组成，其中所有位和字段都是只读的。该寄存器的主要目的是记录当前 PCIe 设备的物理属性，系统软件需要从 PMCR 寄存器中获得当前 PCIe 设备的信息后，才能对 PMCSR 进行修改。该寄存器的结构如图 4-16 所示，其中 PMCR 在 Power Management Capability 结构的第 3~2 字节中。

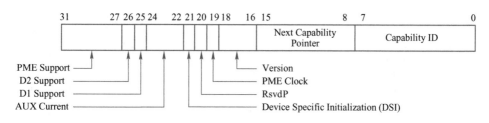

图 4-16　PMCR

- Version 字段只读，记录 Power Management Capability 结构的版本号。
- PME Clock 位只读，该位没有被 PCIe 总线使用⊖，硬件逻辑必须将其接为 0。PCI 设备可以使用 PME#信号通知设备改变电源状态，在 PCI 总线中，如果 PME#信号需要使用时钟（PCI Clock）时，该位为 1；否则该位为 0。PCI 设备改变电源状态时，将PME#信号置为有效，向处理器系统提交请求。系统软件将这个请求处理完毕后，将通知这个 PCI 设备，之后该 PCI 设备将 PME#信号置为无效。
- RsvdP 字段为系统保留字段。
- DSI（Device Specific Initialization）位只读。某些 PCIe 设备在上电时处于某种工作模式，之后可以通过重新配置运行在其他工作模式中，此时该设备需要使用 DSI 位表示该设备可以使用自定义的电源工作方式。
- AUX（Auxiliary device）Current 字段只读，表示 PCIe 设备需要使用辅助电源的电流强度。PCIe 设备需要使用两种电源，一个是主电源 V_{cc}，另一个是辅助电源V_{aux}。当 PCIe 设备进入某种节能状态时，主电源将停止供电，而辅助电源需要继续供电。该字段记录 V_{aux} 使用的电流强度，其最大值为 375 mA，最小值为 0，即不使用 V_{aux}。
- D2 和 D1 位只读。D2 位为 1 表示 PCIe 设备支持 D2 状态；D1 位为 1 表示 PCIe 设备支持 D1 状态。PCI PM 机制规定 PCIe 设备可以支持四种状态，分别为 D0~D3 状态。PCIe 设备处于 D0 状态时的功耗最高，处于 D3 状态时最低。多数支持电源管理的PCIe 设备仅支持 D0 状态和 D3 状态，而 D1 和 D2 状态可选，有关这四种状态的详细说明见第 8.4.1 节。
- PME Support 字段只读，存放 PCIe 设备支持的电源状态。第 27 位为 1 时，表示 PCIe设备处于 D0 状态时，可以发送 PME 消息；第 28 位为 1 时，表示 PCIe 设备处于 D1状态时，可以发送 PME 消息；第 29 位为 1 时，表示 PCIe 设备处于 D2 状态时可以发送 PME 消息；第 30 位为 1 时，表示 PCIe 设备处于 $D3_{hot}$ 状态时可以发送 PME 消息；第 31 位为 1 时，表示 PCIe 设备处于 $D3_{cold}$ 状态时可以发送 PME 消息。

2. PMCSR

系统软件可以通过操作 PMCSR，完成 PCIe 设备电源状态的迁移。该寄存器的结构如图 4-17 所示。

⊖　PCIe 总线使用消息报文（PME Message）进行电源管理，PCIe 设备不支持 PME#信号。

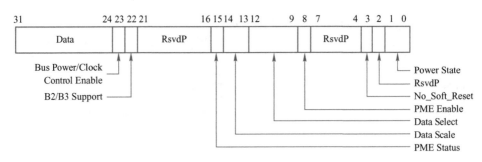

图 4-17 PMCSR

- Power State 字段可读写，该字段记录 PCIe 设备所处的状态。"0b00" 与 D0 状态对应；"0b01" 与 D1 状态对应；"0b10" 与 D2 状态对应；"0b11" 与 D3 状态对应。系统软件改变该字段时，PCIe 设备将进行电源状态迁移。

- No_Soft_Reset 位只读。如果该位为 1，PCIe 设备从 $D3_{hot}$ 状态迁移到 D0 状态时，并不需要进行内部复位操作，有关 PCIe 设备配置的现场信息可以由 PCIe 设备的硬件逻辑保存，此时当设备从 D0 状态迁移到 $D3_{hot}$ 状态时，不需要系统软件的干预，其现场由 PCIe 设备主动保存；而该位为 0 时，PCIe 设备从 $D3_{hot}$ 状态迁移到 D0 状态时，需要进行复位操作，因此系统软件在通过改变 Power State 字段使 PCIe 设备从 D0 状态迁移到 $D3_{hot}$ 状态之前，需要保存 PCIe 设备的相关上下文，当 PCIe 设备从 $D3_{hot}$ 状态迁移到 D0 状态时，再进行上下文的恢复操作。

- PME Enable 位，可读写。该位为 1 时，PCIe 设备可以发送 PME 消息；如果为 0，不可以发出 PME 消息。当 PCIe 设备处于 $D3_{cold}$ 状态不能发送 PME 消息时，该位由系统软件设为 0。支持远程唤醒模式的网卡需要将此位使能。

- Data Select 字段可读写，而 Data Scale 字段和 Data 字段只读。系统软件通过这组字段，读取 PCIe 设备处于不同状态时的功耗。首先系统软件置 Data Select 字段为 0~7 之间的数值，其中 0 和 4 与 D0 状态对应，1 和 5 与 D1 状态对应，2 和 6 与 D2 状态对应，3 和 7 与 D3 状态对应；之后系统软件读取 Data Select 和 Data 字段并以此计算在不同状态下 PCIe 设备的功耗。其中 Data Scale 字段记录精度，为 0 时表示该 PCIe 设备不支持这组字段[⊖]；为 1 时表示 Data 字段的数据需要乘以 0.1 后，才能到得 PCIe 设备的功耗，其单位为 W；为 2 时表示 Data 字段的数据需要乘以 0.01；为 3 时表示 Data 字段的数据需要乘以 0.001。

- PME Status 位，该位只读且写 1 清除，对此位写 0 无意义。该位为 1 时表示 PCIe 设备可以正常发送 PME 消息，系统软件对此位写 1 时，将该位清除。该位由硬件逻辑控制，系统软件仅能清除该位，而不能将该位置 1。

- PCIe 总线没有实现 B2/B3 Support 和 Bus Power/Clock Control Enable 位。在 PCI 总线中，Bus Power/Clock Control Enable 位为 1 时使能 PCI 总线的电源和时钟管理，为 0 时表示关闭；当 Bus Power/Clock Control Enable 位为 1 时，B2/B3 Support 位才有意

⊖ 如果 Data 字段为 0，也表示该 PCIe 设备不支持功耗的测量。

义，B2/B3 Support 位为 1 时表示，当 PCI 桥片处于 D3$_{hot}$ 状态时，这个桥片将停止为 Secondary PCI 总线提供时钟；为 0 时表示，当 PCI 桥片处于 D3$_{hot}$ 状态时，将停止为 Secondary PCI 总线提供电源。

4.3.2　PCI Express Capability 结构

PCI Express Capability 结构存放一些和 PCIe 总线相关的信息，包括 PCIe 链路和插槽的信息。有些 PCIe 设备不一定实现了 PCI Express Capability 结构中的所有寄存器，或者并没有提供这些配置寄存器供系统软件访问。

PCI Express Capability 结构的部分寄存器及其相应字段与硬件的具体实现细节相关，本节仅介绍其中一些系统软件程序员需要了解的字段。在该结构中，Cap ID 字段为 PCI Expresss Capability 结构使用的 ID 号，其值为 0x10。而 Next Capability 字段存放下一个 Capability 寄存器的地址。PCI Express Capability 结构由 PCI Express Capability Register、Device Capabiliies、Device Control、Device Status、Link Capabilities、Link Status、Link Control、Slot Capabilities 和 Slot Status 等一系列寄存器组成。本节仅介绍该结构中常用的寄存器。PCI Express Capability 的组成结构如图 4-18 所示。

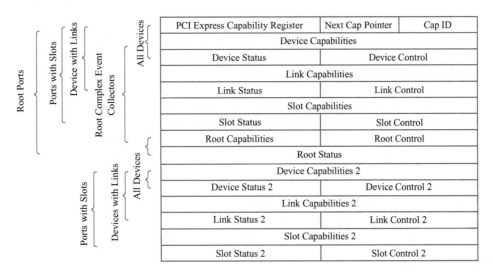

图 4-18　PCI Express Capability 的组成结构

1. PCI Express Capability 寄存器

PCI Express Capability 寄存器存放与 PCIe 设备相关的一些参数，包括版本号信息、端口描述，当前 PCIe 链路是与 PCIe 插槽直接连接还是作为内置的 PCIe 设备等一系列信息。这些参数的详细定义如表 4-3 所示。

表 4-3　PCI Express Capability 寄存器

Bits	定　义	描　述
3:0	Capability Version	存放 PCIe 设备的版本号，如果该设备基于 PCIe 总线规范 2.x，字段的值为 0x2；如果该设备基于 PCIe 总线规范 1.x，该字段的值为 0x1。该字段只读

（续）

Bits	定　义	描　述
7:4	Device/Port Type	存放 PCIe 设备的属性。0b0000 对应 PCIe 总线的 EP；0b0001 对应 Legacy PCIe 总线的 EP；0b0100 对应 RC 的 Root port；0b0101 对应 Switch 的上游端口；0b0110 对应 Switch 的下游端口；0b0111 对应 PCIe 桥片；0b1000 对应 PCI/PCI-X-to-PCIe 桥片；0b1001 对应 RC 中集成的 EP；0b1010 对应 RC 中的 Event Collector[①]。该字段只读
8	Slot Implemented	当该位为 1 时，表示和当前端口相连的是一个 PCIe 插槽，而不是 PCIe 设备
13:9	Interrupt Message Number	当 PCI Express Capability 结构的 Slot Status 寄存器或者 Root Status 寄存器的状态发生变化时，该 PCIe 设备可以通过 MSI/MSI-X 中断机制向处理器提交中断请求。该字段存放 MSI/MSI-X 中断机制需要的 Message Data 字段。有关 MSI 中断机制的详细描述见第 10 章

① Event Collector 是 RC 集成的一个功能部件，进行错误检查和处理 PME 消息，该部件可选。

2. Device Capability 寄存器

该寄存器的第 2:0 字段为 "Max_Payload_Size Supported" 字段，该字段存放该设备支持的 Max_Payload_Size 参数的大小，该字段只读，如表 4-4 所示。

表 4-4　PCIe 设备支持的 Max_Payload_Size

Bit [2:0]	支持的 Max_Payload_Size
0b000	128B
0b001	256B
0b010	512B
0b011	1024B
0b100	2048B
0b101	4096B

"Max_Payload_Size Supported" 字段决定了一个 TLP 报文可能使用的最大有效负载，PCIe 总线规定 Max_Payload_Size 参数的最大值为 4096B，但是许多 PCIe 设备并不一定能够支持这么大的有效负载。在实际应用中，一个 PCIe 设备支持的 Max_Payload_Size 参数通常为 128B、256B 或者 512B。

"Max_Payload_Size Supported" 字段仅表示该 PCIe 设备允许使用的 Max_Payload_Size 参数。在 Device Control 寄存器中，还有一个 Max_Payload_Size 参数，该字段可以由软件设置，表示实际使用的 Max_Payload_Size 参数大小。

值得注意的是，在 PCIe 设备中，"Max_Payload_Size Supported" 参数和 Max_Payload_Size 参数并不相同，前者是一个 PCIe 设备能够支持的最大 Payload 的大小，而后者是链路两端的 PCIe 设备进行协商，确定的实际使用值。有关这两个参数的详细说明见第 6.4 节。

该寄存器的第 4~3 位为 Phantom Functions Supported 字段，该字段只读。当 Device Control 寄存器的 Phantom Functions Enable 位为 1 时，该字段才有意义。

- 该字段为 0b00 时表示不支持 Phantom 功能，PCIe 设备不能使用 Function Number 扩展数据报文的 Tag 字段。
- 该字段为 0b01 时表示支持 Phantom 功能，PCIe 设备可以使用 Function Number 的最高位扩展 TLP 的 Tag 字段。

- 该字段为 0b10 时表示支持 Phantom 功能，PCIe 设备可以使用 Function Number 的最高两位扩展 TLP 的 Tag 字段。
- 该字段为 0b11 时表示支持 Phantom 功能，PCIe 设备可以使用 Function Number 的全部三位扩展 TLP 的 Tag 字段。

该寄存器的第 5 位为 Extended Tag Field Supported 位，该位为 1 时表示 TLP 的 Tag 字段为 8 位；否则为 5 位。有关 Tag 字段的详细说明见第 6.3.1 节。本节不对该寄存器的其他位进行说明。

3. Device Control 寄存器

Device Control 寄存器各字段的描述如表 4-5 所示。

表 4-5　Device Control 寄存器

Bit	定　义	描　　述
0	Correctable Error Reporting Enable	该位可读写，其复位值为 0。当此位为 1 时，PCIe 设备可以发出 ERR_COR Messages 报文。而当此位为 0 时，不支持这种操作
1	Non-Fatal Error Reporting Enable	该位可读写，其复位值为 0。当此位为 1 时，PCIe 设备可以发出 ERR_NON-FATAL Messages 报文。而当此位为 0 时，不支持这种操作
2	Fatal Error Reporting Enable	该位可读写，其复位值为 0。当此位为 1 时，PCIe 设备可以发出 ERR_FATAL Messages 报文。而当此位为 0 时，不支持这种操作
3	Unsupported Request Reporting Enable	该位可读写，其复位值为 0。当此位为 1 时，PCIe 设备可以发出 Unsupported Requests Error Messages 报文；而当此位为 0 时，不支持这种操作
4	Enable Relaxed Ordering	该位为 1 时，使能 PCIe 设备的 Relaxed Order 模式，即 PCIe 设备在发送 TLP 时，可以根据需要设置 TLP 的 Attr 字段为 Relaxed Ordering；该位为 0 时，TLP 的 Attr 字段不能设置为 Relaxed Ordering。该位复位时为 1，可读写
7:5	Max_Payload_Size	该字段可读写，PCIe 设备根据 Device Capability 寄存器的 Bit [2: 0] 字段设置 PCIe 设备 TLP 的最大 Payload。系统软件根据 PCIe 链路两端的实际情况，确认该字段的值。但是该值不能大于 Device Capability 寄存器的 "Max_Payload_Size Supported" 字段 PCIe 设备发送 TLP 时，其最大 Payload 不能大于 Max_Payload_Size；当 PCIe 设备接收 TLP 时，必须能够处理小于该字段的 TLP，而大于该字段的 TLP 将被认做错误报文
8	Extended Tag Field Enable	该位为 1 时，发送端可以使用 8 位的 Tag 字段；该位为 0 时，可以使用 5 位的 Tag 字段。该字段的复位值为 1，可读写。Tag 字段的详细描述见第 6.3.2 节
9	Phantom Functions Enable	该位为 1，发送端可以使能 Phantom Function 功能；为 0，不使能这个功能。该字段的复位值为 0，可读写。Phantom Function 功能的详细描述见上文
10	Auxiliary (AUX) Power PM Enable	该位为 1 时，PCIe 设备可以使用总线提供的辅助电源
11	Enable No Snoop	此位为 1 时，PCIe 设备在发送 TLP 时，该 TLP 的 Attr 字段可以设置为 No Snoop；该位为 0 时，TLP 的 Attr 字段不能设置为 No Snoop。该位复位时为 1，可读写。该位与 Cache 共享一致性相关
14:12	Max_Read_Request_Size	该字段记录在一个 PCIe 设备中，存储器读请求 TLP 可以请求的最大数据区域。当 PCIe 设备发送存储器读请求 TLP 时，该 TLP 所请求的数据大小不能超过 Max_Read_Request_Size 参数 该字段的关系与表 4-4 中的描述相同

4. Device Status 寄存器

Device Status 寄存器主要字段的含义如表 4-6 所示。

表 4-6 Device Status 寄存器

Bit	定 义	描 述
0	Correctable Error Detected	该位为 1 时表示 PCIe 设备检测到 Correctable Error,对该位写 1 将清除此位
1	Non-Fatal Error Detected	该位为 1 时表示 PCIe 设备检测到 Non-Fatal Error,对该位写 1 将清除此位
2	Fatal Error Detected	该位为 1 时表示 PCIe 设备检测到 Fatal Error,对该位写 1 将清除此位
3	Unsupported Request Detected	该位为 1 时表示 PCIe 设备收到一个 PCIe 总线并不支持的报文请求,对该位写 1 将清除此位
4	AUX Power Detected	当 PCIe 设备检查到辅助电源的存在时,而且如果该设备需要使用辅助电源,则将该位置 1
5	Transactions Pending	对于 EP 而言,该位为 1 表示当前 PCIe 设备发送了一个 Non-Posted 的数据请求,但是没有收到完成报文应答;对于 RC 和 Switch 而言,该位为 1 表示 RC 和 Switch 自身(并不是转发其他设备的 Non-Posted 数据请求)发出了一个 Non-Posted 的数据请求,但是没有收到完成报文应答

5. Link Capabilities 寄存器

Link Capabilities 寄存器描述 PCIe 链路的属性,其主要字段的含义如下。

- Supported Link Speeds 字段。为 0b0001 表示 PCIe 链路支持 2.5 GT(gigatransfers)/s;为 0b0010 表示 PCIe 链路支持 5 GT/s;为 0b0100 表示 PCIe 链路支持 8 GT/s。
- Maximum Link Width 字段。该字段存放该 PCIe 设备支持的最大链路宽度。该字段为 0b000001 表示最大支持×1 的 PCIe 链路;为 0b000010 表示最大支持×2 的 PCIe 链路;为 0b000100 表示最大支持×4 的 PCIe 链路;为 0b001000 表示最大支持×8 的 PCIe 链路;为 0b001100 表示最大支持×12 的 PCIe 链路;为 0b010000 表示最大支持×16 的 PCIe 链路;为 0b100000 表示最大支持×32 的 PCIe 链路。
- ASPM(Active State Power Management)Support 字段,该字段只读。0b00 和 0b10 为系统保留字段。当该字段为 0b01 时,表示 ASPM 支持 L0s 状态;当该字段为 0b11 时,表示 ASPM 支持 L0s 和 L1 状态。PCIe 设备除了支持 PCI PM 电源管理方式之外,还支持 ASPM 机制进行电源管理。ASPM 机制是 PCIe 设备进行的主动电源管理方式,与系统软件没有直接联系。有关 ASPM 的详细描述见第 8.3 节。
- L0s Exit Latency 和 L1 Exit Latency 字段。这两个字段定义了 PCIe 设备从 L0s 和 L1 状态退出的最小延时。
- Port Number 字段。如果多端口 RC 和 Switch 支持多个下游端口,则使用该字段对这些端口进行编号。PCIe 设备进行链路训练时,需要使用这个端口号。

6. Link Control 寄存器

Link Control 寄存器主要字段的解释如下。

- ASPM Control 字段,该字段可读写。该字段为 0b00 时表示禁止 PCIe 设备的 ASPM 机制;为 0b01 时表示 PCIe 设备可以进入 L0s 状态;为 0b10 时表示 PCIe 设备可以进入 L1 状态;为 0b11 时表示 PCIe 设备可以进入 L0s 和 L1 状态。值得注意的是系统软件不能通过修改该字段使 PCIe 链路进入相应的状态,仅是通知硬件逻辑,可以进入相应的状态。ASPM 的详细描述见第 8.3 节。

- RCB(Read Completion Boundary)位。该位为 0 时，表示 RCB 为 64B，该位为 1 时，表示 RCB 为 128B。RCB 的大小与完成报文的有效负载相关。对于 RC 而言，该字段只读，而 Switch 和 EP 可以读写该字段。有关该位的进一步说明见第 6.4.3 节。
- Link Disable 位。向此位写 1，将禁止 PCIe 链路。此时链路状态机将进入 Disabled 状态，有关 PCIe 链路状态机的详细说明见第 8.2 节。
- Retrain Link 位。向此位写 1，将重新训练 PCIe 链路。此时 PCIe 链路状态机将进入 Recovery 状态。
- Common Clock Configuration 位，该位可读写。当该位为 1 时，表示 PCIe 链路两端的设备使用同源的参考时钟，即相同的 REFCLK 差分时钟；如果该位为 0，表示 PCIe 链路两端的设备使用的参考时钟并不同源，即使用异步时钟。
- Extended Sync 位，该位可读写。当该位为 1 时，表示 PCIe 设备退出 L0s 和进入 Recovery 状态时，需要额外发出一些同步序列。
- Hardware Autonomous Width Disable 位，该位可读写。当该位为 1 时，PCIe 设备不能改变当前已经协商好的 PCIe 链路宽度，除非为了修正 PCIe 链路中已经出现错误的 Lane。
- Link Bandwidth Management Interrupt Enable 位，该位可读写。当该位为 1 时，且 Link Status 寄存器的 Link Bandwidth Management Status 位为 1 时，PCIe 设备将向处理器提交中断请求。此时这个中断请求使用的中断向量由 PCI Express Capability 寄存器的 Interrupt Message Number 字段确定。
- Link Autonomous Bandwidth Interrupt Enable 位，该位可读写。当该位为 1 时，且 Link Status 寄存器的 Link Autonomous Bandwidth Status 位为 1 时，PCIe 设备将向处理器提交中断请求。

7. Link Status 寄存器

Link Status 寄存器存放 PCIe 设备正在使用的 PCIe 链路的状态，由链路宽度和速度等参数组成，其主要字段的含义如表 4-7 所示。

表 4-7　Link Status 寄存器

Bit	定　义	描　述
3:0	Current Link Speeds	为 0b0001 表示 PCIe 链路的传输率为 2.5 GT/s；为 0b0010 表示 PCIe 链路的传输率为 5 GT/s；为 0b0100 表示 PCIe 链路的传输率为 8 GT/s。该字段只读
9:4	Negotiated Link Width	该字段存放当前 PCIe 设备和其上游 PCIe 设备进行链路协商后使用的链路宽度。该字段为 0b000001 表示使用×1 的 PCIe 链路；为 0b000010 表示使用×2 的 PCIe 链路；为 0b000100 表示使用×4 的 PCIe 链路；为 0b001000 表示使用×8 的 PCIe 链路；为 0b001100 表示使用×12 的 PCIe 链路；为 0b010000 表示使用×16 的 PCIe 链路；为 0b100000 表示使用×32 的 PCIe 链路。该字段在 PCIe 链路进行训练的过程中，由硬件逻辑写入，系统软件只能读取该字段
11	Link Training	该位只读，为 1 时，表示 PCIe 链路正处于重新配置和重新训练阶段，当 PCIe 链路结束上述操作时，将此位清零
12	Slot Clock Configuration	该位由 PCIe 设备在初始化时确定，该位为 1 表示 PCIe 插槽与 Add-In 卡使用的参考时钟源相同。读者需要留意该位与 Common Clock Configuration 位的差别
13	Data Link Layer Link Active	该位表示 PCIe 链路的状态。该位为 1 时，表示 PCIe 链路处于 DL_Active，即正常工作状态

（续）

Bit	定　义	描　述
14	Link Bandwidth Management Status	该位由 PCIe 硬件设置。当 PCIe 链路重训练结束，或者 PCIe 设备完成 PCIe 链路的链路宽度和链路速度的设定后，该位置 1。该位写 1 清除
15	Link Autonomous Bandwidth Status	该位由 PCIe 设备确定。当 PCIe 链路自主完成链路宽度和速度的协商后，将该位置 1。该位写 1 清除

8. Device Capabilities 2 寄存器

该寄存器定义了一些 PCIe V2.1 总线规范使用的字段，其主要字段如表 4-8 所示。

表 4-8　Device Capabilities 2 寄存器

Bit	定　义	描　述
6	AtomicOp Routing Supported	Switch 的上下游端口和 RC 端口支持该位，在 PCIe V2.1 总线规范定义了原子操作。当该位为 1 时，表示原子操作 TLP 可以通过当前 Switch 或者 RC。有关原子操作的详细描述见第 6.3.5 节
7	32-bit AtomicOp Completer Supported	该位为 1 时，表示 EP 或者 RC 支持 32 位原子操作
8	64-bit AtomicOp Completer Supported	该位为 1 时，表示 EP 或者 RC 支持 64 位原子操作
9	128-bit CAS Completer Supported	该位为 1 时，表示 EP 或者 RC 支持 128 位原子操作。在 PCIe 总线规范中，只有 CAS（Compare and Swap）支持 128 位操作
13:12	TPH Completer Supported	该字段为 0b00 时，表示接收端不支持 TPH 和扩展 TPH 报文；为 0b01 时，表示接收端仅支持 TPH 报文；为 0b11 时，表示接收端支持 TPH 和扩展 TPH 报文；而 0b10 保留。有关 TPH 的详细描述见第 6.3.6 节
20	Extended Fmt Field Supported	该位为 1 时，表示 TLP 的 Fmt 字段为 3 位，即支持 TLP Prefix；为 0 时，Fmt 字段为 2 位。Fmt 字段的详细描述见第 6.1.1 节。该位由 V2.1 规范引入，其目的是为了扩展 TLP 头
21	End-End TLP Prefix Supported	该位为 1 时，表示 EP 可以接收含有 End-End TLP Prefix 的 TLP
23~22	Max End-End TLP Prefixes	该字段限制一个 TLP 中 End-End TLP Prefix 的个数。该字段为 0b01 表示 TLP 中最多含有 1 个 End-End TLP Prefix；为 0b10 表示最多含有 2 个 End-End TLP Prefix；为 0b11 表示最多含有 3 个 End-End TLP Prefix；为 0b00 表示最多含有 4 个 End-End TLP Prefix

9. Device Control 2 寄存器

Device Control 2 寄存器主要字段的含义如表 4-9 所示。

表 4-9　Device Control 2 寄存器

Bit	定　义	描　述
6	AtomicOp Requester Enable	该位可读写，对 EP 和 RC 有效。如果该位和 Command 寄存器的 "Bus Master Enable" 位同时有效，EP 或者 RC 可以发出原子操作请求 TLP
7	AtomicOp Egress Blocking	该位可读写，对 Switch 的上下游端口和 RC 端口有效。当 AtomicOp Routing Supported 位为 1 时，该位可以为 1，否则该位只能为 0。该位为 1 时，Egress 端口将阻止原子操作 TLP 通过
8	IDO Request Enable	该位可读写，对 EP 和 RC 有效。当该位为 1 时，TLP 中的 IDO（ID-Based Ordering）位可以根据实际情况（即 TLP 的 Attr2 位）设置为 1。IDO 是 PCIe V2.1 总线规范引入的新的 "序" 模型。有关 IDO 机制的详细说明见第 6.1.3 节

（续）

Bit	定　义	描　述
9	IDO Completion Enable	该位可读写。当该位为 1 时，EP 可以处理 IDO 位为 1 的完成报文
15	End-End TLP Prefix Blocking	该位可读写。当该位为 0 时，EP 不能发送带有 End-End TLP Prefix 的 TLP；为 1 时，可以发送

10. Root Control 和 Root Status 寄存器

这两个寄存器与 PCIe 总线的 AER（Advanced Error Reporting）机制相关。其中 Root Control 寄存器由以下位组成。

- System Error on Correctable Error Enable。该位为 1 时，表示 RC 端口管理的 PCI 树或者 RC 端口发送 ERR_COR 信息后，将向处理器提交 System Error 信息。
- System Error on Non-Fatal Error Enable。该位为 1 时表示 RC 端口管理的 PCI 树或者 RC 端口发送 ERR_NONFATAL 信息后，将向处理器提交 System Error 信息。
- PME Interrupt Enable。该位为 1 时，如果 RC 端口收到 Root Status 寄存器的 PME Status 为 1 的信息后，将向处理器提交 PME 中断信息。
- CRS Software Visibility Enable。当此位为 1 时，系统软件发送配置请求 TLP 后，RC 端口可以要求该配置请求 TLP 择时重试。如当 PCIe 总线没有初始化完毕时，不能接收处理器的配置请求，此时将该位置 1；初始化完毕后，将该位置 0。

而 Root Status 寄存器由以下位和字段组成。

- PME Requester ID。该字段记录最后发送 PME 消息的 PCIe 设备的 Requester ID 号。
- PME Status。该位为 1 时，表示 PCIe 设备（ID 号为 PME Requester ID）已经向 RC 发送了 PME 消息，但是并没有被处理完毕，该位写 1 清除。
- PME Pending。当 PME Status 位为 1 而且该位也 1 时，表示 RC 中有尚未处理的 PME 消息。当 RC 清除 PME Status 位后，硬件将向 RC 提交 PME 消息，更新 PME Requester ID，并将 PME Status 重新置为 1，同时清除 PME Pending。PCIe 总线设置该位的主要目的是为了防止丢失 PME 消息。

PCI Express Capability 结构中还含有 Slot Capabilities、Slot Control 和 Slot Status 等寄存器。为节约篇幅，本节并不对这些寄存器一一进行介绍，在一个指定的 PCIe 设备中，PCI Express Capability 结构的这些寄存器并不会全部实现。许多 PCIe 设备甚至不存在 PCI Express Capability 结构，但是在这些 PCIe 设备中依然存在与 PCI Express Capability 结构相关的概念，只是这些结构没有以寄存器的形式表现出来，供系统程序员使用而已。

4.3.3　PCI Express Extended Capabilities 结构

PCI Express Extended Capabilities 结构存放在 PCI 配置空间 0x100 之后的位置，该结构是 PCIe 设备独有的，PCI 设备并不支持该结构。实际上绝大多数 PCIe 设备也并不支持该结构。在一个 PCIe 设备中可能含有多个 PCI Express Extended Capabilities 结构，并形成一个单向链表，其中第一个 Capability 结构的基地址为 0x100，其结构如图 4-19 所示。

在这个单向链表的尾部，其 Next Capability Offset、Capability ID 和 Capbility Version Number 字段的值都为 0。如果在 PCIe 设备中不含有 PCI Express Extended Capabilities 结构，则 0x100

指针所指向的结构，其 Capability ID 字段为 0xFFFF，而 Next Capability Offset 字段为 0x0。

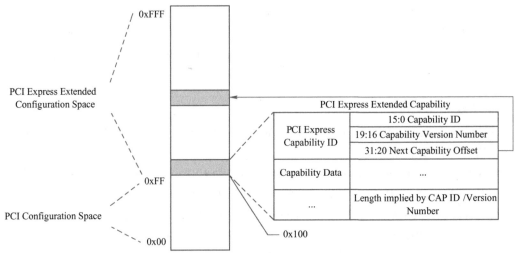

图 4-19　PCI Express Extended Capabilities 结构

一个 PCI Express Extended Capabilities 结构由以下参数组成。

- PCI Express Capability ID 字段存放 Extended Capability 结构的 ID 号。
- Capability Version Number 字段存放 Extended Capability 结构的版本号。
- Next Capability Offset 字段存放下一个 Extended Capability 结构的偏移。

PCIe 总线定义了一系列 PCI Express Extended Capabilities 结构，如下所示。

- AER Capability 结构。该结构定义了所有 PCIe 设备可能遇到的错误，包括 Uncorrectable Error（不可恢复错误）和 Correctable Error（可恢复错误）。当 PCIe 设备发现这些错误时，可以根据该寄存器的设置使用 Error Message 将错误状态发送给 Event Collector，并由 Event Collector 统一处理这些错误。系统软件必须认真处理每一个 Error Message，并进行恢复。对一个实际的工程项目，错误处理是保证整个项目可靠性的重要一环，不可忽视。AER 机制与 Error Message 报文的处理相关，第 6.3.4 节将进一步介绍 AER 机制。

- Device Serial Number Capability 结构。该结构记载 PCIe 设备使用的序列号。IEEE 定义了一个 64 位宽度的 PCIe 序列号，其中前 24 位作为 PCIe 设备提供商使用的序列号，而后 40 位由厂商选择使用。

- PCIe RC Link Declaration Capability 结构。在 RC、RC 内部集成的设备或者 RCRB 中可以包含该结构。该结构存放 RC 的拓扑结构，如 RC 使用的 PCI 链路宽度。如果 RC 支持多个 PCIe 链路，该结构还包含每一个链路的描述和端口命名。

- PCIe RC Internal Link Control Capability 结构。该结构的主要作用是描述 RC 内部互连使用的 PCIe 链路。该结构由 Root Complex Link Status 和 Root Complex Link Control 寄存器组成。

- Power Budget Capability 结构。当处理器系统为一些动态加入的 PCIe 设备分配电源配额时，将使用该设备的 Power Budget Capability 结构。

- ACS（Access Control Services）Capability 结构。该结构对 PCIe 设备进行访问控制管

理。RC 端口、Switch 的下游端口和多功能 PCIe 设备可以支持该结构。该结构与 PCIe 总线的 ACS 机制相关。ACS 机制定义了一组与收到的 TLP 相关的操作，该机制的原理较为简单，本节对此不做进一步分析。

- RCRB Header Capability 结构。该结构存放 RC 中的 RCRB，第 5.1 节将以 Montivina 平台为例介绍该结构的组成结构。
- RC Event Collector EP Association Extended Capability。在 x86 处理器系统中，RC 包含一个 Event Collector 控制器，该控制器处理 PCIe 设备发向 RC 的各类消息，如 PME 消息和 Error 消息。该结构用来描述 Event Collector 控制器。
- Multicast Capability 结构。PCIe 总线上的 RC、Switch 或者 EP 如果支持 Multicast 消息，需要使用该结构描述支持哪些 Multicast 组。PCIe 体系结构支持 Multicast 功能，在 PCIe 总线中，除了 PCIe 桥一定不支持 Multicast 功能外，其他设备都可以支持该功能。本节对 Multicast 功能不做进一步说明。

此外 PCIe 总线还可以支持其他 Capability 结构，如 Vendor-Defined Capability、Resizable BAR Capability、DPA（Dynamic Power Allocate）和 MFVC（Multi-Function Virtual Channel）Capability 结构等其他结构。但是在 PCIe 总线中，这些扩展的 Capability 结构并没有得到充分利用。在一个实际的 PCIe 设备中可能并不包含这些结构。

PCIe 设备定义的 Capability 结构有些过多，使用这种方法可以概括所有 PCIe 设备的使用特性。许多 PCIe 设备在支持这些 Capability 结构后，几乎可以不使用 BAR 寄存器空间存放与 PCIe 总线相关的任何信息。但是过多的 Capability 结构为软硬件工程师在设计上带来了不小的麻烦。一般说来，事务的发展过程是由简入繁，由繁化简。目前 PCIe 总线的发展仍处在由简入繁的过程。

本节仅详细介绍 PCI Express Extended Capabilities 结构组中的 MFVC 结构。MFVC 结构是 PCIe 总线的一个可选结构，其结构如图 4-20 所示。TLP 在通过 Switch 时需要通过 TC/VC Mapping，而且在进行 VC 仲裁和端口仲裁时，需要使用某些仲裁策略。

在 PCIe 总线中，TC/VC Mapping 表和 VC/端口仲裁策略在 MFVC 结构中定义。其结构如图 4-20 所示。值得注意的是，在许多 PCIe 设备中，可能只具有一个 VC，而且其 VC 仲裁的算法固定，那么在这个 PCIe 设备中，MFVC 结构并没有存在的必要。目前支持多 VC 的 PCIe 设备极少，仅有一些 RC 和 Switch 中存在多个 VC，而且也仅支持两个 VC。

VC Capability 的 ID 为 0x02 或者 0x09，VC Capability 结构由两部分组成，分别是一个 VC Capability 寄存器组和 n 个 VC Resource 寄存器组，其中 VC Resource 寄存器是可选的。如果 PCIe 设备仅支持一个 VC 时，该结构中不含有 VC Resource 寄存器，而在 VC Capability 寄存器组中包含该 VC 的描述信息。当一个 PCIe 设备支持 8 个 Function 时，则 n 为 7；如果支持 7 个设备，则 n 为 6，并以此类推。其中每一个 VC Resource 寄存器组中都包含一个 VC 仲裁表、端口仲裁表和 VC/TC 的映射表。

1. VC Capability 寄存器组

该组寄存器由 Port VC Capability Register 1、Port VC Capability Register 2、Port VC Control Register 和 Port VC Status Register 寄存器组成。

（1）Port VC Capability Register 1

该寄存器主要字段的含义如表 4-10 所示。

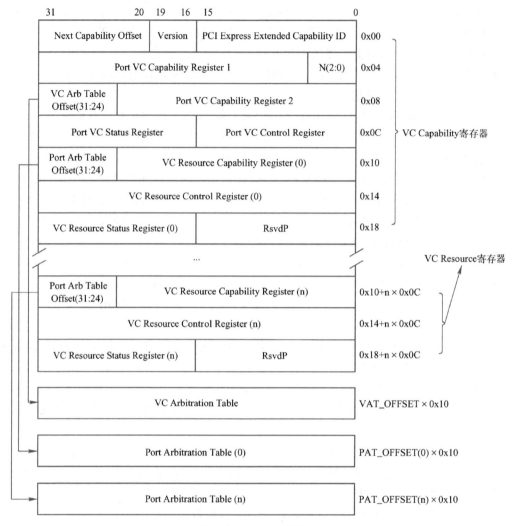

图 4-20　MFVC 结构

表 4-10　Port VC Capability Register 1

Bit	定　义	描　述
2:0	Extended VC Count	扩展的 VC 个数，最小值为 0，表示只支持 VC0；最大值为 7，表示支持 8 个 VC，VC0~VC7
6:4	Low Priority Extended VC Count	和 VC0 优先级相同的扩展 VC 的个数。在 PCIe 总线中，VC0 的级别最低。该字段的最小值为 0，最大值为 7
9:8	Reference Clock	如果 VC 使用 Time-based WRR 算法时，需要使用一个参考时钟。PCIe 总线规定当该字段为 0b00 时，这个参考时钟的周期为 100 ns，即时钟频率为 10 MHz
11:10	Port Arbitration Table Entry Size	表示 Port Arbitration Table Entry 的大小。0b00 表示 Entry 的长度为 1 位；0b01 表示 Entry 的长度为 2 位；0b10 表示 Entry 的长度为 4 位；0b11 表示 Entry 的长度为 8 位

（2）Port VC Capability Register 2

该寄存器由两个字段组成。其中 VC Arbitration Capability 字段存放 PCIe 设备支持的 VC 调度算法，PCIe 总线提供的调度算法包括 Hardware-fixed 仲裁策略和 WRR 仲裁策略。其中 WRR 仲裁策略分为 32、64 或者 128 个 Phase，VC 仲裁不支持 Time-based WRR 算法，有关

WRR 算法的详细说明见下文。

而 VC Arbitration Table Offset 字段存放 VC Arbitration Table 的地址偏移，如果在 PCIe 设备中不含有 VC Arbitration Table，该字段为 0。

（3）Port VC Control Register

该寄存器由 Load VC Arbitration Table 位和 VC Arbitration Select 字段组成。系统软件通过操纵该寄存器更改 VC 的仲裁算法，其中 VC Arbitration Select 字段用来选择 VC Arbitration Table 的长度，其关系如表 4-11 所示。

表 4-11　VC Arbitration Select 字段的说明

VC Arbitration Select 字段	VC Arbitration Table 的长度
0b001	32
0b010	64
0b011	128

Load VC Arbitration Table 位用来更新 VC 的仲裁算法。系统软件向 Load VC Arbitration Table 位写 1 时更新 VC 的仲裁算法，PCIe 设备可以根据 VC Arbitration Select 字段选择合适的仲裁算法，系统软件向 Load VC Arbitration Table 位写 0 没有意义。

（4）Port VC Status Register

Port VC Status Register 使用 VC Arbitration Table Status 位，控制更新 VC 仲裁算法的进度。当系统软件向 Load VC Arbitration Table 位写 1 时，PCIe 设备将更新 VC 的仲裁算法，并将 VC Arbitration Table Status 位置 1。PCIe 设备在没有完成仲裁算法的更换之前，VC Arbitration Table Status 位一直为 1，当 PCIe 设备完成仲裁算法的更换后，该位被 PCIe 设备清零。

2. VC Resource 寄存器组

在 PCIe 设备中，每一个 VC 都有一组 VC Resource 寄存器组，这组寄存器设置每一个 VC 的属性和端口仲裁算法。该组寄存器由 VC Resource Capability Register、VC Resource Control Register 和 VC Resource Status Register 寄存器组成。

（1）VC Resource Capability Register

该寄存器主要字段的含义如表 4-12 所示。

表 4-12　VC Resource Capability Register

Bit	定　义	描　述
7:0	Port Arbitration Capability	存放当前 VC 支持的端口仲裁算法。该字段对 Switch 和支持 Peer-to-Peer 传送的 RC 端口有效 Bit 0：硬件固化的算法，如 RR Bit 1：WRR with 32 phases Bit 2：WRR with 64 phases Bit 3：WRR with 128 phases Bit 4：Time-based WRR with 128 phases Bit 5：WRR with 256 phases Bit 6~7：保留
15	Reject Snoop Transactions	此位为 0 时，TLP 的 No Snoop 位无论是 0 还是 1 都可以通过该 VC；此位为 1 时，如果 TLP 的 No Snoop 位为 0，该 TLP 不能通过该 VC。该位对 RC 或者 RCRB 有意义

（2）VC Resource Control Register

该寄存器主要字段的含义如下。

- TC/VC Map 字段，第 7~0 位。该字段的每一位对应一个 TC，其中第 7 位对应 TC7，该位有效时表示 TC7 使用该 VC 进行数据传递；第 6 位对应 TC6，该位有效时表示 TC6 使用该 VC 进行数据传递，并以此类推。对于 VC0 通路，该字段的复位值为 0xFF，对于其他 VC 通路，该字段的复位值为 0x00。因此在系统初始化时，所有 TC 都使用 VC0 进行数据传递，而 PCIe 链路必须支持 VC0。使用该字段可以保证 TC 不同的 TLP 可以使用同一个 VC，但是在 PCIe 总线中，一个 TC 与一条 VC 建立了映射关系后，不能与其他 VC 建立映射关系。

- Load Port Arbitration Table 位，第 16 位。当该位被置 1 后，PCIe 设备将使用 Port Arbitration Table 更新端口仲裁的算法，当该位置 1 后，VC Resource Status 寄存器的 Port Arbitration Table Status 位也将置 1，当端口仲裁算法更新完毕后，Port Arbitration Table Status 位将清零；对此位写 1 没有意义。

- Port Arbitration Select 字段，第 19~17 位。该字段描述 Port Arbitration Table 表的 Entry 个数。下文将详细解释该字段。

- VC ID 字段，第 26~24 位。该字段存放当前 VC 的 ID 号，PCIe 设备的第一个 VC ID 必须为 0。

- VC Enbale 位，第 31 位。该位为 1 时，当前 VC 通路有效，否则无效。在系统初始化完毕后，VC0 的 VC Enable 位为 1，而其他 VC 的 VC Enable 位为 0。

（3）VC Resource Status Register

该寄存器主要字段的含义如下。

- Port Arbitration Table Status 位，第 0 位。该位表示当前 VC 更新端口仲裁算法的状态，该位由 PCIe 设备维护，对系统软件只读。

- VC Negotiation Pending 位，第 1 位。该位为 1 表示当前 VC 通路正在进行初始化或者处于正在关闭的状态，此时当前 VC 并没有准备好，还没有从 FC_INIT2 状态中退出；为 0 表示当前 VC 准备好，PCIe 链路已经完成流量控制的初始化。系统软件必须保证该位为 0 后，才能对该 VC 进行操作。有关 FC_INIT2 状态的详细说明见第 9.3.3 节。

3. VC Arbitration Table

VC Arbitration Table 的长度由 Port VC Control 寄存器的 VC Arbitration Select 字段确定，最小为 32 个 Entry，最大为 128 个 Entry。VC Arbitration Table 实现 VC 仲裁的 WRR 算法。在 VC Arbitration Table 中，每一个 Entry 由 4 位组成，其中最高位保留，最低三位记录 VC 号。下文举例说明 32 个 Phase 的 WRR 算法，在这种情况下 VC Arbitration Table 的长度为 32，这个表中每一个 Entry 记录一个 VC 号，如图 4-21 所示。

在图 4-21 中，VC Arbitration Table 的每一个 Entry 都记录一个 VC 号。假定 VC 仲裁时从 Phase0 开始使用，该 Entry 存放的 VC 号为 VC0，则 VC 仲裁的结果是传送虚通路 VC0 中的总线事务，当这个总线事务传送结束后，将处理 Phase1 中的 VC；如果该 Entry 存放的 VC 号为 VC2，则 VC 仲裁的结果是传送虚通路 VC2 中的总线事务，并以此类推直到 Phase31 后，再对 Phase0 重新进行处理。

使用这种加权处理的方法，可以保证 PCIe 总线 QoS。值得注意的是，使用该方法时，如果当前 Entry 存放的 VC 中，不存在总线事务时，将迅速移动到下一个 Entry；如果 VC 间并没有出现冲突时，不需要使用该表进行仲裁，使用 64 个 Phase 和 128 个 Phase 的 WRR 算法的实现机制与此类似。由上文的分析可以发现，与 RR 算法相比，PCIe 总线使用 WRR 算法可以在保证 QoS 的基础上，使各个 VC 公平使用端口资源。

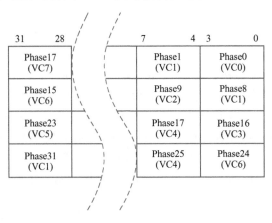

图 4-21　32 Phases 的 VC Arbitration Table

4. Port Arbitration Table

每一个 VC 都有一个 Port Arbitration Table，如图 4-21 所示。每一个 TLP 都首先需要进行端口仲裁之后，才能进行 VC 仲裁，然后通过端口发送。Port Arbitration Table 的主要作用是确定端口仲裁的策略。其长度由 VC Resource Capability Register 的 Port Arbitration Capability 字段确认，如表 4-12 所示。

在该表中，每一个 Entry 的大小由该设备支持的端口数目有关，如果一个设备支持 N 个端口，则该表 Entry 的大小为 $\lceil \text{Log}_2 N \rceil$。如果一个设备有 6 个端口，则 Port Arbitration Table 的 Entry 大小为 3。PCIe 总线支持 RR、WRR 和 Time-based WRR 端口仲裁策略。

Time-based WRR 端口仲裁策略的引入是为了支持 PCIe 总线的 isochronous 数据传送方式。在 PCIe 总线中使用 WRR 算法每处理完一个总线事务将移动一个 Phase，而 Time-based WRR 算法需要至少经过一个时间槽后才能移动一个 Phase。PCIe 总线为 Time-based WRR 算法使用的基准时钟周期在 Port VC Capability Register 1 的 Reference Clock 字段中定义，目前该值为 100ns。

PCIe 总线中使用的这些仲裁算法源于网络通信，这几种算法都是基于轮询的仲裁算法。在网络中，还经常使用 DWRR（Deficit Weighted Round Robin）算法。

WRR 算法在支持长度不同的报文时，会出现带宽分配不公平的现象，为此 M. Shreedhar 与 George Varghese 提出了 DWRR 调度算法。DWRR 算法给每一个队列分配的权值不是基于报文的个数，而是基于报文的比特数。因此可以使各个队列公平地获得带宽。但是这种算法并不适用于 PCIe 总线，因为 PCIe 总线基于报文进行数据传递，而不是基于数据流。该算法在 ATM 分组交换网中得到了广泛的应用。

4.4　小结

本章简要介绍了 PCIe 总线的各个组成部件，包括 RC、Switch 和 EP 等，并介绍了 PCIe 总线的层次组成结构，和 PCIe 设备使用的 Capability 结构。本章是读者了解 PCIe 体系结构的基础。

第5章 Montevina 的 MCH 和 ICH

本章以 Montevina 平台为例，说明在 x86 处理器系统中，PCIe 体系结构的实现机制。Montevina 平台是 Intel 提供的一个笔记本平台。在这个平台中，含有一个 Mobile 芯片组、Mobile 处理器和无线网卡。其中 Mobile 芯片组包括代号为"Contiga"的 GMCH（Graphics and Memory Controller Hub）和 ICH9M 系列的 ICH；Mobile 处理器使用代号为"Penryn"的第二代 Intel Core2 Duo；无线网卡的代号为"Shirley Peak"（支持 WiFi）或者"Echo Peak"（同时支持 WiFi 和 WiMax）。Montevina 平台的拓扑结构如图 5-1 所示。

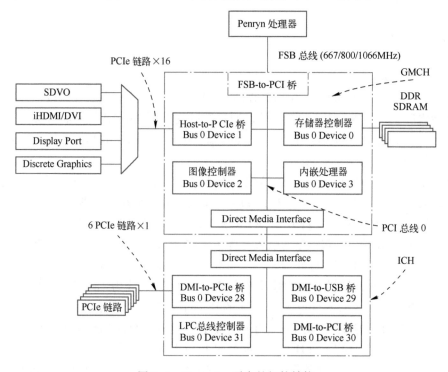

图 5-1　Montevina 平台的拓扑结构

Montevina 平台使用一个虚拟的 FSB-to-PCI 桥[⊖]将 FSB 总线与外部设备分离，这个虚拟 PCI 桥的上方连接 FSB 总线，之下连接 PCI 总线 0。但是从物理信号的角度来看，MCH 中的 PCI 总线 0 是 FSB 总线的延伸，因为该 PCI 总线 0 依然使用 FSB 总线的信号，只是连接到这条总线上的设备相当于虚拟 PCI 设备。在 GMCH 中，并没有提及这个 FSB-to-PCI 桥，但是在芯片设计中，存在这个桥片的概念。

从系统软件的角度来看，在 PCI 总线 0 上挂接的设备都含有 PCI 配置寄存器，系统软件将这些设备看作 PCI 设备，并可以访问这些设备的 PCI 配置空间。在 Montevina 平台的

　⊖　在 Montevina 平台的数据手册中并没有提及这个 FSB-to-PCI 桥。

GMCH 和 ICH 中，所有的外部设备，如存储器控制器，图形控制器等都是虚拟 PCI 设备，都具有独立的 PCI 配置空间。GMCH 和 ICH 之间使用 DMI（Direct Media Interface）接口相连，但是 DMI 接口仅仅是链路级别的连接，并不产生新的 PCI 总线号，ICH 的 DMI-to-USB 桥和 DMI-to-PCIe 桥也都属于 PCI 总线 0 上的设备。

在 x86 处理器中，MCH 包含的虚拟 PCI 设备优先级较高，而 ICH 包含的虚拟 PCI 设备优先级较低。当 CPU 发起一个 PCI 数据请求时，MCH 的 PCI 设备将首先在 PCI 总线 0 上进行正向译码。如果当前 PCI 数据请求所使用的地址没有在 MCH 的 PCI 设备命中时，DMI 接口部件将使用负向译码方式被动地接收这个数据请求，然后通过 DMI 总线将这个数据请求转发到 ICH 中。

因此在 x86 处理器中，MCH[⊖]集成了一些对带宽要求较高的虚拟 PCI 设备，如 DDR 控制器、显卡等。而在 ICH 中集成了一些低速 PCIe 端口，和一些速度相对较低的外部设备，如 PCI-to-USB 桥、LPC 总线控制器等。

MCH 和 ICH 包含一些内置的 PCI 设备，这些设备都具有 PCI 配置空间，x86 处理器可以使用 PCI 配置周期访问这些 PCI 配置空间。在 MCH 和 ICH 中，PCI 总线 0 是 FSB 总线的延伸，所以处理器访问这些设备时并不使用 PCI 总线规定的信号，如 FRAME#、TRDY#、IRDY# 和 IDSEL 信号。在 MCH 和 ICH 中，有些 PCI 设备并不是传统意义上的外部设备，而仅是虚拟 PCI 设备，即使用 PCI 总线的管理方法统一在一起的设备。

x86 处理器使用这些虚拟 PCI 外设的优点是可以将所有外部设备都用 PCI 总线统一起来，这些设备使用的寄存器都可以保存在 PCI 设备的配置空间中，但是使用这种方法在某种程度上容易混淆一些概念，尤其是有关地址空间的概念。例如在处理器体系结构的典型定义中，DDR SDRAM 空间属于存储器域，与其相关的 DDR SDRAM 控制器也应该属于存储器域，但是在 x86 处理器中存储器控制器属于 PCI 总线域。

5.1　PCI 总线 0 的 Device 0 设备

PCI 总线 0 上存储器控制器（Device 0）是一个比较特殊的 PCI 设备，这个设备除了需要管理 DDR SDRAM 之外，还管理整个存储器域的地址空间，包括 PCI 总线域地址空间。在 x86 处理器系统中，该设备是管理存储器域空间的重要设备，其中含有许多与存储器空间相关的寄存器。

这些寄存器对于系统程序员理解 x86 处理器的存储器拓扑结构非常重要，对底层编程有兴趣的系统程序员需要掌握这些寄存器。但是在 x86 处理器系统中，由于 BIOS 的存在，绝大多数系统程序员并没有机会实际使用这些寄存器。

从底层开发的角度上看，x86 处理器系统并不如 PowerPC、MIPS 和 ARM 处理器透明。x86 处理器首先使用 BIOS 屏蔽了处理器的硬件实现细节，其次在处理器内核中使用了 Microcode[⊖]进一步屏蔽了 CPU 的实现细节。这使得底层程序员在没有得到充分的资源时，几乎无法开发 x86 处理器的底层代码。

⊖　从体系结构的角度上看，MCH 和 ICH 仅仅是一个称呼，实际上并不重要。
⊖　许多处理器和外部设备都使用了 Microcode 屏蔽 CPU 的实现细节，如 Alpha 处理器的 PAL。

但是不可否认的是 x86 处理器底层开发的复杂程度超过 PowerPC、MIPS 和 ARM 处理器，因为 x86 处理器系统作为通用 CPU 需要与各类操作系统兼容，而向前兼容对于任何一种处理器都是一个巨大的包袱。x86 处理器系统使用 BIOS 和 Microcode 屏蔽硬件细节基于许多深层次的考虑，包括技术和商业上的考虑，这种做法在 PC 领域取得了巨大的成功。

从传统外部设备的角度上看，PCI 总线 0 的 Device 0 并不是一个设备，仅存放与处理器系统密切相关的一组参数。而除了 x86 处理器之外，几乎所有处理器都使用存储器映射寻址的寄存器保存这些参数。

x86 处理器需要考虑向前兼容，因此存在许多独特的设计。这些独特的设计极易使一些初学者混淆计算机体系结构中的一些基本概念。从这个角度来看，x86 处理器并不适合教学，但这并不影响 x86 处理器在 PC 领域的地位。值得注意的是，在 x86 处理器中，PCI 总线 0 的 Device 0 的存在并不完全是为了向前兼容，而是 Intel 使用 PCI 总线概念统一所有外部设备的方法。

在 Montevina 平台中，系统软件使用 Type 00h 配置请求访问存储器控制器，该存储器控制器除了具有一个标准 PCI Agent 设备的 64B 的配置空间之外，还使用了 PCI 设备的扩展配置空间，其包含的主要寄存器如表 5-1 所示。

表 5-1　Device 0 的基本配置空间

寄 存 器 名	简　　写	缺　省　值	说　　　　明
Vendor Identification	VID	0x8086	Intel 公司使用的 VID
Device Identification	DID	0x2A40	Contiga 使用的 DID
PCI Command	PCICMD	0x0006	支持存储器空间，可作为主设备
PCI Status	PCISTS	0x0090	支持背靠背传送和 Capability 寄存器
Revision Identification	RID	0x00	版本号为 0
Class Code	CC	0x060000	表示该设备为 Host Bridge
Master Latency Timer	MLT	0x00	PCIe 设备不再使用该寄存器
Header Type	HDR	0x00	表示为 PCI 单功能设备
Subsystem Vendor Identification	SVID	0x0000	未使用
Subsystem Identification	SID	0x0000	未使用
Capability Pointer	CAPPTR	0xE0	第一个 Capability 寄存器地址为 0xE0

Device 0 使用的基本配置空间与其他 PCI 设备兼容。这里值得注意的是 Device 0 在 PCIe 体系结构中，被认为是 HOST 主桥。而 Device 0 使用的 PCI 扩展配置空间也被称为 RCRB，RCRB 的主要作用是描述当前处理器的存储器地址拓扑结构，包括主存储器地址和 PCI 总线地址。其简写和复位值如表 5-2 所示。

表 5-2　Device 0 的扩展 PCI 配置空间

寄 存 器 名	简　　写	复 位 值
Egress Port Base Address	EPBAR	0x0000-0000-0000-0000
（G）MCH Memory Mapped Register Range Base	MCHBAR	0x0000-0000-0000-0000

（续）

寄 存 器 名	简　写	复 位 值
（G）MCH Graphics Control Register	GGC	0x0030
Device Enable	DEVEN	0x000043DB
PCI Express Register Range Base Address	PCIEXBAR	0x0000-0000-E000-0000
MCH-ICH Serial Interconnect Ingress Root Complex	DMIBAR	0x0000-0000-0000-0000
Programmable Attribute Map 0	PAM0	0x00
Programmable Attribute Map 1	PAM1	0x00
Programmable Attribute Map 2	PAM2	0x00
Programmable Attribute Map 3	PAM3	0x00
Programmable Attribute Map 4	PAM4	0x00
Programmable Attribute Map 5	PAM5	0x00
Programmable Attribute Map 6	PAM6	0x00
Legacy Access Control	LAC	0x00
Remap Base Address Register	REMAPBASE	0x03FF
Remap Limit Address Register	REMAPLIMIT	0x0000
System Management RAM Control	SMRAM	0x02
Extended System Management RAM Control	ESMRAMC	0x38
Top of Memory	TOM	0x0001
Top of Upper Usable DRAM	TOUUD	0x0000
Top of Low Used DRAM Register	TOLUD	0x0010
Error Status	ERRSTS	0x0000
Error Command	ERRCMD	0x0000
Scratchpad Data	SKPD	0x0000-0000
Capability Identifier	CAPID0	0x0000-0000-0000-010A-0009

　　系统软件首先检查 Capability Identifier 寄存器，该寄存器的地址偏移为 0xE0，即 CAPPTR 寄存器指向的地址为 0xE0。该 Capability 结构使用的 PCI Express Extended Capability ID 字段（该字段在 CAPID0 寄存器中）为 0x0A，因此表 5-2 中的寄存器组为 RCRB Capability 结构，有关 Capability 结构的组成结构见第 4.3 节。

　　在 x86 处理器系统中，RCRB 存放一些与处理器系统相关的寄存器。而在许多处理器中，如在 PowerPC 处理器中并不含有 RCRB。在 PowerPC 处理器中，与处理器系统相关的寄存器都存放在以 BASE_ADDR 为起始地址的 1MB 连续的物理地址空间中，PowerPC 处理器系统使用存储器映射寻址方式访问这些寄存器。

　　在 x86 处理器系统中，使用 PCI 总线管理所有外部设备，这些"与处理器系统相关的寄存器"被保存在 RCRB 中，处理器使用 PCI 总线配置周期访问这些寄存器。实际上在 RCRB 中包含的寄存器与 PCIe 体系结构并没有直接关系，这些寄存器应该属于存储器域的地址区域。x86 处理器的这种做法并非完全合理，在某种程度上容易使初学者混淆存储器域与 PCI 总线域的区别。RCRB 主要寄存器的含义如下所示。

5.1.1 EPBAR 寄存器

EPBAR 寄存器的大小为 8B, 指向一个 4 KB 大小的存储器区域。处理器使用存储器映像寻址访问这段存储器区域, 并通过这段存储器区域访问 RCRB 的扩展配置空间, 在表 5-2 中存放的仅是 RCRB 的部分扩展配置空间。

这段存储器区域描述 RC 的 Egress 端口属性, 包括 RC 使用的 VC0 和 VC1 两个虚通路的具体信息。当 EPBAR 寄存器的 "EPBAR Enable" 位为 1 时, 这段空间有效。这段寄存器区域被称为 "Egress Port RCRB" 空间, 系统软件可以使用这段空间定义的寄存器, 完成对 VC1 和 VC0 通路的设置, 包括端口仲裁、VC 仲裁等一系列的内容。

5.1.2 MCHBAR 寄存器

MCHBAR 寄存器的大小为 8B, 指向一个 16 KB 大小的存储器区域。处理器使用存储器映像寻址访问这段存储器区域。这段存储器区域描述 GMCH 内部使用的一些寄存器。当 MCHBAR 寄存器的 "MCHBAR Enable" 位为 1 时, 这段存储器区域有效。

在这段区域中含有多组寄存器。

- Device 0 Memory Mapped I/O 寄存器组。包括 MEREMAPBAR、GFXREMAPBAR、VC0REMAPBAR、VC1REMAPBAR 和 PAVPC 寄存器。
- DRAM Channel Control 寄存器。该寄存器用来设置 x86 处理器系统中的 DRAM 通路。在 Montevina 平台中含有两个 DRAM 通路。这两个 DRAM 通路可以独立使用, 也可以设置成 Interleaved 模式。
- MCHBAR Clock Control 寄存器组。由 CLKCFG 和 SSKPD 寄存器组成, 其中 CLKCFG 寄存器可以设置 DDR 使用的频率和 FSB 总线的频率; 而 SSKPD 寄存器供 BIOS 或者 Graphic 驱动使用, 用来保存一些中间结果。
- Device 0 MCHBAR ACPI Power Management Controls 寄存器组。该组寄存器与 x86 处理器系统使用的 ACPI 有关。
- Device 0 MCHBAR Thermal Management Controls 和 MCHBAR Render Thermal Throttling 寄存器组。该组寄存器与 Montevina 平台中的温度传感器相关。
- Device 0 MCHBAR DRAM Controls 寄存器组。这组寄存器对 Montevina 平台中的两个 DRAM 通路进行细粒度的控制, 包括这两个 DRAM 通路中使用的 Timing、延时和各种模式选择。该寄存器组对于需要设置 DRAM 属性的 BIOS 工程师非常重要。

5.1.3 其他寄存器

在 Device 0 中还包含以下寄存器。

- GGC 寄存器。在 x86 处理器系统中, 显卡可以借用一部分存储器域的地址空间, 该寄存器描述这段被借用的存储器地址空间。
- DEVEN 寄存器。该寄存器用来使能/禁止在 MCH 中的虚拟 PCI 设备, 如显卡控制器和其他虚拟设备。
- PCIEXBAR 寄存器。该寄存器的大小为 8B, 指向一个 256 MB 大小的存储器区域。PCIe 总线可以使用 ECAM 方式访问 PCI 设备的扩展配置空间, PCIEXBAR 寄存器存放 PCI 配置空间的基地址，有关 ECAM 机制的详细信息见第 5.3.2 节。

- DMIBAR 寄存器。该寄存器的大小为 8B，指向一个 4 KB 大小的存储器区域，处理器使用存储器映像寻址访问这段存储器区域。该寄存器描述 RC 中的 DMI 接口。
- PAM0~PAM6 寄存器描述 Shadow BIOS 的属性。
- REMAPBASE 寄存器和 REMAPLIMIT 寄存器支持 x86 处理器的 Reclaim 机制，第 5.2 节将详细介绍该机制。
- SMRAM 寄存器和 ESMRAMC 寄存器控制处理器对 SMRAM 的访问。SMRAM 与 x86 处理器的 SMM 机制相关，本书对此不做介绍。
- TOM、TOUUD 和 TOLUD 寄存器与处理器系统的主存储器管理相关，分别描述存储器的物理大小和存储器"低于 4 GB"和"高于 4 GB"地址空间的使用方法。第 5.2.3 节将详细介绍这几个寄存器。

5.2　Montevina 平台的存储器空间的组成结构

由上文所述，在 Montevina 平台中包含一个 Mobile 处理器、MCH、ICH 和一个无线网卡适配器组成。在 MCH 和 ICH 中具有许多组成部件，本节仅介绍 MCH 和 ICH 中与 PCI 总线直接相关的部分内容。

Montevina 平台使用的地址空间由存储器域地址空间和 PCI 总线域地址空间组成。在 Intel 的 x86 处理器系统中，包括 Montevina 平台，所有的外部设备都通过 PCI 总线进行管理。x86 处理器平台使用这种方法便于对外部设备统一管理，但是这种方法也带来了一些弊端。因为使用这种方法时，PCI 总线域空间与存储器域空间的边界划分并不清晰。

Montivina 平台除了具有存储器域、PCI 总线域之外，还存在一个 DRAM 域。所谓 DRAM 域是指 DRAM 控制器所能访问的地址空间，即从 DRAM 控制器的角度来看，DRAM 空间的拓扑结构。DRAM 域中包含的地址空间，通俗地讲是指主存储器地址空间，即 DRAM 控制器能够访问的地址空间。

在 Montevina 平台中，DRAM 域地址空间并不能与存储器域地址空间完全对应。当处理器系统支持的内存超过 4 GB 时，DRAM 域的部分空间需要使用 Reclaim 机制才能访问，此外在 DRAM 域空间中，有些地址并不能被处理器访问。比如显卡控制器借用了一部分 DRAM 空间，这部分空间可以被显卡控制器访问，但是不能被 CPU 访问。x86 处理器由于考虑向前兼容，一个原本完整的 DRAM 域被划分得支离破碎。在 Intel 的 x86 处理器中，许多"不合理"都是因为"向前兼容"导致的。

在 x86 处理器系统中，存储器域由 CPU 能够访问的地址空间组成，包括 DRAM 域地址空间的一部分，一些使用存储器映像寻址的寄存器⊖和 PCI 总线域地址空间在存储器域中的映像。

而 DRAM 域由 DRAM 控制器所能寻址的空间组成。如图 5-2 所示，在 Montevina 平台中，存储器域与 DRAM 域的所包含的部分空间，其地址相等，比如 Legacy Address Range、

⊖ x86 处理器也将使用存储器映像寻址的寄存器称为 MMIO（Memory Mapped I/O）。

TSEG（Top of Memory Segment）和其他一些 DRAM 空间。这里的地址相等指在存储器域和 DRAM 域中的地址相同，但是这两个地址的含义并不相同。

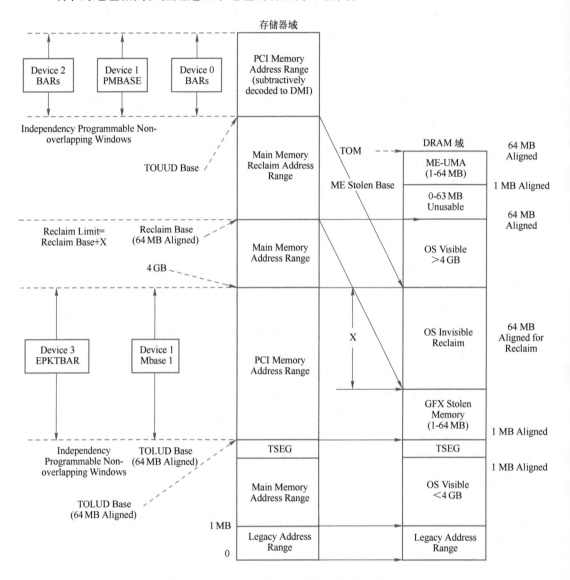

图 5-2 Montevina 平台的 CPU 域与 DRAM 域

在一个多核处理器系统中，不同的 CPU 所能访问的地址空间也不一定相同，其中每一个 CPU 都对应一个存储器域。在这些存储器域中，有些空间是所有 CPU 共享的，有些空间是某个 CPU 的私有空间。在多核处理器中，存储器域和 DRAM 域地址空间的划分更为复杂，本书对此不做进一步说明。

如图 5-2 所示，x86 处理器将 PCI 总线域和存储器域进行混合编址。但是在图 5-2 中的 PCI 总线地址仅是在存储器域中的地址，即 PCI 总线地址在存储器域地址空间的映像。值得注意的是，这个 PCI 总线地址和 PCI 总线域的地址没有直接联系，当处理器访问 PCI 设备时，首先使用在存储器域的 PCI 总线地址，RC 会将存储器域的地址转换为 PCI 总线域的地址，并使用 PCIe 总线事务访问相应的设备。

　　x86 处理器和 PowerPC 处理器进行存储器域到 PCI 总线域的映射方法不同。PowerPC 处理器使用 Inbound/Outbound 窗口显式地分离存储器域与 PCI 总线域。而 x86 处理器内部并没有设置这类寄存器显式分离这些域空间。但是 x86 处理器仍然区分存储器域和 PCI 总线域，虽然 PCI 设备使用的地址在存储器域和 PCI 总线域中相同。

　　x86 处理器采用的这种 PCI 总线域与其他处理器有较大的不同，x86 处理器采用这种设计方法可能考虑了向前兼容。采用这种结构，存储器域和 PCI 总线域之间的界限并不明晰，但是有利于外部设备的统一管理。

5.2.1　Legacy 地址空间

　　Legacy 地址空间在存储器域和 DRAM 域中都有映射，且地址相等，这段空间是 x86 处理器所固有的一段大小为 1 MB 的内存空间，它伴随着 x86 处理器的整个发展历程。Legacy 地址空间的大小为 1 MB，其详细说明如下。

- 0x0000-0000 ~ 0x0009-FFFF，DOS 使用的 640 KB 大小的基本内存空间。目前开发 BIOS 的工程师仍然在 DOS 下工作。
- 0x000A-0000 ~ 0x000B-FFFF，Legacy Video 空间，大小为 128 KB。这段空间作为 VGA 设备的 Frame Buffer。目前使用的高端显卡，处于 VGA 模式时，也使用这段空间作为 Frame Buffer。
- 0x000A-0000 ~ 0x000B-FFFF，Compatible SMRAM 空间，大小为 128 KB。
- 0x000B-0000 ~ 0x000B-7FFF，MDA（Monochrome Display Adapter）空间，大小为 32 KB。MDA 是一种非常老的单色显示设备。
- 0x000C-0000 ~ 0x000D-FFFF，ISA 扩展区域，大小为 128 KB。
- 0x000E-0000 ~ 0x000E-FFFF，BIOS 扩展区域，大小为 128 KB。
- 0x000F-0000 ~ 0x000F-FFFF，系统 BIOS 区域，大小为 128 KB。

5.2.2　DRAM 域

　　在处理器系统中，可能含有多个 DRAM 控制器，可以管理多个 DRAM 空间，这些空间可以统一编址，也可以独立编址，从而组成一个或者多个 DRAM 域。DRAM 域的大小由一个处理器系统中具有的物理内存大小决定，在绝大多数处理器系统中，DRAM 域的物理地址空间是连续的，其最低地址为 0x0。DRAM 域地址空间的设置与处理器系统使用的 DRAM 控制器相关。在 PowerPC 处理器中，DRAM 域的最低物理地址是可变的，而且 DRAM 域的地址空间也可以不连续。

　　而在多数 x86 处理器中，DRAM 域的物理地址，其基地址不可改写，值为 0x0。多数 BIOS 都将 DRAM 域的地址空间设置为一段连续的地址空间，但是 x86 处理器也支持不连续的 DRAM 区域。x86 处理器系统的 DRAM 控制器远比 Power 处理器复杂，只是多数系统软件程序员并没有关心这些细节。

　　在 Montevina 平台中，DRAM 域空间的大小，即 x86 处理器使用的主存储器大小，保存在 TOM（Top of Memory）寄存器中，该寄存器在 MCH 的存储器控制器中，即 PCI 设备 0 的配置空间中。在 DRAM 域中除了 Legacy Address 空间之外，还包括以下几种空间。

1. GFX（显卡控制器）借用的空间

这段空间的大小为 1 MB~64 MB，由 GFX 管理，CPU 不能访问这段空间。这段空间的基地址保存在 GBSM（Graphics Base of Stolen Memory）寄存器中，其值为 TOLUD（Top of Low Usable DRAM）寄存器的值。

TOLUD 和 GBSM 寄存器在存储器控制器中，其中 TOLUD 寄存器保存 x86 处理器系统低端内存（小于 4 GB）的大小。TOLUD 寄存器的值由 BIOS 根据处理器系统的配置决定，该寄存器的详细描述见下文。

2. TSEG 空间

TSEG 空间，这段空间的大小为 1 MB~8 MB。这段空间仅在 CPU 进入 SMM 模式时，才能够被 CPU 访问。这段空间的基地址保存在 TSEGMB（TESG Memory Base）寄存器中，其值为 TOLUD 寄存器减去 GFX 借用空间和 TESG 空间的大小。TSEGMB 寄存器也保存在存储器控制器中。在 x86 处理器中，还有一段进入 SMM 模式才能访问的地址空间，HSEG 空间。这段空间被处理器映射到高端地址，HSEG 和 TSEG 空间的区别在于 TSEG 空间是可 Cache 的，而 HSEG 空间不可 Cache。

3. 小于 4 GB 的操作系统可用内存空间

在 Montevina 平台中，如果主存储器的大小超过 4 GB，那么这段物理空间将被分为三段供操作系统使用，分别是小于 4 GB 的空间、大于 4 GB 的空间和 Reclaim 空间。

如图 5-2 所示，这几段空间在存储器域中的地址并不连续。但是在 DRAM 域中，这些地址空间是连续，并从地址 0 到 TOM。而在存储器域中，小于 4 GB 的内存空间从 1 MB 开始到 TOLUD 结束。

4. OS Invisible Reclaim 空间

对于 DRAM 控制器而言，这段空间是存在的，不过因为这段地址和存储器域中的 PCI 总线地址空间重合，因此 CPU 不能直接访问这段物理内存。当处理器使能 Reclaim 机制（也称为 Remapping 机制）后，CPU 才能访问这段地址空间。

在一个 x86 处理器系统中，当实际的物理内存大于 TOLUD 加上 GFX 借用空间的大小时，DRAM 域中才含有这段空间，此时 CPU 才有必要启动 Reclaim 机制，将这段内存地址空间映射到存储器域中。当然 CPU 也可以不启动 Reclaim 机制，放弃对这段内存空间的使用。

5. 大于 4 GB 的操作系统可用空间

这段空间在存储器域和 DRAM 域中的地址相等，只有实际的物理内存大于 4 GB 时，存储器域和 DRAM 域中才有这段空间。

6. ME（Manageability Engine）-UMA 借用的空间

其大小为 1~64 MB。其基地址为 TOM 寄存器中的值减去 ME-UMA 借用空间的大小。由于 TOM 寄存器中的值需要 64 MB 对界，因此有时在其下会出现一个 0~63 MB 大小的空洞。这段空洞是被浪费的空间，除了 DRAM 控制器可以访问这段空间外，在处理器系统中的其他部件均不能访问这段空间。

5.2.3 存储器域

在 x86 处理器系统中，除了具有 DRAM 域地址空间外，还具有 PCI 地址空间。CPU 访问这些地址空间时，需要进行地址转换，CPU 访问 DRAM 域时，需要进行存储器域地址空间到 DRAM 域地址空间的转换；CPU 访问 PCI 总线域时，需要进行存储器域地址空间到 PCI 总线域地址空间的转换。在 x86 处理器中，大多数 DRAM 域中的地址与存储器域中的地址一一对应而且相等，而存储器域的 PCI 地址与 PCI 总线域的地址也一一对应而且相等。

在 x86 处理器中，并没有提及地址转换部件，但是这个地址转换部件的概念是存在于芯片设计中的。CPU 访问 DRAM 或者 PCI 设备时，首先需要访问存储器域的地址，这些发送到存储器域的数据请求首先通过地址转换部件，并由地址转换部件决定这些数据请求是发向 PCI 总线域、DRAM 域还是其他域空间。在 x86 处理器中，这些地址域的关系如图 5-3 所示。

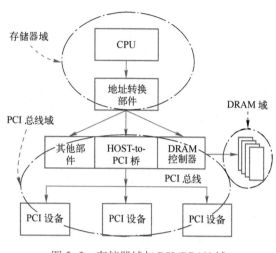

图 5-3 存储器域与 PCI/DRAM 域

在 Montevina 平台中，存储器域中的 Legacy Address 空间的地址与 DRAM 域空间的地址一一对应，而且地址相等。当 CPU 访问这段空间时，地址转换部件直接将发向存储器域的数据请求转发到 DRAM 域。而 CPU 访问其他段空间时，需要分别进行处理。

1. 1 MB～TOLUD 空间

这段空间由三部分组成，GFX Stolen Memory 空间、TSEG 和 Main Memory Address 空间。当 CPU 访问 GFX Stolen Memory 空间时，地址转换部件将拒绝这次访问，因为 GFX Stolen Memory 空间是 GFX 控制器的私有空间，CPU 不能对这段空间进行操作。

TSEG 空间只能在 CPU 处于 SMM 状态时才能访问，否则处理器内部的地址转换部件也将拒绝这次访问。

Main Memory Address 空间与 DRAM 域中小于 4 GB 的操作系统可用空间一一对应且地址相等，当 CPU 访问这段地址空间时，地址转换部件直接将这次访问转发到 DRAM 域，并由存储器控制器访问这段空间。这段空间也是存储器域中第 1 段"主存储器"空间。

2. TOLUD～4 GB 空间

这段空间是存储器域中的 PCI 总线地址空间，当 CPU 访问这段地址空间时，地址转换部件将这次访问转发给 HOST 主桥或者 RC，之后由 HOST 主桥或者 RC 将 CPU 的这次数据访问转化为 PCI 总线的总线事务，之后再发送到对应的 PCI 设备。在 x86 处理器中，存储器域的 PCI 总线地址空间与 PCI 总线域的地址空间一一对应，其值完全相等。一些采用存储器映像寻址的寄存器也存放在这段空间中，如 APIC 中断控制器使用的地址空间。

3. 4 GB～TOUUD 空间

这段空间由 Main Memory Address 空间和 Main Memory Reclaim Address 空间组成。如图 5-2 所示，在一个 x86 处理器系统中，如果实际的物理内存空间大于 4 GB 时，存储器域中将含有第 2 段 Main Memory Address 空间。

这段空间与 DRAM 域中大于 4 GB 的操作系统可用空间一一对应，而且地址相等，CPU 访问这段地址空间时，地址转换部件直接将这次访问转发到 DRAM 域，这段空间的上界为

TOM 减去 ME（Manageability Engine）借用的空间。ME 借用的地址空间不能被 CPU 访问，本节对这段空间不做进一步介绍。

4. Reclaim 空间

如果 CPU 使能了 Reclaim 机制，则存储器域具有这段空间。在 x86 处理器中存储器域与 DRAM 域基本上一一对应而且地址相等，但是 TOLUD~4 GB 这段空间例外。存储器域将这段空间分配为 PCI 总线地址空间，因此 CPU 不能直接用"相同的地址"访问 DRAM 这段空间。只有 x86 处理器使用 Reclaim 机制，将 DRAM 域的"OS Invisible Reclaim 空间"映射到存储器域的"Reclaim Base~TOUUD"这段空间后，处理器才能访问这段空间。

这段空间也是 x86 处理器的第 3 段存储器空间。值得注意的是这段存储器空间在存储器域中的地址与 DRAM 域中的地址并不相等。

当 Reclaim 机制使能后，Reclaim Base 的值为 TOM 减去 ME 借用的空间，这段空间的大小等于 4 GB 减去 TOLUD（64 MB 对界），然后再减去 GFX 借用的空间大小。此时 TOUUD 的值等于 Reclaim Base 加上 Reclaim 空间的大小。

5. TOUUD~64 GB 空间

在 x86 处理器系统中，PCI 总线需要的空间大于 TOLUD~4 GB 这段区域时，将使用这段空间映射剩余的 PCI 总线地址空间，这段空间的使用方法与 BIOS 的设置有关。在 Montevina 平台中，CPU 使用的物理地址为 36 位，因此存储器域的最大物理地址空间为 64 GB。

5.3 存储器域的 PCI 总线地址空间

由图 5-2 可知，Montevina 平台中存储器域的 PCI 总线地址空间分为 TOLUD~4 GB 和 TOUUD~64 GB 这两段空间。这两段空间都可以映射 PCI 设备使用的空间，x86 处理器为了实现向前兼容，并没有取消 TOLUD~4 GB 这段空间，而这段空间的存在将存储器域的 DRAM 空间一分为二。

5.3.1 PCI 设备使用的地址空间

TOLUD~4 GB 这段 PCI 总线地址空间主要映射和 ICH 相连的 PCI 设备地址空间，此外还包括 EPBAR（Egress Port Base Address）指向的空间，以及 MCHBAR 和 DMIBAR 指向的空间等。除了 PCI 总线地址空间外，这段空间还包括 High BIOS、APIC（Advanced Programming Interrupt Controller）和 FSB Interface 地址空间，其详细描述如图 5-4 所示。

其中 APIC（Advanced Programmable Interrupt Controller）包括 I/O APIC 和 Local APIC 占用 0xFEC0-0000~0xFECF-FFFF 这段地址空间。APIC 是 x86 处理器使用的中断控制器，负责管理外部和 CPU 之间的中断请求。而 HSEG 空间占用 0xFEDA-0000~0xFEDB-FFFF 这段地址空间，这段空间在 CPU 内核处于 SMM 状态时，才能访问。

FSB Interface 存储器空间与 MSI 中断机制相关，PCIe 设备向这段存储器空间进行写操作时，MCH 将这个写操作转换为 FSB 总线的 Interrupt Message 总线事务。

值得注意的是，在 x86 处理器中 Local APCI 使用的寄存器在 0xFEE0-0000~0xFEE0-03F0 区域之间，在这段区域中，有一些 Reserved 寄存器，如 0xFEE0-0000~0xFEE0-0010，系统软件不能操作这些寄存器。Intel 并没有公开这些寄存器的具体含义，但是从原理上推

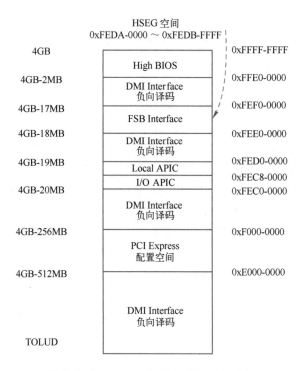

图 5-4　TOLUD~4 GB PCI 总线地址空间

断，这段寄存器所使用的地址正好是 PCIe 设备使用 MSI-X 中断方式向 APCI ID 为 0 的 CPU 发送中断所使用的地址，有关 x86 处理器 MSI-X 中断方式的详细说明见第 10.3 节。

在 x86 处理器中，Local APIC 寄存器空间是可变的，其基地址保存在 IA32_APIC_BASE 寄存器中，该寄存器是 x86 处理器的 MSR（Model Specific Register）寄存器，x86 处理器使用 RDMSR 和 WRMSR 指令访问这些寄存器。

PCI Express 配置空间占用 0xE000-0000~0xEFFF-FFFF 这段地址空间，下节将详细解释这段空间的使用方法。DMI Interface 负向译码空间被分为若干段，用来映射 ICH 使用的 PCI 总线地址空间。在 ICH 中提供了许多 PCI 设备，包括内嵌在 ICH 中的虚拟 PCI 设备和 PCIe 总线端口。这些 PCI 设备的 BAR 空间被映射到这段空间。

Montevina 平台使用 DMI 连接 MCH 和 ICH。当 CPU 对 PCI 空间发起数据请求时，这些数据首先到达 MCH，当 MCH 中的所有设备都不响应这个数据请求时，MCH 中的 DMI 接口设备将使用负向译码方式被动地接收这个数据请求，并将其转发到 ICH 中的 DMI 接口设备，从而到达 ICH。因此 Montevina 平台将这段空间称为"负向译码空间"。由以上说明可以发现与 MCH 连接的 PCIe 设备的访问延时小于与 ICH 连接中的 PCIe 设备。

5.3.2　PCIe 总线的配置空间

x86 处理器使用了两种机制访问 PCIe 设备的扩展配置空间。首先 x86 处理器提供了两个 I/O 端口寄存器，CONFIG_ADDRESS 和 CONFIG_DATA 寄存器，使用这两个寄存器访问 EP 配置空间的方法与访问 PCI 设备类似，详见第 2.2.4 节。然而这两个寄存器只能访问 PCI 设备的基本配置空间，即 PCIe 设备配置空间的前 256 个字节，而之后的扩展配置空间需要通过 ECAM 方式进行访问。

在 Montevina 平台中，PCIe 设备配置空间的基地址保存在 PCIEXBAR 寄存器中，这段地址空间的大小为 256 MB，且为 256 MB 对界。当 CPU 对 PCIe 设备配置空间[⊖]进行读写访问时，MCH 将这个存储器读写请求转换为 PCI 配置读写总线周期后，再发送到相应的 PCIe 设备中。PCIe 总线规范将这种"对 PCIe 设备配置空间"的读写访问方式称为 ECAM 机制。

ECAM 机制的主要原理是，将处理器系统中所有 PCIe 设备的配置空间映射到一段地址连续的存储器域的地址空间中。CPU 可以直接对这段特殊的存储器域地址空间进行访问，从而访问 PCIe 设备的配置空间。

使用 ECAM 机制与使用 CONFIG_ADDRESS 和 CONFIG_DATA 这对寄存器，间接访问 PCIe 设备的配置空间有较大的不同。ECAM 机制是一种直接寻址方式，在 x86 处理器系统中，只有使用 ECAM 方式才可以访问 PCIe 设备的扩展配置空间。而其他处理器，如 PowerPC 处理器，即便不使用 ECAM 方式，也可以访问 PCIe 设备的扩展配置空间，在 MPC8548 处理器的 PEX_CONFIG_ADDR 寄存器[⊖]中，设置了 EXT_REGN 字段（由 4 位组成），该字段可以与 REGN 字段组成一个 10 位的字段，从而可以访问所有扩展的 PCIe 设备配置空间。

Linux 系统定义了 raw_pci_read 和 raw_pci_write 两个函数，对 PCI 设备配置空间进行读写，这两个函数的实现在 ./arch/x86/pci/common.c 文件中，如源代码 5-1 所示。

源代码 5-1　raw_pci_read 和 raw_pci_write 函数

```
int raw_pci_read(unsigned int domain, unsigned int bus, unsigned int devfn,
                 int reg, int len, u32 * val)
{
    if (domain == 0 && reg < 256 && raw_pci_ops)
        return raw_pci_ops->read(domain, bus, devfn, reg, len, val);
    if (raw_pci_ext_ops)
        return raw_pci_ext_ops->read(domain, bus, devfn, reg, len, val);
    return -EINVAL;
}

int raw_pci_write(unsigned int domain, unsigned int bus, unsigned int devfn,
                  int reg, int len, u32 val)
{
    if (domain == 0 && reg < 256 && raw_pci_ops)
        return raw_pci_ops-write(domain, bus, devfn, reg, len, val);
    if (raw_pci_ext_ops)
        return raw_pci_ext_ops-write(domain, bus, devfn, reg, len, val);
    return -EINVAL;
}
```

⊖　这段空间属于存储器域地址空间。

⊖　该寄存器与 PCI_CONFIG_ADDR 寄存器类似，用来访问 PCIe 设备的配置空间。

由以上代码，可以发现当 raw_pci_read/write 函数访问的配置寄存器号大于 256B 时，该函数将调用 raw_pci_ext_ops 函数，否则调用 raw_pci_ops 函数。其中 raw_pci_ops 函数指针使用 0xCF8 和 0xCFC 两个 I/O 端口寄存器访问 PCI 总线配置空间，而 raw_pci_ext_ops 函数使用 ECAM 方式访问 PCI 总线配置空间。

在 Linux x86 系统中，raw_pci_ext_ops 函数相当于 pci_mmcfg 函数，而 pci_mmcfg 函数指针分别指向两个函数，为 pci_mmcfg_read 和 pci_mmcfg_write 函数。这两个函数使用直接寻址方式（即 ECAM 方式）访问当前处理器系统中所有 PCIe 设备的扩展配置空间，其函数原型在 ./arch/x86/pci/mmconfig_32.c 文件中。

Montevina 平台使用 256 MB 物理空间映射 PCI 设备的配置寄存器，因为在 Montevina 平台中有一棵 PCI 总线树，因此最多具有 256 条 PCI 总线，每一条 PCI 总线最多可以挂接 32 个 PCI 设备，每一个设备最多有 8 个 Function，而在每一个 Function 中最大的 PCI 总线配置寄存器空间为 4 KB。

因此将一棵 PCI 总线树上所有 PCI 设备的配置空间采用一一映射的方式对应到存储器域空间时，共需要 1 MB 空间，而一个 HOST 主桥可以管理的 PCI 总线为 256 条。为此 Montevina 平台共提供了 256 MB 大小的空间，其基地址在 PCIEXBAR 寄存器中，这段存储器域的地址空间与 PCI 总线的配置寄存器的对应关系如表 5-3 所示。

表 5-3　PCIEXBAR 空间与 PCI 总线配置寄存器的对应关系

地 址 偏 移	PCI 总线的配置空间
A[32:28]	与 PCIEXBAR 寄存器一致
A[27:20]	Bus Number
A[19:15]	Device Number
A[14:12]	Function Number
A[11:8]	Extended Register Number
A[7:2]	Register Number
A[1:0]	用作字节使能

当 CPU 对 PCIEXBAR 地址空间进行访问时，MCH 或者 ICH 将根据上表所示的规则，将这次存储器访问转化对 PCI 总线的某个设备进行的配置读写访问。如果当 CPU 对 PCIEXBAR+0x0811-0000 这个地址进行访问时，MCH 将这次地址访问转换为对 Bus 号为 0x81（A[27:20]为 0x81），Device 号为 1（A[19:15]为 1），且 Function 号为 0 的 PCI 设备配置空间的访问，访问的寄存器为 0x0（A[11:2]为 0）。

虽然采用 ECAM 方式可以访问之前使用 CONFIG_DATA 和 CONFIG_ADDRESS 寄存器不能访问的 PCI 扩展配置寄存器空间，但是也带来了一些问题。在一个处理器系统中，同一条 PCI 总线上的 Device Number 不一定连续，而且在多数 PCI 设备中也不会有 8 个 Function，这将造成 PCIEXBAR 空间会留有许多空洞。虽然 Montevina 平台提供了 256 MB 的 PCIe 设备使用的配置空间，但是这些空间的实际利用率较低。

PowerPC 处理器也可以使用 ECAM 方式映射 PCI 配置空间，如 MPC8548 处理器可以使用 PCIe 桥中的 Outbound 寄存器（PEXOWARn）将 PCI 配置空间映射到存储器域。此外 PowerPC 处理器还可以使用 PEX_CFG_DATA 和 PEX_CFG_ADDR 这两个寄存器访问扩展

PCIe 设备的配置空间。其中 PEX_CONFIG_ADDR 寄存器的结构如图 5-5 所示。

图 5-5　PEX_CONFIG_ADDR 寄存器的结构

PEX_CONFIG_ADDR 寄存器保存当前 PCIe 设备在处理器系统中的 ID 号，该寄存器的各个字段的描述如下。

- Enable 位。该位为 1 表示使能 HOST 处理器对 PCI 配置空间的访问，当 HOST 处理器对 PEX_CONFIG_DATA 寄存器进行访问时，HOST 主桥将对这个寄存器的访问转换为 PCI 配置读写周期并发送到 PCI 总线上。
- BUSN 字段记录 PCI 设备所在的总线号。
- DEVN 字段记录 PCI 设备的设备号。
- FUNCN 字段记录 PCI 设备的功能号。
- EXTREGN 和 REGN 字段，共 10 位，记录 PCI 设备的配置寄存器号。PowerPC 处理器使用这两个字段组成 10 位地址空间，从而可以访问 PCIe 设备使用的全部配置空间。

从原理上讲，x86 处理器也可以使用这种方式访问扩展的 PCI 配置空间，但是 x86 处理器没有采用这种方式，而是使用 ECAM 机制访问扩展的配置空间。这种方式将不可避免地在存储器域占用一段专用的地址空间。而这段地址空间的使用效率较低，因为在一条 PCI 总线上，PCIe 设备不会使用所有的设备号，而且每一个 PCIe 设备也不会使用所有的 Function 号，因此在这段地址空间中，有许多空间没有被充分利用。

5.4　小结

本章较为详细地介绍了 Montevina 平台与 PCIe 总线相关的内容。理解 PCIe 总线必须建立在理解处理器系统的基础之上，而 Intel 提供的处理器平台无疑是学习 PCIe 总线最合适的平台。Intel 是 PCIe 总线的缔造者，而且总是率先支持 PCIe 规范提出的最新功能。希望读者能够在充分理解处理器平台的基础上，进一步理解 PCIe 总线的细节知识。

本章因为篇幅有限，并不能对 Intel 的处理器平台进行详细分析与介绍。对这部分内容有兴趣的读者，可以首先阅读 Intel 提供的 Intel 64 and IA32 Architectures Software Developer's Manual 丛书（可以在 http://www.intel.com/products/processor/manuals 中下载）。

读者在获得这些入门知识之后，可以进一步阅读与 Intel 处理器相关的其他知识。目前 Intel 并没有完全公开其处理器平台的详细资料。但是从已有的资料中，也可以看到 Intel 在处理器领域的成就。目前 Intel 在这个领域处于无可争议的领袖地位。Intel 的处理器平台因为向前兼容的缘故，有些部件的实现并不完美，这些不完美是历史原因造成的。

第6章 PCIe 总线的事务层

事务层是 PCIe 总线层次结构的最高层，该层次将接收 PCIe 设备核心层的数据请求，并将其转换为 PCIe 总线事务，PCIe 总线使用的这些总线事务在 TLP 头中定义。PCIe 总线继承了 PCI/PCI-X 总线的大多数总线事务，如存储器读写、I/O 读写、配置读写总线事务，并增加了 Message 总线事务和原子操作等总线事务。

本节重点介绍与数据传送密切相关的总线事务，如存储器、I/O、配置读写总线事务。在 PCIe 总线中，Non-Posted 总线事务分两部分进行，首先是发送端向接收端提交总线读写请求，之后接收端再向发送端发送完成（Completion）报文。PCIe 总线使用 Split 传送方式处理所有 Non-Posted 总线事务，存储器读、I/O 读写和配置读写这些 Non-Posted 总线事务都使用 Split 传送方式。PCIe 的事务层还支持流量控制和虚通路管理等一系列特性，而 PCI 总线并不支持这些新的特性。

在 PCIe 总线中，不同的总线事务采用的路由方式不相同。PCIe 总线继承了 PCI 总线的地址路由和 ID 路由方式，并添加了"隐式路由"方式。

PCIe 总线使用的数据报文首先在事务层中形成，这个数据报文也称为事务层数据报文，即 TLP。TLP 在经过数据链路层时被加上 Sequence Number 前缀和 CRC 后缀，然后发向物理层。

数据链路层还可以产生 DLLP（Data Link Layer Packet）。DLLP 和 TLP 没有直接关系。DLLP 是产生于数据链路层，终止于数据链路层，并不会传递到事务层。DLLP 不是 TLP 加上前缀和后缀形成的。数据链路层的报文 DLLP 通过物理层时，需要经过 8/10b 编码，然后再进行发送。而数据的接收过程是发送过程的逆过程。

6.1 TLP 的格式

当处理器或者其他 PCIe 设备访问 PCIe 设备时，所传送的数据报文首先通过事务层被封装为一个或者多个 TLP，之后才能通过 PCIe 总线的各个层次发送出去。TLP 的基本格式如图 6-1 所示。

TLP Prefix (Optional)	TLP Prefix (Optional)	TLP Head	Data Payload	TLP Digest(Optional)

图 6-1 TLP 的基本格式

一个完整的 TLP 由 1 个或者多个 TLP Prefix、TLP Head、Data Payload（数据有效负载）和 TLP Digest 组成。TLP 头是 TLP 最重要的标志，不同的 TLP 其头的定义并不相同。TLP 头包含了当前 TLP 的总线事务类型、路由信息等一系列信息。在一个 TLP 中，Data Payload 的长度可变，最小为 0，最大为 1024DW。

TLP Digest 是一个可选项，一个 TLP 是否需要 TLP Digest 由 TLP 头决定。Data Payload 也是一个可选项，有些 TLP 并不需要 Data Payload，如存储器读请求、配置和 I/O 写完成 TLP 并不需要 Data Payload。

TLP Prefix 由 PCIe V2.1 总线规范引入，分为 Local TLP Prefix 和 EP-EP TLP Prefix 两类。其中 Local TLP Prefix 的主要作用是在 PCIe 链路的两端传递消息，而 EP-EP TLP Prefix 的主要作用是在发送设备和接收设备之间传递消息。设置 TLP Prefix 的主要目的是为了扩展 TLP 头，并以此支持 PCIe V2.1 规范的一些新的功能。

TLP 头由 3 个或者 4 个双字（DW）组成。其中第一个双字中保存通用 TLP 头，其他字段与通用 TLP 头的 Type 字段相关。一个通用 TLP 头由 Fmt、Type、TC、Length 等字段组成，如图 6-2 所示。

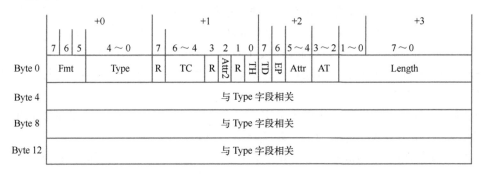

图 6-2 通用 TLP 头格式

如果存储器读写 TLP 支持 64 位地址模式时，TLP 头的长度为 4DW，否则为 3DW。而完成报文的 TLP 头不含有地址信息，使用的 TLP 头长度为 3DW。其中 Byte 4~Byte 15 的格式与 TLP 相关，下文将结合具体的 TLP 介绍这些字段。

6.1.1　通用 TLP 头的 Fmt 字段和 Type 字段

Fmt 和 Type 字段确认当前 TLP 使用的总线事务，TLP 头的大小是由 3 个双字还是 4 个双字组成，当前 TLP 是否包含有效负载。其具体含义如表 6-1 所示。

表 6-1　Fmt[2:0]字段

Fmt[2:0]	TLP 的格式
0b000	TLP 大小为 3 个双字，不带数据
0b001	TLP 大小为 4 个双字，不带数据
0b010	TLP 大小为 3 个双字，带数据
0b011	TLP 大小为 4 个双字，带数据
0b100	TLP Prefix
其他	PCIe 总线保留

其中所有读请求 TLP 都不带数据，而写请求 TLP 带数据，而其他 TLP 可能带数据也可能不带数据，如完成报文可能含有数据，也可能仅含有完成标志而并不携带数据。在 TLP 的 Type 字段中存放 TLP 的类型，即 PCIe 总线支持的总线事务。该字段共由 5 位组成，其含

义如表6-2所示。

表6-2 Type[4:0]字段

TLP 类型	Fmt[2:0]	Type[4:0]	描　　述
MRd	0b000 0b001	0b0 0000	存储器读请求；TLP 头大小为 3 个或者 4 个双字，不带数据
MRdLk	0b000 0b001	0b0 0001	带锁的存储器读请求；TLP 头大小为 3 个或者 4 个双字，不带数据
MWr	0b010 0b011	0b0 0000	存储器写请求；TLP 头大小为 3 个或者 4 个双字，带数据
IORd	0b000	0b0 0010	IO 读请求；TLP 头大小为 3 个双字，不带数据
IOWr	0b010	0b0 0010	IO 写请求；TLP 头大小为 3 个双字，带数据
CfgRd0	0b000	0b0 0100	配置 0 读请求；TLP 头大小为 3 个双字，不带数据
CfgWr0	0b010	0b0 0100	配置 0 写请求；TLP 头大小为 3 个双字，带数据
CfgRd1	0b000	0b0 0101	配置 1 读请求；不带数据
CfgWr1	0b010	0b0 0101	配置 1 写请求；带数据
TCfgRd	0b010	0b1 1011	本书对这两种总线事务不做介绍
TCfgWr	0b001	0b1 1011	
Msg	0b001	0b1 0$r_2 r_1 r_0$	消息请求；TLP 头大小为 4 个双字，不带数据。"rrr"字段是消息请求报文的 Route 字段，下文将详细介绍该字段
MsgD	0b011	0b1 0$r_2 r_1 r_0$	消息请求；TLP 头大小为 4 个双字，带数据
Cpl	0b000	0b0 1010	完成报文；TLP 头大小为 3 个双字，不带数据。包括存储器、配置和 I/O 写完成
CplD	0b001	0b0 1010	带数据的完成报文，TLP 头大小为 3 个双字，包括存储器读、I/O 读、配置读和原子操作读完成
CplLk	0b000	0b0 1011	锁定的完成报文，TLP 头大小为 3 个双字，不带数据
CplDLk	0b010	0b0 1011	带数据的锁定完成报文，TLP 头大小为 3 个双字，带数据
FetchAdd	0b010 0b011	0b0 1100	Fetch and Add 原子操作
Swap	0b010 0b011	0b0 1101	Swap 原子操作
CAS	0b010 0b011	0b0 1110	CAS 原子操作
LPrfx	0b100	0b0 $L_3 L_2 L_1 L_0$	Local TLP Prefix
EPrfx	0b100	0b1 $E_3 E_2 E_1 E_0$	End-End TLP Prefix

　　存储器读和写请求，IO 读和写请求，及配置读和写请求的 type 字段相同，如存储器读和写请求的 Type 字段都为 0b0 0000。此时 PCIe 总线规范使用 Fmt 字段区分读写请求，当 Fmt 字段是"带数据"的报文，一定是"写报文"；当 Fmt 字段是"不带数据"的报文，一定是"读报文"。

　　PCIe 总线的数据报文传送方式与 PCI 总线数据传送有类似之处。其中存储器写 TLP 使用 Posted 方式进行传送，而其他总线事务使用 Non-Posted 方式。

PCIe 总线规定所有 Non-Posted 存储器请求使用 Split 总线方式进行数据传递。当 PCIe 设备进行存储器读、I/O 读写或者配置读写请求时，首先向目标设备发送数据读写请求 TLP，当目标设备收到这些读写请求 TLP 后，将数据和完成信息通过完成报文（Cpl 或者 CplD）发送给源设备。

其中存储器读、I/O 读和配置读需要使用 CplD 报文，因为目标设备需要将数据传递给源设备；而 I/O 写和配置写需要使用 Cpl 报文，因为目标设备不需要将任何数据传递给源设备，但是需要通知源设备，写操作已经完成，数据已经成功地传递给目标设备。

在 PCIe 总线中，进行存储器或者 I/O 写操作时，数据与数据包头一起传递；而进行存储器或者 I/O 读操作时，源设备首先向目标设备发送读请求 TLP，而目标设备在准备好数据后，向源设备发出完成报文。

PCIe 总线规范还定义了 MRdLk 报文，该报文的主要作用是与 PCI 总线的锁操作相兼容，但是 PCIe 总线规范并不建议用户使用这种功能，因为使用这种功能将极大影响 PCIe 总线的数据传送效率。

与 PCI 总线不同，PCIe 总线规范定义了 Msg 报文，即消息报文，分别为 Msg 和 MsgD。这两种报文的区别在于一个报文可以传递数据，一个不能传递数据。

PCIe V2.1 总线规范还补充了一些总线事务，如 FetchAdd、Swap、CAS、LPrfx 和 EPrfx。其中 LPrfx 和 EPrfx 总线事务分别与 Local TLP Prefix 和 EP-EP TLP Prefix 对应。在 PCIe 总线规范 V2.0 中，TLP 头的大小为 1DW，而使用 LPrfx 和 EPrfx 总线事务可以对 TLP 头进行扩展，本节不对这些 TLP Prefix 做进一步介绍。PCIe 设备可以使用 FetchAdd、Swap 和 CAS 总线事务进行原子操作，第 6.3.5 节将详细介绍该类总线事务。

6.1.2 TC 字段

TC 字段表示当前 TLP 的传送类型，PCIe 总线规定了 8 种传输类型，分别为 TC0~TC7，缺省值为 TC0，该字段与 PCIe 的 QoS 相关。PCIe 设备使用 TC 区分不同类型的数据传递，而多数 EP 中只含有一个 VC，因此这些 EP 在发送 TLP 时，也仅仅使用 TC0，但是有些对实时性要求较高的 EP 中，含有可以设置 TC 字段的寄存器。

在 Intel 的高精度声卡控制器（High Definition Audio Controller）的扩展配置空间中含有一个 TCSEL 寄存器。系统软件可以设置该寄存器，使声卡控制器发出的 TLP 使用合适的 TC。声卡控制器可以使用 TC7 传送一些对实时性要求较强的控制信息，而使用 TC0 传送一般的数据信息。在具体实现中，一个 EP 也可以将控制 TC 字段的寄存器放入到设备的 BAR 空间中，而不必和 Intel 的高精度声卡控制器相同，存放在 PCI 配置空间中。

目前许多处理器系统的 RC 仅支持一个 VC 通路，此时 EP 使用不同的 TC 进行传递数据的意义不大。x86 处理器的 MCH 中一般支持两个 VC 通路，而多数 PowerPC 处理器仅支持一个 VC 通路。PLX 公司的多数 Switch 也仅支持两个 VC 通路。

有些 RC，如 MPC8572 处理器，也能决定其发出 TLP 使用的 TC。在该处理器的 PCIe Outbound 窗口寄存器（PEXOWARn）中，含有一个 TC 字段，通过设置该字段可以确定 RC 发出的 TLP 使用的 TC 字段。不同的 TC 可以使用 PCIe 链路中的不同 VC，而不同的 VC 的仲裁级别并不相同。EP 或者 RC 通过调整其发出 TLP 的 TC 字段，可以调整 TLP 使用的 VC，从而调整 TLP 的优先级。

6.1.3　Attr 字段

Attr 字段由 3 位组成，其中第 2 位表示该 TLP 是否支持 PCIe 总线的 ID-based Ordering；第 1 位表示是否支持 Relaxed Ordering；而第 0 位表示该 TLP 在经过 RC 到达存储器时，是否需要进行 Cache 共享一致性处理。Attr 字段如图 6-3 所示。

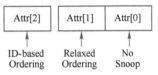

图 6-3　Attr 字段格式

一个 TLP 可以同时支持 ID-based Ordering 和 Relaxed Ordering 两种位序。Relaxed Ordering 最早在 PCI-X 总线规范中提出，用来提高 PCI-X 总线的数据传送效率；而 ID-based Ordering 由 PCIe V2.1 总线规范提出。TLP 支持的序如表 6-3 所示。

表 6-3　TLP 支持的序

Attr[2]	Attr[1]	类　　型
0	0	缺省序，即强序模型
0	1	PCI-X Relaxed Ordering 模型
1	0	ID-based Ordering（IDO）模型
1	1	同时支持 Relaxed Ordering 和 IDO 模型

当使用标准的强序模型时，在数据的整个传送路径中，PCIe 设备在处理相同类型的 TLP 时，如 PCIe 设备发送两个存储器写 TLP 时，后面的存储器写 TLP 必须等待前一个存储器写 TLP 完成后才能被处理，即便当前报文在传送过程中被阻塞，后一个报文也必须等待。

如果使用 Relaxed Ordering 模型，后一个存储器写 TLP 可以穿越前一个存储器写 TLP，提前执行，从而提高了 PCIe 总线的利用率。有时一个 PCIe 设备发出的 TLP，其目的地址并不相同，可能先进入发送队列的 TLP，在某种情况下无法发送，但这并不影响后续 TLP 的发送，因为这两个 TLP 的目的地址并不相同，发送条件也并不相同。

值得注意的是，在使用 PCI 总线强序模型时，不同种类的 TLP 间也可以乱序通过同一条 PCIe 链路，比如存储器写 TLP 可以超越存储器读请求 TLP 提前进行。而 PCIe 总线支持 Relaxed Ordering 模型之后，在 TLP 的传递过程中出现乱序种类更多，但是这些乱序仍然是有条件限制的。在 PCIe 总线规范中为了避免死锁，还规定了不同报文的传送数据规则，即 Ordering Rules。有关 PCIe 总线序的详细说明见第 11 章。

PCIe V2.1 总线规范引入了一种新的"序"模型，即 IDO（ID-Based Ordering）模型，IDO 模型与数据传送的数据流相关，是 PCIe V2.1 规范引入的序模型。有关 PCIe 总线的 Relaxed Ordering 和 IDO 模型的详细说明见第 11.4.2 节。

Attr 字段的第 0 位是"No Snoop Attribute"位。当该位为 0 时表示当前 TLP 所传送的数据在通过 FSB 时，需要与 Cache 保持一致，这种一致性由 FSB 通过总线监听自动完成而不需要软件干预；如果为 1，表示 FSB 并不会将 TLP 中的数据与 Cache 进行一致，在这种情况下，进行数据传送时，必须使用软件保证 Cache 的一致性。

在 PCI 总线中没有与这个"No Snoop Attribute"位对应的概念，因此一个 PCI 设备对存储器进行 DMA 操作时会进行 Cache 一致性操作[○]。这种"自动的"Cache 一致性行为在某些特殊情况下并不能带来更高的效率。

当一个 PCIe 设备对存储器进行 DMA 读操作时，如果传送的数据非常大，比如 512MB，Cache 的一致性操作不但不会提高 DMA 写的效率，反而会降低。因为这个 DMA 读访问的数据在绝大多数情况下，并不会在 Cache 中命中，但是 FSB 依然需要使用 Snoop Phase 进行总线监听。而处理器在进行 Cache 一致性操作时仍然需要占用一定的时钟周期，即在 Snoop Phase 中占用的时钟周期，Snoop Phase 是 FSB 总线事务的一个阶段，如图 3-6 所示。

对于这类情况，一个较好的做法是，首先使用软件指令保证 Cache 与主存储器的一致性，并置"No Snoop Attribute"位为 1[○]，然后再进行 DMA 读操作。同理使用这种方法对一段较大的数据区域进行 DMA 写时，也可以提高效率。

除此之外，当 PCIe 设备访问的存储器，不是"可 Cache 空间"时，也可以通过设置"No Snoop Attribute"位，避免 FSB 的 Cache 共享一致性操作，从而提高 FSB 的效率。"No Snoop Attribute"位是 PCIe 总线针对 PCI 总线的不足做出的重要改动。

6.1.4　通用 TLP 头中的其他字段

除了 Fmt 和 Type 字段外，通用 TLP 头还含有以下字段。

1. TH 位、TD 位和 EP 位

TH 位为 1 表示当前 TLP 中含有 TPH（TLP Processing Hint）信息，TPH 是 PCIe V2.1 总线规范引入的一个重要功能。TLP 的发送端可以使用 TPH 信息，通知接收端即将访问数据的特性，以便接收端合理地预读和管理数据，TPH 的详细介绍见第 6.3.6 节。

TD 位表示 TLP 中的 TLP Digest 是否有效，为 1 表示有效，为 0 表示无效。而 EP 位表示当前 TLP 中的数据是否有效，为 1 表示无效，为 0 表示有效。

2. AT 字段

AT 字段与 PCIe 总线的地址转换相关。在一些 PCIe 设备中设置了 ATC（Address Translation Cache）部件，这个部件的主要功能是进行地址转换。只有在支持 IOMMU 技术的处理器系统中，PCIe 设备才能使用该字段。

AT 字段可以用作存储器域与 PCI 总线域之间的地址转换，但是设置这个字段的主要目的是为了方便多个虚拟主机共享同一个 PCIe 设备。对这个字段有兴趣的读者可以参考 Address Translation Sevices 规范，这个规范是 PCI 的 IO Virtualization 规范的重要组成部分。对虚拟化技术有兴趣的读者可以参考清华大学出版社的《系统虚拟化——原理与实现》，以获得基本的关于虚拟化的入门知识。该书主要针对处理器系统的虚拟化技术。而本书将在第 13.2.1 节详细介绍 AT 字段和 PCI 总线相关的虚拟化技术。

3. Length 字段

Length 字段用来描述 TLP 的有效负载（Data Payload）大小[○]。PCIe 总线规范规定一个 TLP 的 Data Payload 的大小在 0~4096B 之间。PCIe 总线设置 Length 字段的目的是提高总

○　PowerPC 处理器通过设置 Inbound 寄存器，也可以避免这个 Cache 一致性操作。

○　FSB 收到这类 TLP 后，不进行 Cache 一致性操作。

○　存储器读请求 TLP 没有 Data Payload 字段，此时该 TLP 使用 Length 字段表示需要读取多少数据。

线的传送效率。

当 PCI 设备在进行数据传送时，其目标设备并不知道实际的数据传送大小，这在一定程度上影响了 PCI 总线的数据传送效率。而在 PCIe 总线中，目标设备可以通过 Length 字段提前获知源设备需要发送或者请求的数据长度，从而合理地管理接收缓冲，并根据实际情况进行 Cache 一致性操作。

当 PCI 设备进行 DMA 写操作，将 PCI 设备中 4 KB 大小的数据传送到主存储器时，这个 PCI 设备的 DMA 控制器将存放传送的目的地址和传送大小，然后启动 DMA 写操作，将数据写入到主存储器。由于 PCI 总线是一条共享总线，因此传送 4 KB 大小的数据，可能会使用若干个 PCI 总线写事务才能完成[⊖]，而每一个 PCI 总线写事务都不知道 DMA 控制器何时才能将数据传送完毕。

如果这些总线写事务还通过一系列 PCI 桥才能到达存储器，在这个路径上的每一个 PCI 桥也无法预知这个 DMA 操作何时才能结束，那么这种"不可预知"将导致 PCI 总线的带宽不能被充分利用，而且极易造成 PCI 桥数据缓冲的浪费。

而 PCIe 总线通过 TLP 的 Length 字段，可以有效避免 PCIe 链路带宽的浪费。值得注意的是，Length 字段以 DW 为单位，其最小单位为 1 个 DW。如果 PCIe 主设备传送的单位小于 1 个 DW 或者传送的数据并不以 DW 对界时，需要使用字节使能字段，即 "DW BE" 字段。有关 "DW BE" 字段的详细说明见第 6.3.1 节。

6.2　TLP 的路由

TLP 的路由是指 TLP 通过 Switch 或者 PCIe 桥片时采用哪条路径，最终到达 EP 或者 RC 的方法。PCIe 总线一共定义了三种路由方法，分别是基于地址（Address）的路由，基于 ID 的路由和隐式路由（Implicit）方式。

存储器和 I/O 读写请求 TLP 使用基于地址的路由方式，这种方式使用 TLP 中的 Address 字段进行路由选径，最终到达目的地。

而配置读写报文、"Vendor_Defined Messages" 报文、Cpl 和 CplD 报文使用基于 ID 的路由方式，这种方式使用 PCI 总线号[⊖]（Bus Number）进行路由选径。在 Switch 或者多端口 RC 的虚拟 PCI-to-PCI 桥配置空间中，包含如何使用 PCI 总线号进行路由选径的信息。

而隐式路由方式主要用于 Message 报文的传递。在 PCIe 总线中定义了一系列消息报文，包括 "INTx Interrupt Signaling"，"Power Management Messages" 和 "Error Signal Messages" 等报文。在这些报文中，除了 "Vendor_Defined Messages" 报文，其他所有消息报文都使用隐式路由方式，隐式路由方式是指从下游端口到上游端口进行数据传递的使用路由方式，或者用于 RC 向 EP 发出广播报文。

6.2.1　基于地址的路由

在 PCIe 总线中，存储器读写和 I/O 读写 TLP 使用基于地址的路由方式。PCIe 设备使用

⊖　当多个 PCI 设备共享一条 PCI 总线时，一个设备不会长时间占用 PCI 总线，这个设备在使用这条 PCI 总线一定的时间后，将让出 PCI 总线的使用权。

⊖　PCIe 总线实际上使用 Transaction ID 进行 ID 路由，有关 Transaction ID 的详细说明见第 6.3.1 节。

的地址路由方式与 PCI 设备使用的地址路由方式类似。只是 PCIe 设备使用 TLP 进行数据传送，而 PCI 设备使用总线周期进行数据传送。使用地址路由方式进行数据传递的 TLP 格式如第 6.3.1 节的图 6-8 所示，在这类 TLP 中包含目的设备的地址。

当一个 TLP 进行数据传递时，可能会经过多级 Switch，最终到达目的地。Switch 将根据存储器读写和 I/O 读写请求 TLP 的目的地址将报文传递到合适的 Egress 端口上。如图 4-10 所示，在一个 Switch 中包含了多个虚拟 PCI-to-PCI 桥。在 Switch 中有几个端口，就包含几个虚拟 PCI-to-PCI 桥。

在虚拟 PCI-to-PCI 桥的配置寄存器空间中，包含一个桥片能够接收的物理地址范围。PCIe 总线通过这个物理地址范围实现基于地址的路由。这段配置寄存器如图 6-4 所示。当系统软件初始化 PCI 总线时，将合理地设置这些寄存器，之后当 TLP 通过这些 Switch 时将根据这些寄存器选择合适的路径。

Secondary Status	I/O Limit	I/O Base	1Ch
Memory Limit	Memory Base		20h
Prefetchable Memory Limit	Prefetchable Memory Base		24h
Prefetchable Base Upper 32 Bits			28h
Prefetchable Limit Upper 32 Bits			2Ch
I/O Limit Upper 16 Bits	I/O Base Upper 16 Bits		30h

图 6-4　与地址路由相关的 PCI 桥片配置寄存器

图 6-4 中的配置寄存器描述了该虚拟 PCI-to-PCI 桥下游 PCI 子树使用的三组空间范围，分别为 I/O、存储器和可预取的存储器空间，分别用 Base 和 Limit 两类寄存器描述，其中 Base 寄存器表示可访问空间的基地址，Limit 寄存器表示可访问空间的大小。TLP 使用基于地址的路由时，一定要通过查询这组寄存器之后，再决定传送路径。这组寄存器的使用方法与 PCI 总线中的 PCI 桥兼容。

其中 TLP"从上游端口发送到下游端口"与"从下游端口发送到上游端口"的路由过程略有不同，如图 6-5 所示。下文以 TLP1～TLP3 的发送过程对地址路由过程进行说明。TLP1～TLP3 的描述如下。

- TLP1 是一个存储器或者 I/O 请求 TLP，由 RC 发出，并通过一个 Switch 发向 EP1。存储器和 I/O 读写请求 TLP 使用这种地址路由方式。TLP1 将从 Switch 的上游端口传送到下游端口。
- TLP2 是一个存储器或者 I/O 请求 TLP，由 EP2 发出，并通过一个 Switch 发向 RC。当 PCIe 设备进行 DMA 读写操作时，将使用这种地址路由方式。TLP2 将从 Switch 的下游端口传送到上游端口。
- TLP3 是一个存储器或者 I/O 请求 TLP，由一个 EP2 发出，并通过一个 Switch 后发送到另外一个 EP。在 x86 处理器系统中，这种用法并不常见。但是在某些大规模处理器系统中，具有这种应用方式。此时 TLP3 将从 Switch 的下游端口传送到另外一个下游端口。

1. TLP1 的传送过程

当 TLP1 从 RC 发向 EP1 时，这个 TLP1 为 I/O 或者存储器报文，其中 TLP1 目的地址在 EP1 的 BAR 空间中。当处理器访问 EP 的 BAR 空间时，需要使用该类 TLP。值得注意的是

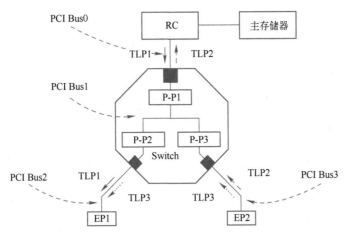

图 6-5　基于地址的路由寻径方式

这个数据报文在通过 RC 时需要进行地址转换。

TLP1 首先通过 PCI Bus0 发向 Switch，并通过 Switch 的 Upstream 端口到达 P-P1 桥片，P-P1 桥片首先根据配置寄存器中的 Limit 和 Base 寄存器决定是否接收 TLP1。如果 Switch 不接收 TLP1，则将该 TLP 作为不支持的请求（Unsupported Request）处理，此时如果 TLP1 需要回应报文，Switch 将发出完成报文，该报文的状态为 UR（Unsupported Request）。

如果 Switch 接收 TLP1，则表示 TLP1 所访问的地址在该 Switch 下游端口所连接的 EP 或者 Switch 中，此时 Switch 将 TLP1 从 PCI Bus0 推至 PCI Bus1 中，即穿越 P-P1 桥片。TLP1 到达 PCI Bus1 后将同时查找 P-P2 和 P-P3 桥片配置寄存器中的 Limit 和 Base 寄存器，决定是 P-P2 还是 P-P3 桥片接收 TLP1。本小节中的例子将使用 P-P2 桥片接收 TLP1，并将 TLP1 推至 PCI Bus2，而 PCI Bus2 上的 EP1 将接收 TLP1，完成整个地址路由。

2. TLP2 的传送过程

当 TLP2 从 EP2 发向 RC 时，一般来说该 TLP 将访问处理器系统的主存储器。此时 TLP2 首先将请求发至 P-P3 桥片，在 P-P3 桥片配置寄存器的 Limit 和 Base 寄存器中当然不会包含 TLP2 所访问的地址，此时 P-P3 桥片将 TLP2 推至 PCI Bus1。

TLP "从下游端口向上游端口" 与 "从 TLP 从上游端口向下游端口" 进行传递时，桥片的处理机制有所不同，从上游端口向下游端口传递时，如果桥片配置寄存器的 Limit 和 Base 寄存器包含该 TLP 的访问地址时，桥片将接收此 TLP，否则不接收该 TLP。而从下游端口向上游端口传递时，如果桥片配置寄存器的 Limit 和 Base 寄存器不包含该 TLP 的访问地址时，桥片将接收该 TLP，并将其推至桥片的上游 PCI 总线。值得注意的是，这两种地址译码方式都属于 PCI 总线的正向译码。

当 TLP2 到达 PCI Bus1 时，首先检查在 PCI Bus1 总线上的 P-P2 桥片是否可以接收此 TLP，如果不能接收则 TLP2 通过 P-P1 桥片传递到 PCI Bus0，即到达 RC。

在 MPC8548 处理器中，到达 RC 的 TLP 首先通过 Inbound 寄存器进行地址转换，将 TLP 的 PCI 总线地址转换为处理器的地址，然后访问处理器中相应的存储器空间；对于 x86 处理器而言，MCH 也会完成 PCI 域地址空间到存储器域地址空间的转换，然后访问处理器中相应的存储器空间。

3. TLP3 的传送过程

TLP3 的传递方式与 TLP2 的传递方式有些类似，当 TLP3 传递到 PCI Bus1 时，P-P2 桥片将接收 TLP3，并将 TLP3 传递到 PCI Bus2 上的 EP1 中。由以上叙述可以发现，PCIe 总线中基于地址的路由方式与 PCI 总线上的基于地址的数据传递流程十分相近。TLP3 在 PCI 总线域上进行数据传递，因此不需要进行 PCI 总线域到存储器域的地址转换。

6.2.2 基于 ID 的路由

在 PCIe 总线中，基于 ID 的路由方式主要用于配置读写请求 TLP、Cpl 和 CplD 报文，此外 Vendor_Defined 消息报文也可以使用这种基于 ID 的路由方式。而在 PCI 总线中，只有配置读写周期才使用 ID 进行数据传递。

基于 ID 的路由方式与基于地址的路由方式有较大的不同，基于 ID 路由方式的 TLP 头格式也与基于地址路由方式的头格式不同，其报文格式如图 6-6 所示。

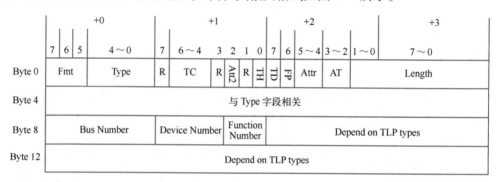

图 6-6 使用 ID 路由的 TLP 头格式

使用 ID 路由方式的 TLP 头，其 Byte8 ~ Byte11 字段与基于地址路由的 TLP 不同。基于 ID 路由的 TLP，使用 Bus Number、Device Number 和 Function Number 进行路由寻址。从软件的角度来看，PCIe 总线与 PCI 总线兼容，只是在 PCIe 总线中，每一个 PCIe 设备使用唯一的 PCI 设备号，但是每一个设备仍然可以有多个子设备（Function）。

PCIe 总线规定，在一个 PCI 总线域空间中，最多只能有 256 条 PCI 总线，因此在一个 TLP 中，Bus Number 由 5 位组成；而在每一条总线中最多包含 32 个设备，因此 TLP 中的 Device Number 由 5 位组成；而每一个设备中最多包含 8 个功能，因此一个 TLP 的 Function Number 由 3 位组成。

配置读写请求 TLP 是使用"基于 ID 路由"的一组重要报文，其主要作用是读写 PCIe 总线的 EP、Switch 及 PCIe 桥片的配置寄存器，以完成 PCIe 总线的配置。在处理器系统上电之后需要进行 PCI 总线系统的枚举，为 PCI 总线分配总线号，并设置 Switch、PCIe 桥片或者 EP 的配置寄存器，如 Limit 寄存器组、Base 寄存器组、BAR 寄存器、Subordinate Bus Number、Secondary Bus Number 和 Primary Bus Number 等一系列配置寄存器。

在上文中我们简单介绍了 Limit 寄存器组和 Base 寄存器组的用法，下文将重点描述 Sub-

○ PCIe 链路采用端到端的通信方式，每一个链路只能挂接一个设备，因此在多数情况下，使用 3 位描述 Device Number 是多余的，因此 PCIe 总线提出了 ARI 格式，该格式的详细描述见第 6.3.1 节。

ordinate Bus Number、Secondary Bus Number 和 Primary Bus Number 寄存器。Subordinate Bus Number、Secondary Bus Number 和 Primary Bus Number 寄存器在 Type 01h 配置寄存器中，用来描述 PCI-to-PCI 桥片的上游及下游总线号。这段寄存器在 PCI 配置寄存器中的位置如图 6-7 所示。

| Secondary Latency Timer | Subordinate Bus Number | Secondary Bus Number | Primary Bus Number | 18h |

图 6-7　与 ID 路由相关的 PCI 桥片配置寄存器

与 PCI 总线中的桥片类似，Primary Bus Number 记录 PCI-to-PCI 桥上游的 PCI 总线号，Secondary Bus Number 记录 PCI-to-PCI 桥下游的第一个 PCI 总线号，而 Subordinate Bus Number 记录 PCI-to-PCI 桥下游的最后一个 PCI 总线号。

如图 6-5 所示，P-P1 桥片的 Primary Bus Number 为 0，Secondary Bus Number 为 1，而 Subordinate Bus Number 为 3。这些总线号，在处理器系统对 PCI 总线进行枚举时由系统初始化程序设置，从系统初始化程序的角度来看，PCIe 总线与 PCI 总线基本兼容，只是 PCIe 总线对配置空间进行了一些扩展。

在如表 6-2 所示中，RC 可以使用 Type 00h 和 Type 01h 读写请求 TLP，对 PCIe 设备的配置寄存器进行读写访问，配置读写请求 TLP 只能由 RC 发出，配置读写请求 TLP 使用基于 ID 的路由方式。

在如图 6-5 所示的例子中，RC 首先使用 Type 00h 配置请求 TLP 访问在 PCI Bus0 总线上的设备，PCI Bus0 上的所有设备，包括桥片都要监听 PCI Bus 0 上的配置请求，在本例中只有 Switch 挂接在 PCI Bus0 上，实际上是 Switch 的上游端口与 PCI Bus0 直接相连。因此 Switch 的上游端口将接收 RC 发出的 Type 00h 配置请求 TLP，之后 Switch 将向 RC 发出完成报文，结束配置请求。与 PCI 总线相同，PCIe 总线的 Type 00h 类型配置请求 TLP 不能够穿越桥片，在图 6-5 中这类请求只能访问 Switch 上游端口的配置空间。

PCI 总线是基于共享总线的数据传送方式，在一条 PCI 总线上可以连接多个 PCI Agent 设备，其中每一个 PCI Agent 都提供了一个 IDSEL#信号，这个信号与 PCI-to-PCI 桥片或者 HOST 主桥的地址线直接相连，PCI 总线根据与 IDSEL#信号与地址线的连接关系决定相应设备的 Device Number。

这与 PCIe 总线的使用方法不同，PCIe 总线使用"端对端"的连接方式，PCIe 链路只能连接一个下游设备，而这个下游设备的 Device Number 只能为 0。而只有在 Switch 的虚拟 PCI 总线上可以连接多个 Device Number 不同的端口。

当一个虚拟 PCI 总线上挂接 PCI-to-PCI 桥时，系统配置软件将使用 Type 01h 配置请求 TLP 访问 PCI-PCI 桥下游的 PCI 设备。如图 6-5 所示，RC 可以通过 Type 01h 配置请求 TLP 访问 P-P2 桥片、P-P3 桥片，EP1 和 EP2。

当 RC 使用 Type 01h 配置请求 TLP，直接访问 P-P1 桥的下游设备时，首先需要检查该 TLP 的 Bus Number 是否为 1，如果为 1 表示该 TLP 的访问目标在 PCI Bus 1 总线上，此时 PCI-to-PCI 桥将这个 Type 01h 类型的 TLP 转换为 Type 00h 类型的 TLP，然后推至 PCI Bus 1 总线，并访问其下的设备。

如果该 TLP 的 Bus Number 在 P-P1 桥片的 Secondary Bus Number 和 Subordinate Bus Number 寄存器之间，则 P-P1 桥片将该 Type 01h 类型的 TLP 直接透传到 PCI Bus 1 上，并不改变该 TLP 的类型，之后 Type 01h 类型的 TLP 将继续检查 P-P2 和 P-P3 桥片的配置空间，决定由 P-P2 还是 P-P3 接收该 TLP。如果 TLP 的 PCI Bus Number 为 2 时，P-P2 桥片将接收该 TLP，并将该 Type 01h 类型 TLP 转换为 Type 00h 类型的 TLP，然后发送给 EP1，并由 EP1 处理该 TLP。

上文简要讲述了配置请求 TLP 使用 ID 路由方式从上游端口向下游端口的传递规则，但是 Vendor_Defined 消息报文和 Cpl 和 CplD 报文还可能从下游端口向上游端口进行传递。此时 PCIe 总线处理方法略有不同。下文仍以图 6-5 为例说明这种情况。

当一个 TLP 从 EP2 传送到 EP1 或者 RC 时，首先检查 P-P3 桥片的配置空间，P-P3 桥片发现该 TLP 不是发向自己时，将该 TLP 推至上游总线，即 PCI Bus1。如果 PCI Bus1 上 P-P1 桥片没有认领该 TLP，该 TLP 将继续向 P-P2 桥片传递，并由这个桥片将 TLP 转发给合适的 EP；如果 P-P1 桥片认领该 TLP，该 TLP 将继续向上游总线传递，直至 RC。

由以上描述可以发现，PCIe 总线使用的基于 ID 的路由方式与 PCI 总线中配置读写总线事务通过 PCI 桥的方法较为类似。

6.2.3 隐式路由

PCIe 总线规定消息请求报文使用隐式路由方式。在 PCIe 总线中，有许多消息是直接发向 RC 或者来自 RC 的广播报文，这些报文不使用地址或者 ID 进行路由，而是使用 Msg 和 MsgD 报文的 Route 字段进行路由，这种路由方式称为隐式路由。

PCIe 总线定义了一些用于中断请求、错误状态处理、锁定总线事务、热插拔信号处理和"Vendor_Defined Messages"消息报文。这些消息报文需要使用隐式路由方式进行传递。消息报文的 Route 字段的含义如表 6-4 所示。

表 6-4　Route[4:0] 字段

Route[4:0]	描　　述
000	路由到 RC
001	使用地址路由
010	使用 ID 路由
011	来自 RC 的广播报文
100	本地消息，在接收端结束（Legacy 中断消息使用这种报文格式，传递来自 PCI 总线的中断报文）
101	用于 PCIe 电源管理（PME_TO_Ack 报文使用）
110~111	保留

使用隐式路由方式的 TLP，其 Route 字段为"000"，"011"，"100"或者"101"。当一个报文使用隐式路由向 EP 发送时，EP 将对 Route 字段进行检查，如果这个报文是"来自 RC 的广播报文"，或者是"本地报文"，EP 将接收此报文。

如果 Switch 收到一条使用隐式路由的 TLP 时，将根据报文 Route 字段的不同而分别处理。如果 Switch 的上游端口接收了一条来自 RC 的广播消息，则将该报文发向所有的下游端口；如果 Switch 接收了一条来自下游端口发向 RC 的消息报文时，Switch 将此报文直接转发到上游端口，直至 RC；如果 Switch 接收了一条使用隐式路由方式的本地消息报文，则 Switch 接收并终结此报文，不再上传或下推。

如果 RC 收到一个使用隐式路由的 TLP 时，将根据报文 Route 字段而分别处理这些 TLP。如果该 Route 字段为 0b000 和 0b101，RC 将接收该 TLP，并作相应的处理；如果为 0b100，RC 将接收该 TLP，并结束该 TLP 报文的传递。

6.3　存储器、I/O 和配置读写请求 TLP

本节讲述 PCIe 总线定义的各类 TLP，并详细介绍这些 TLP 的格式。在这些 TLP 中，有些格式对于初学者来说较难理解。为此本书将在第 12 章中结合一个设计实例，进一步描述这些 TLP 格式。

但是在阅读第 12 章的内容之前，读者需要建立 PCIe 总线中与 TLP 相关的一些基本概念，特别是存储器读写相关的报文格式。在 PCIe 总线中，存储器读写，I/O 读写和配置读写请求 TLP 由以下几类报文组成。

（1）存储器读请求 TLP 和读完成 TLP

当 PCIe 主设备，RC 或者 EP，访问目标设备的存储器空间时，使用 Non-Posted 总线事务向目标设备发出存储器读请求 TLP，目标设备收到这个存储器读请求 TLP 后，使用存储器读完成 TLP，主动向主设备传递数据。当主设备收到目标设备的存储器读完成 TLP 后，将完成一次 DMA 读操作。

（2）存储器写请求 TLP

在 PCIe 总线中，存储器写使用 Posted 总线事务。PCIe 主设备仅使用存储器写请求 TLP 即可完成 DMA 写操作，主设备不需要目标设备的回应报文。

（3）原子操作请求和完成报文

原子操作由 PCIe V2.1 总线规范引入，一个完整的原子操作由原子操作请求和原子操作完成报文组成。原子操作的使用方法与其他 Non-Posted 总线事务类似，首先 PCIe 主设备向目标设备发送原子操作请求，之后目标设备向主设备发送原子操作完成报文，结束一次原子操作。有关原子操作的详细说明见第 6.3.5 节。

（4）I/O 读写请求 TLP 和读写完成 TLP

在 PCIe 总线中，I/O 读写操作使用 Non-Posted 总线事务，I/O 读写 TLP 都需要完成报文作为回应。只是在 I/O 写请求的完成报文中不需要"带数据"，而仅含有 I/O 写请求是否成功的状态信息。

（5）配置读写请求 TLP 和配置读写完成 TLP

从总线事务的角度上看，配置读写请求操作的过程与 I/O 读写操作的过程类似。配置读写请求 TLP 都需要配置读写完成作为应答，从而完成一个完成的配置读写操作。

（6）消息报文

与 PCI 总线相比，PCIe 总线增加了消息请求事务。PCIe 总线使用基于报文的数据传送模式，所有总线事务都是通过报文实现的，PCIe 总线取消了一些在 PCI 总线中存在的边带信号。在 PCIe 总线中，一些由 PCI 总线的边带信号完成的工作，如中断请求和电源管理等，在 PCIe 总线中由消息请求报文实现。

6.3.1　存储器读写请求 TLP

存储器读写请求 TLP 头格式如图 6-8 所示。

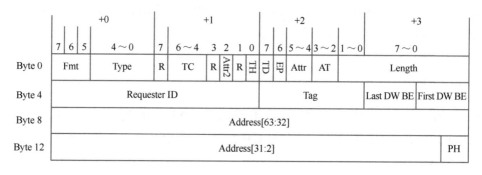

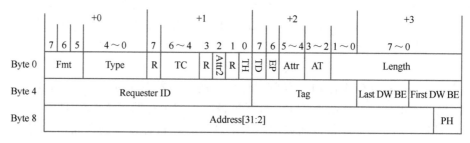

图 6-8　存储器和 I/O 读写请求 TLP 头格式

在 PCIe 总线中，存储器写请求 TLP 使用 Posted 数据传送方式。而其他与存储器和 I/O 相关的报文都使用 Split 方式进行数据传送，这些请求报文需要完成报文，通知发送端之前的数据请求报文已经处理完毕，有关完成报文的详细说明见第 6.3.2 节。

存储器读写请求 TLP 使用地址路由方式进行数据传递，在这类 TLP 头中包含 Address 字段，Address 字段具有两种地址格式，分别是 32 位和 64 位地址。在存储器读写和 I/O 读写请求的第 3 和第 4 个双字中，存放 TLP 的 32 或者 64 位地址。存储器、I/O 和原子操作读写请求使用的 TLP 头较为类似。本节仅介绍存储器、I/O 读写使用的 TLP 头，而在第 6.3.5 节详细介绍原子操作。

1. Length 字段

在存储器读请求 TLP 中并不包含 Data Payload，在该报文中，Length 字段表示需要从目标设备数据区域读取的数据长度；而在存储器写 TLP 中，Length 字段表示当前报文的 Data Payload 长度。

Length 字段的最小单位为 DW。当该字段为 n 时，表示需要获得的数据长度或者当前报文的数据长度为 n 个 DW，其中 $0 \leqslant n \leqslant 0x3FF$。值得注意的是，当 n 等于 0 时，表示数据长度为 1024 个 DW。

2. DW BE 字段

PCIe 总线以字节为基本单位进行数据传递，但是 Length 字段以 DW 为最小单位。为此 TLP 使用 Last DW BE 和 First DW BE 这两个字段进行字节使能，使得在一个 TLP 中，有效数据以字节为单位。

这两个 DW BE 字段各由 4 位组成，其中 Last DW BE 字段的每一位对应数据 Payload 最后一个双字的字节使能位；而 First DW BE 字段的每一位对应数据 Payload 第一个双字的字节使能位。其对应关系如表 6-5 所示。

表 6-5　First 和 Last DW BE 字段

Last DW BE	第 3 位	为 1 表示数据 Payload 的最后一个双字的字节 3 有效
	第 2 位	为 1 表示数据 Payload 的最后一个双字的字节 2 有效
	第 1 位	为 1 表示数据 Payload 的最后一个双字的字节 1 有效
	第 0 位	为 1 表示数据 Payload 的最后一个双字的字节 0 有效
First DW BE	第 3 位	为 1 表示数据 Payload 的第一个双字的字节 3 有效
	第 2 位	为 1 表示数据 Payload 的第一个双字的字节 2 有效
	第 1 位	为 1 表示数据 Payload 的第一个双字的字节 1 有效
	第 0 位	为 1 表示数据 Payload 的第一个双字的字节 0 有效

Last DW BE 和 First DW BE 这两个字段的使用规则如下。

- 如果传送的数据长度在一个对界的双字（DW）之内，则 Last DW BE 字段为 0b0000，而 First DW BE 的对应位置 1；如果数据长度超过 1DW，Last DW BE 字段一定不能为 0b0000。PCIe 总线使用 Last DW BE 字段为 0b0000 表示所传送的数据在一个对界的 DW 之内。
- 如果传送的数据长度超过 1DW，则 First DW BE 字段至少有一个位使能。不能出现 First DW BE 为 0b0000 的情况。
- 如果传送的数据长度大于等于 3DW，则在 First DW BE 和 Last DW BE 字段中不能出现不连续的置 1 位。
- 如果传送的数据长度在 1DW 之内时，在 First DW BE 字段中允许有不连续的置 1 位。此时 PCIe 总线允许在 TLP 中传送 1 个 DW 的第 1，3 字节或者第 0，2 字节。
- 如果传送的数据长度在 2DW 之内时，则 First DW BE 字段和 Last DW BE 字段允许有不连续的置 1 位。

值得注意的是，PCIe 总线支持一种特殊的读操作，即"Zero-Length"读请求。此时 Length 字段的长度为 1DW，而 First DW BE 字段和 Last DW BE 字段都为 0b0000，即所有字节都不使能。此时与这个存储器读请求 TLP 对应的读完成 TLP 中不包含有效数据。再次提醒读者注意"Zero-Length"读请求使用的 Length 字段为 1，而不为 0，为 0 表示需要获得的数据长度为 1024 个 DW。

"Zero-Length"读请求的引入是为了实现"读刷新"操作，该操作的主要目的是为了确保之前使用 Posted 方式所传送的数据，到达最终的目的地，与"Zero-Length"读对应的读完成报文中不含有负载，从而提高了 PCIe 链路的利用率。

在 PCIe 总线中，使用 Posted 方式进行存储器写时，目标设备不需要向主设备发送回应报文，因此主设备并不知道这个存储器写是否已经达到目的地。而主设备可以使用"读刷新"操作，向目标设备进行读操作来保证存储器写最终到达目的地。有关"读刷新"的详细说明及实现原理见第 11 章。

在 PCIe 总线中，标准的存储器读请求也可以完成同样的刷新操作。但是 "Zero-Length" 读请求与这种读请求相比，其完成报文不需要 "Data Payload"，因此在一定程度上提高了 PCIe 总线的效率。如果一个存储器读请求 TLP 报文的 TH 位为 1 时，DW BE 字段将被重新定义为 ST[7:0]字段，有关 ST 字段的详细说明见第 6.3.6 节。

3. Requester ID 字段

Requester ID 字段包含 "生成这个 TLP 报文" 的 PCIe 设备的总线号（Bus Number）、设备号（Device Number）和功能号（Function Number），其格式如图 6-9 所示。对于存储器写请求 TLP，Requester ID 字段并不是必需的，因为目标设备收到存储器写请求 TLP 后，不需要完成报文作为应答，因此 Requester ID 字段对于存储器写请求 TLP 并没有实际意义。

但是 PCIe 总线规范并没有明确说明存储器写请求 TLP 究竟需不需要 Requester ID 字段，为此 IC 设计者依然需要将存储器写 TLP 的 Requester ID 字段置为有效。值得注意的是，如果一个存储器写请求 TLP 报文的 TH 位为 1 时，Tag 字段将被重新定义为 ST[7:0]字段，有关 ST 字段的详细说明见第 6.3.6 节。

对于 Non-Posted 数据请求，目标设备需要使用完成报文作为回应。在这个完成报文中，需要使用源设备的 Requester ID 字段。因此在 Non-Posted 数据请求 TLP 中，如存储器读请求、I/O 和配置读写请求 TLP，必须使用 Requester ID 字段。

存储器，I/O 读请求 TLP 中含有 Requester ID 和 Tag 字段。在 PCIe 总线中 Requester ID 和 Tag 字段合称为 Transaction ID，Transaction ID 字段的格式如图 6-9 所示。存储器读，I/O 和配置读写请求 TLP 使用 Transaction 字段的主要目的是使接收端通过分析报文的 Transaction ID，确认完成报文的目的地。

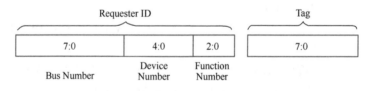

图 6-9　Transaction ID 的格式

在 PCIe 总线中，所有 Non-Posted 数据请求都需要完成报文作为应答，才能结束一次完整的数据传递。一个源设备在发送 Non-Posted 数据请求之后，如果并没有收到目标设备回送的完成报文，TLP 报文的发送端需要保存这个 Non-Posted 数据请求，此时该设备使用的 Transaction ID（Tag 字段）不能被再次使用，直到一次数据传送结束，即数据发送端收齐与该 TLP 对应的所有完成报文。

在同一个时间段内，PCIe 设备发出的每一个 Non-Posted 数据请求 TLP，其 Transaction ID 必须是唯一的。即在同一时间段内，在当前 PCI 总线域中不能存在两个或者两个以上的存储器读请求 TLP，其 Transaction ID 完全相同。

源设备发送 Non-Posted 数据请求后，在没有获得全部完成报文之前，不能释放这个 Transaction ID 占用的资源。在同一个 PCIe 设备发送的 TLP 中，其 Requester ID 字段是相同的，因此 PCIe 设备的设计者所能管理的资源是 Tag 字段。PCIe 设备的设计者需要合理地管理 Tag 资源，以保证数据传送的正确性。

PCIe 设备在发送 Non-Posted 数据请求时，需要暂存这些 Non-Posted 数据请求。其中 Tag

字段的长度决定了发送端能够暂存多少个同类型的 TLP，如果 Tag 字段长度为 5，发送端能够暂存 32 个报文；如果 PCIe 设备使能了 Extended Tag 位（该位的详细描述见第 4.3.2 节），Tag 字段可以由 8 位组成，此时发送端能够暂存 256 个报文。

通过 Tag 字段的长度，可以发现每个 PCIe 设备最多可以暂存 256 个同类型的 Non-Posted 报文。但是在多数情况下，一个 PCIe 设备可能只包含 1 个 Function。因此 PCIe 设备还可以使用 Function 号扩展 Tag 字段，从而扩展"暂存 TLP 报文"的数目。

PCIe 设备在 PCI Express Capability 结构的 Device Control 寄存器中，设置了一个 Phantom Functions Enable 位，该位的详细说明见第 4.3.2 节。当一个 PCIe 设备仅支持一个 Function 时，Phantom Functions Enable 位可以被设置为 1，此时 PCIe 设备可以使用 Requester ID 的 Function Number 字段对 Tag 字段进一步扩展，此时一个 PCIe 设备最多可以支持 2048 个同类型的数据请求。

由以上分析可以发现，一个 PCIe 设备最多可以支持 2048 个存储器读数据请求，基本上可以满足绝大多数需要。但是在某些特殊应用场合，PCIe 设备即使可以暂存 2048 个存储器读请求，也并不足够。

与 PCI 总线相比，PCIe 总线的数据传送延时较长，而为了弥补这个传送延时，PCIe 设备通常使用流水线技术。此时 PCIe 设备必须能够连续发送多个存储器读请求报文，随后 RC 也将连续回送多个存储器读完成报文，在 PCIe 设备的实现中，需要保证能够源源不断地从 RC 接收这些报文，以充分利用报文接收流水线，有关这部分内容详见第 12.4.3 节。

PCIe V2.1 总线规范还提出了另一种 Requester ID 格式，即 ARI（Alternative Routing-ID Interpretation）格式，除了 Requester ID 外，在完成报文中使用的 Completer ID 也可以使用这种格式。ARI 格式将 ID 号分为两个字段，分别为 Bus 号和 Function 号，而不使用 Device 号，ARI 格式如图 6-10 所示。

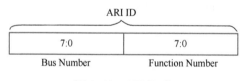

图 6-10　ARI 格式

PCIe 总线引入 ARI 格式的依据是在一个 PCIe 链路上仅可能存在一个 PCIe 设备，因而其 Device 号一定为 0。在多数 PCIe 设备中，Requester ID 和 Completion ID 包含的 Device 号是没有意义的。使用 ARI 格式时，一个 PCIe 设备最多可以支持 256 个 Function，而传统的 PCIe 设备最多只能支持 8 个 Function。

4. I/O 读写请求 TLP 的规则

I/O 读写请求与存储器读写请求 TLP 的格式基本类似，只是 I/O 读写请求 TLP 只能使用 32 位地址模式和基于地址的路由方式，而且 I/O 读写请求 TLP 只能使用 Non-Posted 方式进行传递。PCIe 总线并不建议 PCIe 设备支持 I/O 地址空间，但是 Switch 和 RC 需要具备接收和发送 I/O 请求报文的能力，因为许多老的 PCI 设备依然使用 I/O 地址空间，这些 PCI 设备可以通过 PCIe 桥连接到 PCIe 总线中。因此虽然支持 I/O 读写请求的 PCIe 设备极少，但是在 PCIe 体系结构中，依然需要支持 PCI 总线域的 I/O 地址空间。

与存储器读写请求 TLP 不同，I/O 读写请求 TLP 的某些字段必须为以下值。

PCI Express 体系结构导读　第 2 版

- TC[2:0]必须为 0，I/O 请求报文使用的 TC 标签只能为 0。
- TH 和 Attr2 位保留，而 Attr[1:0]必须为 "0b00"，这表示 I/O 请求报文必须使用 PCI 总线的强序数据传送模式，而且在传送过程中，硬件保证其传送的数据与 Cache 保持一致，实际上 I/O 地址空间都是不可 Cache 的。
- AT[1:0]必须为 "0b00"，表示不支持地址转换，因此在虚拟化技术中，并不处理 PCI 总线域中的 I/O 空间。
- Length[9:0]为 "0b00 0000 0001"，表示 I/O 读写请求 TLP 最大的数据 Payload 为 1DW，该类 TLP 不支持突发传送。
- Last DW[3:0]为 "0b0000"。

6.3.2　完成报文

PCIe 总线支持 Split 传送方式，目标设备使用完成报文向源设备主动发送数据。完成报文使用 ID 路由方式，由 TLP Predix、报文头和 Data Payload 组成，但是某些完成报文可以不含有 Data Payload，如 I/O 或者配置写完成和 Zero-Length 读完成报文。在 PCIe 总线中，有以下几类数据请求需要收到完成报文之后，才能完成整个数据传送过程，完成报文格式如图 6-11 所示。

- 所有的数据读请求，包括存储器、I/O 读请求、配置读请求和原子操作请求。当一个 PCIe 设备发出这些数据请求报文后，必须收到目标设备的完成报文后，才能结束一次数据传送。这一类完成报文必须包含 Data Payload。
- 所有的 Non-Posted 数据写请求，包括 I/O 和配置写请求。当一个 PCIe 设备发出这些数据请求报文后，必须收到目标设备的完成报文后，才能结束数据传送。但是这一类完成报文不包含数据，仅包含应答信息。
- 与 ATS 机制相关的一些报文，详见第 13.2 节。

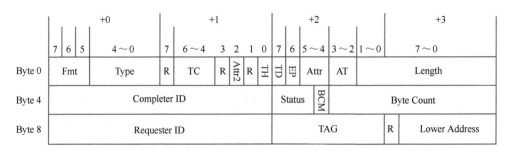

图 6-11　完成报文头格式

完成报文 "Byte 0" 中的大部分字段与 "存储器，I/O、配置请求报文" 的对应字段的含义相同。完成报文一次最多能够传送的报文大小不能超过 Max_Payload_Size 参数。在多数处理器中，完成报文中包含的数据在一个 Cache 行之内，完成报文使用 RCB 参数来处理数据对界，RCB 参数的大小与处理器系统的 Cache 行长度和 DDR-SDRAM 的一次突发传送长度相关，这些参数的详细描述见第 6.4.3 节。在 x86 和 PowerPC 处理器中，一个存储器读完成报文一般不超过 RCB 参数。

1. Requester ID 和 TAG 字段

完成报文使用 ID 路由方式, ID 路由方式详见第 6.2.2 节。完成报文头的长度为 3DW, 完成报文头中包含 Transaction ID 信息, 由 Requester ID 和 Tag 字段组成, 这个 ID 必须与源设备发送的数据请求报文的 Transaction ID 对应, 完成报文使用 Transaction ID 进行 ID 路由, 并将数据发送给源设备。

当 PCIe 设备收到存储器读、I/O 读写或者配置读写请求 TLP 时, 需要首先保存这些报文的 Transaction ID, 之后当该设备准备好完成报文后, 将完成报文的 Requester ID 和 Tag 字段赋值为之前保存的 Transaction ID 字段。

2. Completer ID 字段

Completer ID 字段的含义与 Requester ID 字段较为相似, 只是该字段存放 "发送完成报文" 的 PCIe 设备的 ID 号。PCIe 设备进行数据请求时需要在 TLP 字段中包含 Requester ID 字段; 而使用完成报文结束数据请求时, 需要提供 Completer ID 字段。

3. Status 字段

Status 字段保存当前完成报文的完成状态, 表示当前 TLP 是正确地将数据传递给数据请求端; 还是在数据传递过程中出现错误; 或者要求数据请求方进行重试。PCIe 总线规定了几类完成状态, 如表 6-6 所示。

表 6-6　Status 字段

Status[2:0]	描　　述
0b000	SC (Successful Completion), 正常结束
0b001	UR (Unsupported Request), 不支持的数据请求
0b010	CRS (Configuration Request Retry Status), 要求数据请求方进行重试。当 RC 对一个 PCIe 目标设备发起配置请求时, 如果该目标设备没有准备好, 可以向 RC 发出 CRS 完成报文, 当 RC 收到这类报文时, 不能结束本次配置请求, 必须择时重新发送配置请求
0b100	CA (Completion Abort), 数据夭折。表示目标设备无法完成本次数据请求
其他	保留

4. BCM 位与 Byte Count 字段

BCM (Byte Count Modified) 字段由 PCI-X 设备设置。PCI-X 设备也支持 Split Transaction 传送方式, 当 PCI-X 设备进行存储器读请求时, 目标设备不一定一次就能将所有数据传递给源设备。此时目标设备在进行第一次数据传送时, 需要设置 Byte Count 字段和 BCM 位。

BCM 位表示 Byte Count 字段是否被更改, 该位仅对 PCI-X 设备有效, 而 PCIe 设备不能操纵 BCM 位, 只有 PCI-X 设备或者 PCIe-to-PCI-X 桥可以改变该位。本节对此位不做进一步介绍, 对此位感兴趣的读者可以参考 PCI-X Addendum to the PCI Local Bus Specification, Revision 2.0。

Byte Count 字段记录源设备还需要从目标设备中获得多少字节的数据就能完成全部数据传递, 当前 TLP 中的有效负载也被 Byte Count 字段统计在内。该字段由 12 位组成。该字段为 0b0000-0000-0001 表示还剩一个字节, 为 0b1111-1111-1111 表示还剩 4095 个字节, 而为

0b0000-0000-0000 表示还剩 4096 个字节。除了存储器读请求的完成报文外，大多数完成报文的 Byte Count 字段为 4。

如一个源设备向目标设备发送一个"读取 128B 的存储器读请求 TLP"，而目标设备收到这个读请求 TLP 后，可能使用两个存储器读完成 TLP 传递数据。其中第 1 个存储器读完成 TLP 的有效数据为 64B，而 Byte Count 字段为 128；第 2 个存储器读完成 TLP 中的有效数据为 64B，而 Byte Count 字段也为 64。当数据请求端接收完毕第 1 个存储器读完成 TLP 后，发现还有 64B 的数据没有接收完毕，此时必须等待下一个存储器读完成 TLP。等到数据请求端收齐所有数据后，才能结束整个存储器读请求。

目标设备发出的第 2 个读完成 TLP 中的有效数据为 64B，而 Byte Count 字段为 64，当数据请求端接收完毕这个读完成 TLP 后，将完成一个完整的存储器读过程，从而可以释放这个存储器读过程使用的 Tag 资源。

存储器读请求的完成报文的拆分方式较为复杂，Byte Count 字段的设置也相对较为复杂。在第 12 章将结合一个实例讲述该字段的使用方法。

5. Lower Address 字段

如果当前完成报文为存储器读完成 TLP，该字段存放在存储器读完成 TLP 中第一个数据所对应地址的最低位。值得注意的是，在完成报文中，并不存在 First DW BE 和 Last DW BE 字段，因此接收端必须使用存储器读完成 TLP 的 Low Address 字段，识别一个 TLP 中包含数据的起始地址。第 12.2.2 节将详细介绍该字段的作用。

6.3.3 配置读写请求 TLP

配置读写请求 TLP 由 RC 发起，用来访问 PCIe 设备的配置空间。配置请求报文使用基于 ID 的路由方式。PCIe 总线也支持两种配置请求报文，分别为 Type 00h 和 Type 01h 配置请求。配置请求 TLP 的格式如图 6-12 所示。

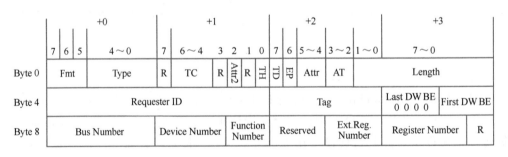

图 6-12　配置请求 TLP 的格式

配置请求 TLP 的第 4~7 字节与存储器请求 TLP 类似。而第 8~11 字节的 Bus、Device 和 Function Number 中存放该 TLP 访问的目标设备的相应的号码，而 Ext Register 和 Reigister Number 存放寄存器号。配置请求报文的其他字段必须为以下值。

- TC[2:0] 必须为 0，I/O 请求报文的传送类型（TC）只能为 0。
- TH 位为保留位；Attr2 位为保留，而 Attr[1:0] 必须为"00b"，这表示 I/O 请求报文使用 PCI 总线的强序数据传送模式；AT[1:0] 必须为"0b00"，表示不进行地址转换。

- Length[9:0]为"0b00 0000 0001"，表示配置读写请求最大 Payload 为 1DW。
- Last DW BE 字段为"0b0000"。而 First DW BE 字段根据配置读写请求的大小设置。

6.3.4　消息请求报文

在 PCIe 总线中，多数消息报文使用隐式路由方式，其格式如图 6-13 所示。其中 Byte 0 字段为通用 TLP 头，而 Byte 4 的第 3 字节中存放 Message Code 字段。

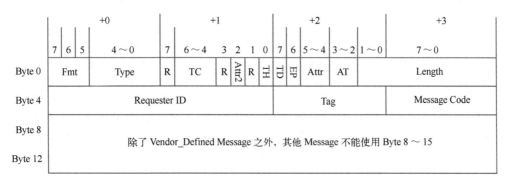

图 6-13　Message 请求 TLP 头格式

PCIe 总线规定了以下几类消息报文。
- INTx 中断消息报文（INTx Interrupt Signaling）。
- 电源管理消息报文（Power Management）。
- 错误消息报文（Error Signaling）。
- 锁定事务消息报文（Locked Transaction Support）。
- 插槽电源限制消息报文（Slot Power Limit Support）。
- Vendor-Defined Messages。

本节将重点讲述 INTx 中断和错误信息相关的消息报文，请读者阅读 PCIe 总线规范了解其他消息报文。

1. INTx 中断消息报文

PCIe 总线推荐设备使用 MSI 或者 MSI-X 机制提交中断请求，但是 MSI 中断机制并不是由 PCIe 总线首先提出的，在 PCI 总线中就已经存在这种中断请求机制。

在 PCI 总线中，虽然提出了 MSI 中断机制，但是几乎没有 PCI 设备使用这种机制进行中断请求。MSI 中断机制是一种基于存储器写的中断请求机制，而 PCI 设备提交 MSI 中断请求，将占用 PCI 总线的带宽，因此多数 PCI 设备使用 INTx 信号进行中断请求。

在 PCIe 总线中，PCIe 设备可以使用 Legacy 中断方式提交中断请求，此时需要使用 INTx 中断消息报文向 RC 通知中断事件。除此之外在 PCIe 体系结构中仍然存在 PCI 设备，这些设备可能使用 INTx 信号提交中断请求。

例如在 PCIe 桥片上挂接的 PCI 设备可能并不支持 MSI 中断机制，因此需要使用 INTx 中断信号提交中断请求，此时 PCIe 桥需要将 INTx 信号转换为 INTx 中断消息报文，并向 RC 提交中断请求。在 PCIe 总线中，共有 8 种 INTx 中断消息报文，见表 6-7。

表 6-7　INTx 中断消息报文

名　　称	Code[7:0]	Routing r[2:0]	Requester ID	描　　述
Assert_INTA	0010 0000	100	包括总线号和设备号，功能号保留	置 INTA#信号有效。注意在 PCIe 总线中，并没有物理上的 INTA#信号
Assert_INTB	0010 0001	100	同上	置 INTB#信号有效
Assert_INTC	0010 0010	100	同上	置 INTC#信号有效
Assert_INTD	0010 0011	100	同上	置 INTD#信号有效
Deassert_INTA	0010 0100	100	同上	置 INTA#信号无效
Deassert_INTB	0010 0101	100	同上	置 INTB#信号无效
Deassert_INTC	0010 0110	100	同上	置 INTC#信号无效
Deassert_INTD	0010 0111	100	同上	置 INTD#信号无效

当 PCIe 设备不使用 MSI 报文向 RC 提交中断请求时，可以首先使用 Assert_INTx 报文向处理器系统提交中断请求，当中断处理完毕，再使用 Deassert_INTx 报文。这些 INTx 中断消息报文的 r[2:0]字段为 0b100，即为 Local 消息报文。设备收到该消息报文后，将结束收到的 INTx 中断消息报文，然后产生一个新的 INTx 中断消息报文。

在一个处理器系统中，PCI 设备首先需要通过 PCIe 桥，之后可能通过多级 Switch，最终到达 RC。假设 PCI 设备使用 INTA#信号进行中断请求，但是由于中断路由表的存在，PCIe 桥可能将 INTA#信号转换为 INTB 中断消息，而这个 INTB 中断消息通过 Switch 时，可能又被 Switch 的中断路由表转换为 INTC 中断消息。因此 PCIe 设备收到 INTx 中断消息后，首先需要结束当前中断消息，之后根据中断路由表产生一个新的 INTx 中断消息，直到这个中断消息传递到 RC。

2. 错误消息报文

在第 4.3.3 节中简要介绍了 AER Capability 结构。如果 PCIe 设备支持 AER Capability 结构，当 PCIe 设备出现某种错误时，将向 RC 或者 RC Event Collector 发送错误消息报文，之后 RC 或者 RC Event Collector 将根据错误类型分别进行处理。

PCIe 总线规范定义了两大类错误类型，分别是可恢复错误（Correctable Errors）和不可恢复错误（Uncorrectable Errors），不可恢复错误又细分为致命错误（Fatal）和非致命错误（Nonfatal）。当 PCIe 设备出现这些错误时，将使用 ERR_COR、ERR_NONFATAL 和 ERR_FATAL 错误消息报文向 RC 或者 RC Event Collector 发送错误消息报文。

PCIe 总线规范并没有详细描述"可恢复错误"和"不可恢复错误"的具体处理方法，也没有详细描述 PCIe 设备的错误恢复机制。对于 PCIe 设备，这些处理方法并不重要。PCIe 总线定义 AER 机制的主要考虑是，由 PCIe 设备将错误信息"统一报告"给 RC 或者 RC Event Collector，并由 RC 或者 RC Event Collector "统一处理"这些错误。其中"统一报告"和"统一处理"才是 AER 机制的设计要点。

当 PCIe 设备出现某种错误后，首先将这些错误信息保留在设备的 AER Capability 结构中，之后 RC 或者 RC Event Collector 从"来自 PCIe 设备的错误信息报文"中获得相应的错误信息。为此在 RC 中设置了一个"Error Source Identification"寄存器保存究竟是哪个 PCIe 设备发出的错误信息报文，之后 RC 或者 RC Event Collector 向处理器系统提交中断请求，由相应的中断服务例程统一处理所有 PCIe 设备的错误信息。

由 RC 统一处理所有 PCIe 设备错误信息的这种做法，势必加大 RC 和系统软件的设计复杂度。而外部设备的多样性与复杂程度决定了使用这种方法不一定能够取得较好的效果。目前 Intel 的 Chipset 已经支持 AER 机制，但是绝大多数 PCIe 设备并不支持 AER 机制。AER 机制是 Intel 统一外部设备错误处理的一种方法，这为 PCIe 设备的设计提出了更高的要求，而这种方法是否能够取得理想的效果，仍需观察。

6.3.5　PCIe 总线的原子操作

PCIe V2.1 总线规范引入原子操作的概念，原子操作仅能在存储器访问中使用。其中 RC 和 EP 可以作为原子操作的请求者和接收者，而 Switch 和多端口 RC 支持原子操作的转发。PCIe 总线支持三类原子操作，分别是 EP-to-EP，EP-to-RC 和 RC-to-EP 的原子操作。

原子操作有利于提高智能设备⊖之间以及智能设备与处理器之间的数据传递效率。当智能设备与处理器进行数据交换时，将不可避免地使用某种锁机制访问临界资源。传统的做法是使用"带锁的"存储器总线事务实现这些锁机制。而使用原子操作可以在很大程度上降低"带锁的"存储器读写请求 TLP 的使用，从而提高 PCIe 总线的使用效率。

PCIe 设备使用一次原子操作可以实现之前需要多次数据操作才能完成的数据交换任务，除此之外 PCIe 设备使用原子操作还可以避免使用带锁的 PCIe 总线事务。原子操作的基本过程如下所示。

1）源设备向目标设备发送原子操作请求 TLP。原子操作请求 TLP 使用 Non-Posted 方式进行数据传递，且使用基于地址的路由方式。

2）当目标设备收到这个原子操作请求 TLP 之后，将从这个 TLP 指定的存储器空间中读取原始数据。

3）目标设备将"原始数据"与"原子操作请求 TLP 中包含的操作数"进行某种规定的运算后产生一个新的数据。这一过程不可被其他总线事务中断，PCIe 设备保证这一过程为原子操作。这个步骤对于原子操作至关重要，也是原子操作的实现要点。

4）当上述原子操作执行完毕后，目标设备使用原子操作完成报文向源设备传送数据，并将这个新的数据写入目标设备的存储器空间中。原子操作完成报文与存储器读完成的传递方式类似。

由以上分析，可以发现所谓原子操作是指 PCIe 设备"读取原始数据""运算"和"产生新的数据"这三个过程不可被其他操作打断。这三个过程将在目标设备中一次完成，并由目标设备的硬件逻辑保证这三个过程不会被其他 TLP 干扰。

由上文所述，一个完整的原子操作由原子操作请求 TLP 和完成 TLP 组成。其中原子操作请求 TLP 的报文头与存储器请求 TLP 类似，如图 6-8 所示。原子操作请求 TLP 具有 Data Payload 字段，在 Data Paylaod 中包含原子操作请求 TLP 使用的操作数。

目前，PCIe 总线共支持 3 种原子操作，分别为 FetchAdd、Swap 和 CAS 原子操作。不同的原子操作使用的操作数个数并不相同，其中 FetchAdd 和 Swap 原子操作使用一个操作数，

⊖ 智能设备中含有一个功能较强的处理器，目前高端显卡、网卡上都包含一个处理器，这类设备都可以被称为智能设备。

而 CAS 原子操作使用两个操作数。

1. FetchAdd 操作

FetchAdd 操作支持 32b 或者 64b 的操作数。如果该 TLP 的 Length 字段为 1DW 时，操作数的长度为 32b；如果该 TLP 的 Length 字段为 2DW 时，操作数的长度为 64b。FetchAdd 操作的执行过程如下所示。

1）PCIe 设备从 TLP 的指定 PCI 总线地址中获得原始数据。

2）将原始数据与 TLP 中的操作数相加，并得到一个新的数据。相加的结果忽略进位与溢出位。

3）将这个新的数据写入 TLP 指定的 PCI 总线地址中。

4）使用完成报文返回指定 PCI 总线地址中的原始数据。

2. Swap 总线事务

Swap 操作也支持 32b 或者 64b 的操作数，其原则与 FetchAdd 操作完全一致。Swap 操作的执行过程如下所示。

1）PCIe 设备从 TLP 指定的 PCI 总线地址中读取原始数据。

2）将 TLP 中的操作数写入 TLP 指定的 PCI 总线地址。

3）使用完成报文返回 PCI 总线地址中的原始数据。

3. CAS 总线事务

CAS 操作支持 32b、64b 或者 128b 的操作数。如果该 TLP 的 Length 字段为 2DW 时，操作数的长度为 32b；如果该 TLP 的 Length 字段为 4DW 时，操作数的长度为 64b；如果该 TLP 的 Length 字段为 8DW 时，操作数的长度为 128b。CAS 总线事务含有两个操作数，分别为 "Compare" 和 "Swap"。CAS 操作的执行过程如下所示。

1）PCIe 设备从 TLP 指定的 PCI 总线地址中获得原始数据。

2）将原始数据与 "Compare" 操作数进行比较。

3）如果结果相等，则将 "Swap" 操作数写入 TLP 指定的位置。

4）使用完成报文返回 PCI 总线地址中的原始数据。

智能设备之间以及智能设备与处理器之间如果需要使用 "Spin Lock" 操作时，可以使用 CAS 原子操作实现。值得注意的是，在 x86 处理器的指令集中，也含有 CAS 类指令，该指令是实现 "Spin Lock" 的基础。但是在处理器系统中使用的 "Spin Lock" 操作与智能设备使用的 "Spin Lock" 操作在实现上有所不同。

6.3.6　TLP Processing Hint

当 TLP 的 TH 位为 1 时，表示在当前 TLP 中包含 Processing Hint 字段，PH 字段由 PCIe V2.1 总线规范引入。该字段的引入可以使目标设备根据源设备对数据的使用情况，合理地安排数据缓冲，从而降低 PCIe 设备的访问延时，并最大化地利用 PCIe 设备中的数据缓冲。

Processing Hint 字段的产生与智能设备的大量涌现密切相关。在智能设备中，含有一个运算能力相当强的处理器。智能设备与处理器之间的数据交换，实质上等效于两个处理器系统之间的数据传递。有些智能设备，如在显卡中使用的 GPU（Graphic Processing Unit）和 GP-GPU（Gerneral Purpose GPU）的处理能力甚至超过多数通用处理器。智能设备与处理器系统可以采用图 6-14 所示的拓扑结构连接。

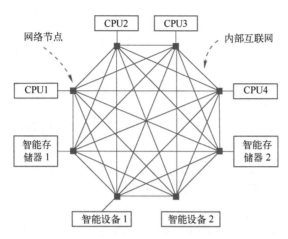

图 6-14 智能设备与处理器系统的连接

在这种处理器系统中，内部互连网络处于核心地位，上图所示的网络是一个理想的全互连结构。在这种互连结构中，处理器、存储器和智能设备与网络节点相连。在这种结构中，在网络节点上连接的设备都含有一个处理器，包括存储器。

当智能设备与处理器进行通信时，如果能够预知数据的使用情况，无疑能够减低数据的访问延时。如智能设备 1 将一组数据写入智能存储器 1 之后，如果这个智能存储器 1 能够预测这组数据将很快被再次使用，则可以将这组数据放入到高速缓冲中，而不必放入低速缓冲中。当这组数据被再次使用时，智能存储器 1 可以很快将数据从高速缓冲中读出，从而缩短了访问延时。

PCIe 总线引入了 PH 字段的主要目的是为了加速外部设备访问主存储器，即 DMA 操作，同时也兼顾 SMP 处理器系统对 PCIe 设备的访问。但是 PH 字段仍然没有完全包含上述模型的所有内容，因为在上述模型中，智能存储器是独立与 PCIe 体系结构的 RC 的，而且智能外设之间具有独立连接通路，在这种模型中，芯片内部的互连网络是真正的设计核心。目前在 P4080 处理器和 Boxboro-EX 处理器系统中，具有全互连网络结构。

1. PH 字段

PCIe 总线使用 PH 字段，使智能设备或者处理器提前预知数据的使用方法。PH 字段仅在与存储器访问相关的 TLP 中出现，该字段由两位组成，在 TLP 中的位置如图 6-8 所示，其详细说明如表 6-8 所示。

表 6-8 PH 字段

PH[1:0]	Processing Hint	描　述
00	双向数据结构	表示该 TLP 中的数据，经常被源设备和目标设备使用
01	Requester	表示该 TLP 中的数据，经常被源设备使用
10	Target	表示该 TLP 中的数据，经常被目标设备使用
11	Target with Priority	与"Target"类似，但是级别更高

当 PH[1:0] 为 0b01 时，表示 TLP 中的数据经常被设备使用，包括以下四种类型。

● DWDW（Device Write after Device Write）。外部设备对一段数据进行写操作后，很快

还会再次进行写操作。

- DWDR（Device Read after Device Write）。外部设备对一段数据进行写操作后，很快还会对这段数据进行读操作。
- DRDW（Device Write after Device Read）。外部设备对一段数据进行读操作后，很快还会对这段数据进行写操作。
- DRDR（Device Read after Device Read）。外部设备对一段数据进行读操作后，很快还会再次进行读操作。

当 PH[1:0] 为 0b10 时，表示 TLP 中的数据经常被目标设备使用，包括以下两种类型。在进行 DMA 操作时，HOST 处理器为目标设备，本节也以此为例说明 PH 字段的使用规则。

- DWHR（Host Read after Device Write）。外部设备对一段数据进行写操作后，Host 处理器将很快读取这段数据。
- HWDR（Device Read after Host Write）。Host 处理器对一段数据进行写操作后，外部设备将很快读取这段数据。

2. Steering Tag

通过上文对 PH 字段的描述，可以发现 PH 字段提供的 Processing Hint 控制能力较弱，仅是一个粗颗粒的控制机制。为此 PCIe 总线规范提供了一个 16 位的 ST（Steering Tag）字段，目标设备通过 TLP 中的 Steering Tag 字段可以获得较为详细的信息。

当 TH 位有效时，存储器写请求 TLP 的 Tag 字段被重新定义为 ST[7:0] 字段，因为存储器写请求并不需要 Tag 字段；而对于存储器读请求 TLP，TH 位有效时 DW BE 字段被重新定义为 ST[7:0] 字段，由于一些存储器读请求 TLP 仍然需要使用 DW BE 字段处理对界，因此 ST 字段只能应用于不需要对界的存储器读请求 TLP。

当 TH 位有效时，这些"不需要对界"的存储器读请求 TLP，将使用默认的 DW BE 值。如果该存储器读请求 TLP 的 Length 字段为 1 时，First DW BE 字段的默认值为 0b1111，而 Last DW BE 字段的默认值为 0b0000；如果 Length 字段不为 1，First 和 Last DW BE 的默认值都为 0b1111。

TLP 还可以支持 ST[15:8] 字段，该字段是 ST 的扩展字段。如果一个 TLP 需要使用 ST[15:8] 字段，必须使用 TLP Prefix，因为在 TLP 头中已经没有足够的空间放置这些字段。该 TLP Prefix 也被称为 TPH TLP Prefix，其格式如图 6-15 所示。

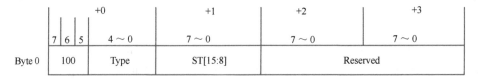

图 6-15　TPH TLP Prefix 格式

如上图所示，在 TPH TLP Prefix 的 Byte 1 中存放 ST[15:8] 字段。在 PCIe 总线中，ST[15:8] 字段是可选的，实际上整个 ST 字段都是可选的。TPH Requester Capability 结构使用 ST Mode Select 字段定义了 ST 字段的三种使用模式。

- 当该字段为 0b000 时，表示当前 PCIe 设备不支持 ST 字段，此时 TLP 的 ST 字段为全 0。

- 当该字段为 0b001 时，表示 ST 模式为 "Interrupt Vector Mode"。此时 TLP 的 ST 字段由 MSI/MSI-X 的中断向量号确定。
- 当该字段为 0b010 时，表示 ST 字段由 PCIe 设备决定。

PCIe 设备可以根据 TLP 的属性，决定 ST 字段的值，为此在一个 PCIe 设备中，将使用 ST 表，存放这个设备使用的所有 ST 字段。这个 ST 表可以存放在 TPH Requester Capability 结构中，也可以存放在 MSI-X 表中。实际上 ST 表的存放位置并不重要，只要 PCIe 设备能够根据发出的 TLP 类型，选择合适的 ST 字段即可。

目前尚无支持 ST 字段的 PCIe 设备，这些 PCIe 设备发出的 TLP 中都不包含 ST 字段。而从 PCIe 总线规范 V2.1 中，可以发现 MSI/MSI-X 中断请求可以使用 ST 字段，当 PCIe 设备使用 MSI 或者 MSI-X 中断请求时，可以根据中断向量的不同，从 ST 表中 MSI 报文⊖选择合适的 ST 字段，然后再发向处理器系统。处理器系统收到这个 MSI 报文后，可以根据 ST 字段的不同，分别处理 PCIe 设备发出的中断请求。

综上所述，ST 字段的主要目的是细分 TLP 的属性，处理器系统可以使用该字段优化数据缓冲，减小数据访问延时。ST 字段的支持需要多个 PCIe 设备共同参与。如 EP 进行 DMA 写操作时，数据将发向 RC，RC 和 EP 都需要具有解释这个 TLP 所携带的 ST 字段的能力。

因此处理器系统在初始化 PCIe 设备时，需要合理地设置该设备的 ST 表。目前尚无支持 TPH 位和 ST 字段的 PCIe 设备，但是这种方法可以有效降低 PCIe 设备访问存储器，以及 PCIe 设备间数据访问的延时，从而提高 PCIe 链路的利用率。

6.4　TLP 中与数据负载相关的参数

在 PCIe 总线中，有些 TLP 含有 Data Payload，如存储器写请求、存储器读完成 TLP 等。在 PCIe 总线中，TLP 含有的 Data Payload 大小与 Max_Payload_Size、Max_Read_Request_Size 和 RCB 参数相关。下面将分别介绍这些参数的使用。

6.4.1　Max_Payload_Size 参数

PCIe 总线规定在 TLP 报文中，数据有效负载的最大值为 4 KB，但是 PCIe 设备并不一定能够发送这么大的数据报文。PCIe 设备含有 "Max_Payload_Size" 和 "Max_Payload_Size Supported" 参数，这两个参数分别在 Device Capability 寄存器和 Device Control 寄存器中定义，这两个寄存器在 PCI Express Capability 结构中的位置见第 4.3.2 节。

"Max_Payload_Size Supported" 参数存放一个 PCIe 设备中 TLP 有效负载的最大值，该参数由 PCIe 设备的硬件逻辑确定，系统软件不能改写该参数。而 Max_Payload_Size 参数存放 PCIe 设备实际使用的 TLP 有效负载的最大值。该参数由 PCIe 链路两端的设备协商决定，是 PCIe 设备进行数据传送时实际使用的参数。

PCIe 设备发送数据报文时，使用 Max_Payload_Size 参数决定 TLP 的最大有效负载。当

⊖　MSI 或者 MSI-X 中断请求使用存储器写请求 TLP。

PCIe 设备的所传送的数据大小超过 Max_Payload_Size 参数时，这段数据将被分割为多个 TLP 进行发送。当 PCIe 设备接收 TLP 时，该 TLP 的最大有效负载也不能超过 Max_Payload_Size 参数，如果接收的 TLP，其 Length 字段超过 Max_Payload_Size 参数，该 PCIe 设备将认为该 TLP 非法。

RC 或者 EP 在发送存储器读完成 TLP 时，这个存储器读完成 TLP 的最大 Payload 也不能超过 Max_Payload_Size 参数，如果超过该参数，PCIe 设备需要发送多个读完成报文。值得注意的是，这些读完成报文需要满足 RCB 参数的要求，有关 RCB 参数的详细说明见下文。

在实际应用中，尽管有些 PCIe 设备的 Max_Payload_Size Supported 参数可以为 256 B、512 B、1024 B 或者更高，但是如果 PCIe 链路的对端设备可以支持的 Max_Payload_Size 参数为 128 B 时，系统软件将使用对端设备的 Max_Payload_Size Supported 参数，初始化该设备的 Max_Payload_Size 参数，即选用 PCIe 链路两端最小的 Max_Payload_Size Supported 参数初始化 Max_Payload_Size 参数。

在多数 x86 处理器系统的 MCH 或者 ICH 中，Max_Payload_Size Supported 参数为 128 B。这也意味着在 x86 处理器中，与 MCH 或者 ICH 直接相连的 PCIe 设备进行 DMA 读写时，数据的有效负载不能超过 128 B，同时读完成携带的 Payload 也不能超过 128 B。而在 PowerPC 处理器系统中，该参数大多为 256 B。

目前在大多数 EP 中，Max_Payload_Size Supported 参数不大于 512 B，因为在大多数处理器系统的 RC 中，Max_Payload_Size Supported 参数也不大于 512 B。因此即便 EP 支持较大的 Max_Payload_Size Supported 参数，并不会提高数据传送效率。

而 Max_Payload_Size 参数的大小与 PCIe 链路的传送效率成正比，该参数越大，PCIe 链路带宽的利用率越高，该参数越小，PCIe 链路带宽的利用率越低。

PCIe 总线规范规定，对于实时性要求较高的 PCIe 设备，Max_Payload_Size 参数不应设置过大，因此这个参数有时会低于 PCIe 链路允许使用的最大值。

6.4.2 Max_Read_Request_Size 参数

Max_Read_Request_Size 参数由 PCIe 设备决定，该参数规定了 PCIe 设备一次能从目标设备读取多少数据。

Max_Read_Request_Size 参数在 Device Control 寄存器中定义，详见第 4.3.2 节。该参数与存储器读请求 TLP 的 Length 字段相关，其中 Length 字段不能大于 Max_Read_Request_Size 参数。在存储器读请求 TLP 中，Length 字段表示需要从目标设备读取多少数据。

值得注意的是，Max_Read_Request_Size 参数与 Max_Payload_Size 参数间没有直接联系，Max_Payload_Size 参数仅与存储器写请求和存储器读完成报文相关。

PCIe 总线规定存储器读请求，其读取的数据长度不能超过 Max_Read_Request_Size 参数，即存储器读 TLP 中的 Length 字段不能大于这个参数。如果一次存储器读操作需要读取的数据范围大于 Max_Read_Request_Size 参数时，该 PCIe 设备需要向目标设备发送多个存储器读请求 TLP。

PCIe 总线规定 Max_Read_Request_Size 参数的最大值为 4 KB，但是系统软件需要根据硬件特性决定该参数的值。因为 PCIe 总线规定 EP 在进行存储器读请求时，需要具有足够大的缓冲接收来自目标设备的数据。

如果一个 EP 的 Max_Read_Request_Size 参数被设置为 4KB，而且这个 EP 每发出一个 4KB 大小存储器读请求时，EP 都需要准备一个 4KB 大小的缓冲⊖。这对于绝大多数 EP 都是一个相当苛刻的条件。为此在实际设计中，一个 EP 会对 Max_Read_Request_Size 参数的大小进行限制。

6. 4. 3　RCB 参数

RCB 位在 Link Control 寄存器中定义，见第 4. 3. 2 节。RCB 位决定了 RCB 参数的值，在 PCIe 总线中，RCB 参数的大小为 64B 或者 128B，如果一个 PCIe 设备没有设置 RCB 的大小⊖，则 RC 的 RCB 参数缺省值为 64B，而其他 PCIe 设备的 RCB 参数的缺省值为 128B。PCIe 总线规定 RC 的 RCB 参数的值为 64B 或者 128B，其他 PCIe 设备的 RCB 参数为 128B。

在 PCIe 总线中，一个存储器读请求 TLP 可能收到目标设备发出的多个完成报文后，才能完成一次存储器读操作。因为在 PCIe 总线中，一个存储器读请求最多可以请求 4KB 大小的数据报文，而目标设备可能会使用多个存储器读完成 TLP 才能将数据传递完毕。

当一个 EP 向 RC 或者其他 EP 读取数据时，这个 EP 首先向 RC 或者其他 EP 发送存储器读请求 TLP；之后由 RC 或者其他 EP 发送存储器读完成 TLP，将数据传递给这个 EP。

如果存储器读完成报文所传递数据的地址范围没有跨越 RCB 参数的边界，那么数据发送端只能使用一个存储器完成报文将数据传递给请求方，否则可以使用多个存储器读完成 TLP。

假定一个 EP 向地址范围为 0xFFFF-0000~0xFFFF-0010 的这段区域进行 DMA 读操作，RC 收到这个存储器读请求 TLP 后，将组织存储器读完成 TLP，由于这段区域并没有跨越 RCB 边界，因此 RC 只能使用一个存储器读完成 TLP 完成数据传递。

如果存储器读完成报文所传递数据的地址范围跨越了 RCB 边界，那么数据发送端（目标设备）可以使用一个或者多个完成报文进行数据传递。数据发送端使用多个存储器读完成报文完成数据传递时，需要遵循以下原则。

- 第一个完成报文所传送的数据，其起始地址与要求的起始地址相同。其结束地址或者为要求的结束地址（使用一个完成报文传递所有数据），或者为 RCB 参数的整数倍（使用多个完成报文传递数据）。
- 最后一个完成报文的起始地址或者为要求的起始地址（使用一个完成报文传递所有数据），或者为 RCB 参数的整数倍（使用多个完成报文传递数据）。其结束地址必须为要求的结束地址。
- 中间的完成报文的起始地址和结束地址必须为 RCB 参数的整数倍。

当 RC 或者 EP 需要使用多个存储器读完成报文将 0xFFFE-FFF0~0xFFFF-00C7 之间的数

⊖　这是流量控制 Infinite FC Unit 的要求，详见第 9. 3. 2 节。

⊖　有些 PCIe 设备可能没有 Link Control 寄存器。

据发送给数据请求方时，可以将这些完成报文按照表 6-9 方式组织。

表 6-9　存储器读完成报文的拆分方法

方式 1	方式 2	方式 3
0xFFFE-FFF0～0xFFFE-FFFF	0xFFFE-FFF0～0xFFFE-FFFF	0xFFFE-FFF0～0xFFFE-FFFF
0xFFFF-0000～0xFFFF-003F	0xFFFF-0000～0xFFFF-007F	0xFFFF-0000～0xFFFF-00C7
0xFFFF-0040～0xFFFF-007F	0xFFFF-0080～0xFFFF-00C7	
0xFFFF-0080～0xFFFF-00BF		
0xFFFF-00C0～0xFFFF-00C7		

　　上表提供的方式仅供参考，目标设备还可以使用其他拆分方法发送存储器读完成 TLP。
PCIe 总线使用多个完成报文实现一次数据读请求的主要原因是考虑 Cache 行长度和流量控
制。在多数 x86 处理器系统中，存储器读完成报文的数据长度为一个 Cache 行，即一次传送
64B。除此之外，较短的数据完成报文占用流量控制的资源较少，而且可以有效避免数据拥
塞。有关流量控制的内容详见第 9 章。

6.5　小结

　　本章重点介绍 PCIe 总线的事务层。在 PCIe 总线层次结构中，事务层最易理解，同时也
与系统软件直接相关。但是事务层的知识较为琐碎，在第 12 章将结合一个 EP 的设计实例，
进一步说明 PCIe 总线事务层的具体实现机制。

第 7 章 PCIe 总线的数据链路层与物理层

PCIe 总线的数据链路层处于事务层和物理层之间，主要功能是保证来自事务层的 TLP 在 PCIe 链路中的正确传递，为此数据链路层定义了一系列数据链路层报文，即 DLLP。数据链路层使用了容错和重传机制保证数据传送的完整性与一致性，此外数据链路层还需要对 PCIe 链路进行管理与监控。数据链路层将从物理层中获得报文，并将其传递给事务层；同时接收事务层的报文，并将其转发到物理层。

与事务层不同，数据链路层主要处理端到端的数据传送。在事务层中，源设备与目标设备间的传送距离较长，设备之间可能经过若干级 Switch；而在数据链路层中，源设备与目标设备在一条 PCIe 链路的两端。因此本章在描述数据链路层时，将使用发送端与接收端的概念，而不再使用源设备与目标设备。

物理层是 PCIe 总线的最底层，也是 PCIe 总线体系结构的核心。在物理层中涉及许多与差分信号传递有关的模拟电路知识。PCIe 总线的物理层由逻辑层和电气层组成，其中电气层更为重要。在 PCIe 总线的物理层中，使用 LTSSM 状态机维护 PCIe 链路的正常运转，该状态机的迁移过程较为复杂，在第 8 章将详细介绍该状态机。

7.1 数据链路层的组成结构

数据链路层使用 ACK/NAK 协议发送和接收 TLP，由发送部件和接收部件组成。其中发送部件由 Replay Buffer、ACK/NAK DLLP 接收逻辑和 TLP 发送逻辑组成；而接收部件由 "Error Check" 逻辑、ACK/NAK 发送逻辑和 TLP 接收逻辑组成。数据链路层的拓扑结构如图 7-1 所示。在该图中含有两个 PCIe 设备，分别为 Device A 和 Device B，使用的 PCIe 链路为 Device A 的发送链路，同时也为 Device B 的接收链路。

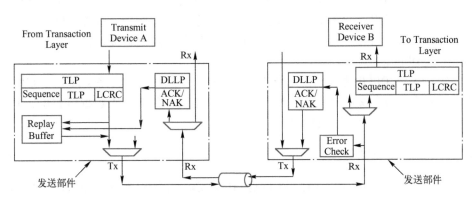

图 7-1 数据链路层的拓扑结构

实际上每个 PCIe 设备的数据链路层都含有发送部件和接收部件。而上图为简化起见，仅含有 Device A 的发送部件和 Device B 的接收部件，即 Device A 发送链路两端使用的两个部件。Device A 和 Device B 也具有接收部件和发送部件，这两个部件由 Device B 的发送链路使用，Device B 发送链路的工作原理与 Device A 类似，本节对此不做详细介绍。

当 PCIe 设备进行数据传递时，首先在事务层中产生 TLP，然后通过事务层将这个 TLP 发送给数据链路层，数据链路层将这个 TLP 加上 Sequence 前缀和 LCRC 后缀后，首先将这个 TLP 放入到 Replay Buffer 中，然后再发送到物理层。

目标设备（Device B）从物理层接收 TLP 时，将首先获得带前后缀的 TLP，该 TLP 经过数据链路层传递给事务层时，将被去掉 Sequence 前缀和 LCRC 后缀。在数据链路层中，TLP 的格式如图 7-2 所示。

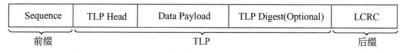

图 7-2　数据链路层 TLP 的格式

数据链路层使用 ACK/NAK 协议保证 TLP 的正确传送，ACK/NAK 协议是一种滑动窗口协议，该协议的详细介绍见第 7.2 节。其中 Sequence 前缀存放当前 TLP 的序列号，滑动窗口协议需要使用这个序列号。该序列号可以循环使用，但在同一个时间段内，一条 PCIe 链路不能含有 Sequence 前缀相同的多个 TLP。而 LCRC 后缀存放当前 TLP 的校验和。

PCIe 总线的数据链路层使用 Replay Buffer[⊖] 和 Error Check 部件共同保证数据传送的可靠性和完整性。来自事务层的 TLP 首先暂存在 Replay Buffer 中，然后发送到目标设备。源设备的数据链路层根据来自目标设备的 ACK/NAK DLLP 报文决定是重发这些 TLP，还是清除保存在 Replay Buffer 中的 TLP。

Replay Buffer 的大小决定了事务层可以暂存在数据链路层的报文数，Replay Buffer 的容量越大，在 PCIe 设备发送流水线中容纳的报文越多，从而也容易保证流水线不会因为发送部件出现 underrun 而中断，但是 Replay Buffer 的容量越大，占用的系统资源也越多，从而影响 PCIe 设备的功耗。在一个实际应用中，芯片设计者需要根据 PCIe 链路的延时确定数据链路层 Replay Buffer 的大小，在第 12.4.1 节中将进一步介绍 Replay Buffer 的大小与 PCIe 链路延时间的关系。

在 PCIe 设备的数据链路层中，还含有一个 Error Check 单元。PCIe 设备使用 Error Check 单元检查接收到的 TLP，并决定如何向对端设备进行报文回应。如果 TLP 被正确接收，PCIe 设备将向对端设备发送 ACK DLLP[⊖]；如果 TLP 没有被正确接收，PCIe 设备将向对端设备发送 NAK DLLP。

除了 ACK/NAK DLLP 之外，数据链路层还定义了一系列数据链路层报文 DLLP，以保证 PCIe 链路的正常工作。这些 DLLP 都产生于数据链路层，并终止于数据链路层，并不会传送到事务层。有关 DLLP 格式的详细描述见第 7.1.3 节。

7.1.1　数据链路层的状态

数据链路层需要通过物理层监控 PCIe 链路的状态，并维护数据链路层的"控制与管理

⊖　PCIe 规范将这个 Replay Buffer 称为 Retry Buffer。

⊖　数据链路层为提高 PCIe 链路的利用率，并不会每成功接收一个 TLP 后，都发送一个 ACK DLLP。

状态机"（Data Link Control and Management State Machine，DLCMSM）。DLCMSM 状态机可以从物理层获得以下与当前 PCIe 链路相关的状态。

- DL_Inactive 状态。物理层通知数据链路层当前 PCIe 链路不可用。在当前 PCIe 链路的对端没有连接任何 PCIe 设备，或者没有检测到对端设备的存在时，数据链路层处于该状态。
- DL_Init 状态。物理层通知数据链路层当前 PCIe 链路可用，且物理层正处于链路初始化状态，此时数据链路层不能接收或者发送 TLP 和 DLLP。此时 PCIe 链路首先需要初始化 VC0 的流量控制机制，然后再对其他虚通路进行流量控制的初始化。有关流量控制的详细描述见第 9 章。
- DL_Active 状态。当前 PCIe 链路处于正常工作模式。此时物理层已完成 PCIe 链路训练或者重训练。有关链路训练的详细描述见第 8 章。

DLCMSM 状态机的迁移模型如图 7-3 所示。

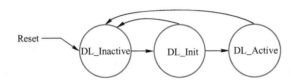

图 7-3　DLCMSM 状态机的迁移模型

DLCMSM 状态机除了可以使用上述状态位，从物理层获得当前 PCIe 链路状态外，还可以使用以下状态位，向事务层通知数据链路层所处的状态。事务层通过这些状态位获知数据链路层所处的工作状态。

- DL_Down。数据链路层处于该状态时，表示在 PCIe 链路的对端没有发现其他设备。当数据链路层处于 DL_Inactive 状态时，该状态位有效。值得注意的是 DL_Down 有效时，并不意味着对端不存在物理设备。数据链路层仅是使用该状态位通知事务层，暂时没有从对端中发现 PCIe 设备，需要进一步检测。
- DL_Up。数据链路层处于该状态表示在 PCIe 链路的对端连接了其他设备。当数据链路层处于 DL_Active 状态时，该状态位有效。

当数据链路层收到物理层的状态信息后，DLCMSM 状态机将进行状态转换，并向事务层通知 PCIe 链路的状态。如果在 PCIe 链路的两端都连接着 PCIe 设备，那么这两个 PCIe 设备的数据链路层，在绝大多数时间内状态相同。数据链路层各个状态的详细说明，及 PCIe 链路的状态迁移过程如下。

1. DL_Inactive 状态

当 PCIe 设备复位时，将进入该状态。值得注意的是，只有传统复位方式才能使 PCIe 设备进入 DL_Inactive 状态，而 FLR 方式并不会影响 DLCMSM 状态机。

当 PCIe 设备从复位状态进入 DL_Inactive 状态时，将对 PCIe 数据链路层进行彻底复位，将与 PCIe 链路相关的寄存器置为复位值，并丢弃在 Replay Buffer 中保存的所有报文。当 PCIe 设备处于 DL_Inactive 状态时，数据链路层将向事务层提交 DL_Down 状态信息，并丢弃来自数据链路层和物理层的所有 TLP，而且不接收对端设备发送的 DLLP。

PCIe 设备的物理层设置了一个 LinkUp 位，该位为 1 时表示 PCIe 链路的对端与一个

PCIe 设备相连。当物理层的 LinkUp 状态位为 1，而且事务层没有禁用当前 PCIe 链路时，PCIe 数据链路层将从 DL_Inactive 状态迁移到 DL_Init 状态。

PCIe 设备在进行链路训练时，将检查 PCIe 链路的对端是否存在 PCIe 设备，如果对端不存在 PCIe 设备，物理层的 LinkUp 位将为 0，此时数据链路层将一直处于 DL_Inactive 状态。系统软件可以设置 Switch 下游端口 Link Control 寄存器的 "Link Disable" 位为 1，禁用该端口连接的 PCIe 链路，此时即便 PCIe 链路对端存在 PCIe 设备，数据链路层的状态也仍然为 DL_Inactive。

2. DL_Init 状态

当数据链路层处于 DL_Init 状态时，将对 PCIe 链路的虚通道 VC0 进行流量控制初始化。在 PCIe 总线中，流量控制的初始化分为两个阶段，分别为 FC_INIT1 和 FC_INIT2。在流量控制的 FC_INIT1 阶段，数据链路层将向事务层提交 DL_Down 状态信息；而在流量控制的 FC_INIT2 阶段，数据链路层将向事务层提交 DL_Up 状态信息。流量控制的初始化部分详见第 9.3.3 节。

当 PCIe 链路处于 DL_Down 状态时，发送端可以丢弃任何没有被 ACK/NAK 确认的 TLP，此时数据链路层几乎不会受到事务层的干扰，从而可以保证流量控制初始化的正常进行。这也是 PCIe 链路的流量控制分为 FC_INIT1 和 FC_INIT2 的主要原因。

当 VC0 的流量控制初始化完毕，而且物理层的 LinkUp 状态位为 0b1 时，数据链路层将从 DL_Init 状态迁移到 DL_Active 状态；如果在进行流量控制初始化时，物理层的 LinkUp 状态位被更改为 0b0 时，数据链路层将从 DL_Init 状态迁移到 DL_Inactive 状态。

3. DL_Active 状态

当数据链路层处于 DL_Active 状态时，PCIe 链路可以正常工作，此时数据链路层可以从事务层和物理层正常接收和发送 TLP，并处理 DLLP，此时数据链路层向事务层提交 DL_Up 状态信息。

当发生以下事件后，数据链路层可以从 DL_Active 状态迁移到 DL_Inactive 状态，但是不能迁移到 DL_Init 状态。这也意味着数据链路层从 DL_Active 状态迁移出去后，必须重新进行对端设备的识别和流量控制初始化，之后才能进入 DL_Active 状态。

在多数情况下，数据链路层从 DL_Active 状态迁移到 DL_Inactive 状态时，意味着处理器系统出现了异常，系统软件需要处理这些异常。但是在下列情况时，数据链路层状态从 DL_Active 状态迁移到 DL_Inactive 状态时并不会引发异常。

- Bridge Control Register 的 Secondary Bus Reset 位被系统软件置为 1 时，数据链路层将迁移到 DL_Inactive 状态。
- Link Disable 位被系统软件置为 1 时，数据链路层迁移到 DL_Inactive 状态。
- 当一个 PCIe 端口向对端设备发送 "PME_Turn_Off" 消息之后，其数据链路层经过一段时间，可以迁移到 DL_Inactive 状态。RC 和 Switch 在进入低功耗状态之前，将向其下游端口广播 PME_Turn_Off 消息，下游 PCIe 设备收到该消息后，将向 RC 和 Switch 发出 PME_TO_Ack 回应。当 RC 和 Switch 的下游端口收到这个回应报文后，数据链路层可以迁移到 DL_Inactive 状态。
- 如果 PCIe 链路连接了一个支持 "热插拔" 功能的 PCIe 插槽，而当这个插槽的 Slot Capability 寄存器的 "Hot Plug Surprise" 位为 1 时，数据链路层将迁移到 DL_Inactive

状态。

- 如果 PCIe 链路连接一个热插拔插槽，当这个插槽的 Slot Control 寄存器的"Power Controller Control"位为 1 时，数据链路层也将迁移到 DL_Inactive 状态。

在 PCIe 总线中，还有一些系统事件也可以引发数据链路层的状态转换，本书对此不进行一一描述。

7.1.2　事务层如何处理 DL_Down 和 DL_Up 状态

当事务层收到数据链路层的 DL_Down 状态信息时，表示出现了以下情况。

- PCIe 链路的对端没有连接设备。
- PCIe 链路丢失了与对端设备的连接。
- 数据链路层和物理层出现某种错误，PCIe 链路不能正常工作。
- 系统软件禁用 PCIe 链路。

当事务层收到 DL_Down 状态信息后，将不再从数据链路层中接收 TLP，除非是数据链路层已经使用 ACK/NAK 报文确认过的 TLP。这些被确认过的 TLP 已经被数据链路层接收完毕，因此事务层可以接收这些 TLP。

当链路处于 DL_Down 状态时，RC 或者 Switch 的下游端口将复位与链路相关的内部逻辑和状态。此时下游端口收到上游端口的 Non-Posted 请求 TLP 后，并不会将这个 TLP 转发到数据链路层，因为数据链路层已经出现故障，而组织状态位为 UR（Unsupported Request）的完成报文，通知上游端口无法发送这个 Non-Posted 数据请求，该事务层将丢弃这个 Non-Posted 请求 TLP；此外该事务层还将丢弃来自上游端口的 Posted 请求 TLP 和完成报文。当链路为 DL_Down 状态时，RC 或者 Switch 的下游端口还必须结束"PME Turn_Off"握手请求。

当链路为 DL_Down 状态时，Switch 和 PCIe 桥的上游端口，将复位相关的内部逻辑和状态，并丢弃所有正在处理的 TLP。此时 Switch 和 PCIe 桥将使用 Hot Reset 方式复位所有下游端口。

事务层处于 DL_Up 状态时，表示该设备与 PCIe 链路的对端设备已经建立连接，链路两端可以正常收发报文。当事务层发现 PCIe 链路从 DL_Down 迁移到 DL_Up 状态时，将向 PCIe 链路的对端设备重新发送 Set_Slot_Power_Limit 消息，并重新初始化相关的寄存器。

7.1.3　DLLP 的格式

DLLP 与 TLP 的概念并不相同，DLLP 产生于数据链路层，终止于数据链路层，这些报文不会出现在事务层中，而且对系统软件透明。设置 DLLP 的目的是为了保证 TLP 的正确传送和管理 PCIe 链路。

值得注意的是，DLLP 并不是由 TLP 加上 Sequence 前缀和 LCRC 后缀组成的，而具有单独的格式。一个 DLLP 由 6 个字节组成，其中第 1 个字节存放 DLLP 的类型，第 2~4 个字节存放的数据与 DLLP 类型相关，而最后两个字节存放当前 DLLP 的 CRC 校验。DLLP 的格式如图 7-4 所示。

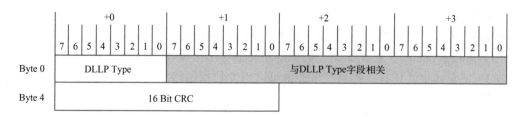

图 7-4 DLLP 的格式

大多数 DLLP 由 PCIe 设备自动产生，而与事务层没有直接联系。PCIe 总线定义了以下几类 DLLP 报文，如表 7-1 所示。

表 7-1 DLLP 的编码

Type 字段	DLLP 类型
0000-0000	ACK
0001-0000	NAK
0010-0000	PM_Enter_L1
0010-0001	PM_Enter_L23
0010-0011	PM_Active_State_Request_L1
0010-0100	PM_Request_Ack
0011-0000	Vendor Specific-Not used in normal operation
$0100-0V_2V_1V_0$	InitFC1-P，其中 V[2:0] 由三位组成，因为一条 PCIe 链路最多支持 8 个 VC
$0101-0V_2V_1V_0$	InitFC1-NP
$0110-0V_2V_1V_0$	InitFC1-Cpl
$1100-0V_2V_1V_0$	InitFC2-P
$1101-0V_2V_1V_0$	InitFC2-NP
$1110-0V_2V_1V_0$	InitFC2-Cpl
$1000-0V_2V_1V_0$	UpdateFC-P
$1001-0V_2V_1V_0$	UpdateFC-NP
$1010-0V_2V_1V_0$	UpdateFC-Cpl

这些 DLLP 报文的描述如下。

- ACK DLLP。该 DLLP 由接收端发向发送端。接收端收到 TLP 报文后，将根据数据链路层的阈值设置，向对端设备发送 ACK DLLP，而不是每接收到一个 TLP，都向对端发送一个 ACK DLLP。该 DLLP 表示接收端正确收到来自对端的 TLP。

- NAK DLLP。该 DLLP 由接收端发向发送端。该 DLLP 表示接收端有哪些 TLP 没有被正确接收，发送端收到 NAK DLLP 后，将重传没有被正确接收的 TLP，同时释放已经被正确接收的 TLP。ACK 和 NAK DLLP 与 ACK/NAK 协议相关，是数据链路层的两个重要 DLLP。这两个 DLLP 的详细作用如第 7.2 节所述。

- Power Management DLLPs。PCIe 设备使用该组 DLLP 进行电源管理，并向对端设备通知当前 PCIe 链路的状态。PCIe 总线还定义了一组与电源管理相关的 TLP，这些 TLP

与这组 DLLPs 有一定的联系，但是其作用并不相同。PCIe 总线使用该组 DLLP 保证电源管理状态机的正确运行。

- Flow Control Packet DLLPs。该组 DLLP 包括 InitFC1、InitFC2、UpdateFC DLLP，PCIe 总线使用这些 DLLPs 进行流量控制。在 PCIe 总线中，数据传送由三大类组成，分别为 Posted、Non-Posted 和 Completion。这三种数据传送方式有些细微区别，PCIe 设备为这三种数据传送设置了不同的数据缓冲。流量控制是 PCIe 总线的一个重要特性，第 9 章将重点介绍这些内容。
- Vendor-Specific DLLP。一些定制的 DLLP，PCIe 总线规范并未对此约束。这些 DLLP 由用户自定义使用。

本节将重点介绍 ACK/NAK DLLP，这两个 DLLP 与 PCIe 总线的 ACK/NAK 协议直接相关。在 PCIe 总线中，数据链路层使用 ACK/NAK 协议保证 TLP 的可靠传送。ACK/NAK DLLP 的格式如图 7-5 所示。

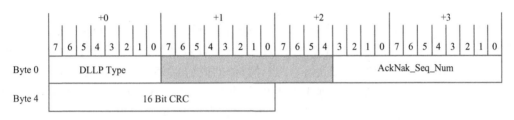

图 7-5　ACK/NAK DLLP 的格式

ACK/NAK DLLP 各字段的详细说明如表 7-2 所示。

表 7-2　ACK/NAK DLLP 的详细说明

名　称	位　置	描　述
DLLP Type	Byte 0 的 7~0 位	0b0000-0000 表示为 ACK 报文 0b0001-0000 表示为 NAK 报文
AckNak_Seq_Num	Byte 2 的 3~0 位， Byte 3 的 7~0 位	该字段表示接收端成功接收的报文序号,下文将详细解释该字段
CRC	Byte 4~ Byte 5	保存 DLLP 的 CRC 校验和

发送端的数据链路层负责将 TLP 传送给接收端，而接收端的数据链路层在收到 TLP 之后，将向发送端发送 ACK/NAK DLLP。发送端和接收端通过某种传送协议，完成数据链路层的数据交换，在 PCIe 总线中，这个协议称为 ACK/NAK 协议。

7.2　ACK/NAK 协议

ACK/NAK 协议是一种滑动窗口协议。PCIe 设备的发送端和接收端分别设置了两个窗口。发送端在发送 TLP 时，首先将这个 TLP 放入发送窗口中（这个窗口即 Replay Buffer），并对这些 TLP 从 0~n 进行编号。只要发送窗口不满，发送端就可以持续地从事务层中接收报文，然后将其放入 Replay Buffer 中。

发送端需要保留在这个窗口中的数据报文，并在收到来自接收端的 ACK/NAK 确认报文之后，统一释放保存在发送窗口中的报文，并滑动这个发送窗口。当发送端收到接收端对第

n 个报文的确认后，表示第 n、n-1、n-2 等在窗口中的报文都已经被正确收到，然后统一滑动这个窗口。PCIe 总线使用这种方法可以提高窗口的利用率。

与此对应，接收端也维护了一个窗口，该窗口记录数据报文的发送序列号范围。当数据报文到达后，如果其序列号在接收窗口范围内，接收端将接收该报文，并根据实际情况，向发送端发送回应报文。这个回应报文包括 ACK 和 NAK DLLP。下文将分别讨论发送端和接收端如何使用 ACK/NAK 协议。

7.2.1　发送端如何使用 ACK/NAK 协议

数据链路层在发送 TLP 之前，发送端首先需要将 TLP 进行封装，加上 Sequence 前缀和 LCRC 后缀，之后再将这个 TLP 放入 Replay Buffer 中。发送端设置了一个 12 位的计数器 NEXT_TRANSMIT_SEQ，这个计数器的初始值为 0，当数据链路层处于 DL_Inactive 状态时，该计数器将保持为 0。为简化起见，本节只讲述数据链路层处于 DL_Active 状态时的情况，而不讲述处于 DL_Inactive 状态时的情况。

发送端使用计数器 NEXT_TRANSMIT_SEQ 的当前值设置 TLP 的 Sequence 号，该计数器的初始值为 0。PCIe 设备每发送完毕一个 TLP，这个计数器将加 1，直到该计数器的值为 4095（NEXT_TRANSMIT_SEQ 的最大值）。当计数器的值为 4095 后，再进行加 1 操作时，该计数器将回归为 0。而 LCRC 是根据 TLP 的内容计算出来的，用来保证数据传递的完整性，本节不介绍 LCRC 的计算过程。对此有兴趣的读者请参考 PCIe 总线规范。

与此对应，接收端也设置了一个 12 位的计数器 NEXT_RCV_SEQ。这个计数器记录接收端即将接收的 TLP 的 Sequence 号。这个计数器的初始值为 0，当数据链路层处于 DL_Inactive 状态时，该计数器保持为 0。在正常情况下，到达接收端的 TLP，其 Sequence 号和这个计数器中的内容一致。当接收端将这个 TLP 转发到事务层后，这个计数器将加 1，当计数器的值为 4095 后，再进行加 1 操作时，该计数器将回归为 0。如果到达接收端的 TLP，其序号与这个计数器中的值不一致时，接收端需要进行特殊处理，详见下文。

发送端为处理来自接收端的 ACK/NAK DLLP，设置了一个 12 位的计数器 ACKD_SEQ。这个计数器记载最近接收到的 ACK/NAK DLLP 的 AckNak_Seq_Num 字段。这个计数器的初始值为全 1，当数据链路层处于 Inactive 状态时，该计数器保持为全 1。发送端收到 ACK/NAK DLLP 后，将使用这些 DLLP 中的 AckNak_Seq_Num 字段更新 ACKD_SEQ 计数器。

如果（NEXT_TRANSMIT_SEQ-ACKD_SEQ）mod 4096>=2048 时，发送端将不会从事务层继续接收新的 TLP，因为此时发送端已经发送了许多 TLP，但是接收端可能并没有成功接收这些 TLP，因此并没有及时发送 ACK/NAK DLLP 作为回应。在多数情况下，当 PCIe 链路出现了某些问题时，才可能导致该公式成立。此外 ACKD_SEQ 计数器还可以帮助发送端重发错误的 TLP，下文将详细解释这个功能。

发送端首先将从事务层获得的 TLP 存放到 Replay Buffer 中，在 Relpay Buffer 中可以存放多个 TLP，这个 Replay Buffer 为发送端使用的发送窗口。PCIe 总线并没有规定在 Replay Buffer 中存放 TLP 的个数，不同的设计可以采用的大小不同，其中有一个重要的原则就是不能使 Replay Buffer 成为整个设计的瓶颈，Replay Buffer 应该始终保证有足够的空间接收来自事务层的报文。

TLP 进入 Replay Buffer 之后，发送端首先将这个 TLP 封装，然后从 Replay Buffer 中发送到物理层，最终达到接收端。发送端将 TLP 发送出去之后，将等待来自接收端的应答，接收端使用 ACK/NAK DLLP 发送这个应答。发送端根据应答结果决定是将 TLP 从 Replay Buffer 中清除，还是重发在 Replay Buffer 中的 TLP。下文将以几个实例说明发送端如何处理来自接收端的应答。

1. 发送端收到 ACK DLLP 报文

如图 7-6 所示，假设发送端从 Replay Buffer 中向接收端发送 Sequence 号为 3~7 的报文。接收端收到这些报文后将发送 ACK DLLP 作为回应，其详细步骤如下。

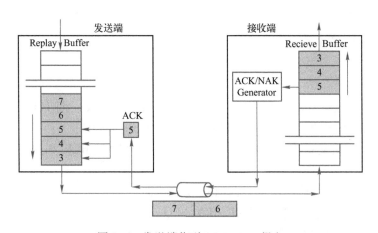

图 7-6　发送端收到 ACK DLLP 报文

1）发送端向接收端发送 TLP3~7，其中 TLP3 是第一个报文，TLP7 是最后一个报文。此时发送端的 NEXT_TRANSMIT_SEQ 计数器为 8，表示即将填入到 Replay Buffer 中的报文序列号为 8。

2）接收端按序收到 TLP3~5，而 TLP6 和 7 仍在传送过程中。接收端的 NEXT_RCV_SEQ 计数器为 6，表示即将接收的报文序列号为 6。

3）接收端通过报文检查决定接收 TLP3~5，然后发送 ACK DLLP，此时这个 ACK DLLP 的 AckNak_Seq_Num 字段为 5。为了提高总线的利用率，接收端不会为每一个接收到的 TLP 都做出应答。在这个例子中，AckNak_Seq_Num 字段为 5 表示 TLP3~5 都已经被接收。

4）发送端收到 AckNak_Seq_Num 字段为 5 的 ACK DLLP 后，得知 TLP3~5 都被成功接收。此时发送端将 TLP3~5 从 Replay Buffer 中清除。

5）接收端陆续收到 TLP6~7 后，接收端的 NEXT_ RCV_ SEQ 计数器为 8，表示即将接收的报文序列号为 8。然后接收端向发送端发送 ACK DLLP，这个 DLLP 的 AckNak_Seq_Num 字段为 7，即为 NEXT_RCV_SEQ-1。

6）发送端收到 AckNak_Seq_Num 字段为 7 的 ACK DLLP 后，得知 TLP6~7 都被成功接收。此时发送端将 TLP6~7 从 Replay Buffer 中清除。

2. 发送端收到 NAK DLLP 报文

如图 7-7 所示，假设发送端从 Replay Buffer 中向接收端发送 Sequence 号为 3~7 的报文。接收端收到这些报文后，发现有错误的 TLP，此时将发送 NAK DLLP 而不是 ACK DLLP，其详细步骤如下。

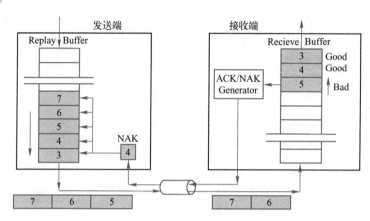

图 7-7 发送端收到 NAK DLLP 报文

1）发送端向接收端发送 TLP3~7，其中 TLP3 是第一个报文，而 TLP7 是最后一个报文。

2）接收端按序收到 TLP3~5，而 TLP6 和 7 仍在传送过程中。

3）接收端通过报文检查决定接收 TLP3~4，此时 NEXT_RCV_SEQ 为 5，表示即将接收 TLP5。

4）TLP5 没有通过完整性验证，此时接收端将向对端发送 NAK DLLP，这个 DLLP 的 AckNak_Seq_Num 字段为 4，即为 NEXT_RCV_SEQ-1。AckNak_Seq_Num 字段为 4 表示接收端最后一个接收正确的 TLP，其 Sequence 号为 4。

5）发送端收到 AckNak_Seq_Num 字段为 4 的 NAK DLLP 后，得知 TLP3~4 已被成功接收。此时发送端首先停止从事务层接收新的 TLP，之后将 TLP3~4 从 Replay Buffer 中清除。

6）发送端重新发送在 Replay Buffer 中从 TLP5 开始的报文。在这个例子中，发送端将重新发送 TLP5~7。

发送端每一次收到 NAK DLLP 后，都将重发在 Replay Buffer 中剩余的 TLP。但是发送端不能无限次重发同一个 TLP，因为出现这种情况意味着链路出现了某些问题，必须修复这些问题后，才能继续重发这些 TLP。为此在发送端中设置了一个 2 位计数器 REPLAY_NUM，这个计数器的初始值为 0，当数据链路层处于 Inactive 状态时，该计数器保持为 0。

REPLAY_NUM 计数器按照以下几个原则进行更新。

- 当发送端第一次收到 NAK DLLP 后，REPLAY_NUM 计数器将加 1，此时 ACKD_SEQ 计数器被赋值为这个 NAK DLLP 的 AckNak_Seq_Num 字段。之后当发送端收到新的 ACK/NAK DLLP，而且其 AckNak_Seq_Num 字段大于 ACKD_SEQ 计数器的值时（表示发送端至少重传成功一个 TLP），REPLAY_NUM 计数器将被重置为 0，ACKD_SEQ 计数器的值也更新为相应的值。

- PCIe 总线规定发送端新收到的 ACK/NAK DLLP，其 AckNak_Seq_Num 字段不能小于 ACKD_SEQ 计数器，如果出现这种问题，将是芯片的 Bug。

- 如果新的 ACK/NAK DLLP，其 AckNak_Seq_Num 字段值等于 ACKD_SEQ 计数器的值时，表示发送端正在反复地重新发送同一个 TLP，此时 REPLAY_NUM 计数器将加 1，当这个计数器溢出时，发送端将不再重复发送这个 TLP，而是重新进行链路训练，当

PCIe 链路恢复正常后，再重新发送这个 TLP。

发送端除了设置 REPLAY_NUM 计数器，判断 PCIe 链路可能出现的故障之外，还设置了另一个计数器 REPLAY_TIMER，进一步识别 PCIe 链路可能出现的故障。因为使用 ACKD_SEQ 计数器判断链路故障的基础是发送端可以收到 ACK/NAK DLLP。但是在某种情况下，发送端虽然发送了 TLP，但是接收端没有回应 ACK/NAK DLLP，或者由于 PCIe 链路故障发送端没有收到这个回应。

此时发送端需要使用 REPLAY_TIMER 计数器，以判断在 TLP 的传送过程中是否出现异常。REPLAY_TIMER 计数器记载一个 TLP 报文从发送到获得 ACK/NAK DLLP 回应的时间，当这个时间过长时，发送端认为 PCIe 链路出现故障。REPLAY_TIMER 计数器的更新规则如下所示。

1) REPLAY_TIMER 计数器的初始值为 0，在发送端发出或者重新发出一个 TLP 后以一个固定的时钟频率开始计数，当 REPLAY_TIMER 计数器到达设定的阈值时，将认为 PCIe 链路出现故障，此时 PCIe 设备将进行 PCIe 链路的恢复工作。如果发送端可以正常收到 ACK/NAK DLLP 时，该计数器不会溢出。

2) 发送端收到 ACK DLLP，而且在 Replay Buffer 中没有"已经发送而且尚未被确认的 TLP"后，REPLAY_TIMER 计数器被重置并重新开始计数。在正常情况下，发送端每发送一个 TLP 后，REPLAY_TIMER 计数器将被重置并重新计数，但是有时在 Replay Buffer 中存在一些 TLP，这些 TLP 已经被发送出去，但是并没有收到相应的 ACK DLLP，此时 REPLAY_TIMER 计数器不能被重置。

3) 当 Replay Buffer 中没有任何 TLP 时，REPLAY_TIMER 计数器将被重置而且其值保持不变。

4) 发送端收到 NAK DLLP 之后，REPLAY_TIMER 计数器将被重置而且其值保持不变。当数据链路层重新发送 TLP 时，REPLAY_TIMER 计数器才重新开始计数。

5) REPLAY_TIMER 计数器到达设定的阈值后，该计数器的值将被重置，且保持不变。此时 PCIe 链路可能出现某种异常，当这些异常被处理完毕后，REPLAY_TIMER 计数器才可能重新计数。

6) PCIe 链路重新训练时，REPLAY_TIMER 计数器的值保持不变。准确地说，PCIe 链路处于 Recovery 或者 Configuration 状态时，REPLAY_TIMER 计数器的值保持不变。有关 Recovery 或者 Configuration 状态的详细说明见第 8.2 节。

PCIe 总线规范提供了计算 REPLAY_TIMER 计数器阈值的经验公式，这个阈值和 PCIe 设备和主桥提供的 Max_Payload_Size 成正比，与 PCIe 链路宽度成反比，本节对此公式不进行详细说明。值得注意的是，这个经验公式是基于 x86 处理器计算得出的，不同的处理器在此处的实现不尽相同。

7.2.2　接收端如何使用 ACK/NAK 协议

接收端首先从物理层获得 TLP，此时在这个 TLP 中包含 Sequence 号前缀和 LCRC 后缀。接收端收到这个 TLP 后，首先将这个报文放入 Receive Buffer 中，然后进行 CRC 检查。如果 CRC 检查成功，接收端将根据接收缓冲的阈值发送 ACK DLLP 给发送端，并将这个 TLP 传给事务层。除了 CRC 校验外，接收端还需要做其他检查，本节对此不进行介绍。

1. 接收端发送 ACK DLLP

当接收端收到的 TLP 没有出现 LCRC 错误，而且 TLP 的 Sequence 号和 NEXT_RCV_SEQ 计数器的值相同时，接收端将正确接收这个 TLP，并将其转发给事务层，随后接收端将 NEXT_RCV_SEQ 计数器加 1。

接收端根据具体情况，决定向发送端立即发送 ACK DLLP，还是等待接收到更多的 TLP 后再发送 ACK DLLP。如果接收端决定发送 ACK DLLP，则该 ACK DLLP 的 AckNak_Seq_Num 字段为 NEXT_RCV_SEQ-1，即已经正确接收 TLP 的 Sequence 号。

接收端不会对每一个正确接收的 TLP 发出 ACK DLLP 回应，因为这样将严重影响 PCIe 总线链路的使用效率，而是收集一定数量的 TLP 后，统一发出一个 ACK DLLP 回应表示之前的 TLP 都已正确接收。

为此接收端使用了一个 ACKNAK_LATENCY_TIMER 计数器，当这个计数器超时或者接收的报文数超过一个阈值后，向发送端发送一个 ACK DLLP 回应。此时这个 ACK DLLP 的 AckNak_Seq_Num 字段为在这段时间以来，最后一个被正确接收的 TLP 的 Sequence 号。不同的设计在此处的实现不尽相同。但是这些实现都要遵循以下两个原则。

1）接收端在收到一定数量的报文后，统一发送一个 ACK DLLP 作为回应。

2）接收端收到的报文虽然没有到达阈值，但是 ACKNAK_LATENCY_TIMER 计数器超时后，仍然要发出 ACK DLLP 作为回应。在某些情况下，发送端可能在发送一个 TLP 后，在很长一段时间内，都不会发送新的 TLP，此时接收端必须及时给出 ACK DLLP 回应，以免发送端的 REPLAY_TIMER 计数器溢出。

下面将以一个实例说明接收端如何发送 ACK DLLP 回应，该实例如图 7-8 所示，其描述如下所示。

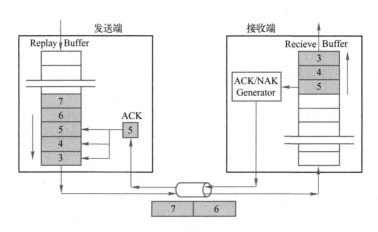

图 7-8　接收端发送 ACK DLLP

1）发送端发送 TLP3 ~ 7 给接收端，其中 TLP3 是第一个报文，而 TLP7 是最后一个报文。

2）接收端按序收到 TLP3 ~ 5，而 TLP6 和 7 仍在传送过程中。此时 NEXT_RCV_SEQ 的值被更新为 6，表示下一个即将接收的 TLP，其 Sequence 号为 6。

3）接收端通过报文检查决定接收 TLP3 ~ 5，然后发送 ACK DLLP，这个 DLLP 的 AckNak_

Seq_Num 字段为 5。为了提高总线的利用率，接收端不会对每一个接收到的 TLP 都做出应答。在这个例子中，AckNak_Seq_Num 字段为 5 表示 TLP3~5 都已经被接收。

4）接收端将接收到的 TLP3~5 传递给事务层。

5）接收端陆续收到 TLP6~7 后，继续执行步骤 3~4。

2. 接收端发送 NAK DLLP

接收端设置了一个 NAK_SCHEDULED 位，该位用来判断接收端如何发送 NAK DLLP，该位的初始值为 0。当接收端接收 TLP 出现错误时，将该位置为 1；当出现"错误的 TLP"被重新接收成功后，该位被置为 0。

如果接收端发现 TLP 的 CRC 错误后，将丢弃这个 TLP，并发送 NAK DLLP，这个 DLLP 的 AckNak_Seq_Num 字段为 NEXT_RCV_SEQ-1，即最后一个正确接收 TLP 的 Sequence 号。此时 NEXT_RCV_SEQ 计算器将保持不变，NAK_SCHEDULED 位将被置为 1。

当这个 NAK DLLP 到达发送端之前，PCIe 链路还有一些正在传送的 TLP，这些报文将陆续到达接收端，这些报文的 Sequence 号都将大于 NEXT_RCV_SEQ，此时接收端不会接收这些报文，而且接收端也不会为这些报文发送 NAK DLLP，因为此时 NAK_SCHEDULED 位继续保持有效，即为 1。

PCIe 总线规范没有规定接收端如何拒收后续的 TLP 报文，较为合理的实现方式是这些后续的报文无须进入接收端的 Receive Buffer 就被拒绝。这样接收端只为已经进入 Receive Buffer 中的 TLP 发出 ACK/NAK 回应。

如果接收端收到一个重试的 TLP 报文，其 Sequence 号与 NEXT_RCV_SEQ 相等，而且报文没有出现错误，接收端将 NEXT_RCV_SEQ 加 1 同时清除 NAK_SCHEDULED 位。此时表示重试的报文已经被正确接收。

如果接收端收到的 TLP，其 Sequence 号小于 NEXT_RCV_SEQ，这种情况通常是由于 TLP 传送过程中的延时，产生的重复 TLP，此时接收端将丢弃这个报文，NEXT_RCV_SEQ 计数器的值也不会改变，随后接收端将向对端发送 ACK DLLP，这个 DLLP 的 AckNak_Seq_Num 为 NEXT_RCV_SEQ-1。

[Ravi Budruk，Don Anderson and Tom Shanley]列举了一个实例说明在某种情况下，接收端将收到此类报文。接收端正确接收到 TLP 后，将发送 ACK DLLP，但是由于链路故障，这个报文并没有到达发送端，此时已经发送的 TLP 将不会从发送端的 Replay Buffer 中清除，最终 REPLAY_TIMER 将溢出，此时发送端有可能重新进行链路训练，当链路恢复正常后，发送端将重新发送 Replay Buffer 中的所有 TLP。在这种情况下，接收端将收到 Sequence 号比 NEXT_RCV_SEQ 小的 TLP。

下面将使用一个实例进一步说明接收端如何发送 NAK DLLP，该实例如图 7-9 所示，其描述如下所示。

1）发送端向接收端发送 TLP3~7，其中 TLP3 是第一个报文，而 TLP7 是最后一个报文。

2）接收端按序收到 TLP3~5，并将这些报文放入 Receive Buffer，当然也可以在这些报文通过完整性检查后，再决定是否将这些 TLP 放入 Receive Buffer 中，而 TLP6 和 7 仍在传送过程中。

3）接收端通过报文检查决定接收 TLP3~4，此时 NEXT_RCV_SEQ 为 5,表示即将接收

TLP5。此时接收端将 TLP3~4 传递给事务层。

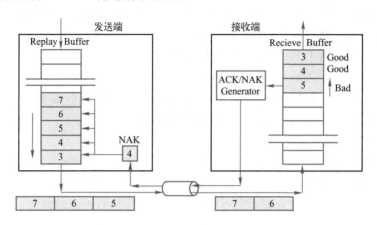

图 7-9　接收端如何发送 NAK DLLP

4）而 TLP5 没有通过完整性验证，此时接收端将发送 NAK DLLP，这个 DLLP 的 AckNak_Seq_Num 字段为 4，即 NEXT_RCV_SEQ-1。AckNak_Seq_Num 字段为 4 表示接收端最后一个正确接收的 TLP，其 Sequence 号为 4。此时接收端将设置 NAK_SCHEDULED 位为 1，而 NEXT_RCV_SEQ 保持不变，即为 5。

5）接收端将丢弃 TLP5。当 TLP6~7 到达时，接收端仍然丢弃这些报文，即便这些报文通过了完整性检查，因为这些报文的 Sequence 号大于 NEXT_RCV_SEQ。接收端不会为 TLP6~7 发送 NAK DLLP，因为此时 NAK_SCHEDULED 位有效。

6）发送端收到 NAK DLLP，其序号为 4，此时发送端首先将 TLP3~4 从 Replay Buffer 中清除，因为 TLP3~4 已经被接收端正确接收，然后重新发送 TLP5~7。

7）接收端如果正确接收到 TLP5 时，发现其 Sequence 号与 NEXT_RCV_SEQ 相等，将清除 NAK_SCHEDULED 位。

8）接收端陆续接收到 TLP6~7，并根据 CRC 的检查结果决定发送 ACK DLLP 或者 NAK DLLP。

在某些情况下，接收端发送的 NAK DLLP 可能并没有被发送端正确接收，因此接收端在很长一段时间内都不会得到"发送端重试的"TLP。此时接收端将会择时重发 NAK DLLP，为此接收端设置了一个 AckNak_LATENCY_TIMER 计数器，当该计数器溢出时，接收端将重发 NAK DLLP。该计数器的更新规则如下。

1）当接收端发送 ACK 或者 NAK DLLP 时，该计数器重置并开始计数。

2）接收端为"所有已接收的 TLP"发送了 ACK DLLP 报文时，或者数据链路层状态为 DL_Inactive 时，该计数器被重置且保持为 0。

AckNak_LATENCY_TIMER 计数器的阈值是 REPLAY_TIMER 计数器阈值的 $1/3^{\ominus}$。当接收端等待的时间超过 AckNak_LATENCY_TIMER 计数器的阈值后，接收端将重发一个 ACK

⊖　ACKNAK_LATENCY_TIMER 计数器的阈值是 REPLAY_TIMER 阈值的 1/3，可以保证接收端至少可以重发两次 ACD DLLP 给发送端。

DLLP[⊖]。

当发送端发送若干个 TLP 之后，接收端将发送一个 ACK DLLP 作为回应。但是在某些情况下，发送端并没有收到接收端的 ACK DLLP。此时接收端需要在 AckNak_LATENCY_TIMER 计数器溢出时，重新发送 ACK DLLP。从而防止"因为发送端的 REPLAY_TIMER 计数器溢出"，重新进行 PCIe 链路训练，重发更多的 TLP。

7.2.3　数据链路层发送报文的顺序

数据链路层还规定了报文发送的顺序。由上文的描述中，我们可以发现 DLLP 和 TLP 的发送共用一个 PCIe 链路，除此之外物理层的报文 PLP（Physical Layer Packet）也使用同样的链路。因此 PCIe 链路需要合理地安排报文的发送顺序，以避免死锁。其发送顺序如下所示。

1）正在发送的 TLP 或者 DLLP 具有最高的优先权。PCIe 总线为了保证数据的完整性，不允许打断正在传送的报文。从理论上讲，打断正在传送的报文是可行的，但是硬件需要更大的代价，也需要制定更加复杂的协议保证数据的完整性。

2）PLP 的传送。一般来说，处于协议底层的报文优先权高于处于协议高层的报文，这也是解决死锁的一个有效方法。

3）NAK DLLP。NAK DLLP 需要优先于 TLP 的发送，原理同上。

4）ACK DLLP。ACK DLLP 响应正确接收的报文，在绝大多数处理过程中，错误处理报文优先于正确的响应，这也是一种防止死锁的方法。

5）重新传送 Replay Buffer 中的 TLP。也是一种发现错误后的恢复手段，因此这种报文的传递优先权高于其他 TLP。因为在错误没有处理完毕之前，其他 TLP 的传递是没有意义的，接收端都将丢弃这些报文。

6）其他在事务层等待的 TLP。

7）其他 DLLP，这些 DLLP 包括地址路由，电源管理等报文，这些报文与数据报文的传递无关，是 PCIe 总线规定的一些控制报文，所以优先权最低。

7.3　物理层简介

如图 4-4 所示，物理层在数据链路层和 PCIe 链路之间，其主要作用有三个，一是发送数据链路层的 TLP 和 DLLP；二是发送和接收在物理层产生的报文 PLP；三是从 PCIe 链路接收数据报文并传送到数据链路层。

物理层主要由物理层逻辑模块和物理层电气模块组成，本节主要介绍物理层的逻辑模块，包括 8/10b 编码、链路训练等一些最基础的内容，并通过介绍差分信号的工作原理，简要介绍物理层的电气模块。物理层的电气模块对于深入理解 PCIe 总线规范非常重要，但是许多系统软件工程师因为缺少必要的基础知识，很难理解这部分内容。

本节的内容是第 8 章的基础。如果读者需要深入理解 PCIe 的链路训练，必须掌握本节的全部内容。如果读者对第 8 章内容不感兴趣，可以略过第 8 章和本节。但是 PCIe 总线各个层

⊖　注意是重发 ACK DLLP 而不是 NAK DLLP。

次间的联系较为紧密，读者很难在对物理层一无所知的情况下，深入理解 PCIe 总线规范。

物理层的电气模块与差分信号的工作原理密切相关，这部分原理包括一系列与信号完整性相关的课题。而信号完整性本身就是一个专门的话题，其难度与复杂程度较高。信号完整性所追求的目标如下。

1）保证发送的信号可以被接收端正确接收。

2）保证发送的信号不会影响其他信号。

3）保证发送的信号不会损坏接收器件。

4）保证发送的信号不会产生较大的 EMI 电磁噪声。

PCIe 总线的物理层对信号传送进行了一系列约定，以保证信号传递的完整性。而这些约定建立在差分信号传送规则的基础上。如果读者能够深入理解差分信号的工作原理，理解这些约定并不困难。

7.3.1 PCIe 链路的差分信号

PCIe 链路使用差分信号进行数据传递，而差分信号由两个信号组成，这与 PCI 总线使用的单端信号有较大区别。

首先所有信号的传递都需要一个电流回路，而且流入一个节点的电流总和等于流出这个节点的电流总和[⊖]。单端信号使用地平面作为电流回路，而这个地平面并不是稳定的，极易受到干扰，其中最重要的干扰为 SSO（Simultaneous Switching Output）噪声。而减缓 SSO 噪声最有效的方法是为器件的电源提供退耦电容，这个方法也被西方的工程师称为 "The rule of thumb"，在电路设计中，该方法极为普及。

即便如此单端信号使用的地平面仍不足以信赖，仍会给单端信号的传递带来不小的干扰。其次单端信号容易收到其他信号的干扰，当单端信号频率较高时，信号在传递过程中衰减较大，而采用差分信号可以有效避免使用单端信号的这些问题。差分信号是由驱动端发送两个等值、相位相反的信号，接收端通过这两个信号的电压差值来判断差分信号是逻辑状态 "0" 还是 "1"。与单端信号相比，差分信号具有许多优势。

1）抗干扰能力较强。差分信号不受 SSO 噪声的影响，其走线是等长的，且距离较近。当外界存在噪声干扰时，这些干扰同时被耦合到两个信号上，因为接收端只关心这两个信号的差值，这些干扰相减后可以忽略不计。

2）能够有效抑制信号传递带来的 EMI 干扰。差分信号的极性相反，对外界辐射的电磁场可以相互抵消，因此产生的噪声较小。

3）逻辑状态定位准确。由于差分信号的开关变化位于两个信号的交点，而不像单端信号使用高低电压两个阈值进行判断，因而受制造工艺、外部环境变化的影响较小，使用差分信号时，接收逻辑较易判断逻辑状态 "0" 和 "1"。

4）提供的数据带宽较高。由于差分信号受外界环境的影响较小，能够运行在更高的时钟频率上，从而提供的数据带宽较高。

差分信号也有缺点。首先差分信号使用两个信号传递数据，与单端信号相比使用的信号

⊖ 参见基尔霍夫第一定律。

线较多。但是考虑到单端信号为了保证信号质量，往往使用"两线加一地"[⊖]的方式，因此差分信号使用的信号线数量与单端信号相比，并不是简单乘 2 的关系。其次差分信号的布线与单端信号相比具有较多的约束。差分信号对要求等长且平行走线，而且在实际的 PCB 中，最好做到同层等长，因为不同层间的特性阻抗并不完全相等，而是有一定的误差。

这些约束为差分信号的使用带来了一些困难，但是这些困难并不影响差分信号的大规模应用。目前已知的高速链路均使用差分信号，即将问世的 40 Gb/100 Gb 以太网和 PCIe V3.0 规范也将继续使用差分信号进行数据传递。

差分信号进行传递时依然需要电流回路，而且这个回流路径仍然主要使用地平面，虽然差分信号对彼此也可以作为电流回路，但这并不是主要的回流路径。所有高频信号总是使用电感最小的电流回路，差分信号除了相互间的耦合之外，更多的是对地耦合。

因此差分信号在进行传递时，参考地平面仍然最为重要。如果参考地平面不连续或者不存在参考地平面时，差分信号间的耦合才作为回流通路，但是使用这种方法将极大降低差分信号的质量，而且会增加 EMI 干扰，因此在设计中并不建议使用这种方法。差分信号的传递方法如图 7-10 所示。

如该图所示，差分信号使用两根信号 D+ 和 D-进行信号传递，其中差分信号可以使用两种方法描述，分别为（V_1，V_2）和（V_{cm}，V_{diff}）。

假设信号 D+ 的对地参考电压为 V_1，而信号 D-的对地参考电压为 V_2，使用（V_1，V_2）可以描述一个差分信号，但是这种方法并不常用。因为使用（V_1，V_2）这种方法描述差分信号并不直观，接收端更关心这两个信号的差值，即 V_1-V_2。

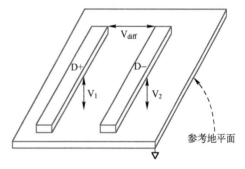

图 7-10　差分信号的传递

为此我们引入两个参数（V_{cm}，V_{diff}），其中 V_{diff} 参数代表信号 D+ 和信号 D-的差值电压（Differential Voltage），而 V_{cm} 参数代表这两个信号的共模电压（Common Mode Voltage）。这两个参数的计算方法如公式 7-1 所示。

$$V_{cm} = (V_1+V_2)/2$$
$$V_{diff} = V_1-V_2$$
$$(7-1)$$

其中 $V_1 = V_{cm}+V_{diff}/2$ 而 $V_2 = V_{cm}+V_{diff}/2$。对于差分信号而言，（V_1，V_2）和（V_{cm}，V_{diff}）这两种描述方式是完全等价的。如图 4-1 所示，在 PCIe 链路中，差分信号首先经过一个 AC 耦合电容后，才能到达接收端。因此接收端收到的差分信号，其直流电压已被滤去。因此在实际应用中，接收端并不关心 V_{cm}，而仅关心 V_{diff}。但是发送端需要置 V_{cm} 为一个合适的偏置电压，保证信号的传送。在理想情况下，差分信号 D+ 和 D-相位相反，幅值相等，且 V_{cm} 为一个常量，如图 7-11 所示。

在该图中实线部分为 D+ 信号，而虚线部分为 D-信号，这两个信号相位完全相反，且为非常理想的正弦波，V_{cm} 为一个恒定的值，而差分电压 V_{diff} 也是一个理想的正弦波，其峰值为 D+ 或者 D-信号的两倍。

⊖　使用单端数据总线进行长距离传递时，每两根单端信号线之间使用一根地线隔离。

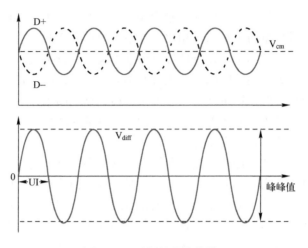

图 7-11 理想的差分信号

然而在差分信号的实际应用中，由于信号 D+和 D-并不会完全对称，相位也不会完全相反，可能会存在一些偏差，如图 7-12 所示。

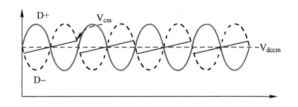

图 7-12 次理想的差分信号

如上图所示，由于 D+和 D-并不完全对称，因此 V_{cm} 并不是一个常数，而是以 V_{dccm} 为中心进行上下波动。V_{dccm} 为 DC 共模电压（DC Common Mode Voltage），其值为 V_{cm} 在一段时间内的平均直流电压。

与直流共模电压相对应，在对差分信号进行分析时，还使用 AC 共模电压（AC Common Mode Voltage），简写为 Vaccm_rms[⊖]，其值为 $RMS[(V_1+V_2)-V_{dccm}]$。其中 RMS（Root Mean Square）用来计算 AC 电压的有效值，对于正弦波而言，RMS 值约等于峰值的 0.707 倍。

在差分信号传递中，使用 UI（Unit Interval）计算单位时间，如图 7-11 所示，UI 的值为一个正弦波的半个周期。在 PCIe V1.x 规范中，使用的时钟频率为 1.25 GHz，因此 UI 在399.88~400.12 ps 之间；而 PCIe V2.x 规范使用的时钟频率为 2.5 GHz，此时 UI 在 199.94~200.06 ps 之间。PCIe 总线还规定了一系列有关差分信号传递的参数，并分为发送逻辑和接收逻辑[⊖]区别处理，如表 7-3 和表 7-4 所示。

值得注意的是，在本书中发送端与发送逻辑，接收端与接收逻辑是完全不同的概念。如图 4-1 所示，发送端和接收端都包含发送逻辑和接收逻辑，本书为强调发送逻辑和接收逻

⊖ 通常交流电压使用有效值表示。

⊖ 如图 4-1 所示，发送端和接收端都有相应的发送逻辑（TX）和接收逻辑（RX）。

辑的概念，使用发送逻辑 TX（Transmitter）和接收逻辑 RX（Receiver）来表示发送端和接收端的发送逻辑和接收逻辑。有的书籍也将发送逻辑和接收逻辑称为发送模块和接收模块。

本节仅列出"发送逻辑 TX"和"接收逻辑 RX"使用的部分参数，对全部参数有兴趣的读者可以参阅 PCIe V2.1 总线规范的表 4-9 和表 4-12。

表 7-3　PCIe 链路"发送逻辑 TX"差分信号的参数

符 号 名	2.5 GT/s	5 GT/s	单 位	描　　　述
UI	399.88(Min) 400.12(Max)	199.94(Min) 200.06(Max)	ps	时钟误差范围为±300 ppm，因此 UI 存在少许误差
$V_{TX-DIFF-PP}$	0.8(Min) 1.2(Max)	0.8(Min) 1.2(Max)	V	V_{diff} 的峰峰值，等于 $2\mid V_{D+}-V_{D-}\mid$
$V_{TX-DIFF-PP-LOW}$	0.4(Min) 1.2(Max)	0.4(Min) 1.2(Max)	V	在低电压模式下 V_{diff} 的峰峰值
T_{TX-EYE}	0.75(Min)	0.75(Min)	UI	眼图的宽度
$Z_{TX-DIFF-DC}$	80(Min) 120(Max)	120(Max)	Ω	差分信号的 DC 阻抗
$V_{TX-CM-AC-PP}$	Not specified	100(Max)	mV	AC 共模电压的峰峰值，等于 $max(V_{D+}+V_{D-})/2-min(V_{D+}+V_{D-})/2$
$V_{TX-CM-AC-P}$	20	Not specified	mV	AC 共模电压的有效值，其值等于 RMS $[(V_{D+}+V_{D-})/2-DC_{AVG}(V_{D+}+V_{D-})/2]$[①]
$I_{TX-SHORT}$	90(Max)	90(Max)	mA	发送逻辑 TX 在短路状态下的输出电流
$V_{TX-DC-CM}$	0(Min) 3.6(Max)	0(Min) 3.6(Max)	mV	DC 共模电压
$V_{TX-IDLE-DIFF-AC-p}$	0(Min) 20(Max)	0(Min) 20(Max)	mV	发送逻辑 TX 处于 Electrical Idle 状态时，V_{D+} 和 V_{D-} 的交流电压差值
$V_{TX-IDLE-DIFF-DC}$	Not specified	0(Min) 5(Max)	mV	发送逻辑 TX 处于 Electrical Idle 状态时，V_{D+} 和 V_{D-} 的直流电压差值。
$V_{TX-RCV-DETECT}$	600(Max)	600(Max)	mV	该参数与 Receiver Detect 的过程相关。第 8.1.3 节将详细介绍 Receiver Detect 逻辑
$T_{TX-IDLE-MIN}$	20(Min)	20(Min)	ns	发送逻辑 TX 处于 Electrical Idle 状态时的最短时间
$T_{TX-IDLE-SET-TO-IDLE}$	8(Max)	8(Max)	ns	发送完毕 EIOS 序列后，发送逻辑 TX 进入 Electrical Idle 状态的最短时间
$T_{TX-IDLE-TO-DIFF-DATA}$	8(Max)	8(Max)	ns	发送逻辑 TX 离开 Electrical Idle 状态，到可以发送正常差分信号需要的转换时间
$T_{CROSSLINK}$	1.0(Max)	1.0(Max)	ms	在使用 Crosslink 连接两个 Switch 时使用
$L_{TX-SKEW}$	500+2UI(Max)	500+4UI(Max)	ps	Lane-Lane 间的传送漂移
C_{TX}	75(Min) 200(Max)	75(Min) 200(Max)	nF	发送逻辑 TX 使用的 AC 耦合电容

① $DC_{AVG}(V_{D+}+V_{D-})/2$ 为一段时间内 DC 共模电压的平均值，PCIe 总线要求这段时间至少为 10^6 个 UI。

表 7-4　PCIe 链路"接收逻辑 RX"差分信号的参数

符 号 名	2.5 GT/s	5 GT/s	单 位	描 述
UI	399.88(Min) 400.12(Max)	199.94(Min) 200.06(Max)	ps	与发送逻辑类似
$V_{RX-DIFF-PP-CC}$	0.175(Min) 1.2(Max)	0.120(Min) 1.2(Max)	V	V_{diff} 的峰峰值
$V_{RX-DIFF-PP-DC}$	0.175(Min) 1.2(Max)	0.100(Min) 1.2(Max)	V	
T_{RX-EYE}	0.4(Min)	N/A	UI	眼图的宽度
$T_{RX-MIN-PULSE}$	Not Specified	0.6(Min)	UI	接收端需要的信号最小脉冲间隔
Z_{RX-DC}	40(Min) 60(Max)	40(Min)l60(Max)	Ω	单端信号的 DC 阻抗。该参数的作用是便于发送逻辑 TX 进行 Receiver Detection
$Z_{RX-DIFF-DC}$	80(Min) 120(Max)	Not Specified	Ω	差分信号的 DC 阻抗
$V_{RX-CM-AC-P}$	150(Max)	150(Max)	mV	AC 共模电压
$Z_{RX-HIGH-IMP-DC-POS}$	50k(Min)	50k(Min)	Ω	接收逻辑 RX 的 V_{cc} 没有上电时,当输入电压大于 0 时 DC 共模输入阻抗
$Z_{RX-HIGH-IMP-DC-NEG}$	1.0k(Min)	1.0k(Min)	Ω	接收逻辑 RX 的 V_{cc} 没有上电时,当输入电压小于 0 时 DC 共模输入阻抗
$V_{RX-IDLE-DET-DIFFp-p}$	65(Min) 175(Max)	65(Min) 175(Max)	mV	用于 Idle 状态检测的电压阈值。其值等于 $2\|V_{RX-D+}-V_{RX-D-}\|$
$T_{RX-IDLE-DET-DIFFENTERTIME}$	10(Max)	10(Max)	ms	当 V_{diff} 小于 65mV 时,发送逻辑 TX 可能已经处于 Eletrical Idle 状态。发送逻辑 TX 需要在 10 ms 之内识别出这种"意外"的 Electrical Idle 状态[①]

① 在正常情况下,发送模块进入 Electrical Idle 状态之前,需要发送若干个 EIOS 序列。

　　以上这些参数将在 PCIe 链路训练和重新训练中使用。在 PCIe 总线中,和差分信号有关的内容还有许多,如阻抗的计算、Emphasis (预加重)、De-Emphasis (预去重) 和 PCB 布线等。这些内容并非本书的重点,对此有兴趣的读者可参考 Howard Johnson 和 Martin Graham 合著的 High-Speed Signal Propagation。

　　深入理解差分信号的工作原理是理解 PCIe 电气子层的重要基础,建议对处理器体系结构有兴趣的读者掌握一些基本的信号完整性的理论知识。从 PCIe 体系结构设计的角度来看,信号完整性这部分内容涉及了许多模拟电路的设计与实现知识,这部分内容是 PCIe 体系结构的精华所在,但并不是本书侧重的内容。

7.3.2　物理层的组成结构

　　PCIe 总线的物理层通过 LTSSM 状态机对 PCIe 链路进行配置与管理,并与数据链路层进行数据交换,由逻辑子层 (Logical Sub-block) 和电气子层 (Electrical Sub-block) 组成。本节主要讲述逻辑子层。逻辑子层与数据链路层进行数据交换,由发送逻辑 TX 和接收逻辑 RX 组成,其结构如图 7-13 所示。

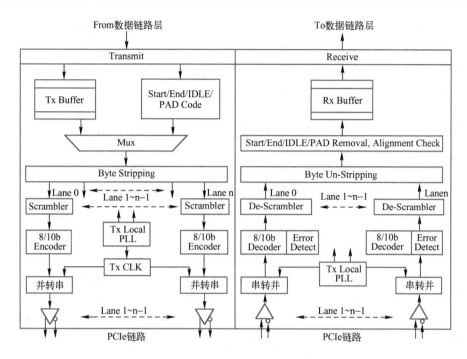

图 7-13　逻辑子层的组成结构

如上图所示，物理层发送报文的过程如下。

1）物理层从数据链路层获得 TLP 或者 DLLP，然后放入 Tx Buffer 中。

2）物理层将这些 TLP 或者 DLLP 加入物理层的前缀（Start Code）和后缀（End Code），后通过多路选择器 Mux，进入 Byte Stripping 部件。物理层也定义了一系列 PLP，这些 PLP 也可以通过 Mux，进入 Byte Stripping 部件。

3）PCIe 链路可能由多个 Lane 组成，Byte Stripping 部件可以将数据报文分发到不同的 Lane 中。在 PCIe 链路的不同 Lane 中传递的数据可能存在漂移，即 Skew，Byte Stripping 部件还有一个重要功能即消除这个漂移，即 De-skew。

4）数据进入到各自 Lane 的加扰（Scrambler）部件，"加扰"后进行 8/10b 编码，最后通过并转串逻辑将数据发送到 PCIe 链路中。

物理层的接收过程是发送的逆过程，其步骤如下。

1）物理层从 PCIe 链路的各个 Lane 获得串行数据，并通过 8/10b 解码和 De-Scrambler 部件，发送到"Byte Un-Stripping"部件。

2）"Byte Un-Stripping"部件将来自不同 Lane 的数据合并，进行 De-skew 操作，然后取出物理层的前后缀并进行边界检查后，将数据放入 Rx Buffer 中。

3）物理层将在 Rx Buffer 中的数据传递到数据链路层。

物理层的数据在通过 Byte Un-Stripping/Stripping 部件时，需要注意大小端模式的转换。而 Scrambler 和 De-Scrambler 部件的主要作用是对数据流进行"加扰"和"解扰"操作。在串行链路上进行数据传递时，如果在字符流中存在某些规律，这些"规律"将会叠加，并产生较大的 EMI（Electromagnetic interference）噪声。

Scrambler 部件的主要作用就是通过"加扰"的方法削减 EMI 噪声，所谓加扰是指将源数据流与一个随机序列进行异或操作后，再发送出去。此时被发送出的数据流也基本是伪随机的，从而降低了发送数据时产生的 EMI 噪声。

PCIe 总线通过一个 16 位线性反馈移位寄存器（Linear Feedback Shift Register，LFSR），产生伪随机序列，该移位寄存器的表达式如公式 7-2 所示。

$$G(X) = X^{16} + X^5 + X^4 + X^3 + 1 \qquad (7-2)$$

该公式是一个本原多项式，使用该本原多项式可以产生一个周期为 $2^{16} - 1$（这个周期是16 位移位寄存器能够产生的最大周期）的伪随机序列。所谓本原多项式是"具有最大周期"的不可约多项式。对应的，由本原多项式作为生成多项式所产生的 LFSR 序列为最大周期序列。这些序列一般被称为 m-序列，在 m-序列中"0"和"1"所占的比例相对均衡，但是 1 的个数比 0 的个数多 1，因为全 0 不能作为初始值，也不可能是中间状态。

来自 Byte Stripping 部件的字符流与这个伪随机序列中的字符流进行异或操作，从而生成一个相对较为随机的字符流，从而降低了数据流的 EMI 噪声。

De-Scrambler 部件的主要作用是进行解扰。值得注意的是，在 PCIe 链路的两端，加扰和解扰使用的编解码公式相同，而且完全同步，即 LFSR 使用相同的初始值，在 PCIe 链路的两端，该初始值为 0xFFFF。PCIe 链路两端设备每次加解扰一个 8b 数据后，LFSR 进行 8次移位操作。在 PCIe 总线中，数据在发送时，首先经过"加扰"操作，然后进入 8/10b 编码模块；而接收数据时，首先经过 8/10b 解码模块，然后进行"解扰"操作。

7.3.3 8/10b 编码与解码

IBM 于 1983 年提出 8/10b 编码方法，这个编码方法也是 IBM 的专利。目前这个专利已经过期，以太网、ATM、Infiniband 和 FC（Fiber Channel）在物理链路的数据传送中也使用了 8/10b 编码技术。8/10b 编码是高速串行总线常用的编码方式。

该编码将 8 位编码转化为 10 位，以平衡数据流中 0 与 1 的数量。使用这种方法可以保证数据流中 1 和 0 的数量相等，即保证直流平衡（DC Balance）。如果在一个高速串行数据流中有较多连续的"1"时，会将 AC 耦合电容充满，从而影响这些电容的正常工作，在PCIe 链路上，AC 耦合电容的位置如图 4-1 所示。

PCIe V1. x 和 2. x 规范使用了 8/10b 编码方式，而 V3.0 规范将使用 128/130b 编码方式。128/130b 编码方式与 8/10b 编码方式原理较为类似，使用 128/130b 编码可以进一步提高PCIe 总线的利用率，但是需要更多的硬件资源。本节仅介绍 8/10b 编解码方式。在 PCIe 总线中，编码与解码的过程如图 7-14 所示。

8/10b 编码的基本原理是将一个连续的 8 位数据流分为两组，其中一组由 3 位（FGH）组成，而另一组由 5 位（ABCDE）组成。8/10b 编码将这两组数据流分别编码成一组 4 位（fghj）和一组 6 位（abcdei）的数据流。而解码过程是编码的逆过程，将一组 4 位和一组 6位的数据流还原成为一组 3 位和一组 5 位的数据流。

PCIe 设备采用这种编码方式可以保证数据流中出现的 0 和 1 的数量基本保持一致，同时保证在通过 PCIe 物理链路的数据流中，连续的"1"和"0"不会超过 5 个。虽然采用 8/10b 编码将降低总线的使用效率，但是能够保证高速串行信号的传送完整性。

如图 7-13 所示，物理层可以对两类字符进行 8/10b 编码，一类是数据字符，即从数据链路层获得的 TLP 和 DLLP；一类是物理层使用的控制字符，如 Start/End/Idle

Code 和一些物理层中使用的 PLP。为此 PCIe 总线在进行 8/10b 编解码需要区分数据和控制字符。

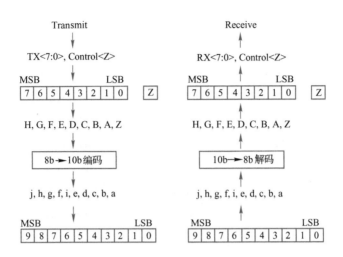

图 7-14　8/10b 编解码过程

　　数据字符与控制字符使用的 8/10b 编码不同，PCIe 总线分别使用 Dxx.y 和 Kxx.y 表示数据字符（D）和控制字符（K），其中 xx 记录字符的低 5 位 ABCDE，而 y 记录字符的高 3 位 FGH。

　　值得注意的是，PCIe 总线使用 8/10b 编码可以保证每十位中，最多有 6 个 1 或者 6 个 0，而不是传统 8/10b 编码中要求的"不超过 5 个连续的 0 或者 1"。使用这种方法基本上可以保证数据流的 DC 平衡。但是使用这种编码方式无法保证在某些特殊情况中，连续发送的数据流中都含有"6 个 1，4 个 0"或者"6 个 0，4 个 1"。随着时间的累积，这些数据流依然会在链路中造成严重的 DC 失衡。

　　为此 PCIe 总线使用 CRD（Current Running Disparity）技术进一步保证 PCIe 链路的 DC 平衡。PCIe 总线在进行 8/10b 编码时，每一个 Dxx.y 和 Kxx.y 对应两个 10b 的编码，分别是 CRD+ 和 CRD−。对于多数编码，CRD− 和 CRD+ 中含有的"0"和"1"的个数相同，如 D1.0、D2.0 等数据字符。但是在有些 CRD+ 编码中，"1"的个数小于"0"的个数；而在 CRD− 编码中"0"的个数大于"1"的个数，如 D1.1 和 D2.1 的编码。

　　在 CRD+ 编码中，"1"的个数小于或者等于"0"的个数；在 CRD− 编码中，"0"的个数小于或者等于"1"的个数。值得注意的是，CRD+ 和 CRD− 编码并不是直接取反的关系，当 CRD 编码的"0"的个数与"1"的个数相同时，CRD+ 与 CRD− 的编码有时是相同的，如 D3.5 的编码。

　　下文以一个数据发送的实例说明 CRD+、CRD− 编码的使用。在 PCIe 链路的发送端中，存在一个 CRD 状态位，其初始值可以为"正"或者"负"。随着通过 PCIe 链路的数据流增多，累积的"1"和"0"的个数可能并不平衡。当所有通过 PCIe 链路的字符流中，"1"的个数大于"0"的个数时，CRD 状态为正；当所有通过 PCIe 链路的字符流中，"0"的个数大于"1"的个数时，CRD 状态为负；当所有通过 PCIe 链路的字符"0"的个数等于"1"的个数时，CRD 状态保持不变。

当 CRD 状态为正时，PCIe 链路进行 8/10b 编码时使用 CRD+，否则使用 CRD-以维持 PCIe 链路的 DC 均衡。在 PCIe 总线中，数据字符使用的 8/10b 编码的格式如表7-5所示。

表 7-5 数据字符的 8/10b 编码

数 据 字 符	Data Byte	HGF EDCBA	CRD-abcdei fghi	CRD+abcdei fghi
D0.0	0x00	000 00000	100111 0100	011000 1011
D1.0	0x01	000 00001	011101 0100	100010 1011
D2.0	0x02	000 00010	101101 0100	010010 1011
D3.0	0x03	000 00011	110001 1011	110001 0100
D4.0	0x04	000 00100	110101 0100	001010 1011
D5.0	0x05	000 00101	101001 1011	101001 0100
D6.0	0x06	000 00110	011001 1011	011001 0100
D7.0	0x07	000 00111	111000 1011	000111 0100
...				
D1.1	0x21	001 00001	011101 1001	100010 1001
D2.1	0x22	001 00010	101101 1001	010010 1001
D3.1	0x23	001 00011	110001 1001	110001 1001
...				
D3.5	0xA3	101 00011	110001 1010	110001 1010
...				
D23.7	0xF7	111 10111	111010 0001	000101 1110
D24.7	0xF8	111 11000	110011 0001	001100 1110
D25.7	0xF9	111 11001	100110 1110	100110 0001
D26.7	0xFA	111 11010	010110 1110	010110 0001
D27.7	0xFB	111 11011	110110 0001	001001 1110
D28.7	0xFC	111 11100	001110 1110	001110 0001
D29.7	0xFD	111 11101	101110 0001	010001 1110
D30.7	0xFE	111 11110	011110 0001	100001 1110
D31.7	0xFF	111 11111	101011 0001	010100 1110

PCIe 总线还定义了一系列控制字符，这些字符从 "Data Byte" 的角度来看和数据字符完全相同，但是使用的 CRD+和 CRD-编码和数据字符不同。如数据字符 D30.7 和 K30.7 所对应的 "Data Byte" 都为 0xFE（111 11110），但是 CRD-编码分别为 011110 0001 和 011110 1000，而 CRD+编码为 100001 1110 和 100001 0111。

控制字符使用的 8/10b 编码的格式如表 7-6 所示。PCIe 总线使用这些字符编码作为控制命令，和数据进行区别。

表 7-6　控制字符的 8/10b 编码

数 据 字 符	Data Byte	HGF EDCBA	CRD-abcdei fghi	CRD+abcdei fghi
K28.0	0x1C	000 11100	001111 0100	110000 1011
K28.1	0x3C	001 11100	001111 1001	110000 0110
K28.2	0x5C	010 11100	001111 0101	110000 1010
K28.3	0x7C	011 11100	001111 0011	110000 1100
K28.4	0x9C	100 11100	001111 0010	110000 1101
K28.5	0xBC	101 11100	001111 1010	110000 0101
K28.6	0xDC	110 11100	001111 0110	110000 1001
K28.7	0xFC	111 11100	001111 1000	110000 0111
K23.7	0xF7	111 10111	111010 1000	000101 0111
K27.7	0xFB	111 11011	110110 1000	001001 0111
K29.7	0xFD	111 11101	101110 1000	010001 0111
K30.7	0xFE	111 11110	011110 1000	100001 0111

这些控制字符在 PCIe 总线中的定义如表 7-7 所示。

表 7-7　控制字符的说明

数 据 字 符	缩　　写	符 号 名	说　　明
K28.0	SKP	Skip	用于补偿 PCIe 链路不同 Lane 的延时，PCIe 总线的物理层收到该控制序列时，LFSR 不进行移位操作
K28.1	FTS	FTS（Fast Training Sequence）	在链路训练的 FTS 序列中使用
K28.2	SDP	Start DLLP	DLLP 的起始标记
K28.3	IDL	Idle	在 EIOS（Electrical Idle Ordered Set）序列中使用
K28.4			保留
K28.5	COM	Comma	复位 PCIe 链路的 LFSR 为初始值
K28.6			保留
K28.7	EIE	Electrical Idle Exit	在 EIEOS（Electrical Idle Exit Sequence）序列中使用
K23.7	PAD	Pad	填充字符
K27.7	STP	Start TLP	TLP 的起始标志
K29.7	END	End	TLP 和 DLLP 的结束标志
K30.7	EDB	EnD Bad	无效 TLP 的结束标志

下文以物理层发送一个 TLP 的实例说明，PCIe 链路如何使用这些编码。一个 TLP 在通过物理层时，首先要加入物理层的前后缀，分别为 STP 和 END。加入这些前后缀后的 TLP 报文格式如图 7-15 所示。

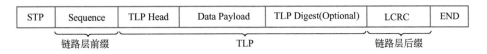

图 7-15　物理层 TLP 的报文格式

TLP 在通过物理层时首先在其前后加入 STP 和 END 控制字符，这两个控制字符分别为 K27.7 和 K29.7（如表 7-7 所示），它们通过物理层时，不需要进行加接扰操作。数据链路层前缀、TLP 和数据链路层后缀都属于数据字符，这些字符在通过物理层时需要进行加接扰操作，之后从表 7-5 中获得字符流，并由物理层发向 PCIe 链路。

值得注意的是，控制字符和数据字符需要根据物理层 CRD 状态，决定是使用 CRD+还是 CRD-编码。PCIe 链路的两端在进行加解扰操作时，需要保证其使用的 LFSR 寄存器同步。LFSR 寄存器的同步由控制字符 COM 决定，在初始复位时 LFSR 寄存器的初始值为 0xFFFF，当收到控制字符 COM 后，物理层将 LFSR 寄存器的初始值置为 0xFFFF，此外物理层收到控制字符 SKP 后，并不会对 LFSR 寄存器进行移位操作。

7.4　小结

本章重点介绍了数据链路层的状态，以及 ACK/NAK 协议，并简要介绍了 PCIe 总线的物理层。其中 PCIe 总线的物理层非常重要，深入理解物理层是深入理解 PCIe 体系结构的要点。在第 8 章讲述的内容以此为基础。

第8章 PCIe 总线的链路训练与电源管理

PCIe 链路的初始化过程较为复杂。PCIe 总线进行链路训练时将初始化 PCIe 设备的物理层、发送接收模块和相关的链路状态信息，当链路训练成功结束后，PCIe 链路两端的设备可以进行正常的数据交换。

链路训练的过程由硬件逻辑完成，而无需系统软件的参与。此外当 PCIe 设备从低功耗状态返回到正常工作模式时，或者 PCIe 链路出现某些错误时，PCIe 链路也需要重新进行链路训练。

8.1 PCIe 链路训练简介

PCIe 总线进行链路训练的主要目的是初始化 PCIe 链路的物理层、端口配置信息、相应的链路状态，并了解链路对端的拓扑结构，以便 PCIe 链路两端的设备进行数据通信。一条 PCIe 总线提供的链路带宽可以是×1、×2、×4、×8、×12 或者×16，但是在这个 PCIe 链路上所挂接的 PCIe 设备并不会完全使用这些链路。如一个×4 的 PCIe 设备可能会连接到×16 的 PCIe 链路上。此时该 PCIe 设备在进行链路训练时，必须通知对端链路该设备实际使用的链路状态。

此外 PCIe 总线规定，PCIe 链路两端的设备所使用的 Lane 可以错序进行连接，PCIe 总线规范将该功能称为 "Lane Reversal"。在相同的 Lane 上，差分信号的极型也可以错序连接，PCIe 总线规范将该功能称为 "Polarity Inversion"。这两种错序连接方式如图 8-1 所示。

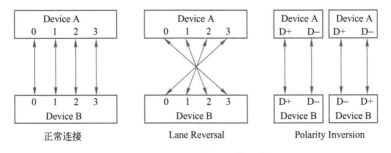

图 8-1 PCIe 设备的错序连接

PCIe 总线提供这些连接方式的主要目的是为了方便 PCB 走线，因为差分信号要求在 PCB 中等长而且等距。在一个系统中，如果存在多路差分信号时，PCB 布线较为困难。PCIe 链路允许 "Lane Reversal" 和 "Polarity Inversion" 这两个功能，便于 PCB Layout 工程师根据实际情况为差分信号选择更为合理的走线路径，从而降低 PCB 的层数。除了 PCIe 链路，还有许多使用差分信号的串行总线也支持 "Lane Reversal" 和 "Polarity Inversion" 这两个功能，但是称呼上有所区别。在一条 PCIe 链路中，可以同时支持 "Lane Reversal" 和 "Polarity Inversion" 这两个功能。

　　PCIe 链路进行链路训练时，需要了解 PCIe 链路两端的连接拓扑结构。一条 PCI 链路可能使用多个 Lane 进行数据交换，而数据报文经过不同 Lane 的延时并不完全相同。PCIe 总线进行链路训练时，需要处理这些不同 Lane 的延时差异，并进行补偿。PCIe 总线规范将这个过程称为 De-skew。

　　此外 PCIe 总线在链路训练过程中，还需要确定数据传送率。PCIe V1.x 总线使用的数据传送率为 2.5 GT/s，PCIe V2.0 总线使用 5.0 GT/s，而 PCIe V3.0 总线使用 8 GT/s 的数据传送率。当分属不同规范的 PCIe 设备使用同一个 PCIe 链路进行连接时，需要统一数据传送率。如一个 V1.x 的 PCIe 设备与一个 V2.0 的 RC 或者 Switch 连接时，需要将数据传送率统一为 2.5 GT/s。在 PCIe 总线中，如果一个 PCIe 链路的两端分别连接不同类型的 PCIe 设备时，将选择较低的数据传送率。值得注意的是，PCIe 链路在进行初始化时，首先使用 2.5 GT/s 的数据传送率，之后切换到更高的数据传送率，如 5 GT/s 或者 8 GT/s。

　　在讲述 PCIe 链路训练之前，读者需要了解一些与 Link Number 和 Lane Number 相关的基本概念。在多端口 RC 和 Switch 中具有多个下游端口，而每个端口可以支持×1、×2、×4 等不同宽度的 Lane，如图 8-2 所示。

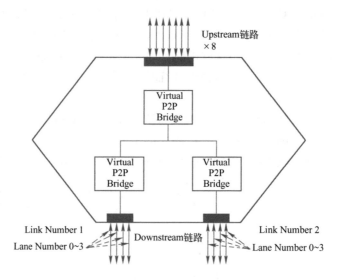

图 8-2　Link Number 和 Lane Number

　　在一个 Switch 中存在多个下游链路，并使用 0~n 进行编号，其中 n≤255。这些编号保存在 Switch 的硬件逻辑中，而不在 Switch 的配置空间中。这个编号也被称为 Link Number，上图所示的 Switch 中含有两个 Link Number，分别为 1 和 2。

　　在 Switch 中，还有两类 Lane Number，分别是物理"Lane Number"和逻辑"Lane Number"。其中物理"Lane Number"是链路训练之前使用的 Lane number。一个 PCIe 链路的物理"Lane Number"编号为 0~n，其中 n 为 PCIe 链路的最大 Lane Number，如果一个 PCIe 链路上有 8 个 Lane，则 n 等于 7。

　　而逻辑"Lane Number"是链路训练结束后使用的 Lane Number。如图 8-1 所示，PCIe 链路允许错序连接，因此物理"Lane Number"与逻辑"Lane Number"并不相同。物理

"Lane Number"与逻辑"Lane Number"的对应关系在链路训练中确定。

除此之外，有些 Switch 支持多种链路配置方式，假设某个 Switch 的下游支持 8 个 Lane。这 8 个 Lane 可以组成 1 个 PCIe 链路，其链路宽度为 8；也可以组成 2 个 PCIe 链路，每个链路宽度为 4；也可以组成 4 个链路，每个链路宽度为 2。

该 Switch 的物理 Lane Number 的编号方法不变，都是从 0~7，但是逻辑 Lane Number 的编号方法将有所区别。如图 8-2 所示的 Switch 中具有 8 个 Lane，组成两个 PCIe 链路，其中每条 PCIe 链路的逻辑 Lane Number 的编号都为 0~3。

PCIe 总线进行链路训练时，需要进行 RC 或者 Switch 的 Link Number 和 Lane Number 的初始化，在第 8.2 节中将详细介绍这些内容。

PCIe 总线进行数据传递时，需要使用时钟进行同步，但是 PCIe 链路并没有提供这个时钟信号，因此在进行链路训练时，接收端需要从发送端的数据报文中提取接收时钟。PCIe 总线规范将这个获得接收时钟的过程称为"Bit Lock"。

在链路训练过程中，PCIe 链路需要首先确定 COM 字符，该字符也标志着链路训练或者链路重训练的开始，PCIe 总线规范将确定 COM 字符的过程称为"Symbol Lock"。如表 7-6 所示，COM 字符为"001111 1010"或者"110000 0101"，该字符为 2 个"0"后 5 个"1"或者 2 个"1"后 5 个"0"，非常便于硬件识别。Bit Lock 和 Symbol Lock 的过程也需要在 PCIe 总线的链路训练中进行。

8.1.1 链路训练使用的字符序列

PCIe 总线进行链路训练时，需要发送一些特殊的字符序列（Ordered-Sets），这些 Oderer-Sets 将在下文中详细介绍，PCIe 总线规范定义了以下几类 Ordered-Sets。有的书籍也将这些 Ordered-Sets 称为 PLP，即物理层报文。

- Training Sequence 1 和 2，简称为 TS1 和 TS2 序列。这两种 PLP 在链路训练的多个状态机中使用，下文将进一步介绍这两种字符序列。
- Idle 序列。在正常情况下，发送端进入 Electrical Idle 状态时，将首先向对端发送若干 Idle 序列，才能进入。Electrical Idle 状态是 PCIe 链路的一个低功耗状态，第 8.1.2 节将详细介绍该状态。
- Fast Training Sequence，简称为 FTS。该字符序列协助接收逻辑获得 Bit/Symbol Lock，接收逻辑需要获得多个 FTS 后，才能确定 Bit/Symbol Lock。
- SKIP 序列。该字符序列的主要作用是进行时钟补偿。

在 PCIe 总线中，字符序列的发送方式与 TLP 和 DLLP 有较大不同。假设一条 PCIe 链路由多个 Lane 组成，那么 TLP 和 DLLP 报文将分散到多个 Lane 中。而字符序列必须同时出现在这些不同的 Lane，这几个 Lane 必须"在同一个时间点"发送字符序列。而不能出现一个 Lane 正在发送这个字符序列进行与链路训练相关的操作，而其他 Lane 进行其他数据传递的情况。PCIe 链路发送 TLP 与发送字符序列的过程如图 8-3 所示。

如在一个×4 的 PCIe 链路中发送 SKIP 序列时，每一个 Lane 中都要出现"COM、SKP、SKP、SKP"这样的数据流。其他字符序列的发送方法也与此类似。而 TLP 或者 DLLP 的发送分散到各个 Lane 上。

	Lane 0	Lane 1	Lane 2	Lane 3	Lane 4	Lane 5	Lane 6	Lane 7	
	STP	Sequence							TLP
									TLP
									TLP
									TLP
									TLP
									TLP
								LCRC	TLP
	LCRC	LCRC	LCRC	END	PAD	PAD	PAD	PAD	TLP
SKP序列	COM	COM	COM	COM	COM	COM	COM	COM	
SKP序列	SKP	SKP	SKP	SKP	SKP	SKP	SKP	SKP	
SKP序列	SKP	SKP	SKP	SKP	SKP	SKP	SKP	SKP	
SKP序列	SKP	SKP	SKP	SKP	SKP	SKP	SKP	SKP	
	IDL	IDL	IDL	IDL	IDL	IDL	IDL	IDL	
	IDL	IDL	IDL	IDL	IDL	IDL	IDL	IDL	
	IDL	IDL	IDL	IDL	IDL	IDL	IDL	IDL	
	IDL	IDL	IDL	IDL	IDL	IDL	IDL	IDL	

图 8-3　特殊字符序列的发送

1. TS1 和 TS2 序列

在物理层的 LTSSM 状态机中，TS1 和 TS2 序列的使用方法不同。其中 TS1 序列的主要作用是检测 PCIe 链路的配置信息，而 TS2 序列确认 TS1 序列的检测结果。

TS1 和 TS2 序列由 16 个字符组成，单纯从结构上看，TS1 和 TS2 仅仅是第 6~15 个字符的含义不同，但是这两个序列在 LTSSM 状态机中的使用方法不同。TS1 的第 6~15 个字符为 D10.2，而 TS2 的第 6~15 个字符为 D5.2，其中 D10.2 和 D5.2 也是 TS1 和 TS2 的标识号。TS1 和 TS2 序列的其他字符如下所示。

- 第 0 字符为 COM 控制字符，表示 TS1/TS2 序列的开始。TS1/TS2 字符序列将复位 LFSR 寄存器。
- 在链路训练的初始阶段，第 1 字符存放控制字符 PAD，即为空。而在链路的配置阶段，该字符存放端口使用的 Link Number。
- 在链路训练的初始阶段，第 2 字符为控制字符 PAD，即为空。而在链路的配置阶段，该字符存放端口使用的 Lane Number。
- 第 3 个字符为 FTS 序列的个数（N_FTS）。不同的 PCIe 链路需要使用不同数目 FTS 序列，才能使接收端的 PLL 锁定接收时钟。
- 第 4 个字符存放当前 PCIe 设备支持的数据传送率，第 1 位为 1 表示支持 2.5 GT/s 传送率；第 2 位为 1 表示支持 5 GT/s 传送率；第 3 位为 1 表示支持 8 GT/s 的数据传送率（在 PCIe V3.0 规范中使用）；第 4~5 位保留；第 6 位是一个多功能位，当 PCIe 链路的没有配置成功时可以作为 Notification 位，也可以用作发送链路 De-emphasis 的使能位；第 7 位为 speed_change 位，当该位为 1 时，通知 PCIe 链路对端设备需要改变传送速率。
- 第 5 个字符存放命令。第 0 位为“Hot Reset”，第 1 位为“Disable Link”，第 2 位为“Loopback”，第 3 位为“Disable Scrambling”，第 4 位为“Compliance Receive”。当接收逻辑 RX 收到 TS1 或者 TS2 序列后，将根据该字符的命令进行对应的操作。

2. Idle 序列

在正常情况下，当发送端进入 Electrical Idle 状态之前，必须向对端发送 EIOS 序列。如果 PCIe 设备使用 2.5 GT/s 的传送率时，Idle 序列由 1 个 COM 字符加 3 个 IDL 字符组成，即"COM IDL IDL IDL"；如果 PCIe 设备使用 5 GT/s 的传送率时，Idle 序列由两组这样的字符序列组成，即"COM IDL IDL IDL COM IDL IDL IDL"。Electrical Idle 状态是一种特殊的 Idle 状态，处于该状态时，PCIe 链路使用的功耗最低，该状态的详细解释见第 8.1.2 节。

当发送端退出 IDLE 状态时，必须向对端发送 EIEOS 序列。EIEOS 序列仅在链路传送率大于 2.5 GT 时使用，该序列由 1 个 COM 字符、14 个 EIE 字符和 D10.2（TS1 识别符）组成。

PCIe 设备可以根据链路的使用情况确定当前链路是否处于 Electrical Idle 状态，而不是必须收到 Idle 序列后进入该状态。如一个 PCIe 设备在很长一段时间没有收到流量控制报文或者链路处于 Electrical Idle 状态时，也可以推断出对端设备处于 Idle 状态。

3. FTS 序列

单个 FTS 序列由 1 个 COM 字符加 3 个 FTS 字符组成，该序列的主要目的是使接收逻辑 RX 重新获得 Bit/Symbol Lock。发送逻辑需要向对端发送多少个 FTS 序列由接收到的 TS1/2 序列决定，TS1/2 序列的第 3 个字符为需要发送 FTS 序列的个数。

4. SKIP 序列

SKIP 序列由一个 COM 字符加 3 个 SKP 字符组成。物理层提供 SKIP 序列的主要原因是进行时钟补偿。假设一个 PCIe 设备使用的时钟频率为 2.5 GHz±300 ppm，其中 300 ppm 意味着这个时钟源每发出 100 万个时钟可能产生 300 个时钟漂移，即每 3333 个时钟将可能产生一个时钟漂移。如果 PCIe 链路不使用 SKIP 序列，本地时钟与"从报文中提取"的时钟存在的漂移，可能导致数据传送失败。

在 PCIe 设备的接收逻辑 RX 中，使用了两个时钟，一个时钟是通过 PLL 从接收报文中恢复的时钟，另一个时钟是接收逻辑 RX 使用的本地时钟。这两个时钟间的关系如图 8-4 所示。值得注意的是这两个时钟并不完全同步。

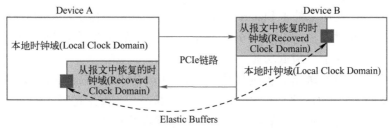

图 8-4　本地时钟域与从报文中恢复的时钟域

在 PCIe 总线中，使用 Elastic Buffer⊖ 技术处理这两个时钟之间的频率差和相位差。Elastic Buffer 处于本地时钟域与"被恢复的"时钟域之间，由一个同步 FIFO 组成。该 FIFO 的一端使用本地时钟域、而另一端使用"被恢复的"时钟域。其中本地时钟与"被恢复的"时钟频率都为 2.5 GHz±300 ppm。

但是如果 PCIe 设备从数据报文中恢复的时钟频率为 2.5 GHz−300 ppm，而本地时钟频

⊖　Elastic Buffer 也被称为 Elasticity Buffer 或者 Synchronization Buffer。

率为 2.5 GHz+300 ppm 时，Elastic Buffer 两端的时钟频率并不匹配，Elastic Buffer 将出现 Overrun 的现象；而如果本地时钟频率小于"被恢复的"时钟时，Elastic Buffer 将可能出现 Underrun 的现象。如果 PCIe 总线不采取一些必要的补救措施，那么无论 Elastic Buffer 的容量有多么大，都可能出现 Overrun 和 Underrun 的现象。

为此，PCIe 总线规定，物理层的每个 Lane 发送 1180~1538 个字符之后，必须发送一个 SKIP 序列进行时钟补偿。因为在最恶劣的情况下，接收逻辑 RX 每过 1667 个时钟周期，本地时钟就可能与"被恢复的"时钟相差一个时钟周期[⊖]。在 PCIe 总线中，当 Elastic Buffer 收到 SKIP 序列时，可以根据自身的状态选择是增加还是减少 1~2 个 SKIP 序列，从而补偿本地时钟与"被恢复的"时钟之间的频率与相位差。

在一个具体的实现中，可以通过计算，得到 Elastic Buffer 不出现 Overrun 和 Underrun 所需要的最小尺寸。这个最小尺寸与 SKP 序列的发送间隔（多少个时钟周期发送一次 SKP 序列），Max_Payload_Size 参数和 PCIe 链路的数据传送率相关。对此有兴趣的读者可以参考 Elastic Buffer Implementations in PCI Express Devices，以获得详细的量化分析结果，本节对此不做进一步说明。

Elastic Buffer 技术由来已久，除了 PCIe 总线之外，USB 总线、InfiniBand、Fibre Channel 和 Gigabit Ethernet 中也使用该技术处理分属不同时钟域的数据传递。

8.1.2　Electrical Idle 状态

当发送端或者接收端进入 Electrical Idle 状态后，两端的发送逻辑 TX 将驱动 D+ 和 D- 信号的对地电压为相同的值，其值等于 DC 共模电压（DC 共模电压的定义见第 7.3.1 节），从而使发送逻辑 TX 处于"最低功耗"状态。

当发送端处于正常工作模式时，D+ 和 D- 信号差值电压的峰峰值为 $V_{TX-DIFF-PP}$，其值在 0.8 V~1.2 V 之间，而当发送端处于 Electrical Idle 状态时，D+ 和 D- 信号差值电压的峰峰值为 $V_{TX-IDLE-DIFF-DC}$，其值在 0~5 mv 之间。

由此可以发现当发送端处于 Electrical Idle 状态时，在示波器中显示的 D+ 和 D- 信号的对地电压基本相等，此时发送端处于完全"静止"状态，在发送逻辑 TX 中基本没有电流通过，因此从理论上讲处于"最低功耗"状态。

在正常情况下，当发送端或者接收端进入 Electrical Idle 状态之前，都需要使用发送逻辑 TX 向对端发送若干 EIOS 序列，之后才能进入该状态。当发送逻辑 TX 处于 Electrical Idle 状态时，可以处于高阻抗或者低阻抗模式，PCIe 总线规范对此并没有限制。而接收逻辑 RX 处于 Electrical Idle 状态时，其 DC 共模输入阻抗必须在 PCIe 总线规范要求的范围内。

当发送逻辑 TX 进入 Electrical Idle 状态后，至少需要经过 TTX-IDLE-MIN 这段时间延后，才允许退出该状态，因为对端接收逻辑 RX 的"Electrical Idle Exit detector"部件从启动到正常工作的时间延时为 TTX-IDLE-MIN。如果在"Electrical Idle Exit detector"部件没有正常工作之前，发送逻辑 TX 就退出 Electrical Idle 状态，对端的接收逻辑 RX 将不能检查到这个状态变化，从而导致错误。

⊖　因为本地时钟与"被恢复的"时钟间可能相差 600 ppm。

发送逻辑 TX 在退出 Electrical Idle 状态时，必须在 $T_{TX\text{-}IDLE\text{-}TO\text{-}DIFF\text{-}DATA}$ 时间范围内，需要为 D+和 D−信号提供正常的工作伏值，D+和 D−信号的峰峰值至少为 $V_{TX\text{-}DIFF\text{-}PP}$，其值在 0.8 V~1.2 V 之间。而对端的接收逻辑 RX 发现其 $V_{RX\text{-}IDLE\text{-}DET\text{-}DIFFp\text{-}p}$ 的值小于 75 mV 时，将不会退出 Electrical Idle 状态，只有当 $V_{RX\text{-}IDLE\text{-}DET\text{-}DIFFp\text{-}p}$ 的值大于 175 mV 时，对端的接收逻辑 RX 才会退出 Electrical Idle 状态。

值得注意的是，发送逻辑 TX 经过发送链路将信号传递到接收逻辑 RX 时，信号将会衰减。虽然发送逻辑 TX 输出的 $V_{TX\text{-}DIFF\text{-}PP}$ 在 0.8 V~1.2 V 之间，但是接收端收到的 $V_{RX\text{-}IDLE\text{-}DET\text{-}DIFFp\text{-}p}$，其最小值可能只有 175 mV 左右。

在正常情况下，接收逻辑 RX 在进入到 Electrical Idle 状态之前，需要收到发送逻辑 TX 提供的 EIOS 序列，但是有时接收逻辑 RX 在没有收到 EIOS 序列时，发现 $V_{RX\text{-}IDLE\text{-}DET\text{-}DIFFp\text{-}p}$ 的值小于 75 mV 时，也可以进入 Electrical Idle 状态。PCIe 总线规范要求接收逻辑 RX 必须在 10 ms 之内判断出当前链路是否处于 Electrical Idle 状态。

接收逻辑 RX 除了可以使用差分电压逻辑，检测当前链路是否处于 Electrical Idle 状态之外，还可以通过其他方式推断出当前链路是否处于 Idle 状态。当 PCIe 链路处于不同的状态时，检测方法有所不同，如表 8-1 所示。值得注意的是，这种推断出的 Idle 状态并不等同于 Electrical Idle 状态。

表 8-1　接收逻辑 RX 推断当前链路是否处于 Idle 状态

链路状态	2.5 GT/s	5.0 GT/s
L0	在 128 μs 之内，接收逻辑 RX 没有收到 UpdateFC DLLP 或者 SKP 序列时，链路处于 Electrical Idle 状态	
Recovery. RcvrCfg	在 1280 个 UI 之内，接收逻辑 RX 没有收到 TS1 或者 TS2 序列	
Recovery. Speed Successful_speed_negotiation = 1	在 1280 个 UI 内，接收逻辑 RX 没有收到 TS1 或者 TS2 序列	
Recovery. Speed Successful_speed_negotiation = 0	在 2000 个 UI 之内，PCIe 链路没有退出 Electrical Idle 状态⊖	在 16000 个 UI 之内，PCIe 链路没有退出 Electrical Idle 状态
Loopback. active	在 128 μs 之内，PCIe 链路没有退出 Electrical Idle 状态	N/A

PCIe 总线通过上表判断而得出的 Idle 状态称为 Logical Idle 状态。在该表中出现的链路状态，如 L0、Loopback. active 等，将在下文详细解释。Electrical Idle 状态是 LTSSM 状态机的基础。Electrical Idle 状态是 PCIe 链路的相对静止状态，使用的功耗较低。当一个 PCIe 设备没有上电，处于复位状态或某些低功耗状态时，其使用的 PCIe 链路将处于 Electrical Idle 状态，读者需要进一步阅读下文的内容以详细了解 Electrical Idle 状态。

8.1.3　Receiver Detect 识别逻辑

Reciever Detect 识别逻辑的主要作用是检测对端的接收逻辑 RX 是否正常工作，Receiver Detect 识别逻辑是发送逻辑 TX 的一部分。PCIe 链路在初始状态时，需要检测对端设备是否

⊖　没有退出 Electrical Idle 状态指接收逻辑 $V_{RX\text{-}IDLE\text{-}DET\text{-}DIFFp\text{-}p}$ 的值小于 75 mV。

存在才能进行链路训练。Receiver Detect 识别逻辑的实现机理是通过检测对端设备接收逻辑的 DC 共模输入阻抗，来判断接收端是否存在。如果发送逻辑 TX 发现其负载的 DC 阻抗在 Z_{RX-DC} 范围之内或者小于 40 Ω 时，认为对端的接收逻辑 RX 存在。

PCIe 总线规范定义了接收逻辑 RX 在正常工作状态下的 DC 共模输入阻抗 Z_{RX-DC}，其值在 40~60 Ω 范围之内。当接收逻辑 RX 的 V_{cc} 没有上电，V_{D+} 信号或者 V_{D-} 信号的电压伏值大于 0 时，其 DC 共模输入阻抗 $Z_{RX-HIGH-IMP-DC-POS}$ 最小为 50 kΩ；当 V_{D+} 或者 V_{D-} 小于 0 时，其 DC 共模输入阻抗 $Z_{RX-HIGH-IMP-DC-NEG}$ 最小为 1.0 kΩ。

由此可见当对端接收逻辑 RX 可以正常工作时，其 DC 共模输入阻抗远小于"没有上电"时的状态。发送逻辑 TX 通过监控 V_{D+} 和 V_{D-} 信号的电压伏值，可以获得接收逻辑在正常工作状态和 V_{cc} 没有上电时的电流曲线，从而判断接收逻辑 RX 是否处于正常工作状态。在 PCIe 总线中，发送逻辑 TX 通过"发送 Detect 序列"判断对端接收逻辑 RX 是否存在。

PCIe 总线发送"Detect 序列"的原理是首先提高 V_{D+} 和 V_{D-} 信号的电压伏值，然后通过判断对端接收逻辑 RX 的阻抗变化，识别对端的接收逻辑 RX 是否正常工作。其具体实现方法如下所示。

1）发送逻辑 TX 在提高 V_{D+} 和 V_{D-} 信号的电压伏值之前，需要保持 V_{D+} 和 V_{D-} 信号的伏值为一个恒定的 DC 共模电压值。

2）发送逻辑 TX 暂时提高 V_{D+} 和 V_{D-} 信号的电压，但是其值不能超过原来共模电压伏值加上 $V_{TX-RCV-DETECT}$。此时发送端将产生一个脉冲波形至接收逻辑 RX。这个脉冲波形将穿越发送链路上的 AC 耦合电容，最后到达接收逻辑 RX。因为接收逻辑 RC 的 Z_{RX-DC} 较小，因此 $V_{TX-RCV-DETECT}$ 的值不能过大，否则将在接收逻辑 RX 上产生过大的电流[⊖]，从而可能损坏接收逻辑 RX。PCIe 总线规定 $V_{TX-RCV-DETECT}$ 的最大值为 600 mV。

3）发送逻辑 TX 根据 V_{D+} 和 V_{D-} 信号的脉冲波形通过接收逻辑 RX 时的电流曲线，判断接收逻辑 RX 是否正常工作。如果通过这个电流曲线，发现是 Z_{RX-DC} 起作用，此时电流强度的有效值较大，表示接收逻辑 RX 正常工作；如果发现是 $Z_{RX-HIGH-IMP-DC-POS}$ 起作用，此时电流强度的有效值较小，表示接收逻辑 RX 不存在或者没有被加电。

值得注意的是，在 PCIe V2.x 规范中，并没有强行规定必须在 V_{D+} 和 V_{D-} 信号上都进行这种 Receiver Detect 测试。在有些实现上，可能仅使用 V_{D+} 或者 V_{D-} 信号进行这种 Receiver Detect 测试。在 LTSSM 状态机中，从 Detect 到 Polling 状态的切换时，需要使用 Receiver Detect 识别逻辑。

8.2　LTSSM 状态机

PCIe 总线在进行链路训练时，将使用 LTSSM 状态机。LTSSM 状态机由"Detect""Polling""Configuration""Disabled""Hot Reset""Loopback""L0""L0s""L1""L2"和"Recovery"共 11 个状态组成。这些状态分别与 PCIe 总线的链路训练、链路重训练、ASPM（Active State Power Management）和系统软件的电源管理相关。LTSSM 状态机的转换逻辑如图 8-5 所示，而各个状态的含义如下所示。

⊖　在正常情况下，接收逻辑 RX 的 DC 共模电压为 0，Z_{RX-DC} 虽然较小也不会影响其正常工作。

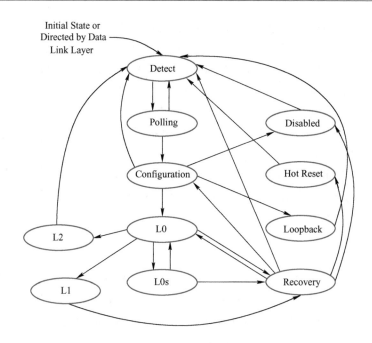

图 8-5　LTSSM 示意图

- Detect 状态。当 PCIe 链路被复位或者数据链路层通过填写某些寄存器后，LTSSM 将进入该状态。该状态也是 LTSSM 的初始状态。当 PCIe 链路处于该状态时，发送逻辑 TX 并不知道对端接收逻辑 RX 的存在，因此需要使用 Receiver Detect 识别逻辑判断对端接收逻辑 RX 是否可以正常工作，之后才能进入其他状态。
- Polling 状态。当 PCIe 链路进入该状态时，将向对端发送 TS1 和 TS2 序列，并接收对端的 TS1 和 TS2 序列，以确定 Bit/Symbol Lock、Lane 的极性。PCIe 链路处于该状态时，将进行 Loopback 测试，确定当前使用的 PCIe 链路可以正常工作。
- Configuration 状态。当 PCIe 链路进入该状态时，将确定 PCIe 链路的宽度、Link Number、Lane reversal、Polarity inversion 和 Lane-to-Lane 的延时。该状态是 LTSSM 状态机最重要的状态。值得注意的是 PCIe 链路在进行初始化时，链路两端统一使用 2.5 GT/s 的数据传送率，直到进入 L0 状态。
- L0 状态。PCIe 链路的正常工作状态。PCIe 链路可以正常发送和接收 TLP、DLLP 和 PLP。PCIe 链路可以从该状态进入 Recovery 状态，以改变数据传送率。
- Recovery 状态。PCIe 链路需要进行链路重训练时需要进入该状态。该状态是 LTSSM 状态机的重要状态。
- L0s、L1 和 L2 状态。PCIe 链路的低功耗状态，其中 PCIe 链路处于 L0s 状态时，使用的功耗相对较高，而处于 L2 状态时，使用的功耗最低。
- Disabled 状态。系统软件可以通过设置寄存器，使 PCIe 链路进入 Disabled 状态。当 PCIe 链路的对端设备被拔出时，LTSSM 也需要进入该状态。
- Loopback 状态。PCIe 链路进入该状态时，发送端口将转发其接收端口接收到的数据，PCIe 测试仪器可以利用该状态进行数据测试。
- Hot Reset 状态。当处理器系统进行 Hot Reset 操作时，PCIe 链路将进入 Recovery 状

态，然后进入 Hot Reset 状态进行 PCIe 链路的重训练。

LTSSM 的各个状态将在下文详细介绍，本章将重点介绍 Detect、Polling、Configuration、L0 和 Recovery 状态，囿于篇幅并不对 Disabled、Loopback 和 Hot Reset 状态进行详细说明，对这些状态有兴趣的读者可以参阅 PCIe 总线规范，以获得进一步信息。

PCIe 设备的物理层进行复位后，LTSSM 状态机首先沿着"Detect"→"Polling"→"Configuration"→"L0"的路径进入到正常工作状态"L0"，这也是链路训练的正常工作路径，也是最重要的一条路径。

物理层链路训练所涉及的内容非常复杂。为便于读者理解，本书仅介绍其主要工作流程，即 PCIe 设备的正常工作路径，以帮助读者掌握链路训练的概要，而不会介绍异常处理和一些并不重要的分支。

8.2.1 Detect 状态

如图 8-6 所示，Detect 状态由 Detect. Quiet、Detect. Active 两个子状态组成。该状态的主要功能是检测 PCIe 链路上是否有 PCIe 设备存在，如果存在，一共使用了多少可用的 Lane 资源。在正常情况下，PCIe 链路将从 Detect 状态迁移到 Polling 状态。

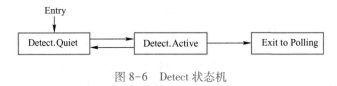

图 8-6　Detect 状态机

当 PCIe 设备进行传统复位操作[⊖]后，首先进入 Detect. Quiet 状态。在多数情况下，如果该 PCIe 设备的对端存在设备时，PCIe 链路的两端将同时进入 Detect. Quiet 状态。因为 PCIe 链路的两端可能同时进行复位操作。

在 PCIe 设备进入 Detect. Quiet 状态时，其发送逻辑 TX 处于"Electrical Idle"状态，此时该设备发送链路的 D+和 D−信号的电压为 DC 共模电压，且为相同的值，此时发送逻辑 TX 使用的功耗最低。

值得注意的是，物理层也可以从 L2、Loopback、Disabled、Polling、Configuration 和 Recovery 状态进入 Detect. Quiet 状态，此时发送逻辑 TX 需要发送必要的 Idle 序列，通知对端设备的接收逻辑 RX，然后经过一段延时后才能进入"Electrical Idle"状态。而在 Detect 状态中，PCIe 设备的发送逻辑 TX 将直接进入到"Electrical Idle"状态，并不会使用 Idle 序列通知对端设备的接收逻辑 RX。

当 PCIe 设备处于 Detect.Quiet 状态时，缺省使用 2.5 Gb/s 的数据传送率，即 PCIe V1. x 规定的数据传送率，并置 LinkUp、upconfigure_capable[⊜]等状态位为 0，此时数据链路层处于 DL_Inactive 状态。整个 PCIe 链路处于"完全静止"的状态。

当 PCIe 设备处于 Detect.Quiet 状态超过 12 ms 之后，或者检测到 PCIe 链路上的任何一个

⊖　不包括 FLR 方式，因为该复位并不影响 LTSSM 状态机。

⊜　upconfigure_capable 状态位在 Configuration 状态收到"Link Upconfigure Capability"为 1 的 TS2 序列后将设置为 1，否则为 0。

Lane 退出"Electrical Idle"状态时，PCIe 设备将进入 Detect.Active 状态。

PCIe 设备进入 Detect.Active 状态后，其发送逻辑 TX 将向该链路的所有"未配置过的 Lane"端发送"Receiver Detection 序列"[⊖]，检测其对端的接收逻辑 RX 是否正常工作。如果所有 Lane 的接收逻辑 RX 都在正常工作时，PCIe 设备进入到 Polling 状态。

如果没有一个 Lane 的接收逻辑 RX 被检测到，PCIe 设备将进入到 Detect.Quiet 状态，此时可能 PCIe 链路的对端没有连接 PCIe 设备，或者该 PCIe 设备并没有正常工作。

如果仅有部分 Lane 正确检测到对端接收逻辑 RX 的存在，物理层将首先等待 12 ms，然后使用该链路的所有"未检测成功过的 Lane"向对端重新发送"Receiver Detection 序列"，进一步识别可用的 Lane。如果这次的检测结果与第一次检测结果相同，物理层将这些"不可用"的 Lane 置为 Electrical Idle 状态，并进入 Polling 状态，如果两次结果不相同，则进入 Detect.Quiet 状态。

这些被标识为"Electrical Idle"状态的 Lane 将不会被 LTSSM 状态机继续使用。有时 PCIe 链路的两端虽然都连接 PCIe 设备，但是这些设备不一定利用了 PCIe 链路上所有的 Lane，下文将举例说明 Detect.Active 状态的运行机制。

假设一个 PCIe 链路由 8 个 Lane 组成，其上游端口与一个 Switch 连接，而下游端口连接一个 EP，如果这个 EP 仅使用了 2 个 Lane。那么第一次 PCIe 链路检测结果为 6 个 Lane 没有与 EP 进行连接，而经过 12 ms 再次进行检测时，可能还检测到有 6 个 Lane 没有与 EP 进行连接，此时该 PCIe 链路认为 EP 仅使用了 2 个 Lane。如果第 2 次检查发现有 7 个或者 5 个 Lane 没有与 EP 进行连接，说明两次检测结果不一致，此时 PCIe 设备将要退回到 Detect.Quiet 状态，并择时重新进入 Detect.Active 状态，重新进行链路探测。

Detect 状态是 PCIe 设备进入的第一个状态，在这个状态中，PCIe 设备需要识别 PCIe 链路的拓扑结构。在这个状态中，物理层使用的检测手段都是基于 PCIe 链路的物理特性，只有 PCIe 设备发现 PCIe 链路的对端具有合法设备后，才能进入 Polling 状态。

8.2.2　Polling 状态

当 PCIe 设备在 Detect 状态中，识别完毕当前链路上可用的 Lane 资源之后，将进入 Polling 状态，Polling 状态由 Polling.Active、Polling.Compliance 和 Polling.Configuration 子状态组成。PCIe 设备可以从 Polling 状态进入到 Configuration 状态，继续进行链路训练，如果 PCIe 设备在 Polling 状态中出现某种错误时，将退回到 Detect 状态，重新进行 PCIe 链路的训练，Polling 状态机的转换逻辑如图 8-7 所示。

如该图所示，PCIe 设备将首先进入 Polling.Active 状态，然后进入 Polling. Configuration 状态，最后退出到 Configuration 状态。

PCIe 设备处于 Polling. Active 状态时，首先检查 Link Control 2 寄存器的"Enter Compliance Bit"位。如果该位为 1，PCIe 设备将进入 Polling.Compliance 状态，值得注意的是，PCIe 链路两端设备的"Enter Compliance Bit"需要被同时置 1，即 PCIe 链路两端的设备需要同时进入到 Polling.Compliance 状态。本节对 Polling. Compliance 状态不做进一步描述。

⊖　Receiver Detection 序列的发送方法见第 8.1.3 节。

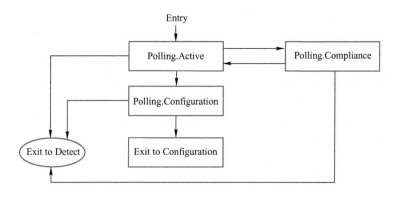

图 8-7　Polling 状态机

　　如果"Enter Compliance Bit"不为 1，则 PCIe 链路两端设备的发送逻辑 TX 需要向对端[○]至少发送 1024 个 TS1 序列，其中 TS1 序列的 Lane/Link Number 必须为"PAD"，即不设置 Lane/Link Number。PCIe 设备使用这些 TS1 序列，获得 Bit/Symbol Lock，这个过程大约需要 64 μs。值得注意的是，PCIe 链路两端设备退出 Detect 状态时，可能并不完全同步，因此两端设备交换 TS1 序列的过程也并不完全同步。

　　发送逻辑 TX 在发送 TS1 序列之前，需要保证 D+和 D-信号的 DC 共模电压恢复到正常工作值。因为发送逻辑 TX 在 Detect 状态进行"Receiver Detect"的过程中，曾经将 DC 共模电压提高了 $V_{TX-RCV-DETECT}$。

　　PCIe 设备在发送 1024 个 TS1 序列[○]的同时，如果其接收逻辑 RX 从全部"已被正确识别的 Lane"中收到了以下任意一种 8 个连续的报文序列后，该 PCIe 设备将进入 Polling. Configuration 状态。

　　1）TS1 序列[○]，其 Lane/Link Number 为 PAD，而"Compliance Receive"位为 0。

　　2）TS1 序列，其 Lane/Link Number 为 PAD，而"Loopback"位为 1[○]。值得注意的是，发送逻辑 TX 发送"Loopback"位为 1 的 TS1 序列后，PCIe 链路对端设备的接收逻辑 RX 将收到该序列，并将这个 TS1 序列使用内部 Loopback 逻辑直接回送给对端设备（并不是该设备重新生成的 TS1 序列），之后对端设备的接收逻辑 RX 将接收到之前发送逻辑 TX 发送的 TS1 序列。

　　3）TS2 序列，其 Lane/Link Number 为 PAD。PCIe 链路两端设备进入的 LTSSM 状态机并不一定同步，可能对端 PCIe 设备可能已经进入了 Polling. Configuration 状态，此时该设备将向对端发送 TS2 序列，详见下文。

　　如果上述条件没有成立，PCIe 设备在经过 20 ms 延时后，判断下列条件。如果这些条件同时成立时，PCIe 设备也将进入 Polling. Configuration 状态。

　　○　此时发送逻辑 TX 使用在 Detect 状态中，已经正确识别的 Lane 发送这些 TS1 序列。

　　○　这些 TS1 序列将被链路对端设备回传，因为此时 TS1 序列使用的 Loopback 位为 1。

　　○　由于 PCIe 链路支持 Polarity Inversin，因此也可能收到 TS1 序列的补码。

　　○　PCIe 设备不可能从 Polling 状态进入 Loopback 状态，因此接收逻辑 RX 收到 Loopback 位为 1 的 TS1 序列并不会进入到 LTSSM 的 Loopback 状态。

1）任何一个"已被正确识别的 Lane"收到了 8 个连续的 TS1 序列，其中 Lane/Link Number 为 PAD，而"Compliance Receive"位为 0 或者"Loopback"位为 1；或者收到 8 个连续的 TS2 序列。而且在收到第一个 TS1 序列之前，发送逻辑 TX 至少已经发送出 1024 个 TS1 序列。

2）PCIe 设备从 Electrical Idle 状态中退出，并进入到 Polling. Active 状态时，所有"已被正确识别的 Lane"至少有一个 Lane 检测到对端设备。

如果该条件也没有成立，PCIe 设备将可能进入 Polling.Compliance 状态。如果 PCIe 链路上任何一个 Lane 的发送链路上连接了一个"对地阻抗为 50 Ω"的电阻后，PCIe 设备也将强制进入 Polling.Compliance 状态。该状态的主要作用是对 PCIe 链路进行检测，本节对此不做进一步描述。

当 PCIe 设备进入 Polling.Configuration 状态时，物理层首先处理所有"已识别的"Lane 中，是否存在极性翻转（Lane Polarity Inversion）的现象，之后进行以下操作。

1）置 Link Control 2 寄存器的"Transmit Margin"字段为 0b000。

2）向对端"已识别的 Lane"连续发送 TS2 序列，其中 Link/Lane Number 为 PAD，而 Loopback 位为 0。

3）当收到 8 个连续的 TS2 序列，而且一共收到 16 个 TS2 序列后，PCIe 设备将进入 Configuration 状态，否则经过 48 ms 延时后进入 Detect 状态。

当 PCIe 链路两端设备收齐 TS2 序列后，将基本同步地进入 Configuration 状态。从这个角度来说，TS2 序列是为了同步"异步发送的 TS1 序列"。

在 Polling 状态机中，还有一个 Polling.Speed 子状态，该状态的主要作用是调整 PCIe 链路使用的数据传送率。当一个 PCIe 链路两端的设备可以支持高于 2.5 GT/s 的数据传送率时，可以首先进入该状态，改变 PCIe 链路的数据传送率。

在许多 PCIe 设备的具体实现中，并没有使用 Polling.Speed 子状态。此时在 PCIe 链路的训练过程中，将缺省使用 2.5 GT/s 的数据传送率。此时 LTSSM 状态机将首先沿着 Detect→Polling→Configuration→L0 的路径进入 L0 状态，并使用 2.5 GT/s 的数据传送率，即便 PCIe 链路两端的设备都支持更高的数据传送率。

当 PCIe 设备改变数据传送率时，需要在 L0 状态，通过向对端设备发送 TS1 序列（其 speed_change 位为 1），使 PCIe 链路两端设备进入 Recovery 状态后，才能改变缺省使用的数据传送率。

8.2.3　Configuration 状态

Configuratoin 状态是 LTSSM 的重要状态，该状态完成 PCIe 链路的主要配置工作，包括 Link Number 和 Lane Number 的协商，并使 PCIe 链路进入正常工作状态 L0。如图 8-8 所示，Configuration 状态由多个子状态组成。

其中 Configuration.Linkwidth.Start 和 Configuration.Linkwidth.Accept 状态判断当前 PCIe 链路的有效宽度；Configuration.Lanenum.Wait 和 Configuration.Lanenum.Accept 状态判断当前

PCIe 链路的物理"Lane Number"与逻辑"Lane Number"的对应关系；而 Configuration.Complete 状态负责处理"Lane-to-Lane de-skew"。由上文所述，一条 PCIe 链路可能由多个 Lane 组成，而使用这几个 Lane 进行数据传递时，可能存在速度差异，即"Skew"，"Lane-to-Lane de-skew"就是消除这个速度差异的方法。

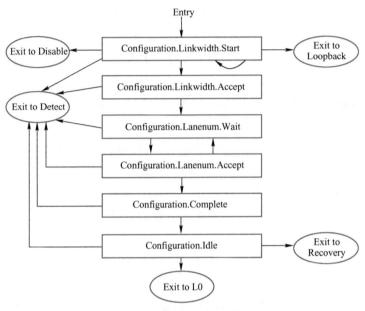

图 8-8　Configuration 状态机

在 LTSSM 状态机中，Polling 状态正常结束时将进入 Configuration 状态。此外当 Recovery 状态出现某些错误，没有正常进入 L0 状态时，也可能首先进入 Configuration 状态，然后经过错误处理之后，重新返回 L0 状态。

在 PCIe 总线中，LTSSM 状态机从 Polling 状态进入 Configuration 状态时 Linkup 位为 0，因为对应 Lane 不曾被激活；而从 Recovery 状态进入该状态时 Linkup 位为 1。进入 Configuration 状态时，PCIe 链路上游端口（包括 RC 端口或者 Switch 的下游端口）Link Status 寄存器的 Link Training 位被硬件置 1，从该状态进入 L0 状态时，该位被清零。

1. Link Number 的协商过程

PCIe 总线使用自协商的方法，确认不同 PCIe 链路的 Link Number。下文以一个具有两个端口的 Switch 为例，简要说明 Link Number 的协商机制，多端口 RC 的 Link Number 协商机制与此相似。该 Swith 与 EP 的连接方法如图 8-9 所示。

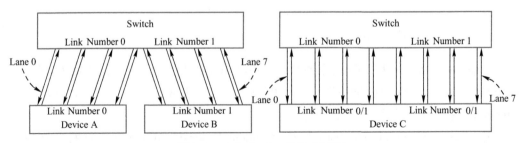

图 8-9　Link Number 的协商过程

在该 Switch 中共有 8 个 Lane，并且可以分解为 2 个 PCIe 链路[⊖]，每个链路的最大宽度为 4，即含有 4 个 Lane，这 4 个 Lane 并不能自由组合形成两个 PCIe 链路，而是第 0~3 个 Lane 组成一个 PCIe 链路，而第 4~7 个 Lane 组成另一个 PCIe 链路。其中每一个 PCIe 链路可以独立使用，连接不同的 EP，这些 EP 最多可以使用 4 个 Lane。当然这 8 个 Lane 也可以合并成一个 PCIe 链路，与一个 EP 连接。

Switch 不会预知其下游链路与 EP 的连接拓扑结构。因此在 Configuration. Linkwidth 状态时，Switch 将向第 0~3 个 Lane 发送 TS1 序列，其 Link Number 为 N；而向第 4~7 个 Lane 发送 TS1 序列，其 Link Number 为 N+1。如图 8-9 所示，Device A 收到的 TS1 序列，其 Link Number 为 N，而 Device B 收到的 TS1 序列，其 Link Number 为 N+1。Device A 或者 B 收到这些 TS1 序列后，将向 Switch 发送 TS1 序列，其 Link Number 为 N 或者 N+1。

而 Device C 收到的 TS1 序列，其 Link Number 为 N 或者 N+1。值得注意的是，此时 Device C 将选择唯一的 Link Number "或者为 N 或者为 N+1" 回传给 Switch，而并不是将 "N 和 N+1" 都回传给 Switch。

Switch 根据收到的 TS1 序列判断其链路的连接拓扑结构，如果 Switch 收到的 TS1 序列中包含两个不同的 Link Number，则表示 8 个 Lane 被分解为两个 PCIe 链路与两个 PCIe 设备相连；如果只有一个 Link Number，则表示 8 个 Lane 被合并为 1 个 PCIe 链路与 1 个 PCIe 设备相连。如果这个 Switch 支持 4 路 PCIe 链路，则 Switch 需要向这 4 个 PCIe 链路发送的 Link Number 为 N~N+3，共 4 种 TS1 序列；如果 Switch 支持 8 路 PCIe 链路，则 Switch 需要向这 8 个 PCIe 链路发送的 Link Number 为 N~N+7，共 8 种 TS1 序列。

PCIe 总线使用自协商的方法识别下游链路的拓扑结构。PCIe 总线在 Configuration 状态中，使用 Configuration. Linkwidth. Start 和 Configuration. Linkwidth. Accept 两个子状态，进行 PCIe 链路两端设备 Link Number 的协商，以确定下游链路与 PCIe 设备的连接拓扑结构。

当 PCIe 链路进入 Configuration. Linkwidth. Start 状态时，RC 端口或者 Switch 的下游端口将向其下游链路发送 TS1 序列以确定 PCIe 链路的 Link Number，下游设备也将会回送 TS1 序列。上文以连接 2 个 EP 的 Switch 为例，说明 Link Number 的自协商过程。RC 端口与其下游设备 Link Number 的协商过程与此类似，本节对此不做进一步说明。

当 PCIe 链路进入 Configuration 状态时，如果 Linkup 位为 0 时，Switch 需要向下游链路的每一个 Lane 都发送若干 TS1 序列，在这个 TS1 序列中的 Link Number 字段分别为 0 和 1[⊖]，而 Lane Number 字段为 PAD。这里使用的 Link Number 由 Switch 内部由硬件逻辑进行编号，其编码在 0~255 之间，本节使用 0 和 1 作为 Link Number。注意在这个 TS1 序列中，Loopback 位不再为 1，否则对端设备将接收到的 TS1 序列直接 Loopback，回送给发送端。

值得注意的是，如果 Linkup 或者 upconfigure_capable 位为 1 时，即从 Recovery 状态进入该状态时，TS1 序列中的 Link Number 字段为 PAD（K23.7），此时的处理方法与从 Polling 状态进入该状态有些区别。本节对这种情况不做进一步描述。

Switch 通过发送部件 TX，经过其下游链路发送完毕这些 TS1 序列后，开始监控其接收

⊖　此时 Switch 中包含 2 个 LTSSM 状态机，也相应具有 2 个物理层、链路层和事务层。

⊖　前 4 个 Lane 的 Link Number 为 0，而后 4 个 Lane 的 Link Number 为 1。

部件 RX。如果接收部件 RX 的任何一个 Lane 收到至少 1 个来自下游设备的 TS1 序列后（该序列的 Link Number 和 Lane Number 字段都为 PAD），需要进一步判断是否任何一个 Lane 收到 2 个连续的 TS1 序列（该序列的 Link Number 为 0 或者 1，即与发送的 TS1 序列 Link Number 相同，而 Lane Number 为 PAD）。上述检测成功之后，Switch 的下游端口将进入 Configuration.Linkwidth.Accept 状态。

而与 Switch 连接的下游设备在进入 Configuration.Linkwidth.Start 状态时，首先向其上游链路发送若干个 TS1 序列（该序列的 Link 和 Lane Number 字段都为 PAD），这也是 Switch 的下游端口首先收到这个 TS1 序列（Link 和 Lane Number 都为 PAD）的原因。

之后下游设备等待来自 Switch 的 TS1 序列，下游设备可能收到 TS1 序列中的 Link Number 为 0 或者 1（图 8-9 中的 Device C 可能收到这样的 TS1 序列），但是下游设备仅使用其中一个 Link Number（PCIe 总线并没有规定是使用 0 还是 1）组成若干个 TS1 序列，并通过其上游链路发送给 Switch，这个 TS1 序列的 Lane Number 为 PAD。

随后下游设备也进入 Configuration.Linkwidth.Accept 状态，至此在这条 PCIe 链路上的两个设备都将进入 Configuration.Linkwidth.Accept 状态。

在 Configuration.Linkwidth.Accept 状态时，Switch 的下游端口将分析接收到的 TS1 序列，并将所有 Link Number 相同的 Lane 组合在一起，通过此步骤，Switch 的下游端口可以确定下游链路的连接拓扑结构，即下游链路由哪些 Lane 组成。对于图 8-9 所示的实例，Device A 使用 Switch 下游链路的 Lane 0~3，Device B 使用 Switch 下游链路的 Lane 4~7，而 Device C 使用 Switch 下游链路的 Lane 0~7。

Switch 在确定了连接拓扑结构后，将向 PCIe 链路[⊖]的所有 Lane 发送若干个 TS1 序列，之后进入 Configuration.Lanenum.Wait 状态。值得注意的是，在这个 TS1 序列中 Link Number 为确定的值，而 Lane Number 在 0~n-1 之间，此时使用的 Lane Number 为逻辑号。在图 8-9 中，虽然 Device B 使用 Switch 的物理 Lane 为 4~7，但是发向物理 Lane 4~7 的 TS1 序列的 Lane Number 为 0~3。

在进入 Configuration.Linkwidth.Accept 状态时，下游设备等待 Switch 端口的 TS1 序列。如果下游设备收到 2 个连续的 TS1 序列，其 Link Number 等于在 Configuration.Linkwidth.Start 状态发送给 Switch 的 Link Number，而且 Lane Number 不为 PAD 时，下游设备将向 Switch 发送若干个 TS1 序列，之后下游设备进入 Configuration.Lanenum.Wait 状态。

该序列的 Link Number 为接收到的值，而 Lane Number 在 0~m-1[⊜]之间。如果下游设备没有使用错序连接方式，那么下游设备发送的 Lane Number 将与 Switch 的 Lane Number 直接对应；否则错序对应。本节虽然使用了一定篇幅讲述 PCIe 总线 Link Number 的自协商过程，但也仅说明了该过程的一个子集。PCIe 总线的自协商过程较为复杂，相对较难实现。

为此 PLX 公司采用了另外一种 Link Number 的协商机制。下面以 PEX8518 芯片[⊜]为例说明这种协商机制，该芯片并没有采用 PCIe 总线规定的协商机制，而是使用寄存器配置其下

⊖ 该 PCIe 链路可能由部分 Lane 组成，如与 Device A 连接的链路由 Lane 0~3 组成，与 Device B 连接的链路由 Lane 4~7 组成。

⊜ m≤n，因为下游设备可能只使用 PCIe 链路的部分 Lane。

⊜ PEX8518 是 PLX 公司设计的 Switch 芯片。

游端口的使用情况。

PEX8518 芯片的下游链路由 16 个 Lane 组成（分别为 0～15），最多可以支持 5 个端口，分别为 Port0～4。这 5 个端口能够使用的 Lane 由 Port Configuration 寄存器规定，而不是通过 Configuration 状态自适应检测其下游链路的拓扑结构。该寄存器的值与其下游端口的对应关系如表 8-2 所示。

表 8-2　Port Configuration 寄存器与下游端口的对应关系

Port Configuration 寄存器的值	链路宽度				
	端口 0	端口 1	端口 2	端口 3	端口 4
0x00	×4（0～3）	×4（4～7）	×4（8～11）	×4（12～15）	不使用
0x02	×8（0～7）	×8（8～15）	不使用	不使用	不使用
0x03	×8（0～7）	×4（8～11）	×4（12～15）	不使用	不使用
0x04	×8（0～7）	×4（8～11）	×2（12～13）	×2（14～15）	不使用
0x05	×8（0～7）	×2（8～9）	×2（10～11）	×4（12～15）	不使用
0x06	×8（0～7）	×2（8～9）	×4（10～13）	×2（14～15）	不使用
0x08	×8（0～7）	×2（8～9）	×2（10～11）	×2（12～13）	×2（14～15）
0x09	×4（0～3）	×4（4～7）	×4（8～11）	×2（12～13）	×2（14～15）

由上表所示，PEX8518 芯片使用静态表进行 Link Number 的确认，而没有使用 PCIe 总线规定的自协商机制，从而在保证配置灵活性的同时，极大简化了 Link Number 的协商难度。但是使用这种方法不适用于"下游链路拓扑结构不可预知"的应用。

因此在设计中，尽量避免使用 PEX8518 芯片连接一个 PCIe 插槽，因为这个插槽上的 PCIe 设备使用的 Lane 并不确定，使用静态分配 Lane 的方法并不合适，但是这并不妨碍 PEX8518 芯片在嵌入式领域，尤其在电信领域的大规模应用。

2. Lane Number 的协商过程

物理层在确认 PCIe 链路的 Link Number 之后，开始进行 Lane Number 的协商。PCIe 总线使用 Configuration.Lanenum.Wait 和 Configuration.Lanenum.Accept 两个子状态完成 Lane Number 的协商。下面仍然以图 8-9 为例说明 Lane Number 的协商过程。

与 Link Number 的协商过程相比，Lane Number 的协商过程较为简单。本小节以一个实例说明 Lane Number 的实现过程，而并不深究 LTSSM 状态机的详细迁移过程。

如图 8-1 所示，PCIe 链路允许错序连接，因此 Switch 的下游端口与下游设备的上游端口使用的 Lane Number 并不一定完全一致，因此物理层需要进行 Lane Number 的协商。当 Switch 与 Device A 完成 Link Number 的协商后，将进行 Lane Number 的协商。

首先 Switch 向 Device A 的 4 个 Lane 发送 TS1 序列，在这个 TS1 序列中的 Link Number 字段为 0，而 Lane Number 字段分别为 0、1、2 和 3。

当 Device A 收到这些 TS1 序列后，也将向 Switch 回送使用 TS1 序列，在这个 TS1 序列中的 Link Number 字段为 0，而 Lane Number 字段为 Device A 的物理 Lane Number 号。如果 Switch 与 Device A 使用图 8-1 中图所示的错序连接方法时，Device A 回送的 TS1 序列的 Link Number 字段为 3、2、1 和 0，如果使用图 8-1 左图所示的连接方法时，Device A 回送的 TS1 序列为 0、1、2 和 3。

当 Switch 收到 Device A 的回送 TS1 序列后，可以获得 PCIe 链路的连接信息，从而确定当前 Lane 的连接拓扑结构，并完成逻辑 Lane Number 与物理 Lane Number 的对应关系。当使用图 8-1 右图所示的错序连接方法时，Switch 的逻辑 Lane Number 0~3 与 Device A 的物理 Lane Number 3~0 对应。

Switch 和 Device A 都可以处理 PCIe 链路的错序连接，本节所述的实例是 Switch 支持 PCIe 链路的错序连接而 Device A 不支持这种错序连接，此时 Device A 不进行物理 Lane Number 和逻辑 Lane Number 的转换，对于 Device A 而言，物理 Lane Number 等于逻辑 Lane Number。

当 Switch 的下游端口和对端设备的上游端口离开 Configuration.Lanenum.Accept 状态后，将进入 Configuration.Complete 状态进行 Link Number 和 Lane Number 的确认。

3. Link Number 与 Lane Number 的确认

PCIe 总线使用 Configuration.Complete 和 Configuration.Idle 状态进行 Link Number 与 Lane Number 的确认。在 Configuration.Complete 状态中，PCIe 链路的两端设备将使用 TS2 序列进行 Link 与 Lane Number 的确认。在这个 TS2 序列中的 Link Number 字段为之前确定的值，而 Lane Number 字段也为已经确认的号码。

当链路两端的设备收到这些 TS2 序列后，将进一步消除 PCIe 链路不同 Lane 的漂移（De-skew），并设置合理的 N_FTS 的值，还有一个重要的操作是记录当前 PCIe 设备能够支持的数据传送率[⊖]，然后进入 Configuration.Idle 状态。

PCIe 设备处于 Configuration.Idle 状态时，PCIe 链路已经设置完毕，此时将向对端至少发送 16 个 Idle 序列，当接收逻辑 RX 收到这些 Idle 序列后，将置 LinkUp 状态位为 0b1，PCIe 数据链路层将从 DL_Inactive 状态迁移到 DL_Init 状态，而物理层将进入正常工作状态 L0。

8.2.4 Recovery 状态

Recovery 状态是 LTSSM 状态机的重要状态，其复杂程度超过 Configuration 状态。该状态可以从 L0、L1 和 L0s 状态进入，当 PCIe 设备进入低功耗状态，需要进行链路重训练时，将经过 Recovery 状态之后，才能重新进入正常工作状态，第 8.3 节将讲述如何从 L1 和 L0s 状态进入 Recovery 状态。

Recovery 状态机如图 8-10 所示，该状态机由 Recovery.RcvrLock、Recovery.Speed、Recovery.RcvrCfg 和 Recovery.Idle 共四个子状态组成。

1. 从 L0 状态进入到 Recovery 状态

当 PCIe 设备工作在 L0 状态时，出现以下情况时，将进入 Recovery 状态。

（1）更改数据传送率。

PCIe 设备需要改变数据传送率时，将进入 Recovery 状态。在 Configuration 状态中，PCIe 链路两端设备记录了"当前 PCIe 设备能够支持的数据传送率"，如果两端设备都支持大于 2.5 GT/s 的数据传送率，可以从 L0 状态进入 Recovery 状态。

在 PCIe 设备中存在两个状态位。其中 directed_speed_change 位为 1 时，表示 PCIe 设备

⊖ 如果 PCIe 设备需要改变数据传送率时，可以在 Recovery 状态中进行更改，但是在 Configuration 状态不能进行该操作。

希望更改数据传送率,而 changed_speed_recovery 位为 1 时表示 PCIe 链路已经完成数据传送率的更改。

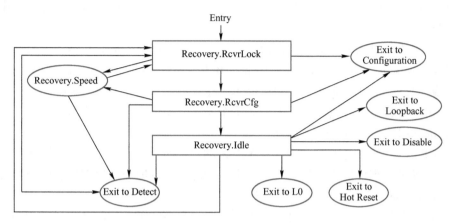

图 8-10　Recovery 状态机

当数据链路层处于 DL_Active 状态时,系统软件可以置 directed_speed_change 位为 1,同时复位 changed_speed_recovery 位为 0,随后该设备将进入 Recovery 状态。值得注意的是 PCIe 链路的两端设备需要同时改变 directed_speed_change 和 changed_speed_recovery 位。

(2) 更改链路宽度。

PCIe 设备在 Configuration 状态时,如果设置 upconfigure_capable 状态位为 1,可以更改链路宽度。此时该设备需要从 L0 状态进入 Recovery 状态,之后才能进行该操作。

(3) 已配置完毕的 Lane 中收到 TS1 或者 TS2 序列。

(4) 检测或者推断出对端设备处于 Idle 状态。

当 PCIe 设备检测到对端处于 Idle 状态时,将有可能进入 Recovery 状态。此处的 Idle 状态由两部分内容组成,一个通过硬件检测对端设备的发送逻辑 TX 是否处于 "Electrical Idle" 状态;另一个通过逻辑推断对端设备的发送逻辑是否处于 Logical Idle 状态。

在正常情况下,发送逻辑 TX 在进入 Electrical Idle 状态时,需要发送 EIOS 序列。如果对端的接收逻辑 RX 检测到 PCIe 链路实际上已经进入 Idle 状态,但是并没有收到 EIOS 序列时,将认为 PCIe 链路出现某种故障,PCIe 总线并没有规定在这种情况下,PCIe 设备是进入 Recovery 状态还是继续保持在 L0 状态中,但是在多数实现中,都将进入 Recovery 状态。

值得注意的是,一个 PCIe 设备进入 Recovery 状态之后,将向对端发送 TS1 序列,而对端设备收到这个 TS1 序列后,也将从 L0 状态进入 Recovery 状态。因此在 PCIe 链路中,当一端设备进入 Recovery 状态后,对端设备也将进入该状态。

2. Recovery.RcvrLock 状态

PCIe 设备进入 Recovery 状态时,将首先到达 Recovery.RcvrLock 状态。PCIe 设备进入该状态时将连续向对端 "已配置完毕的 Lane" 发送 TS1 序列,该序列的 Link 和 Lane Number 为之前在 Configuration 状态中设置的值。

如果 directed_speed_change 位为 1 时,发送的 TS1 序列的 speed_change 位也将设置为 1。PCIe 设备如果在 Recovery.RcvrLock 状态时,收到 speed_change 位为 1 的 TS1 序列时,该设

备的 directed_speed_change 位也将改变为 1。

下文以一个实例说明 speed_change 位和 directed_speed_change 位的作用。假设在一条 PCIe 链路上连接了两个设备，EP A 和 Switch 的下游端口 B，而且这两个设备的工作状态的初始值为 L0。

如果 EP A 希望进入 Recovery 状态改变数据传送率，则置 directed_speed_change 位为 1，随后进入 Recovery.RcvLock 状态，同时向端口 B 发送 speed_change 位为 1 的 TS1 序列。

而当端口 B 处于 L0 状态时，收到这个 TS1 序列后，并不会检测 speed_change 位，而直接进入 Recovery 状态。然后向 EP A 发送若干个 speed_change 位为 0 的 TS1 序列，因为此时端口 B 的 directed_speed_change 位为 0。

当端口 B 收到"8 个连续"的从 EP A 发来的"speed_change 位为 1"的 TS1 序列（还包括 EP A 支持的数据传送率种类）之后，directed_speed_change 位将置为 1，然后再向 EP A 发送"speed_change 位为 1"的 TS1 序列。值得注意的是，在上述实例中，端口 B 在 Recovery.RcvLock 状态将发送两种不同的 TS1 序列，一种序列的 speed_change 位为 0，而另一种序列的 speed_change 位为 1。

PCIe 设备连续发送 TS1 序列的同时，将通过其接收逻辑 RX 检测，是否收到 8 个连续的 TS1 或者 TS2 序列，是否这些序列使用的 Link 和 Lane Number 与该设备发送的值相同，而且这些序列的 speed_change 位是否与 directed_speed_change 位相同。如果检测成功，该设备将进入 Recovery.RcvrCfg 状态。在该状态中，PCIe 设备将重新获得 Bit/Symbol Lock，并处理不同 Lane 之间的 Skew，这也是该状态位被命名为"Lock"的原因。

PCIe 设备还可以从该状态直接进入 Recovery.Speed BFQ状态，如果当前 PCIe 链路已经工作在大于 2.5 GT/s 的数据传送率，但是并不能稳定工作（并没有正确获得 Bit/Symbol Lock），此时需要进入 Recovery.Speed 状态，将数据传送率更改为 2.5 GT/s。PCIe 设备还可以从该状态进入 Configuration 或者 Detect 状态。本节对此不做详细介绍。

3. Recovery.RcvrCfg 状态

PCIe 设备进入 Recovery.RcvrCfg 状态后，将向对端发送 TS2 序列，该序列的 Link 和 Lane Number 为之前在 Configuration 状态设置的值。如果 directed_speed_change 位为 1 时，该序列的 speed_change 位也必须为 1。发送这些 TS2 序列的主要目的是进一步确认 Recovery.RcvrLock 状态使用 TS1 序列所获得的结果。

之后 PCIe 设备通过其接收逻辑 RX 检测，是否收到了 8 个连续的 TS2 序列，这些序列使用的 Link 和 Lane Number 与该设备发送的值是否相同，而且这些序列的 speed_change 位是否与 directed_speed_change 位相同。

如果检测成功，PCIe 设备将根据 TS2 序列中的 speed_change 位决定进入 Recovery.Speed 状态，还是 Recovery.Idle 状态。

如果该 PCIe 设备能够支持的数据传送率与接收的 TS2 序列中的数据传送率重合，比如都支持 5 GT/s 的数据传送率，而且 speed_change 位为 1 时，将进入 Recovery.Speed 状态，PCIe 设备从 Recovery.RcvrCfg 状态迁移到 Recovery.Speed 状态还有一个补充条件，即接收到第一个 TS2 序列后，至少向对端发送 32 个连续的 TS2 序列。

如果 Speed_change 位为 0 时，将进入 Recovery.Idle 状态，PCIe 设备从 Recovery.RcvrCfg 状态迁移到 Recovery.Idle 状态还有一个补充条件，即从接收到第一个 TS2 序列后，向对端发送 16 个连续的 TS2 序列。

如果在 Recovery.RcvrLock 状态中，PCIe 设备没有处理不同 Lane 之间的 Skew，在该状态中，PCIe 设备可以处理不同 Lane 之间的 Skew。PCIe 设备还可以从该状态进入 Configuration 或者 Detect 状态。本节对此不做详细介绍。

4. Recovery.Speed 状态

PCIe 设备进入该状态时，如果使用的数据传送率为 2.5 GT/s，则其发送逻辑 TX 需要发送 1 个 EIOS 序列，然后进入 Electrical Idle 状态；如果使用的数据传送率为 5.0 GT/s，则其发送逻辑 TX 需要发送 2 个 EIOS 序列，然后进入 Electrical Idle 状态。此时该 PCIe 设备需要等待其接收逻辑 RX 也进入 Electrical Idle 状态，才能进一步工作。接收逻辑检测对端发送逻辑 TX 是否处于 Electrical Idle 状态，使用的方法如第 8.1.2 节所示。

当 PCIe 设备的发送与接收逻辑都进入到 Electrical Idle 状态后，至少需要等待 800 ns 判断 PCIe 链路两端是否成功完成数据传送率的协商，或者等待 1 ms 判断协商是否成功。协商成功后 successful_speed_negotiation 位被置为 1，否则将置 0。

如果协商成功，PCIe 设备将置 directed_speed_change 位为 0，然后从该状态回到 Recovery.RcvrLock 状态。值得注意的是在 Recovery.Speed 状态并不发送 PLP 检查新的数据传送率是否能够使用。而在 Recovery.RcvrLock 状态中，通过 TS1 序列判断对端设备是否能够获得 Bit/Symbol Lock，确定新的数据传送率是否正常工作。如果不能正常工作，该设备还将从 Recovery.RcvrLock 状态回到 Recovery.Speed 状态，将数据传送率降低为 2.5 GT/s 后，再次回到 Recovery.RcvrLock 状态。

5. Recovery.Idle 状态

PCIe 链路进入 Recovery.Idle 状态后，将连续向对端发送 Idle 序列，当接收逻辑 RX 的所有可用 Lane 收到 8 个连续的 Idle 序列，而且发送逻辑 TX 发送了 16 个 Idle 序列后，将进入 L0 状态，完成链路训练或者重训练过程；否则将视情况进入 Disabled、Loopback、Hot Reset、Configuration 和 Detect 状态，本节对 Recovery.Idle 进入这些状态不做详细分析。

8.2.5　LTSSM 的其他状态

如图 8-5 所示，在 LTSSM 中还含有 Disabled、Host Reset、Loopback、Recovery、L0、L1、L2 和 L0s 状态。其中 L0、L1、L2 和 L0s 与 PCIe 的电源管理相关，在第 8.3 节将详细介绍这些状态的转换关系。

PCIe 链路还可以从 Configuration 和 Recovery 状态进入 Disabled 状态。当系统软件需要关闭 PCIe 链路时，可以通过设置 Link Control 寄存器的 Link Disabled 位，使 PCIe 链路进入 Disabled 状态。物理层进入 Disabled 状态时，将禁止 PCIe 链路的使用，然后视情况进入 PCIe 链路的初始状态 Detect，重新进行 PCIe 链路的训练工作。

而 Loopback 状态是一种调试状态，PCIe 总线测试仪器可以使 PCIe 链路的对端设备进入该状态，然后对 PCIe 链路进行测试。

Hot Reset 状态从 Recovery 状态进入，当系统软件对 PCIe 链路进行 Hot Reset 操作时，PCIe 链路将进入该状态，然后进入 PCIe 链路的初始状态 Detect。

8.3 PCIe 总线的 ASPM

PCIe 总线的电源管理包含 ASPM 和软件电源管理两方面内容。所谓 ASPM 是指 PCIe 链路在没有系统软件参与的情况下，由 PCIe 链路自发进行的电源管理方式。而软件电源管理指 PCI PM 机制，PCIe 总线的软件电源管理与 PCI 总线兼容。

对于一个通用处理器系统，电源管理的硬件实现与软件处理过程都较为复杂。而对于一个专用的处理器系统，如手机应用，在多数情况下，更侧重于在某些用户场景中，功耗的使用情况，其设计难度相对较小。而无论是对于通用还是专用处理器系统，电源管理都需要处理器与外部设备的参与，协调完成。

PCIe 总线为 PCIe 设备提供了几种低功耗模式。在一个处理器系统中，PCIe 设备的低功耗模式需要与处理器的低功耗模式协调工作，以最优化整个处理器系统的功耗。

对于某些专用的处理器系统，外部设备之间也需要协调工作，以最优化整个处理器系统的使用的功耗。目前电源管理已经成为处理器系统实现的一个热点。但是 PCI/PCIe 总线提供的电源管理机制远非完美，该管理机制仅考虑了外部设备与处理器系统之间的电源使用关系，并没有考虑外部设备之间电源的使用关系。

在一个处理器系统中，外部设备越来越智能化，处理器与外设间的通信基本等同于两个处理器间的通信，适用于这类处理器系统的电源管理机制也有待研究。在有些处理器系统中，专门设置了用于电源管理的微处理器，协调"主处理器"与"外部设备"及外部设备间的电源使用情况，以最优化整个处理器系统的电源管理。目前在智能手机的设计中，通常具有专门用于电源管理的微处理器。

8.3.1 与电源管理相关的链路状态

PCIe 总线定义了一系列与电源管理相关的链路状态。

- L0 状态。PCIe 设备的正常工作状态。
- L0s 状态。PCIe 设备处于低功耗状态。系统软件不能控制 L0 状态和 L0s 状态间的迁移过程，这两个状态的迁移只能由 ASPM 控制。
- L1 状态。PCIe 设备使用的功耗低于处于 L0s 状态时的功耗。
- L2/L3 Ready 状态。PCI 设备进入 L2 或者 L3 状态之前使用的过渡状态。
- L2 状态。PCIe 设备仅使用辅助电源工作，主电源已经被关闭。在 PCIe 总线中 L1 和 L2 状态是可选的。
- L3 状态。该状态也被称为"Link off"状态，此时 PCIe 设备使用的 V_{cc} 电源已经被关闭。
- LDn 状态。该状态是一个"伪"状态，PCIe 链路处于 L2、L3 状态时，需要通过 LDn 状态之后才能进入 L0 状态。该状态由 LTSSM 状态机的 Detect、Polling 和 Configuration 等状态组成。

这些与电源管理相关的状态机迁移模型如图 8-11 所示。

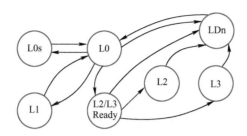

图 8-11　电源管理状态机

本节重点说明 L0、L0s 和 L1 状态的工作原理以及如何使用 ASPM 机制进行状态迁移。在第 8.4 节将讲述系统软件如何设置寄存器使 PCIe 设备进入 L0、L0s 和 L1 状态。

在 PCIe 设备中，Link Capabilities 寄存器的 ASPM Support 字段表示当前 PCIe 设备可以支持的链路状态，该字段只读。而 Link Control 寄存器的 ASPM Control 字段为可读写的，PCIe 设备根据 ASPM Support 字段判断当前 PCIe 链路是否支持 L0s 和 L1 状态，还是同时支持这两种状态，并设置 ASPM Control 字段。

8.3.2　L0 状态

PCIe 设备从 Configuration、Recovery 和 L0s 状态进入 L0 状态时，L0 状态是 PCIe 设备的正常工作状态。此时 PCIe 设备可以通过 PCIe 链路，发送和接收 TLP、DLLP 和 PLP，此时 LinkUp 状态位为 1，而数据链路层处于 DL_Active 状态。PCIe 设备从 L0 状态可以进入 Recovery、L0s、L1 和 L2/L3 Ready 状态，本节重点讨论从 L0 状态进入 Recovery、L0s 和 L1 状态的情况。而从 L0 状态进入 Recovery 状态的条件见第 8.2.4 节。

1. 进入 L0s 状态

当 PCIe 设备发现链路"空闲"时[⊖]，可以主动进入 L0s 状态。RC、EP 和 Switch 进入 L0s 状态的"空闲"条件并不相同。对于含有多个 Function 的上游端口，只有所有 Function 都处于"空闲"状态时，才被认为"空闲"。此处"空闲"的定义与 LTSSM 的 Electrical Idle 和 Logical Idle 间没有任何联系。

对于 RC 或者 EP 的端口，当以下两个条件同时满足时，当前端口被认为是"空闲"的。

1）没有准备发送的 TLP，或者对端没有提供足够的 Credit[⊖]。

2）没有准备发送的 DLLP。

对于 Switch 的上游端口，当以下三个条件同时满足时，发送逻辑 TX 认为 PCIe 链路是"空闲"的。

1）Switch 所有下游端口的接收链路处于 L0s 状态。

2）没有准备发送的 TLP，或者对端没有提供足够的 Credit。

3）没有准备发送的 DLLP。

⊖　当空闲时间不大于 7 μs 时，将进入 L0s 状态，但是 PCIe 总线并没有规定进入 L0s 状态的最小时间。

⊖　对端没有提供足够的 Credit 时，发送端不能发送 TLP。

对于 Switch 的下游端口，当以下三个条件同时满足时，发送逻辑 TX 认为 PCIe 链路是"空闲"的。

1）Switch 的所有上游端口的接收链路处于 L0s 状态。

2）没有准备发送的 TLP，或者对端没有提供足够的 Credit。

3）没有准备发送的 DLLP。

值得注意的是，一个接收端或者发送端的发送逻辑 TX 和接收逻辑 RX 在同一时刻，可能处于不同的 LTSSM 状态，一个处于 L0，而另一个处于 L0s。

2. 进入 L1 状态和 L2 状态

PCIe 设备可以通过上层软件，将链路状态从 L0 状态迁移到 L1 或者 L2 状态。当 PCIe 设备进入 D1~D3 状态时，其上游链路将进入 L1 状态；而进入 $D3_{Cold}$ 状态时，其上游链路将进入 L2 状态。D1~D3 和 $D3_{Cold}$ 状态的详细说明见第 8.4.1 节。而 PCIe 链路的两端设备需要同时进入 L1 或者 L2 状态。

首先两端设备的发送逻辑 TX 分别向对端发送 EIOS 序列，随后发送逻辑 TX 进入 Electrical Idle 状态。如果 PCIe 设备的接收逻辑 RX 从任意 Lane 中收到 1 个或者 2 个 EIOS 序列后，该设备将进入到 L1 或者 L2 状态。当 PCIe 链路工作在 2.5 GT/s 时，需要发送 1 个 EIOS 序列；如果工作在 5 GT/s 时，需要发送 2 个 EIOS 序列。

值得注意的是，PCIe 设备处于 L1 状态和 L2 状态时，D+和 D-信号输出的 DC 共模电压并不相同。处于 L1 状态时，PCIe 设备的发送逻辑 TX 仍然需要维持一个相对较低的 DC 共模电压，其伏值比其处于 L0 状态时低 $V_{TX-CM-DC-ACTIVE-IDLE-DELTA}$（最小值为 0，最大值为 100 mV），如式（8-1）所示。

$$| V_{TX-CM-CD[DuringL0]} - V_{TX-CM-Idle-DC[During Electrical Idle]} | \leqslant 100\ mV \qquad (8-1)$$

而 PCIe 设备在 L2 状态时，其发送逻辑 TX 并没有这种限制，而且其发送逻辑和接收逻辑基本处于下电状态。这正是 PCIe 设备处于 L2 状态时使用的功耗低于 L1 状态的原因，同时也是从 L2 状态进入 L0 状态，更加耗时的原因。

如果 PCIe 设备支持 Beacon 机制，那么处于 L2 状态时，PCIe 设备的发送逻辑 TX 能够发送 Beacon 信号，而接收逻辑 RX 能够检测 Beacon 信号[⊖]。Beacon 机制是一种唤醒机制。当 PCIe 设备处于 L2 状态时，可以使用该机制唤醒。

8.3.3　L0s 状态

PCIe 设备必须支持 L0s 状态。L0s 状态是一个低功耗状态，PCIe 设备进入或者退出该状态不需要系统软件的干预，其状态转换由硬件控制完成。L0s 的状态转换由两部分组成，一个是接收状态机，另一个是发送状态机。

同一个 PCIe 设备的发送逻辑 TX 和接收逻辑 RX，在同一时刻可能处于不同的链路状态，其中一个为 L0，而另一个为 L0s。例如当一个 EP 进行 DMA 写操作时，其发送逻辑 TX 一直被使用，因此处于 L0 状态，而接收逻辑 RX 可能长时间没有被使用，从而可以暂时处

⊖　Beacon 信号并不是实际信号，而是通过 D+和 D-信号发送的一个频率在 30 KHz~500 MHz 之间的脉冲信号，该信号可以唤醒 PCIe 设备。在许多 PCIe 设备中，并不含有 WAKE#信号，此时需要使用 Beacon 机制唤醒 PCIe 设备。

于 L0s 状态, 以降低功耗。

1. 发送逻辑 TX 状态机

L0s 的发送状态机如图 8-12 所示, 该状态机由 TX_L0s.Entry、TX_L0s.Idle 和 TX_
L0s.FTS 状态组成。

图 8-12　L0s 的发送状态机

PCIe 设备处于 L0 状态发现链路为临时 "空闲" 状态时, 将进入 TX_L0s.Entry 状态。处于该状态时, 发送逻辑 TX 首先向对端发送 1 或者 2 个 EIOS 序列⊖, 之后进入 Electrical Idle状态。再经过 20 ns 延时后, 发送逻辑 TX 进入 TX_L0s.Idle 状态。

当发送逻辑 TX 处于 TX_L0s.Idle 状态时, 如果 PCIe 设备需要发送数据报文, 发送逻辑TX 将退出 TX_L0s.Idle 状态, 进入 TX_L0s.FTS 状态。发送逻辑 TX 处于 TX_L0s.FTS 状态时,向对端顺序发送 N_FTS 个 FTS 序列⊜和 1 个 SKP 序列之后, 将进入 L0 状态。

2. 接收逻辑 RX 状态机

L0s 的接收状态机如图 8-13 所示, 该状态机由 RX_L0s.Entry、RX_L0s.Idle 和 RX_
L0s.FTS 状态组成。PCIe 设备可以从 L0s 状态进入 L0 或者 Recovery 状态。

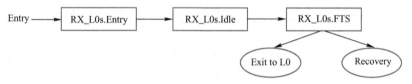

图 8-13　L0s 的接收状态机

接收逻辑 RX 处于 L0 状态时, 如果收到 1 个 EIOS 序列后, 将进入 RX_L0s.Entry 状态。接收逻辑 RX 在 RX_L0s.Entry 状态经过一段延时⊜后, 将进入 RX_L0s.Idle 状态。

接收逻辑 RX 在 RX_L0s.Idle 状态中将持续监测接收链路, 如果发现对端设备的发送逻辑 TX 退出 "Electrical Idle" 状态时, 接收逻辑 RX 将进入 RX_L0s.FTS 状态。

当接收逻辑 RX 处于 RX_L0s.FTS 状态时, PCIe 链路的每一个 Lane 都将收到 N_FTS 个FTS 序列, 接收逻辑 RX 使用这些 FTS 序列重新获得 Bit/Symbol Lock。如果对端发送逻辑 TX发送的 FTS 序列不足, 接收逻辑 RX 将无法成功获得 Bit/Symbol Lock, 此时 PCIe 设备将进入 Recovery 状态。

当接收逻辑 RX 收到足够数量的 FTS 序列, 又收到了一个 SKP 序列后 (该 SKP 序列的作用是 De-Skew), 将从 RX_L0s.FTS 状态迁移到 L0 状态。

8.3.4　L1 状态

L1 状态是一个比 L0s 状态使用功耗更低的状态, PCIe 设备从 L1 状态恢复到 L0 状态,比 L0s 状态恢复到 L0 状态的延时更长。PCIe 设备进入或者退出该状态可以不需要系统软件

⊖　当前 PCIe 链路为 2.5 GT/s 时发送 1 个 EIOS 序列, 否则发送 2 个 EIOS 序列。

⊜　如果 Link Control 寄存器的 Extended Sync 位为 1 时, 发送部件将向对端发送 4096 个 FTS 序列。

⊜　PCIe 规范规定这段延时为 $T_{TX\text{-}IDLE\text{-}MIN}$ (最小值为 20 ns)。

的干预。当然系统软件也可以通过设置某些寄存器，使 PCIe 链路的两端设备同时进入 L1 状态。在 PCIe 总线中，L1 状态是一个可选状态。

其中只有下游设备（EP 或者 Switch 的上游端口）可以主动"进入 L1 状态"，而上游设备（RC 或者 Switch 的下游端口）必须与下游设备进行协商后才能进入 L1 状态。当下游设备满足以下条件时，可以进入 L1 状态。

1）PCIe 设备支持 L1 状态。

2）PCIe 设备没有准备发送的 TLP 和 DLLP。

3）如果下游设备是一个 Switch，这个 Switch 的所有下游端口处于 L1 或者更高一级的节电状态。

而上游设备需要经过协商才能进入 L1 状态。

1）首先下游设备向上游设备发送 PM_ Active_State_Request_L1 报文。

2）上游设备收到这个 DLLP 报文后，如果该上游设备可以进入 L1 状态，则向下游设备发送 PM_ Request_Ack 报文；如果不能进入，则发送 PM_Active_State_Nak 报文。

在 PCIe 总线中，L1 状态机由 L1.Entry 和 L1.Idle 两个子状态组成，如图 8-14 所示。

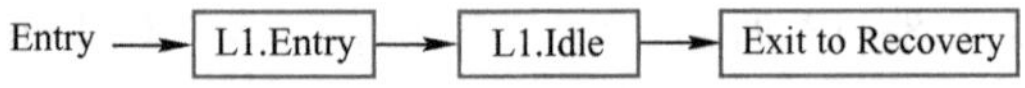

Entry ⟶ ☐ L1.Entry ⟶ ☐ L1.Idle ⟶ ☐ Exit to Recovery

图 8-14 L1 状态机

PCIe 设备从 L0 状态首先进入 L1.Entry 状态。PCIe 设备处于 L1.Entry 状态时，发送逻辑 TX 处于 Electrical Idle 状态。PCIe 设备在此状态停留 20 ns 后，进入 L1.Idle 状态。接收逻辑在 L1.Idle 状态中将持续监测接收链路，如果发现其对端发送逻辑 TX 退出"Electrical Idle"状态时，将从 L1.Idle 状态首先迁移到 Recovery 状态，而不是 L0 状态。

PCIe 设备处于该状态时，其发送逻辑 TX 可以处于高阻抗或者低阻抗模式，而其接收逻辑 RX 必须处于低阻抗模式。

8.3.5 L2 状态

当 PCIe 设备处于 L2 状态时，使用的功耗低于 L1 状态，但是恢复到 L0 状态的延时更长。当 PCIe 设备处于 L2 状态时，需要首先迁移到 Detect 状态，重新进行链路训练。L2 状态是一个可选状态。L2 状态机由 L2.Idle 和 L2.TransmitWake 两个子状态组成，如图 8-15 所示。

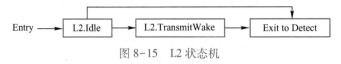

Entry ⟶ ☐ L2.Idle ⟶ ☐ L2.TransmitWake ⟶ ☐ Exit to Detect

图 8-15 L2 状态机

在 L2.Idle 状态中，接收逻辑 RX 的端接必须处于低阻抗模式，而发送逻辑 TX 必须在 Electrical Idle 状态中至少停留 20 ns。当一个 EP、Switch 或者 RC 的某个端口被唤醒后，将首先从 L2.Idle 状态迁移到 L2.TransmitWake 状态。

PCIe 设备进入 L2.TransmitWake 状态后，将向 RC 端口或者 Switch 的下游端口发送 Beacon 信号。当 RC 端口收到这个 Beacon 信号后，将进入 Detect 状态进行链路训练；而当 Switch 收到 Beacon 信号被唤醒后，其上游端口将进入 L2.TransmitWake 状态，并向上游链路转发这个 Beacon 信号，并逐级唤醒 PCIe 链路的上游设备。

当 EP 或者 Switch 上游端口的接收逻辑 RX，发现其对端发送逻辑 TX 退出 Electrical Idle

状态时，将从 L2.TransmitWake 状态迁移到 Detect 状态，重新进行链路训练。

8.4　PCI PM 机制

PCIe 总线与 PCI 总线使用的 PCI-PM 管理机制兼容。在 PCIe 设备的扩展配置空间中定义了 Power Management Capabilities 结构，该结构中含有一系列寄存器，这些寄存器的详细说明见第 4.3.1 节。

系统软件通过修改 PMCSR 寄存器的 Power State 字段，可以使 PCIe 设备进入不同的节能状态 D-State，如 D0、D1、D2 和 D3 状态。其中 D0 是正常工作状态，功耗最高，而 D1、D2 和 D3 为低功耗状态。其中 D1 的休眠等级最低，功耗相对较高，而 D3 的休眠等级最高，功耗相对较低。D-State 的状态转换关系如图 8-16 所示。

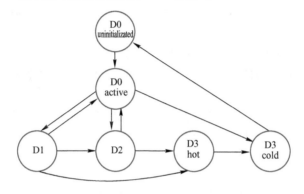

图 8-16　D-State 状态机

值得注意的是，当 PCIe 设备进行状态迁移时，PCIe 链路也需要视情况进入相应的状态，如进入 L1 或者 L2 等状态。

8.4.1　PCIe 设备的 D-State

PCIe 设备的 D-State 由 D0、D1、D2 和 D3 状态组成。其中 D0 状态由 $D0_{uninitialized}$ 和 $D0_{active}$ 两个子状态组成，而 D3 状态由 $D3_{hot}$ 和 $D3_{cold}$ 两个子状态组成。

1. D0 状态

PCIe 设备必须支持 D0 状态，该状态由 $D0_{uninitialized}$ 和 $D0_{active}$ 两个子状态组成。当 PCIe 设备处于 $D0_{uninitialized}$ 状态时，该 PCIe 设备并没有被系统软件使能，此时该 PCIe 设备仅能接收配置读写请求 TLP，不能主动发出其他 TLP。此时该 PCIe 设备配置寄存器的 Command 寄存器为复位值 0x00。此时虽然 PCIe 设备已经被加电，但是并不能正常使用。

当 PCIe 设备处于 $D0_{active}$ 状态时，PCIe 设备处于正常工作模式，并没有任何节电措施。但是 PCIe 设备仍然可以使用 ASPM 机制，将链路状态迁移到 L0s 或者 L1 状态，以降低功耗。值得注意的是，ASPM 机制与 PCI PM 机制是独立的。

当 PCIe 设备进行复位后，该设备将首先进入 $D0_{uninitialized}$ 状态。系统软件通过修改 PMCSR 寄存器的 Power State 字段，也可以使设备从 $D3_{hot}$ 状态迁移到该状态。值得注意的是 $D3_{cold}$ 状态迁移到该状态的过程与复位操作等效。当系统软件改写 Command 寄存器的状态位使能 PCIe 设备后，该设备从 $D0_{uninitialized}$ 迁移到 $D0_{active}$ 状态。

2. D1 和 D2 状态

D1 和 D2 状态分别为 PCIe 设备的轻度和重度休眠状态。这两个状态为 PCIe 设备的可选状态，PCIe 设备处于 D1 状态时的功耗高于 D2 状态。

PCIe 设备处于这两个状态时，除了 PME 消息之外，不能主动发送其他 TLP；除了接收配置请求 TLP 外，不能接收其他 TLP。当 PCIe 设备处于这两种状态时，可以向 RC 发送 PME 消息，通知系统软件该 PCIe 设备进入休眠状态。当 PCIe 设备进入 D1 或者 D2 状态时，PCIe 链路将进入 L1 状态。PCIe 设备可以从 D1 和 D2 状态直接返回到 $D0_{active}$ 状态。

3. D3 状态

PCIe 设备必须支持 D3 状态，D3 状态由 $D3_{hot}$ 和 $D3_{cold}$ 两个子状态组成。PCIe 设备处于 $D3_{hot}$ 状态与处于 D1/D2 状态时的功能类似，只是 PCIe 设备只能从 $D3_{hot}$ 状态返回 $D0_{uninitialized}$ 状态，而不能返回 $D0_{active}$ 状态。对于 PCIe 设备，从 $D3_{hot}$ 状态返回 $D0_{uninitialized}$ 状态的过程相当于热复位。

当 PCIe 设备的 V_{cc} 电源被移除时，PCIe 设备无论处于何种状态，都将进入 $D3_{cold}$ 状态。值得注意的是一个 PCIe 设备使用两种电源 V_{cc} 和 V_{aux}，V_{cc} 电源被移除并不意味着 PCIe 设备被完全下电。

有些 PCIe 设备在处于 $D3_{cold}$ 状态时仍然可以发出 PME 消息，此时这个 PCIe 设备负责发送 PME 消息的功能模块必须使用 V_{aux} 而不是 V_{cc} 进行供电。

8.4.2 D-State 的状态迁移

如图 8-16 所示，PCIe 设备可以进行 D-State 的状态迁移。大多数 D-State 的状态迁移都是系统软件通过修改 PMCSR 寄存器的 Power State 字段实现的，但是仍然有些状态迁移采用了其他方式。

- 使能 Command 寄存器的命令位，可以使设备从 $D0_{uninitialized}$ 状态迁移到 $D0_{active}$ 状态。
- PCIe 设备的 V_{cc} 被移除时，$D3_{hot}$ 状态将迁移到 $D3_{cold}$ 状态。
- 当 PCIe 被唤醒，V_{cc} 重新上电之后，PCIe 设备将从 $D3_{cold}$ 状态迁移到 $D0_{uninitialized}$ 状态。

当 PCIe 设备进行 D-State 状态迁移时，PCIe 链路的状态也可能随之变化。PCIe 设备的 D-State 状态与 PCIe 链路状态的对应关系如表 8-3 所示。

表 8-3 D-State 状态与 PCIe 链路状态的对应关系

下游设备的 D-State	上游设备可能的 D-State	可能的链路状态
D0	D0	L0, L0s, L1, L2/L3 Ready
D1	D0 ~ D1	L1, L2/L3 Ready
D2	D0 ~ D2	L1, L2/L3 Ready
$D3_{hot}$	D0 ~ $D3_{hot}$	L1, L2/L3 Ready
$D3_{cold}$	D0 ~ $D3_{cold}$	L2, L3

由上表可以发现，上游设备所处的 D-State 等级小于或等于下游设备的休眠等级。如下游设备处于 D1 状态时，上游设备不能处于比 D1 更高的休眠等级，如 D2 或者 D3 状态。

当设备处于 D0~$D3_{cold}$ 状态时，ASPM 机制可以根据链路的使用情况进行链路状态的迁移，而无需软件的干预。下文以 PCIe 设备从 D0 迁移到 D1 说明 D-State 进行状态迁移时，

PCIe 链路如何进行状态迁移。

当系统软件修改 PMCSR 寄存器的 Power State 字段，将 PCIe 设备从 D0 迁移到 D1 状态时，上游设备与下游设备将协调工作，完成 PCIe 设备的状态切换，并改变链路的状态，其实现过程如图 8-17 所示。

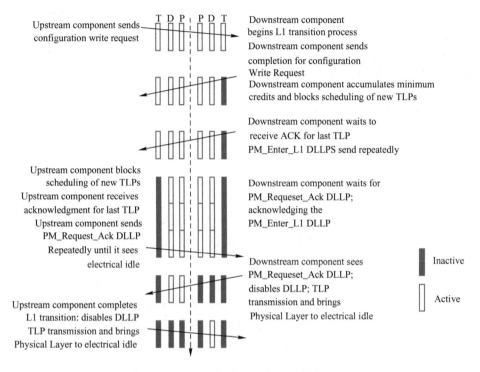

图 8-17　PCIe 设备从 D0 到 D1 的状态迁移

1）上游设备向下游设备发送配置写请求，改变下游设备 PMCSR 寄存器的 Power State 字段，从而使下游设备从 D0 状态迁移到 D1 状态。

2）下游设备收到这个配置写请求 TLP 后，将改变 PMCSR 寄存器的 Power State 字段，并向上游设备发送配置写完成 TLP。这个配置写完成 TLP 首先需要经过数据链路层，并从对端获得足够的发送 Credit[⊖]后，将这个配置写完成 TLP 通过数据链路层发送到对端。

3）下游设备的事务层收到数据链路层的确认后，得知配置写完成 TLP 已经被上游设备正确接收后（详见 ACK/NAK 协议），将挂起下游设备的事务层。并向上游设备连续发送 PM_Enter_L1 DLLP，同时等待来自上游设备的 PM_Request_Ack 报文。

4）上游设备收到下游设备的 PM_Enter_L1 DLLP 后，首先禁止发送新的 TLP，并等待之前发送的 Non-Post TLP 得到确认后，挂起上游设备的事务层，并向下游设备连续发送 PM_Request_Ack DLLP。

5）下游设备在没有收到上游设备的 PM_Request_Ack DLLP 之前，虽然事务层已经被挂起，但是数据链路层和物理层仍然可以正常工作，此时数据链路层可以正确接收来自上游端

⊖ 发送 Credit 的详细说明见第 9 章流量控制。

口的 DLLP，并发送 ACK/NAK 和流量控制相关的一些 DLLP。

6）当下游设备收到 PM_Request_Ack DLLP 后，将停止发送 PM_Enter_L1 DLLP，挂起数据链路层，然后将物理层置为 Electrical Idle 状态。

7）上游设备发现其接收链路处于 Electrical Idle 状态时，将停止发送 PM_Request_Ack DLLP，并挂起数据链路层，然后将物理层置为 Electrical Idle 状态。此时 PCIe 链路将进入 L1 状态。

当 PCIe 链路处于 L1 状态时，如果系统软件需要改变下游 PCIe 设备 PMCSR 寄存器的 Power State 字段，PCIe 链路需要首先从 L1 状态迁移到正常工作状态 L0，下游设备才能接收这个配置写请求 TLP。

PCIe 设备其他 D-State 状态的迁移过程与此大同小异，详见 PCIe 总线规范，本节对此不做进一步描述。

8.5　小结

本章重点介绍 PCIe 总线的 LTSSM 状态机，该状态机的迁移模型较为复杂。本章仅介绍了该状态机的基本工作路径，对此部分有兴趣的读者可以阅读 PCIe 总线规范，进一步了解相关内容。

LTSSM 状态机在 PCIe 总线规范中处于核心地位，深入理解该状态机的运转模型，有利于底层软件工程师深入理解 PCIe 设备的工作状态，从而开发出质量较高的程序。

本章还使用一定篇幅介绍了 PCIe 总线的电源管理模型。目前电源管理已经成为计算机体系结构的热点。一个合理的电源管理模型需要软硬件的共同参与，但是硬件设计仍然决定了电源管理模型的节电效率。

第9章　流量控制

流量控制（Flow Control）的概念起源于网络通信。一个复杂的网络系统由各类设备（如交换机、路由器、核心网），与这些设备之间的连接通路组成。从数据传输的角度来看，整个网络中具有两类资源，一类是数据通路，另一类是数据缓冲。

数据通路是网络上最珍贵的资源，直接决定了数据链路可能的最大带宽；而数据缓冲是另外一个重要的资源。当一个网络上的设备从一点传送到另外一点时，需要通过网络上的若干节点才能最终到达目的地。在这些网络节点中含有缓冲区，暂存在这个节点中没有处理完毕的报文。网络设备使用这些数据缓冲，可以搭建数据传送的传送流水线，从而提高数据传送性能。最初在网络设备中只为一条链路提供了一个缓冲区，如图9-1所示。

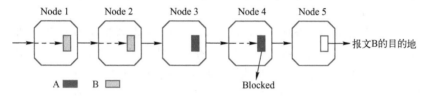

图9-1　基于单数据通路的数据传递

当网络设备使用单数据通路进行数据传递时，假设在该通路中正在传递两个数据报文，分别是A和B。其中数据报文B需要经过Node1~5才能到达最终的目的地，而数据报文B在经过Node 3时发现由于Node 3正在向Node 4发送一个数据报文A。从而数据报文B到达Node 3后，由于Node 4的接收缓存被数据报文A占用，而无法继续传递。此时虽然在整个数据通路中，Node 4和Node 5之间的通路是空闲的，但是报文B还是无法通过Node 3和4，因为在Node 4中只有一个数据缓冲，而这个数据缓冲正在被报文A使用。

使用这种数据传送规则会因为一个节点的数据缓冲被占用，而影响了后继报文的数据传递。为了解决这个问题，在现代网络节点中设置了多个虚通路VC，不同的数据报文可以使用不同的通路进行传递。从而有效解决了单数据通路带来的问题，基于双数据通路的数据传递如图9-2所示。

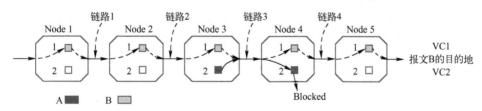

图9-2　基于双数据通路的数据传递

如上图所示，所谓多通路是指在每一个节点内设置两个以上的缓存。上例中设置了两个缓存，报文A经过Node 1~5时使用缓存2进行缓存，然后进行数据传递，而报文B使用缓存1进行缓存。因此虽然报文A因为某种原因不能继续传递，也只是将报文阻塞在缓存2中，而不影响报文B的数据传递。

所谓 VC 是指缓存到缓存之间的传递通路。如图 9-2 所示的例子中含有两个 VC，分别是 VC1 和 VC2。其中 VC1 对应节点间缓存 1 到缓存 1 的数据传递，而 VC2 对应缓存 2 到缓存 2 的数据传递。VC 间的数据传递，如 Node 1 的缓存 1/2 到 Node 2 的缓存 1/2，都要使用实际的物理链路"链路 1"，这也是将 VC 称为"虚"通路的主要原因。

在一个实际的系统中，虚通路的使用需要遵循一定的规则。如在 PCIe 总线中，将不同的数据报文根据 TC 分为 8 类，并约定这些 TC 报文可以使用哪些 VC 进行数据传递。在 PCIe 总线中使用 TC/VC 的映射表，决定 TC 与 VC 的对应关系。

PCIe 总线规定同一类型的 TC 报文只能与一条 VC 对应，当然从理论上讲，不同的 TC 报文可以与不同的 VC 对应，也可以实现一种自适应的算法根据实际情况实现 TC 报文和 VC 的对应关系。只是使用这种方法需要付出额外的硬件代价，效果也不一定明显。

下文以图 9-2 所示的数据传递为例，进一步对此说明相同类型的报文使用不同 VC 的情况。假设报文 A 和 B 属于相同种类的报文，但是报文 A 使用 VC1，而报文 B 使用 VC2。首先报文 A 传递到 Node 4 后被阻塞。而报文 B 使用的 VC 和报文 A 使用的 VC 不同，报文 B 最终也会到达 Node 4。

由于报文 A 和报文 B 属于相同类型的报文，Node 4 阻塞报文 B 的概率非常大，因为 Node 4 已经阻塞了报文 A。阻塞报文 A 的原因在很大概率上也会对报文 B 适用。此时两个虚通路都被同一种类型的报文阻塞，其他报文将无法通过。因此在实际应用中，相同类型的数据报文多使用同一个 VC 进行数据传递，而在 PCIe 总线中，一个 TC 只能对应一个 VC。

目前多通路技术的应用已经普遍应用到网络传输中，虚通路是一种防止节点拥塞的有效方法。但是在网络传送中，还存在一种不可避免的拥塞现象，即某一条链路或者某个节点是整个系统的瓶颈。

我们假设图 9-2 中 Node 4 将报文转发到 Node 5 的速度低于 Node 3 发送报文的速度。在这种情况下，Node 4 将成为整个传送路径上的瓶颈，无论 Node 4 中的缓存 1 和 2 有多大，总会被填满，从而造成节点拥塞。

当缓存填满后，如果 Node 3 继续向 Node 4 发送报文时，Node 4 将丢弃这些报文，之后 Node 3 将会择时重发这个报文，而 Node 4 仍然会继续丢弃这个报文，这种重复丢弃的行为将极大降低网络带宽的利用率，而且 Node 3 也会成为网络中新的瓶颈，从而引发连锁反应，造成整个网络的拥塞。为了避免这类事件发生，网络中的各个组成部件需要对数据传送进行一定的流量控制，合理地接收和发送报文。

如上文所述，在网络中有两类资源，一类是数据通路，另一类是数据缓冲。而流量控制的作用是合理地管理这两类资源，使这些资源能够被有效利用。

9.1 流量控制的基本原理

目前流量控制从理论到实现大多基于多通道技术，本节也仅讨论基于多通道的流量控制（FCVC，Flow-Controlled Virtual Channels）的基本原理。

流量控制的主要作用是在发送端和接收端进行数据传递时，合理地使用物理链路，避免因为接收端缓冲区容量不足而丢弃来自发送端的数据，从而要求发送端重新发送已经发送过的报文，并最终有效地利用网络带宽。

目前几乎所有流量控制算法的核心都是根据接收端缓冲区的容量，向发送端提供反馈。而发送端根据这个反馈，决定向接收端发送多少数据。这些流量控制算法都力求发送的每一个数据报文都能够被接收端正确接收，而不会被接收端因为缓冲不足而丢弃。使用流量控制机制并不能提高网络的峰值带宽，相反还会降低网络的带宽，但是可以有效减少数据报文的重新发送，从而保证网络带宽被充分利用。

流量控制的目标是在充分利用网络带宽的前提下，尽量减少数据报文因为接收端缓存容量不足而被丢弃的情况，因为此时数据发送端将会择时重新传送这些丢弃的报文，从而降低了数据通路的利用率。

为了实现流量控制，数据接收端需要及时地向发送端反馈一些信息，发送端依此决定，是否能够向接收端继续发送数据。这些反馈信息也需要占用一定的数据通路带宽。但是采用这种方法可以有效避免数据报文的丢失与重发，从而在整体上提高了数据通路的利用率。流量控制针对端到端的数据传递，目前流行的流量控制方法共有两种，分别为 Rate-Based 机制和 Credit-Based 机制。

9.1.1　Rate-Based 流量控制

Rated-Based 机制适合"可预知带宽"的数据传递方式，而 Credit-Based 机制更加适合"突发数据传送"。下面将以图 9-3 所示的实例简单介绍 Rate-Based 机制。

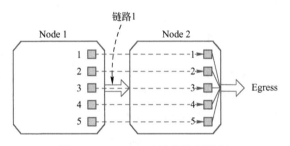

图 9-3　Rate-Based 流量控制机制

假设 Node 1 与 Node 2 之间共存在 5 个 VC，即在链路 1 的两端设置了 5 组缓存。而这 5 个 VC 共享一个物理通路，即链路 1。为方便起见，假设链路 1 的带宽为 1，而在系统初始化时，将 VC1~5 可以使用的带宽 BCVC 都设为 1/4（即 Rate 值为 1/4），而且每一个 VC 使用的最大数据传送率不能超过 BCVC。

在某些情况下，由于在 Node 1 中，每个 VC 的 BCVC 最大值为 1/4，因此 Node 1 可以向 Node 2 发送的数据带宽总和为 5/4，大于链路 1 所能提供的峰值带宽，因此链路 1 将可能成为瓶颈，从而造成网络拥塞。此时来自 Node 1 的数据报文必然会阻塞在各自 VC 的发送缓冲中，并可能出现报文重传现象。

Rete-Based 机制使用"自适应"调解的办法有效防止了这种网络拥塞。Rate-Based 机制规定每一个 VC 在发送一定数量的报文后，将主动地将相应 VC 的 Rate 调整为 Rate 减去 ADR（Additive Decrease Rate），直到 Rate 等于 MCR（Minimum Cell Rate）[⊖]；当 Node 2 的

⊖　在本节的实例中，5×MCR≤1。即所有 VC 使用的 MCR 之和小于或等于链路总带宽。

Egress 端口并不拥塞时，Node 2 将向 Node 1 的对应 VC 发出正向反馈，通知该 VC 可以适当提高数据传送率，当 Node 1 的 VC 收到这个正向反馈后，将更新其 BCVC。

假设在本例中 MCR 为 x，当链路 1 严重拥塞时，Node 2 不会向 Node 1 的所有 VC 发出正向反馈，最终 Node 1 所有 VC 的 Rate 都将降为 MCR，此时 Node 1 将不会向 Node 2 发送过多的数据报文；当链路 1 并不拥塞时，Node 2 将向 Node 1 的相应 VC 发出正反馈，通知 Node 1 可以适当提高数据报文的数据传送率。

Rate-Based 流量控制机制可以使用漏桶（Leaky Bucket）算法或者令牌桶（Token Bucket）算法实现。使用令牌桶算法时，一个设备至少具有 MCR 个令牌，这个设备每发送一定数量的报文后，将令牌减少 ADR 个，但是总令牌数不低于 MCR。当这个设备收到下游设备的正反馈时，将增加令牌数。

采用 Rate-Based 流量控制机制可以有效解决"可预知带宽"的数据传递。比如 Node 1 向 Node 2 发送音频或者视频数据，这些音视频数据占用的数据带宽基本恒定，因此使用这种方法可以保证这类数据报文的流畅传递。

而对于多数长度"不可预知"的突发数据传递，该机制并不能完全适用。因为 Rate-Based 流量控制的实时性较弱，当一个 VC 需要瞬间传递大量报文时，Rate-Bsed 机制不能及时地为这条 VC 提供足够的数据传送率；而当一个 VC 拥塞时，也不能及时地降低数据传送率。因此使用 Rate-Based 机制并不能满足网络上突发数据传送的需要，此时需要使用 Credit-Based 机制对流量进行控制。

9.1.2　Credit-Based 流量控制

为便于 Credit-Based 流量控制机制的讨论，假设在网络中存在三类节点，分别是 Upstream 节点、Current 节点和 Downstream 节点，这些节点之间通过实际的物理链路互连，在每一个节点内部都使用两个 VC，其结构如图 9-4 所示。

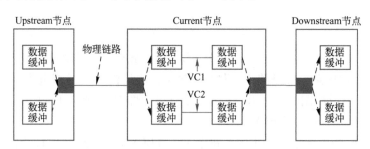

图 9-4　Upstream、Current 与 Downstream 节点的关系

其中 Upstream 节点通过物理链路将数据报文发向 Current 节点，而 Current 节点通过物理链路将数据报文发向 Downstream 节点。在虚通路的设计中，每个节点的发送端口和接收端口之间具有分属于不同 VC 的数据缓冲，这些数据缓冲之间的互连组成了不同的 VC。

Current 节点首先将来自 Upstream 节点的报文暂存在数据缓冲中，然后再发送到 Downstream 节点。当 Upstream 节点通过 Current 节点，向 Downstream 节点发送数据报文时，流量控制发生在 Upstream 节点和 Current 节点、Current 节点和 Downstream 节点之间，而不是 Upstream 节点到 Downstream 节点。简而言之，流量控制发生在链路的两端，基于端到端之间，而不是基于节点到节点间。

在 Upstream 节点、Current 节点和 Downstream 节点中存在两个 VC，下文以其中的一个 VC 为例，说明如何使用 Credit-Based 机制进行数据传递。值得注意的是，Current 节点、Upstream 节点和 Downstream 节点只是一个相对概念。Current 节点也可以从 Downstream 节点接收数据报文，而向 Upstream 节点转发这些数据报文，从而组成一个双向通路。为简便起见，本章仅讨论在单向通路下，Credit-Based 流量控制机制的原理与实现。

Credit-Based 机制基于"Credit"进行数据传递，当 Upstream 节点需要发送数据报文时，需要具备足够的 Credit，才能向 Current 节点发送数据。这个 Credit 由 Current 节点提供，并与 Upstream 节点保存的 Credit 同步，为此 Current 节点需要定时向 Upstream 发送"传递 Credit"的数据报文。

下文为简便起见，假设节点间传送的数据报文，其长度固定，而且每次只能传递一个数据报文。Credit-Based 机制需要使用以下参数进行报文传递。

- Buf_Alloc 参数。该参数保存在 Current 节点中接收数据缓冲的总大小。Upstream 节点能够发送的数据报文总数不能大于该参数。
- Crd_Bal 参数。该参数是 Upstream 节点可以发送的数据报文数，Current 节点需要定时向 Upstream 节点发送 Credit 报文。Upstream 节点收到该报文后，使用该报文中的"Credit"同步 Crd_Bal 参数。Upstream 节点可以发送的数据报文数不能超过 Crd_Bal 参数。
- Tx_Cnt 参数。该参数为 Upstream 节点已经发送的数据报文数。
- Fwd_Cnt 参数。该参数为 Current 节点转发到 Downstream 节点的数据报文数。

Credit-Based 流量控制使用的各个参数之间的关系如图 9-5 所示。

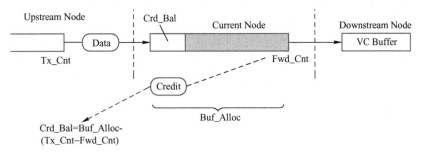

图 9-5　使用 Credit-Based 机制进行数据传递

1. Upstream 节点向 Current 节点发送报文

Upstream 节点向 Current 节点发送报文时，Current 节点必须有足够的缓冲，而且 Current 节点需要预先将其剩余的缓冲数量，即 Credit（其值为一个正整数），及时地发送给 Upstream 节点。Upstream 节点使用 Crd_Bal 参数保存这个 Credit。

Crd_Bal 参数的初始值为 Buf_Alloc，即 Current 节点能够接收的最大报文个数，该值在系统初始化时由 Current 节点发向 Upstream 节点。因此 Upstram 节点在流量控制机制初始化完毕后，Crd_Bal 参数与 Current 节点中能够存放的最大报文数相同。

Upstream 节点每成功发送一个数据报文后，Crd_Bal 值减 1，当 Crd_Bal 参数为 0 时，Upstream 节点不能向 Current 节点发送数据报文。此时 Upstream 节点必须等待 Current 节点发送 Credit 报文，更新 Crd_Bal 参数后，才能继续发送数据报文。

2. Current 节点向 Upstream 节点发送 Credit

Current 节点收到来自 Upstream 节点的数据报文后，将会根据链路的实际情况，将这些报文转发到 Downstream 节点。

假设在一段时间之内，Current 节点共收到了 Tx_Cnt 个报文，而转发了 Fwd_Cnt 个报文，那么此时在 Current 节点中还能容纳 Buf_Alloc-(Tx_Cnt-Cx_Cnt) 个报文空间。Current 节点将这个值作为 Credit，发送到 Upstream 节点。而 Upstream 节点将根据这个 Credit 的值更新 Crd_Bal 参数。

3. Current 节点将报文转发到 Downstream 节点

Current 节点接收到报文之后再将其转发出去涉及一些路由算法。常用的算法有 Cut-Through 路由和 Wormhole 路由算法。

当使用 Wormhole 路由方式时，一个报文将被分解为若干个 Flit，包括 Header Flit、Data Flit 和 Tail Flit。当数据报文到达 Current 节点后，Current 节点立即对 Header Flit 进行分析，首先根据路由算法决定发向哪个 Downstream 节点$^{\ominus}$。如果在对应的 Downstream 节点中，链路空闲且有足够的缓冲资源时，Current 节点将发送 Data Flit 直到 Tail Flit，即发送整个数据报文；如果对应的 Downstram 节点没有资源接收这个报文，数据报文将在 Current 节点中存储。

Cut-Through 路由与 Wormhole 路由类似。采用 Cut-Through 路由时，Downstream 节点必须具有接收整个报文的能力时，才能接收报文；而采用 Wormhole 路由时，Downstream 节点具有接收部分报文的能力时，就可以接收报文。采用 Wormhole 路由的优点是数据报文传送延时较短，每一个节点所需要的数据缓存相对较小。当网络发生拥塞时，采用 Wormhole 路由技术可能会使一个报文分别缓冲在 Current 节点和 Downstream 节点中，而使用 Cut-Though 路由技术数据报文最终缓冲在一个节点中。

巨型机一般使用 Wormhole 技术进行报文传递，而网络系统中多使用 Cut-Though 路由技术。有关 Wormhole 和 Cut-Though 技术的优劣分析超出了本书的范围，本书不会对此进行详细分析。巨型机应用针对的是可预知的网络拓扑结构，而网络系统的拓扑结构是变化的。在一个网络拓扑结构可预知的前提下，采用 Wormhole 技术可以在避免拥塞的前提下，降低网络报文的传递延时；而对于一个未知的网络拓扑结构，使用 Cut-Though 技术更为合理。

9.2 Credit-Based 机制使用的算法

在第 9.1.2 节中提到的 Credit-Based 机制是一个较为理想的模型，在这个模型中，没有考虑网络的延时和拥塞，也没有考虑 Current 节点何时采用哪种策略将 Credit 传送给 Upstream 节点，同时也没有考虑 Buf_alloc 缓冲是否会出现上溢出（Overrun）或者负载（Underrun）。本节将首先给出 Overrun 和 Underrun 的定义，然后讨论 Credit-Based 机制使用的各类算法以及这些算法中使用的各类参数。

- 在本章中，Overrun 指 Current 节点没有足够的缓存接收来自 Upstream 节点的数据报

$\ominus$ 在网络系统中，Current 节点可能对应多个 Downstream 节点。

文；或者 Downstream 节点没有足够的缓存接收来自 Current 节点的数据报文。

- 而 Underrun 指 Downstream 节点有足够的缓存可以接收 Current 节点的报文，但是 Current 节点的缓存中没有需要发送的报文；或者 Current 节点有足够的缓存可以接收 Upstream 节点的报文，但是在 Upstream 节点的缓存中没有需要发送的报文。

这两种溢出情况都将导致链路带宽的浪费，在实际设计中需要尽力避免这两种溢出。此外在一个设计中，还需要考虑链路的传送延时。由于传送延时的存在，Current 节点向 Upstream 节点传送 Credit 信息时，这个 Credit 信息并不能瞬间到达，因而会造成这两个节点间，Credit 的同步问题。如果一个设计将上述这些因素考虑进去，Credit-Based 机制的实现更为复杂。为深入研究 Credit-Baed 机制所使用的算法，我们首先定义以下系统参数。

（1）R_{TT}（Round Trip Time）

该参数记载数据通路的链路延时，单位为 s（秒）。使用 Credit-Based 机制进行报文传递时，Upstream 需要获得 Credit 然后才能发送报文。在链路中存在两个延时，一个是 Current 节点向 Upstream 节点发送 Credit 报文的线路延时 T_{CU}，另一个是 Upstream 节点向 Current 节点发送数据报文的延时 T_{UC}。

如果一个物理链路的发送与接收链路速度相等，而且 Credit 报文长度等于数据报文长度时，T_{CU} 将等于 T_{UC}。但是在很多情况下这两个值并不相等。本章为简化起见，假设 T_{CU} 与 T_{UC} 的值相等。

而 R_{TT} 是这两种延时之和，R_{TT} 的值和物理链路的延时成正比。除此之外节点在发送数据报文时需要通过若干逻辑门，这也增加了传送延时。R_{TT} 的值可以在链路配置时计算出来，但是在具体实现中，设计者可能使用一个事先预估的数值作为 R_{TT}。值得注意的是，该参数不能估计得过低，否则将会造成 Current 节点的 Overrun；也不能估计得过高，否则将可能引发 Current 节点的 Underrun。

（2）BLINK

该参数存放 Upstream、Current 和 Downstream 节点间数据传递的峰值带宽，即数据链路所能提供的最大物理带宽，单位为 bit/s（Bits Per Second）。为简便起见，本章认为这几个节点间进行数据传递时的峰值带宽相等。

（3）Packet_Size

该参数存放一个数据报文的大小，单位为 bit。假定所有节点间进行数据通信时使用的数据报文的大小相等。值得注意的是，在 PCIe 总线中，数据报文并不等长，这为 PCIe 总线的流量控制带来了不小的麻烦。

（4）F（In-flight Data）

该参数存放在 R_{TT} 时间段内，Upstream 节点和 Current 节点之间的双向链路上存在的报文，其单位为报文数。其最大值等于 $R_{TT} \times B_{LINK}$/Packet_Size。该值在链路进行远距离传送时必须要考虑。而 PCIe 链路通常在一个 PCB 内部，至多作为机箱到机箱之间的链路，因此 RTT 的值非常小，F 参数几乎可以忽略不计。

（5）B_{VC}

该参数存放源节点到目标节点的有效数据带宽，单位为 bps。在一个物理链路上除了要传递有效数据之外，还需要传递 Credit 报文，因此 $B_{VC} < B_{LINK}$。

该参数不一定是一个常数，因为在一个实际的系统中，不同时间内的带宽并不一定相等。为了简化模型，使用 B_{VCR} 参数替代 B_{VC} 参数，B_{VCR} 参数为一个常数。

本节力求简化流量控制的数学模型，并依此进行量化分析。有关流量控制的量化分析涉及一些相对复杂的数学推导，本章对此不做详细说明。

使用 Credit-Based 机制时，Buf_Alloc 参数可以被分解为三部分，分别由 N1、N2 和 N3 组成，Buf_Alloc 参数与 N1~N3 间的关系如图 9-6 所示。

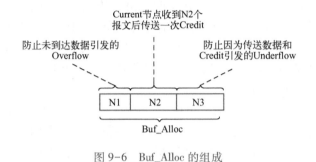

图 9-6　Buf_Alloc 的组成

（1）N1 缓冲

该参数用来防止因为线路延时而造成的 Overrun，Credit-Based 流量控制机制所采用的算法对该参数的解释有略微区别，详见下文。

（2）N2 缓冲

N2 的值与 VC 的设置有相关。当 Current 节点向 Downstream 节点每转发 N2 个报文后，将向 Upstream 节点发送一个 Credit 报文。Current 节点可以将所有 VC 的 N2 值设为相同，也可以分别设置。

N2 的值越大，Buf_Alloc 参数的值也越大，节点发送 Credit 报文的频率也越低，从而 Credit 报文占用数据通路带宽的比例越小；N2 的值越小，则 Buf_Alloc 的值也越小，向 Upstream 节点发送的 Credit 报文的频率越高，Credit 报文占用数据通路带宽的比例也越大。如果 N2 的值为 10，Current 节点每转发 10 个报文后，才向 Downstream 发送一个 Credit 报文，从而整个系统用于传送 Credit 报文所占用的带宽不会超过 10%。

（3）N3 缓冲

该参数保证 Current 节点不会出现 Underrun，即出现 Downstream 节点仍有缓存接收报文，而在 Current 节点的缓存中没有报文需要发送这种情况。

为此在进行系统设计时，需要合理设置 N3 的值。使得在理想情况下，只要 Upstream 节点向 Current 节点不断地发送报文，且 Downstream 节点有足够的缓存时，就不会在 Current 节点中出现 Underrun 的现象。

当然 Downstream 节点接收数据报文的速度足够快，而且 Current 节点未能及时地从 Upstream 节点获得报文时，Current 节点总会出现 Underrun 的现象。

假设 Downstream 节点从 Current 节点获取报文的速度为 B_{VCR}，只要 $N3 = B_{VCR} \times R_{TT}/$ Packet_Size，那么在 Downstream 节点将 N3 中的报文取完之前，Current 节点总能获得新的报文（其前提是 Upstream 节点在不断地向 Current 节点发送数据报文）。

由此可见 B_{VCR} 与 N3 的容量有关，B_{VCR} 越大，N3 也越大。N3 的容量可以影响数据通路的有效带宽，在流量控制机制的实现中，如果 N3 过小，那么 Current 节点将出现

Underrun 的现象，从而影响数据通路的有效带宽。根据上述数学模型，H. T. Kuang 与 Alan Chap-man 提出了三种流量控制算法，分别为 N123、N123+和 N23 算法。

9.2.1　N123 算法和 N123+算法

N123 算法的使用规则如下所示。

1）Current 节点发送上一个 Credit 报文之后，至少需要向 Downstream 节点转发 N2 个报文后，才能发送下一个 Credit 报文。

2）Credit 报文中存放的 Credit 为 Current 节点已经发送的报文数，其最大值为 N2+N3，其中 N1 不参与"Credit"的计算，因为在 N123 算法中，N1 用来防止 Current 节点的溢出。当 Current 节点使用的缓冲超过 N2+N3 时，Current 节点不再向 Upstream 节点发送 Credit 报文，即便 Current 节点已经向 Downstream 转发了 N2 个报文。

3）Upstream 节点收到 Credit 报文后，使用 Crd_Bal 参数保存这个报文中的 Credit，当 Crd_Bal 参数不为 0 时，Upstream 节点可以发送数据报文。Upstream 节点每发送一个报文，Crd_Bal 参数将减 1，当这个参数为 0 时，Upstream 节点停止发送报文。Crd_Bal 参数的初始值为 N2+N3。

采用以上算法时，必须保证 $N1 \leqslant R_{TT} \times B_{LINK}/Packet\_Size$，此时 Current 节点的接收缓冲才不会溢出。下文将详细解释为什么 N1 的最小值为 $R_{TT} \times B_{LINK}/Packet\_Size$，并用一个实例说明 N1 最小值的设置原因，而不进行理论分析。

假设在某一个时间点，Upstream 节点的 Crd_Bal 参数为 0，而 Current 节点的 N2 和 N3 缓冲区被完全占满，此时 Upstream 节点不能发送新的报文，直到获得新的 Credit 报文。之后 Upstream、Current 节点和 Downstream 节点按照以下步骤运行。

1）当 Current 节点向 Downstream 节点转发 $x(x \geqslant N2)$ 个报文后，将通过 Credit 报文将 x 传递给 Upstream 节点。

2）当 Upstream 节点收到这个 Credit 后，将更新 Crd_Bal 参数为 x，之后可以向 Current 节点发送 x 个报文。这些报文将通过链路不断发向 Current 节点。

3）假设此时 Current 节点接收到的报文个数为 $z1(z1 \leqslant x)$，Current 节点在接收这些报文的同时，向 Downstream 节点又转发了 y 个报文，此时 Current 节点一共需要向 Upstream 节点发送的 Credit 为（x+y-z1）。假定此时 Downstream 节点由于缓存不足，禁止接收来自 Current 节点的报文，Current 节点的空闲缓存将定格为 x+y-z1。

4）在 Current 节点向 Upstream 节点发送 Credit（该值为 x+y-z1）的过程中，该节点又陆续收到了一些报文，其个数为 z2。值得注意的是"Current 节点发送 Credit 报文"到"Upstream 节点收到这个报文"有一段延时，该延时等于 T_{CU}。

5）Upstream 节点收到新的 Credit 后，将 x+y-z1 个报文发向 Current 节点，除此之外在从 Upstream 节点到 Current 节点间的链路上还留有一部分报文，其个数为 z3。这段残留的报文数为在 T_{UC} 时间段内传递的数据报文。

6）因此 Current 节点最终收到的报文个数为（x+y-z1）+z2+z3 个。

7）其中 x+y-z1 个报文可以被 Current 节点中空闲缓存吸收，而多出来的 z2+z3 个数据报文将放置到 N1 中。

Max(z2+z3)的计算方法如式 9-1 所示。

$$Max(z2+z3) = (T_{CU} \times B_{LINK} + T_{UC} \times B_{LINK})/Packet\_Size$$
$$= R_{TT} \times B_{LINK}/Packet\_Size \tag{9-1}$$

因此只要 N1 被设置为 $R_{TT} \times B_{LINK}/Packet\_Size$，采用 N123 算法就一定不会在 Current 节点上产生 Overrun。

通过以上分析，可以发现由于物理链路传送的延时，采用 N123 算法时，Current 节点将多收到 z2+z3 个报文，其中 z2 是 Current 节点更新 Upstream 节点 Credit 的过程中产生；而 z3 是 Upstream 节点更新完毕 Credit 后，在网络线路上残留的报文。使用 N123 算法时，需要设置 N1 缓冲处理这些因为网络延时产生的报文。

以上过程并非严格的数学证明，只是使用较为简单的推理说明，在某些情况下，在 Current 节点中的 N1 至少为 $R_{TT} \times B_{LINK}/Packet\_Size$ 时，才能够保证 Current 节点的接收缓冲不会溢出。希望读者认真理解 N1 缓冲在 N123 算法中的意义。

N123+算法基于 N123 算法，但是发送 Credit 报文的方式略有不同。N123 算法要求 Current 节点每转发 N2 个报文后，才能给 Upstream 节点发送一个 Credit 报文；而 N123+算法除了要求同样的规则之外，还要求 Current 节点在一个时间段 R_{TT} 中至少发送一个 Credit 报文，即发送上一个 Credit 报文之后，即便 Current 节点没有向 Downstream 转发了 N2 报文，在一个时间段 RTT 中也至少要向 Upstream 节点发送一次 Credit 报文。

采用这种方法，因为在每一个 R_{TT} 时间段里都会向 Upstream 节点发送 Credit 信息，因此 F 将小于这个 Credit，而这个 Credit 又小于 N2+N3。为此使用这种方法时，N1 的计算方法如式 9-2 所示。

$$N1 = Min(N2+N3, R_{TT} \times B_{LINK}/Packet\_Size) \tag{9-2}$$

使用这种方法，在 (N2+N3) < $R_{TT} \times B_{LINK}/Packet\_Size$ 时，Current 节点将可以使用较小的 N1 缓冲，从而节约了接收缓冲。这种算法对于网络延时较长的通信网络有所帮助，而网络延时较短时，但是采用这种方法，发送 Credit 报文所占用的带宽较大。在 PCIe 总线中，端到端的延时相对较小，因此没有必要使用这种流量控制机制。

9.2.2　N23 算法

N23 算法是流量控制中常用的算法，使用该算法的优点是 Current 节点的缓存中不包含 N1，从而降低了节点的缓存容量。该算法基于 N123 算法，区别在于使用该算法时 Crd_Bal 参数的计算。基于该算法的实现方式如图 9-7 所示。

N23 算法的使用规则如下。

- 当系统初始化时，Crd_Bal 参数为 N2+N3-E，E 为在时间段 R_{TT} 中，Upstream 节点向 Current 节点发送的报文数，其值等于 $B_{VCR} \times R_{TT}/Packet\_Size$。而 Upstream 节点每发送一个报文，Crd_Bal 参数的值将减 1。当 Crd_Bal 参数等于 0 时，Upstream 节点停止发送报文，直到重新获得 Current 节点的 Credit 报文，更新 Crd_Bal 参数后，才能继续发送。

- 使用 N23 算法时，Crd_Bal 参数与 Current 节点发出的 Credit 并不相等，而是等于 Credit-E。

- Current 节点至少需要向 Downstream 节点发送 N2 个报文后，才能向 Upstream 节点发送 Credit 报文，与 N123 算法一致。

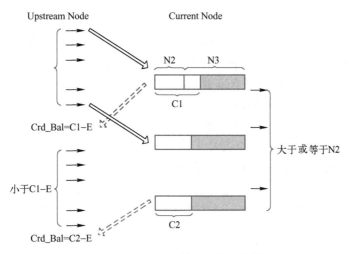

图 9-7　基于 N23 算法的流量控制

通过以上介绍，可以发现之所以采用 N23 算法，不需要设置 N1，是因为 Upstream 节点使用的 Crd_Bal 参数与 N123 算法相比少 E 个包，所以 N23 算法虽然没有使用 N1 缓冲，也不会导致在传送过程中出现 Overrun，因为采用 N23 算法，将 N1 隐含在 E 中。同时因为 N3 的存在，采用 N23 算法也不会导致在传送过程中出现 Underrun。

综上所述，使用 N23 算法进行数据报文的传递时，只要 N2 和 N3 参数设置合理，将不会发生节点的 Overrun 和 Underrun 的情况。但是还需要继续讨论 Current 节点发送 Credit 报文时会不会引发 Overrun 和 Underrun。

首先 Current 节点发送 Credit 报文不会引发 Upstream 节点的 Overrun，因为 Upstream 节点每次接收到新的 Credit 报文都会把 Crd_Bal 参数更新，不可能因为 Credit 报文过多而无法处理。但是 Current 节点发送过多的 Credit 报文将严重影响物理链路的有效利用率，在流量机制的实现中，需要合理设置发送 Credit 报文的频率。

而 Current 节点向 Upstream 节点传递 Credit 报文延时过大时，可能会引发 Current 节点的 Underrun。在这种情况下，Upstream 节点虽然有很多报文等待发送，但是由于 Crd_Bal 参数为 0，不能发送这些报文。

因此造成在 Current 节点的数据缓冲中，没有数据报文需要发向 Downstream 节点，尽管此时在 Current 节点中还有足够的缓存可以接收数据报文。在流量控制机制的设计中，需要考虑 Credit 报文的传送延时，合理设置 Current 节点中的缓冲，以保证 Upstream 节点在获得新的 Credit 之前，Current 节点的缓冲中具有一定的报文数，以避免 Underrun。

采用 N23 算法可以有效避免这种因为 Credit 报文传递不及时而引发的 Underrun（N123 算法与 N23 算法都使用了 N3 缓冲避免 Current 节点的 Underrun）。我们首先基于 N23 算法做出以下假设以简化数学模型。

1）$N3 = B_{VCR} \times R_{TT} / Packet\_Size$。设置 N3 缓存的主要目的是保证 Current 节点不会出现 Underrun。而 $B_{VCR} \times R_{TT} / Packet\_Size$ 是 N3 缓存的最小值。

2）Upstream、Current 和 Downstream 间 VC 的通信带宽为 B_{VCR}，其值为一个常数。

3）Downstream 节点始终有足够的缓冲接收报文。Current 节点可以通畅地将数据报文转发到 Downstream 节点。

Upstream 和 Current 节点间的数据交换是基于"得到 Credit，然后发送数据"这样的循环。假定在一个发送循环的起始点中，Upstream 节点的 Crd_Bal 参数为 N2，即 Upstream 节点刚收到的 Credit 为 N2+N3，而采用 N23 算法时，$Crd\_Bal = Credit - E = (N2+N3) - E = N2$。

我们定格 Upstream 节点刚刚收到 Current 节点 Credit 报文，更新 Crd_Bal 参数完毕这个场景，其时间戳为 T2，而 Current 节点发送这个 Credit 报文的时间戳为 T1。假设从 T1～T2 这段时间内，Current 节点收到 z2 个报文（Current 节点向 Upstream 节点发送 Credit 报文的过程中，仍然在持续地接收报文）。T1～T3 的示意如图 9-8 所示。

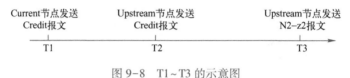

图 9-8 T1～T3 的示意图

由于各节点的带宽都为 BVCR，所以 Current 节点每收到一个报文，都会发送到 Downstream 节点，因此此时 Current 节点的可用缓存始终保持为 N2+N3。Current 节点向 Upstream 节点发送的 Credit 报文始终为 N2+N3，而 Upstream 节点收到这个 Credit 后，其 Crd_Bal 参数将被置为 N2。

Upstream 节点收到 Credit 报文后，开始向 Current 节点发送 N2 个报文，Upstream 节点每发送一个报文，Current 节点将收到一个报文（假设此时从 Upstream 节点到 Current 节点的链路之间已经堆积了 z2 个报文，此时物理链路已经充满数据报文）。

假设 Upstream 节点向 Current 节点发送完毕 N2-z2 个报文（数据报文离开发送端口的时间戳为 T3）。那么从 T3～T1 这段时间里，Current 节点将收到 N2 个报文，同时 Current 节点也将向 Downstream 节点转发完毕 N2 个报文，此时（T3 时间戳）Current 节点将向 Upstream 节点发送 Credit 报文（数值为 N2+N3）。

而 Upstream 节点处于 T3 这个时刻时，还能向 Current 节点发送 z2 个报文，因为之前已经发送了 N2-z2 个报文，此时 Crd_Bal 参数为 z2。等到 Upstream 节点将 z2 个报文发送完毕，来自 Current 节点的 Credit 报文恰好到达，因为 Upstream 节点将 z2 个报文发送完毕的时间刚好等于 Current 节点向 Upstream 节点发送 Credit 报文的时间。通过以上计算，可以发现采用 N23 算法不会因为 Credit 报文的传送时间而导致 Current 节点的 Underrun。

此外采用 N23 算法时还需要处理错误报文，N23 算法规定当一个节点收到一个错误数据报文时，将丢弃这个报文，此时这个被丢弃的报文将不占用接收节点的缓存，但是发送节点的 Crd_Bal 参数仍然需要考虑这个报文。

9.2.3 流量控制机制的缓冲管理

上文讲述了基于单个 VC 的流控机制，实际上在 Upstream、Current 和 Downstream 节点中一般含有多个 VC。多个 VC 之间如何合理地使用缓存值得重点关注，在实际设计中，可以为每一个 VC 设置独立接收缓存，也可以使多个 VC 共享同一个接收缓存。在 FCVC 的实现中，可以根据实际情况选择独立缓存或者共享缓存。

其中，每一个 VC 都使用独立接收缓存的流量控制方法称为静态（Static）流量控制；

而使用共享缓存的流量控制方法称为自适应（Adaptive）流量控制。

假定在一个系统中，一共具有 n 条 VC，而且这几条 VC 都使用 N23 算法进行流量控制，那么在使用 Static 流量控制方式时，该系统一共需要的缓冲大小为（n×N2+N3）×Packet_Size$^{\ominus}$。如果（n×N2+N3）×Packet_Size 并不是很大时，为了使数据链路获得更大的带宽，可以使用 Static 流量控制。使用这种方法，也将极大地简化缓冲管理的设计难度。

值得注意的是，在一个系统工程的架构设计中，应当重点关注"Critical Path"的设计，需要容忍非"Critical Path"的不完美。当（n×N2+N3）×Packet_Size 的值大到了可以容忍的范围之外时，设计者必须考虑如何减少 Current 节点的接收缓存大小。Static 流量控制是针对每一个 VC 都是按照全负荷运转的情况，在绝大多数应用中，几乎不可能出现每一条 VC 都被充分利用的情况，因为多条 VC 共享一个物理链路，不可能出现所有 VC 都在全负荷运行的情况。为此在系统设计时可以使用 Adaptive 流量控制方法。

Adaptive 流量控制的本质是 Current 节点中，所有 VC 共享一个接收缓存，从而这个缓存可以远小于（n×N2+N3）×Packet_Size。因为在绝大多数时间内，数据链路的多条 VC 不可能都被充分使用，因此并不需要为每条 VC 都提供 N2 缓冲，而是为所有 VC 统一提供接收缓冲，从而合理使用这些接收缓冲。

目前接收缓存的分配常使用两种算法，分别是 Sender-Oriented 和 Receiver-Oriented 管理算法。这两种算法的缓冲设置如图 9-9 所示。使用 Sender-Oriented 管理算法时，Adaptive Buffer 的分配在 Upstream 节点中完成，如果系统中有多个 Upstream 节点，Current 节点需要在其接收端点处为每个 Upstream 节点准备 Adaptive Buffer，而且 Current 节点并不知道 Upstream 节点的使用情况，这为 Current 节点的缓冲管理带来了不小的困难。

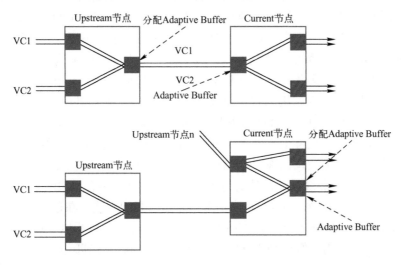

图 9-9　Sender-Oriented 和 Receiver-Oriented 管理算法

而使用 Receiver-Oriented 管理算法可以有效避免这类困难，使用这种算法时，所有来自 Upstream 节点的数据报文在 Current 节点的发送端准备一个 Adaptive Buffer，对这个 Buffer 的分

⊖　多条 VC 可以复用 N3 缓冲，因为多条 VC 对应一条物理链路。但是必须提供独立的 N2 缓冲。

配也在 Current 节点内部完成。这两种算法的具体实现都较为复杂，本节并不详细介绍这些算法，在 PCIe 总线中，RC 和 Switch 的硬件设计将会涉及这些内容，而 EP 无需关心这些问题。

图中的上半部分是 Sender-Oriented 管理算法的示意图，而下半部分是 Receiver-Oriented 管理算法的示意图。由图 9-9 可以发现，使用这两种算法时 Adaptive Buffer 都在 Current 节点中，只是位置不同。

9.3　PCIe 总线的流量控制

我们仍然使用上文的 Upstream、Current 和 Downstream 节点模型分析 PCIe 总线使用的流量控制机制。在 PCIe 总线中，Upstream 节点和 Downstream 节点可以为 RC 或者 EP，而 Current 节点只能为 Switch 或 RC[⊖]。

此外在 PCIe 总线中，允许 Upstream 节点和 Downstream 节点直接相连，而不需要经过 Current 节点，如 RC 的某个端口可以和 EP 直接相连。当然这种情况也可以理解为 Upstream 和 Current 节点直接相连，但是 Current 节点不需要与 Downstream 节点相连。

与传统的流量控制机制相比，PCIe 总线的流量控制机制有所不同。流量控制机制首先出现在互联网中，使用流量控制机制最典型的应用是基于 ATM（Asynchronous Transfer Mode）的分组交换网。在 ATM 分组交换网系统中，数据传递以报文为单位进行，每一个报文都可以独立地通过分组交换网，到达目的地。而 PCIe 总线的数据传递基于节点到节点间的数据传递，一个完整的 PCIe 总线传输需要使用多个报文，而且这些报文和报文之间还有一定的联系，如一个完整的存储器读由存储器读请求 TLP 和存储器读完成 TLP 组成。

在 PCIe 总线中，RC 端口和 EP 之间可以直接互连，而不需要中间节点，这和基于分组交换的网络有很大的不同。此外在 PCIe 总线中，报文的大小并不固定，如数据报文的大小可以为 128B、256B，只要数据报文的有效负载小于 Max_Payload_Size 参数即可。

这些长度不确定的数据报文，为 PCIe 总线的流量控制带来了不小的困难，也是因为这个原因，PCIe 总线的流量控制机制将一个 TLP 分为 TLP 头和 Payload 两部分，并分别为这两部分提供不同的接收缓冲，以合理利用 PCIe 链路的带宽。

PCIe 总线的这些特性实际上不利于流量控制的实现，为此 PCIe 总线在传统流量控制理论的基础上，做出了许多改动。在 PCIe 总线中存在多条 VC，其流量控制也是基于 FCVC 的，但是 PCIe 总线在接收缓冲的设计上与传统的流量控制机制有很大的不同。

PCIe 总线的主要应用领域在 PC 或者服务器中进行板内互连，在这个应用领域中，流量控制并不是最重要的。PCIe 总线的流控机制远非完美，这在某种程度上影响了 PCIe 总线在大规模互连结构中的使用。但是 PCIe 总线的流量控制机制仍有其闪光之处，因此读者仍有必要了解 PCIe 总线的流量控制机制。

与传统流量控制机制相比，PCIe 总线在实现流量控制机制时需要更多的接收缓存，因此 PCIe 总线实现流控的代价相对较大。值得庆幸的是，目前 PCIe 总线上的设备，包括 RC、EP 和 Switch，很少有支持两个以上 VC 通路的。一般来说 PCIe 总线上的设备，如 RC 和

⊖　如果 RC 支持 Peer-to-Peer 传送方式。

Switch 上也只有两个 VC，多数 EP 仅支持一个 VC。

PCIe 总线的流量控制机制由事务层和数据链路层协调实现，而对系统软件透明。PCIe 总线使用 Credit-Based 流量控制机制，其中 Credit 报文以 DLLP 的形式从 Current 节点反馈到 Upstream 节点。在 PCIe 总线中，数据报文首先以 TLP 的形式通过数据链路层，而到达数据缓存时被分解为 Header 和 Data 两个部分，分别存放到不同的接收缓存队列中。

9.3.1　PCIe 总线流量控制的缓存管理

在 PCIe 总线的节点中，一个 VC 的接收缓存由 PH（Posted Header）缓存、PD（Posted Data）缓存、NPH（Non-Posted Header）缓存、NPD（Non-Posted Data）缓存、CplH（Completion Header）缓存和 CplD（Completion Data）缓存组成。

- PH 缓存存放存储器写请求 TLP 和 Message 报文使用的 TLP 头。
- PD 缓存存放存储器写请求 TLP 和 Message 报文使用的 Payload。
- NPH 缓存存放 Non-Posted 请求 TLP 使用的 TLP 头。
- NPD 缓存存放 Non-Posted 请求 TLP 使用的 Payload。在 Non-Posted 请求 TLP 中，如存储器读请求 TLP 并不含有 Payload 字段，但是 I/O 和配置写请求 TLP 使用 Payload 字段。
- CplH 缓存存放完成报文使用的 TLP 头。
- CplD 缓存存放完成报文使用的 Payload。如上文所述，完成报文分为两大类，带数据的完成报文和不带数据的完成报文。其中不带数据的完成报文不需要使用 CplD 缓存。

在 PCIe 总线中，一个 TLP 从 Upstream 节点传送到 Current 节点时，必须同时具备多个缓存的 Credit 后才能发送。如存储器写请求 TLP，需要同时具备 PH 和 PD 缓存的 Credit，才能发送；而"不带数据的"存储器读完成 TLP，仅需要具备 CplH 缓存即可。这些缓存在 PCIe 设备中的组成结构如图 9-10 所示。

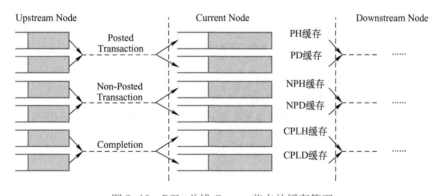

图 9-10　PCIe 总线 Current 节点的缓存管理

如表 6-2 所示，PCIe 总线根据 Type 字段将 TLP 分为 22 种，而根据这些 TLP 的传输特性，可以将这些 TLP 分为 Posted Transaction、Non-Posted Transaction 和 Completion 三大类。在 PCIe 总线中，这三大类数据传送需要遵循各自的规则，这些 Transaction 也有各自的特点。这三大类 Transaction 在进行数据传递时需要使用不同的缓存，这些缓存由多个单元（Unit）组成。每个 Unit 的大小与缓存类型相关，如表 9-1 所示。

表 9-1　PCIe 总线缓存的单元大小

类　　型	Unit 大小
PH 缓存	5 个 DW，Posted Transaction TLP 头的最大值为 4DW，再加上一个 Digest
PD 缓存	4 个 DW
NPH 缓存	5 个 DW，Non-Posted Transaction 的 TLP 头的最大值为 4DW，再加上一个 Digest
NPD 缓存	1 个 DW。NPD 缓存用于 IO 和配置读写的数据
CplH 缓存	4 个 DW。3DW 的完成报文的头，加上一个 Digest
CplD 缓存	4 个 DW。该缓存至少能够缓存放一个完整的带数据的完成报文。其总单元数的最小值为 min（RCB/4B，Max_Payload_Size/4B）

PCIe 总线将 Header 和 Data 缓存分离的主要原因是，一个 TLP 的 Header 大小是固定的，如 PH 和 NPH 大小在 5DW 之内，CplH 大小在 4DW 之内；而 Data 的大小并不固定，除了 NPD 的大小为 1 个 DW 之外，其他数据报文的长度由 TLP 的 Length 字段确定，并不固定。PCIe 总线将 Header 和 Data 缓存分离有利于 Data 缓存的合理使用。

PCIe 总线规范将这些缓存使用的 Unit 统称为 FC（Flow Control）Unit，下文将以 FC Unit 简称这些对应缓存的 Unit。因为 Header 的大小固定，所以 Header 缓存能够精确地预知可以容纳几个 Header；而由于 Data 的大小并不固定，Data 缓存无法精确预知可以存放几个 Data，当然 Data 缓存也不可能将 Data 的基本单位设置为 Max_Payload_Size 参数。因为这样做不仅不合理，而且非常浪费资源。将 Header 和 Data 缓存分离，有利于 Data 缓存使用类似 Adaptive 流量控制的方法使所有 Data 共用一个缓存，从而提高了 Data 缓存的利用率。但是也造成 TLP 因为不能同时具有 Head 和 Data 缓存，而无法传送。

在 PCIe 总线中，不同的 TLP 使用对应缓存的 Unit 数量也不同，Current 节点有时需要两种缓存才能接收一个 TLP。不同 TLP 使用的缓存数目如表 9-2 所示。

表 9-2　不同 TLP 使用的缓存

TLP	缓 存 种 类
存储器、IO 和配置读请求	使用 1 个 NPH 单元。Non-Posted 数据请求的 TLP 类型通过完成报文获得数据
存储器写请求	使用 1 个 PH 单元和若干 PD 单元。存储器写请求使用的 PD 单元与 Payload 的长度相关
配置、I/O 写请求	使用 1 个 NPH 单元和 1 个 NPD 单元。Non-Posted 数据传送类型通过完成报文通知 I/O 写结束
不带数据的消息请求	使用 1 个 PH 单元
带数据的消息请求	使用 1 个 PH 单元和若干个 PD 单元
存储器读完成	使用 1 个 CplH 单元和若干 CplD 单元。读完成报文使用的 CplD 单元与 Payload 的长度相关
I/O 和配置读完成	使用 1 个 CplH 单元和 1 个 CplD 单元
配置、I/O 写完成	使用 1 个 CplH 单元

由上表所示，一个 TLP 可能需要使用两种缓存，如存储器写请求需要使用 PH 和 PD 缓存。这也意味着在 PCIe 设备的 VC 中，缓存之间存在依赖关系。当 Upstream 节点向 Current 节点进行存储器写时，发送方必须同时具有 PH 和 PD 两个缓存的 Credit 才能进行；而向 Current 节点发送读完成 TLP 时，Upstream 节点必须同时具有 CplH 和 CplD 两个缓存的 Credit 才能进行。这为 PCIe 总线的流量控制带来了额外的麻烦。

此外，在 PCIe 总线中，进行存储器写和存储器读完成 TLP 时，究竟需要多少个 PD 或者 CplD 单元是随 TLP 而变的，VC 无法预知确切的单元数量。无论 VC 采用何种缓冲分配策略，这种"不可预知"都会给流量控制带来巨大的麻烦。

报文长度的不确定性为 PCIe 总线流量控制机制带来了许多难以解决的问题。造成这种现象的主要原因是 PCIe 总线源于 PCI 总线，其主要应用来自 PC 领域而不是通信领域。PCIe 总线为了向前兼容 PCI 总线，做出了许多功能上的牺牲。

PCIe 总线使用 Credit-Based 流控机制，Upstream 节点在发送 TLP 时，必须首先获得 Current 节点相应缓存的 Credit。如 Upstream 节点发送存储器写请求时，需要同时具有 Current 节点中 PH 缓存和 PD 缓存的 Credit，才能进行。

9.3.2　Current 节点的 Credit

PCIe 总线规范没有强行规定采用哪种算法实现 Credit-Based 流量控制机制，因此 PCIe 总线上的 Current 节点可以选择使用合理的 Credit-Based 流量控制算法，如上文提到的 N123 算法或者 N123+算法。PCIe 总线规范没有规定，各类节点如何处理因为链路延时而产生的额外报文和在链路上残留的报文。

在 PCIe 流量管理中还存在一个问题就是 PCIe 总线上各个节点所采用的流量控制算法并不完全统一，虽然 PCIe 总线对此进行了一定程度的约定，但是这个约定较为模糊。因为在 PCIe 总线中，Upstream 节点、Current 节点和 Downstream 节点可能来自不同的生产厂商。虽然这种流量控制算法的"不统一"会为流量控制的整体效率带来影响，也可能会造成接收缓冲的浪费。

但是这种"不统一"并不会严重影响 PCIe 总线的流量控制机制。因为 PCIe 总线的流量控制基于"链路到链路"进行的，只要链路的两端采用相同的协议满足 PCIe 总线的基本约定即可。PCIe 总线上的流量控制机制以 Intel 的 RC 实现作为事实标准。

在 PCIe 总线中，Credit-Based 流量控制的数据传送规则仍然是 Upstream 节点获得 Credit，之后向 Current 节点发送数据；而 Current 节点将一定数量的报文（N2）转发到 Downstream 节点之后，将向 Upstream 节点反馈 Credit。PCIe 总线规范也将向 Upstream 节点反馈 Credit 的过程称为 Advertisement。

PCIe 总线规范并没有规定如何设置 Credit，但是规定了 Credit 在初始化之后的最小值，即 Current 节点发向 Upstream 节点的 Credit 的最小值，如表 9-3 所示。PCIe 总线中，不同的缓存使用不同的 Credit 值。

表 9-3　PCIe 总线初始化后 Credit 的最小值

Credit 的类型	Credit 的最小值
PH 缓存	Credit（PH）的最小值为 0x01，即一个 PH 单元，大小为 5DW
PD 缓存	Credit（PD）的最小值为 Max_Payload_Size/Unit(PD)
NPH 缓存	Credit（NPH）的最小值为 0x01，即一个 NPD 单元，大小为 5DW
NPD 缓存	Credit（NPD）的最小值为 0x01，即一个 NPH 单元，大小为 1DW。值得注意的是原子操作请求使用的 Credit（NPD）可以为 2DW
CplH 缓存	如果 Current 节点不是"最终"节点，则 Credit（CplH）的最小值为 0x01，即一个 CplH 单元，大小为 4DW；否则 Credit（CplH）为 0，该值为 0，表示"不限带宽（Infinite FC Unit）"，其详细解释见下文
CplD 缓存	如果 Current 节点不是"最终"节点，则 Credit（CplD）的最小值为 Max_Payload_Size/Unit(CplD)[1]；否则 Credit（CplH）为 0

[1] 注意不是 RCB/Unit（CplD）。第一个"最终"节点的 RCB 并不相等，但是都小于 Max_Payload_Size。

"最终节点"共有两类组成，一类是 EP，因为当一个报文到达 EP 后，将不会被再次转发，此时 FC Unit 为 0，表示该节点将无条件接收来自 Upstream 节点的报文，而且保证一定不会出现 Overrun 的现象，这就是 PCIe 总线规范提出的 Infinite FC Unit 的含义。

这也意味着 EP 在发起存储器、I/O 和配置读请求时，必须为存储器、I/O 和配置读完成报文预留必要的缓存，保证这些完成报文一定能够被 EP 接收。值得注意的是，只有设备在接收完成报文时，才存在 Infinite FC Unit 的概念。

在许多应用中，"最终节点"支持这种"Infinite FC Unit"将会影响 PCIe 链路的效率。假设一个 PCIe 设备进行 DMA 读，从主存储器获得数据，如果该 PCIe 设备支持 Infinite FC Unit，其传送流程如下所示。

1）PCIe 设备向 RC 连续发送存储器读请求 TLP。

2）PCIe 设备每发送一个读请求 TLP 时，将从接收缓冲中为读完成 TLP 预留空间。因为如果 PCIe 设备支持 Infinite FC Unit，必须能够接收这些读完成 TLP。

3）当 PCIe 设备的接收缓冲使用完毕后，将不能发送存储器读请求 TLP。

4）PCIe 设备接收来自 RC 的读请求完成 TLP，并将其传送到上层，同时释放该读完成 TLP 使用的接收缓存。

5）PCIe 设备获得可用的接收缓存后，可以继续发送存储器读请求 TLP。直到完成所有数据请求。

6）PCIe 设备获得所有存储器读完成 TLP 后，结束整个 DMA 读过程。

由以上过程可以发现在 3）和 5）中，由于接收缓冲不足，整个 DMA 读过程无法形成连续的流水操作，从而影响 DMA 读的数据传送效率。如果 PCIe 设备的接收缓冲无限大时，可以合理地解决这个问题，但是更为合理的方法是确定接收缓冲的最小值。接收缓冲的最小值由 PCIe 链路的延时决定，有关 PCIe 总线延时的详细分析见第 12.4 节。

还有一类"最终节点"是 RC，但 RC 并非在任何情况下都是最终节点。如果多端口 RC 的各个端口之间不支持转发（即 PCIe 总线规范中的 Peer-to-Peer 传送方式）时，RC 将成为"最终节点"；如果多端口 RC 的各个端口之间支持转发，RC 也可能成为"最终节点"。数据通过多端口 RC 的流程如图 9-11 所示。

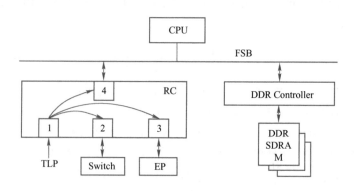

图 9-11 多端口 RC 的数据传递

假设在一个 RC 中有 3 个下游端口，分别是端口 1，2，3，这些端口与 EP 或者 Switch 相连；还有一个上游端口，端口 4，与 FSB 相连。如果 RC 支持端口转发，当到达端口 1 的

TLP 的目的地是和端口 2 或者 3 相连的某个设备时，Credit（CplH）的最小值为 1，而 Credit（CplD）的最小值为 Max_Payload_Size/Unit(CplD)，此时 RC 并不是最终节点。

如果到达端口 1 的 TLP，其目的地是端口 4 时，RC 就是"最终"节点，此时 Credit（CplH）和 Credit（CplD）的最小值为 0，流量控制机制不起作用，来自 Upstream 节点的报文可以不进行流量检测，直接进入 RC，而 RC 必须保证有足够的缓存接收这些报文。这也意味着 RC 发起读请求报文时，必须保证在 RC 中有足够的缓冲接收完成报文。

如果 RC 支持端口间的相互转发，必须设置必要的缓冲以支持流量控制机制，此时 RC 可能成为某个 TLP 的 Current 节点，因此 RC 不将 Credit（CplH）和 Credit（CplD）设为 0，此时使用流量控制机制进行报文转发。

9.3.3　VC 的初始化

PCIe 总线使用 FCP（Flow Control Packets）传递 Credit 信息，FCP 是一种 DLLP，该报文的使用与事务层的接收缓存直接相关，但是对事务层透明，该报文产生于数据链路层，终止于数据链路层。PCIe 总线定义了以下 FCP，如表 9-4 所示。

表 9-4　PCIe 总线定义的 FCP

DLLP 类型	编　码
InitFC1-P	0b0100 0$V_2V_1V_0$[①]
InitFC1-NP	0b0101 0$V_2V_1V_0$
InitFC1-Cpl	0b0110 0$V_2V_1V_0$
InitFC2-P	0b1100 0$V_2V_1V_0$
InitFC2-NP	0b1101 0$V_2V_1V_0$
InitFC2-Cpl	0b1110 0$V_2V_1V_0$
UpdateFC-P	0b1000 0$V_2V_1V_0$
UpdateFC-NP	0b1001 0$V_2V_1V_0$
UpdateFC-Cpl	0b1010 0$V_2V_1V_0$

① $V_2V_1V_0$ 与 VC 对应，PCIe 总线规定 VC 个数的最大值为 8，因此使用 3 位存放 VC 号。

由上表所示 FCP 共分为三大类 InitFC1、InitFC2 和 UpdateFC。在这三类报文中有 3 个重要的字段。其中 HdrFC 字段存放 Header 的 Credit；DataFC 字段存放 Data 的 Credit；而 VC ID 字段存放不同的 VC 号。其报文格式如图 9-12 所示。

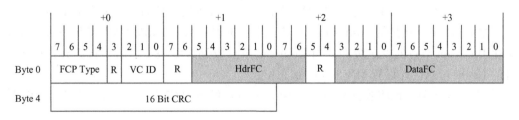

图 9-12　FCP 的格式

Current 节点使用以上报文向 Upstream 节点发送 Credit 信息，其中 InitFC1 和 InitFC2 与 VC 的初始化相关，而 UpdateFC 负责向 Upstream 节点反馈 Credit 信息。我们首先讲述 Current 节点如何使用 InitFC1 和 InitFC2 报文初始化 VC 的流量控制，并在第 9.3.4 节讲述如何使用 UpdateFC 报文实现 PCIe 总线的流量控制。

在各个节点能够正常使用之前，首先需要对 VC0 进行初始化。当 VC0 初始化完毕之后，PCIe 设备可以对 VC1~7 进行初始化。在 VC0 初始化完成之前，设备不能接收任何 TLP，而 VC0 初始化完毕后，PCIe 总线的相应节点在使用 VC0 接收 TLP 的同时，初始化其他 VC。在 VC 的初始化过程中存在两个状态，FC_INIT1 和 FC_INIT2。

PCIe 总线的数据链路层共有三个状态，分别为 DL_Inactive（PCIe 链路无效状态，链路不可用或者链路上没有连接有效设备）、DL_Init（PCIe 链路可用，此时将进行 VC0 的初始化）和 DL_Active（链路可以正常使用）。

当 Current 节点的数据链路层进入 DL_Init 状态时，该节点的 VC0 将进入 FC_INIT1 状态。Current 节点将在 FC_INIT1 状态首先初始化 VC0，之后才能初始化其他 VC。其他 VC 的使能位在 Current 节点的配置空间中，当系统软件打开这些使能位时，Current 节点将初始化其他 VC。

当 Current 节点的 VC 进入 FC_INIT1 状态时，事务层需要首先禁止该 VC 发送数据报文，随后 Current 节点将向 Upstream 节点依此发送 InitFC1-P、InitFC1-NP 和 InitFC1-Cpl[⊖] 报文初始化 Upstream 节点使用的 Credit。

此时 Current 节点还可能收到来自 Downstream 节点的 InitFC1-P、InitFC1-NP 和 InitFC1-Cpl 报文，并初始化 Current 节点的 Credit。当 Current 节点收到这些来自 Downstream 节点的 FCP 后，将设置对应缓冲的 FI1 状态位为 1。

当 Current 节点所有缓存的 FI1 状态位有效后，VC 将进入 FC_INIT2 状态。Current 节点进入 FC_INIT2 状态之前，Upstream 节点获得的 Credit 和 Current 节点的空余缓存大小相等，Current 节点获得的 Credit 和 Downstream 节点的空余缓存大小相等。这一点和其他流量控制机制类似，即 Crd_Bal 的初始值为 Buf_Alloc。

PCIe 总线还提供了 FC_INIT2 状态，该状态的主要功能是验证 FC_INIT1 的结果。当节点进入 FC_INIT2 状态时，与流量控制相关的缓存已经初始化完毕。PCIe 总线设置 FC_INIT1 和 FC_INIT2 这两个状态与数据链路层的状态机相关。

如第 7.1.1 节所示，当数据链路层处于 DL_Init 状态时，将初始化 PCIe 总线的流量控制机制。当 VC 处于 FC_INIT1 状态时，数据链路层通知事务层 DL_Down 状态位有效，此时事务层不能向对端设备发送 TLP，从而流量控制机制的初始化可以在一个"相对没有干扰的环境"下进行。

而当 Current 节点的 VC 进入 FC_INIT2 状态时，事务层需要首先禁止使用这条 VC 发送报文，之后 Current 节点向 Upstream 节点依此发送 InitFC2-P、InitFC2-NP 和 InitFC2-Cpl 报文初始化 Upstream 节点的发送缓冲。当 Upstream 节点收到这些报文之后，将丢弃这些报文中包含的 Credit 信息，并设置相应的 FI2 状态位。

同理 Current 节点也将收到来自 Downstream 节点的 InitFC2-P、InitFC2-NP 和 InitFC2-Cpl

---

⊖ PCIe 总线规定每隔 34 μs 发送一组 InitFC 报文。

报文，并设置 Current 节点的 FI2 状态位。当所有数据缓存的 FI2 状态位有效后，将完成 PCIe 链路流量控制机制的初始化。最后数据链路层通知事务层 DL_Active 状态位有效，此时事务层可以使用这个 VC 发送 TLP。

9.3.4　PCIe 设备如何使用 FCP

PCIe 总线完成流量控制的初始化之后，Current 节点、Upstream 节点和 Downstream 节点通过发送 UpdateFC-P、UpdateFC-NP 和 UpdateFC-Cpl 报文进行流量控制。

1. Upstream 节点向 Current 节点发送报文

Upstream 节点向 Current 节点发送报文时，需要设置一些参数。

1）CREDITS_CONSUMED，简称为 CC。该参数存放 Upstream 节点已经发送了多少个 FC Unit，不同数据缓存的 FC Unit 的大小见表 9-3。在 PCIe 设备初始化时该参数为 0，之后 PCIe 设备每发送一个 FC Unit，该值将加 1。PCIe 总线规定

$$CC = (CC+Increment) \bmod 2^{Field\ Size}$$

其中 Increment 指发送的 TLP 含有的 FC Unit 个数。其中 PH、NPH 和 CplH 的 Field Size 参数为 8，而 PD、NPD 和 CplD 的 Field Size 参数为 12。

2）CREDIT_LIMIT，简称为 CL。该参数存放当前节点的 Credit，在 VC 初始化时，该参数通过收到的 InitFC1 报文赋值。此后每收到 UpdateFC 报文时，Current 节点将此参数与 UpdateFC 报文中的 Credit 比较，如果结果不等，则使用 UpdateFC 报文中的 Credit 对此参数重新赋值。

在 Upstream 节点中，设置了一个 Credit 检查逻辑（Transmitter Gating Function），用来判断在 Current 节点中是否有足够的缓存接收即将发送的 TLP。如果 Upstream 节点没有足够的 Credit 时，则不能向对端设备发送这个 TLP。

Upstream 节点检查缓存的算法如下。首先将 CUMULATIVE_CREDITS_REQUIRED 参数简称为 CR，而 CR = CC+<PTLP（即将发送 TLP 所需要的 Credit）>。当以下公式

$$(CL-CR) \bmod 2^{Field\ Size} \leqslant 2^{Field\ Size}/2$$

成立时，表示 Upstream 节点可以向 Current 节点发送 TLP 报文。

使该公式成立有一个额外需求，即每次发送的 Credit 小于 $2^{Field\ Size}/2^{\ominus}$，此时 CL 不可能比 CC 大 $2^{Field\ Size}/2$。当 $(CL-CR) \bmod 2^{Field\ Size}$ 不大于 $2^{Field\ Size}/2$ 时，表示 Current 节点有足够的缓冲接收来自 Upstream 节点的报文；如果 $(CL-CR) \bmod 2^{Field\ Size}$ 大于 $2^{Field\ Size}/2$ 时，运算结果是一个负数，表示 Current 节点没有足够的缓冲接收来自 Upstream 节点的报文。

2. Current 节点从 Upstream 节点接收报文

Current 节点接收来自 Upstream 节点发送报文时，也需要设置一些参数。

1）CREDITS_ALLOCATED，简称为 CA。该参数存放 Current 节点一共允许 Upstream 节点发送多少个 FC Unit，不同数据缓存的 FC Unit 初始化后使用的最小值见表 9-3。在初始化时该参数为 Current 节点接收缓冲的大小，之后 Current 节点每分配一个 FC Unit，该值将

⊖　相当于 N23 算法的 N3 等于 $2^{\lceil Field\ Size \rceil}/2$，此时可以防止 Current 节点的 Underrun。但是 PCIe 总线并没有规定发送 Credit 的频率。

加 1。PCIe 总线规定：

$$CA = (CA+Increment) \bmod 2^{Field\ Size}$$

其中 Increment 指 Current 节点新分配的 FC Unit 个数。PH、NPH 和 CplH 的 Field Size 参数为 8，而 PD、NPD 和 CplD 的 Field Size 参数为 12。Current 节点使用 UpdateFC DLLP 将 CA 传递给 Upstream 节点，之后 Upstream 节点使用该值更新 CL 参数。

2）CREDIT_RECEIVED，简称为 CRCV。该参数存放 Current 节点一共接收了多少个 FC Unit。在初始化时该参数为 0，之后 Current 节点每接收一个 FC Unit，该值将加 1。PCIe 总线规定：

$$CRCV = (CRCV+Increment) \bmod 2^{Field\ Size}$$

其中 Increment 指 Current 节点新接收的 FC Unit 个数。

Current 节点可以设置一个逻辑检查部件，检查来自 Upstream 节点的 TLP 报文是否会造成 CA 的溢出。这个逻辑检查部件是一个可选件，因为 Upstream 节点在发送 TLP 时，已经保证了 Current 节点的 CA 不会溢出。当以下公式

$$(CA-CRCV) \bmod 2^{Field\ Size} \geqslant 2^{Field\ Size}/2$$

成立时，Current 节点认为 CA 溢出，此时 Current 节点将抛弃来自 Upstream 节点的 TLP，而并不改变 CRCV 的值，同时释放为这个 TLP 预先分配的缓存空间。

9.4　小结

本章仅使用了较少的篇幅讲述 PCIe 总线的流量控制机制，而重点讨论通用流量控制机制的基本原理。PCIe 总线由于强调与 PCI 总线的兼容，流量控制机制的设计并不完美。PCIe 总线的主要应用领域依然是 PC，在这个领域中，流量控制并不是最重要的。

第 10 章 MSI 和 MSI-X 中断机制

在 PCI 总线中，所有需要提交中断请求的设备，必须能够通过 INTx 引脚提交中断请求，而 MSI 机制是一个可选机制。而在 PCIe 总线中，PCIe 设备必须支持 MSI 或者 MSI-X 中断请求机制，而可以不支持 INTx 中断消息。

在 PCIe 总线中，MSI 和 MSI-X 中断机制使用存储器写请求 TLP 向处理器提交中断请求，下文为简便起见将传递 MSI/MSI-X 中断消息的存储器写报文简称为 MSI/MSI-X 报文。不同的处理器使用了不同的机制处理这些 MSI/MSI-X 中断请求，如 PowerPC 处理器使用 MPIC 中断控制器处理 MSI/MSI-X 中断请求，在第 10.2 节中将介绍这种处理情况；而 x86 处理器使用 FSB Interrupt Message 方式处理 MSI/MSI-X 中断请求。

不同的处理器对 PCIe 设备发出的 MSI 报文的解释并不相同。但是 PCIe 设备在提交 MSI 中断请求时，都是向 MSI/MSI-X Capability 结构中的 Message Address 的地址写 Message Data 数据，从而组成一个存储器写 TLP，向处理器提交中断请求。

有些 PCIe 设备还可以支持 Legacy 中断方式[⊖]。但是 PCIe 总线并不鼓励其设备使用 Legacy 中断方式，在绝大多数情况下，PCIe 设备使用 MSI 或者 MSI/X 方式进行中断请求。

PCIe 总线提供 Legacy 中断方式的主要原因是，在 PCIe 体系结构中，存在许多 PCI 设备，而这些设备通过 PCIe 桥连接到 PCIe 总线中。这些 PCI 设备可能并不支持 MSI/MSI-X 中断机制，因此必须使用 INTx 信号进行中断请求。

当 PCIe 桥收到 PCI 设备的 INTx 信号后，并不能将其直接转换为 MSI/MSI-X 中断报文，因为 PCI 设备使用 INTx 信号进行中断请求的机制与电平触发方式类似，而 MSI/MSI-X 中断机制与边沿触发方式类似。这两种中断触发方式不能直接进行转换。因此当 PCI 设备的 INTx 信号有效时，PCIe 桥将该信号转换为 Assert_INTx 报文，当这些 INTx 信号无效时，PCIe 桥将该信号转换为 Deassert_INTx 报文。

与 Legacy 中断方式相比，PCIe 设备使用 MSI 或者 MSI-X 中断机制，可以消除 INTx 这个边带信号，而且可以更加合理地处理 PCIe 总线的"序"。目前绝大多数 PCIe 设备使用 MSI 或者 MSI-X 中断机制提交中断请求。

MSI 和 MSI-X 机制的基本原理相同，其中 MSI 中断机制最多只能支持 32 个中断请求，而且要求中断向量连续，而 MSI-X 中断机制可以支持更多的中断请求，而并不要求中断向量连续。与 MSI 中断机制相比，MSI-X 中断机制更为合理。本章将首先介绍 MSI/MSI-X Capability 结构，之后分别以 PowerPC 处理器和 x86 处理器为例介绍 MSI 和 MSI-X 中断机制。

10.1 MSI/MSI-X Capability 结构

PCIe 设备可以使用 MSI 或者 MSI-X 报文向处理器提交中断请求，但是对于某个具体的

⊖ 通过发送 Assert_INTx 和 Deassert_INTx 消息报文进行中断请求，即虚拟中断线方式。

PCIe 设备，可能仅支持一种方式。在 PCIe 设备中含有两个 Capability 结构，一个是 MSI Capability 结构，另一个是 MSI-X Capability 结构。通常情况下一个 PCIe 设备仅包含一种结构，或者为 MSI Capability 结构，或者为 MSI-X Capability 结构。

10.1.1　MSI Capability 结构

MSI Capability 结构共有四种组成方式，分别是 32 位和 64 位的 Message 结构，32 位和 64 位带中断 Masking 的结构。MSI 报文可以使用 32 位地址或者 64 位地址，而且可以使用 Masking 机制使能或者禁止某个中断源。MSI Capability 寄存器的结构如图 10-1 所示。

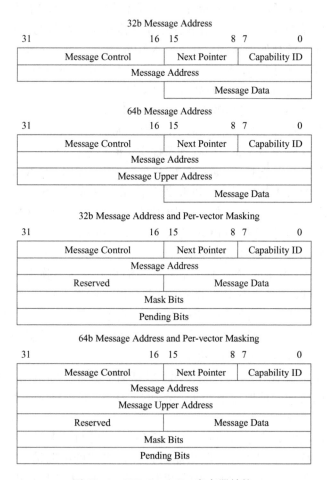

图 10-1　MSI Capability 寄存器结构

- Capability ID 字段记载 MSI Capability 结构的 ID 号，其值为 0x05。在 PCIe 设备中，每一个 Capability 结构都有唯一的 ID 号。
- Next Pointer 字段存放下一个 Capability 结构的地址。
- Message Control 字段。该字段存放当前 PCIe 设备使用 MSI 机制进行中断请求的状态与控制信息，如表 10-1 所示。

表 10-1　MSI Cabalibty 结构的 Message Control 字段

Bits	定　义	描　述
15:9	Reserved	保留位。系统软件读取该字段时将返回全零,对此字段写无意义
8	Per-vector Masking Capable	该位为 1 时,表示支持带中断 Masking 的结构;如果是 0,表示不支持带中断 Masking 的结构。该位对系统软件只读,在 PCIe 设备初始化时设置
7	64 bit Address Capable	该位为 1 时,表示支持 64 位地址结构;如果为 0,表示只能支持带 32 位地址结构。该位对系统软件只读,在 PCIe 设备初始化时设置
6:4	Multiple Message Enable	该字段可读写,表示软件分配给当前 PCIe 设备的中断向量数目。系统软件根据 Multiple Message Capable 字段的大小确定该字段的值。在系统的中断向量资源并不紧张时,Multiple Message Capable 字段和该字段的值相等;而资源紧张时,该字段的值可能小于 Multiple Message Capable 字段的值
3:1	Multiple Message Capable	该字段对系统软件只读,表示当前 PCIe 设备可以使用几个中断向量号,在不同的 PCIe 设备中该字段的值不同。当该字段为 0b000 时,表示 PCIe 设备可以使用 1 个中断向量;为 0b001、0b010、0b011、0b100 和 0b101 时,表示使用 4、8、16 和 32 个中断向量;而 0b110 和 0b111 为保留位。该字段与 Multiple Message Enable 字段的含义不同,该字段表示当前 PCIe 设备支持的中断向量个数,而 Multiple Message Enable 字段是系统软件分配给 PCIe 设备实际使用的中断向量个数
0	MSI Enable	该位可读写,是 MSI 中断机制的使能位。该位为 1 而且 MSI-X Enable 位为 0 时,当前 PCIe 设备可以使用 MSI 中断机制,此时 Legacy 中断机制被禁止。一个 PCIe 设备的 MSI Enable 和 MSI-X Enable 位都被禁止时,将使用 INTx 中断消息报文发出/结束中断请求⊖

- Message Address 字段。当 MSI Enable 位有效时,该字段存放 MSI 存储器写事务的目的地址的低 32 位。该字段的 31:2 字段有效,系统软件可以对该字段进行读写操作;该字段的第 1~0 位为 0。

- Message Upper Address 字段。如果 64 bit Address Capable 位有效,该字段存放 MSI 存储器写事务的目的地址的高 32 位。

- Message Data 字段,该字段可读写。当 MSI Enable 位有效时,该字段存放 MSI 报文使用的数据。该字段保存的数值与处理器系统相关,在 PCIe 设备进行初始化时,处理器将初始化该字段,而且不同的处理器填写该字段的规则并不相同。如果 Multiple Message Enable 字段不为 0b000 时(即该设备支持多个中断请求时),PCIe 设备可以通过改变 Message Data 字段的低位数据发送不同的中断请求。

- Mask Bits 字段。PCIe 总线规定当一个设备使用 MSI 中断机制时,最多可以使用 32 个中断向量,从而一个设备最多可以发送 32 种中断请求。Mask Bits 字段由 32 位组成,其中每一位对应一种中断请求。当相应位为 1 时表示对应的中断请求被屏蔽,为 0 时表示允许该中断请求。系统软件可读写该字段,系统初始化时该字段为全 0,表示允许所有中断请求。该字段和 Pending Bits 字段对于 MSI 中断机制是可选字段,但是 PCIe 总线规范强烈建议所有 PCIe 设备支持这两个字段。

- Pending Bits 字段。该字段对于系统软件是只读位,PCIe 设备内部逻辑可以改变该字段的值。该字段由 32 位组成,并与 PCIe 设备使用的 MSI 中断一一对应。该字段需要

⊖ 此时 PCI 设备配置空间 Command 寄存器的 "Interrupt Disable" 位为 1。

与 Mask Bits 字段联合使用。

当 Mask Bits 字段的相应位为 1 时，如果 PCIe 设备需要发送对应的中断请求，Pending Bits 字段的对应位将被 PCIe 设备的内部逻辑置 1，此时 PCIe 设备并不会使用 MSI 报文向中断控制器提交中断请求；当系统软件将 Mask Bits 字段的相应位从 1 改写为 0 时，PCIe 设备将发送 MSI 报文向处理器提交中断请求，同时将 Pending Bit 字段的对应位清零。在设备驱动程序的开发中，有时需要联合使用 Mask Bits 和 Pending Bits 字段防止处理器丢弃中断请求[⊖]。

10.1.2 MSI-X Capability 结构

MSI-X Capability 中断机制与 MSI Capability 的中断机制类似。PCIe 总线引出 MSI-X 机制的主要目的是为了扩展 PCIe 设备使用中断向量的个数，同时解决 MSI 中断机制要求使用中断向量号连续所带来的问题。

MSI 中断机制最多只能使用 32 个中断向量，而 MSI-X 可以使用更多的中断向量。目前 Intel 的许多 PCIe 设备支持 MSI-X 中断机制。与 MSI 中断机制相比，MSI-X 机制更为合理。首先 MSI-X 可以支持更多的中断请求，但这并不是引入 MSI-X 中断机制最重要的原因。因为对于多数 PCIe 设备，32 种中断请求已经足够了。而引入 MSI-X 中断机制的主要原因是，使用该机制不需要中断控制器分配给该设备的中断向量号连续。

如果一个 PCIe 设备需要使用 8 个中断请求且使用 MSI 机制时，Message Data 的[2:0]字段可以为 0b000~0b111，因此可以发送 8 个中断请求，但是这 8 个中断请求的 Message Data 字段必须连续。在许多中断控制器中，Message Data 字段连续也意味着中断控制器需要为这个 PCIe 设备分配 8 个连续的中断向量号。

有时在一个中断控制器中，虽然具有 8 个以上的中断向量号，但是很难保证这些中断向量号是连续的。因此中断控制器将无法为这些 PCIe 设备分配足够的中断请求，此时该设备的 "Multiple Message Enable" 字段将小于 "Multiple Message Capable"。

而使用 MSI-X 机制可以合理解决该问题。在 MSI-X Capability 结构中，每一个中断请求都使用独立的 Message Address 字段和 Message Data 字段，从而中断控制器可以更加合理地为该设备分配中断资源。

与 MSI Capability 寄存器相比，MSI-X Capability 寄存器使用一个数组存放 Message Address 字段和 Message Data 字段，而不是将这两个字段放入 Capability 寄存器中，本书将这个数组称为 MSI-X Table。从而当 PCIe 设备使用 MSI-X 机制时，每一个中断请求可以使用独立的 Message Address 字段和 Message Data 字段。

除此之外 MSI-X 中断机制还使用了独立的 Pending Table 表，该表用来存放与每一个中断向量对应的 Pending 位。这个 Pending 位的定义与 MSI Capability 寄存器的 Pending 位类似。MSI-X Table 和 Pending Table 存放在 PCIe 设备的 BAR 空间中。MSI-X 机制必须支持这个 Pending Table，而 MSI 机制的 Pending Bits 字段是可选的。

1. MSI-X Capability 结构

MSI-X Capability 结构比 MSI Capability 结构复杂一些。在该结构中，使用 MSI-X Table 存

⊖ MSI 机制提交中断请求的方式类似于边界触发方式，而使用边界触发方式时，处理器可能会丢失某些中断请求，因此在设备驱动程序的开发过程中，可能需要使用这两个字段。

放该设备使用的所有 Message Address 和 Message Data 字段，这个表格存放在该设备的 BAR 空间中，从而 PCIe 设备可以使用 MSI-X 机制时，中断向量号可以不连续，也可以申请更多的中断向量号。MSI-X Capability 结构的组成方式如图 10-2 所示。

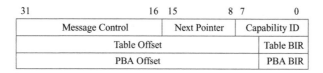

图 10-2　MSI-X Capability 结构的组成方式

上图中各字段的含义如下所示。

- Capability ID 字段记载 MSI-X Capability 结构的 ID 号，其值为 0x11。在 PCIe 设备中，每个 Capability 都有唯一的 ID 号。
- Next Pointer 字段存放下一个 Capability 结构的地址。
- Message Control 字段，该字段存放当前 PCIe 设备使用 MSI-X 机制进行中断请求的状态与控制信息，如表 10-2 所示。

表 10-2　MSI-X Capability 结构的 Message Control 字段

Bits	定　　义	描　　述
15	MSI-X Enable	该位可读写，是 MSI-X 中断机制的使能位，复位值为 0，表示不使能 MSI-X 中断机制。该位为 1 且 MSI Enable 位为 0 时，当前 PCIe 设备使用 MSI-X 中断机制，此时 INTx 和 MSI 中断机制被禁止。当 PCIe 设备的 MSI Enble 和 MSI-X Enable 位为 0 时，将使用 INTx 中断消息报文发出/结束中断请求
14	Function Mask	该位可读写，是中断请求的全局 Mask 位，复位值为 0。如果该位为 1，该设备所有的中断请求都将被屏蔽；如果该位为 0，则由 Per Vector Mask 位决定是否屏蔽相应的中断请求。Per Vector Mask 位在 MSI-X Table 中定义，详见下文
10：0	Table Size	MSI-X 中断机制使用 MSI-X Table 存放 Message Address 字段和 Message Data 字段。该字段用来存放 MSI-X Table 的大小，该字段对系统软件只读

- Table BIR（BAR Indicator Register）。该字段存放 MSI-X Table 所在的位置，PCIe 总线规范规定 MSI-X Table 存放在设备的 BAR 空间中。该字段表示设备使用 BAR0~5 寄存器中的哪个空间存放 MSI-X Table。该字段由三位组成，其中 0b000~0b101 与 BAR0~5 空间一一对应。
- Table Offset 字段。该字段存放 MSI-X Table 在相应 BAR 空间中的偏移。
- PBA（Pending Bit Array）BIR 字段。该字段表示 Pending Table 存放在 PCIe 设备的哪个 BAR 空间中，0 表示 BAR0 空间，1 表示 BAR1 空间，依此类推。在通常情况下，Pending Table 和 MSI-X Table 存放在 PCIe 设备的同一个 BAR 空间中。
- PBA Offset 字段。该字段存放 Pending Table 在相应 BAR 空间中的偏移。

2. MSI-X Table

MSI-X Table 的组成结构如图 10-3 所示。

由该图可见，MSI-X Table 由多个 Entry 组成，其中每个 Entry 与一个中断请求对应。每个 Entry 中有四个参数，其含义如下所示。

DWORD 3	DWORD 2	DWORD 1	DWORD 0	
Vector Control	Msg Data	Msg Upper Addr	Msg Addr	Entry 0
Vector Control	Msg Data	Msg Upper Addr	Msg Addr	Entry 1
Vector Control	Msg Data	Msg Upper Addr	Msg Addr	Entry 2
...	...	...	...	...
Vector Control	Msg Data	Msg Upper Addr	Msg Addr	Entry N−1

图 10-3　MSI-X Table 的组成结构

- Msg Addr。当 MSI-X Enable 位有效时，该字段存放 MSI-X 存储器写事务的目的地址的低 32 位。该双字的 31:2 字段有效，系统软件可读写；1:0 字段复位时为 0，PCIe 设备可以根据需要将这个字段设为只读，或者可读写。不同的处理器填入该寄存器的数据并不相同。
- Msg Upper Addr，该字段可读写，存放 MSI-X 存储器写事务的目的地址的高 32 位。
- Msg Data，该字段可读写，存放 MSI-X 报文使用的数据。其定义与处理器系统使用的中断控制器和 PCIe 设备相关。
- Vector Control，该字段可读写。该字段只有第 0 位（即 Per Vector Mask 位）有效，其他位保留。当该位为 1 时，PCIe 设备不能使用该 Entry 提交中断请求；为 0 时可以提交中断请求。该位在复位时为 0。Per Vector Mask 位的使用方法与 MSI 机制的 Mask 位类似。

3. Pending Table

Pending Table 的组成结构如图 10-4 所示。

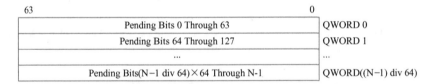

图 10-4　Pending Table 的组成结构

如上图所示，在 Pending Table 中，一个 Entry 由 64 位组成，其中每一位与 MSI-X Table 中的一个 Entry 对应，即 Pending Table 中的每一个 Entry 与 MSI-X Table 的 64 个 Entry 对应。与 MSI 机制类似，Pending 位需要与 Per Vector Mask 位配置使用。

当 Per Vector Mask 位为 1 时，PCIe 设备不能立即发送 MSI-X 中断请求，而是将对应的 Pending 位置 1；当系统软件将 Per Vector Mask 位清零时，PCIe 设备需要提交 MSI-X 中断请求，同时将 Pending 位清零。

10.2　PowerPC 处理器如何处理 MSI 中断请求

PowerPC 处理器使用 OpenPIC 中断控制器或者 MPIC 中断控制器，处理外部中断请求。其中 MPIC 中断控制器基于 OpenPIC 中断控制器，但是做出了许多增强，目前 Freescale 新推出的 PowerPC 处理器，其中断控制器多与 MPIC 兼容。

值得注意的是，PowerPC 处理器和 x86 处理器处理 MSI 报文的方式有较大的不同。其中

x86 处理器使用的机制比 PowerPC 处理器更为合理，但是 PowerPC 处理器的方法使用的硬件资源相对较少。本节将 MPC8572 处理器为例说明 MSI 机制的处理过程，在第 10.3 节介绍 x86 处理器如何实现 MSI 机制。

MPIC 中断控制器是 Freescale 的 PowerPC 处理器使用的通用中断控制器，目前基于 E500 内核的处理器，如 MPC854x、8572 等处理器使用这种中断控制器。目前 Freescale 使用 QorIP 架构，该架构使用的中断控制器与 MPIC 兼容。

使用 MPIC 中断控制器处理 MSI 中断时，PCIe 设备的 MSI 报文，其目的地址为 MPIC 中断控制器的 MSIIR 寄存器。当该寄存器被 PCIe 设备写入后，MPIC 中断控制器将向处理器内核提交中断请求，之后处理器再通过读取 MPIC 中断控制器的 ACK 寄存器获得中断向量号，并进行相应的中断处理。这种方式与 x86 处理器的 FSB Interrupt Message 机制相比，处理器需要读取 ACK 寄存器，从而中断处理的延时较大。

目前 Freescale 的 P4080 处理器对 MPIC 中断控制器进行了优化。在 P4080 处理器中，MPIC 中断控制器向处理器提交中断请求的同时，也向处理器内核提交中断向量，处理器内核不必读取 ACK 寄存器获得中断向量，从而缩短了中断处理延时。使用这种方法的效率与 x86 处理器使用的 FSB Interrupt Message 机制相当。

目前 Freescale 并没有完全公开 P4080 处理器的实现细节，因此本节仍以 MPC8572 处理器为例介绍 PCIe 设备的 MSI 中断请求。在 MPC8572 处理器中，MPIC 中断控制器的拓扑结构如图 10-5 所示。

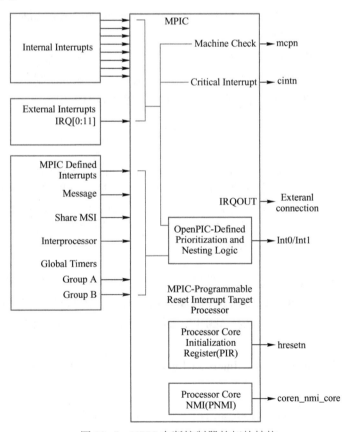

图 10-5　MPIC 中断控制器的拓扑结构

由上图所示，MPIC 中断控制器可以处理内部中断请求$^{\ominus}$、外部中断请求，Message、处理器间中断请求和 Share MSI 中断请求等。而 MPIC 中断控制器使用 Int0、Int1 等中断线向处理器提交这些中断请求。其中 Internal Interrupts 和 External Interrupts 模块处理 MPC8572 内部和外部的中断请求，而 Share MSI 处理来自 PCIe 设备的 MSI 或者 MSI-X 中断请求。

当 MPIC 中断控制器收到 MSI 报文后，将使用中断线 Int0、Int1 或者 cintn 向处理器内核提交中断请求。处理器内核被中断后，将读取 ACK 寄存器获得中断向量，然后执行相应的中断服务例程。为此 PowerPC 处理器设置了一系列寄存器，如下文所示。

10.2.1 MSI 中断机制使用的寄存器

PowerPC 处理器设置了一系列寄存器，处理来自 PCIe 设备的 MSI 报文，其中最重要的寄存器是 MSIIR 寄存器。在 PowerPC 处理器系统中，PCIe 设备 Message Address 寄存器中存放的值都为 MSIIR 寄存器的物理地址，而 Message Data 寄存器中存放的数据也与 MSIIR 寄存器相关。

在 PowerPC 处理器系统中，MSI 机制的实现过程是 PCIe 设备向 MSIIR 寄存器写入指定的数据。MPIC 中断控制器发现该寄存器被写入后，将向处理器提交中断请求。处理器收到这个中断请求后，将通过读取 MPIC 中断控制器的 ACK 寄存器确定中断向量，并依此确定中断源。为此 PowerPC 处理器还设置了其他寄存器实现 MSI 中断机制。

1. MSIIR 寄存器

在 PowerPC 处理器中，MSIIR（Shared Message Signaled Interrupt Index Register）寄存器是实现 MSI 机制的重要寄存器。

当 PCIe 设备对 MSIIR 寄存器进行写操作时，MPC8572 处理器将使能 MSIR0 ~ MSIR7 寄存器的相应位，从而向 MPIC 中断控制器提交中断请求，而中断控制器将转发这个中断请求，由处理器进一步处理。该寄存器各字段的详细描述如表 10-3 所示。

表 10-3 MSIIR 寄存器

Bits	定 义	描 述
27 ~ 31	IBS	该字段用来选择 MSIR0 ~ MSIR7 寄存器的对应位。0b00000 对应 SH0；0b00001 对应 SH1；0b00010 对应 SH2；以此类推 0b11111 对应 SH31
24 ~ 26	SRS	该字段用来选择 MSIR0 ~ MSIR7 寄存器。0b000 对应 MSIR0；0b001 对应 MSIR1；0b010 对应 MSIR2；以此类推 0b111 对应 MSIR7
0 ~ 24		保留

PCIe 设备通过 MSI 机制，向此寄存器写入数据时，MSIR0 ~ MSIR7 寄存器的相应位 SH0 ~ SH31 将有一位置 1。例如 PCIe 设备向 MSIIR 寄存器写入 0xFF00000 时，MSIR7 寄存器的 SH31 位将置 1（SRS 字段为 0b111 用来选择 MSIR7，而 IBS 字段为 0b11111 用来选择 SH31）。

2. MSIR 寄存器组

MSIR（Shared Message Signaled Interrupt Registers）寄存器组共由 8 个寄存器组成，分别

$^{\ominus}$ PowerPC 处理器中含有许多模块，如千兆以太网、ATM 等，这些模块包含在芯片内部，由这些内部模块发起的中断请求，被称为内部中断请求。

为 MSIR0~MSIR7。其中每一个 MSIRx 寄存器中有 32 个有效位，分别为 SH0~SH31。当 PCIe 设备对 MSIIR 寄存器进行写操作时，某一个 MSIIRx 寄存器的某个 SH 位将被置为有效。系统软件通过读取该寄存器获得中断源，该寄存器读清除，对此寄存器进行写操作没有意义。

该寄存器组的大小决定了一个 PowerPC 处理器支持的 MSI 中断请求的个数。在 MPC8572 处理器中，有 8 个 MSIRx 寄存器，每个寄存器由 32 个有效位组成，因此 MPC8572 处理器最多能够处理 256 个 MSI 中断请求。该寄存器的结构如图 10-6 所示。

0	1	2	3	4	5	6	7	8	9	10	11	12	13	14	15
SH31	SH30	SH29	SH28	SH27	SH26	SH25	SH24	SH23	SH22	SH21	SH20	SH19	SH18	SH17	SH16

16	17	18	19	20	21	22	23	24	25	26	27	28	29	30	31
SH15	SH14	SH13	SH12	SH11	SH10	SH9	SH8	SH7	SH6	SH5	SH4	SH3	SH2	SH1	SH0

图 10-6　MSIRx 寄存器的结构

3. MSISR 寄存器

MSISR 寄存器（Shared Message Signaled Interrupt Status Register）共由 8 个有效位组成，每一位对应一个 MSIR 寄存器。MPC8572 处理器设置该寄存器的主要目的是方便系统软件定位究竟是哪个 MSIR 寄存器中存在有效的中断请求。首先系统软件通过 MSISR 寄存器判断是哪个 MSIRx 寄存器存在有效请求，之后读取相应的 MSIRx 寄存器，该寄存器各字段的详细描述如表 10-4 所示。

表 10-4　MSISR 寄存器

Bits	定　义	描　　述
0~23		保留
24~31	Sn	该字段由 8 位组成，每一位与一个 MSIR0~7 寄存器对应。该位为 0 时表示在 MSIRn 寄存器中没有有效位，即没有中断请求；该位为 1 时表示 MSIRn 寄存器中至少有一个有效位，即存在中断请求。Sn 位是 MSIRn 寄存器各个位的"与"，当 MSIRn 寄存器的相应位清除时，Sn 也将被清除

4. MSIVPR 寄存器组

MSIVPR（Shared Message Signaled Interrupt Vector/Priority Register）寄存器组由 8 个寄存器组成，分别为 MSIVPR0~7 寄存器。该组寄存器设置对应中断请求的优先级别和中断向量。其中每个 MSIVPR 寄存器对应一个 MSIR 寄存器，MSIVPR 寄存器各字段的详细解释如表 10-5 所示。

表 10-5　MSIVPR 寄存器

Bits	定　义	描　　述
0	MSK	该位为 0，且 MSIR 寄存器的对应位为 1 时，则将向中断控制器提交中断请求；如果为 1 屏蔽该中断请求
1	A	该位为 0 时，表示 MPIC 中断控制器没有处理该中断请求；该位为 1 时，表示 MPIC 中断控制器正在处理该中断请求，或者该中断控制器准备处理该中断请求，这个中断请求将在 IPR（Interrupt Pending Regsiter）寄存器中排队等待处理，或者在 ISR（Interrupt Service Register）寄存器中正在被处理。该位的详细描述见 MPC8572 的数据手册
12~15	PRIORITY	OpenPIC 和 MPIC 中断控制器中为每一个中断请求设置了 0~15，共 16 个优先级。其中 1 的优先权最低，15 的优先权最高，0 表示禁止中断请求

（续）

Bits	定　义	描　　述
16～31	VECTOR	该字段存放该中断的中断向量。当处理器读取 IACK 寄存器时，将获得对应中断请求的中断向量

通过该组寄存器可以发现，在 MPC8572 处理器系统中，PCIe 设备最多可以使用 8 个中断向量，并可以共享这些中断向量。

5. MSIDR 寄存器组

MSIDR（Shared Message Signaled Interrupt Destination Registers）寄存器组共由 8 个寄存器组成，分别为 MSIDR0～7。其中每一个 MSIDRn 寄存器对应一个 MSIR 寄存器。

MPIC 中断控制器支持 Pass-through 方式，在这种方式下，PowerPC 处理器可以使用外部中断控制器处理中断请求（这种方法极少使用），而不使用内部中断控制器。MPIC 中断控制器可以使用 cint#和 int#信号提交中断请求，但是绝大多数系统软件都使用 int#信号向处理器提交中断请求。

此外在 MPC8572 处理器中有两个 CPU，分别为 CPU0 和 CPU1，MSI 机制提交的中断请求可以由 CPU0 或者 CPU1 处理。系统软件可以通过设置 MSIDRn 寄存器完成这些功能，该寄存器各字段的详细描述如表 10-6 所示。

表 10-6　MSIDRn 寄存器

Bits	定　义	描　　述
0	EP	为 1 时，表示中断请求输出到 IRQ_OUT 由外部中断控制器处理；为 0 时，表示由 MPIC 中断控制器处理
1	CI0	为 1 时，表示中断控制器使用 cint#信号向 CPU0 提交中断请求
2	CI1	为 1 时，表示中断控制器使用 cint#信号向 CPU1 提交中断请求
30	P1	为 1 时，表示中断控制器使用 int#信号向 CPU0 提交中断请求
31	P0	为 1 时，表示中断控制器使用 int#信号向 CPU1 提交中断请求

10.2.2　系统软件如何初始化 PCIe 设备的 MSI Capability 结构

如果 PCIe 设备支持 MSI 机制，系统软件首先设置该设备 MSI Capability 结构的 Message Address 和 Message Data 字段。如果该 PCIe 设备支持 64 位地址空间，即 MSI Capability 寄存器的 64 bit Address Capable 位有效时，系统软件还需要设置 Message Upper Address 字段。系统软件完成这些设置后，将置 MSI Capability 结构的 MSI Enable 位有效，使能该 PCIe 设备的 MSI 机制。

其中 Message Address 字段所填写的值是 MSIIR 寄存器在 PCI 总线域中的物理地址。在 PowerPC 处理器中，PCI 总线域与存储器域地址空间独立，当 PCIe 设备访问存储器域的地址空间时，需要通过 Inbound 寄存器组将 PCI 总线域地址空间转换为存储器域地址空间。

在 PowerPC 处理器中，PCIe 设备使用 MSI 机制访问 MSIIR 寄存器时，可以不使用 Inbound 寄存器组进行 PCI 总线地址到处理器地址的转换。在 MPC8572 处理器中，专门设置了一个 PEXCSRBAR 窗口[⊖]，进行 PCI 总线域到存储器域的地址转换，使用这种方法可以节

⊖ 该窗口的大小为 1 MB，其基地址由 PEXCSRBAR 寄存器确定。

省 Inbound 寄存器窗口，Linux PowerPC 使用了这种实现方式。

在 MPC8572 处理器中，MSIIR 寄存器的基地址为 CCSRBAR[⊖]（Configuration，Control，and Status Base Address Register），其偏移为 0x1740。为支持 MSI 中断机制，系统软件需要使用 PEXCSRBAR 窗口将 MSIIR 寄存器映射到 PCI 总线域地址空间，即将 CCSRBAR 寄存器空间映射到 PCI 总线域地址空间。之后 PCIe 设备就可以通过 MSIIR 寄存器在 PCI 总线域的地址访问 MSIIR 寄存器。

Linux PowerPC 使用 setup_pci_pcsrbar 函数[⊖]设置 PEXCSRBAR 窗口，该函数的源代码在 ./arch/powerpc/sysdev/fsl_pci.c 文件中，如源代码 10-1 所示，这段代码来自 Linux 2.6.30.5。

源代码 10-1　setup_pci_pcsrbar 函数

```
static void __init setup_pci_pcsrbar (struct pci_controller * hose)
{
#ifdef CONFIG_PCI_MSI
    phys_addr_t immr_base;

    immr_base = get_immrbase ();
    early_write_config_dword (hose, 0, 0, PCI_BASE_ADDRESS_0, immr_base);
#endif
}
```

系统软件除了需要设置 PCIe 设备的 Message Address 字段和 PEXCSRBAR 窗口之外，还需要设置 PCIe 设备的 Message Data 字段。PCIe 设备向 MSIIR 寄存器进行存储器写操作的数据存放在 Message Data 字段中。

系统软件在初始化 Message Data 字段之前，首先根据 Multiple Message Capable 字段预先存放的数据初始化 Multiple Message Enable 字段。一个 PCIe 设备最多可以申请 32 个中断请求，但是系统软件根据当前处理器系统的中断资源的使用情况，决定给这个 PCIe 设备提供多少个中断向量，并将这个结果存放到 Multiple Message Enable 字段。

MPC8572 处理器最多可以为 PCIe 设备提供 256 个 MSI 中断请求。但是在某些极端的情况下，可能会出现 PCIe 设备需要的中断请求超过系统所能提供的中断请求。此时某些 PCIe 设备的 Multiple Message Enable 字段可能会小于 Multiple Message Capable 字段。

如果在 PCIe 设备中，使用了多个中断请求，那么 Message Data 字段存放的是一组中断向量号，而 Message Data 字段存放这组中断向量号的基地址。MSI 机制要求"这组数据"连续，其范围在 Message Data ~ Message Data+Multiple Message Enable-1 之间。在多数情况下，MPC8572 处理器系统仅为一个 PCIe 设备分配 1 个中断向量号。

由上所述，在 MPC8572 处理器系统中，PCIe 设备使用存储器写 TLP 传送 MSI 中断报文，这个存储器写 TLP 使用的地址为 PCIe 设备 Capability 结构的 Message Address 字段，而

⊖ 在 Linux PowerPC 中使用 immr_base 变量保存该寄存器。IMMR 寄存器是 PQ2 处理器使用的寄存器，该寄存器在 PQ3 之后的处理器中升级为 CCSRBAR。

⊖ 该函数来自 Linux 2.6.30.5 内核。

数据为 Message Data ~ Message Data+Multiple Message Enable-1 之间。其中 Message Data 字段与 MSIIR 寄存器要求的格式相同。

这个特殊的存储器写 TLP 报文通过若干 Switch，并穿越 RC 后，最终将数据写入 MSIIR寄存器中，并设置 MSIIR 寄存器的 SRS 和 IBS 字段，同时将使能 MSIR0 ~ MSIR7 寄存器的相应位，从而向中断控制器提交中断请求（如果 MSIVPR 寄存器的 MSK 位为 1）。MPIC 中断控制器获得该中断请求后，向处理器系统转发这个中断请求，并由处理器系统执行相应的中断服务例程进行中断处理。MPC8572 处理器也可以处理 PCIe 设备的 MSI-X 中断机制，本节对此不做进一步介绍。

10.3　x86 处理器如何处理 MSI-X 中断请求

PCIe 设备发出 MSI-X 中断请求的方法与发出 MSI 中断请求的方法类似，都是向 Message Address 所在的地址写 Message Data 字段包含的数据。只是 MSI-X 中断机制为了支持更多的中断请求，在 MSI-X Capablity 结构中存放了一个指向一组 Message Address 和 Message Data字段的指针，从而一个 PCIe 设备可以支持的 MSI-X 中断请求数目大于 32 个，而且并不要求中断向量号连续。MSI-X 机制使用的这组 Message Address 和 Message Data 字段存放在 PCIe设备的 BAR 空间中，而不是在 PCIe 设备的配置空间中，从而可以由用户决定使用 MSI-X 中断请求的数目。

当系统软件初始化 PCIe 设备时，如果该 PCIe 设备使用 MSI-X 机制传递中断请求，需要对 MSI-X Capability 结构指向的 Message Address 和 Message Data 字段进行设置，并使能 MSI-X Enable 位。x86 处理器在此处的实现与 PowerPC 处理器有较大的不同。

10.3.1　Message Address 字段和 Message Data 字段的格式

在 x86 处理器系统中，PCIe 设备也是通过向 Message Address 写入 Message Data 指定的数值实现 MSI/MSI-X 机制。在 x86 处理器系统中，PCIe 设备使用的 Message Adress 字段和 Message Data 字段与 PowerPC 处理器不同。

1. PCIe 设备使用 Message Adress 字段

在 x86 处理器系统中，PCIe 设备使用的 Message Address 字段仍然保存 PCI 总线域的地址，其格式如图 10-7 所示。

图 10-7　Message Address 字段的格式

其中第 31 ~ 20 位存放 FSB Interrupts 存储器空间的基地址，其值为 0xFEE。当 PCIe 设备对 0xFEEX-XXXX 这段 "PCI 总线域" 的地址空间进行写操作时，MCH/ICH 会首先进行"PCI 总线域" 到 "存储器域" 的地址转换，之后将这个写操作翻译为 FSB 总线的 Interrupt Message 总线事务，从而向 CPU 内核提交中断请求。

x86 处理器使用 FSB Interrupt Message 总线事务转发 MSI/MSI-X 中断请求。使用这种方法的优点是向 CPU 内核提交中断请求的同时，提交 PCIe 设备使用的中断向量，从而 CPU

不需要使用中断响应周期从寄存器中获得中断向量。FSB Interrupt Message 总线事务的详细说明见下文。

Message Address 字段其他位的含义如下所示。

- Destination ID 字段保存目标 CPU 的 ID 号，目标 CPU 的 ID 与该字段相等时，目标 CPU 将接收这个 Interrupt Message。FSB Interrupt Message 总线事务可以向不同的 CPU 提交中断请求。
- RH（Redirection Hint Indication）位为 0 时，表示 Interrupt Message 将直接发向与 Destination ID 字段相同的目标 CPU；如果 RH 为 1 时，将使能中断转发功能。
- DM（Destination Mode）位表示在传递优先权最低的中断请求时，Destination ID 字段是否被翻译为 Logical 或者 Physical APIC ID。在 x86 处理器中 APIC ID 有三种模式，分别为 Physical、Logical 和 Cluster ID 模式。
- 如果 RH 位为 1 且 DM 位为 0 时，Destination ID 字段使用 Physical 模式；如果 RH 位为 1 且 DM 位为 1，Destination ID 字段使用 Logical 模式；如果 RH 位为 0，DM 位将被忽略。

以上这些字段的描述与 x86 处理器使用的 APIC 中断控制器相关。对 APIC 的详细说明超出了本书的范围，对此部分感兴趣的读者请参阅 Intel 64 and IA-32 Architectures Software Developer's Manual Volume 3A：System Programming Guide，Part 1。

2. Message Data 字段

Message Data 字段的格式如图 10-8 所示。

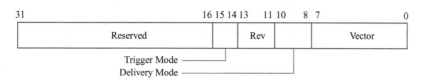

图 10-8　Message Data 字段的格式

Trigger Mode 字段为 0b0x 时，PCIe 设备使用边沿触发方式申请中断；为 0b10 时使用低电平触发方式；为 0b11 时使用高电平触发方式。MSI/MSI-X 中断请求使用边沿触发方式，但是 FSB Interrupt Message 总线事务还支持 Legacy INTx 中断请求方式，因此在 Message Data 字段中仍然支持电平触发方式。但是对于 PCIe 设备而言，该字段为 0b0x。

Vector 字段表示这个中断请求使用的中断向量。FSB Interrupt Message 总线事务在提交中断请求的同时，将中断向量也通知给处理器。因此使用 FSB Interrupt Message 总线事务时，处理器不需要使用中断响应周期通过读取中断控制器获得中断向量号。与 PowerPC 的传统方式相比，x86 处理器的这种中断请求的效率较高[⊖]。

值得注意的是，在 x86 处理器中，MSI 机制使用的 Message Data 字段与 MSI-X 机制相同。但是当一个 PCIe 设备支持多个 MSI 中断请求时，其 Message Data 字段必须是连续的，因而其使用的 Vector 字段也必须是连续的，这也是在 x86 处理器系统中，PCIe 设备支持多个 MSI 中断请求的问题所在，而使用 MSI-X 机制有效避免了该问题。

⊖ P4080 处理器也提供了一种类似于 FSB Interrupt Message 总线事务的中断请求方法。

Delivery Mode 字段表示如何处理来自 PCIe 设备的中断请求。

- 该字段为 0b000 时，表示使用"Fixed Mode"方式。此时这个中断请求将被 Destination ID 字段指定的 CPU 处理。

- 该字段为 0b001 时，表示使用"Lowest Priority"方式。此时这个中断请求将被优先权最低的 CPU 处理。当使用"Fixed Mode"和"Lowest Priority"方式时，如果 Vector 字段有效，CPU 接收到这个中断请求之后，将使用 Vector 字段指定的中断向量处理这些中断请求；而当 Delivery Mode 字段为其他值时，Message Data 字段中所包含的 Vector 字段无效。

- 该字段为 0b010 时，表示使用 SMI 方式传递中断请求，而且必须使用边沿触发，此时 Vector 字段必须为 0。这个中断请求将被 Destination ID 字段指定的 CPU 处理。

- 该字段为 0b100 时，表示使用 NMI 方式传递中断请求，而且必须使用边沿触发，此时 Vector 字段和 Trigger 字段的内容将被忽略。这个中断请求将被 Destination ID 字段指定的 CPU 处理。

- 该字段为 0b101 时，表示使用 INIT 方式传递中断请求，Vector 字段和 Trigger 字段的内容将被忽略。这个中断请求将被 Destination ID 字段指定的 CPU 处理。

- 该字段为 0b111 时，表示使用 INTR 信号传递中断请求且使用边沿触发。此时 MSI 中断信息首先传递给中断控制器，然后中断控制器通过 INTR 信号向 CPU 传递中断请求，之后 CPU 通过中断响应周期获得中断向量。上文中 PowerPC 处理器使用的方法与此方法类似。而在 x86 处理器中多使用 Interrupt Message 总线事务进行 MSI 中断信息的传递，因此这种模式很少使用。

边沿触发和电平触发是中断请求常用的两种方式。其中电平触发指外部设备使用逻辑电平 1（高电平触发）或者 0（低电平触发），提交中断请求。使用电平或者边沿方式提交中断请求时，外部设备一般通过中断线（IRQ_PIN#）与中断控制器相连，其中多个外部设备可能通过相同的中断线与中断控制器相连（线与或者与门）。

外部设备在使用低电平触发提交中断请求的过程中，首先需要将 IRQ_PIN#信号驱动为低。当中断控制器将该中断请求提交给处理器，而且处理器将这个中断请求处理完毕后，处理器将通过写外部设备的某个寄存器来清除此中断源，此时外部设备将不再驱动 IRQ_PIN#信号线，从而结束整个中断请求。

IRQ_PIN#信号线可以被多个外部设备共享，在这种情况之下，只有所有外部设备都不驱动 IRQ_PIN#信号线时，IRQ_PIN#信号才为高电平。采用电平触发方式进行中断请求的优点是不会丢失中断请求，而缺点是一个优先权较高的中断请求有可能会长期占用中断资源，从而使其他优先权较低的中断不能被及时提交。因为优先级别较高的中断源可能会持续不断地驱动 IRQ_PIN#信号。

而边沿触发使用上升沿（0 到 1）或者下降沿（1 到 0）作为触发条件，但是中断控制器并不是使用这个"边沿"作为触发条件。中断控制器使用内部时钟对 IRQ_PIN#信号进行采样，如果在前一个时钟周期，IRQ_PIN#信号为 0，而后一个时钟周期，IRQ_PIN#信号为 1，中断控制器认为外部设备提交了一个有效"上升沿"，中断控制器会锁定这个"上升沿"并向处理器发出中断请求。这也是外部设备至少需要将 IRQ_PIN#信号保持一个时钟采样周期的原因，否则中断控制器可能无法识别本次边沿触发的中断请求，从而产生 Spurious 中断请求。

外部设备使用"上升沿"进行中断申请时,不需要持续地将 IRQ_PIN#信号驱动为 1,而只需要保证中断控制器可以进行正确采样这些中断信号即可。在处理边沿触发中断请求时,处理器不需要清除中断源。

使用边沿触发可以有效避免"优先级别"较高的中断源长期占用 IRQ_PIN#信号的情况,使用"下降沿"触发进行中断请求与"上升沿"触发类似。

但是外部设备使用边沿触发方式时,有可能会丢失一些中断请求。例如在一个处理器系统中,存在一个定时器,这个定时器使用上升沿触发方式向中断控制器定时提交中断。当处理器正在处理这个定时器的上一个中断请求时,将不会处理这个定时器发出的其他"边沿"中断请求,从而导致中断丢失。而使用电平触发方式不会出现这类问题,因为电平触发方式是一个"持续"过程,处理器只有处理完毕当前中断,并清除相应中断源之后,才会处理下一个中断源。

MSI 中断请求实际上和边沿触发方式非常类似,MSI 中断请求通过存储器写 TLP 实现,这个写动作是一个瞬间的动作,并不是一个持续请求,因此在 x86 处理器中 MSI 中断请求使用边沿触发进行中断请求。

还有一些外部设备可以通过 I/O APIC 进行中断请求⊖,这些 I/O APIC 接收的外部中断需要标明是使用边沿或者电平触发,I/O APIC 使用 FSB Interrupt Message 总线事务将中断请求发向 Local APIC,并由 Local APIC 向处理器提交中断请求。

10.3.2　FSB Interrupt Message 总线事务

与 MPC8572 处理器处理 MSI 中断请求不同,x86 处理器使用 FSB 的 Interrupt Message 总线事务,处理 PCIe 设备的 MSI/MSI-X 中断请求。由上文所示,MPC8572 处理器处理 MSI 中断请求时,首先由 MPIC 中断控制器截获这个 MSI 中断请求,之后由 MPIC 中断控制器向 CPU 提交中断请求,而 CPU 通过中断响应周期从 MPIC 中断控制器的 ACK 寄存器中获得中断向量。

采用这种方式的主要问题是,当一个处理器中存在多个 CPU 时,这些 CPU 都需要通过中断响应周期从 MPIC 中断控制器的 ACK 寄存器中获得中断向量。在一个中断较为密集的应用中,ACK 寄存器很可能会成为系统瓶颈。而采用 Interrupt Message 总线事务可以有效地避免这种系统瓶颈,因为使用这种方式中断信息和中断向量将同时到达指定的 CPU,而不需要使用中断响应周期获得中断向量。

x86 处理器也具有通过中断控制器提交 MSI/MSI-X 中断请求的方法,在 I/O APIC 具有一个"The IRQ Pin Assertion Register"寄存器,该寄存器地址为 0xFEC00020⊖,其第 4~0 位存放 IRQ Number。系统软件可以将 PCIe 设备的 Message Address 寄存器设置为 0xFEC00020,将 Meaasge Data 寄存器设置为相应的 IRQ Number。

当 PCIe 设备需要提交 MSI 中断请求时,将向 PCI 总线域的 0xFEC00020 地址写入 Message Data 寄存器中的数据。此时这个存储器写请求将数据写入 I/O APIC 的 The IRQ Pin

---

⊖　与 I/O APIC 的 IRQX#引脚连接的外部设备。

⊖　该寄存器在存储器域和 PCI 总线域中的地址都为 0xFEC00020。

Assertion Register 中，并由 I/O APIC 将这个 MSI 中断请求最终发向 Local APIC，之后再由 Local APIC 通过 INTR#信号向 CPU 提交中断请求。

　　上述步骤与 MPC8572 处理器传递 MSI 中断的方法类似。在 x86 处理器中，这种方式基本上已被弃用。下面以图 10-9 为例，说明 x86 处理器如何使用 FSB 总线的 Interrupt Message 总线事务，向 CPU 提交 MSI/MSI-X 中断请求。

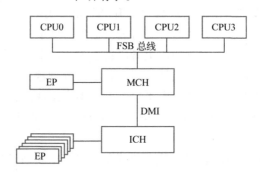

图 10-9　使用 Interrupt Message 总线事务提交 MSI 中断请求

　　PCIe 设备在发送 MSI/MSI-X 中断请求之前，系统软件需要合理设置 PCIe 设备 MSI/MSI-X Capability 寄存器，使 Message Address 寄存器的值为 0xFEExx00y[⊖]，同时合理地设置 Message Data 寄存器 Vector 字段。

　　PCIe 设备提交 MSI/MSI-X 中断请求时，需要向 0xFEExx00y 地址写 Message Data 寄存器中包含的数据，并以存储器写 TLP 的形式发送到 RC。如果 ICH 收到这个存储器写 TLP 时，将通过 DMI 接口将这个 TLP 提交到 MCH。MCH 收到这个 TLP 后，发现这个 TLP 的目的地址在 FSB Interrupts 存储器空间中，则将 PCIe 总线的存储器写请求转换为 Interrupt Message 总线事务，并在 FSB 总线上广播。

　　FSB 总线上的 CPU，根据 APIC ID 信息，选择是否接收这个 Interrupt Message 总线事务，并进入中断状态，之后该 CPU 将直接从这个总线事务中获得中断向量号，执行相应的中断服务例程，而不需要从 APIC 中断控制器获得中断向量。与 PowerPC 处理器的 MPIC 中断控制器相比，这种方法更具优势。

10.4　小结

　　本章详细描述了 MSI/MSI-X 中断机制的原理，并以 PowerPC 和 x86 两个处理器系统为例说明这两种中断机制实现机制。本章因为篇幅有限，并没有详细讲述这两个处理器使用的中断控制器。而理解这些中断控制器的实现机制是进一步理解 MSI/MSI-X 中断机制的要点。对此部分有兴趣的读者可以继续阅读 MPIC 中断控制器和 APIC 中断控制器的实现机制，以加深对 MSI/MSI-X 中断机制的理解。

　　设备的中断处理是局部总线的设计难点和重要组成部分，而中断处理的效率直接决定了局部总线的数据传送效率。在一个处理器系统的设计与实现中，中断处理的优化贯彻始终。

　　⊖　其中 xx 表示 APIC ID，而 y 为 RH+DM。

第 11 章　PCI/PCIe 总线的序

在一个处理器系统的实现中，开发者需要注意两个问题，一个是 Cache 的一致性（Cache Coherency），另一个是数据的完整性（Data Consistency）。深入理解这两部分内容的过程贯穿处理器体系结构学习的始终。在一个处理器系统的实现过程中，由这两个问题引发的系统错误是最难定位的。因为这两种系统错误的表现形式很难与"Cache 共享一致性"与"序"联系在一起，即便最后定位是这两种原因引发的系统错误，也不容易复现这些系统错误。

本章主要讲述在 PCI/PCIe 总线中，数据传送的"序"与可能出现的死锁。在总线体系结构的设计中需要重点考虑序与死锁的问题，序和死锁一直是系统架构设计的重点所在，也是逻辑性要求较强、最容易出错、系统程序员容易忽略的内容。

所谓"序"是指数据传送的顺序，是保证数据完整性的基础。而死锁是指两个以上的设备在访问临界资源时，相互等待对方释放这些资源，而无法访问这些资源的情况。合理地安排访问"序"是解决死锁的一个有效方法。

在 PCI/PCIe 总线中，序与生产/消费者模型密切相关。生产/消费者模型是一种并发协作模型，PCI/PCIe 设备使用该模型进行数据传递。在 PCI/PCIe 总线中，访问"序"的安排必须保证生产/消费者模型的正确运转，这也意味着在 PCI/PCIe 总线中，数据的传送规则需要与生产/消费者模型一致。

合理安排数据访问的"序"对于一个系统设计是至关重要的，同时也是一个系统设计的基础。对于一个专用系统，生产消费者模型使用的数据缓冲、Flag 和 Status 位在系统中的位置相对固定，以此为基础设计合理的数据访问"序"也许并不困难。

但是对于一个通用处理器系统，数据缓冲、Flag 和 Status 位的在系统中位置并不固定，此时合理安排数据访问"序"需要异常缜密的思维。而 PCI/PCIe 总线针对的就是这样的一个通用处理器系统。

本章将在第 11.3 节介绍 PCI 总线的序，并在第 11.4 节详细介绍 PCIe 总线的序。其中 PCIe 总线的序基于 PCI 总线的序，并适当简化了 PCI 总线的强序模型，补充了 PCIe 总线的"Relaxed Ordering"和 IDO（ID-Base Ordering）模型。

11.1　生产/消费者模型

除了在 PCI/PCIe 总线中，互连网络中的数据传递以及多进程间的数据通信也经常使用生产/消费者模型。生产/消费者模型的正确运行需要一些必要条件，该模型由以下几个基本单元组成。

- 共享数据缓冲。由生产者写入，消费者读取的数据区域。
- 生产者。数据的提供方，生产者需要产生数据，并在消费者将数据读出后，再将数据写入缓冲中。

- 消费者。数据的使用方，消费者将消费数据，并在生产者将数据写入共享缓冲后，再获取数据。
- Flag 位。生产者通过对该位写 1 通知消费者，已经将数据写入缓冲中。消费者通过该位判断数据缓冲是否有效，为 1 表示在数据缓冲中的数据已经被生产者写入；为 0 表示没有被写入。该位由生产者写 1，由消费者清零。
- Status 位。消费者通过对该位写 1 通知生产者，已经将数据从缓冲读出；生产者通过该位判断数据缓冲是否有效，为 1 表示在数据缓冲中的数据已经被消费者读出；为 0 没有读出。该位由消费者写 1，由生产者清零。

生产/消费者模型需要使用两个状态位完成数据的交换。因为生产者和消费者在使用数据缓冲时，需要多种数据状态。这些数据状态如表 11-1 所示。

表 11-1　Flag 和 Status 状态位

Flag	Status	描　　述
0	0	空闲状态，此时数据缓冲为空
1	0	生产者写入数据，但是消费者没有使用该数据
0	1	消费者使用完毕该数据
1	1	正常情况不会出现该状态

11.1.1　生产/消费者的工作原理

在生产/消费者模型初始化时，Flag 和 Status 位都为 0，之后生产者和消费者通过操纵和检测 Flag 和 Status 位，进行数据传递。其中生产者负责将数据填入到数据缓冲中，而消费者负责将数据从缓冲中取出，其实现过程如表 11-2 所示。

表 11-2　生产/消费者的工作流程

	生产者工作流程	消费者工作流程
1	将数据写入缓冲中	查询 Flag 位，直到该位为 1
2	置 Flag 位为 1	置 Flag 位为 0
3	查询 Status 位，直到该位为 1	将数据从缓冲中读出
4	置 Status 位为 0。如果有数据发送，转（1）	置 Status 位为 1，转（1）

由以上描述，可以发现生产者仅轮询 Status 位，在条件允许时将该位清零，而直接对 Flag 位写 1；消费者仅轮询 Flag 位，并在条件允许时将该位清零，而直接对 Status 位写 1。

设计者在使用生产/消费者模型时，需要注意两个竞争条件。

1）由于生产者对"Flag 位置 1"和"数据写入数据缓冲"可能没有采用相同的路径，因此这两个动作不一定同步进行。当生产者将 Flag 位置 1 时，可能数据没有完全写入到缓冲中。但是在消费者查询 Flag 位已经为 1，并将该位清零之后，数据一定要写入缓冲中，否则消费者将得到无效数据。

2）消费者对"数据从缓冲读出"和"Status 位置 1"也可能没有采用相同的路径，这两个动作也不一定同步。因此消费者将 Status 位置 1 时，可能数据没有完全从缓冲中读出。

但是在生产者查询 Status 位已经为 1，并将该位清零之后，数据一定要从缓冲读出，否则生产者将会清除缓冲中的有效数据。

由此可见，生产/消费者模型的正确运行是有条件的。为此在一个实际的系统应用中，必须合理安排数据访问的"序"，使得该模型能够正常运转。而且这个"序"需要考虑在一个系统中存在多个生产者、多个消费者和多个数据缓冲的情况。

11.1.2　生产/消费者模型在 PCI/PCIe 总线中的实现

生产/消费者模型在 PCI/PCIe 总线中得到了充分的应用。两个 PCI 主设备之间进行数据传送，或者 PCI 主设备进行 DMA 操作时需要使用该模型。PCI 总线规定，PCI 设备必须按照生产/消费者模型提供的规则访问存储器或者 I/O 资源。采用该模型对于 PCI 设备访问存储器或者 I/O 资源时避免死锁和保证数据完整性至关重要。PCI/PCIe 总线规定了数据访问的顺序，本章在第 11.3 和第 11.4 节将讲述这些内容。

下文以两个 PCI 主设备进行数据交换说明生产/消费者模型的实现机制，假设这两个 PCI 主设备在进行数据交换时使用一个数据缓冲和 Flag 和 Status 这两个状态位。

在 PCI 总线中，数据传送只要遵循合理的顺序，无论生产者、消费者在哪一级 PCI 总线上，数据缓冲和 Flag、Status 状态位在处理器系统的什么位置，都能准确无误地发送和接收数据，保证生产/消费者模型的正确运转。

下面以图 11-1 为例，进一步说明在 PCI 总线中，生产/消费者模型的运转过程。其中消费者与数据缓冲在同一条 PCI 总线上，而 Flag 位、Status 位和生产者在另外一条 PCI 总线上。这两条 PCI 总线之间通过一个 PCI 桥进行连接。在这种处理器系统中，生产/消费者模型的详细运转过程见表 11-3。

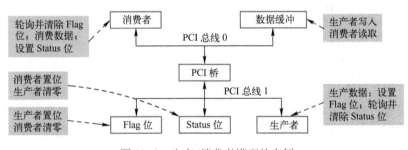

图 11-1　生产/消费者模型的实例

PCI 桥的存在为生产/消费者模型在 PCI 体系结构中的实现带来了新的挑战，PCI 桥可以缓存一些报文，因此来自 PCI 设备的报文并不能立即到达目的地。其中 Flag 和 Status 位的初始值为 0。

表 11-3　基于 PCI 总线的生产/消费者模型的详细描述

步　骤	操　作	描　述
1	生产者通过 PCI 桥，使用 Posted 方式将数据写入数据缓冲中	生产者和数据缓冲不在同一条总线上，因此生产者首先使用 Posted 写周期将数据写入 PCI 桥，并不会立刻到达数据缓冲
2	生产者将 Flag 位置 1	Flag 位和生产者在同一条总线上，Flag 位会被立即置位

（续）

步　　骤	操　　作	描　　述
3	生产者轮询 Status 状态位，判断数据缓冲中的数据是否被消费者处理完毕	Status 位和生产者在同一条总线上，生产者可以立即获得 Status 位的信息
4	消费者轮询 Flag 状态位	Flag 位和消费者不在同一条总线上，因此消费者首先将读请求发向 PCI 桥，PCI 桥将使用 Delayed 读总线请求周期获得数据，同时可能使用 "Retry" 周期结束消费者的读请求。为保证生产/消费者模型的正确运行，PCI 桥必须进行以下操作读取 Flag 位。 1. 为了保证读请求的正确性，PCI 桥需要首先将与读请求相同方向的 Posted 写请求发送出去，即发送到 PCI 总线 1 上。 2. PCI 桥读取 Flag 位。 3. PCI 桥将所有 Posted 写请求发送到 PCI 总线 0 上。 4. PCI 桥将 Flag 信息发送给消费者
5	如果消费者发现 Flag 位被生产者置为 1，则将 Flag 位清零	这个清零操作首先也是发向 PCI 桥，并不会立刻到达 Flag 位
6	消费者从数据缓冲中获得数据	消费者与数据缓冲在同一条总线上，可以直接获得数据
7	消费者处理完毕这些数据后，将 Status 位置 1	消费者和 Status 位不在同一条总线上，因此生产者首先使用 Posted 写周期将数据写入 PCI 桥，并不会立刻更新 Status 位
8	消费者继续轮询 Flag 位，确定数据缓冲中是否有新的数据需要处理	消费者再一次读取 Flag 位时，仍然需要跨越 PCI 桥，此时强制将 PCI 桥中的 Posted 写总线事务刷新出去
9	生产者读取 Status 位，并依此判断消费者是否处理完毕数据缓冲中的数据	生产者和 Status 位在同一条总线上，因此可以立即获得 Status 位的信息
10	如果 Status 位为 1，则生产者将 Status 位清零	生产者和 Status 位在同一条总线上，Status 位可以立即被更新
11	如果生产者继续提供数据，将重新启动整个生产/消费者模型	

由以上过程可以发现，由于 PCI 桥的存在数据并不能立即到达目的地，因此有可能造成总线死锁和数据不完整等一系列问题，最终导致生产/消费者模型不能在 PCI 总线上正确运行。为了解决这个问题，PCI 总线规定了一系列与数据传送"序"有关的规则。

如果 PCI 设备不满足这个"序"的要求，就有可能出现数据完整性的问题，从而导致数据传送失败。如果读者有机会设计基于 PCI/PCIe 总线的设备，需要认真考虑这个序的问题。值得注意的是，PCIe 总线的序与 PCI 总线的序略有区别，在第 11.4 节将详细讨论 PCIe 总线的序。

在 PCI/PCIe 总线中，使用 Posted 总线请求比 Non-Posted 总线请求传送数据的延时更短。因此在一个具体的实现中，如果 Status 位距离生产者的路径较近时，轮询该位的代价较低；同理 Flag 位距离消费者的路径较近时，轮询该位的代价也较低。

值得注意的是，在 PCI 体系结构中，无论生产者、消费者、Flag 和 Status 位在处理器系统的哪级 PCI 总线中，生产/消费者模型都可以正常运行，为此 PCI 总线详细规定了数据传送的顺序，PCI 总线的"序"对于理解 PCI 体系结构至关重要，读者需要重视这部分内容。

本书建议读者改变图 11-1 中生产者、消费者、Flag 位和 Status 位的位置，按照第 11.3 节提供的规则，验证生产/消费者协议在 PCI 总线中的正确性。

11.2　PCI 总线的死锁

Tom Shanley 与 Don Anderson 对 PCI 总线的死锁进行了详细说明，本节首先通过两个实例说明在 PCI 总线中存在的死锁问题。其中第 1 个实例是因为缓冲管理不慎而导致的死锁，而第 2 个实例是因为数据传送的顺序而导致死锁。本节更侧重介绍因为数据的传送顺序而导致的死锁。

11.2.1　缓冲管理引发的死锁

如图 11-2 所示，假设在一条 PCI 总线上有两个非桥设备 A 和 B。其中 A 和 B 之间相互进行存储器写操作，这个存储器写操作需要使用设备 A 和 B 内部的缓冲区。而且设备 A/B 的发送部件和接收部件共享同一个数据缓冲。在图 11-2 的左图中 PCI 设备 A/B 的发送和接收缓冲共用了一个数据缓冲，而在右图中将这两者分离。

图 11-2　PCI 总线中的死锁实例 1

设备 A 和 B 进行存储器写操作的流程如下。

1）设备 A 和 B 同时申请 PCI 总线资源，同时 A 和 B 已经将即将发送的数据写入各自的缓冲区中，准备进行数据传递。

2）设备 A 通过总线仲裁优先使用 PCI 总线，同时将缓冲区中的数据发向设备 B。

3）设备 B 因为在缓冲区中尚有数据需要传递，因此使用重试周期拒绝了设备 A 的数据请求，并获得 PCI 总线的使用权，将缓冲区中的数据发向设备 A。

4）设备 A 也因为在缓冲区中尚有数据需要传递，而使用重试周期拒绝了设备 B 的数据请求。

5）在这种情况下，设备 A 和设备 B 都因为对方的缓冲正在被使用，而无法完成存储器写，从而产生了死锁。

从这个例子中可以发现，如果 PCI 设备对缓冲区的管理不慎，极易造成死锁。我们可以采用一种简单的方法解决这类死锁问题，只要设备 A、B 将接收和发送使用的缓冲分离，这样可以保证在步骤 3）中，设备 B 可以接收来自设备 A 的数据，从而避免了死锁。

11.2.2　数据传送序引发的死锁

本节首先分析一个在 PCI 总线中死锁的实例。假设在 PCI 桥 A 中存放了一个 Posted 写请求，该请求正在准备发向 Secondary PCI 总线。而在 PCI 桥 A 还没有获得 Secondary PCI 总线的使用权时，Secondary 总线上的 PCI 设备 B，需要使用 Delayed 总线事务通过该 PCI 桥从主存储器中读取数据。如图 11-3 所示。

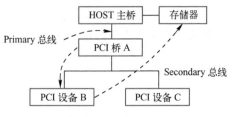

图 11-3 PCI 总线中死锁实例 2

PCI 桥 A 与 PCI 设备 B 的工作流程如下所示。

1）首先 PCI 设备 B 发出的存储器读请求已经从存储器中获得数据，HOST 主桥将这个存储器读请求转换为存储器读完成。当这个存储器读完成穿越 PCI 桥时，要求刷新 PCI 桥中的 Posted 写请求（从 Primary 总线到 Secondary 总线的 Posted 写请求）。因此 PCI 桥首先需要重试来自 PCI 设备的读完成，然后将存储在 PCI 桥中的这个 Posted 写请求刷新出去，详细原因见第 11.3.1 节。

2）如果这个 Posted 写请求的目的设备恰好是需要从存储器读取数据的 PCI 设备，此时将可能发生死锁。假设在 PCI 桥 A 暂存的 Posted 写的目的地恰好为 PCI 设备 B。

3）PCI 设备 B 发现有发向自己的 Posted 写请求时，并不接收这个请求，而是使用重试周期拒绝这个写请求，因为这个 PCI 设备希望从存储器读取完数据后，才能接收这个写请求。

4）此时在 PCI 桥 A 中暂存的 Posted 写无法完成，同时 PCI 设备 B 的读完成请求也无法穿越 PCI 桥 A，此时将产生死锁。

产生这个死锁的原因是 PCI 设备 B 需要完成存储器读之后才能接收 Posted 存储器写，如果 PCI 设备 B 可以先接收 Posted 存储器写，之后再进行存储器读完成请求，这个死锁就可以避免。产生该死锁的原因与 PCI 总线的序相关，合理地安排这些总线事务的访问序将可以避免这类死锁，下文将详细介绍 PCI 总线的序。

在 PCI 总线中，如果没有合适地处理序的问题，将产生多种类型的死锁。本节所讲述的仅是其中一个较为简单的实例。下文将继续介绍有关 PCI 总线序引发的死锁问题。PCI 总线通过安排访问顺序，可以合理地解决这类死锁问题。

11.3 PCI 总线的序

PCI 总线为满足生产/消费者模型的正确运转，设置了许多与"序"相关的规则。只要 PCI 设备满足这些序，那么无论数据缓冲、Flag 和 Status 位在 PCI 总线的什么位置，都可以保证生产/消费者模型的正常运转。

11.3.1 PCI 总线序的通用规则

PCI 总线在进行数据传递时规定了一些规则。

1）PCI 总线仅支持 Posted 存储器写总线事务，而配置和 I/O 写总线事务只能使用"Delayed"总线写事务实现。

2）Posted 存储器写总线事务需要按序完成。PCI 桥必须按照"先进先出"的原则，处理 Posted 存储器写总线事务。在图 11-1 所示的实例中，如果 Flag 位在 PCI 总线 0 上时，生产者需要通过 PCI 桥传递数据，并将 Flag 位置 1，这两个操作都需要使用 Posted 存储器写总线事务。如果 PCI 不遵循"先进先出"的原则，有可能发生 Flag 位已经置 1，而数据尚未完全到达数据缓冲，从而引发数据完整性问题。

3）双方向的数据写没有序的关系。如图 11-1 所示，生产者通过 PCI 桥向数据缓冲写入数据，与消费者通过 PCI 桥更新 Status 状态位没有序的关系。PCI 桥会为双方向的数据传递设置独立的缓冲，两者间的数据传递没有序的要求。

4）读请求通过 PCI 桥时需要进行数据同步。当来自任何主设备的读请求通过 PCI 桥时，PCI 桥需要按照以下步骤处理这个读请求。

① 这个读请求总线事务首先被 PCI 桥暂存。该读请求可以穿越 PCI 桥，或者被 PCI 桥转换为 Delayed 读请求结束主设备的请求，并使主设备择时重试这个读请求。

② 在 PCI 桥向目标总线发起读请求之前，需要将"与这个读请求方向相同的"Posted 写事务刷新出 PCI 桥。以图 11-1 为例，消费者在读取 Flag 位时，PCI 桥中暂存的"从 PCI 总线 0 到 PCI 总线 1"的 Posted 写总线事务都将刷新到 PCI 总线 1 中。该操作可以保证主设备可以从目标设备获得最新的 Flag 信息，因为"和读请求同方向"的写操作都从 PCI 桥中刷新出去。

③ PCI 桥从目标总线上获得数据，因为在读取数据之前，已经将 Posted 写事务刷新出 PCI 桥，因此这个读操作可以获得最新的数据，从而保证了数据访问的一致性。

④ PCI 桥将"与这个读完成方向相同的"Posted 写事务刷新出 PCI 桥。以图 11-1 为例，将 Posted 写事务从桥片刷新到 PCI 总线 0，此时主设备获得 Flag 信息后，可以保证所有的数据已经到达数据缓冲，因为"和读完成同方向的"写操作都从 PCI 桥中刷新出去。

⑤ 当主设备再次发出这个读请求时，PCI 桥将传送在数据缓冲中的数据。

5）Posted 写总线事务可以穿越 Non-Posted 总线事务。PCI 桥在等待其他 Non-Posted 总线事务完成时，能够接收 Posted 写总线事务，如果 PCI 桥不这样做，将可能引发死锁，如图 11-3 所示。这里有两个例外，一个是 PCI 桥的 Posted 写数据缓冲满时，PCI 桥可以暂时不接收这个 Posted 写总线事务；另外一个是 PCI 桥正在处理一个"Locked"总线操作时，也可以不接收 Posted 写总线事务。

11.3.2　Delayed 总线事务的传送规则

PCI 总线规定在主设备置 FRAME#信号有效后的 16 个时钟周期之内，目标设备需要置 TRDY#有效，否则 PCI 总线将出现夭折现象，因此如果一个 PCI 主设备需要使用 Non-Posted 总线事务，通过多级 PCI 桥访问最终的目的设备时，可以使用 Delayed 总线事务。此时 PCI 桥首先 Retry 当前 Non-Posted 总线事务，并将其转换为 Delayed 总线事务。该 Non-Posted 总线事务的发起者需要择时重试该总线事务，而 PCI 桥将这个 Delayed 总线事务暂存。

在处理 Delayed 总线事务时，PCI 桥可以每次只处理一个 Delayed 总线事务，当下一个 Delayed 总线事务到达时，PCI 桥可以直接拒绝此 Delayed 总线请求事务；或者在 PCI 桥中设置一个队列，依次将 Delayed 总线请求事务保存在这个队列中，当这个队列满时，再拒绝下一个 Delayed 总线事务。使用 Delayed 总线请求事务进行数据传送时，需要遵循以下规则。

1）只有 Non-Posted 总线事务才能使用 Delayed 总线事务。

2）主设备访问目标设备时，如果被 PCI 桥使用重试周期暂时中断时，主设备必须择时重新访问这个目标设备，因为 PCI 桥将使用 Delayed 总线请求事务继续进行数据访问，PCI 桥获得这个数据后，主设备再从 PCI 桥中获得这个数据。

3）如果一个 Delayed 总线请求事务被要求重试，发起这个 Delayed 总线读请求事务的设备需要不断地择时重发这个数据访问，直到完成这个数据访问为止。在 Delayed 总线请求事务没有到达最终的设备之前，仅是一个数据请求，可以随时被丢弃。而这些重试操作极大浪费了 PCI 总线的带宽，这也是 Delayed 总线事务的缺点。

4）当 Delayed 总线请求事务成功到达目的总线后，这个 Delayed 总线请求事务将被转换为 Delayed 总线完成事务。此时这个 Delayed 总线完成事务除了在以下两种情况之外，不能被随便丢弃。

① 如果主设备向一个可以预取的存储器空间进行读操作时，产生的 Delayed 总线完成事务可以被丢弃。因为对可以预取的存储器空间进行多次读操作，都不会产生任何副作用。

② 当主设备在 2^{15} 个时钟周期后，依然没有进行总线重试时，PCI 桥可以丢弃这个 Delayed 总线完成事务，而且需要通过某种机制通知主设备这个 Delayed 总线完成事务已经被丢弃，这种情况极少发生。

5）PCI 桥在处理 Delayed 总线事务时，必须能够接收来自这个桥同一侧的 Posted 存储器写请求。

6）Delayed 数据请求和 Delayed 数据完成之间没有序的要求。

7）Delayed 数据完成不可以超越之前的 Posted 写总线事务。

8）如果主设备需要"Delayed 读总线事务 A"一定要在"Delayed 读总线事务 B"之前结束，唯一的方法就是在 Delayed 读总线事务 A 完全结束后，再启动 Delayed 读总线事务 B。因为 Delayed 读总线事务 A 有可能被设备使用重试周期结束。因此尽管 PCI 设备先发送 Delayed 读总线请求 A，仍然有可能在后发送的 Delayed 读总线请求 B 完全结束后，才被处理。

11.3.3　PCI 总线事务通过 PCI 桥的顺序

在 PCI 桥中，设置了许多缓冲暂存各类总线事务，包括 Posted 存储器写（PMW）、Delayed 读请求（DRR），Delayed 读完成（DRC），Delayed 写请求⊖（DWR）和 Delayed 写完成（DWC）。这些不同种类的总线事务在同一方向穿越 PCI 桥时，无论是从上游总线到下游总线还是从下游总线到上游总线穿越 PCI 桥时，都必须遵循一定的顺序，以满足生产/消费者模型在 PCI 总线上的正确运行。有关 PCI 桥的序如表 11-4 所示。在该表中出现的"Yes"、"No"和"Yes/No"的定义如下所示。

- "Yes/No"表示 Row 和 Column 之间的总线事务没有序的关系，如 DWC（Row E）总线事务和 PMW（Colunm 2）总线事务在通过 PCI 桥时没有先后顺序。
- "Yes"表示 Row 中的总线事务先于 Column 中的总线事务通过 PCI 桥。比如 PMW 总线事务可以超越 DRR 和 DWR 总线事务。
- "No"表示 Row 中的总线事务后于 Column 中的总线事务通过 PCI 桥。如 PMW 总线事务不能超越之前的 PMW 总线事务。

⊖ I/O 和配置写总线事务使用 DWR。

- 表中的 "Yes" 和 "No" 的上标对应一个序的规则，例如 No^1 中的上标 1 对应规则 1。这些规则将在下文陆续介绍。

表 11-4　PCI 桥使用的数据访问顺序

Row pass Col?	PMW Column^2	DRR Column^3	DWR Column^4	DRC Column^5	DWC Column^6
PMW（Row A）	No^1	Yes^5	Yes^5	Yes^7	Yes^7
DRR（Row B）	No^2	Yes/No			
DWR（Row C）	No^3				
DRC（Row D）	No^4	Yes^6		Yes/No	
DWC（Row E）	Yes/No^4				

1. Posted 存储器写通过 PCI 桥时需要按序完成

Posted 存储器写通过 PCI 桥时需要遵循 "先进先出" 的原则，否则将会引发数据完整性问题。这个要求对满足生产/消费者模型的正常运行至关重要。

对于生产者，置 Flag 位为 1 和将数据写入数据缓冲都使用 Posted 存储器写总线事务。如果 Flag 位和数据缓冲在同一条 PCI 总线上时，Posted 存储器写不按序到达，可能导致 Flag 位被生产者置 1，而数据缓冲并没有收到数据，从而在消费者使用数据缓冲中的数据时，可能会得到无效数据。

2. DRR 不能超越 PMW

PCI 桥首先将 DRR 保存在缓冲区中，之后 PCI 桥将缓存在该桥中的所有 PMW 都刷新出去后，才能执行这个 DRR，即 "先写后读"，否则读入的数据有可能不是最新的。系统软件可以使用这一功能实现 "读刷新" 操作。PCIe 总线还支持读 "0 字节" 操作，其主要目的就是完成这种 "读刷新" 操作。

3. DWR 不能超越 PMW

DWR 首先在 PCI 桥中锁存，之后 PCI 桥将缓存的所有 PMW 发送出去后，才能执行这个 DWR。在生产/消费者模型中，生产者除了可以使用 PMW 总线事务设置 Flag 位之外，也可以使用 DWR 总线事务设置 Flag 状态位（Flag 状态位可能存放在 I/O 地址空间中，而且假设在图 11-1 中，Flag 位和数据缓冲都在 PCI 总线 0 上）。

此时 DWR 不能超越 PMW，因为生产者必须将所有数据都写入数据缓冲后，才能设置 Flag 状态位。如果 DWR 可以超越 PMW，则会出现生产者没有将数据完全写入到数据缓冲中，而 Flag 位已经置 1，从而可能引发数据完整性问题。规则 2、3 与规则 5 直接相关，DRR、DWR 和不能超越 PMW，也意味着 PMW 需要超越 DRR 和 DWR。

4. DRC 不能超越 PMW

PCI 总线使用 DRR 总线事务处理存储器和 I/O 读请求，而该总线事务在获得所读取的数据和完成状态后，将被转化为 DRC 总线事务，并在主设备重新发起读操作时，将数据传递给主设备。DRC 要求数据在穿越 PCI 桥传递给主设备之前，PCI 桥将缓存的 PMW 总线事务刷新出去。

以图 11-1 为例，如果消费者使用 DRC 总线事务获得 Flag 位，当 Flag 位为 1 时，必须要求生产者将数据全部写入数据缓冲中。如果 DRC 可以超越 PMW，则可能出现消费者通过

DRC 获得 Flag 位，而且 Flag 位为 1 时，生产者提供的数据仍在 PCI 桥中的情况。因为这些数据需要通过 PCI 桥才能达到缓冲，而 Flag 位与生产者在同一条总线上，可以立即生效。

当消费者发现 Flag 位为 1 时，会立即读取数据缓冲，在图 11-1 中，如果这个 DRC 请求能够超越 PMW，那么 PCI 桥首先将 Flag 位已经为 1 的消息传递给消费者，之后消费者开始从缓冲中读取数据，而这时生产者使用 PMW 方式写入缓冲的数据还可能在 PCI 桥中，从而造成数据完整性的问题。

在 PCI 总线中，解决该问题的方法是 DRC 不能超越 PMW，这样消费者在收到 Flag 位为 1 的信息之前，在 PCI 桥中的 PMW 一定被 DRC 刷新到 PCI 总线 0 中，从而不会引发数据完整性问题。规则 4 与规则 7 之间相关，DRC 不能超越 PMW，也意味着 PMW 需要超越 DRC。

在 PCI 总线中，DWC 与 PMW 之间没有序的要求。因为 DWC 中并不包含有效数据，仅是通知发送 DWR 的设备，该写请求已经结束。DWC 不在生产/消费者模型中出现。

5. PMW 可以超越 DRR 和 DWR

PCI 总线为了避免死锁，可以使刚进入 PCI 桥的 PMW 总线事务，超越已经在 PCI 桥中暂存的 DRR 和 DWR 总线事务，即 PMW 总线事务可以提前执行。如果 PMW 不能超越 DRR 和 DWR，则会产生死锁。实际上因为规则 2 和 3 的原因，规则 5 的引入是顺理成章的。

值得注意的是该规则的引入还解决了在 PCI 总线中使用的不同版本的 PCI 桥的问题，本小节对这种情况不做深入讨论。

6. Delayed 读写完成可以超越 Delayed 读写请求

如果 DWC 和 DRC 总线事务到达 PCI 主设备时，这个主设备正在等待 DWR 和 DRR 总线事务完成，DWC 和 DRC 必须可以优先到达 PCI 主设备，否则将引发死锁，下文以图 11-4 所示的实例说明这种死锁。

我们考虑 PCI 主设备 X 和 Y 通过 PCI 桥 A 和 B 进行数据读写，其步骤如下。

1）PCI 主设备 X 和 Y 同时发起一个 Non-Posted 读写请求。

2）PCI 桥 A 和 B 将这个 Non-Posted 总线读写请求转换为 Delayed 读写请求，并暂存在桥内缓冲中，分别为 DRR-X 和 DRR-Y，同时使用重试周期结束 PCI 主设备 X 和 Y 的读写请求。之后 PCI 主设备 X 和 Y 将定时重发这个 Non-Posted 总线读写请求，直到完成本次总线读写请求。

3）PCI 桥 A 和 B 依次获得 PCI 总线 1 的使用权，并将 DRR-X 和 DRR-Y 请求发向对方。PCI 桥 B 和 A 将来自对方的 Delayed 读写请求锁存在桥内缓冲中，并发起重试周期结束来自 PCI 桥 A 和 B 的 Delayed 读写请求。

4）PCI 桥 A 和 B 将定时重发这个 Delayed 总线读写请求，直到获得 Delayed 总线读写完成信息。

5）PCI 桥 A 和 B 将分别获得 PCI 总线 0 和 2 的使用权，将 DRR-Y 和 DRR-X 请求发送到最终 PCI 设备。假设 PCI 桥 A 获得 PCI 总线 0 的使用权，并完成了 PCI 主设备 Y 发起的 DRR-Y 请求，此时 PCI 桥 A 将从 PCI 主设备 X 中得到 Delayed 读写完成信息，并将 DRR-Y 请求转换为 DRC-Y 请求，并将其锁存在 PCI 桥 A 的缓存中。等待 PCI 桥 B 对 PCI 桥 A 进行重试。

6）如果此时 PCI 桥 A 在没有完成 DRR-X 请求（该请求是发向 PCI 主设备 Y）时，不能接收 DRC-Y 请求将引发死锁。因为 DRC-X 请求也会因为相同的原因不会被 PCI B 桥接收，从而 PCI 桥 A 无法完成 DRR-X 请求。

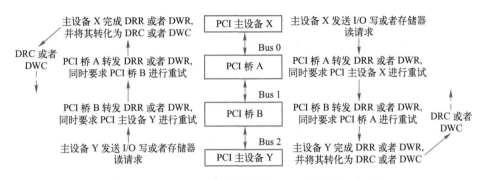

图 11-4　DWC/DRC 不能超越 DRR/DWR 而造成死锁

如果 Delayed 总线完成可以超越 Delayed 请求时，将有效地避免这类死锁。因为 Delayed 总线完成是发生在 Delayed 总线请求之后的事件，这两个请求有因果关系，希望读者认真体会规则 6。

7. PMW 总线事务可以超越 DRC/DWC 总线事务

PCI 总线规定 PMW 总线必须可以超越之前已经在 PCI 桥中暂存的 DRC/DWC 总线事务，以避免死锁。引入该规则的主要原因是在 PCI 总线层次结构中可能存在不同版本的 PCI 桥，它们的缓冲管理策略并不一致，从而有可能造成死锁。本节对这种情况不做进一步描述。

11.3.4　LOCK，Delayed 和 Posted 总线事务间的关系

PCI 桥可以将一个 LOCK 总线事务从上游传递到下游，但是不能将一个 LOCK 总线事务从下游传递到上游。PCI 桥将下游传递到上游的 LOCK 总线事务转换为普通的总线事务，即去掉这个 LOCK 标志。

当 PCI 桥从一个主设备接收一个 LOCK 总线事务之后，将这个总线事务发送到下游总线的目标设备。如果该 LOCK 总线事务是 Non-Posted 总线事务，此时 PCI 桥并不能立即完成这个 LOCK 总线事务，因为 PCI 桥还需要将"Non-Posted 总线请求"对应的总线完成信息传递给发起者之后，LOCK 总线事务才能最终完成。

在 PCI 桥没有将 LOCK 总线完成传递给发起者之前这段时间里，PCI 桥仅接收这个发起 LOCK 总线事务的主设备的总线请求，而重试其他主设备发出的总线事务。该 PCI 桥不会使用 Delayed 总线事务接收其他 Non-Posted 总线事务，也不会暂存这些总线事务。

一个 LOCK 总线事务从 PCI 桥的上游到达 PCI 桥，并在 PCI 桥将这个 LOCK 总线事务传递到下游总线这段时间里，PCI 桥需要进行以下处理。

1）将所有同方向的 PMW 总线事务刷新到下游总线。

2）对于 Delayed 总线事务，PCI 桥需要进行特别处理。丢弃所有暂存在 PCI 桥中的 Delayed 总线事务；允许 LOCK 总线事务超越任何读写请求。或者完成所有 Delayed 读写请求，再将 LOCK 总线事务发送给下游总线。

在 PCI 桥的下游总线接收 LOCK 总线请求之前，PCI 桥仍然可以暂存来自下游总线的数据请求；而在下游总线接收 LOCK 总线请求之后，PCI 桥不能接收任何来自下游总线的数据请求，直到发起 LOCK 总线请求的主设备解锁。

在一个最简单的 PCI 桥的实现中，一个 LOCK 总线事务在 PCI 桥的下游总线建立完毕后，PCI 桥不能接收上/下游总线的数据请求，除了来自发起 LOCK 总线事务的 PCI 主设备

的数据请求。而且 PCI 桥必须完成发向上游总线的 PMW，DRC 和 DWC 总线请求。采用这个规则可以保证使用 LOCK 总线事务时不会引发死锁。但是使用这些规则将极大影响 PCI 总线的传送性能，为此在处理器系统的设计中，最好不使用 LOCK 总线事务。

11.4 PCIe 总线的序

PCIe 总线的序基于 PCI 总线的序，并进行了许多扩展。在 PCI 总线上，仅能使用强序传送规则，而 PCIe 总线支持 Relaxed ordering 方式进行数据传递，使用这种方法时，不同的 TLP 在通过 RC 和 Switch 到达 EP 时，不一定遵循 PCI 总线的强序原则，这也意味着先发出去的 TLP 并不一定能够最先到达目的地。PCIe 总线使用 Relaxed ordering 数据传送方式，在一定程度上可以提高数据传送效率。

在 TLP 的 Attr 字段中有一个 Relaxed Ordering 位，表示该 TLP 是否支持 PCIe 总线的 Relaxed Ordering 方式，但是 TLP 是否可以使用 Relaxed Ordering 还与这个 TLP 经过的设备有关。如果一个 TLP 经过的 Switch 不支持 PCIe 的 Relaxed Ordering 数据传送方式，通过这个 Switch 的 TLP 报文依然需要使用强序方式通过这个 Switch。

系统软件可以通过使能 Device Control 寄存器中的 Enable Relaxed Ordering 位，来禁止或者使能 TLP 报文的 Relaxed Ordering 功能，Device Control 寄存器在 PCIe 设备的 PCI Express Capability 结构中。目前大多数 PCIe 设备不支持 Relaxed Ordering 方式进行 TLP 的传递。

PCIe 总线的 Relaxed Ordering 数据传送方式是有条件的，PCIe 总线的每一个 TLP 报文都有一个唯一的 TC，而这个 TC 又和一个唯一的 VC 对应[注]。Relaxed Ordering 与报文使用的 VC 相关。VC 相同的 TLP 间的传送遵循 Relaxed Ordering 的原则，而 VC 不同的 TLP 间没有序的要求。在 PCIe 总线中，所有数据传送类型，如存储器、I/O、配置和 Message 总线事务都需要遵循规定的传送顺序。

11.4.1 TLP 传送的序

VC 不同的 TLP 间没有序的要求，在 PCIe 总线中，"序"是指 VC 相同的 TLP 之间的传送顺序，其关系如表 11-5 所示。

表 11-5 PCIe 总线的序

Row Pass Col?	Posted Request Col 2	Read Request Col 3	NPR with Data Col 4	Completion Col 5
Posted Request Row A		Yes	Yes	a. Y/N b. Yes
Read Request Row B	a. No b. Y/N	Y/N		
NPR with Data Row C				
Completion RowD		Yes		a. Y/N b. No

各个表项的含义如下。

- Posted Request 由存储器写请求 TLP 或者 Message 使用。
- Read Request 由 I/O、配置和存储器读请求使用。
- NPR（Non-Posted Request）with Data 由 I/O、配置写和原子操作使用。
- a. 表示 TLP 的 RO 位为 0，即不使能 Relaxed Ordering 的情况。
- b. 表示 TLP 的 RO 位为 1 或者 IDO 位为 1，即使能 Relaxed Ordering 或者使能 ID-Based Ordering 的情况。不同的规则使用 a，b 子规则略有差异。
- Yes 表示 Row 中的 TLP 必须能够穿越 Col 中的 TLP。
- Y/N 表示 Row 中的 TLP 和 Col 中的 TLP 没有序的关系。
- No 表示 Row 中的 TLP 一定不能穿越 Col 中的 TLP。

下文出现的 XY a/b 中，X 与行对应，其值为 A~D，Y 与列对应，其值为 2~5。如 A2 a 表示"Posted Request"在 RO 位为 0 的情况下是否能够超越"Posted Request"。

通过表 11-5 与表 11-4 的比较，可以发现在 RO 位为 0 时（即不使用 Relaxed Ordering），PCIe 总线的序与 PCI 的序基本兼容。但是因为在一个 TLP 中有时 RO 位和 IDO 位不为 0，因此 PCIe 总线的序需要根据 a 和 b 两种情况分别进行讨论。

1. A2

A2 需要分为两种情况讨论，其中 a 对应 TLP 的 RO 和 IDO 位都为 0 情况，而 b 对应 TLP 的 RO 或者 IDO 位为 1 的情况。

A2 a 的值为 No，表示 Posted Request 报文不能超越之前的 Posted Request 报文，这与 PCI 总线中 PMW 不能超越之前的 PMW 要求相同。PCI 总线的 PMW 与 PCIe 的 Posted Request 报文基本一致，存储器写和 Message 使用这类报文。

A2 b 的值为 Y/N，该规则需要分为两种情况进行讨论，RO 位为 1 或者 IDO 位为 1。当 RO 位为 1 时，该 Posted Request 报文可以超越之前的 Posted Request 报文。在设计中应用该规则是十分危险的，该规则也意味着"写"可以超越"写"。

如在第 11.1.1 节描述的生产/消费者模型中，生产者首先将数据写入数据缓冲，然后将 Flag 位置 1。如果"将 Flag 位置 1"的写操作可以超越"写入数据缓冲"的写操作，那么消费者可能会从无效的数据缓冲中读取数据，从而出现错误。

在 Switch 和支持 Peer-to-Peer 传送的 RC 中，设置了一个寄存器位"No RO-enabled PR-PR Passing"⊖，当该位为 1 时，当 TLP 通过这些 Switch 和 RC 时，Posted Request 报文不能超越之前的 Posted Request 报文，即便这些 TLP 的 RO 位为 1。

当 IDO 位为 1 时，该 Posted Request 报文可以超越之前的 Posted Request 报文。使用该规则的前提是，这两个 Posted Request 报文使用的 Requester ID 号不同，即这两个 Posted Request 报文是由不同的 PCIe 设备发出的，有关 IDO 序的详细说明见第 11.4.2 节。

2. A3 和 A4

A3 和 A4 的值为 Yes，表示 Posted Request 报文可以超越之前的 Non-Posted 读和写请求。该规则与 PCI 总线的 PMW 可以超越 DRR 和 DWR 兼容，其主要目的是避免死锁。详见 PCI

⊖　该位在 Device Capabilities 2 寄存器中。

总线中的规则 5。

3. A5

A5 需要分为两种情况讨论，a 适用于 PCIe 总线中的 RC 和 Switch；而 b 适用于 PCIe 桥。

A5 a 的值为 Y/N。在 PCIe 总线中，Posted Request 报文可以超越之前的完成报文也可以不超越，在这两种情况下，都不会造成死锁。该规则与 PCI 总线中 PMW 必须超越 DRC 和 DWC 不同（PCI 总线中的规则 7），因为在 PCI 体系结构中会出现不同版本的 PCI 桥，而在 PCIe 体系结构中不会出现这种情况。

A5 b 的值为 Yes。表示在 PCIe 桥中，PCIe 总线向 PCI 总线的方向传递报文时，Posted Request 报文必须可以超越完成报文，以避免死锁。PCIe 桥内部由多个虚拟 PCI 桥组成，参见图 4-13，因此 PCIe 总线中的 A5 b 与 PCI 总线中的规则 7 兼容。

4. B2, C2

B2 需要分为两种情况讨论，其中 a 对应 TLP 的 IDO 位为 0 情况，而 b 对应 TLP 的 IDO 位为 1 的情况。

B2 a 的值为 No，表示 Read Request 报文不能超越之前的 Posted Request 报文，这与 PCI 总线中 DRR 不能超越之前的 PMW 要求相同。PCI 总线的 DRR 与 PCIe 总线的 Read Request 报文基本一致，存储器、I/O 和配置读使用这类报文。

B2 b 对应 TLP 的 IDO 位为 1 的情况。当 IDO 位为 1 时，该 Read Request 报文可以超越之前的 Posted Request 报文，否则不能超越。使用该规则的前提是，Read Reques 报文和 Posted Request 报文使用的 Requester ID 号不同。

C2 也需要分为两种情况讨论，其中 a 对应 TLP 的 IDO 位为 0 情况，而 b 对应 TLP 的 IDO 位为 1 的情况。其实现机制与 B2 类似，本节对此不做进一步说明。

5. B3, B4, C3, C4

在 PCIe 总线中，Non-Posted Request 报文可以超越之前的 Non-Posted Request 报文，也可以不进行这种超越。该规则从 PCI 总线中继承而来，而在 PCI 总线中 DRR/DWR 可以超越之前的 DRR/DWR。PCIe 设备在实现中，需要与该规则兼容。

但是在 PCIe 总线中，存储器读操作使用 Split 方式进行传送，因此该规则的引入为 PCIe 设备的设计带来了不小的麻烦。当一个 EP 进行 DMA 读操作时，需要首先向 RC 发送存储器读请求，如 R1~R4，而 RC 收到这些读请求时，将回送读完成 TLP，如 C1~C4。为简便起见，我们认为每一个存储器读请求的大小为 64B，而读完成的大小也为 64B，而且不考虑对界的问题，这样 EP 发送的存储器读请求将与 RC 的读完成一一对应，我们假设 R1 对应 C1，R2 对应 C2，并以此类推 R4 对应 C4。

EP 首先按照 R1~R4 的顺序发送这些存储器读请求。但是 R1~R4 在通过 Switch 和 RC 之后可能出现乱序，如果 Non-Posted Request 报文可以超越之前的 Non-Posted Request 报文，RC 最终收到的存储器读请求可能是乱序的，如 R2，R4，R3 和 R1，因此 RC 发送给 EP 的读完成报文可能为 C2，C4，C3 和 C1，这个顺序与 EP 发向 RC 的存储器读请求的顺序并不相同。因此 EP 必须处理这种乱序，这为 EP 的设计带来了不小的困难。

6. B5, C5

在 PCIe 总线中，Non-Posted Request 报文与之前的完成报文没有序的要求。该规则从 PCI 总线中继承而来，在 PCI 总线中 DRR/DWR 可以超越之前的 DRC/DWC，也可以不超越。这些报文的传递不会影响生产/消费者模型的正常运行。

7. D2

D2 需要分为两种情况进行讨论，分别是 D2 a 和 D2 b。

其中 D2 a 为 No，表示在 PCIe 总线中，CplD 报文不能超越 Posted Request 报文，该规则与 PCI 总线中的规则 4 兼容。这也是保证生产/消费者模型正常运行的必要条件。

而 D2 b 为 Y/N。如果 TLP 的 RO 位为 1 时，该 CplD 报文可以超越 Posted Request 报文。设计者需要慎重使用该规则，因为该规则的应用有可能破坏生产/消费者模型的正常运转。只有传递与生产/消费者模型无关的报文时，才能应用该规则。

此外如果 TLP 的 IDO 位为 1 时，该 CplD 报文可以超越之前的 Posted Request 报文，否则不能超越。使用该规则的前提是，CplD 报文和 Posted Request 报文使用的 Requester ID 号不同。值得注意的是，Cpl 报文由 I/O 或者配置写完成报文使用，该报文中不含有数据，仅包含完成信息。该报文的使用方法与 PCI 总线的 DWC 类似。该报文与 Posted Request 报文没有序的要求，该规则与 PCI 总线的规则 4 兼容。

8. D3, D4

在 PCIe 总线中，完成报文可以超越之前的 Non-Posted Request 报文。该规则从 PCI 总线中继承而来，与规则 6 对应。该规则的引入主要为了防止死锁。

9. D5

如果完成报文与之前的完成报文的 Transaction ID 不同时，该报文可以超越之前的完成报文；如果相同，不能进行这样的超越。

当一个 PCIe 设备向目标设备发送存储器读请求时，目标设备可能会使用一个或者多个存储器读完成报文将数据回送。如果使用多个存储器读完成报文时，这些存储器完成报文按"地址升序"顺序先后到达源设备。

如果设备 A 需要从设备 B 读取 256B$^{\ominus}$的数据，其访问的地址为 0x1000-0000~0x1000-00FF 时，设备 A 可以向设备 B 发送一个存储器读请求 TLP，而设备 B 将以 64B 为单位向设备 A 发送存储器读完成 TLP，这些完成报文必须以 C1~C4 的顺序到达设备 A，C1~C4 存储器读完成 TLP 对应的数据区域如下。

- C1 与 0x1000-0000~0x1000-003F 对应。
- C2 与 0x1000-0040~0x1000-007F 对应。
- C3 与 0x1000-0080~0x1000-00BF 对应。
- C4 与 0x1000-00C0~0x1000-00FF 对应。

如果设备 A 需要从设备 B 读取 512B 的数据，访问的地址为 0x1000-0000~0x1000-01FF 时，这段数据区域大于设备 A 的 Max_Read_Request_Size 参数，因此设备 A 需要向设备 B 发出两个存储器读请求，这两个存储器读请求使用两个不同的 Tag 字段进行区分，分别为 R_{T0} 和 R_{T1}。假设 R_{T0} 的 Tag 字段为 0，其请求的数据区域为 0x1000-0000~0x1000-00FF；而 RT1 的 Tag 字段为 1，其请求的数据区域为 0x1000-0100~0x1000-01FF。

假设设备 A 首先发送 R_{T0}，然后再发送 R_{T1}。但是设备 B 仍然可能首先收到 R_{T1}，然后再

$\ominus$　假设设备 A 的 Max_Read_Request_Size 参数为 256B，而设备 B 可以为 RC 也可以为普通的 EP。

收到 R_{T0}，因为 PCIe 总线允许存储器读请求超越存储器读请求。设备 B 收到这些存储器读请求后，向设备 A 发送存储器读完成 TLP（以 64B 为单位），分别为 $C1_{T0} \sim C4_{T0}$ 和 $C1_{T1} \sim C4_{T1}$。

其中 $C1_{T0} \sim C4_{T0}$ 使用的 Tag 字段为 0，而 $C1_{T1} \sim C4_{T1}$ 使用的 Tag 字段为 1，分别与 R_{T0} 和 R_{T1} 对应，这也意味着这两组存储器读完成使用的 Transaction ID 不同，因此可以彼此超越，这两组存储器读完成 TLP 对应的数据区域如下。

- $C1_{T0}$ 与 0x1000-0000 ~ 0x1000-003F 对应；$C2_{T0}$ 与 0x1000-0040 ~ 0x1000-007F 对应；$C3_{T0}$ 与 0x1000-0080 ~ 0x1000-00BF 对应；$C4_{T0}$ 与 0x1000-00C0 ~ 0x1000-00FF 数据区域对应。

- $C1_{T1}$ 与 0x1000-0100 ~ 0x1000-013F 对应；$C2_{T1}$ 与 0x1000-0140 ~ 0x1000-017F 对应；$C3_{T1}$ 与 0x1000-0180 ~ 0x1000-01BF 对应；$C4_{T1}$ 与 0x1000-01C0 ~ 0x1000-01FF 数据区域对应。

此时设备 A 收到的存储器读完成，有多种可能，如表 11-6 所示。

表 11-6 设备 A 收到的存储器读完成序列

序列 1	序列 2	序列 3	序列 4	序列 5	序列 6	序列 7	序列 8
$C1_{T0}$	$C1_{T0}$	$C1_{T1}$	$C1_{T1}$	$C1_{T0}$	$C1_{T0}$	$C1_{T1}$	$C1_{T1}$
$C2_{T0}$	$C1_{T1}$	$C2_{T1}$	$C2_{T1}$	$C1_{T1}$	$C2_{T0}$	$C2_{T1}$	$C1_{T0}$
$C3_{T0}$	$C2_{T0}$	$C3_{T1}$	$C1_{T0}$	$C2_{T1}$	$C3_{T0}$	$C3_{T1}$	$C2_{T0}$
$C4_{T0}$	$C2_{T1}$	$C4_{T1}$	$C2_{T0}$	$C2_{T0}$	$C1_{T1}$	$C1_{T0}$	$C2_{T1}$
$C1_{T1}$	$C3_{T0}$	$C1_{T0}$	$C3_{T1}$	$C3_{T0}$	$C2_{T1}$	$C2_{T0}$	$C3_{T0}$
$C2_{T1}$	$C3_{T1}$	$C2_{T0}$	$C4_{T1}$	$C4_{T0}$	$C3_{T1}$	$C3_{T0}$	$C4_{T0}$
$C3_{T1}$	$C4_{T0}$	$C3_{T0}$	$C3_{T0}$	$C3_{T1}$	$C4_{T1}$	$C4_{T0}$	$C3_{T1}$
$C4_{T1}$	$C4_{T1}$	$C4_{T0}$	$C4_{T0}$	$C4_{T1}$	$C4_{T0}$	$C4_{T1}$	$C4_{T1}$

上表仅列出了设备 A 可能从设备 B 中收到的存储器读完成序列。由此可见对于 Tag 字段不同的存储器完成报文，在到达设备 A 时顺序并不确定。但是对于 Tag 字段相同的存储器读完成 TLP，这些存储器完成报文是严格按照地址"升序"的顺序到达设备 A。PCIe 总线的这种乱序为 PCIe 设备的设计带来了不小的麻烦，设计者必须认真地处理这些乱序可能。

11.4.2 ID-Base Ordering

IDO 模型由 PCIe V2.1 版本引入。该模型引入了"数据流"的概念，即相同的数据源发出的 TLP 属于相同的"数据流"，而不同数据源发出的 TLP 属于不同的"数据流"。PCIe 链路可以根据"数据流"对 TLP 进行区分。IDO 模型允许分属不同"数据流"的 TLP 之间没有序的要求，即可以"自由乱序"。

IDO 模型的引入有利于 Switch 对发向不同 Egress 端口的报文进行优化处理。我们假设 Switch 的一个 Ingress 端口收到了若干个数据报文，这些报文分别发向不同的 Egress 端口，如图 11-5 所示。

其中 TLP1~3 分别发向 Egress 端口 1~3，在不使用 IDO 模型的情况下，Ingress 端口需要等待之前的报文被发送出去之后，才能发送之后的报文。TLP3、TLP2 和 TLP1 依次进入 Ingress 端口，如果不使用 IDO 模式时，TLP2 需要等待 TLP3 完全离开 Ingress 端口后，才能被发送；同理 TLP1 需要等待 TLP2 离开 Ingress 端口才能被发送。显然这种数据传送方式并不合理。

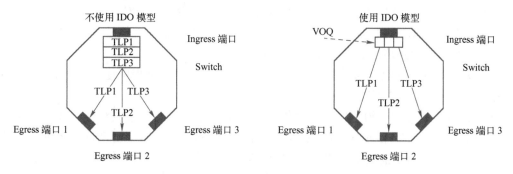

图 11-5　IDO 模型的优点

这种拥塞也被称为 HOL（Head-of-Line）Blocking。引起这种现象的主要原因是 Ingress 端口每次只能处理一个报文引起的。如果在 Ingress 端口只有一个发送部件与 Egress 端口 1～3 对应时，即便使用 IDO 模型并不会提高效率，因为这些报文依然需要通过这一个发送部件串行发送。由此可见对于这种类型的 Switch，使用 IDO 模型并不会提高效率。

但是如果 Ingress 端口中有 3 个发送部件，分别与 Egress 端口 1～3 对应时，实际上是 Ingress 端口为每一个 Egress 端口提供分离的发送缓冲，这个缓冲也被称为 VOQ（Virtual Output Queue）。此时 TLP1～3 的发送可以同时进行，而 Ingress 端口使用 IDO 模型，可以不考虑传送 "序"⊖ 而同时发送 TLP1～3，从而极大地提高了 Switch 的转发效率。目前多数 Switch 的 Ingress 端口都支持 VOQ 技术。

在 PCIe V2.1 总线规范提出之前，PLX⊖ 公司已经使用类似 IDO 模型的技术以优化 Switch 的数据传送，即 PLX-Specific Relaxed Ordering 技术。下文以 PEX8518 芯片为例说明该技术的具体实现，该芯片是 PLX 公司设计的 PCIe Switch。在 PEX8518 中，每一个 Ingress 端口都为不同的 TC 设置了一个 "PLX-Specific Relaxed Ordering" 使能位，当该位为 1 时，当一个 Ingress 端口收到的 TLPs 发向的 Egress 端口不同，则没有序的要求；而 Egress 端口相同的 TLPs 必须按序进行。PLX 使用的这种技术与 IDO 模型类似。

11.4.3　MSI 报文的序

在 PCIe 总线中，还有一种序引发的数据完整性问题需要特别注意，即由 MSI 报文引发的数据完整性问题。PCIe 设备使用 MSI 机制时，通过向中断控制器发送 MSI 报文以提交中断请求。然而对于 PCIe 体系结构而言，这个 MSI 报文与普通的存储器写报文并没有本质的区别，这个报文也可以使用不同的 TC。如果设备的数据传送使用 TC0，而 MSI 报文使用 TC1 时，将可能引发数据完整性的问题。

假设一个 PCIe 设备正在使用 DMA 写操作，将一组数据传递到主存储器，此时该设备将使用存储器写 TLP 进行数据传送，当数据传送完成后，使用 MSI 报文通知处理器 DMA 写操

⊖　TLP1～3 使用的 Requester ID 不同，因此在 IDO 模型中，没有序的要求。

⊖　PLX 是 PCIe Switch 芯片的主要提供商。

作已经结束。

如果进行数据传递的 TLP 使用 TC0，而 MSI 报文使用 TC1 时，这两种 TC 可能使用的 VC 并不相同，而不同 VC 间的数据传递并没有序的要求。因此该 PCIe 设备虽然从设计逻辑上保证，将传递数据的存储器写 TLP 发送完毕后再发送 MSI 报文，但是 RC 仍然会首先收到 MSI 报文，然后再收到传递数据的存储器写 TLP。

此时如果处理器在收到 MSI 报文后，立即在中断处理服务例程中使用该 PCIe 设备写入的数据，将可能引发数据完整性问题。

PCIe 总线规范并没有约定如何处理传递 MSI 报文而产生的数据完整性问题。在上述实例中，如果 MSI 报文使用的 TC 与数据传递使用的 TC 相同，将不会出现这个数据完整性问题。如果在设计中 MSI 报文使用的 TC 与数据传递使用的 TC 不一致，需要注意该问题。

一个可行的方法是在数据传递结束后，使用 "zero-length 存储器读请求 TLP" 对目标设备进行读操作，这个读操作可以将数据写入最终目的地。当该读操作结束后，即 PCIe 设备收到存储器读完成 TLP 后，再发送 MSI 报文。

如一个 PCIe 设备完成 DMA 写操作之后，再向目标地址（某个存储器地址）发送一个 "zero-length 存储器读请求" 报文，该报文可以保证之前的存储器写报文都被刷新到主存储器后，才能从主存储器获得应答信息，因为存储器读请求 TLP 不能超越存储器写报文。当 PCIe 设备收到与这个存储器读请求对应的存储器读完成 TLP 后，再发送 MSI 报文进行中断请求。

使用上述方法虽然可以避免因为传送 MSI 报文带来的数据完整性问题，但是将带来较大的中断延时。因为在 PCIe 体系结构中，一个设备从 "发送存储器读请求 TLP" 到 "获得存储器读完成 TLP" 的延时较长。而且使用这种方法也增加了硬件逻辑设计的难度。

目前支持多个 VC 的 PCIe 设备，通常将 MSI 报文和数据传送报文使用的 TC 设置为相同的值，以避免数据完整性问题。如在 Intel 的高精度声卡控制器中，数据传送使用的报文和 MSI 报文都只能使用 TC0。

11.5 小结

本章重点介绍 PCI/PCIe 总线的序。在局部总线中，数据传送顺序以及与其相关的数据完整性一直是系统程序员的学习重点与难点。对于系统程序员而言，这部分内容必须熟练掌握。有许多系统 Bug 仍然因为系统程序员的疏忽，或者并没有深入理解数据完整性的原理，而无意产生，并很难复现。这些 Bug 将对一个处理器系统的稳定运行产生致命影响。

在 PCI/PCIe 总线中规定了数据传送序，使用生产/消费者模型进行数据传递，合理解决了数据完整性问题。而设计者在实现 PCI/PCIe 体系结构时，必须遵循这些传送序，并且符合生产/消费者模型要求的数据传送方式。

第 12 章　PCIe 总线的应用

本章以分析一个 EP 的硬件设计原理和基于这个 EP 的 Linux 驱动程序为线索，说明 PCIe 设备和基于该设备的 Linux 驱动程序的设计流程。本章使用的 PCIe 设备基于 Xilinx 公司 Vetex-5 XC5VLX50T 内嵌的 PCI Express EP 模块，该模块也被 Xilinx 称为 LogiCORE。

LogiCORE 提供了 PCIe 设备的物理层和数据链路层，并做了一些基本的与事务层相关的工作，这使得许多设计者在并不完全清楚 PCIe 体系结构的情况下，也可以设计实现具有 PCIe 总线接口的设备。本章所述的 PCIe 设备基于 LogiCORE，本章将该 PCIe 设备简称为 Capric 卡。

12.1　Capric 卡的工作原理

Capric 卡的组成结构如图 12-1 所示。

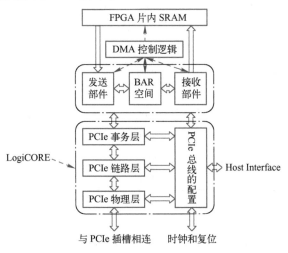

图 12-1　Capric 卡的组成结构

Capric 卡基于 PCIe 总线，主要功能是通过 DMA 读写方式与 HOST 处理器进行数据交换。Capric 卡由 LogiCORE、发送部件、接收部件、BAR 空间、DMA 控制逻辑和 FPGA 片内 SRAM 组成，其工作原理较为简单。

Capric 卡首先使用 DMA 读方式，将主存储器中的数据搬移到 FPGA 的片内 SRAM 中，然后使用 DMA 写方式，将 FPGA 的片内 SRAM 中的数据写入主存储器中。在 Capric 卡中，一次 DMA 操作可以传送的数据区域的最大值为 0x7FFB(0x2047B)。

Capric 卡的各个组成模块的功能描述如下所示。

- LogiCORE。其主要功能是处理 PCIe 设备的物理层、链路层与部分事务层的逻辑，并向外提供必要的接口。PCIe 设备配置空间的初始化，以及与配置和中断请求相关的总线事务也由 LogiCORE 完成。LogiCORE 是 PCIe 总线的接管者，其他部件通过 LogiCORE 与 PCIe 链路进行通信。LogiCORE 通过 "Host Interface" 实现 PCIe 设备的初始化配置。

- Capric 卡的发送部件负责发送 TLP 报文，包括 "存储器读请求" 和 "存储器写请求 TLP"，但是并不包含配置和消息报文的发送。MSI 报文由发送部件通过 LogiCORE 发送。

- 接收部件负责接收 "存储器读完成 TLP"。Capric 卡不支持 I/O 读写 TLP。

- DMA 控制逻辑协调发送与接收部件，以完成 DMA 写与 DMA 读操作，该逻辑的实现是 Capric 卡的设计重点。

- BAR 空间中存放了一组操纵 DMA 控制逻辑的寄存器，这组寄存器由 HOST 处理器和 Capric 卡共同读写，从而完成相应的 DMA 操作。Capric 卡仅使用了 BAR0 空间，处理器使用存储器映像寻址方式，而不是 I/O 映像寻址方式访问 BAR0 空间。

12.1.1　BAR 空间

Capric 卡仅使用 BAR0 空间，其大小为 256B，在该空间中包含以下寄存器，这些寄存器使用小端编码方式，如表 12-1 所示。

表 12-1　Capric 卡的 BAR 空间寄存器

缩　　写	偏　　移	描　　述
DCSR1(Device Control and Status Register 1)	0x00	设备控制和状态寄存器 1
DCSR2(Device Control and Status Register 2)	0x04	设备控制和状态寄存器 2
WR_DMA_ADR	0x08	DMA 写地址寄存器
WR_DMA_SIZE	0x0C	DMA 写传送大小寄存器
RD_DMA_ADR	0x1C	DMA 读地址寄存器
RD_DMA_SIZE	0x20	DMA 读传送大小寄存器
INT_REG	0x2C	中断状态寄存器
ERR	0x30	错误状态寄存器

（1）DCSR1 寄存器，该寄存器由 7 个有效位组成。

- init_rst_o，第 0 位，该位可读写，复位值为 0。为 1 表示 Capric 卡处于复位状态，为 0 表示 Capric 卡已经完成复位。软件通过操纵该位对 Capric 卡进行复位。其过程为首先向此位写 1，然后延时至少 5 μs 后（Capric 卡内逻辑和 FPGA 的片内 SRAM 需要至少 5 μs 的复位时间），再向此位写 0。

- int_rd_enb，第 8 位，该位可读写，复位值为 0。为 1 表示当 DMA 读完成后，Capric 卡可以向处理器提交中断请求；为 0 表示 DMA 读完成后，Capric 卡不能向处理器提交中断请求。该位为 DMA 读完成中断使能位。

- int_wr_enb，第 9 位，该位可读写，复位值为 0。为 1 表示当 DMA 写完成后，Capric 卡可以向处理器提交中断请求；为 0 表示 DMA 写完成后，Capric 卡不能向处理器提交中断请求。该位为 DMA 写完成中断使能位。

- int_rd_msk，第 16 位，该位可读写，复位值为 0。为 1 表示当 DMA 读完成后，Capric

卡不能向处理器提交中断请求，而是置 int_rd_pending 位为 1；为 0 表示 DMA 读完成后，Capric 卡可以向处理器提交中断请求。该位为 DMA 读完成中断屏蔽位。

- int_rd_pending，第 17 位，该位可读写，复位值为 0。为 1 表示 Capric 卡含有未发出的 DMA 读完成中断请求，当 int_rd_msk 位由 1 变为 0 时，Capric 卡发送该中断请求；为 0 表示 Capric 卡不含有未发出的 DMA 读完成中断请求。

- int_wr_msk，第 24 位，该位可读写，复位值为 0。为 1 表示当 DMA 写完成后，Capric 卡不能向处理器提交中断请求，而是置 int_wr_pending 位为 1；为 0 表示 DMA 写完成后，Capric 卡可以向处理器提交中断请求。该位为 DMA 写完成中断屏蔽位。

- int_wr_pending，第 25 位，该位可读写，复位值为 0。为 1 表示 Capric 卡含有未发出的 DMA 写完成中断请求，当 int_wr_msk 位由 1 变为 0 时，Capric 卡发送该中断请求；为 0 表示 Capric 卡不含有未发出的 DMA 写完成中断请求。

设置 Mask 和 Pending 位的主要目的是为了防止中断丢失和产生 Spurious 中断请求，这两位与 MSI Capability 结构中的 Mask 和 Pending 位的功能相似。LogiCORE 并不支持 MSI Capability 结构中的 Mask 和 Pending 位，因此 Capric 卡引入了这两个位。

（2）DCSR2，该寄存器由 4 位组成。分别为 mwr_start，DMA 写启动位；mwr_done，DMA 写结束位；mrd_start，DMA 读启动位；mrd_done，DMA 读结束位。

- mwr_start，第 0 位，该位可读写，复位值为 0。系统软件向该位写 1 时启动 DMA 写操作，软件对此位写 0 无意义。

- wr_done_clr，第 1 位，可读，写 1 清除。当一次 DMA 写完成后，wr_done_clr 位将置 1，系统软件将 wr_done_clr 位写 1 清零后，mwr_start 位也将清零，之后系统软件可以重新启动下一次 DMA 写操作。

- mrd_start，第 16 位，该位可读写，复位值为 0。系统软件向该位写 1 时启动 DMA 读操作，软件对此位写 0 无意义。

- rd_done_clr，第 17 位，可读，写 1 清除。当一次 DMA 读完成后，rd_done_clr 位将置 1，系统软件将 rd_done_clr 位写 1 清零后，mrd_start 位也将清零，之后系统软件可以重新启动下一次 DMA 读操作。

（3）WR_DMA_ADR，DMA 写地址寄存器，该寄存器存放 DMA 写操作的目的地址，该寄存器的复位值无意义。再一次强调该寄存器存放的地址为 PCI 总线域的地址，而不是存储器域的地址，尽管在许多处理器系统中，该地址的 PCI 总线域地址与存储器域地址相等。该寄存器由 32 位组成，存放 32 位的 PCI 总线域地址。

（4）WR_DMA_SIZE，DMA 写传送大小寄存器。该寄存器存放一次 DMA 写操作的传送大小，以字节为单位。该寄存器的复位值为 0，由 32 位组成，但是只有低 11 位有效，因此 Capric 卡一次 DMA 传送的最大值为 0x7FF。该寄存器为 N 时表示一次 DMA 写操作的传送大小为 N 个字节。该寄存器为 0 时，即便 DCSR2 寄存器的 mwr_start 位为 1 时，也不能启动 DMA 写传送。当 mwr_start 位为 1，该寄存器由 0 变为其他数据时，也将启动 DMA 写传送。

（5）RD_DMA_ADR，DMA 读地址寄存器，该寄存器存放 DMA 读操作的目的地址，该寄存器的复位值无意义。该寄存器存放的地址为 PCI 总线域地址，由 32 位组成。Capric 仅支持 32 位的 PCI 总线地址。

（6）RD_DMA_SIZE，DMA 读传送大小寄存器，存放一次 DMA 读操作的传送大小，以字节为单位。该寄存器的复位值为 0，由 32 位组成，但是只有最低 11 位有效，因此 Capric 卡一次 DMA 读传送的最大值为 0x7FF。该寄存器为 N 时表示一次 DMA 读操作的传送大小为 N 个字节。该寄存器为 0 时，即便 DCSR2 寄存器的 mrd_start 位为 1 时，也不能启动 DMA 读传送。当 mrd_start 位为 1 时，该寄存器由 0 变为其他数据时，将启动 DMA 读传送。

（7）INT_REG，中断控制状态寄存器，该寄存器存放 Capric 卡的中断状态，该寄存器共由 5 个有效位组成。

- int_src_rd，第 0 位，该位只读，复位值为 0。当 Capric 卡的 DMA 读操作完成后，而且 DCSR1 寄存器的 int_rd_enb 位为 1 时，该位为 1 表示 Capric 卡已经向处理器提交了 DMA 读完成中断请求。值得注意的是当 int_rd_msk 位为 1 时，Capric 卡不能发送 DMA 读完成中断，此时 int_src_rd 位需要等待 Capric 卡置 int_rd_msk 位为 0，发送完毕 DMA 读完成中断后，才能置 1。

- int_src_wr，第 1 位，该位只读，复位值为 0。当 Capric 卡的 DMA 写操作完成后，而且 DCSR1 寄存器的 int_wr_enb 位为 1 时，该位为 1 表示 Capric 卡已经向处理器提交了 DMA 写完成中断请求。值得注意的是当 int_wr_msk 位为 1 时，Capric 卡不能发送 DMA 写完成中断，此时 int_src_wr 位需要等待 Capric 卡置 int_wr_msk 位为 0，发送完毕 DMA 写完成中断后，才能置 1。

- rd_done_clr，第 8 位，该位可读写，复位值为 0，该位为 1 表示 DMA 读操作完成。DMA 读结束后该位由硬件置 1，软件将该位清零后，硬件才能进行下一次 DMA 读操作。该位置 1 后，如果 DCSR1 寄存器的 int_rd_enb 位为 1 时，Capric 卡将向处理器提交中断请求[⊖]。

系统软件在中断服务例程中，向该位写 1 将清除该位；向该位写 0 无意义。如果 Capric 卡不使用中断方式接收数据，系统软件可以查询该位确定当前 DMA 读操作是否已经完成。此位与 DCSR2 寄存器的 rd_done_clr 位相同，软件清除 INT_REG 寄存器的该位后，DCSR2 寄存器的 rd_done_clr 位也被清零。

- wr_done_clr，第 9 位，该位可读写，复位值为 0，该位为 1 表示 DMA 写操作完成。DMA 写完成后该位由硬件置 1，软件将该位清零后，硬件才能进行下一次 DMA 写操作。该位置 1 后，如果 DCSR1 寄存器的 int_wr_enb 位为 1 时，Capric 卡将向处理器提交中断请求。

系统软件在中断服务例程中，向该位写 1 将清除该位；向该位写 0 无意义。如果 Capric 卡不使用中断方式接收数据，系统软件可以查询该位确定当前 DMA 写操作是否已经完成。此位与 DCSR2 寄存器的 wr_done_clr 位相同，软件清除 INT_REG 寄存器的该位后，DCSR2 寄存器的 wr_done_clr 位也被清零。

- int_asserted，第 31 位，该位只读，复位值为 0。当 Capric 卡向处理器提交中断请求时，该位由硬件逻辑置 1。对此位进行写操作无意义。在逻辑实现中，int_asserted = int_src_rd & int_src_wr。

⊖ Capric 卡可以使用 Legacy INTx 或者 MSI 方式进行中断请求。

12.1.2　Capric 卡的初始化

Capric 卡在初始化时需要进行配置寄存器空间和 Capric 卡硬件逻辑的初始化。其中配置寄存器空间的初始化由软硬件联合完成。

Capric 卡的设计基于 Xilinx 公司的 LogiCORE。因此 Capric 卡需要使用 Xilinx 公司提供的 "CORE Generator GUI" 对 LogiCORE 进行基本的初始化，并设置一些必要的参数，包括 Vendor ID、Device ID、Revision ID 和 Subsystem ID 等参数。有关该工具的使用见 [LogiCORE(tm) Endpoint PIPE v1.7]，本节对此不做进一步描述。Capric 卡的配置寄存器空间的初始值如下所示。

- Vendor ID 为 0x10EE，Xilinx 使用的 Vendor ID。
- Device ID 为 0x0007，LogiCORE 使用的 Device ID。
- Revision ID 为 0x00。
- Subsystem ID 为 0x10EE。
- Device ID 为 0x0007。
- Base Class 为 0x05，表示 Capric 卡为 "类存储器控制器"。
- Sub Class 和 Interface 为 0x00，进一步描述 Capric 卡为 RAM 控制器。
- Card CIS Pointer 为 0x00，表示不支持 Card Bus 接口。
- BAR0 为 0xFFFFFF00。Capric 卡仅支持 BAR0 空间，该空间采用 32 位存储器映像寻址，其大小为 256B，而且不支持预读。在初始化时，BAR0 寄存器存放该空间所需要的存储器空间大小，该寄存器由系统软件读取后，再写入一个新的数值。这个数值为 BAR0 空间使用的基地址。
- Max_Payload_Size Supported 参数为 0b010，即 Max_Payload_Size Supported 参数的最大值为 512B。多数 RC 支持的 Max_Payload_Size Supported 参数仅为 128B 或者 256B。因此 LogiCORE 支持 512B 已经足够了。在 Capric 卡的初始化阶段，需要与对端设备进行协商，确认 Max_Payload_Size 参数的值，如果 Capric 卡与 Intel 的 Chipset 直接相连，该参数为 128B 或者 256B。Capric 卡需要根据协商后的 Max_Payload_Size 参数，而不是 Max_Payload_Size Supported 参数，确定存储器写 TLP 有效负载的大小。当 DMA 写的数据区域超过 Max_Payload_Size 参数时，需要进行拆包处理，详见第 12.2.1 节。
- Capric 卡不支持 Phantom 功能。即不能使用 Function 号，进一步扩展 Tag 字段。Phantom 功能的详细说明见第 4.3.2 节。
- Multiple Message Capable 参数为 0b000，即支持一个中断向量。
- Max_Read_Request_Size 参数为 0b010，即存储器读请求 TLP 一次最多能够从目标设备中读取 512B 大小的数据。如果 DMA 读的数据区域超过 512B 时，需要进行拆包处理，详见第 12.2.2 节。

系统软件在 Capric 卡初始化时，将分析 Capric 卡的配置空间，并填写 Capric 卡的配置寄存器空间。值得注意的是，系统软件对 Capric 卡进行配置时，Capric 卡将保留该设备在 PCI 总线树中的 Bus Number、Device Number 和 Function Number，LogiCORE 使用寄存器 cfg_bus_number[7:0]、cfg_device_number[4:0] 和 cfg_function_number[2:0] 存放这组数值，当 LogiCORE 发起存储器读请求 TLP 时，需要使用这组数值。

在设备驱动程序中，Capric 卡需要执行以下步骤完成硬件初始化。

1）向 DCSR1 寄存器的 init_rst_o 位写 1。

2）延时 5 μs。

3）向 DCSR1 寄存器的 init_rst_o 位写 0。

4）向 DCSR1 寄存器的 int_rd_enb 和 int_wr_enb 位写 1，使能 DMA 读写中断请求。

12.1.3 DMA 写

Capric 卡使用 DMA 写过程将 Capric 卡 SRAM 中的数据发送到 HOST 处理器。在设备驱动程序中，DMA 写过程如下所示。

1）填写 WR_DMA_ADR 寄存器，注意填写的是 PCI 总线域的地址。

2）填写 WR_DMA_SIZE 寄存器，以字节为单位。

3）填写 DCSR2 寄存器的 mwr_start 位，启动 DMA 写。

4）等待 DMA 写完成中断后，结束 DMA 写。如果系统软件屏蔽了 DMA 写完成中断，可以通过查询 INT_REG 寄存器的 wr_done_clr 位判断 DMA 写是否已经完成。在 Capric 卡中，上一次 DMA 写操作没有完成之前，不能启动下一次 DMA 写操作。

5）最后将 wr_done_clr 位清零。

从硬件设计的角度来看，DMA 写过程较为复杂。Capric 卡需要通过 DMA 控制逻辑，组织一个或者多个存储器写 TLP，将 SRAM 中的数据进行封装然后传递给发送部件，再由发送部件将数据传送到 LogiCORE，最后由 LogiCORE 将存储器写 TLP 传递给 RC。

如果一次 DMA 写所传递的数据超过了 512B[⊖]，那么 DMA 控制逻辑需要传递多个存储器写 TLP 给发送部件，才能完成一次完整的 DMA 写操作。而且在 DMA 操作中需要进行数据对界。其详细实现过程见第 12.2.1 节。

12.1.4 DMA 读

Capric 卡使用 DMA 读过程将主存储器中的数据读到 Capric 卡片内 SRAM 中。在设备驱动程序中，DMA 读过程如下所示。

1）填写 RD_DMA_ADR 寄存器，注意此处填写的是 PCI 总线域的地址。

2）填写 RD_DMA_SIZE 寄存器，以字节为单位。

3）填写 DCSR2 寄存器的 mrd_start 位，启动 DMA 读。

4）等待 DMA 读完成中断产生后，结束 DMA 读。如果系统软件屏蔽了 DMA 读完成中断，则系统软件可以通过查询 INT_REG 寄存器的 rd_done_clr 位判断是否 DMA 读已经完成。在 Capric 卡中，上一次 DMA 读操作没有完成之前，不能启动下一次 DMA 读操作。

5）最后将 rd_done_clr 位清零。

从硬件设计的角度来看，DMA 读过程比 DMA 写过程复杂。PCIe 总线使用 Split 方式实现存储器读。Capric 卡的 1 次 DMA 读操作使用两种 TLP 报文，并通过发送部件和接收部件协调完成。

⊖ LogiCORE 规定 Max_Payload_Size 为 512B。

1）首先 DMA 控制逻辑组织一个或者多个存储器读请求 TLP，然后由发送部件将存储器读请求 TLP 传递给 RC。

2）RC 正确接收到这个请求报文后，使用一个或者多个存储器读完成 TLP 将数据传递给 Capric 卡。

3）Capric 卡接收逻辑从 RC 中获得这些存储器读完成 TLP 时，需要首先处理乱序，之后完成一个 DMA 读操作，并向 RC 提交中断请求。

如果一次 DMA 读请求的数据大于 512B⊖时，DMA 控制逻辑需要发送多个存储器读请求 TLP 给 RC，而且在 DMA 读操作中需要进行数据对界。尤其值得注意的是这几个 TLP 的 Tag 字段不能相同，为此硬件逻辑必须正确维护存储器读请求使用的 Tag 字段。DMA 读操作的详细实现过程见第 12.2.2 节。

12.1.5　中断请求

Capric 卡使用 MSI 机制提交中断请求，并只使用了一个中断向量处理 DMA 读/写完成和错误处理。本章为简便起见，忽略了错误处理的过程，但是在一个实际的设计中，错误处理及恢复过程非常重要。

当 DCSR1 寄存器的 int_rd_enb 和 int_wr_enb 位为 1，而且 int_wr_msk 和 int_rd_msk 不为 1 时，DMA 读写完成后，Capric 卡将向处理器提交中断请求。当 DMA 读写完成后，硬件逻辑将 INT_REG 寄存器的 int_asserted 位置为 1，表示有中断请求。此时系统软件需要进一步查询 INT_REG 寄存器的 int_src_rd 和 int_src_wr 位⊖，判断该中断请求为 DMA 读完成还是 DMA 写完成，其步骤如下。

1）如果 int_asserted 位为 1，表示 Capric 卡提交了一个中断请求；否则转 6）。

2）int_src_rd 位为 1，表示 Capric 卡提交了一个 DMA 读完成中断请求，否则转 4）。此时 rd_done_clr 位也应该为 1。

3）进行 DMA 读完成处理。向 rd_done_clr 位写 1，清除 DMA 读完成请求位，转 6）。

4）如果 int_src_wr 位为 1，表示 Capric 卡提交了一个 DMA 写完成中断请求。此时 wr_done_clr 位也应该为 1。

5）进行 DMA 写完成处理。向 wr_done_clr 位写 1，清除 DMA 读完成请求位。

6）结束。

以上过程仅为一个简单的中断服务例程的执行流程，一个具体设备驱动程序在 DMA 读写完成后，将检查一些返回状态，以确定 DMA 读写是否正确结束。

12.2　Capric 卡的数据传递

本节主要介绍系统软件在启动 DMA 读写操作时，硬件逻辑的工作过程，包括软件启动 DMA 写时，Capric 卡如何向 RC 发送存储器写 TLP；软件启动 DMA 读时，Capric 卡如何向

⊖　LogiCORE 规定 Max_Read_Request_Size 为 512B。

⊖　Capric 卡也可以使用多个 MSI 报文（Multiple Message），其中 DMA 写完成和读完成分别对应一个 MSI 报文，而无须查询，目前 Linux 系统并不支持 PCIe 设备的 Multiple Message 功能。

RC 发送存储器读请求 TLP，以及 Capric 卡如何接收来自 RC 的存储器读完成 TLP。

如果考虑 DMA 读写操作的数据对界，DMA 读写操作的实现较为复杂。为此本节定义了两种操作处理对界问题。

（1）向前 X 字节对界

向前对界操作使用 $Head_X(Y)$ 函数，其中 Y 参数对应某个物理地址；而 X 参数对应对界单位，其值必须为 2 的幂。该函数的计算方法如式 12-1 所示。

$$Head_X(Y) = Y - (Y \bmod X) \tag{12-1}$$

由以上公式，可以得出 $Head_4(0x1000) = 0x1000$，而 $Head_4(0x1007) = 0x1004$。该操作非常适合硬件实现，在硬件实现中 $Head_X(Y) = Y_n Y_{n-1} \cdots Y_m 0_{m-1} 0_{m-2} \cdots 0_1 0_0$。如果 Y 的长度为 32 bit，则 n 等于 31，而 m 等于 $Log_2(X)$。因此在硬件逻辑中，只要将 Y 的第 $0 \sim m-1$ 位清零即可。

（2）向后 X 字节对界

向后对界操作使用 $Tail_X(Y)$ 函数，其中 Y 参数对应某个物理地址；而 X 参数对应对界单位，其值必须为 2 的幂。该函数的计算方法如式 12-2 所示。

$$Tail_X(Y) = Head_X(Y) + X - 1 \tag{12-2}$$

由以上公式，可以得出 $Tail_4(0x1000) = 0x1003$，而 $Tail_4(0x1007) = 0x1007$。该操作也非常适合硬件实现，在硬件实现中 $Tail_X(Y) = Y_n Y_{n-1} \cdots Y_m 1_{m-1} 1_{m-2} \cdots 1_1 1_0$。如果 Y 的长度为 32 bit，则 n 等于 31，而 m 等于 $Log_2(X)$。因此在硬件逻辑中，只要将 Y 的第 $0 \sim m-1$ 位置 1 即可。

12.2.1　DMA 写使用的 TLP

当软件启动 DMA 写过程后，DMA 控制逻辑将组织存储器写 TLP 发送给 RC。PCIe 总线使用 Posted 总线事务发送存储器写 TLP。Capric 卡使用 4DW 长度的 TLP 头，即使用 64 位地址编码格式。存储器写 TLP 由一个通用 TLP 头加上若干数据字段组成，存储器写 TLP 格式如图 12-2 所示。

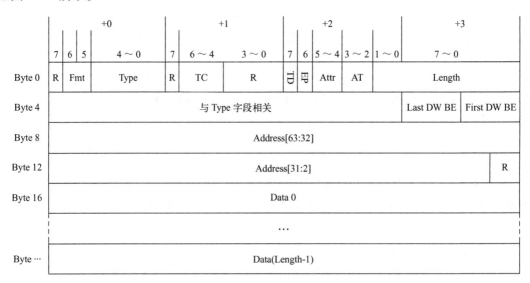

图 12-2　存储器写请求 TLP

1. DMA 写操作使用的实际长度

DMA 写逻辑首先从 WR_DMA_ADR 寄存器中获得起始地址 $A(A_{31}A_{30}\cdots A_1A_0)$，然后从 WR_DMA_SIZE 寄存器中获得传送长度 $L(L_{15}L_{14}\cdots L_1L_0)$，并由 A 和 L，通过计算获得本次 DMA 写的结束地址 $B(B_{31}B_{30}\cdots B_1B_0)$，其值如式 12-3 所示。

$$B = A+L-1 \qquad (12\text{-}3)$$

系统软件需要保证 B 的计算结果不会出现进位，而 DMA 写逻辑由公式 12-3 获得本次数据传送的地址范围 A~B。在存储器读写 TLP 中，Length 字段以 DW 为单位，因此向 A~B 这段数据区域进行 DMA 写时，Capric 卡实际上需要向 $Head_4(A)$~$Tail_4(B)$ 这段数据区域进行 DMA 写操作，同时使用 TLP 的 First DW BE 和 Last DW BE 字段进行对界处理。

如果一次 DMA 写操作向 0xFFF0-0003~0xFFF0-0200 这段区域传送数据时，虽然这段数据区域的长度为 0x1FE 字节⊖，但是由于 TLP 的 Length 字段以 DW 为基本单位，因此 Capric 卡需要向 0xFFF0-0000~0xFFF0-0203 这段区域进行写操作，然后通过 First DW BE 和 Last DW BE 字段屏蔽 0xFFF0-0000~0xFFF0-0002 和 0xFFF0-0201~0xFFF0-0203 这两段数据区域。

因此在 L 中存放的长度（A~B 数据区域的长度）并不是该 TLP 使用的实际长度。在该 TLP 中使用的实际长度为 $Head_4(A)$~$Tail_4(B)$ 这段数据区域的长度。本节使用 $M(M_{15}M_{14}\cdots M_1M_0)$ 保存 TLP 中使用的实际长度，其值如式 12-4 所示。

$$M = (Tail_4(B) - Head_4(A) + 1) \gg 2 \qquad (12\text{-}4)$$

使用以上公式可以较为方便地得出 DMA 写操作使用的实际长度，但是公式 12-3 和公式 12-4 中使用了多个 32 位的加法器，非常耗费 FPGA 的内部资源。为此本次设计使用了另外一种算法计算 M 的值，如式 12-5 所示。

$$M' = \left[Head_4(00A_1A_0 + 00L_1L_0 + 3) - Head_4(00A_1A_0) \right]$$
$$M = L \gg 2 + M' \gg 2 \qquad (12\text{-}5)$$

我们可以使用公式 12-5 计算 0xFFF0-0003~0xFFF0-0200 这段区域使用的实际长度 M。在这段区域中，A 为 0xFFF0-0003，而 L=0x1FE，因此 M' 等于 8，而 M = 0x7F + 0x2 = 0x81。该结果与式 12-4 计算结果相等。但是在式 12-5 中，M' 的计算仅使用 4 位加法器，其实现代价比式 12-4 所耗费的资源少得多，更为重要的是计算速度也比式 12-4 快得多。

在 LogiCORE 中，Max_Payload_Size Supported 参数的最大值为 512B。但是链路两端经过协商后，实际确认的 Max_Payload_Size 参数可能小于 512B，在多数 x86 处理器系统中，该参数为 128B，因此下文假设 Max_Payload_Size 参数为 128B。

当 M 大于 0x20（即数据区域的实际长度超过 128B）时，Capric 卡进行 DMA 写时需要发送多个存储器写请求 TLP，而 M 小于或等于 0x20 时仅需要发送 1 个存储器写请求 TLP。下文分别讨论这两种情况。

2. M 小于或等于 0x20

Capric 卡向数据区域 $[A_{31}A_{30}\cdots A_1 A_0 \sim B_{31}B_{30}\cdots B_1 B_0]$ 进行 DMA 写操作时，如果通过公式 12-5 的计算发现 M 小于或等于 0x20，DMA 控制逻辑将组织 1 个或者 2 个存储器写

⊖ 数据区域的大小为数据尾地址-数据首地址+1，即 0xFFF0-0200-0xFFF0-0003+1 = 0x1FE。

TLP 传递给 LogiCORE。

如果这个 TLP 所传递的数据区域跨越了 4 KB 边界，将组织 2 个存储器写 TLP，因为 PCIe 总线规定被传送的数据区域不能跨越 4 KB 边界；如果没有跨越 4 KB 边界，Capric 卡组织 1 个存储器写 TLP。我们首先讨论这段数据区域没有跨越 4 KB 边界的情况，此时这个存储器写 TLP 的各个字段如下所示。

- Fmt 字段为 0b10 或者 0b11，表示使用 3DW 或者 4DW 的 TLP 头，而且带有数据。在 Capric 中，Fmt 字段为 0b011。

- Type 字段为 0b00000，表示当前 TLP 为存储器写 TLP。

- TC 字段为 0b000，表示传送类型为 TC0。

- TD 位为 0b0，表示当前 TLP 不含有 ECRC 信息。

- EP 位为 0b0，表示当前 TLP 是正常的，没有出现完整性问题。

- Attr 字段为 0b00，表示当前 TLP 不使用 Relaxed Ordering，由硬件完成 Cache 一致性操作。有关 Cache 一致性的处理见第 3.3 节和第 12.3.6 节，而 Relaxed Ordering 的描述见第 11.4 节。

- AT 字段为 0b00，表示不进行地址转换。

- Length 字段由公式 12-5 计算而来，其值与 M 相等，单位为 DW，最大值为 0x20，即 128B。假定在 Capric 卡中，Max_Payload_Size 参数为 128B。在 x86 处理器系统中，多数 RC 的 Max_Payload_Size 参数为 128B。

- Address 字段为 $A_{31}A_{30} \cdots A_2$。Address 字段为 DW 对界的，共由 30 位组成。

- 当 M 不等于 1 时，Last DW BE 字段与 TLP 报文的结束地址有关，更准确地讲，与 B_1 和 B_0 位有关，如下所示。

  $B_1B_0 = 0b11$，则 Last DW BE 字段为 0x1111。

  $B_1B_0 = 0b10$，则 Last DW BE 字段为 0x0111。

  $B_1B_0 = 0b01$，则 Last DW BE 字段为 0x0011。

  $B_1B_0 = 0b00$，则 Last DW BE 字段为 0x0001。

- 当 M 不等于 1 时，First DW BE 字段与 TLP 报文的起始地址有关，更准确地讲，与 A_1 和 A_0 位有关，如下所示。

  $A_1A_0 = 0b00$，则 First DW BE 字段为 0x1111。

  $A_1A_0 = 0b01$，则 First DW BE 字段为 0x1110。

  $A_1A_0 = 0b10$，则 First DW BE 字段为 0x1100。

  $A_1A_0 = 0b11$，则 First DW BE 字段为 0x1000。

当 M 等于 1 时，Last DW BE 字段必须为 0b0000；First DW BE 字段的计算与 A_1A_0 和 B_1B_0 相关，其中 (First DW BE)$A_1A_0 \sim$(First DW BE)B_1B_0 字段为 1，其他位为 0。这两个字段的关系如表 12-2 所示。

表 12-2 First DW BE 与 A_1A_0，B_1B_0 之间的关系

A_1A_0	B_1B_0	First DW BE	Last DW BE
0b00	0b00	0b0001	0b0000
0b00	0b01	0b0011	0b0000
0b00	0b10	0b0111	0b0000

（续）

$A_1 A_0$	$B_1 B_0$	First DW BE	Last DW BE
0b00	0b11	0b1111	0b0000
0b01	0b01	0b0010	0b0000
0b01	0b10	0b0110	0b0000
0b01	0b11	0b1110	0b0000
0b10	0b10	0b0100	0b0000
0b10	0b11	0b1100	0b0000
0b11	0b11	0b1000	0b0000

值得注意的是，当 M 小于或等于 0x20 时，TLP 所传递的报文，其数据区域依然可能会跨越 4 KB 边界。如 Capric 卡向 0xFFFF-0FFF~0xFFFF-1000 数据区域进行 DMA 写时，虽然 M 等于 0x2（实际长度只有两个字节），但是 Capric 卡需要使用两个存储器写请求 TLP，分别向 0xFFFF-0FFF~0xFFFF-00-0FFF 和 0xFFFF-1000~0xFFFF-1000 这两段数据进行写操作。

由此可以发现，当 Capric 卡对 A~B 这段数据区域$^\ominus$进行 DMA 写时，首先需要判断这段区域是否跨越 4 KB 边界$^\ominus$。如果跨越则需要向 A~$\mathrm{Tail}_{4096}(A)$ 和 $\mathrm{Head}_{4096}(B)$~B 这两段数据区域进行写操作，这两段数据区域一定都小于 0x20，因此采用上文描述的方法组织 TLP 报文即可。

3. M 大于 0x20

如果 M 大于 0x20，此时 Capric 卡进行一次 DMA 写操作时，LogiCORE 需要向 RC 发送多个存储器写请求 TLP。我们假设 Capric 卡需要向 $[A_{31}A_{30}\cdots A_1 A_0~B_{31}B_{30}\cdots B_1 B_0]$ 这段数据区域进行 DMA 写操作，而且这段数据区域的 M 大于 0x20。此时 DMA 写逻辑需要进行拆包操作。这个拆包操作需要遵循以下原则。

（1）TLP 传递的数据区域不能跨越 4 KB 边界

为此 Capric 卡首先需要分析 A~B 这段是否跨越 4 KB 边界。值得注意的是，在 Capric 卡中，一次 DMA 写的长度小于 2048，因此其传递的数据区域至多会跨越一个 4 KB 边界。此时需要向 A~$\mathrm{Tail}_{4096}(A)$ 和 $\mathrm{Head}_{4096}(B)$~B 这两段数据区域进行写操作，而且这两段数据区域的 M 都可能大于 0x20。下文采用的拆包方法可以保证在不进行 4 KB 边界检查的情况下，保证拆分后的 TLP 不会跨越 4 KB 边界。

（2）尽量减少拆分后 TLP 的总个数

比如，可以将 0x1000~10FF 这段数据区域拆分为 0x1000~107F 和 0x1080~10FF，尽量利用 Max_Payload_Size 参数，而不使用更多的 TLP 进行数据传递。

（3）拆分后的 TLP 尽量不跨越 Cache 行边界

虽然 PCIe 总线规范并没有规定拆分 TLP 的方法。但是将 0x1000~10FF 这段数据区域拆分为 0x1000~0x107E, 0x107F~0x108F 和 0x1090~0x10FF，从原理上讲是可行的，可是并不合理。

$\ominus$　这段数据区域的有效长度小于等于 0x80，即 M ≤ 0x20。

$\ominus$　如果 B>Tail_{4096}（A）时，表示当前数据区域超越 4 KB 边界。

在 Capric 卡中，为了简化设计，当 M 大于 0x20 时将采用以下规则进行拆包处理。

- 第一个 TLP 的起始地址必须为 $0xA_{31}A_{30}\cdots A_2$，而其他 TLP 的起始地址必须为 0x80 字节对界。
- 最后一个 TLP 的结束地址必须为 $0xB_{31}B_{30}\cdots B_2$，而其他 TLP 的结束地址必须为 0x80 字节对界。

根据以上规则，我们可以将 $A_{31}A_{30}\cdots A_1\,A_0 \sim B_{31}B_{30}\cdots B_1\,B_0$ 这段数据区域划分为多个数据区域，其中每一个区域的 Length 字段不超过 0x20，而且每段数据区域以 128B 对界。

$A_{31}A_{30}\cdots A_1\,A_0 \sim \text{Tail}_{128}(A)$

$\text{Head}_{128}(A+128) \sim \text{Tail}_{128}(A+128)$

…

$\text{Head}_{128}(A+n\times128) \sim \text{Tail}_{128}(A+n\times128)$

…

$\text{Head}_{128}(B) \sim B_{31}B_{30}\cdots B_1\,B_0$

以上这些数据区域的 M 都小于或等于 0x20，而且都不会跨越 128B 边界，因此也不可能跨越 4 KB 边界。向这些数据区域传送数据时，TLP 各字段的设置参见 M 小于或等于 0x20 的情况。当 Capric 卡将这些存储器写请求 TLP 发送完毕后，可以向处理器提交中断请求。

12.2.2　DMA 读使用的 TLP

与 DMA 写模块相比，DMA 读模块的逻辑设计较为复杂。在 PCIe 总线中，存储器写 TLP 使用 Posted 总线传送方式，实现 DMA 写操作只需要使用存储器写 TLP 即可。而 PCIe 总线使用 Split 总线传送方式进行存储器读操作。因此一个 DMA 读过程由 EP 向 RC 发送 "存储器读请求 TLP"，之后再由 RC 使用 "存储器读完成 TLP" 将数据传递给 EP。

当软件启动 DMA 读操作后，DMA 控制逻辑将根据需要读取数据区域的大小，决定发送存储器读请求 TLP 的个数，如果所读取数据区域的实际长度超过 Max_Read_Request_Size 参数⊖时，DMA 控制逻辑需要进行拆包处理，向 RC 发送多个存储器读请求 TLP，这些存储器读请求 TLP 将使用不同的 Tag。

当 RC 收到这些存储器读请求 TLP 后，将使用存储器读完成 TLP，将数据传递给 Capric 卡。其中一个存储器读请求 TLP（Tag 不同的报文）可能对应多个存储器读完成 TLP，而且这些存储器读完成 TLP 可以乱序到达。

在 Capric 卡的 DMA 读模块的设计中，首先需要进行拆包处理，其次需要合理地管理 Tag 资源，而最值得注意的是对存储器读完成 TLP 的乱序处理。为此在 Capric 卡中设置了一个单向循环链表 tag_queue，以便 Capric 卡发送存储器读请求 TLP，进行 Tag 资源的管理，并处理存储器读完成 TLP 的序。

1. tag_queue

Capric 卡的 DMA 读模块使用了一个单向循环队列 tag_queue，当然设计者也可以使用其他逻辑实现同样的功能。实际上对于 Capric 卡而言，设置这样的循环队列是奢侈的，因为

⊖　在 LogiCORE 中该参数为 512B。

Capric 卡仅实现了基本的 DMA 读写操作。该循环队列实际上是为笔者的另一个设计，即 Cornus 卡[⊖]准备的。

在 tag_queue 队列中，设置了头尾指针，分别为 tag_front 和 tag_rear，Capric 卡使用 8 位[⊖]寄存器存放这两个指针。该队列的每一个 Entry 对应一个 tag 资源，其 Entry 号与 Tag 号一一对应。DMA 读模块从 tag_rear 指针获得当前可以使用的 tag 资源（相当于将获得的 tag 字段加入 tag_queue 中），并从 tag_front 指针处释放 tag 资源（相当于从 tag_queue 的头部释放资源），在 tag_front 和 tag_rear 之间的 Entry 保存正在使用的 tag 资源。tag_queue 队列的组成结构如图 12-3 所示。

在 Capric 卡复位时，tag_front 与 tag_rear 指针同时指向 Entry 0，此时 tag_queue 为空。当 Capric 卡需要使用 tag 资源时，首先判断 tag_queue 是否为满，如式 12-6 所示。

$$（tag\_rear+1）mod256=tag\_front \tag{12-6}$$

当 tag_queue 队列不满时，Capric 卡可以从 tag_queue 中获得 tag 资源，其值等于 tag_rear，然后将 tag_rear 更新为（tag_rear+1）mod 256（相当于将获得的 tag 加入到 tag_queue 队列中）。当 Capric 卡释放 tag 资源时，需要判断 tag_queue 是否为空，如式 12-7 所示。

$$tag\_rear=tag\_front \tag{12-7}$$

在 Capric 卡中，到达的存储器读完成 TLP 因为乱序的原因，其 tag 字段不一定与 tag_front 相等。Capric 卡错误处理逻辑需要判断到达的存储器读完成 TLP 的 tag 字段是否在 tag_front 和 tag_rear 之间（在图 12-3d 中，阴影部分的 Entry 在当前 tag_queue 中有效），其判断条件如式 12-8 所示。

$$（tag-tag\_front）mod256<（tag\_rear-tag\_front）mod256 \tag{12-8}$$

在 Cornus 卡中，tag_queue 队列的 Entry 由许多字段组成，在这些字段中"L"和"U"位对于 Capric 卡有意义。其中 U 为 Used 位，当该位为 1 时，表示对应 Entry 正在被使用，为 0 时表示没有被使用；而 L 为 Last 位，当该位为 1 时，表示对应 Entry 保存 DMA 操作最后一个存储器读请求 TLP。这些位的详细解释见下文。

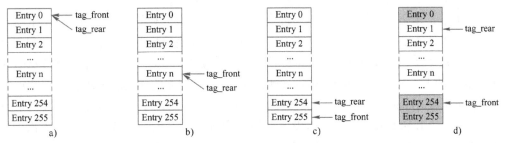

图 12-3　循环队列 tag_queue 的组成结构

a）tag_queue 的初始化　b）tag_queue 为空　c）tag_queue 为满　d）tag_queue 中的有效 Entry

2. Capric 卡发送存储器读请求 TLP

Capric 卡发送存储器读请求 TLP 与发送存储器写 TLP 的步骤较为类似，只是存储器读请求不含有 Data Payload，存储器读请求 TLP 的格式如图 6-8 所示。与存储器写请求 TLP 相

⊖　Cornus 卡是一个基于 PCIe 总线的以太网卡，支持多通路 DMA 读写操作。

⊖　因为 tag_queue 队列的长度为 256。

比，存储器读报文多了两个字段分别为 Requester ID 字段和 Tag 字段，这两个字段合称为 Transaction ID 字段，该字段的结构如图 6-9 所示。

从第 6.2.1 节中，可以获知存储器读请求 TLP 使用地址路由方式，Capric 卡将存储器读请求 TLP 发送给 RC 时，并不需要使用 Transaction ID 字段进行 ID 路由。但是存储器读完成 TLP 需要使用 ID 路由方式进行传送，因而需要使用 Capric 卡的 Transaction ID 字段将存储器读完成 TLP 发送给 Capric 卡。

在 PCIe 总线中，每一个数据传送都有唯一的 Transaction ID，Transaction ID 由 Requester ID 和 Tag 字段组成，其中 Requester ID 由 HOST 处理器在系统初始化时设置。Capric 卡需要记录这个 Requester ID，以便传送存储器读请求 TLP。

在存储器读请求 TLP 中其他字段的设置与存储器写请求 TLP 类似，这些字段的设置参见上文。其中存储器读请求 TLP 的 Fmt 字段为 0b00/0b01，表示使用 3DW/4DW 的 TLP 头，而且不带数据；而 Type 字段与存储器写请求 TLP 的 type 字段相等，都为 0b0000。在 PCIe 总线中，存储器写报文一定带有数据，而存储器读请求一定不带数据，这是 PCIe 总线区分存储器读请求 TLP 和存储器写 TLP 的方法。在设计中，Capric 卡使用 4DW 的读请求 TLP 头，因为 Capric 卡内部使用 64b 数据总线，使用 4DW 的报文头便于对界处理；而存储器读完成报文只能使用 3DW 的报文头，这为 Capric 卡的设计也带来了一些困难。

在存储器读请求 TLP 中，需要重点处理的字段是 Tag。在 PCIe 总线中，每个设备都有唯一的 Requester ID，而且每一次数据传送使用不同的 Transaction ID，在一次数据传送没有完成之前，其他数据传送不能使用相同的 Transaction ID。在 PCIe 总线中，使用 Tag 字段区分不同的 Transaction ID，因为对于同一个 PCIe 设备发出的 TLP，Requester ID 字段都是相同的，只有 Tag 字段不同。

当 Capric 卡向 RC 发送存储器读请求 TLP 时，将从 tag_queue 中选择一个未用的 Tag 资源；当 Capric 卡收齐与 "存储器读请求 TLP" 对应的 "存储器读完成 TLP" [⊖] 后，将释放这个 Tag 资源，之后其他存储器读请求 TLP 可以使用这个 Tag。

为此 Capric 卡需要使用一组数据缓冲维护这个 Tag 字段。在 PCIe 总线中，Tag 字段为 5 或者 8 位，如果使能了 Phantom 功能，一个 PCIe 设备可以使用更多的 Tag 资源，详见第 4.3.2 节。在 Capric 卡中，并没有使能 Phantom 功能，而且使用的 Tag 字段为 8 位，即 Device Capability 寄存器的 Extended Tag Field Supported 位为 1，该寄存器的详细描述见第 4.3.2 节。

Capric 卡使用 tag_rear 指针从 tag_queue 队列中获得未用的 tag 资源，并设置 tag_queue 中对应 Entry 的 L 和 U 位。Capric 卡发送存储器读请求 TLP 时，首先需要判断本次 DMA 读操作一共需要向 RC 发送几个存储器读请求 TLP。在 Capric 卡中，一次 DMA 读可以使用的最大传送单位为 2047B，该值超过 Capric 卡的 Max_Read_Request_Size 参数（512B），因此 Capric 卡发送存储器读请求 TLP 时需要进行拆包操作。

如果 Capric 卡读取 $A(A_{31}A_{30}\cdots A_1 A_0) \sim B(B_{31}B_{30}\cdots B_1 B_0)$ 这段数据区域时，需要首先计算每段数据区域的实际长度 M，该长度的计算与公式 12-4 相同。如果 M 小于或等于 512B，需要继续检查这段数据区域是否超过 4 KB 边界，如果超过需要将这段数据区域分为 A ~

⊖　一个存储器读请求 TLP 可能对应若干个存储器读完成 TLP。

$Tail_{4096}(A)$ 和 $Head_{4096}(B) \sim B$ 这两段数据区域进行读操作。

如果 M 大于 512B, Capric 卡需要进行拆包处理, 将 A ~ B 这段数据区域分割为若干个数据区域, 其中每一段数据区域的 Length 字段不超过 0x80, 而且为 512B 对界。Capric 卡使用的拆包方法如下所示。

第 1 个存储器读请求 TLP 对应的数据区域: $A_{31}A_{30}\cdots A_1 A_0 \sim Tail_{512}(A)$

第 2 个存储器读请求 TLP 对应的数据区域: $Head_{512}(A+512) \sim Tail_{512}(A+512)$

…

第 n 个存储器读请求 TLP 对应的数据区域: $Head_{512}(A+n\times512) \sim Tail_{512}(A+ n\times512)$

…

最后 1 个存储器读请求 TLP 对应的数据区域: $Head_{512}(B) \sim B_{31} B_{30}\cdots B_1 B_0$

以上这些数据区域的 M 都小于 0x80, 而且都不会跨越 512B 边界, 因此也不可能超过 4 KB 边界。使用以上拆包方法, Capric 卡可以获得若干个 M 小于或等于 0x80 的数据区域, 因此 Capric 卡可以使用一个存储器读请求从主存储器获得以上每段数据区域对应的数据。Capric 卡使用 4DW 的 TLP 头, 其格式如图 12-4 所示。

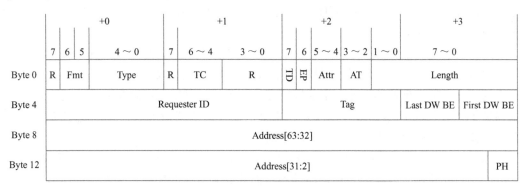

图 12-4　存储器读请求 TLP 头格式

Capric 卡向 RC 发送这些存储器读请求 TLP 的详细步骤如下。

1) 组织存储器读请求 TLP, 其中 Byte 0 中的字段、First/Last DW BE 字段和 Address 字段与存储器写请求 TLP 的对应字段相同, 本小节对此不做详细描述。而 Requester ID 字段由 Host 处理器在初始化时设置。

2) Capric 卡从 tag_queue 队列中获得 tag 字段, 首先通过公式 12-6 判断 tag_queue 队列是否有可用 tag 资源, 如果没有则循环等待公式 12-6 成立; 如果有可用 tag, 则继续。在 Capric 卡中, Address[63:2] 较小的存储器读请求使用的 Tag 字段也较小。

3) 当前存储器读请求使用 tag_rear 作为 tag 字段, 同时置 tag_queue[tag_rear].U 为 1, 表示当前 Entry 已被使用。

4) 在一次 DMA 读操作时, Capric 卡可能需要进行拆包操作。如果当前存储器读请求 TLP 是最后一个 TLP, 则将 tag_queue[tag_rear].L 位置为 1, 否则置为 0。

5) 将 tag_rear 赋值为 (tag_rear+1) mod 256, 然后发送该存储器读请求 TLP。如果 L 位为 0 时转 1), 表示与当前 DMA 操作对应的存储器读请求 TLP 还没有发送完毕; 否则结束存储器读请求报文的发送。

Capric 卡发送存储器读请求 TLP 时, 还需要考虑一个细节问题。在 PCIe 总线中, EP 为

CplH 和 CplD 提供的 Credit 为 0，即 Infinite Credit，详见第 9.3.2 节。这意味着 EP 每发送一个存储器读请求，必须为对应的存储器读完成的报文头和数据预留缓冲。

假设 Capric 卡连续向 RC 发送了 256 个存储器读请求 TLP，其中每个存储器读请求 TLP 访问的数据区域为 512 B，而在 RC 发送的存储器读完成 TLP 中一次只能携带 64 B。此时即便不考虑对界的问题，Capric 卡也需要为存储器读完成预留较大的缓冲空间，该空间由两部分组成，如下所示。

1）预留存储器读完成 TLP 头的空间大小为 8192 B（256×512×4/64）。

2）预留存储器读完成 TLP 数据的空间大小 128 KB（256×512 B）。

在硬件设计中，为了提高 DMA 读的数据传送效率，还可以使能 Phantom 功能，此时 EP 能够发送的存储器读请求 TLP 更多。如果 EP 经过若干级 Switch 后，才能到达 RC，此时 RC 可能正在处理其他 EP 的存储器读请求而不会立即处理这些存储器读请求，此时该 EP 可能长时间不能收到存储器读完成 TLP，从而无法释放预留的数据缓冲。因此 EP 可能会因为没有数据缓冲，而无法继续发送存储器读请求 TLP。

实际上，硬件为存储器读完成报文预留的数据缓冲是有限的，一般不会预留 136 KB 大小的空间，在 LogiCORE 中，为 CplH 预留的缓冲单元为 33~36 个，而为 CplD 中的数据预留的缓冲为 2176~2304 B。

由此可以发现如果 RC 没有及时地将存储器读完成 TLP 发送回来，Capric 卡最多在连续发送 33 个存储器读请求后（假设存储器读请求使用 4DW 的报文头），就因为无法为存储器读完成的报文头提供足够的缓冲而不能继续发送；此外如果每个存储器读请求所访问的数据区域都是 512 B，Capric 卡最多在连续发送 4 个这样存储器读请求后，就不能继续发送这样的存储器读请求，从而造成发送流水线的中断。

由此可以发现，在 LogiCORE 中，由于预留的缓冲有限，Capric 卡在使用 PCIe 总线要求的 Infinite Credit 机制时，将因为预留缓冲不足而造成流水线的中断。为此 LogiCORE 提供了三种流量控制机制，这三种流量控制机制在重构 LogiCORE 时选择使用，系统软件不能通过修改寄存器动态配置这些流控方式。

（1）Infinite Credit

该方式与 PCIe 总线规范兼容。如果 Capric 卡使用 Infinite Credit 方式，当 LogiCORE 内部的接收缓冲不足时，Capric 卡不能向 RC 发送存储器读请求报文。根据上文的讨论，由于 LogiCORE 内部的接收缓冲不足，因此使用该方式在某种程度上，将造成 DMA 读流水线的中断，从而影响 DMA 读的效率。

（2）One Posted/Non-Posted Header

该方式与 PCIe 总线规范不兼容，使用这种方式时，EP 每次为上游端口发送的 Posted 请求和 Non-Posted 请求提供最小的 Credit，相当于 EP 每一次只能发送一个存储器读请求 TLP，而得到与之对应的存储器读完成 TLP 后，再提交下一个存储器读请求 TLP。使用这种方法将严重影响 DMA 读的效率。LogiCORE 提供的这种方法可能是用于调试目的。在正常情况下设计者不应该使用这种方式。

（3）Non-Infinite Credit

该方式与 PCIe 总线规范不兼容，使用这种方式时，EP 并没有给上游端口提供无限量的 Credit，而是根据预留接收缓冲的实际使用情况，为上游端口提供 Credit。Capric 卡采用这种方式, 发送存储器读请求 TLP 时, 并不会为存储器读完成 TLP 事先预留接收缓冲, 从而在发送存储器读请求 TLP 时, 并不会因为接收缓冲不足而被中断, 因此提高了 Capric 卡发送存储器读请求 TLP 的效率。

LogiCORE 在接收存储器读完成报文时, 将根据预留缓冲的实际大小为对端提供 Credit。虽然采用这种方法与 PCIe 总线规范要求的 Infinite Credit 并不兼容。但是使用这种方法避免了在发送存储器读请求时, 因为接收缓冲不足而引发的流水线中断, 从而 Capric 卡可以连续发送多个存储器读请求, 无论是否具有足够的接收缓冲。

而 Capric 卡将以较快的速度从 LogiCORE 的预留缓冲中获得数据, 因此在多数时间里, 不会因为预留缓冲被对端设备耗尽而引发接收流水线的中断。因此在实际设计中, Capric 卡使用了这种流量控制方式。

3. Capric 卡接收存储器读完成 TLP

在 PCIe 总线中, EP 发出的存储器读请求可以超越之前的存储器读请求, 而且当存储器完成报文使用的 Transaction ID 不同时, 存储器读完成 TLP 也可能超越之前的存储器读完成 TLP, 这将造成存储器读完成 TLP 乱序到达 Capric 卡。

Capric 卡必须注意处理这个乱序问题。下面举例说明这个序的问题, 假设 Capric 卡向处理器的 0x1000~0x11FF 这段数据区域发送存储器读请求 TLP, RC 将通过存储器读完成 TLP 向 Capric 卡传递数据。如果这个 RC 使用的 RCB 为 64B, 则 RC 可以使用 4 个存储器读完成 TLP 发送这些数据, 如图 12-5 所示。

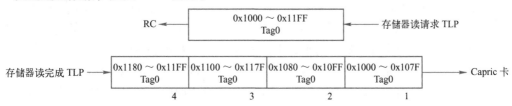

图 12-5　使用一个存储器读 TLP 对 0x1000~0x11FF 进行 DMA 读操作

其中第 1 个存储器读完成 TLP 的数据来自 0x1000~0x107F 这段数据区域; 第 2 个存储器读完成 TLP 的数据来自 0x1080~0x10FF 这段数据区域; 第 3 个存储器读完成 TLP 的数据来自 0x1100~0x117F 这段数据区域; 而第 4 个存储器读完成 TLP 的数据来自 0x1180~0x11FF 这段数据区域。在这种情况下, 存储器读完成报文将按序到达 Capric 卡, 从而并不会对 Capric 卡的硬件逻辑造成影响。

如果 Capric 卡使用 2 个存储器读请求 TLP 向处理器的 0x1000~0x11FF 这段数据区域发起存储器读请求。其中第 1 个存储器读请求 TLP(tag 0) 向处理器的 0x1000~0x10FF 这段数据区域发起存储器读请求, 而第 2 个存储器读请求 TLP(tag 1) 向处理器的 0x1100~0x11FF 这段数据区域发起存储器读请求。此时来自 RC 的存储器读完成报文可能乱序到达 Capric 卡, 如图 12-6 所示。

此时 RC 依然使用 4 个存储器读完成 TLP 向 Capric 卡发送这些数据, 但是由于序的问题, 这 4 个存储器读完成 TLP 可能以 2 种不同的顺序发向 Capric 卡。当然 RC 还可以以其他顺序向 Capric 卡发送这些 TLP, 本节并不列出所有可能的顺序。

(1) 第 1 种序

● 第 1 个存储器读完成 TLP 的数据来自 0x1000~0x107F 这段数据区域 (Tag 0)。

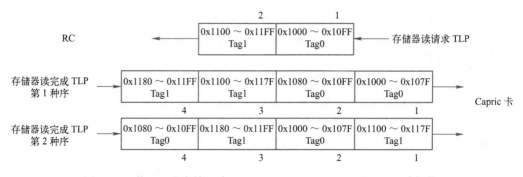

图 12-6　使用两个存储器读 TLP 对 0x1000~0x11FF 进行 DMA 读操作

- 第 2 个存储器读完成 TLP 的数据来自 0x1080~0x10FF 这段数据区域（Tag 0）。
- 第 3 个存储器读完成 TLP 的数据来自 0x1100~0x117F 这段数据区域（Tag 1）。
- 第 4 个存储器读完成 TLP 的数据来自 0x1180~0x11FF 这段数据区域（Tag 1）。

（2）第 2 种序

- 第 1 个存储器读完成 TLP 的数据来自 0x1100~0x117F 这段数据区域（Tag 1）。
- 第 2 个存储器读完成 TLP 的数据来自 0x1000~0x107F 这段数据区域（Tag 0）。
- 第 3 个存储器读完成 TLP 的数据来自 0x1180~0x11FF 这段数据区域（Tag 1）。
- 第 4 个存储器读完成 TLP 的数据来自 0x1080~0x10FF 这段数据区域（Tag 0）。

这个乱序问题为 Capric 卡的 DMA 读机制的设计带来了不小的麻烦。因为在"第 2 种序"的情况下，先发出去的存储器读请求 TLP，后接收到与之对应的存储器完成报文。不过值得庆幸的是，对于一个存储器读请求 TLP，其对应的存储器完成报文虽然也有多个，但是这些报文将以地址顺序先后到达。如向 0x1000~0x10FF 这段数据区域发送的存储器读请求，其存储器完成报文虽然被分解为两个，但一定是传送 0x1000~0x107F 这段区域的存储器读完成 TLP 率先到达，而传送 0x1080~0x10FF 这段区域的存储器读完成 TLP 随后到达。

在 Capric 卡的设计中必须考虑这个乱序问题，因为 Capric 卡进行 DMA 读操作时，所读取的数据区域可能超过 Max_Read_Request_Size 参数，此时 Capric 卡对这段数据区域进行 DMA 读时，必须向 RC 发出多个存储器读请求 TLP，参见上文。

与 Capric 卡发送存储器读请求 TLP 相比，Capric 卡处理存储器读完成 TLP 的过程更为复杂。当 Capric 卡收到来自 RC 的存储器完成报文后，需要进行一系列检查。存储器读完成 TLP 的格式如图 12-7 所示。

Capric 卡接收到存储器读完成 TLP 后，首先需要检查报文头。其中 Fmt 字段必须为 0b010，Type 字段必须为 0b01010。除此之外 Capric 卡还需要进行以下检查。

1）存储器读完成 TLP 的 Requester ID 字段必须与 Capric 卡的 Requester ID 字段相等。否则该存储器读完成 TLP 被认为是"Unexpected Completion"报文，Capric 卡需要丢弃该存储器读完成 TLP，并将 ERR 寄存器的 UC 位置 1。

2）检查存储器读完成 TLP 的 Status 字段，如果 Status 字段不为 0b000，则表示接收到的 TLP 出现错误。如果 Status 字段为 0b001 或者 0b100 时，Capric 卡需要丢弃该存储器读完成 TLP，并将 ERR 寄存器的相应位置 1。

3）检查存储器读完成 TLP 的 tag 字段，确认当前报文是否与已经发出的存储器读请求

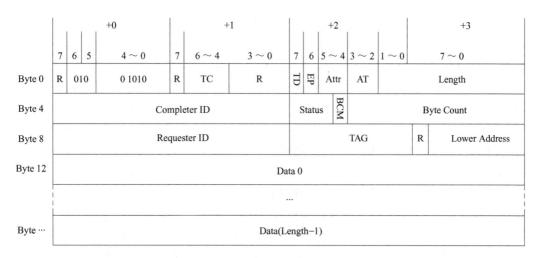

图 12-7　存储器读完成 TLP

TLP 对应，检查方法如公式 12-8 所示。

4）此外 Capric 卡还需要检查 EP 位，TD 位、TC 字段和 Attr 字段。

Capric 卡的接收部件成功完成这些检查之后，将从存储器读完成 TLP 中获取数据。PCIe 总线规定，一个存储器读请求 TLP，可以对应多个存储器读完成 TLP。这为 Capric 卡的设计带来了一定的困难，为此 Capric 卡需要将存储器读完成 TLP 全部收齐后，才能释放相应的 tag 资源，最后将 tag_queue 对应 Entry 的 U 位和 L 位清零。

存储器读完成报文虽然可能有多个，但是这些报文将以地址顺序先后到达。因此 Capric 卡首先需要分析 tag 字段，从而确定当前存储器读完成 TLP 与哪个存储器读请求 TLP 对应。其中第 1 个存储器读完成 TLP 与存储器读请求 TLP 起始地址对应，之后的存储器读完成 TLP 将地址顺序依次到达。假定向 $[A_{31}A_{30}\cdots A_1 A_0 \sim B_{31}B_{30}\cdots B_1 B_0]$ 这段数据区域发起存储器读请求时，RC 将发送多个存储器读完成 TLP，并以下列顺序到达。

$[A_{31}A_{30}\cdots A_1 A_0 \sim \mathrm{Tail}_{64}(A_{31}A_{30}\cdots A_1 A_0)]$

$[\mathrm{Head}_{64}(A_{31}A_{30}\cdots A_1 A_0 +64) \sim \mathrm{Tail}_{64}(A_{31}A_{30}\cdots A_1 A_0 +64)]$

…

$[\mathrm{Head}_{64}(A_{31}A_{30}\cdots A_1 A_0 +n*64) \sim \mathrm{Tail}_{64}(A_{31}A_{30}\cdots A_1 A_0 +n*64)]$

…

$[\mathrm{Head}_{64}(B_{31}B_{30}\cdots B_1 B_0) \sim B_{31}B_{30}\cdots B_1 B_0]$

当然 RC 也可能向 Capric 发送一个存储器读完成 TLP，传递 $[A_{31}A_{30}\cdots A_1 A_0 \sim B_{31}B_{30}\cdots B_1 B_0]$ 数据区域中的所有数据。无论这些存储器读完成 TLP 以什么样的形式到达，Capric 卡都需要正确接收这个存储器读完成 TLP。

Capric 卡首先分析存储器读完成 TLP 的 Length 字段，在该字段中存放当前存储器读完成 TLP 的长度，值得注意的是 Length 字段所存放的长度，可能超过这个存储器完成报文的包含的有效数据长度，因为地址 $A_{31}A_{30}\cdots A_1 A_0$ 很可能不是 1DW 对界，而 Length 字段存放的最小数据单位为 1DW。此时 Capric 卡必须正确识别存储器读完成 TLP 中 Data0（即第一个双字）中包含的有效数据，以及 Data(Length−1)（即最后一个双字）中包含的有效数据。

在 RC 发送给 Capric 卡的多个存储器读完成 TLP 中,只有第 1 个存储器读完成 TLP 所对应的存储器区域的起始地址可能不是 DW 对界;而如果存在其他存储器读完成 TLP,那么这些报文所对应存储器区域的起始地址至少是 64B 对界的,也可能是 128B 对界的[⊖]。

但是存储器读完成 TLP 并不含有 First DW BE 字段,此时 Capric 卡需要使用存储器读完成 TLP 中的 Lower Address 字段识别 Data0 中的有效字节。

在第 1 个存储器读完成 TLP 中,Lower Address$[1:0]=A_1A_0$,对于其他存储器读完成 TLP,其 Low Address$[1:0]=0b00$。因此通过 Lower Address 字段,可以识别 Data0 中第一个有效数据,即 Data0$[A_1A_0]$ 为第一个有效数据。

存储器读完成 TLP 并没有设置 Last DW BE 字段,Capric 卡需要使用 Byte Count 和 Lower Address 字段联合识别 Data(Length-1) 中的有效数据。如果当前存储器读完成 TLP 不是最后一个 TLP,那么其 Data(Length-1) 中的数据全部有效。因为 PCIe 总线规定,如果 RC 为 1 个存储器读请求 TLP 发送多个存储器读完成 TLP,如果这个存储器读完成 TLP 不是最后一个报文,那么其结束地址必须 64B 对界。

如果当前存储器读完成 TLP 不是第 1 个 TLP,那么其 Lower Address$[1:0]=0b00$。在这两种情况下,Data(Length-1) 中的有效数据较易计算。但是有一个特例情况,就是 RC 只发出了一个存储器读完成 TLP 给 Capric 卡,此时这个 TLP 既是第一个存储器读完成 TLP 也是最后一个存储器读完成 TLP。但是无论是上述哪种方式,依然存在计算 Data(Length-1) 中的有效数据的通用方法,如式 12-9 所示。

$$0bX_1X_0 = LowAddress[1:0] + ByteCount[1:0] - 0b01 \tag{12-9}$$

其中 Data(Length-1)$[X_1X_0]$ 为存储器读完成 TLP 中最后一个有效数据。Capric 卡计算完毕存储器读完成 TLP 的 Data0 和 Data(Length-1) 中的有效数据后,还需要判断当前存储器读完成 TLP 是不是 RC 发出的最后一个与当前 tag 对应的存储器读完成 TLP。为直观起见,以图 12-8 为例说明如何计算当前存储器读完成 TLP 是否为最后一个报文。

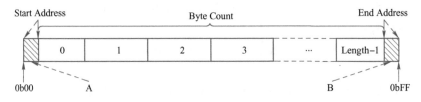

图 12-8 最后一个存储器读完成 TLP 的判断方法

如上图所示,Start Address 为存储器读完成 TLP 的起始地址,而 End Address 为存储器读完成 TLP 的结束地址。在一个存储器读完成 TLP 中,我们无法得到 Start Address 和 End Address 的确切的数值,因为存储器读完成 TLP 不包含 Address 字段,但是可以得到阴影 A 和阴影 B 的大小。其中阴影 A 的大小为 Low Address$[1:0]$,而阴影 B 的大小为 $0b11-0bX_1X_0$。

如果当前 TLP 的 Byte Count 字段加上阴影 A 和 B 的大小与 Length×4 相等,即公式 12-10 成立时,该 TLP 为 RC 发给 Capric 卡的最后一个存储器读完成 TLP。

$$(Byte\ Count + Low\ Address[1:0] + 0b11 - 0bX_1X_0) = Length \ll 2 \tag{12-10}$$

⊖ 采用哪种对界方式与 RCB 参数相关,不同处理器使用的 RCB 参数并不相同。

请读者重新阅读第 6.3.2 节，深入理解 Byte Count 参数的含义，以加深对公式 12-10 的理解。在 Capric 卡的硬件设计中，需要使用该公式识别最后一个到达的存储器读完成 TLP。

在 Capric 卡接收到最后一个存储器完成 TLP 之后，将完成一次存储器读请求。当最后一个存储器读请求完成后，将完成一次 DMA 读操作。Capric 卡接收存储器读完成 TLP 的详细步骤如下所示。

1）首先进行报文检查。如果通过这些检查后，将从存储器读完成报文中获得数据填入相应 SRAM 的对应区域中。

2）DMA 读逻辑通过存储器读完成 TLP 的 tag 字段在 tag_queue 中查找对应的 Entry。如果当前存储器读完成是最后一个 TLP，将该 Entry 的 U 位清零。此时如果该 Entry 的 L 位为 1，表示本次 DMA 读结束，并向处理器提交中断请求，同时清除 L 位，并置相应的中断状态寄存器。Cormus 卡支持多路并发的 DMA 读操作，因此需要在 Entry 中设置 L 位。

3）DMA 读模块可能会更新 tag_front 指针，如果 tag 字段不等于 tag_front 指针，读模块不能更新 tag_front，而仅是将对应 Entry 的 U 位清零；如果相同则将 tag_front 更新为（tag_front+1）mod 256，同时将 U 位清零。

4）之后 DMA 读模块继续判断 tag_queue[tag_front] 的 U 位是否为 0。如果该位为 0，将 tag_front 更新为（tag_front+1）mod 256，然后继续判断 tag_queue[tag_front] 的 U 位是否为 0，直到公式 12-7 成立，或者 tag_queue[tag_front] 的 U 位为 1。

12.2.3　Capric 卡的中断请求

Capric 卡支持两种中断请求方式，一种是 Legacy INTx 方式，另一种是 MSI 中断方式。Capric 卡需要向 RC 发送两个 Legacy INTx 中断消息，一个是 Assert INTx，另一个是 Deassert INTx，以实现 Legacy INTx 中断方式。第 6.3.4 节详细介绍了这种中断请求方式。这种中断请求方式虽然使用了 INTx 消息，但是其原理与电平触发方式类似，而 MSI 中断方式的工作原理与边沿触发方式类似。因此系统软件对 Capric 卡的这两种中断请求的处理并不相同。

在第 10.3 节中，我们曾详细讨论了电平触发与边沿触发的区别。其中采用电平触发不会丢失中断请求，而采用边沿触发将会丢失中断请求。Capric 卡可以保证即便使用了 MSI 中断机制，也不会丢失中断请求。

MSI 中断机制使用存储器写 TLP 实现，这个存储器写 TLP 的目的地址为 MSI Capability 结构中的 Message Address 字段，而数据为 Message Data 寄存器中的值。Message Address 字段和 Message Data 字段由系统软件在初始化时填写。在不同的处理器体系结构中，系统软件填写的这两个字段的数据并不相同，详见第 10.2 节和第 10.3 节。

LogiCORE 内部实现了 MSI 中断机制，Capric 卡仅需一些简单的组合逻辑即可实现 MSI 中断机制。Capric 卡需要根据 INT_REG 寄存器的信息，决定如何发送中断请求，这部分中断逻辑的实现较为简单，本节对此不做进一步说明。

12.3　基于 PCIe 总线的设备驱动

本节简要介绍 Capric 卡在 Linux 系统中使用的 Char 类型设备驱动程序。为便于读者理解 Linux 系统 PCIe 总线驱动程序的实现构架，本节将详细介绍 Capric 卡的初始化、DMA 读、

DMA 写、中断服务例程和关闭过程，但是并不会过多介绍和 Linux 系统相关的知识，而是重点介绍系统软件如何管理和配置 PCIe 设备。

12.3.1 Capric 卡驱动程序的加载与卸载

在 Linux 系统中，Capric 卡驱动程序的加载与卸载的过程如源代码 12-1 所示。这部分程序并不会直接操作 PCIe 设备，而是通过 pci_register_driver 函数向内核注册一个 pci_driver 结构，即 capric_drv，并由 capric_probe 函数完成 Capric 卡的初始化。

源代码 12-1　Capric 卡驱动程序的加载与卸载

```
static struct pci_device_id capric_ids[ ] = {
    {PCI_DEVICE(PCI_VENDOR_ID_XILINX, PCI_DEVICE_ID_EP_PIPE),},
    {0,}
};
...
static struct pci_driver capric_drv = {
    . name = DEV_NAME,
    . id_table = capric_ids,
    . probe = capric_probe,
    . remove = capric_remove,
};

static int __init capric_init(void)
{
    int result;

    result = pci_register_driver(&capric_drv);
    return result;
}

static void capric_exit(void)
{
    pci_unregister_driver(&capric_drv);
}

module_init(capric_init);
module_exit(capric_exit);
```

在上述源代码中，pci_register_driver 函数的主要作用是将 capric_drv 结构与 PCI 设备的 pci_dev 结构[⊖]进行绑定，并在初始化时执行 capric_probe 函数，而在结束时执行 capric_

⊖　这些 pci_dev 结构在 Linux 系统对 PCI 总线枚举时建立。在加载 Capric 卡驱动程序之前，这些 pci_dev 结构已经存在。Linux 系统对 PCI 总线的枚举过程见第 14.3 节。

remove 函数。这段源代码的主要作用是将 Capric 卡驱动程序使用的"软件结构 pci_driver"与"硬件结构 pci_dev"建立联系。本文并不会深入分析 pci_register_driver 和 pci_unregister_driver 函数的实现细节，而仅介绍该函数的执行顺序。对 Linux 系统有一定经验的读者，可以从中获得必要的知识。

pci_register_driver 函数首先调用_pci_register_driver→driver_register→bus_add_driver 函数。bus_add_driver 函数进行一些必要的初始化操作后，调用 driver_attach→bus_for_each_dev 函数查找 Capric 卡的 pci_dev 结构。

在 Linux 系统中，bus_for_each_dev 函数是一个重要的函数，该函数将遍历 Capric 卡所在 PCI 总线树上的所有 pci_dev 结构，并依次判断 pci_dev 结构中的 Device ID、Vendor ID 等信息是否与 capric_ids 结构中包含的对应信息相同，如果相同则调用 capric_probe 函数。bus_for_each_dev 函数调用_driver_attach 函数实现该过程。

_driver_attach 函数调用 drv→bus→match 函数（即 pci_bus_match 函数），而 pci_bus_match 函数将继续调用 pci_match_device→pci_match_id 函数，判断 capric_ids 所包含的内容是否在当前 PCI 总线树的 pci_dev 中出现。如果出现，将 capric_drv 结构与实际的 PCI 设备进行绑定。之后继续调用 driver_probe_device→really_probe 函数。

really_probe 函数将调用 dev→bus→probe 函数（即 pci_device_probe 函数），pci_device_probe 函数将调用_pci_device_probe→pci_call_probe→local_pci_probe 函数，并最终调用 Capric 卡的 probe 函数，即 capric_probe 函数。

Capric 卡的卸载过程是加载的逆过程，其调用顺序为 pci_unregister_driver 函数、driver_unregister 函数、bus_remove_driver 函数、driver_detach 函数和_device_release_driver 函数，并最终调用 capric_remove 函数。

对于 Capric 卡，初始化与结束操作是在 capric_probe 和 capric_remove 函数中完成的。在 capric_ids 结构中使用的 id 号，是联系 Capric 卡的 pci_driver 结构和 pci_dev 结构的桥梁。在该结构中的 PCI_VENDOR_ID_XILINX 和 PCI_DEVICE_ID_EP_PIPE 即为 Capric 卡的 Vendor ID 和 Device ID，分别为 0x10EE 和 0x0007。

12.3.2　Capric 卡的初始化与关闭

Capric 卡的 probe 函数完成硬件初始化和一些 Linux 系统相关的初始化操作。当 Linux PCI 在当前 PCI 总线树中，发现 Capric 卡后，由 local_pci_probe 调用 capric_probe 函数，该函数具有两个入口参数 pci_dev 和 ids，其执行过程如源代码 12-2～12-5 所示。

源代码 12-2　Capric 卡的硬件初始化片段 1

```
static struct capric_private * adapter;
...
static int capric_probe(struct pci_dev * pci_dev,
            const struct pci_device_id * ids)
{
    int result;
    resource_size_t base_addr;
```

```
        unsigned long length;
  …
        adapter = kmalloc(sizeof(struct capric_private),GFP_KERNEL);

        if(unlikely(! adapter))
          return −ENOMEM;
        adapter->pci_dev = pci_dev;
  …
        result = pci_enable_device(pci_dev);

        if(unlikely(result))
            goto free_adapter;
```

首先 capric_probe 函数从 local_pci_probe 函数中获得 Capric 卡对应的 pci_dev 描述符，在 Linux 系统中每一个 PCI/PCIe 设备都与唯一的 pci_dev 描述符对应。pci_dev 描述符包含 PCIe 设备的全部信息，该结构较为简单，在 ./include/linux/pci.h 文件中定义，本节并不对该结构进行详细介绍。

这段函数首先为全局指针 adapter 分配空间，在全局指针 adapter 中记录了一些 Capric 卡需要使用的私有参数，包括 Capric 卡使用的 pci_dev。这段程序为 adapter 分配完内存空间后，将调用 pci_enable_device 函数使能 PCIe 设备。pci_enable_device 函数的主要作用是修改 Capric 卡 PCI 配置空间 Command 寄存器的 I/O Space 位和 Memory Space 位。

pci_enable_device 函数最终调用 pci_enable_resources 函数，并由 pci_enable_resources 函数扫描 Capric 卡的 BAR0~5 空间，如果这些 BAR0~5 空间用到了 I/O 或者 Memory 空间，则将 I/O Space 位和 Memory Space 位置 1。pci_enable_device 函数最后调用 pcibios_enable_irq 函数分配 PCI 设备使用的中断向量号[注]。此后处理器可以使用存储器或者 I/O 指令与 Capric 卡通信。pci_enable_device 函数还有一个用途是置 PCI 设备的 D-State 为 D0。

Linux PowerPC[注]与 Linux x86 在此处的处理基本类似。只是在 PowerPC 处理器系统中，某些 PCI 设备支持存储器写并无效周期，此时 pci_enable_device 函数还需要使能 PCI 设备的 Memory Write and Invalidate 位，同时需要填写配置空间的 Cache Line Size 寄存器[注]。

Linux x86 的 MSI 中断机制处理过程与 Linux PowerPC 也不尽相同。在 Linux x86 中，一个 PCIe 设备使能或者不使能 MSI 中断机制时，其 pci_dev→irq 参数并不相同。

如果其他设备驱动程序再次调用 pci_enable_device 函数使能该设备时，该函数仅增加 pci_dev 的引用计数，并不会重新使能该 PCI 设备。与此对应 pci_disable_device 函数只有在 pci_dev 的引用计数为 0 之后，才能关闭 pci_dev 结构。当两个以上的设备驱动程序操纵相同的硬件时，会出现这种情况。

○ 如果该 PCI 设备没有使用 MSI 或者 MSI-X 机制时，才进行这种操作。
○ 本书分别用 Linux PowerPC 和 Linux x86 代表基于 PowerQUICC（32 位）和 x86 处理器的 Linux 系统。
○ 该步骤如 pmac_pci_enable_device_hook 函数所示。

源代码 12-3　Capric 卡的硬件初始化片段 2

```
        pci_set_master(pci_dev);
//      pci_try_set_mwi(pci_dev);


        result = pci_set_dma_mask(pci_dev, DMA_MASK);


        if(unlikely(result)){
            PDEBUG("can not set dma mask ... \n");
            goto disable_pci_dev;
        }
```

pci_set_master 函数将 Capric 卡 PCI 配置空间 Command 寄存器的 Bus Master 位置 1，表示 Capric 卡可以作为 PCI 总线的主设备。Capric 卡是基于 PCIe 总线的设备，而 PCIe 总线不支持存储器写并无效操作，因此这段程序不需要使用 pci_try_set_mwi 函数设置 Command 寄存器的 Memory Write and Invalidate 位。

pci_set_dma_mask 函数设置 PCIe 设备使用的 DMA 掩码。Capric 卡对一段内存进行 DMA 操作时，需要使用这段内存在 PCI 总线域的物理地址 pci_address，如果这段内存在存储器域的物理地址 physical_address & DMA_MASK = physical_address 时，表示 Capric 卡可以对这段内存进行 DMA 操作。

x86 处理器可以使用 pci_dma_supported 函数获得最合适的 DMA_MASK 参数；而在 PowerPC 处理器中允许 PCIe 设备访问的主存储器地址范围在 Inbound 寄存器组中定义，只有在 Inbound 寄存器窗口中映射的物理地址才能被 PCIe 设备访问，有关 Inbound 寄存器组的详细说明见第 2.2 节。在 x86 和 PowerPC 处理器中，pci_set_dma_mask 函数的实现方法不同。

源代码 12-4　Capric 卡的硬件初始化片段 3

```
        result = pci_request_regions(pci_dev,DEV_NAME);
        if(unlikely(result))
            goto disable_pci_dev;


        base_addr = pci_resource_start(pci_dev,0);


        if(unlikely(!base_addr)){
            result = -EIO;
            PDEBUG("no MMIO... \n");
            goto release_regions;
        }


        if(unlikely((length = pci_resource_len(pci_dev,0) < BAR0_BYTE_SIZE)){
            result = -EIO;
            PDEBUG("MMIO is too small ... \n");
            goto release_regions;
```

```
        }

    adapter->pci_bar0 = ioremap(base_addr, length);

    if(unlikely(! adapter->pci_bar0)){
        result = -EIO;
        PDEBUG("cannot map MMIO...\n");
        goto release_regions;
    }
```

这段源代码调用 pci_request_regions 函数使 DEV_NAME 对应的驱动程序成为 pci_dev 存储器资源的拥有者。在 Linux 系统中所有存储器映射的寄存器和 I/O 映射的寄存器都使用 ioresources 进行管理。每一组存储器空间都对应一个 resource 结构，pci_request_regions 函数经过一系列函数调用，最终调用 request_region 函数，将 Capric 卡的 BAR0 空间使用的 resource 结构，其 name 参数设置为 DEV_NAME，其 flags 参数设置为 IORESOURCE_BUSY。

因此一个 PCIe 设备的驱动程序使用 pci_request_regions 函数对 pci_dev 结构进行设置，将其使用的 flags 位设置为 IORESOURCE_BUSY 之后，其他驱动程序不能再次设置这个 flags 位。在实际应用中可能存在一个硬件设备对应两个设备驱动程序的情况，此时只有一个设备驱动程序可以使用 pci_request_regions 函数对资源进行管理。

pci_resource_start 函数从 resource 结构获得 BAR0 空间的基地址，该地址为存储器域的物理地址，而不是 PCI 总线域的物理地址，该值与直接使用 pci_read_config_word 函数读取 PCI 设备 BAR 寄存器所获得的值即便相等，也没有本质的联系，因为从 resource 结构获得的是该设备 BAR 寄存器在存储器域的物理地址，而使用 pci_read_config_word 函数获得的是 PCI 总线域的物理地址。在 Linux 驱动程序中，需要使用的是存储器域的物理地址。

本书从始至终一直强调 PCI 总线域物理地址和存储器域物理地址的区别，希望读者真正理解这两个地址的区别。在 x86 处理器中，并没有显式区分这两个物理地址的区别，这在某种程度上误导了部分系统程序员。

在这段程序的最后，使用 ioremap 函数将存储器域的物理地址映射成为 Linux 系统中的虚拟地址，之后 Capric 卡的设备驱动程序可以使用 adapter→pci_bar0 指针访问 Capric 卡中存储器映射的寄存器。

除了 ioremap 函数之外，Linux 系统还提供了 ioremap_nocache 和 ioremap_cache 函数用于存储器域虚实地址的转换。其中 ioremap_nocache 函数将存储器域的物理地址空间映射到一段 "不可 Cache" 的虚拟地址空间，在绝大多数体系结构中，这个函数与 ioremap 函数的实现一致，因为绝大多数外部设备都需要映射到 "不可 Cache" 的虚拟地址空间中。由于历史原因，99% 以上的程序员已经使用了 ioremap 函数而不是 ioremap_nocache 函数进行总线地址到虚拟地址的转换，因此 ioremap_nocache 函数显得冗余。

值得注意的是，对于 PCIe 设备的 Linux 驱动程序，ioremap 函数使用的物理地址必须从 pci_resource_start 函数获得，而不能使用 "通过 pci_read_config_xxxx 函数" 获得的 BARx 基地址，因为 PCIe 设备的 BARx 基地址空间属于 PCI 总线域，而不是存储器域。

某些设备还可能使用 "可 Cache 的" 虚拟地址空间，此时需要使用 ioremap_cache 函数将存储器域地址转换为虚拟地址，目前为止，仅有极少数外部设备需要使用这一函数，如 PCIe 设备中的 ROM 空间。

Linux 系统还提供了一个 ioremap_flags 函数，使用这个函数可以自定义存储器域地址转换到哪种类型的虚拟地址，该函数提供了一个入口参数 flags，系统程序员可以使用该参数确定所申请虚拟地址空间的类型。对于 x86 处理器，flags 参数的定义见 ./arch/x86/include/asm/pgtable.h 文件；而对于 PowerPC 处理器，flags 参数的定义见 ./arch/powerpc/include/asm/ pgtable-ppc32.h 文件。

源代码 12-5　Capric 卡的硬件初始化片段 4

```
            result = register_chrdev(test_dri_major, DEV_NAME, &capric_fops);
    ...

            result = pci_enable_msi(pci_dev);

            if(unlikely(result)){
                PDEBUG("can not enable msi ... \n");
                goto chrdev_unregister;
            }

            result = request_irq(pci_dev->irq, capric_interrupt,
                            0, DEV_NAME, NULL);

            if(unlikely(result)){
                PDEBUG("request interrupt failed ... \n");
                goto err_disable_msi;
            }
    ...

            capric_reset();
            return 0;
    ...
        }

    static const struct file_operations capric_char_fops = {
        .owner              = THIS_MODULE,
        .ioctl              = capric_ioctl,
        .open               = capric_open,
        .release            = capric_release,
        .write              = capric_write,
        .read               = capric_read,
    };
```

这段源代码首先使用 register_chrdev 函数注册一个 char 类型的设备驱动程序，包括打开、关闭、读写操作和 ioctl 函数。之后该程序调用 pci_enable_msi 函数使能 Capric 卡的 MSI

中断请求机制，该函数将在第 12.3.5 节中详细介绍。

随后这段程序使用 request_irq 函数注册 Capric 卡使用的中断服务例程 capric_interrupt，并使用 pci_dev→irq 作为这个函数的 irq 入口参数。Capric 卡的 pci_dev→irq 参数在 Linux 系统对 PCI 总线进行初始化时分配，在 x86 处理器中，如果一个 PCIe 设备支持 MSI 中断，驱动程序执行完毕 pci_enable_msi 函数后，pci_dev→irq 参数还会发生变化。因此 request_irq 函数必须在 pci_enable_msi 函数之后运行。

这段源代码的最后将调用 capric_reset 函数，对 Capric 卡进行硬件初始化，该函数执行的操作见第 12.1.2 节。

12.3.3　Capric 卡的 DMA 读写操作

Capric 卡的 DMA 读/写过程与 capric_write/capric_read 函数对应。

1. DMA 写的操作流程

Capric 卡的数据传送方法较为简单，其 DMA 读写的硬件操作流程如第 12.1.3 和 12.1.4 节所示。DMA 写的实现过程与 capric_read 函数对应，如源代码 12-6~12-7 所示。

源代码 12-6　Capric 卡的 DMA 写片段 1

```
static ssize_t capric_read(struct file * file,
        char _user * buff, size_t count, loff_t * f_pos)
{

    int err = -EINVAL;
    void * virt_addr = NULL;
    dma_addr_t dma_write_addr ;
    ...

    virt_addr = kmalloc(count, GFP_KERNEL);

    if((unlikely(! virt_addr)){
        PDEBUG("can not alloc rx memory you want ... \n");
        return -EIO;
    }

    dma_write_addr = pci_map_single(adapter->pci_dev,
                        virt_addr, count, PCI_DMA_FROMDEVICE);

    if((unlikely(pci_dma_mapping_error(adapter->pci_dev, dma_write_addr)))){
        PDEBUG("RX DMA MAPPING FAIL ... \n");
        goto err_kmalloc;
    }
```

这段源代码首先对 count 字段进行检查，因为 Capric 卡规定一次 DMA 操作所传递的数据不超过 2 KB，之后使用 kmalloc 函数分配 DMA 写使用的数据缓存。kmalloc 函数所能分配的内存大小受限于 Linux 系统中的 SLAB/SLUB 内存分配器，在系统内存紧张时，有可能失败，因此在此必须进行参数检查。值得注意的是，在一个实际驱动程序中，很少在读写服务例程中使用 kmalloc 函数申请内存，然后使用 kfree 函数释放这段内存，因为这样做容易产生内存碎片。而且 kmalloc 函数的执行时间也相对较长，影响数据传送的效率。

随后这段代码调用 pci_map_single 函数将存储器域的虚拟地址 virt_addr 转换为 PCI 总线域的物理地址 dma_write_addr，供 Capric 卡的 DMA 控制器使用。Linux 系统提供了一组将虚拟地址转换为设备域物理地址的方法，参见第 12.3.5 节。

源代码 12-7　Capric 卡的 DMA 写片段 2

```
#ifdef CONFIG_NOT_COHERENT_CACHE⊖
        dma_sync_single(adapter->pci_dev,
            virt_addr, count, PCI_DMA_FROMDEVICE);
#endif
        capric_w32(dma_write_addr, WR_DMA_ADR);
        capric_w32(count, WR_DMA_SIZE);
        capric_w32(MWR_START,DCSR2);

        if(unlikely(interruptible_sleep_on(adapter->dma_write_wait)))
            goto err_pci_map;
...
        if((unlikely(copy_to_user(buff, virt_addr, count)))
            goto err_pci_map;

        pci_unmap_single(adapter->pci_dev, virt_addr, count, PCI_DMA_FROMDEVICE);
        kfree(virt_addr);
        return count;
...
    }
```

如果当前 DMA 写操作不与 Cache 进行一致性操作，将首先执行 dma_sync_single 函数进行存储器与 Cache 的同步操作，该函数的详细说明见第 12.3.6 节。随后这段程序使用 capric_w32 函数执行第 12.1.3 节中要求的寄存器操作，之后可以使用轮询方式，或者使用中断方式唤醒这个 DMA 写进程。当进程被唤醒后，表示 DMA 写操作已经完成，此时这段程序使用 copy_to_user 函数将数据复制到用户空间。

值得注意的是，这段代码使用了 interruptible_sleep_on 函数将当前进程休眠，而在中断处理程序中使用 wake_up_interruptible 函数将其唤醒。这是一种非常糟糕的实现方式，而且存在相当大的隐患。

interruptible_sleep_on 函数的主要工作是将当前进程放入等待队列中睡眠，目前在 Linux 系统中，该函数已经逐步被 wait_event_interruptible 函数取代，但这并不是问题的关键。在源

⊖ #ifdef 和#endif 出现在函数体中并不可取，请读者参阅 Greg Kroah-Hartman 的 Proper Linux Kernel Coding Style 掌握正确的处理方法。

代码 12-7 中，即便使用 wait_event_interruptible 函数也存在同样的问题。

因为 interruptible_sleep_on 函数的执行路径较长，很可能在当前进程还没有被该函数放入 adapter->dma_write_wait 队列时，处理器已经执行中断服务例程，打断 interruptible_sleep_on 函数，并执行 wake_up_interruptible 函数。Capric 中断服务例程的详细说明见第 12.3.4 节。

wake_up_interruptible 函数将唤醒在 adapter->dma_write_wait 队列中休眠的进程，而此时当前进程可能还没有被加入到等待队列中。当该函数执行完毕退出中断处理例程之后，处理器继续执行 capric_read 函数，并完成 interruptible_sleep_on 函数的执行，将自身加入到等待队列中睡眠。此时由于中断服务例程已经被提前执行，因此当前进程不会被 wake_up_interruptible 函数唤醒，从而造成死锁。

程序员可以使用 DCSR1 寄存器的 msk 和 pending 位解决这个死锁问题。采用这种方法时，设备驱动程序需要保证当前进程进入等待队列后，再允许 Capric 卡提交中断请求。但是这种方法将产生较长的中断延时，从而极大影响 Capric 卡的 DMA 读写效率。

程序员还可以使用 interruptible_sleep_on_timeout 或者 wait_event_interruptible_timeout 函数进行超时处理，使用该方法也可以解决上述死锁问题。

以上这两种方法都不是完美的解决方案，因为产生这种死锁的主要原因是 Capric 卡的逻辑设计并不合理。Capric 卡使用的数据传送模型较为简单，系统程序员很难基于此模型写出高效的驱动程序。

2. DMA 读的操作流程

Capric 卡 DMA 读使用的函数与 DMA 写的类似，其流程如源代码 12-8 所示。

源代码 12-8　Capric 卡的 DMA 读

```
static ssize_t capric_write( struct file *file,
        const char __user * buff, size_t count, loff_t * f_pos)
{
        int err = -EINVAL;
        void *virt_addr = NULL;
        dma_addr_t dma_write_addr;

        virt_addr = kmalloc( count, GFP_KERNEL);
...
        if((unlikely( copy_from_user( virt_addr, buff, count))))
            return err;

        dma_write_addr = pci_map_single( adapter->pci_dev,
                            virt_addr, count, PCI_DMA_TODEVICE);
...
#ifdef CONFIG_NOT_COHERENT_CACHE
        dma_sync_single( adapter->pci_dev, virt_addr,
                        count, PCI_DMA_TODEVICE);
```

```
#endif

    capric_w32(dma_write_addr, RD_DMA_ADR);
    capric_w32(count, RD_DMA_SIZE);
    capric_w32(MRD_START, DCSR2);

    adapter->dma_read_done = 0;

    if(unlikely(interruptible_sleep_on(adapter->dma_read_wait)))
        goto err_pci_map;
...
    pci_unmap_single(adapter->pci_dev,
                            dma_write_addr, count, PCI_DMA_TODEVICE);
    kfree(virt_addr);
    return count;
...
}
```

　　读者如果正确理解了上文关于 DMA 写的执行过程，DMA 读的执行过程并不难理解。Capric 卡 DMA 读的硬件操作流程如第 12.1.4 节所示。上述源代码使用 capric_w32 函数完成硬件寄存器的填写，然后可以使用轮询或者中断方式确定 DMA 读是否已经完成。在 DMA 读完成之后该例程将释放使用的内存资源后返回。与 DMA 写的操作流程类似，这段程序依然存在隐患。

12.3.4　Capric 卡的中断处理

　　Capric 卡一共需要处理三种中断请求，分别为 DMA 写完成、DMA 读完成和错误中断请求。Capric 卡使用了一个中断服务例程处理这些中断请求，其执行流程如源代码 12-9 所示。

源代码 12-9　Capric 卡的中断服务例程

```
static irqreturn_t capric_interrupt(int irq,void * dev)
{
    unsigned int statue;

    statue = capric_r32(INT_REG);

    if(! (statue & INT_ASSERT)){
        PDEBUG("irq_none ... \n");
        return IRQ_NONE;
    }

    if(statue & INT_ASSERT_R){
```

```
        capric_w32(statue,INT_REG);
        wake_up_interruptible(&adapter->dma_read_wait);
    }
    else{
        capric_w32(statue,INT_REG);
        wake_up_interruptible(&adapter->dma_write_wait);
    }

    PDEBUG("irq handled ... \n");
    return IRQ_HANDLED;
}
```

在 capric_probe 函数中，capric_interrupt 中断服务例程被 request_irq 函数注册到 Linux 系统的 irq_desc 中断描述符表中，并与 Linux 系统的外部中断处理函数 do_IRQ 挂接，当 Capric 卡通过 MSI 中断方式提交外部中断请求后，do_IRQ 函数将最终调用 capric_interrupt 函数完成相应的中断处理。Capric 卡处理中断请求的硬件操作流程如第 12.1.5 节所示。

目前 Linux 系统对 MSI 机制的支持并不理想，pci_enable_msi 函数[⊖]仅可以获得一个 irq 号，这为中断服务例程的设计带来了一定的困难。如果 pci_enable_msi 函数可以获得多个 irq 号，那么在 capric_probe 函数中，可以使用多个中断服务程序，其中 DMA 写完成、读完成和错误处理分别使用三个中断服务例程，而不必使用 capric_r32 函数读取 INT_REG 寄存器。在 Linux 系统中，将 pci_enable_msi 函数改写为支持多个 irq 号并不困难。对于许多 PCIe 设备，这种改写是必须的，因为 RC 从 PCIe 设备中读取寄存器的代价是非常昂贵的。

12.3.5　存储器地址到 PCI 总线地址的转换

在 Linux 系统中，支持一系列 API 实现存储器地址到 PCI 总线地址的转换，这些 API 的详细定义见 ./Documentation/DMA-API.txt 文件。本节仅以 pci_map_single 函数为例说明这种地址转换的工作原理。pci_map_single 函数在 ./include/asm-generic/pci-dma-compat.h 文件中，如源代码 12-10 所示。

源代码 12-10　pci_map_single 函数

```
    static inline dma_addr_t
    pci_map_single(struct pci_dev * hwdev, void * ptr, size_t size, int direction)
    {
        return dma_map_single(hwdev == NULL ? NULL : &hwdev->dev,
            ptr, size, (enum dma_data_direction)direction);
    }
```

该函数共有 4 个输入参数，其中 hwdev 参数与 PCI 设备的 pci_dev 对应，ptr 参数对应存储器域的虚拟地址，size 字段对应数据区域的大小。而 direction 参数与数据区域的使用方法

⊖　Linux 2.6.31 内核提供的 pci_enable_msi_block 函数也仅支持一个中断向量。

对应，PCI_DMA_NONE 用于调试，较少使用；PCI_DMA_TODEVICE 表示这段数据的传递方向是从存储器到 PCI 设备；PCI_DMA_FROMDEVICE 表示这段数据的传递方向是从 PCI 设备到存储器；PCI_DMA_BIDIRECTIONAL 表示方向未知。该函数的返回值为 dma_addr，即 PCI 总线域的物理地址。

pci_map_single 函数的主要作用是通过 ptr 参数，获得与之对应的 dma_addr，即进行存储器域虚拟地址到 PCI 总线域物理地址的转换。值得注意的是存储器域物理地址与 PCI 总线域物理地址的区别。

在 Linux 系统中，使用 virt_to_phys 函数将存储器域的虚拟地址转换为存储器域的物理地址，但是通过该函数仅能获得存储器域的物理地址，因此该地址不能填写到 PCI 设备中进行 DMA 操作。值得注意的是，进行 DMA 操作的地址是由 PCI 设备使用的，而且这个地址只能是 PCI 总线域的物理地址，尽管在许多处理器中，virt_to_phys 函数和 pci_map_single 函数的返回值相同。

不同的处理器使用不同的方式实现 pci_map_single 函数。起初在 x86 处理器中，存储器域物理地址到 PCI 总线域物理地址的转换非常简单，是直接相等的关系。但是 x86 处理器为了支持虚拟化技术，使用了 VT-d/IOMMU[⊖] 技术，使得该函数的实现略微复杂。

同样是基于 x86 架构，AMD 处理器使用的 IOMMU 技术与 Intel 有所区别，AMD 的 x86 处理器使用 ./arch/x86/kernel/amd_iommu.c 文件中的 map_single 函数，进行存储器域地址空间到 PCI 总线域地址空间的转换；而 Intel 的 x86 处理器使用 ./drivers/pci/intel-iommu.c 文件中的 intel_map_single 函数实现存储器地址空间到 PCI 域地址空间的转换。IOMMU 技术略微有些复杂，在第 13.1 节中将专门描述这部分内容。

在 PowerPC 处理器中，存在一组 Inbound 寄存器，通过该组寄存器可以将 PCI 总线地址转换为 PowePC 处理器规定的存储器地址，详见第 2.2 节。这组 Inbound 寄存器也可以看作一种 IOMMU，只是该 IOMMU 机制仅支持段式映射而不支持页式映射。

Linux PowerPC 使用 dma_direct_map_page 函数实现这个地址转换，该函数的定义详见 ./arch/powerpc/kernel/dma.c。在 Linux PowerPC 中，PCI 总线域的物理地址也与存储器域的物理地址相等。

Linux PowerPC 还需要设置 Inbound 寄存器组，这段代码在 ./arch/power/sysdev/fsl_pci.c 文件的 setup_pci_atmu 函数中，如源代码 12-11 所示。目前这段代码对 Inbound 寄存器组的 Entry 2 进行设置，允许 PCIe 设备访问 0~0x7FFF-FFFF（2 GB）这段存储器域物理地址空间，而且 PCI 总线地址与存储器地址一一对应而且相等。

源代码 12-11　setup_pci_atmu 函数

```
static void __init setup_pci_atmu( struct pci_controller * hose,
            struct resource * rsrc )
{
    ...
    /* Setup 2G inbound Memory Window @ 1 */
```

⊖　VT-d 是指 Intel 的 Virtualization Technology for Directed I/O 技术，而 AMD 将这一技术称为 IOMMU。下文将这些技术都简称为 IOMMU。

```
                    out_be32(&pci->piw[2].pitar, 0x00000000);
                    out_be32(&pci->piw[2].piwbar,0x00000000);
                    out_be32(&pci->piw[2].piwar, PIWAR_2G);
            …
        }
```

这段代码源于 Linux 2.6.30，在这个版本中，PCIe 设备不能访问 PowerPC 处理器 2 GB 之上的物理内存。而在 Linux 2.6.31.6 中，该函数被大规模修改，以支持超过 2 GB 的存储器系统，本节对 Linux 内核的这些改动不做进一步描述，对此有兴趣的读者可以参考 Linux 2.6.31.6 内核中 setup_pci_atmu 函数的最新实现。

有些支持 IOMMU 机制的 PowerPC 处理器，如 IBM 的 PowerPC 处理器系列，可以使用 dma_iommu_map_page 或者 ibmebus_map_page 函数实现 pci_map_single 函数，而 cell 处理器使用 dma_fixed_map_page 函数实现该功能。pci_map_single 函数在 IBM 的 PowerPC 处理器上已经移植完毕，但是 Freescale 除了 P4080 处理器之外，还没有支持 IOMMU 的处理器。目前对 P4080 处理器的支持并没有加入到 Linux PowerPC 中。

12.3.6　存储器与 Cache 的同步

Linux 系统还提供了一组 sync 函数，如 dma_sync_single、dma_sync_sg 等函数，这组 sync 函数的主要作用是为了支持"不进行 Cache 共享一致性"的 DMA 操作。

如果设备进行 DMA 操作时，不需要硬件进行 Cache 一致性操作[○]，那么处理器在 DMA 操作之前，需要使用软件指令将操作的数据区域与 Cache 进行同步，之后进行 DMA 操作。PCIe 设备启动 DMA 请求时，如果其 TLP 头部 Attr 字段的 No Snoop Attribute 位为 1[○]时，驱动程序也需要进行这种同步操作。在 PowerPC 处理器中，有一些非 PCIe 设备，如 QE（QUICC Engine）中的一些内嵌设备，这些设备可以通过设置 snoop 位决定在 DMA 传送过程中，是否需要硬件进行 Cache 一致性操作。

目前多数 RC 或者 HOST 主桥都可以通过总线监听，解决 PCI 设备进行 DMA 操作的 Cache 一致性问题。但是有些 RC，如 MPC8572 处理器的可以通过设置 Inbound 寄存器决定当前访问是否支持 Cache 一致性操作。

如果硬件不支持 Cache 共享一致性，那么 PCI 设备进行 DMA 操作时，必须使用软件指令维护存储器与 Cache 的同步，从而避免 Cache 与主存储器不一致的现象发生。

系统软件程序员使用软件指令维护 Cache 时，务必深入理解这些指令的特点和使用方法。在处理器系统的设计中，有两类错误最难被发现，一类是 Cache 与存储器系统的不一致，另一类是数据传送的序引发的错误。

即使是对资深的系统程序员，也很难从这些错误表现形式中，发现是 Cache 不一致或者数据传送的序引发的系统错误。因此系统程序员需要重视在一个处理器系统中的 Cache 一致性（Cache Coherency）和数据完成性（Data Consistency）。

○ 有些处理器不支持硬件的 Cache 共享一致性，如一些低端的 ARM 处理器。

○ 目前大多数 PCIe 设备进行 DMA 操作时，No Snoop Attribute 位都为 0。

　　因此虽然对于多数 PCI 设备，Cache 一致性可以由硬件保证，本节也必须讲述如何通过软件指令维护 Cache 的一致性。Linux 系统使用 dma_sync_single 函数维护 Cache 的一致性。dma_sync_single 函数的实现如源代码 12-12 所示。

源代码 12-12　dma_sync_single 函数

```
#define dma_sync_single dma_sync_single_for_cpu

static inline void
dma_sync_single_for_cpu(struct device * hwdev, dma_addr_t dma_handle,
                size_t size, enum dma_data_direction dir)
{
    struct dma_map_ops * ops = get_dma_ops(hwdev);

    BUG_ON(! valid_dma_direction(dir));

    if (ops->sync_single_for_cpu)
        ops->sync_single_for_cpu(hwdev, dma_handle, size, dir);
    debug_dma_sync_single_for_cpu(hwdev, dma_handle, size, dir);
    flush_write_buffers();
}
```

　　不同的处理器系统使用不同的 ops->sync_single_for_cpu 操作函数。值得注意的是，Linux x86 并没有实现 ops->sync_single_for_cpu 函数，因为使用软件指令维护 Cache 一致性的情况在 x86 处理器系统中并不多见。而 Linux PowerPC 使用 dma_direct_sync_single_range 函数实现 ops->sync_single_for_cpu 函数，该函数最终将调用 __dma_sync 函数。这两个函数的实现如源代码 12-13 所示。

源代码 12-13　__dma_sync 函数

```
static inline void dma_direct_sync_single_range(struct device * dev,
            dma_addr_t dma_handle, unsigned long offset, size_t size,
            enum dma_data_direction direction)
{
    __dma_sync(bus_to_virt(dma_handle+offset), size, direction);
}
...

/*
 * make an area consistent.
 */
void __dma_sync(void * vaddr, size_t size, int direction)
{
    unsigned long start = (unsigned long)vaddr;
    unsigned long end = start + size;
```

```
switch (direction) {
case DMA_NONE:
    BUG();
case DMA_FROM_DEVICE:
    /*
     * invalidate only when cache-line aligned otherwise there is
     * the potential for discarding uncommitted data from the cache
     */
    if ((start & (L1_CACHE_BYTES - 1)) || (size & (L1_CACHE_BYTES - 1)))
        flush_dcache_range(start, end);
    else
        invalidate_dcache_range(start, end);
    break;
case DMA_TO_DEVICE: /* writeback only */
    clean_dcache_range(start, end);
    break;
case DMA_BIDIRECTIONAL: /* writeback and invalidate */
    flush_dcache_range(start, end);
    break;
    }

}
EXPORT_SYMBOL(__dma_sync);
```

在 Linux PowerPC[⊖]中，flush_dcache_range、invalidate_dcache_range 和 clean_dcache_range
函数分别使用 dcbf、dcbi 和 dcbst 指令实现。dcbi/dcbf/dcbst 指令的格式为 dcbi/dcbf/dcbst
rA，rB，如源代码 12-14 所示。

源代码 12-14　dcbi/dcbf/dcbst 指令格式

```
if rA =0 then a <- 640 else a <- rA
EA <- 320 || (a + rB)32:63
InvalidateDataCacheBlock(EA)        // dcbi
FlushDataCacheBlock                 // dcbf
StoreDataCacheBlock(EA)             // dcbst
```

dcbi、dcbf 和 dcbst 指令的详细说明如下。

- dcbi 指令首先在 Cache 中检查 EA。如果 EA 在 Cache 中命中，将直接将 EA 所对应的
  Cache 行的状态改变为 I，无论这个 Cache 行原来的状态是什么，都不将数据回写到存
  储器中。
- dcbf 指令首先在 Cache 中检查 EA。如果 EA 在 Cache 中命中，则继续检查 Cache 的状
  态，如果为 M，则将 Cache 行刷新到内存，然后 Invalidate 该 Cache 行，将 Cache 行的

⊖　以 E500 V2 内核为例。

状态改变为 I；否则直接 Invalidate 该 Cache 行。

- dcbst 指令首先在 Cache 中检查 EA。如果地址在 Cache 中命中，则继续检查 Cache 的状态，如果为 M，则将 Cache 行回写到内存，然后将 Cache 行的状态改变为 E；否则不做任何操作。

在 x86 处理器系统中，也存在类似的 Cache 指令。如 INVD、WBINVD 和 CLFLUSH 指令。其中 INVD 指令的作用是 Invalidate 处理器中的内部 Cache，并通过 FSB 总线周期 Invalidate 外部 Cache；而 WBINVD 指令是在 Invalidate 内部和外部 Cache 之前，先将 Cache 中的数据回写，然后进行 Invalidate 操作。

但是这两条指令都是针对整个 Cache，而不是针对某个 Cache 行。如果需要对 Cache 行进行刷新时，x86 处理器可以使用 CLFUSH 指令操作某个 Cache 行，该指令所实现的功能与 dcbf 指令类似。单从操作 Cache 行的指令的角度上看，PowerPC 处理器比 x86 处理器好得多，因此本节以 PowerPC 处理器为例说明这些 Cache 指令在不同情况下的使用方法。

下文将分别介绍在 DMA 写和 DMA 读操作中 __dma_sync 函数的工作流程。假设在一个单处理器系统[⊖]中，Cache 行长度为 512b，而且 PCI 设备进行 DMA 读写操作时，硬件不进行 Cache 一致性操作。

1. DMA 写

在外部设备进行 DMA 写操作之前，需要使用 __dma_sync 函数同步 Cache 与存储器中的数据。有许多书籍包括 Linux 系统中的 DMA-API 文档，都认为在 DMA 写操作完成后，调用 __dma_sync 函数 Invalidate 数据区域所对应的 Cache 行，处理器就可以使用来自设备的数据。这种说法是基于设备访问的数据区域头尾都是 Cache 行对界的情况而言的，如果数据区域并不是 Cache 行对界时，这种做法将引发系统错误。

假设在一个处理器系统中，Cache 行长度为 64B。当一个 PCI 设备通过 DMA 写操作，访问 0x1001~0x10FE 这段数据区域时，这段数据区域将占用 4 个 Cache 行，而且并不是 Cache 行对界的，如图 12-9 所示。

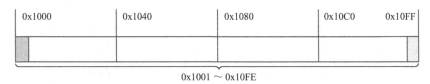

图 12-9　DMA 写访问的数据区域不对界

如果在 0x1000~0x10FF 这段数据区域中，0x1000 和 0x10FF 字节曾经被改写过，那么 0x1000~0x103F 和 0x10C0~0x10FF 这两个 Cache 行的状态为 M，因此图 12-9 中阴影部分的数据与存储器不一致，而且为处理器系统中最新的数据。

而 DMA 写结束后，0x1001~10FE 这段数据区域被 PCI 设备改写，且为处理器系统中最新的数据，此时这段数据区域对应的 Cache 行状态仍然为 M。此时如果处理器 Invalidate 0x1001~0x10FE 这段数据区域对应的 Cache 行，即 Invalidate 0x1000~0x10FF 这段数据区域的 Cache 行时，将会丢失 0x1000 和 0x10FF 这两个字节中保存的合法数据。如果处理器刷新

⊖　在 SMP 系统中，Cache 行的状态转换更为复杂。

0x1001~0x10FE 这段数据区域对应的 Cache 行，即刷新 0x1000~0x10FF 这段数据区域的 Cache 行时，将丢失所有来自 PCI 设备的数据，采用这种方法问题更大。

通过上述分析可以发现，如果在 DMA 写完成后，再对访问的数据区域进行 Cache 同步操作，将可能引发严重的 Cache 一致性问题，从而导致整个系统异常。

为此正确的方法是在 DMA 写操作之前，将其访问的数据区域与 Cache 进行一致性操作，如源代码 12-13 中 "case DMA_FROM_DEVICE" 所示。但是这段源代码仍然有较大的问题，因为这段代码在处理数据区域不对界的情况时，将刷新整个数据区域对应的 Cache 行。

这种做法不会产生错误，但是会影响效率。假设与 0x1000~0x10FF 这段数据区域对应的 Cache 行的状态都为 M，那么这段程序将 0x1000~0x103F、0x1040~0x107F、0x1080~0x10BF 和 0x10C0~0x10FF 对应的 Cache 行都刷新到存储器中，然后再 Invalidate 这些 Cache 行。而实际上 0x1040~0x10C0 这段数据区域将由 PCI 设备重新填写，因而将这部分区域进行刷新然后再 Invalidate 是没有意义的。

正确的做法是刷新不对界的数据区域 0x1000~0x1040 和 0x10C0~0x10FF，即将这段数据区域的头尾刷新即可，而直接 Invalidate 中间的数据区域 0x1040~0x10BF。采用这种方法将有效地提高系统效率。

2. DMA 读

外部设备进行 DMA 读操作之前，处理器必须保证该设备访问的数据区域与 Cache 一致。因此需要调用 __dma_sync 函数（dir 参数为 DMA_TO_DEVICE）将 Cache 中的数据回写到存储器。该函数执行完毕后，Cache 中的所有数据都与存储器一致，而之前状态位为 M 的 Cache 行将更改为 E。经过这个 Cache 同步操作后，设备进行 DMA 读操作就可以从存储器中获得正确的数据。

此处还有一个细节问题值得考虑，就是 DMA 读操作是调用 dcbst 指令回写 Cache 行，还是调用 dcbf 指令刷新 Cache 行。如上文所述 dcbf 和 dcbst 指令都将状态位为 M 的 Cache 行与存储器进行同步，只是 dcbf 将 Cache 行的 M 位更新为 I，而 dcbst 指令将 Cache 行的状态更新为 E。使用这两个指令都可以保证 DMA 读的数据不会出现一致性问题。

此时在处理器系统中，如果 DMA 读的数据将不会被处理器使用时，应该使用 dcbf 指令，Invalidate 该 Cache 行，从而该 Cache 行可以被其他进程使用；如果 DMA 读的数据将很快被处理器使用时，应该使用 dcbst 指令，回写该 Cache 行，从而处理器使用该数据时，可以从 Cache 而不是存储器中获得。

12.4 Capric 卡的延时与带宽

总线的延时与带宽是一个巨大的话题，即便本节将其局限到 PCIe 总线，局限到 Capric 卡，也并不能改变这个话题内容的繁多。总线的带宽和延时之间有一定的制约关系，任何一个处理器系统都希望在获得巨大总线带宽的同时，尽量缩小访问延时。

在处理器系统的设计中，必须权衡 "提高带宽" 与 "缩小延时" 之间的关系，以组建一个合理的应用系统。在处理器领域，带宽是指数据的传送速率，即 1 秒钟传送的数据大小。而延时指传送处理一个数据单元所需要的时间。

片面地追求带宽显然并不合理，过大的带宽对某些应用并不合适。我们无法忽视一个满载光盘的火车所能提供的数据带宽，这辆火车至少能传递几十万 Pebibyte 大小的数据，而且十个小时左右就能从北京抵达上海。显然多辆火车所能提供的带宽非常巨大，但是我们仍然无法使用火车传送网络报文，因为十个小时的延时是许多系统应用无法容忍的。

延时与带宽之间存在某种联系，而不是直接对立关系，并不是带宽越大延时也越大，带宽越小延时也越小。处理器系统设计所追求的目标是提高带宽的前提下，尽可能掩盖传送延时，组成一个可实现的处理器系统。

PCIe 总线作为处理器的通用局部总线，需要权衡带宽和延时之间的关系，满足在处理器系统中多数应用的需求，而非包罗万象。PCIe 总线能够满足，绝大多数处理器系统，特别是 PC 系统中的显卡、硬盘，声卡和一些慢速设备与处理器之间的数据传送，但是对于一些延时要求较高的应用并不适用。

当一个网络设备需要以 1 Gb/10 Gb 的速率"线速传送"64B 大小的网络数据报文时，PCIe 总线显得力不从心，通常这种网络设备需要直接与处理器的 FSB 相连，以尽量缩短传送延时。在许多处理器系统中，如 Freescale 的 P4080 处理器，RMI 的 XLP832、Cavium 的 CN6335 处理器，网络设备与 FSB 直接相连，并在追求最大带宽的同时，尽量减少访问延时。

在 x86 处理器系统中，可以使用 QPI（Quick Path Interconnect）连接这样的高性能网卡。但是目前在 PC 领域中，高性能网卡依然使用 PCIe 总线进行连接。

在一个处理器系统中，为掩盖传送延时，通常使用"流水线"技术，当数据传送的延时增加时，"流水线"所使用的资源也随之增加，并很容易到达处理器系统所不能忍受的范围。本章讲述在 PCIe 总线中，延时与带宽间的关系，以及存在的问题。PCIe 总线基于 TLP 进行数据传递，因此本节所强调的带宽与延时与 TLP 直接相关。

在本节中，PCIe 总线的带宽指每秒钟传送的"TLP 中有效数据"的大小，即 PCIe 总线的有效带宽。该定义与 PCIe 总线的链路带宽不同。如 PCIe V2.1 总线规范链路带宽为 5 GT/s，而这个带宽需要去掉物理层 8/10b 转换，以及 PCIe 总线的协议开销后才能得到 PCIe 总线的有效带宽。PCIe 总线的有效带宽与许多因素相关，包括协议开销、TLP Payload 的大小、传送延时、流量控制等因素相关，当然最重要的因素依然是 PCIe 总线的链路宽度。

PCIe 总线的延时指一个存储器请求从产生到结束的时间。值得注意的是存储器读与存储器写 TLP 的延时计算有所不同，存储器写 TLP 产生于发送端而结束于接收端，仅计算单向延时；而存储器读请求 TLP 产生于发送端，接收端将存储器读请求 TLP 转换为存储器读完成 TLP，再发送给发送端，需要计算双向延时。

12.4.1　TLP 的传送开销

在 PCIe 总线中，TLP 产生于事务层，并在通过 PCIe 总线的链路层与物理层时，加入若干前缀和后缀后，才能经由 PCIe 端口发送。PCIe 总线定义了多种 TLP，本章重点关心与存储器读写相关的 TLP，包括存储器写 TLP、存储器读请求 TLP 和存储器读完成 TLP。这些 TLP 报文的通用格式如图 12-10 所示。

1 Byte	2 Byte	3 ~ 4 DW	0 ~ 1024 DW	1 DW	1 DW	1 Byte
Start	Sequence ID	TLP Head	Data Payload	ECRC	LCRC	End

图 12-10　PCIe 总线 TLP 格式

由上图所示,一个 PCIe 设备发送 TLP 报文时,在经过数据链路层和物理层时,需要加上若干前缀和后缀。

1)Start 和 End 前后缀由物理层添加,表示一个 TLP 的开始与结束,各由一个字节组成,用于物理层同步 TLP 发送与接收。

2)Sequence ID 和 LCRC 前后缀由数据链路层添加,存放 TLP 的识别号和数据链路层的 CRC 校验,分别由 2B 和 1DW 组成。

3)TLP Head 前缀描述 TLP 的属性,由 3~4 个 DW 组成。

4)ECRC 后缀存放 TLP 在事务层的 CRC 校验,该字段可选。

5)而 Data Payload 是真正的有效负载,其长度在 0~1024DW 之间。由上文所述,TLP 的有效负载长度由 PCIe 设备的 Max_Payload_Size 参数确定,该字段通过上下游链路进行协商后获得。目前在多数处理器系统中,PCIe 设备使用的 Max_Payload_Size 参数为 128B 或者 256B。

我们假设 TLP 使用 3DW 的报文头,而且不需要 ECRC 校验,根据图 12-10,在一个 TLP 中,Data Payload 所占的比例如式 12-11 所示。

$$Payload\_Ratio = Payload/(Payload+20) \tag{12-11}$$

假设 PCIe 设备的 Max_Payload_Size 参数为 256B 时,根据以上公式可以得出该 PCIe 设备最大的 Payload_Ratio = 256/(256+20) ≈ 92.8%。但是 TLP 在 PCIe 链路中进行传送时,远不能获得 Payload_Ratio 大小的链路带宽。TLP 在传送过程中,需要通过 PCIe 总线的事务层、数据链路层和物理层,因此必须考虑这些协议所带来的开销。

1. 事务层的开销

事务层的开销需要分存储器写和存储器读两种情况讨论。在 PCIe 总线中,存储器写请求 TLP 使用 Posted 总线事务,而存储器读请求 TLP 使用 Split 总线事务。在这两种情况之下,事务层的开销不同。

PCIe 设备进行 DMA 写的过程较为简单,当 PCIe 设备将一个 4 KB 大小的数据传送到存储器时,首先将 4 KB 数据封装到多个存储器写请求 TLP 中,然后发向 RC,其中每个 TLP 最大的 Payload 为 Max_Payload_Size。

PCIe 设备的 Max_Payload_Size 参数由 PCIe 链路协商确定,目前 x86 处理器系统 RC 的 Max_Payload_Size 为 128B 或者 256B,所以与 RC 直接相连的 PCIe 设备,其 Max_Payload_Size 参数只能为 128B 或者 256B。由公式 12-11,可以计算出与 Max_Payload_Size 参数对应的 Payload_Ratio,并由此推算存储器写 TLP 在事务层上的开销。

PCIe 设备进行 DMA 读的过程略微复杂。首先 PCIe 设备向 RC 发送存储器读请求 TLP,当 RC 收到这个存储器读请求 TLP 后,将从存储器中获得数据,然后组成一个或者多个存储器读完成 TLP,并将其传送给 PCIe 设备。

存储器读完成 TLP 能请求的数据大小为 MRRS(Max_Read_Request_Size),该参数的大小为 128B~4096B。如果 PCIe 设备进行 DMA 读的大小超过该参数时,将以该参数为界,向 RC 发出多个存储器读请求 TLP。而 RC 可以使用一个存储器读完成报文传递所有数据;也可以以 RCB 为边界,使用多个存储器读完成报文传递所有数据。大多数 RC 使用后一种方式传递存储器读完成 TLP,而且一次存储器读完成报文的大小也不超过 RCB。本章以这种方式为例分析存储器读 TLP 在事务层中的开销。

假设存储器读请求 TLP 头的大小为 3DW，而且报文头中不包含 ECRC 校验。PCIe 设备进行 DMA 读的大小恰好为 MRRS 时，RC 需要使用 MRRS/RCB 个存储器读完成报文传递数据。此时一次 DMA 读操作中 Data Payload 所占的比例如式 12-12$^{\ominus}$所示。

$$Payload\_Ratio = MRRS/(MRRS+3\times4+3\times4\times MRRS/RCB) \qquad (12-12)$$

当 MRRS 为 512B，而 RCB 为 64B 时，Payload_Ratio = $512/(512 +12+12*8)\approx82.6\%$。由以上分析可以发现 PCIe 设备进行 DMA 读在事务层上的开销大于 DMA 写在事务层上的开销，这也是 PCIe 设备 DMA 写的速度略高于 DMA 读的主要原因。

除了事务层的开销之外，DMA 读操作的数据传送路径也长于 DMA 写，因而访问延时大于 DMA 写操作的访问延时，这也为 DMA 读逻辑的设计带来了不小的麻烦。从第 12.2.2 节中，也可以发现 DMA 读逻辑的设计远比 DMA 写逻辑的设计复杂。

2. 链路层的开销

由图 12-10 所示，链路层向 TLP 添加 Sequence ID 和 LCRC 前后缀，这些开销已经在上文中计算，本小节不再重复计算这些开销。本小节所关心的链路层开销由两部分组成，一个是 ACK/NAK 协议的开销，另一个是流量控制所带来的开销。如第 7.2 节所示，发送方在发送 TLP 时，首先将这些 TLP 放入到 Replay Buffer 中，直到收到接收方的 ACK 报文后，才能确认该 TLP 已经正确地被接收方接收；如果收到接收方 NAK 报文，则表示部分 TLP 没有被正确接收，需要重新发送这些 TLP。这些 ACK/NAK 报文将占用部分链路带宽。

在 PCIe 设备的实现过程中，设计者可以调整 TLP 接收个数的阈值，这个阈值的定义为接收端收到多少 TLP 后，给发送端提供一次 ACK/NAK DLLP。该阈值决定了数据接收端发送 ACK/NAK 报文的间隔。

该阈值越大，则发送端的 Replay Buffer 也将随之增大，否则发送端无法将数据及时填入 Replay Buffer，从而阻塞了发送流水，并影响 PCIe 总线的传送效率；如果该阈值越小，则接收端需要发送较多的 ACK/NAK 报文给接收端，也会影响 PCIe 总线的效率。因此接收端需要合理地设置 ACK/NAK 的阈值，以最大限度地利用 PCIe 总线的带宽。

在链路层的设计中，需要选择合适的 Replay Buffer 的大小。如果 Replay Buffer 过小，事务层无法及时地将 TLP 发送到 Replay Buffer，从而造成 TLP 发送流水线的中断。而保存在 Replay Buffer 中的报文需要得到对端设备的确认报文后，才能释放。

因此可以发现 Replay Buffer 的大小，只需要保证事务层发送 TLP 时，有足够的缓冲即可。Replay Buffer 的大小与 PCIe 链路的延时相关。在实现中，Replay Buffer 不能过大，否则将使用较多的芯片资源。

在链路层中，除了 ACK/NAK 报文的开销外，流量控制报文也需要占用 PCIe 总线的链路开销。PCIe 总线使用 Credit-Based 流量控制策略，发送端需要保证接收端有足够的缓冲之后才能发送报文，而且接收端需要按照某种策略及时使用 FC Update 报文，向发送端通知剩余的数据缓冲。因此流量控制也需要占用一些 PCIe 总线的带宽。在 PCIe 总线中，流量控制是基于"端到端"的，而且 PCIe 总线并没有规定 PCIe 设备使用的流量算法，因此流量控制对 PCIe 总线带宽的影响与设备相关，并没有一个统一的公式。

　$\ominus$　该公式没有计算物理层和数据链路层报文头的开销。

3. 物理层的开销

在 PCIe V2.1 总线规范中，TLP 在物理层中还需要进行 8/10b 转换，这个转换将极大地降低 PCIe 总线的实际链路带宽，而且在 PCIe 总线中，这种带宽的浪费是无法避免的。在 PCIe V3.0 规范中，这个 8/10b 转换被升级为 128/130 转换。128/130 转换将极大节约 PCIe 链路带宽的浪费。但是无论如何，TLP 在发送过程中，仍然会因为这种转换浪费 PCIe 链路的一些带宽。

除了 8/10b 转换之外，物理层为了解决接收时钟与逻辑时钟间的漂移所带来的问题，每一个 Lane 需要在发送 1180~1538 个字符后，发送一个 SKIP 序列进行时钟补偿。这种定时的时钟补偿序列也将浪费 PCIe 链路的部分带宽。

12.4.2　PCIe 设备的 DMA 读写延时

上节简要介绍了影响 PCIe 设备进行数据传递的因素，无论设计者采用什么样的设计方式，TLP 在通过事务层、链路层和物理层时都会受到这些因素的影响。但是不同的设计方法依然会极大影响 PCIe 总线的使用效率。

本文中出现的 Capric 卡是一个很糟糕的设计，在这个设计中，并没有使用流水线机制来掩盖 PCIe 总线的延时，因此该卡通过 PCIe 总线进行 DMA 读时的效率并不高。

1. Capric 卡 DMA 写的效率

在 Capric 卡中，DMA 写操作由多个步骤组成，并由 Capric 卡的硬件逻辑和处理器的中断处理机制协调完成，其步骤如图 12-11 所示。

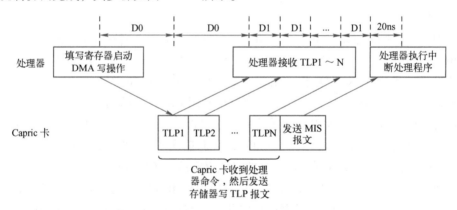

图 12-11　Capric 卡的 DMA 写过程

首先处理器填写 Capric 卡的 WR_DMA_ADR、WR_DMA_SIZE 和 DCSR2 寄存器，经过延时 D0 之后，这些命令陆续到达 Capric 卡。其中 D0 的大小与 Capric 卡连接在处理器系统中的位置相关，而与 Capric 卡的设计无关。如果 Capric 卡直接与 RC 相连接，则 D0 的值较小；如果 Capric 卡通过多级 Switch 之后再与 RC 连接，则 D0 较大。

Capric 卡收到处理器的 DMA 写请求后，将向 RC 连续发送存储器写 TLP，并由 RC 将数据写入到主存储器。Capric 卡根据 WR_DMA_SIZE 寄存器的数值，将数据分解为多个存储器写请求 TLP，其中每个存储器写请求 TLP 的有效负载不超过 Max_Payload_Size 参数，本节假设该参数的大小为 128B。

假定 Capric 卡使用 100 MHz[⊖] 的时钟,而内部总线宽度为 64 位,此时 Capric 卡内部总线的带宽可以达到 800 MB/s,该值非常接近 ×4 PCIe 链路所能提供的有效带宽;存储器写 TLP 使用 3DW 的报文头且不使用 ECRC 校验,而每个存储器写 TLP 的最大有效负载为 128B (32DW)。因此在 Capric 卡中,一个存储器写 TLP 的最大长度为 35DW,此时 Capric 卡需要使用 18(实际值为 17.5)个时钟周期才能将这个 TLP 发送出去,因此在 Capric 卡中 D1 的大小为 180 ns。

Capric 卡将存储器写 TLP 发送完毕后,将向 RC 发送 MSI 报文,MSI 报文也是一种存储器写 TLP,Capric 卡使用两个时钟周期,即 20 ns 即可将该报文发送出去。RC 在等待一段延时后,将陆续收到存储器写请求 TLP1~N 和 MSI 报文,这段延时为 TLP 从 EP 到 RC 的延时,约等于 D0。

处理器收到 MSI 报文后,将执行中断处理程序,Capric 卡的中断处理例程通过 RC 读取中断控制状态寄存器 INT_REG,并结束整个 DMA 写操作。HOST 处理器读取中断控制状态寄存器的开销绝对不能忽略,因为这个读取过程首先是 RC 发送存储器读请求 TLP,当 Capric 卡收到这个 TLP 后再向 RC 发送存储器读完成 TLP,其访问延时为 $2 \times D0$。

假设 Capric 卡一次 DMA 写的大小为 X 字节[⊖],则这次 DMA 写所需的时间 T_{dmaw} 如式 12-13 所示。

$$T_{dmaw} = D0 + D0 + X/128 \times D1 + 20 + 2 \times D0 \qquad (12\text{-}13)$$

其中 T_{dmaw} 的值越小,Capric 卡传送 X 字节的数据所需的时间也越短。但是以上公式并没有考虑 Capric 在 DMA 写过程中,因为数据缓冲不足而暂时中断存储器写 TLP 发送流水线的情况,而且忽略了中断处理例程所需的切换与执行时间。

由以上公式,可以发现当 D0 越大 T_{dmaw} 也越大。但是当 X 越大时,D0 在 T_{dmaw} 中所占的比重越小,在一个处理器系统中,D0 的大小是 Capric 卡无法控制的,该值的大小与 Capric 卡在处理器系统的位置和处理器系统的 RC 确定,属于系统延时,我们假设该值为 250 ns[⊜]。根据以上假设,可以利用公式 12-13 获得 Capric 卡 DMA 写的有效带宽,如表 12-3 所示。

表 12-3　X 的大小与 DMA 写有效带宽的关系

T_{dmaw} (ns)	X	Capric 卡的最大有效带宽
1200	128B	106.7 MB/s
1380	256B	185.5 MB/s
1740	512B	294.3 MB/s
2460	1 KB	416.3 MB/s
3900	2 KB	525.1 MB/s
6780	4 KB	604.1 MB/s
12540	8 KB	653.2 MB/s
24060	16 KB	681.0 MB/s

⊖ 实际上 LogiCORE 只能使用 100 MHz 或者 250 MHz 的内部时钟,但是笔者没有无法在 FPGA 内部运行 250 MHz 的时钟频率。

⊖ X 可以被 128 整除。

⊜ 在 Tylersburg EP 平台中,这个系统延时大于 250 ns。

由表 12-3 所示，X 越大，Capric 卡的有效带宽也越高，因此适当提高 X 的大小将有效提高 Capric 卡 DMA 写的传送效率。

2. Capric 卡 DMA 读的效率

在 Capric 卡中，DMA 读的过程比 DMA 写过程略微复杂一些。因为 DMA 读是由两部分组成的，首先 Capric 卡向 RC 发起存储器读请求 TLP；当 RC 从存储器获得数据后，再向 Capric 卡发送存储器读完成 TLP，其实现过程如图 12-12 所示。

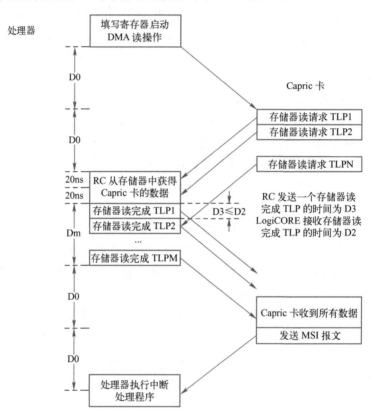

图 12-12　Capric 卡的 DMA 读过程

如上图所示，Capric 卡的 DMA 读过程如下所示。

1）首先处理器填写 Capric 卡的寄存器启动 DMA 读。

2）Capric 卡在等待 D0 这段延时后，收到这个命令，之后向 RC 提交存储器读请求 TLP。假设 Capric 卡一共需要 N 个存储器读请求 TLP 才能发送完成整个请求，而且需要 Dn 这段时间才能将完成这些操作。而且存储器读请求 TLP 到达 RC 的延时也为 D0。

3）处理器在等待 D0+D0 这段延时后，将开始接收存储器读请求 TLP，并从主存储器获得相应的数据，并组织存储器读完成报文发向 Capric 卡。RC 从开始接收存储器读请求 TLP 到接收最后一个存储器读请求 TLP 的时间延时为 Dn。其中 Dn 也与 Capric 卡发送全部存储器读请求的延时相同。

4）RC 收到来自 Capric 卡的存储器读请求 TLP 后，开始发送存储器读完成报文，其中 Capric 卡接收存储器读请求 TLP 与 Capric 卡发送存储器读完成 TLP 可以同步进行，因此 Dn 这段延时并不会被重复计算，而仅计算发送存储器读完成报文的流水准备时间，这段时间由两部分组成，Capric 卡发送一个存储器读请求 TLP 的延时，和 RC 从主存储器中读取数据的延时。我们假定这两段延时都为 20 ns，因此流水准备时间为 40 ns。

5）Capric 卡经过 D0 这段延时后开始接收存储器读完成 TLP，并经过 Dm 这段延时后将接收完毕所有来自 RC 的存储器读，并获得 DMA 读的所有数据。

6）Capric 卡发送 MSI 报文通知处理器 DMA 读完成。

7）处理器经过 D0 这段延时后，收到 MSI 报文，并开始执行中断处理程序。如果这个中断处理程序仍然需要读取中断控制状态寄存器，则处理器需要 $2\times D0$ 这段延时时间之后才能完成 Capric 卡的 DMA 读。

其中 D3 延时为 RC 发送存储器读完成 TLP 所需要的时间，D3 延时与 RC 的 RCB 参数相关。我们假设 RC 的 RCB 参数为 64B，存储器读完成中的 Payload 为 64B，而读完成报文头为 12B；同时假设 RC 使用 128B 的数据总线，而且其总线频率为 667 MHz，此时 RC 发送的数据报文已经超过了 Capric 卡接收存储器读完成报文的速度，因此在分析中我们使用 D2 延时，其中 D2 为 Capric 接收存储器读完成报文的延时。Capric 卡接收一个长度为 84B 的报文时间约为 110 ns（实际需要 10.5 个时钟周期）。因此 Dm 的计算方法如式 12-14 所示。

$$Dm = D2 \times X/64 = 110 \times X/64 \tag{12-14}$$

由以上分析，可以发现在 PCIe 总线中，Capric 卡 DMA 读比 DMA 写的过程略微复杂。假设 Capric 卡一次 DMA 读的大小为 $X^{\ominus}$ 字节，则这次 DMA 读所需的时间 T_{dmar} 如式 12-15 所示。

$$T_{dmar} = 2 \times D0 + 40 + 110 \times X/64 + 2 \times D0 + 2 \times D0 \tag{12-15}$$

由以上公式，可以发现当 D0 越大时 T_{dmar} 也越大，但是当 X 越大时，D0 在 T_{dmar} 中所占的比重越小。假设 D0 为 250 ns 时，可以根据公式 12-13 获得 Capric 卡 DMA 读的有效带宽，如表 12-4 所示。

表 12-4　X 的大小与 DMA 读有效带宽的关系

T_{dmar}	X	Capric 卡的最大有效带宽
1760 ns	128B	72.7 MB/s
1980 ns	256B	129.3 MB/s
2420 ns	512B	211.6 MB/s
3300 ns	1 KB	310.3 MB/s
5060 ns	2 KB	404.7 MB/s
8580 ns	4 KB	477.4 MB/s
15620 ns	8 KB	524.4 MB/s
29700 ns	16 KB	551.6 MB/s

由表 12-3 和表 12-4 可以发现，Capric 卡的 DMA 写的效率略高于 DMA 读的效率。以上有关 Capric 卡 DMA 读写效率是一个粗粒度的分析，其分析结果并没有考虑数据链路层、物理层和流量控制的开销，也没有考虑发送接收流水线中断的情况，是一个较为理想的结

⊖　X 可以被 64 整除。

果。笔者的实测结果与表 12-3 和表 12-4 有些差距，因为在 x86 处理器系统中，D0 延时时间远大于 250 ns。

12. 4. 3　Capric 卡的优化

由上两节的分析可以发现，制约 Capric 卡 DMA 读写带宽的主要因素由两部分组成，一是 PCIe 总线的链路带宽，二是在数据传送过程中的延时。使用更宽的 PCIe 链路，显然可以增加带宽。Capric 卡可以使用×8 的 PCIe 链路进一步提高物理带宽。但这并不是本章所侧重的提高物理带宽的方法，因为在一个给定的处理器系统中，PCIe 链路的带宽是一定的，设计者已经充分考虑了这些带宽。本章所侧重的是通过减少系统延时以提高带宽。

1. 减少处理器对 Capric 卡的寄存器读操作

由上文的分析可以发现，处理器读取 Capric 卡的寄存器需要通过两个步骤，首先发送存储器读请求 TLP，EP 接收到这个读请求后，再向 RC 发送存储器读完成 TLP。这个读操作的操作延时为 2×D0，这个延时是处理器系统所无法承受的，更为重要的是这个延时将严重阻塞设备进行 DMA 读写操作的流水线。

为此 Capric 卡将处理器需要读取的数据，以 DMA 写的方式预先写入到主存储器，之后处理器只需要读取主存储器即可获得相应的信息。处理器读取主存储器的延时与读取 EP 中的寄存器相比，可以忽略不计。而 Capric 卡进行 DMA 写这段延时，可以掩盖在数据传送的流水中，从而不会影响数据传送的效率。

在上文中，处理器在执行中断处理程序时，还需要读取中断控制状态寄存器。这个读取寄存器的开销也是可以避免的，因为 MSI/MSIX 中断机制支持 "Multiple Message"。在 Capric 卡的实现中，发送完成、接收完成和错误处理中断请求可以与独立的中断服务例程对应。因此可以有效避免在发送完成、接收完成中断服务例程中读取中断控制状态寄存器，从而减少系统的延时。

2. 流水线技术

使用流水线技术可以有效地掩盖数据传送中的延时，从而提高带宽。在 PCIe 设备中，通常使用 Ring Buffer 技术，实现多路 DMA 读写操作的并发执行，从而显著提高 DMA 读写的效率。在 Cornus 卡中使用了 Ring Buffer 技术，与 Capric 卡相比，极大提高了 DMA 读写效率。采用 Ring Buffer 的这种方式也称为 Ring-Based DMA 机制。

目前 Ring Buffer 技术在网络设备中得到了广泛的应用，在此类网卡中，分别为发送部件和接收部件设置了一个 Ring Buffer，在 Ring Buffer 中的每一个 Entry 对应一个 DMA 描述符。使用该技术相当于在网卡中设置了多个虚拟 DMA 通路，并使用流水机制掩盖数据传送中的延时，从而提高数据传送的有效带宽。

Ring Buffer 机制还可以进一步升级为 List/Ring Buffer 机制。所谓 List/Ring Buffer 机制是为发送部件和接收部件设置多个 Ring Buffer，从而进一步提高物理链路的利用率。读者可参阅 e1000e 系列的网卡，或者 PowerPC 处理器的 TSEC 控制器，以了解 Ring Buffer 和 List/Ring Buffer 的实现机制。本节对此不做进一步描述。但是无论使用 Ring Buffer 还是 List/Ring Buffer 机制都很难进一步提高基于 PCIe 总线的网卡的数据传送率。

处理器可以根据用途分为 Control-Plane 处理器和 Data-Plane 处理器，PCIe 总线的主要功能是作为 Control-Plane 处理器的局部总线，并不是 Data-Plane 处理器的局部总线。从体系结构的角度来看，基于 PCIe 总线的网络设备远不能与 Data-Plane 处理器的网络设备在传送效率，尤其是小报文的传送效率上，一较高低。

12.5　小结

本章通过 Capric 卡的设计实例，讲述了在 PCIe 体系结构中，事务层的硬件实现和 Linux 设备驱动程序的编写方法。其中与 Cache 一致性相关的话题最为重要，虽然这部分内容对于 PCIe 总线并不重要，但是系统程序员需要深入理解相关的概念。

本章的最后，简单分析了影响 PCIe 总线传送效率的因素，理解这些内容可以使读者在系统设计中，选择最合适的局部总线，以构建一个合理的处理器系统。值得注意的是，不同的局部总线所适用的应用领域并不相同。

第13章　PCIe总线与虚拟化技术

目前虚拟化技术在处理器体系结构中，已经占据一席之地。虚拟化技术由来已久，其含义也较为广泛，多个进程共享一个 CPU，多个进程的虚拟空间共享同一个物理内存等一系列在体系结构中已经根深蒂固的概念，都可以归于虚拟化技术。

本章所强调的虚拟化技术是指在一个处理器系统[⊖]中运行多个虚拟处理器系统的技术。其中每一个虚拟处理器系统都有独立的虚拟运行环境，包括 CPU、内存和外部设备。在这个虚拟环境中运行的操作系统彼此独立，但是这些操作系统仍使用相同的物理资源。

因此处理器需要为虚拟化环境设置专门的硬件，以支持多个虚拟处理器系统在一个物理环境中的资源共享。虚拟化技术的核心是通过 VMM（Virtual Machine Monitor）集中管理物理资源，而每个虚拟处理器系统通过 VMM 访问实际的物理资源。有时为了提高虚拟机访问外部设备的效率，虚拟处理器系统也可以直接访问物理资源。

在一个处理器系统中，这些物理资源包括 CPU、主存储器、外部设备和中断。IA 处理器[⊖]使用 EPT（Extended Page Table）和 VPID 技术对主存储器进行管理，而使用虚拟中断控制器接管中断请求以实现中断的虚拟化。目前这些技术较为成熟，对这些内容感兴趣的读者可参阅《系统虚拟化——原理与实现》，本章对此不做详细分析。

本章重点关注的是 VMM 对外部设备的管理，而在外部设备中重点关注对 PCI 设备的管理。在一个处理器系统中，设置了许多专用硬件，如 IOMMU、PCIe 总线的 ATS 机制、SR-IOV（Single Root I/O Virtualization）和 MR-IOV（Multi-Root I/O Virtualization）机制，便于 VMM 对外部设备的管理。

13.1　IOMMU

在多进程环境下，处理器使用 MMU 机制，使得每一个进程都有独立的虚拟地址空间，从而各个进程运行在独立的地址空间中，互不干扰。MMU 具有两大功能，一是进行地址转换，将分属不同进程的虚拟地址转换为物理地址；二是对物理地址的访问进行权限检查，判断虚实地址转换的合理性。

在多数操作系统中，每一个进程都具有独立的页表存放虚拟地址到物理地址的映射关系和属性。但是如果进程每次访问物理内存时，都需要访问页表时，将严重影响进程的执行效率。为此处理器设置了 TLB（Translation Lookaside Buffer）作为页表的 Cache。如果进程的虚拟地址在 TLB 中命中时，则从 TLB 中直接获得物理地址，而不需要使用页表进行虚实地址转换，从而极大提高了访问存储器的效率。

从地址转换的角度来看，IOMMU 与 MMU 较为类似。只是 IOMMU 完成的是外部设备地

⊖　包括 SMP 系统和更为复杂的 NUMA 结构处理器系统。

⊖　本章出现的 IA 处理器是指 Intel 的 x86-64 处理器，而不是指 Itanium 处理器。

址到存储器地址的转换。我们可以将一个 PCI 设备模拟成为处理器系统的一个特殊进程，当这个进程访问存储器时使用特殊的 MMU，即 IOMMU，进行虚实地址转换，然后再访问存储器。在这个 IOMMU 中，同样存在 IO 页表存放虚实地址转换关系和访问权限，而且处理器为了加速这种虚实地址的转换，还设置了 IOTLB 作为 IO 页表的 Cache。单纯从这个角度来看，许多 HOST 主桥和 RC 也具备同样的功能，如 PowerPC 处理器的 Inbound 窗口和 Outbound 窗口，也可以完成这种特殊的地址转换。但是这些窗口仅能完成 PCI 总线域到一个存储器域的地址转换，无法实现 PCI 总线域到多个存储器域的转换。

目前设置 IOMMU 的主要作用是支持虚拟化技术，当然使用 IOMMU 也可以实现其他功能，如使"仅支持 32 位地址的 PCI 设备"访问 4 GB 以上的存储器空间。IA 处理器和 AMD 处理器分别使用 VT-d"和"IOMMU"，实现外部设备的地址转换。这两种技术都可以将 PCI 总线域地址空间转换为不同的存储器域地址空间，便于虚拟化技术的设计与实现。

13.1.1   IOMMU 的工作原理

根据虚拟化的理论，假设在一个处理器系统中存在两个 Domain，其中一个为 Domain 1，另一个为 Domain 2。这两个 Domain 分别对应不同的虚拟机，并使用独立的物理地址空间，分别为 GPA1（GPA 即 Guest Physical Address）和 GPA2 空间，其中在 Domain 1 上运行的所有进程使用 GPA1 空间，而在 Domain 2 上运行的所有进程使用 GPA2 空间。

GPA1 和 GPA2 采用独立的编码格式，其地址都可以从各自 GPA 空间的 0x0000-0000 地址开始，只是 GPA1 和 GPA2 空间在 System Memory 中占用的实际物理地址 HPA（Host Physical Address）并不相同，HPA 也被称为 MPA（Machine Physical Address），是处理器系统中真实的物理地址。而 PCI 设备依然使用 PCI 总线域地址空间，PCI 总线地址需要通过 DMA-Remapping 逻辑转换为 HPA 地址后，才能访问存储器。DMA-Remapping 逻辑的组成结构如图 13-1 所示。

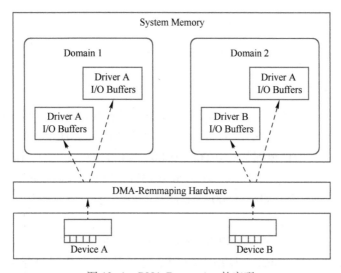

图 13-1   DMA-Remapping 的实现

在以上处理器模型中，假设存在两个外部设备 Device A 和 Device B。这两个外部设备分属于不同的 Domain，其中 Device A 属于 Domain 1，而 Device B 属于 Domain 2。在同一段时间内，Device A 只能访问 Domain 1 的 GPA1 空间，也只能被 Domain 1 操作；而 Device B 只能访问 GPA2 空间，也只能被 Domain 2 操作。Device A 和 Device B 通过 DMA-Remmaping 机制最终访问不同 Domain 的存储器。

使用这种方法可以保证 Device A/B 访问的空间彼此独立，而且只能被指定的 Domain 访问，从而满足了虚拟化技术要求的空间隔离。这一模型远非完美，如果每个 Domain 都可以自由访问所有外部设备当然更加合理，但是单纯使用 VT-d 机制还不能实现这种访问机制。

在这种模型之下，Device A/B 进行 DMA 操作时使用的物理地址仍然属于 PCI 总线域的物理地址，Device A/B 仍然使用地址路由或者 ID 路由进行存储器读写 TLP 的传递。值得注意的是虽然在 x86 处理器系统中，这个 PCI 总线地址与 GPA 地址一一对应且相等，但是这两个地址所代表的含义仍然完全不同。

GPA 地址为存储器域的地址，隶属于不同的 Domain，而 PCI 设备使用的地址依然是 PCI 总线域的物理地址，只是在虚拟化环境下，PCI 设备与 Domain 间有明确的对应关系。当这个 PCI 设备进行 DMA 读写时，TLP 首先到达地址转换部件 TA（Translation Agent），并通过 ATPT[⊖]（Address Translation and Protection Table）后将 PCI 总线域的物理地址转换为与 GPA 地址对应的 HPA 地址，然后对主存储器进行读写操作。其转换关系如图 13-2 所示。

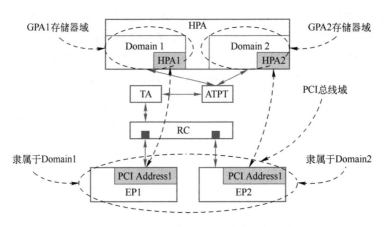

图 13-2　PCI 总线域物理地址与 HPA 的关系

在上图所示的处理器系统中，存在两个虚拟机，其使用的地址空间分别为 GPA Domain1 和 GPA Domain2。假设每个 GPA Domain 使用 1 GB 大小的物理地址空间，而且 Domain 间使用的地址空间独立，其地址范围都为 0x0000-0000~0x4000-0000。其中 Domain 1 使用的 GPA 地址空间对应的 HPA 地址范围为 0x0000-0000~0x3FFF-FFFF；Domain 2 使用的 GPA 地址空间对应的 HPA 地址范围为 0x4000-0000~0x7FFF-FFFF。在一个处理器系统中，不同的虚拟机使用的物理空间是隔离的。

在这个处理器系统中存在两个 PCIe 设备，分别为 EP1 和 EP2，其中 EP1 隶属于 Domain1，而 EP2 隶属于 Domain2，即 EP1 和 EP2 进行 DMA 操作时只能访问 Domain1 和 Do-

---

⊖　ATPT 相当于 I/O 页表，每一个 Domin 都具有独立的 I/O 页表。

main2 对应的 HPA 空间，但是 EP1 和 EP2 作为一个 PCIe 设备，并不知道处理器系统进行的这种绑定操作，EP1 和 EP2 依然使用 PCI 总线域的地址进行正常的数据传送。因为处理器系统的这种绑定操作由 TA 和 ATPT 决定，而对 PCIe 设备透明。在 EP1 和 EP2 进行 DMA 操作时，当 TLP 到达 TA 和 ATPT，经过地址转换后，才能访问实际的存储器空间。

下面以 EP1 和 EP2 进行 DMA 写操作为例，说明在这种虚拟化环境下，不同种类地址的转换关系，其步骤如下所示。

（1）Domain1 和 Domain2 填写 EP1 和 EP2 的 DMA 写地址和长度寄存器启动 DMA 操作。

其中 EP1 最终将数据写入到 GPA1 的 0x1000-0000～0x1000-007F 这段数据区域，而 EP2 最终将数据写入到 GPA2 的 0x1000-0000～0x1000-007F 这段数据区域。然而 EP1 和 EP2 仅能识别 PCI 总线域的地址。Domain1 和 Domain2 填入 EP1 和 EP2 的 DMA 写地址为 0x1000-0000，而长度为 0x80，这些地址都是 PCI 总线地址。

在 x86 处理器系统中，这个地址与 GPA1 和 GPA2 存储器域的地址恰好相等，但是这个地址仍然是 PCI 总线域的地址，只是由于 IOMMU 的存在，相同的 PCI 总线地址，可能被映射到相同的 GPA 地址空间，然而这些 GPA 地址空间对应的 HPA 地址空间不同。这个 PCI 总线地址仍然在 RC 中被转换为存储器域地址，并由 TA 转换为合适的 HPA 地址。

（2）EP1 和 EP2 的存储器写 TLP 到达 RC。

来自 EP1 和 EP2 存储器写 TLP 经过地址路由最终到达 RC，并由 RC 将 TLP 的地址字段转发到 TA 和 ATPT，进行地址翻译。

EP1 和 EP2 使用的 I/O 页表已经事先被 VMM 设置完毕，TA 将使用 Domain1 或者 Domain2 的 I/O 页表，进行地址翻译。EP1 隶属于 Domain1，其地址 0x1000-0000（PCI 总线地址）被翻译为 0x1000-0000（HPA）；而 EP2 隶属于 Domain2，其地址 0x1000-0000（PCI 总线地址）被翻译为 0x5000-0000（HPA）。值得注意的是在 TA 中设置了 IOTLB，以加速 I/O 页表的翻译效率，因此 TA 并不会每次都从存储器中查找 I/O 页表。

（3）来自 EP1 和 EP2 存储器写 TLP 的数据将被分别写入到 0x1000-0000～0x1000-007F 和 0x5000-0000～0x5000-007F 这两段数据区域。

（4）Domain1 和 Domain2 都使用 0x1000-0000～0x1000-007F 这段 GPA 地址访问来自 EP1 和 EP2 的数据，这个 GPA 地址将转换为 HPA 地址，然后发向存储器控制器。在 IA 处理器系统中，使用 EPT 和 VPID 技术进行 GPA 地址到 HPA 地址的转换。

IA 处理器和 AMD 处理器使用不同的技术，实现 TA 和 ATPT。其中 IA 处理器使用 VT-d 技术，而 AMD 使用 IOMMU。从工作原理上看，这两种技术类似，但是在实现细节上，两者有较大区别。

13.1.2　IA 处理器的 VT-d

IA（Intel Architecture）处理器使用 VT-d 技术将 PCI 总线域的物理地址转换为 HPA 地址。这个映射过程也被称为 DMA Remapping。IA 处理器系统使用 DMA Remapping 机制可以辅助虚拟化技术对外部设备进行管理。

在 IA 处理器系统中，所有的外部设备都是 PCI 设备。每一个设备都唯一对应一个 Bus Number、Device Number 和 Function Number，为此 IA 处理器设置了一个专门的结构，即 Root

Entry Table[⊖]，管理每一棵 PCI 总线树。在这种结构下，每一个 PCI 设备根据其 Bus、Device 和 Function 号唯一确定一个 Context Entry。VT-d 将这个结构称为"Device to Domain Mapping"结构，如图 13-3 所示。

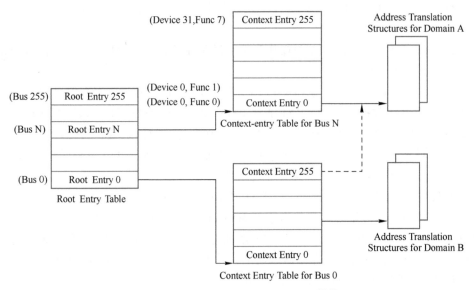

图 13-3　Device to Domain Mapping 结构

VT-d 一共设置了两种结构描述 PCI 总线树结构，分别为 Root Entry 和 Context Entry。其中 Root Entry 描述 PCI 总线，一棵 PCI 总线树最多有 256 条 PCI 总线，其中每一条 PCI 总线对应一个 Root Entry；每条 PCI 总线中最多有 32 个设备，而每个设备最多有 8 个 Function，其中每一个 Function 对应一个 Context Entry，因此每个 Context Entry 表中共有 256 表项。

在一个处理器系统中，一个指定的 PCI Function 唯一对应一个 Context Entry，这个 Context Entry 指向这个 PCI Function 使用的地址转换结构（Address Translation Structures）。当一个 PCI Function 隶属于不同的 Domain 时，将使用不同的地址转换结构，但是在一个时间段里，PCI Function 只能使用一个地址转换结构，即 Context Entry 只能指向一个 Domain 的地址转换结构。这个地址转换结构的主要功能是完成 PCI 总线域到 HPA 存储器域的地址转换。

如图 13-1 所示，当一个设备进行 DMA 操作时，Domain 使用 PCI 总线域的地址填写这个设备和与 DMA 转送相关的寄存器。当这个设备启动 DMA 操作时，将使用 PCI 总线地址，之后通过 DMA-Remapping 机制将 PCI 总线地址转换为 HPA 存储器域地址，然后将数据传送到实际的物理地址空间中。而 Domain 通过处理器的 MMU 机制将 GPA 转换为 HPA，访问物理地址空间。

从图 13-3 中可以发现，每一个 Function 在每一个 Domain 中都可能有一个地址转换结构，以完成 GPA 到 HPA 的转换，因此在每一个 Domain 中最多有 256 个地址转换结构。这些结构无疑将占用部分内存，但是并不会产生较大的浪费。因为在实际设计中，同一个 Do-

---

⊖　如果处理器系统有多个 PCI 总线树（Segment），则需要设备多个 Root Entry Table。

main 下的所有 PCI 设备使用的总线地址到 HPA 地址的转换结构可以相同。因此在实现中，每个 Domain 仅使用一个地址转换结构即可。

IA 处理器使能 VT-d 机制后，PCI 设备进行 DMA 操作需要根据 Bus、Device 和 Function 号确定 Context Entry，之后使用图 13-4 所示的方法完成 PCI 总线地址到 HPA 地址的转换。

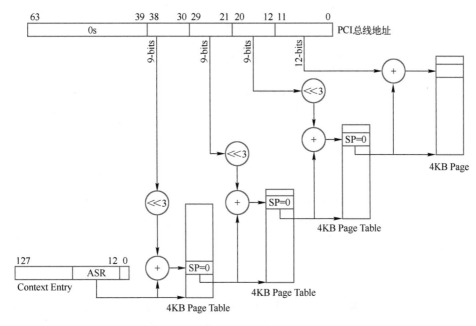

图 13-4　VT-d 使用的 PCI 总线地址到 HPA 的转换机制

在上图中，4 KB Page Table 中的每个 Entry 的大小为 8B，因此在计算偏移时，需要左移 3 位，PCI 总线地址通过 3 级目录，最终找到与 HPA 所对应的 4 KB 大小的页面，从而完成 PCI 总线地址到 HPA 的转换。值得注意的是，IA 处理器还支持 2 MB（SP = 1）、1 GB（SP = 2）、512 GB（SP = 3）和 1 TB（SP = 4）大小的 Super Page，而本节仅使用了 4 KB 大小的页面。

为了加快 PCI 总线地址到 HPA 地址的转换速度，IA 处理器分别为 Root Entry 和 Context Entry 设置了 Context Cache 以加快 Context Entry 的获取速度，同时还设置了 IOTLB 加速 PCI 总线地址到 HPA 地址的转换速度。

IOTLB 相当于 I/O 页表的 Cache，当一个 PCI 设备进行 DMA 操作时，首先在 IOTLB 中查找 PCI 总线地址与 HPA 地址的映射关系，如果在 IOTLB 命中时，PCI 设备直接获得 HPA 地址进行 DMA 操作；如果没有在 IOTLB 命中，则需要使用图 13-4 中所示的算法进行 PCI 总线地址到 HPA 地址的转换。

Intel 并没有公开 "没有在 IOTLB 命中" 的实现细节，当出现这种情况时，IA 处理器可能使用内部的 Microcode 完成图 13-4 所示的算法。使用 VT-d 除了可以有效地支持虚拟化技术之外，还可以支持一些只能访问 32 位地址空间的 PCI 设备访问 4 GB 之上的物理地址空间。

13.1.3　AMD 处理器的 IOMMU

AMD 处理器的 IOMMU 技术与 Intel 的 VT-d 技术类似，其完成的主要功能也类似。AMD 率先提出了 IOMMU 的概念，并发布了 IOMMU 的技术手册，但是 Intel 首先将这一技术在芯片中实现。由于 AMD 和 Intel 使用的 x86 体系结构略有不同，因此 AMD 的 IOMMU 技术在细节上与 Intel 的 VT-d 并不完全一致。

AMD 处理器使用 HT（Hyper Transport）总线连接 I/O Hub，其中每一个 I/O Hub 都含有一个 IOMMU，其结构如图 13-5 所示。

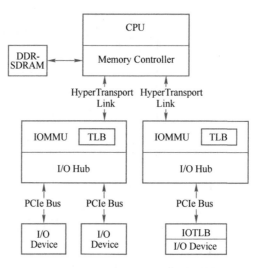

图 13-5　AMD 处理器的 IOMMU 结构

其中每一个 IOMMU 都使用一个 Device Table。AMD 处理器使用 Device Table 存放图 13-3 中的结构，Device Table 最多由 2^{16} 个 Entry 组成，其中每个 Entry 的大小为 256b，因此 Device Table 最大将占用 2 MB 内存空间，与 Intel 使用的 Root/Context Entry 结构相比，AMD 使用的这种方法容易造成内存的浪费。

在 I/O Hub 中的设备[⊖]使用 16 位的 Device ID 在 Device Table 查找该设备所对应的 Entry，并使用这个 Entry，根据 I/O Page Table 结构最终找到 IO PTE 表，并完成 GPA 到 HPA 的转换。在 AMD 处理器中，GPA 到 HPA 的转换与图 13-4 中所示的方法有类似之处，但实现细节不同。IOMMU 使用一个新型的页表结构完成 GPA 到 HPA 的转换，这个页表结构基于 AMD64 使用的虚拟地址到物理地址的页表结构，但是做出了一些改动。AMD64 进行虚拟地址到物理地址的转换时使用 4 级页表结构，如图 13-6 所示。

与 Intel 处理器的结构类似，一个进程首先从 CR3 寄存器中获得页表的基地址指针寄存器 "Page Map Level-4 Base Address"，之后通过 4 级索引最终获得 4 KB 大小的物理页面，完成虚拟地址到物理地址的转换。AMD 处理器也支持大页面方式，如果使用三级索引，可以获得 2 MB 大小的物理页面；使用二级索引，可以获得 1 GB 大小的页面。

IOMMU 使用的 I/O 页表结构基于以上结构，但是做出了一定的改动。在 IOMMU 中，4 级 I/O 页表指针可以直接指向 2 级 I/O 页表指针，从而越过第 3 级 I/O 页表，使用这种方法可以节省 Page Table 的空间。如图 13-7 所示。

⊖　其中 PCI 设备使用 Bus Number、Device Number 和 Function Number 组成 16 位的 Device ID，而 HT 设备使用 HT Bus Number 和 Unit ID 组成 16 位的 Device ID。

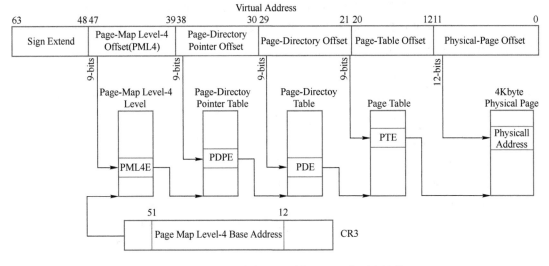

图 13-6　AMD64 虚拟地址到物理地址的页表结构

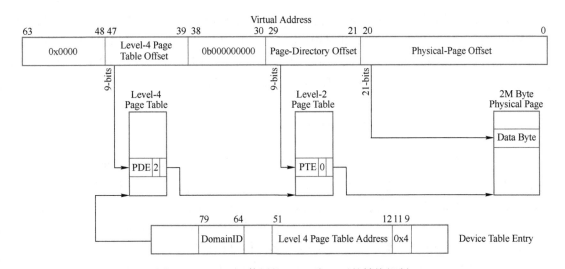

图 13-7　IOMMU 使用的 GPA 到 HPA 的转换机制

　　当设备进行 DMA 操作时，首先需要从相应的 Device Table 的 Entry 中获得 "Level 4 Page Table Address" 指针，并定位设备使用的 I/O 页表，最后使用多级页表结构，最终完成 PCI 总线地址到 HPA 地址的转换。Page Table 的 Entry 由 64 位组成，其主要字段如下所示。

- 第 51~12 位为 Next Table Address/Page Address 字段，该字段存放下一级页表或者物理页面的地址，该地址为系统物理地址，属于 HPA 空间。
- 第 11~9 位为 Next Level 字段，表示下一级页表的级数，其中在 Device Table 中存放的级数一般为 4，Level-N 级页表中存放的 Next Level 字段为 N-1~1。

　　如图 13-7 所示，在第 4 级页表的 Entry 中的 Next Level 字段为 2，表示第 4 级页表直接指向第 2 级页表，而忽略第 3 级页表。当该字段为 0b000 或者 0b111 时，表示下一级指针指向物理页面而不是页表。Next Level 字段为 0b000 时，表示所指向的物理页面的大小是固定的，AMD64 支持 4 KB、2 MB、1 GB、512 GB 和 1 TB（SP=4）大小固定页面；如果 Next Level

字段为 0b111 时，表示所指向的物理页面大小是浮动的。如果 Level 2 Page Table 的 Entry 中的 Next Level 字段为 0b111，表示该 Entry 指向的物理页面大小浮动，其中物理页面大小和 GPA 的第 29~21 位相关，如表 13-1 所示。

表 13-1　Next Level 字段为 0b111 时的页面大小

29	28	27	26	25	24	23	22	21	Page Size	Default Page Size
Page Address								0	4 MB	2 MB
Page Address							0	1	8 MB	2 MB
Page Address						0	1	1	16 MB	2 MB
Page Address					0	1	1	1	32 MB	2 MB
Page Address				0	1	1	1	1	64 MB	2 MB
Page Address			0	1	1	1	1	1	128 MB	2 MB
...		0	1	1	1	1	1	1	256 MB	2 MB
...	0	1	1	1	1	1	1	1	512 MB	2 MB

AMD64 处理器使用这种 I/O 页表方式，可以方便地支持 4 KB、8 KB、…、4 GB 大小的浮动物理页面。除了 I/O 页表外，IOMMU 也设置了 IOTLB 以加快 GPA 到 HPA 地址的转换，这部分内容与 IA 处理器的实现方式类似，本章不对此继续进行描述。对 IOMMU 感兴趣的读者可以参考 AMD I/O Virtualization Technology Specification。

13.2　ATS（Address Translation Services）

单纯使用 IOMMU 并不能充分发挥处理器系统的效率，从图 13-2 中可以发现，所有 PCI 设备在进行 DMA 操作时，都需要经过 TA 和 ATPT 进行地址翻译，然后才能访问主存储器。因而 TA 和 ATPT 很容易成为瓶颈，从而影响虚拟化系统的整体效率。

除此之外，在图 13-2 中，EP1 和 EP2 分别隶属于 Domain1 和 Domain2。在正常情况下，一个 Domain 并不能访问其他 Domain 的 PCI 设备。但是如果处理器系统中存在一个恶意的虚拟机，而且 EP1 隶属于该虚拟机（Domain1）。当 EP1 进行 DMA 写操作时，该虚拟机填写的 DMA 写地址可以与 EP2 的 BAR 地址空间重合，那么启动 DMA 写操作时，Domain1 可以将数据传递到 EP2，从而影响 Domain2 的正常运行。

解决这种异常的最合理的方法是，隶属于 Domain1 的 PCI 设备只能访问 GPA1 的空间，而仅使用 IOMMU 并不能解决该问题。解决该问题较为有效的方法是 PCI 设备进行数据传送的同时也进行地址转换，从而该 PCI 设备使用的地址是经过转换的 HPA 地址。此时再进行 DMA 写时，该数据将传递到与 Domain1 对应的 HPA 地址空间中，而不会将数据传送到 EP2。从而这个恶意的虚拟机并不会影响其他正常工作的虚拟机。

PCIe 总线使用 ATS 机制实现 PCIe 设备的地址转换。支持 ATS 机制的 PCIe 设备，内部含有 ATC（Address Translation Cache），ATC 在 PCIe 设备中的位置如图 13-8 所示。

在 ATC 中存放 ATPT 的部分内容，当 PCIe 设备使用地址路由方式发送 TLP 时，其地址首先通过 ATC 转换为 HPA 地址。如果 PCIe 设备使用的地址没有在 ATC 中命中时，PCIe 设备将通过存储器读 TLP 从 ATPT 中获得相应的地址转换信息，更新 ATC 后，再发送 TLP。

与其他 Cache 类似，ATC 还可以被 Invalidate。当 ATPT 被更改时，处理器系统将发送 Invalidate 报文，同步在不同 PCIe 设备中的 ATC。

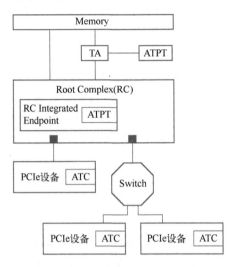

图 13-8　ATC 在 PCIe 设备中的位置

PCIe 总线在 TLP 中设置了 AT 字段以支持 ATS 机制。在 PCIe 总线中，只有与存储器相关的 TLP 支持 AT 字段。值得注意的是，只有处理器系统支持 IOMMU 时，PCIe 设备才可以使用 ATS 机制。

13.2.1　TLP 的 AT 字段

TLP 的 AT 字段与 ATS 机制直接相关。根据 AT 字段的不同，PCIe 设备可以发送三种类型的 TLP。

1. AT 字段为 0b00

当 AT 字段为 0b00 时，当前 TLP 的 Address 字段没有通过 ATC 进行转换，存放的是 PCI 总线域的物理地址。如果 PCIe 设备不支持 ATS 机制，而且处理器系统也没有使能 IOMMU 时，当前 TLP 的 Address 字段为 PCI 总线域的物理地址。PCIe 设备进行 DMA 操作时，该地址将被 RC 转换为存储器域的物理地址，然后对存储器进行读写操作。

如果 PCIe 设备不支持 ATS 机制，但是当前处理器支持 IOMMU 时，当前 TLP 的 Address 字段依然为 PCI 总线域的物理地址。PCIe 设备进行 DMA 操作时，该地址将被 TA 根据 I/O 页表的设置，转换为合适的存储器域物理地址。

如果当前处理器系统支持虚拟化技术，当前 PCIe 设备将隶属于某一个 Domain，此时该 PCIe 设备进行 DMA 操作时，数据将被传送到属于该 Domain 的存储器域中。

2. AT 字段为 0b01

当 AT 字段为 0b01 时，表示当前 TLP 报文为 "Translation Request" 报文。支持 ATS 机制的 PCIe 设备，必须支持这类报文。

该报文由 PCIe 设备通过存储器读请求 TLP 发出，其目的地为 TA。TA 收到该报文后，将根据 I/O 页表的设置，将合适的地址转换关系，通过存储器读完成 TLP，发送给 PCIe 设备。而 PCIe 设备收到这个地址转换关系后，将更新 ATC。

3. AT 字段为 0x10

当 AT 字段为 0x10 时，表示当前 TLP 的 Address 字段已经通过 ATC 进行地址转换。当 PCIe 设备使用存储器读写报文进行 DMA 操作，而 RC 收到这些报文时，将不再通过 TA 和 ATPT 进行地址转换，而直接将数据发送给存储器。从而减轻了 ATPT 进行地址转换的压力。

值得注意的是，经过 ATC 进行地址转换后，在 TLP 的 Address 字段中存放的依然是 PCI 总线域的物理地址，该物理地址为 HPA 地址在 PCI 总线域中的映像。

如果 TLP 中的 Address 字段没有经过 ATC 进行地址转换，而且处理器系统支持虚拟化技术，该地址为仍然对应 GPA 地址在 PCI 总线域中的映像，此时该 TLP 使用的 AT 字段为 0b00。这些地址在经过 RC 后，将被转换为存储器域的地址，然后进入 TA 和 ATPT 再次进行地址转换。由以上描述可以发现，PCIe 设备无论是否使用 ATC 机制，在 TLP 中存放的 Address 字段仍然保存的是 PCI 总线地址。

13.2.2　地址转换请求

PCIe 设备可以使用地址转换请求（Translation Requests）TLP 向 TA 提交地址转换请求。该 TLP 具有 64 位和 32 位两种地址格式。本节仅介绍 64 位地址格式，如图 13-9 所示。其中 AT 字段为 0b01 表示当前报文为地址转换请求 TLP。

该报文的格式与存储器读请求 TLP 的报文格式基本类似，但是在地址转换请求 TLP 中，一些字段的含义与存储器读请求 TLP 并不相同。该报文的作用是将 Untranslated Address 字段发送到 TA，而 TA 根据 ATPT 将 Untranslated Address 数据区域进行翻译，然后通过存储器读完成 TLP 将地址转换关系发送给 PCIe 设备。PCIe 设备收到这个存储器读完成 TLP 后将这个地址转换关系保存在 PCIe 设备的 ATC 中。

Untranslated Address 数据区域的长度由 Length 字段确定。在地址转换请求 TLP 中，Length 字段的最低位和高 5 位为 0，而且 Length 字段不能为 0b00-0000-0000，因此该地址转换请求 TLP 所访问的数据区域最小为 8B，而最大不能超过 RCB。而且该数据区域为 1DW 对界，First DW BE 与 Last DW BE 字段都为 0b1111。

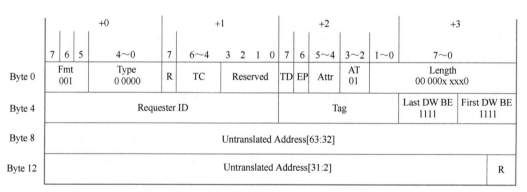

图 13-9　64 位地址转换请求 TLP 的格式

当 PCIe 设备与某个虚拟机绑定时，Untranslated Address 数据区域的 GPA 地址连续，但是其对应的 HPA 地址并不一定连续（在绝大多数虚拟机的实现中，为简化设计，GPA 所对应的 HPA 地址区域地址连续）。因此 PCIe 设备发送一个地址转换请求后，可能会从 TA 得到多个地址转换关系，这些地址转换关系可以使用一个存储器读完成 TLP 发送给 PCIe 设备。在 PCIe 总线中，一个地址转换关系由 8B 组成，这也是地址转换请求 TLP 的 Length 字段至少为 0b10 的原因。

当 TA 收到地址转换请求 TLP 后，将查找 ATPT，然后通过存储器读完成 TLP，将转换关系发送给 PCIe 设备。如果地址转换成功时，TA 使用 CplD（带数据的存储器读完成报文）将转换关系发送给 PCIe 设备；否则使用 Cpl 将失败信息发送给 PCIe 设备。本节仅讨论 CplD 报文，其格式如图 13-10 所示。

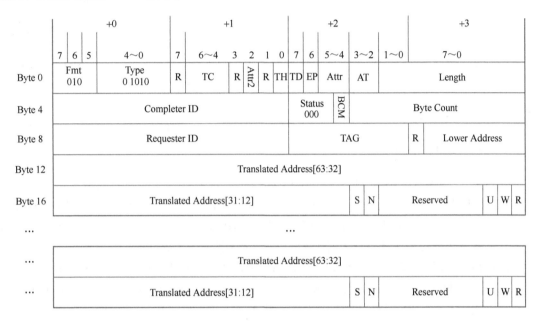

图 13-10　地址转换完成 TLP 的格式

地址转换完成 TLP 的报文头与存储器读完成报文头完全相同，而 Payload 字段由一个或者多个地址转换关系组成。一个地址转换关系由以下字段与位组成。

- Translated Address［63:12］字段保存与 Untranslated Address 对应的 HPA 地址，即经过转换的地址。
- 而 U 位为 1 时，表示这段 HPA 空间只能使用 Untranslated 地址访问，即 PCIe 设备不能使用 AT 字段等于 0b10 的存储器读写 TLP；R 位为 1，表示 HPA 地址空间可读；W 位为 1 时，表示 HPA 地址空间可写。
- N 位为 1 时，PCIe 设备访问这段数据区域时，其存储器读写 TLP 的 No Snoop 位必须为 0，表示硬件需要进行 Cache 一致性操作；如果该位为 0，PCIe 设备将使用其他方法确定 No Snoop 位是否可以为 1。
- S 位需要与 Translated Address 字段联合使用，表示该段数据区域的大小，如表 13-2 所示。

由该表所示，Translated Address 数据区域的最小值为 4 KB，此时 S 位必须为 0。如果 S 不为 0，则表示这段数据区域大于 4 KB。当 Address31 为 0，而 Address［30:12］和 S 位都为 1 时表示，这段区域为 4 GB，但是 4 GB 并不是 Translated Address 数据区域的最大值。

PCIe 设置还可以使用 Address ［63∶32］字段，继续扩展数据区域的大小。

表 13-2   Translated Address 区域的大小

Translated Address																					S	页面大小/B
63∶32	31	30	29	28	27	26	25	24	23	22	21	20	19	18	17	16	15	14	13	12		
X	X	X	X	X	X	X	X	X	X	X	X	X	X	X	X	X	X	X	X	X	0	4 K
X	X	X	X	X	X	X	X	X	X	X	X	X	X	X	X	X	X	X	X	0	1	8 K
X	X	X	X	X	X	X	X	X	X	X	X	X	X	X	X	X	X	X	0	1	1	16 K
										...												
X	X	X	X	X	X	X	X	X	X	X	0	1	1	1	1	1	1	1	1	1	1	2 M
										...												
X	X	X	0	1	1	1	1	1	1	1	1	1	1	1	1	1	1	1	1	1	1	1 G
X	X	0	1	1	1	1	1	1	1	1	1	1	1	1	1	1	1	1	1	1	1	2 G
X	0	1	1	1	1	1	1	1	1	1	1	1	1	1	1	1	1	1	1	1	1	4 G

当 PCIe 设备支持 ATS 机制并进行 DMA 操作时，首先查找当前访问的地址是否在 ATC 中命中，如果命中则直接从 ATC 中获得 Translated Address，并使用 AT 等于 0b10 的存储器读写 TLP 与主存储器交换数据。TA 收到 AT 等于 0b10 的 TLP 后，将不使用 ATPT 进行地址转换，而将报文直接发送到存储器控制器，与主存储器进行数据交换。

如果 PCIe 设备访问的地址区域没有在 ATC 中命中时，PCIe 设备有两种处理方法，一是使用 AT 等于 0b00 的 TLP，即使用 Untranslated Address 直接访问存储器，这个 Untranslated Address 到达 TA 后，TA 根据 ATPT 的设置，将 Untranslated Address 进行地址转换，然后再将报文发送到存储器控制器中。

如果处理器系统中存在恶意的虚拟机时，PCIe 设备使用这种方法时将会带来安全隐患。因为恶意的虚拟机可以直接将这个 Untranslated Address 与其他 PCIe 设备使用的 BAR 空间重合，从而该虚拟机可以破坏隶属于其他虚拟机的 PCIe 设备，干扰其他虚拟机的正常运行，这是虚拟机系统禁止的行为。

因而当 PCIe 设备访问的地址区间没有在 ATC 中命中时，应该首先进行地址转换。采用这种方式时，PCIe 设备将首先向 TA 发送地址转换请求 TLP，并从 ATPT 中获得地址转换关系后，使用 TA 等于 0b10 的存储器读写 TLP，即使用 Translated Address 与主存储器进行数据交换，从而有效避免了上文所述的安全隐患。

目前尚无支持 ATS 机制的 PCIe 设备，但是通过本节的描述可以发现，使用 ATS 机制可以有效减轻 TA 进行地址转换的负担，同时避免虚拟机中存在的安全隐患。

13. 2. 3   Invalidate ATC

处理器系统更改 ATPT 时，需要使用 MsgD 报文通知相应 PCIe 设备，并 Invalidate ATC 中相应的 Entry，该 MsgD 报文也被称为 "Invalidate Request Message"，其格式如图 13-11 所示。其中 PCIe 设备每收到一个 MsgD 只能 Invalidate ATC 中的一个 Entry。

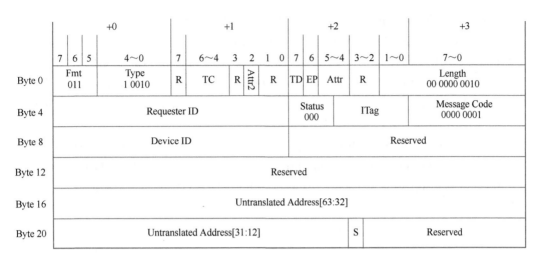

图 13-11　Invalidate Request Message 的格式

Invalidate Request Message 各个字段的描述如下所示。

- Fmt 字段为 0b011，表示报文头为 4DW，而且含有 Payload 字段。Length 字段为 0b10，表示该报文 Payload 的大小为 8B。而 TC、Attr、TD 和 EP 的含义与通用 TLP 头相同，详见第 6.1 节。
- Type 字段为 0b10010，表示该消息报文使用 ID 路由方式。其中 Requester ID 字段保存 TA 的 ID 号。Device ID 保存目标设备使用的 ID 号，即存放 ATC 的 PCIe 设备 ID，Message 报文使用该字段进行 ID 路由。
- ITag 字段与 Tag 字段的功能类似，取值范围为 0~31。当 TA 需要连续发送多个 "In-validate Request Message" 报文时，使用该字段区别不同的 MsgD。

该 MsgD 报文的 Payload 字段中存放 "Untranslated Address"，而 S 位用来表示数据区域的大小，如表 13-2 所示。当 PCIe 设备收到 Invalidate Request Message 报文后，根据 Untranslated Address 字段 Invalidate ATC 中对应的 Entry。PCIe 设备 Invalidate ATC 中对应的 Entry 之后，将向 TA 发送 Invalidate Completion Message 报文，表示已经 Invalidate ATC 中的对应 Entry，该报文的格式如图 13-12 所示。

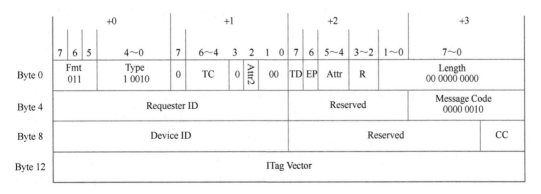

图 13-12　Invalidate Completion Message 的格式

Invalidate Completion Message 报文的各个字段的描述如下所示。

- Fmt、Type 等字段与 Invalidate Request Message 的对应字段类似。
- Requester ID 字段保存 TA 的 ID 号，而 Device ID 字段保存 PCIe 设备的 ID 号。
- CC 字段表示 PCIe 设备需要向 TA 发送 Invalidate Completion Message 报文的个数。当 CC 字段为 0 时表示需要 8 个这样的报文，为 n 时表示需要 n 个这样的报文。n 的最大值为 0x07。
- ITag Vector 字段由 32 位组成，其中每一位对应 Invalidate Request Message 报文的一个 ITag 字段，Invalidate Completion Message 通过 ITag Vector 字段可以向多个 Invalidate Request Message 报文发出回应，表示已经 Invalidate ATC 中的多个 Entry。

13.3 SR-IOV 与 MR-IOV

PCIe 总线除了提供了 ATS 机制外，还使用 SR-IOV 和 MR-IOV 机制，进一步优化虚拟化技术的实现。其中 SR-IOV 技术的主要作用是将一个物理 PCIe 设备模拟成多个虚拟设备，其中每一个虚拟设备可以与一个虚拟机绑定，从而便于不同的虚拟机访问同一个物理 PCIe 设备。在 PCIe 体系结构中，即便使用了 ATS 和 SR-IOV 技术，在处理器系统中仍然只有一个 PCIe 总线域，所有的虚拟机共享这个 PCI 总线域，这为虚拟化技术的实现带来了不小的障碍。使用 SR-IOV 技术，可以解决单个 PCIe 设备被多个虚拟机共享的问题，但是并没有对管理 PCIe 设备的 Switch 进行约束。

提出 MR-IOV 技术的主要目的是解决多个处理器系统对一个 PCI 总线域共享的问题，其本质是将一个物理 PCI 总线域，分解为多个虚拟的 PCI 总线域，多个处理器系统可以与多个 PCI 总线域对应，从而实现了不同 PCI 总线域间的隔离。MR-IOV 技术对 PCIe 总线进行了大规模的扩展，提出了 MRA（Multi-Root Aware）Switch、MRA Device 和 MRA RP（Root Port）的概念，同时对 PCIe 总线的数据链路层和流量控制进行了细微改动。

13.3.1 SR-IOV 技术

在 SR-IOV 技术没有引入之前，一个 PCIe 设备在一个指定的时间段内，只能与一个虚拟机（Domain 1）绑定，而其他虚拟机（Domain 2）访问与 Domain 1 绑定的 PCIe 设备时，需要首先向 Domain 1 发送请求，由 Domain 1 从 PCIe 设备获得数据后，再传送给 Domain 2。使用这种方法将极大增加在虚拟化环境下，虚拟机访问 PCIe 设备的延时，同时也干扰了其他虚拟机的正常运行。

而在处理器系统中并行设置多个同样的物理设备，不仅增加了系统成本，而且增加了处理器系统的规模，从而造成不必要的浪费。SR-IOV 技术在此背景下诞生。支持 SR-IOV 的 PCIe 设备，由多组虚拟子设备组成，其拓扑结构如图 13-13 所示。

基于 SR-IOV 的 PCIe 设备由多个物理子设备 PF（Physical Function）和多组虚拟子设备 VF（Virtual Function）组成。其中每一组 VF 与一个 PF 对应。在上图中存在 M 个 PF，分别为 PF0~M。其中"VF0, 1~N1"与 PF0 对应；而"VFM, 1~N2"与 PFM 对应。

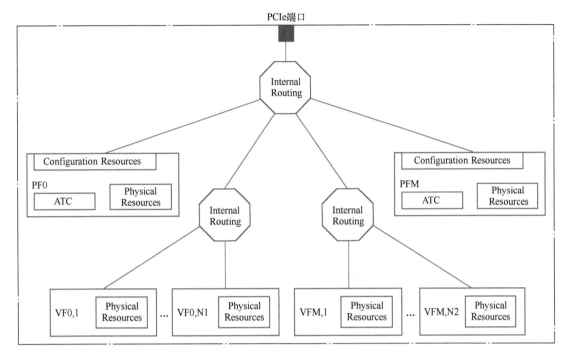

图 13-13　基于 SR-IOV 的 PCIe 设备

其中每个 PF 都有唯一的配置空间，而与 PF 对应的 VF 共享该配置空间，每一个 VF 都有独立的 BAR 空间，分别为 VF BAR0~5。从逻辑关系上看，这种做法相当于在一个 PF 中，存在多个虚拟设备。

在虚拟化环境中，每个虚拟机可以与一个 VF 绑定。假设在一个处理器系统中，网卡使用了 SR-IOV 技术，该网卡由一个 PF 和多个 VF 组成。其中每个虚拟机可以使用一个 VF，从而实现多个虚拟机使用一个物理网卡的目的。

PCIe 总线设置了 Single Root I/O Virtualization Extended Capabilities 结构以支持 SR-IOV 机制。对此感兴趣的读者可参阅 Single Root I/O Virtulization and Sharing Specification。这些细节对于非虚拟化技术的开发者并不重要。从本质上说，SR-IOV 技术与多线程处理器技术类似，只是多线程处理器技术应用于处理器领域，而 SR-IOV 将同样的概念应用于 PCIe 设备。

13.3.2　MR-IOV 技术

MR-IOV 技术的主要功能是将处理器系统的 PCI 总线域划分为多个虚拟 PCI 总线域，从而多个处理器系统可以共享同一个物理 PCI 总线域。MR-IOV 技术引入了几个新的概念，MRA RP、MRA Devices 和 MRA Switch。其中 MRA Switch 的结构如图 13-14 所示。

MRA Switch 与传统的 Switch 相比，其结构有较大不同。

- MRA Switch 由 0 个或者多个上游端口组成，如图 13-14 所示 MRA Switch 可以与多个 RP 连接，这个 RP 可以是 MRA RP 也可以是传统的 RP。在某些应用中，MRA Switch 可以作为中间节点与其他 MRA RP 相连，此时该 MRA Switch 不需要上游端口。
- MRA Switch 由 0 个或者多个下游端口组成，MRA Switch 可以与多个 MRA 设备连接，也可以连接 SR-IOV 设备和传统的 PCIe 设备。MRA Switch 可以作为中间节点与其他 MRA Switch 相连，此时该 MRA Switch 可以不需要下游端口。

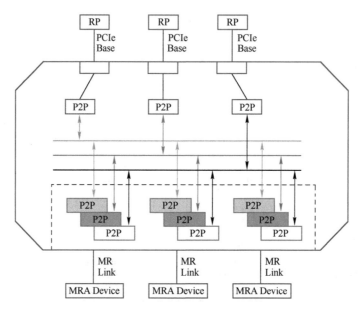

图 13-14 MRA Switch 的结构

- 使用 MRA Switch 可以组成多个虚拟 PCI 总线域 VHs（Virtual Hierarchies）。如图 13-14 所示，MRA Switch 由 3 套 P2P 桥组成，每一套 P2P 可以组成 1 个 PCI 总线域，这 3 个 PCI 总线域的地址空间独立。
- MRA Switch 可支持若干个双向端口，与其他 MRA Switch 和 MRA RP 相连。处理器系统之间可以使用这些双向端口组成复杂的服务器系统。

MRA Switch 的设计与实现较为复杂，而且该类芯片的应用范围较为有限，目前仅可能应用在支持虚拟化技术的高端服务器上。更为重要的是，Intel 并没有制作 Switch 芯片的传统，因此在短时间之内 MRA Switch 仅可能出现在 MR-IOV 规范中，而很难有实际的芯片。Intel 目前还没有支持 MRA RP 的 Chipset，但是可以预计 MRA RP 一定出现在 MRA Switch 之前，因而目前应该关注 MRA RP 与 MRA Devices 的连接拓扑结构。

MRA Devices 与 SR-IOV 设备相比略有不同，MRA Devices 略微更改了数据链路层。此外 MRA Devices 还重新定义了 SR-IOV 设备的 PF 和 VF，使得这些 PF 或者 VF 可以分属于不同的 PCI 总线域。

MRA Devices 可以与 MRA RP 或者 MRA Switch 联合使用，从而组成独立的 PCI 总线域。这些独立的 PCI 总线域可以与多个独立的虚拟机组成多个虚拟处理器系统。在这种结构下，不同的存储器域可以使用独立的 PCI 总线域，以最大限度地实现虚拟机对外部设备的隔离访问。MRA Device 的组成结构如图 13-15 所示。

在 MRA Device 中含有 1 个新的子设备 BF（Base Function），该设备存放管理 MRA Devices 的 MR-IOV 的 Capability 结构，该结构用来管理在 MRA Device 的 PCI 总线域。除此之外，在该结构中还可以存放与设备相关的寄存器，如网卡使用的 MAC 地址。BF 使用"BF 0：f"进行描述，其中"0"表示 BF 使用的 VH 号，而"f"表示 BF 使用的 Function 号，其值在 0~255 之间。值得注意的是 BF 使用的 VH 号只能为 0。

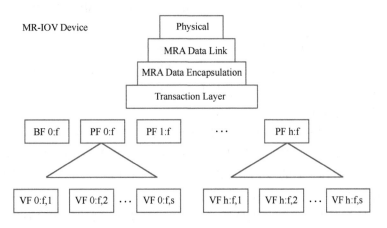

图 13-15　MRA Device 的结构

在 MRA Device 中，如果含有多个 PF 设备，这种 MRA Device 也被称为 SR-IOV/MRA Devices。这些 PF 设备使用 "PF h：f" 进行编码，其中 "h" 表示 PF 使用的 VH 号，而 "f" 表示 PF 使用的 Function 号，其值在 0~255 之间。

而与 SR-IOV 类似，在 MRA Device 中还存在多组 VF，其中每一组 VF 与一个 PF 对应，并使用 "VF h：f，s" 描述，其中 "h" 表示 VF 使用的 VH 号，而 "f" 表示 PF 使用的 Function 号，"s" 表示 VF 号。

由以上描述可见，在 MRA Device 中，PF 和 VF 可以分别属于不同的虚拟 PCI 总线域 VH，并与 MRA RP 或者 MRA Switch 连接，形成一个完整的 PCI 总线域。为简便起见，本节仅介绍 MRA RP 与 SR-IOV 设备、SR-IOV/MRA Devices 和 MRA Devices 的连接关系，如图 13-16 所示。

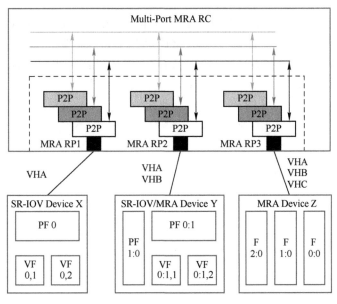

图 13-16　MRA RP 与 MRA Device 的连接

该图所示的 MRA RC 支持三个虚拟 PCI 总线域，分别为 VHA、VHB 和 VHC，并包含三个 MRA RP，其中 RP1 与 SR-IOV Device X、RP2 与 SR-IOV/MRA Device Y、RP3 与 MRA Device Z 连接。

Device X 仅含有 1 个 PCI 总线域，因此只能指派给一个虚拟 PCI 总线域，假设该设备使用 VHA；Device Y 中含有 2 个 PCI 总线域，假设该设备的 VH1 与 VHB 对应，而 VH0 与 VHA 对应；Device Z 中含有 3 个 PCI 总线域，假设该设备的 VH2 与 VHC 对应，VH1 与 VHB 对应，而 VH0 与 VHA 对应。

由此可知，在当前处理器系统中，虚拟 PCI 总线域 VHA 中包含 Device X 中的全部子设备、Device Y 中的"PF0:1"、"VF 0:1, 1"和"VF 0:1, 2"和 Device Z 中的"F0:0"；虚拟 PCI 总线域 VHB 中包含 Device Y 的"PF1:0"和 Device Z 中的"F1:0"；而虚拟 PCI 总线域 VHC 中包含 Device Z 中的"F2:0"。

假设在处理器系统中含有 3 个虚拟机，这 3 个虚拟机可以分别使用 VHA、B 和 C 这 3 个不同的虚拟 PCI 总线域，从而实现对 PCI 设备的隔离访问。MR-IOV 技术的实现细节较为复杂，本节对此不做深入介绍。

通过以上描述，可以发现使用 MR-IOV 技术，通过为虚拟机提供独立的 PCI 总线域，较好地解决了虚拟机对外部设备的隔离访问。而且处理器系统还可以使用 MRA Switch 组成更为复杂的网络拓扑结构，从而便于实现基于多个 SMP 系统的虚拟机。但是目前尚无支持 MR-IOV 技术的 RP 和 Switch。

13.4　小结

本章简单介绍了 PCIe 总线与虚拟化技术相关的内容。读者需要获得与处理器相关的虚拟化知识后，才能进一步理解这些内容。囿于篇幅，本章没有进一步介绍虚拟化技术的实现细节。

第 II 篇的内容到此告一段落，在本篇中较为详细地介绍了 PCIe 总线的层次结构，流量控制机制，电源管理、序和死锁以及虚拟化技术等一系列内容。本篇的内容并不局限于 PCIe 总线本身，希望读者可以从本篇中了解通用总线的设计与实现过程，以及值得注意的实现细节。

第 Ⅲ 篇 Linux 与 PCI 总线

本篇主要讲述 Linux 系统与 PCI/PCIe 总线相关的一些内容，其重点在于 Linux 系统 PCI/PCIe 总线驱动程序的实现。并以此为基础说明 PCI 总线控制器及其相关设备在系统软件的初始化过程。本篇并不会拘泥于 Linux 系统的实现细节，但是仍将介绍一些与 Linux 系统相关的基本知识。本篇内容基于 Linux 2.6.31.6 内核。

值得注意的是，在不同处理器体系结构中，Linux 系统初始化 PCI 总线的过程并不相同。如在 Linux x86 系统中，BIOS 为 PCI 总线的初始化做出了许多辅助工作，而在 Linux PowerPC 或者 Linux ARM 中使用的 Firmware，如 U-Boot，并没有做类似的工作。

从系统软件的角度来看，PCI 总线与 PCIe 总线的初始化过程和资源分配较为类似，为节约篇幅，本篇将 PCI 和 PCIe 总线统称为 PCI 总线，并将 Linux 系统的 PCI 和 PCIe 子系统简称为 Linux PCI。

在第 12.3 节中讲述了一个最基本的、基于 PCI 总线的 Linux 设备驱动程序。这个 PCI 设备驱动程序使用了一些 Linux 系统提供的标准 API 和数据结构，例如使用 pci_resource_start 和 pci_resource_len 函数获得该设备 BAR 空间的基地址和长度，并在 request_irq 函数中使用 pci_dev→irq 参数注册该设备使用的中断服务例程。

该 PCI 设备（Capric 卡）在驱动程序中使用的这些存储器资源，由系统软件对 PCI 总线进行初始化时确定，而中断资源在使能相应的 PCI 设备时由系统软件分配。这个系统软件包括操作系统和 Firmware[⊖]。

与其他处理器系统相比，x86 处理器作为一个通用处理器平台，始终强调向前兼容的重要性。而实现向前兼容需要做出许多牺牲，这也造成了 Linux x86 对 PCI 总线的初始化过程最为复杂也最为烦琐，x86 处理器在引入了 ACPI（Advanced Configuration and Power Interface）机制之后，方便了处理器系统对"不规范外部设备"的管理，但是使得 PCI 总线的初始化过程更为复杂。

下文将以 Linux x86 为主线说明 PCI 总线的初始化过程。Linux x86 在对 PCI 总线进行初始化之前，BIOS 对 PCI 总线做出了部分初始化工作，如创建 ACPI 表、预先分配 PCI 设备使用的存储器资源，并执行 PCI 设备 ROM 中的初始化代码等一系列步骤。

Linux x86 将继承 BIOS 对 PCI 总线的初始化成果，并在此基础上进行 Linux PCI 子系统

⊖ x86 处理器使用的 BIOS 也是 Firmware 的一种。

的初始化，并执行 PCI 设备的 Linux 驱动程序的初始化模块。在 Linux x86 中，PCI 总线的初始化由一系列模块协调完成。

Linux x86 首先使用"make menuconfig"命令对内核进行必要的配置，然后产生 .config 文件。假定在 .config 文件中，CONFIG_PCI、CONFIG_PCI_MSI、CONFIG_PCI_GOANY、CONFIG_PCI_BIOS、CONFIG_PCI_DIRECT、CONFIG_PCI_MMCONFIG 等一些必要的参数为"y"，即使能 PCI 总线驱动、使能 MSI 中断请求机制等，而且对 x86 处理器非常重要的 CONFIG_ACPI 参数也为"y"。

在 Linux PCI 中，有两个常用的数据结构，分别为 pci_dev 和 pci_bus 结构。这两个数据结构的定义在 ./include/linux/pci.h 文件中。其中 pci_dev 结构描述 PCI 设备，包括这个 PCI 设备的配置寄存器信息，使用的中断资源，还有一些和 SR-IOV 相关的参数。而 pci_bus 结构描述 PCI 桥，包括这个 PCI 桥的配置寄存器信息和一些状态信息。该结构中 self 参数值得注意，pci_bus→self 指向一个 pci_dev 结构，该结构用于 PCI 桥的上游总线访问 PCI 桥，此时 PCI 桥被当作一个设备。

第 14 章　Linux PCI 的初始化过程

Linux PCI 初始化的主要工作是遍历当前处理器系统中的所有 PCI 总线树,并初始化 PCI 总线树上的全部设备,包括 PCI 桥与 PCI Agent 设备。在 Linux 系统中,多次使用了 DFS 算法对 PCI 总线树进行遍历查找,并分配相关的 PCI 总线号与 PCI 总线地址资源。

单纯从一种处理器系统的角度来看,Linux PCI 的实现机制远非完美。其中有许多冗余的代码和多余的步骤,比如 Linux PCI 中对 PCI 总线树的遍历次数过多,从而影响 Linux PCI 的初始化代码的执行效率。产生这些不完美的主要原因是,Linux PCI 首先以 x86 处理器为蓝本编写,而后作为通用代码逐渐支持其他处理器,如 ARM、PowerPC 和 MIPS 等。不同的处理器对 PCI 总线树的遍历机制并不完全相同,而 Linux PCI 作为通用代码必须兼顾这些不同,从而在某种程度上造成了这段代码的混乱。这种混乱是通用代码的无奈之举。

本章以 x86 处理器系统为例,介绍 Linux PCI 的执行流程。目前 ACPI 机制在 x86 处理器系统已经得到大规模的普及,而且在 x86 处理器中,只能使用 ACPI 机制支持处理器最新的特性。因此掌握 ACPI 机制,对于深入理解 x86 处理器的软件架构,已经不可或缺。为此本章将重点介绍 Linux PCI 在 ACPI 机制下的初始化过程,而不再介绍 Linux PCI 的传统初始化方式。

14.1　Linux x86 对 PCI 总线的初始化

一个处理器系统首先从 Firmware 开始执行,并由 Firmware 开始引导 Linux 内核。Linux 系统首先从 ./init/main.c 文件的 start_kernel 函数开始执行。不同的处理器系统使用的 Firmware 并不相同,如 x86 处理器系统使用 BIOS,而 PowerPC 处理器系统使用 U-Boot。有些处理器系统,最初的初始化操作可能由 E^2PROM 完成,之后执行 Firmware 中的程序。值得注意的是,在 x86 处理器中常用的 Grub 并不是 Firmware,而是 Linux 系统的引导程序。

start_kernel 函数在调用 rest_init 函数之前,其主要工作与操作系统核心层相关,包括进程调度、内存管理和中断系统等主要模块的初始化。而 rest_init 函数将创建 kernel_init 进程,并由该进程调用 do_basic_setup→do_initcalls 函数[⊖]完成所有外部设备的初始化,包括 PCI 总线的初始化,该函数如源代码 14-1 所示。

源代码 14-1　do_initcalls 函数

```
static void _init do_initcalls(void)
{
    initcall_t  * call;

    for (call = _early_initcall_end; call < _initcall_end; call++)
        do_one_initcall(*call);
```

⊖ Linux PowerPC 在 setup_arch 函数中也做了一些有关 PCI 总线的初始化工作,如初始化 HOST 主桥。

```
        /* Make sure there is no pending stuff from the initcall sequence */
        flush_scheduled_work();
    }
```

do_initcalls 函数的主体是将_early_initcall_end 和_initcall_end 指针之间的函数全部执行一遍，这两个指针在 vmlinux.lds 文件中定义。在生成操作系统内核时，一些需要在 Linux 系统初始化时执行的函数指针被加入到_early_initcall_end 和_initcall_end 参数之间，之后由 do_initcalls 函数统一调用这些函数。Linux 系统定义了一系列需要在系统初始化时执行的模块，如源代码 14-2 所示。这段代码在 ./include/linux/init.h 文件中。

源代码 14-2 Linux 系统的初始化模块

```
/**
 * module_init() - driver initialization entry point
 * @x: function to be run at kernel boot time or module insertion
 *
 * module_init() will either be called during do_initcalls() (if
 * builtin) or at module insertion time (if a module). There can only
 * be one per module.
 */
#define module_init(x)  __initcall(x);
...
#define __define_initcall(level,fn,id) \
    static initcall_t __initcall_##fn##id __used \
    __attribute__((__section__(".initcall" level ".init"))) = fn

/*
 * Early initcalls run before initializing SMP.
 *
 * Only for built-in code, not modules.
 */
#define early_initcall(fn)                __define_initcall("early",fn,early)

/*
 * A "pure" initcall has no dependencies on anything else, and purely
 * initializes variables that couldn't be statically initialized.
 *
 * This only exists for built-in code, not for modules.
 */
#define pure_initcall(fn)                 __define_initcall("0",fn,0)

#define core_initcall(fn)                 __define_initcall("1",fn,1)
#define core_initcall_sync(fn)            __define_initcall("1s",fn,1s)
#define postcore_initcall(fn)             __define_initcall("2",fn,2)
#define postcore_initcall_sync(fn)        __define_initcall("2s",fn,2s)
#define arch_initcall(fn)                 __define_initcall("3",fn,3)
```

```
#define arch_initcall_sync(fn)        _define_initcall("3s",fn,3s)
#define subsys_initcall(fn)           _define_initcall("4",fn,4)
#define subsys_initcall_sync(fn)      _define_initcall("4s",fn,4s)
#define fs_initcall(fn)               _define_initcall("5",fn,5)
#define fs_initcall_sync(fn)          _define_initcall("5s",fn,5s)
#define rootfs_initcall(fn)           _define_initcall("rootfs",fn,rootfs)
#define device_initcall(fn)           _define_initcall("6",fn,6)
#define device_initcall_sync(fn)      _define_initcall("6s",fn,6s)
#define late_initcall(fn)             _define_initcall("7",fn,7)
#define late_initcall_sync(fn)        _define_initcall("7s",fn,7s)

#define __initcall(fn) device_initcall(fn)

#define __exitcall(fn)  \
    static exitcall_t __exitcall_##fn __exit_call=fn
```

以上初始化模块按照_define_initcall 定义的顺序执行，首先执行 early_initcall 初始化模块，之后是 pure_initcall 模块、core_initcall 模块等，最后执行 late_initcall_sync。如果 Linux 设备驱动程序采用 built-in[一]的方式而不是作为 Module 形式加载时，将使用 device_initcall 函数或者 device_initcall_sync 函数进行加载。

在 Linux 系统初始化时运行的模块需要使用以上的 xxx_initcall 宏，定义该模块的函数指针，之后该模块的函数指针将加入到 Linux 内核的_early_initcall_end 和_initcall_end 之间。我们以 xyz_init 模块的加载为例说明这些 xxx_initcall 函数的使用，xyz_init 函数用来加载某个模块。该函数的初始化过程如源代码 14-3 所示。

源代码 14-3　xxx_initcall 函数

```
static int __init_xyz_init(void)
{
...
}
xxx_initcall (xyz_init);
```

这段代码首先使用宏 xxx_initcall 定义了一个_initcall_xyz_initx 函数，该函数存放 xyz 函数的指针。在生成 Linux 系统内核时，链接器将这个函数指针存放在_early_initcall_end 和_initcall_end 参数之间。

Linux 系统在初始化时，将在 do_initcalls 函数中执行_initcall_xyz_initx 函数，从而执行 xyz_init 函数。Linux 系统使用这种方法规范初始化模块的执行，并保证这些模块可以按照指定的顺序依次执行。

在 Linux 内核的 System.map[二]文件中，可以找到在_early_initcall_end 和_initcall_end 之间

[一]　将设备驱动程序编译到 Linux 内核中。

[二]　System.map 文件存放 Linux 内核使用的符号表，包括当前 Linux 系统使用的所有函数指针和全局变量。

所有的函数指针，其中与 PCI 总线初始化相关的函数如源代码 14-4 所示，这些函数将按照在以下源代码中出现的顺序依次执行。

源代码 14-4　System. map 文件中与 PCI 总线初始化相关的函数

```
c0836ba4 t __initcall_pcibus_class_init2
c0836ba8 t __initcall_pci_driver_init2
c0836bd4 t __initcall_acpi_pci_init3
c0836bec t __initcall_pci_arch_init3
c0836c1c t __initcall_pci_slot_init4
c0836c34 t __initcall_acpi_pci_root_init4
c0836c38 t __initcall_acpi_pci_link_init4
c0836c70 t __initcall_pci_subsys_init4
c0836ca4 t __initcall_pci_iommu_init5
c0836cf0 t __initcall_pcibios_assign_resources5
c0836ebc t __initcall_pci_init6
c0836ec0 t __initcall_pci_proc_init6
c0836ec4 t __initcall_pcie_portdrv_init6
c0836ecc t __initcall_pci_hotplug_init6
c083706c t __initcall_pci_sysfs_init7
c0837084 t __initcall_pci_mmcfg_late_insert_resources7
```

每一次编译 Linux 内核时，都可能会产生一个新的 System. map，但是源代码 14-4 中函数指针的顺序不会发生变化，其执行顺序也不会发生变化。下面将依次分析这些函数的功能。并在后续章节，逐步解析这些函数的实现方法。

14. 1. 1　pcibus_class_init 与 pci_driver_init 函数

pcibus_class_init 函数在 ./driver/pci/probe. c 文件中，如源代码 14-5 所示。该函数的主要作用是注册一个名为"pci_bus"的 class 结构。在 Linux 系统中，为了便于测试将所有的设备使用一个文件系统进行管理，这个文件系统也被称为 sysfs 文件系统。

最初 Linux 系统将与设备相关的信息都存放在 proc 文件系统中，而随着 Linux 系统的不断演变，proc 文件系统变得异常混乱而复杂，难以维护，于是 sysfs 文件系统应运而生。与 proc 文件系统相比，sysfs 文件系统的组织结构较为清晰。

目前与设备相关的模块基本上都由 sysfs 文件系统维护，而 proc 文件系统留给真正的系统进程使用。本书不会详细介绍 sysfs 文件系统的详细实现机制，因为 sysfs 文件系统与 PCI 体系结构并没有太大的关系，只是 Linux 系统使用的一种对设备模块进行管理的方法。

源代码 14-5　pcibus_class_init 函数

```
static struct class pcibus_class = {
    . name        = "pci_bus",
    . dev_release        = &release_pcibus_dev,
};
```

```
static int _init pcibus_class_init( void)
{
    return class_register( &pcibus_class) ;
}
postcore_initcall( pcibus_class_init) ;
```

pcibus_class_init 函数执行完毕后，将会在/sys/class 目录下产生一个"pci_bus"的目录，有兴趣的读者可以使用"ls -l /sys/class"命令找到这个目录。该函数执行完毕后，将很快执行 pci_driver_init 函数，如源代码 14-6 所示。

源代码 14-6　pci_driver_init 函数

```
struct bus_type pci_bus_type = {
    . name        = "pci",
    . match       = pci_bus_match,
    . uevent      = pci_uevent,
    . probe       = pci_device_probe,
    . remove      = pci_device_remove,
    . shutdown    = pci_device_shutdown,
    . dev_attrs   = pci_dev_attrs,
    . bus_attrs   = pci_bus_attrs,
    . pm          = PCI_PM_OPS_PTR,
};
static int _init pci_driver_init( void)
{
    return bus_register( &pci_bus_type) ;
}

postcore_initcall( pci_driver_init) ;
```

该函数也与 sysfs 文件系统相关，该函数执行完毕后，将在/sys/bus 目录下建立一个"pci"目录，之后当 Linux 系统的 PCI 设备使用 device_register 函数注册一个新的 pci 设备时，将在/sys/bus/pci/drivers 目录下创建这个设备使用的目录。

如在第 12 章源代码 12-1 中，pci_register_driver 函数将最终调用 device_register 函数，并在/sys/bus/pci/drivers 下建立"capric"目录。在这个 capric 目录里包含 capric 卡在 Linux 系统中使用的一系列资源。

在源代码 14-4 中也有一些和 ACPI 机制初始化相关的函数，包括 acpi_pci_init、acpi_pci_root_init 和 acpi_pci_link 函数。有关 ACPI 机制的介绍见第 14.2 节。

14.1.2　pci_arch_init 函数

pci_arch_init 函数是 Linux x86 系统执行的第一个与 PCI 总线初始化相关的函数。该函数的定义在 ./arch/x86/pci/init. c 文件中，如源代码 14-7 所示。

源代码 14-7 pci_arch_init 函数

```
        / * arch_initcall has too random ordering, so call the initializers
            in the right sequence from here. */
        static _init int pci_arch_init(void)
        {
#ifdef CONFIG_PCI_DIRECT
            int type = 0;

            type = pci_direct_probe();
#endif

            if (! (pci_probe & PCI_PROBE_NOEARLY))
                pci_mmcfg_early_init();

#ifdef CONFIG_PCI_OLPC
            if (! pci_olpc_init())
                return 0; / * skip additional checks if it's an XO */
#endif
#ifdef CONFIG_PCI_BIOS
            pci_pcbios_init();
#endif
            / *
              * don't check for raw_pci_ops here because we want pcbios as last
              * fallback, yet it's needed to run first to set pcibios_last_bus
              * in case legacy PCI probing is used. otherwise detecting peer busses
              * fails.
              */
#ifdef CONFIG_PCI_DIRECT
            pci_direct_init(type);
#endif
            if (! raw_pci_ops && ! raw_pci_ext_ops)
                printk(KERN_ERR
                "PCI: Fatal: No config space access function found\n");

            dmi_check_pciprobe();

            dmi_check_skip_isa_align();

            return 0;
        }
        arch_initcall(pci_arch_init);
```

该函数使用了一些编译选项, 如果使能 CONFIG_PCI_BIOS 选项表示 Linux x86 系统将使用 BIOS 对 PCI 总线的枚举结果; 如果使能 CONFIG_PCI_DIRECT 选项表示由 Linux x86 系统重新枚举 PCI 总线; 如果使能 CONFIG_PCI_OLPC 选项表示当前处理器系统属于 OLPC(One Laptop per Child)。本节仅讲述使能 CONFIG_PCI_DIRECT 选项的情况。pci_arch_init 函数首先调用 pci_direct_probe 函数, pci_direct_probe 函数如源代码 14-8 所示。

源代码 14-8　pci_direct_probe 函数

```
int __init pci_direct_probe(void)
{
    struct resource *region, *region2;

    if ((pci_probe & PCI_PROBE_CONF1)==0)
        goto type2;
    region=request_region(0xCF8, 8, "PCI conf1");
    if (!region)
        goto type2;

    if (pci_check_type1()) {
        raw_pci_ops=&pci_direct_conf1;
        port_cf9_safe=true;
        return 1;
    }
    release_resource(region);

type2:
    if ((pci_probe & PCI_PROBE_CONF2)==0)
        return 0;
    region=request_region(0xCF8, 4, "PCI conf2");
    if (!region)
        return 0;
    region2=request_region(0xC000, 0x1000, "PCI conf2");
    if (!region2)
        goto fail2;

    if (pci_check_type2()) {
        raw_pci_ops=&pci_direct_conf2;
        port_cf9_safe=true;
        return 2;
    }

    release_resource(region2);
fail2:
    release_resource(region);
    return 0;
}
```

pci_direct_probe 函数首先根据全局变量 pci_probe 判断 raw_pci_ops 函数使用的函数指针。全局变量 pci_probe 的缺省值在 ./arch/x86/pci/common.c 中定义，如下所示。

```
unsigned int pci_probe=PCI_PROBE_BIOS | PCI_PROBE_CONF1 | PCI_PROBE_CONF2 |
        PCI_PROBE_MMCONF;
```

如果 Boot loader 程序（如 Grub）在引导 Linux 内核时没有加入"pci＝xxxx"参数，全局变量 pci_probe 将使用缺省值。此时 pci_direct_probe 函数仅使用"conf1 类型"而不使用"conf2 类型"对 raw_pci_ops 函数赋值。

x86 处理器提供了三种方法访问 PCI 设备的配置空间。一种方法是使用"0xCF8 和 0xCFC"这两个 I/O 端口，这两个端口的详细描述见第 2.2.4 节，Linux x86 系统使用 pci_conf1_read 和 pci_conf1_write 函数操作这两个 I/O 端口，这两个函数的定义见 ./arch/x86/pci/direct.c 文件。

另一种方法是使用"conf2"方法，目前这种方法不再被 Linux x86 继续使用，对这种方法有兴趣的读者可以参考 pci_conf2_read 和 pci_conf2_write 函数，本节对这种方法不做介绍。

第三种方法是使用 ECAM 方式访问 PCI 设备的配置空间，该方式的实现机制详见 5.3.2 节，Linux x86 使用 pci_mmcfg_read 和 pci_mmcfg_write 函数实现 ECAM 方式，这两个函数的定义见 ./arch/x86/pci/mmconfig_32.c 文件中。

其中使用 pci_conf1_read 和 pci_conf1_write 函数只能访问 PCI 设备配置空间的前 256 个字节，而使用 pci_mmcfg_read 和 pci_mmcfg_write 函数可以访问 PCI 设备的全部配置空间。在 Linux 系统中，可以使用这两种方式访问不同的配置空间。

pci_direct_probe 函数执行完毕，pci_arch_init 函数将继续调用 pci_direct_init 函数，然后依次调用 dmi_check_pciprobe() 和 dmi_check_skip_isa_align() 函数，这两个 dmi_xxx 函数与 x86 处理器的 DMI(Desktop Management Interface)接口和 SM(System Management)总线相关，本节对此不做进一步说明。

14.1.3　pci_slot_init 和 pci_subsys_init 函数

Linux x86 系统执行完毕 pci_arch_init 函数后，将调用 pci_slot_init 函数，该函数的主要作用是在 sysfs 文件系统中，建立 slots 目录及其 kobject 结构。pci_subsys_init 函数是一个重要的函数，其定义在 ./arch/x86/pci/legacy.c 文件中，如源代码 14-9 所示。

源代码 14-9　pci_subsys_init 函数

```
int __init pci_subsys_init(void)
{
#ifdef CONFIG_X86_NUMAQ
    pci_numaq_init();
#endif
#ifdef CONFIG_ACPI
    pci_acpi_init();
#endif
#ifdef CONFIG_X86_VISWS
    pci_visws_init();
#endif
    pci_legacy_init();
    pcibios_fixup_peer_bridges();
    pcibios_irq_init();
    pcibios_init();

    return 0;
}
subsys_initcall(pci_subsys_init);
```

本书并不关心 CONFIG_X86_NUMAQ 和 CONFIG_X86_VISWS 选项。在第 14.3.3 节将详细介绍 CONFIG_ACPI 选项使能时使用的 pci_acpi_init 函数。

pci_legacy_init 函数完成对 PCI 总线的枚举，并在 proc 文件系统和 sysfs 文件系统中建立相应的结构。如果当前处理器系统没有使能 ACPI 机制，则该函数是 Linux x86 对 PCI 总线进行初始化的一个重要函数，其实现机制如源代码 14-10 所示。

源代码 14-10　pci_legacy_init 函数

```
static int __init pci_legacy_init(void)
{
    if (! raw_pci_ops) {
        printk("PCI: System does not support PCI\n");
        return 0;
    }

    if (pcibios_scanned++)
        return 0;

    printk("PCI: Probing PCI hardware\n");
    pci_root_bus = pcibios_scan_root(0);
    if (pci_root_bus)
        pci_bus_add_devices(pci_root_bus);

    return 0;
}
```

pci_legacy_init 函数首先调用 pcibios_scan_root 函数完成对 PCI 总线树的枚举，该函数的输入参数为 0 表示这次枚举将从总线号 0 开始进行。在完成 PCI 总线的枚举后，该函数将调用 pci_bus_add_devices 函数将 PCI 总线上的设备加入到 sysfs 文件系统中。

Linux x86 引入 ACPI 机制之后，pcibios_scanned 参数将被置为 1，从而 pci_legacy_init 函数将直接使用 0 作为返回值，并不会执行 pcibios_scan_root 和 pci_bus_add_devices 函数。

当 pci_legacy_init 函数执行完毕后，pcibios_irq_init 函数将使用 BIOS 提供的中断路由表，初始化当前处理器系统的中断路由表，同时确定 PCI 设备使用的中断向量，本章并不会对该函数进行详细分析，因为 Linux x86 目前大多使用 ACPI 提供的中断路由表，而不再使用 BIOS 中的中断路由表。如果 ACPI 机制被使能，该函数也将直接使用 0 作为返回值，并不会被完全执行。

pcibios_init 函数的主要工作是调用 pcibios_resource_survey 函数，检查 PCI 设备使用的存储器及 I/O 资源。pcibios_resource_survey 函数将在第 14.3.3 节中详细介绍。

14.1.4　与 PCI 总线初始化相关的其他函数

pci_iommu_init 函数在 ./arch/x86/kernel/pci-dma.c 文件中，该函数用来初始化处理器系统的 IOMMU，可以配置 IBM X-Series 刀片服务器使用的 Calgary IOMMU、Intel 的 Vtd 和 AMD 的 IOMMU 使用的 I/O 页表。如果在 Linux 系统中没有使能 IOMMU 选项，pci_iommu_init 函

数将调用 no_iommu_init 函数，并将 dma_ops 函数设置为 nommu_dma_ops。本节不进一步介绍该函数的详细实现机制。

pcibios_assign_resources 函数主要处理 PCI 设备使用的 ROM 空间和 PCI 设备使用的存储器和 I/O 资源。该函数的主要功能是调用 pci_assign_unassigned_resources 函数对 PCI 设备使用的存储器和 I/O 资源进行设置。对于 Linux x86 而言，BIOS 已经将 PCI 设备使用的存储器和 I/O 资源设置完毕，而其他 Linux 系统，如 Linux PowerPC，需要使用该函数设置 PCI 设备使用的存储器和 I/O 资源。

pci_init 函数的主要作用是对已经完成枚举的 PCI 设备进行修复工作，用于修补一些 BIOS 中对 PCI 设备有影响的 Bugs。

pci_proc_init 函数的主要功能是在 proc 文件系统中建立 ./bus/pci 目录，并将 proc_fs 默认提供的 file_operations 更换为 proc_bus_pci_dev_operations。

pcie_portdrv_init 函数首先在 ./sys/bus 中建立 pci_express 目录，然后使用 pci_register_driver 函数向内核注册一个名为 pcie_portdriver 的 pci_driver 结构。在 Linux x86 中，pci_express 目录中的设备都是从 sysfs 文件系统的 pci 目录中链接过来的。该函数的实现较为简单。

pci_hotplug_init 函数主要用来支持 CompactPCI 的热插拔功能。CompactPCI 总线在通信系统中较为常见。

而 pci_sysfs_init 函数与 sysfs 文件系统相关，主要功能是将每一个 PCI 设备加入到 sysfs 文件系统的相应目录中，本节对此不做进一步介绍。pci_mmcfg_late_insert_resources 函数的主要功能是将 MMCFG 使用的资源放入系统的 Resource Tree 中，并标记这些资源已经被使用，之后其他驱动程序不能再使用这个资源。

本章并不会对 Linux x86 使用的 Legacy PCI 总线枚举方法进一步描述，x86 处理器为了实现向前兼容，付出了巨大的努力。x86 处理器在实现新的功能的同时，需要向前兼容古董级别的功能，有时 BIOS 无所适从。Linux x86 对 PCI 总线进行初始化时，使用了许多不完美的源代码。而这些貌似不完美的源代码背后，都有许多与向前兼容有关的故事。

14.2 x86 处理器的 ACPI

在 x86 处理器中，ACPI(Advanced Configuration and Power Interface)是一个非常重要而且较为复杂的概念。最初 ACPI 规范由 Intel、Microsoft 和 Toshiba 公司共同制定，后来 HP 和 Phoenix 公司也参与了 ACPI 规范的制定，该规范主要包括 x86 处理器系统的资源配置和电源管理两方面内容。

ACPI 规范整合了之前的 OSPM(Operating System directed Power Management)、MultiProcessor 规范和 Plug and Play BIOS 规范，并定义了一系列数据结构与电源管理状态，提供了电源管理接口、硬件及其 Firmware 接口，以描述处理器系统的设备和电源管理策略。ACPI 规范在 1996 年 12 月发布 1.0 版本，目前的稳定版是 6.5 版。

ACPI 规范是 x86 处理器使用的 Firmware 接口标准，操作系统需要获得的处理器底层信息基本上都可以从 ACPI 表中获得。在 ACPI 诞生之前，基于 x86 处理器的操作系统需要使用 BIOS 才能获得相应的信息。而不同厂商提供的 BIOS 之间并没有一个统一标准，从而在某种程度上造成硬件资源管理与使用上的混乱。

产生这种混乱的主要原因是由于 x86 处理器系统为了实现向前兼容，有许多不得已；而部分原因是在 x86 处理器系统中，有许多外部设备本身就挂接在一些"不可配置的"总线上，如 ISA/EISA 总线，还有一些外部设备本身就是不标准的，如电源按钮和在笔记本上使用的一些"特殊功能键"。

在 ACPI 规范没有出现之前，BIOS 厂商通常按照某种"自定义"的方式使用这些外部设备，因此需要为操作系统提供各类驱动程序，并由操作系统集成这些并不属于任何标准的驱动程序，从而给操作系统的开发与维护带来了极大的困难。

ACPI 机制在这种背景下应运而生。ACPI 机制提供了一组与处理器硬件和操作系统的相关接口，对处理器平台以及设备的电源进行管理，并可以配置和管理外部设备使用的系统资源。ACPI 机制主要管理以下系统资源。

- Legacy PNP 设备[⊖]，如 ISA 设备、串并口等设备。
- 笔记本使用的一些外部设备，如电源开关、风扇、电源和一些快捷键。
- 系统电源管理，包括处理器和外部设备的电源管理。这部分内容也是 ACPI 规范的设计重点。
- 系统的热插拔管理。热插拔是 ACPI 规范的设计重点，ACPI 系统热插拔可以覆盖小到"从笔记本插拔 CDROM"，大到"NUMA(Non-uniform Memory Access)结构处理器系统热插拔 PE(Processor Element)、存储器节点(Memory Node)和 I/O 节点"这些应用。不过许多 NUMA 处理器系统并没有使用 ACPI 规范进行热拔插管理。本节对 ACPI 的热插拔管理不做深入介绍。
- PCI 设备的中断向量分配。在 x86 处理器平台中，中断向量的分配始终是一个问题。x86 处理器由于一些历史遗留问题，中断向量的分配并不尽善尽美，而 x86 处理器为了实现向前兼容，必须保留这些不完美。本书将在第 15.1.1 节详细介绍中断向量的分配。
- 一些集成在 MCH 和 ICH 中的外部设备。x86 处理器使用 PCI 配置空间存放这些外部设备的寄存器，但是这些设备并不都是严格意义上的 PCI 设备，甚至不是一个外部设备。如在 x86 处理器中的使用存储器映射寻址的一些寄存器，这些寄存器被存放在某个 PCI 设备的配置空间中，如 TOLUD 寄存器存放在 Bus 号、Device 号和 Function 号都为 0 的 PCI 设备中，但是这个 PCI 设备并不是处理器系统的标准 PCI 设备。ACPI 规范需要管理这类"伪 PCI 设备"中的寄存器。

目前在 x86 处理器中，新引入的一些与处理器体系结构相关的特性，基本上都只使用 ACPI 机制进行描述，而不再使用 BIOS。因此，为了深入理解 x86 处理器平台，需要了解一些与 ACPI 相关的基本知识。ACPI 规范所涉及的内容非常广泛，与 ACPI 规范有关的全部知识可以独立成书，本节仅简要介绍 ACPI 规范中与 PCI 总线相关的部分内容。ACPI 规范的各部分内容相对较为独立，除了 ACPI 规范的开发者和从事与此相关的系统程序员之外，绝大多数程序员不需要了解与 ACPI 规范相关的全部知识。

从系统软件的角度上看，ACPI 的组成结构如图 14-1 所示。从图中可以发现，ACPI 用以连接系统硬件平台与操作系统，在屏蔽了硬件的实现细节的同时，提供了一系列系统资源，包括 ACPI 寄存器(ACPI Registers)、ACPI BIOS 和 ACPI 表(ACPI Tables)。

⊖　微软规定了一系列 PNP 设备规范，详见 http://www.microsoft.com/whdc/system/pnppwr/pnp/default.mspx。

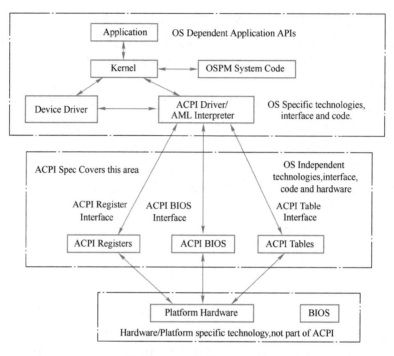

图 14-1　ACPI 的组成结构

　　当一个处理器系统使能 ACPI 机制后，操作系统访问 ACPI 管理的"非标"外设时，首先通过 ACPI 机制提供的一套标准 API，并由这些 API 将访问存放在系统内存中的 ACPI 表，并通过执行 ACPI 表中的程序读写 ACPI 寄存器，或者对这些寄存器进行操作。在 ACPI 表中，除了含有处理器系统的资源信息之外，还包括管理这些资源信息的操作函数，因此 BIOS 厂商通过 ACPI 表即可实现一些简单的设备驱动程序。

　　操作系统使用这些 API，并通过 ACPI Driver/AML Interpreter 访问 ACPI 提供的系统资源，包括 ACPI 寄存器、ACPI BIOS 和 ACPI 表。ACPI 表对于理解 ACPI 机制较为重要，在第 14.2.2 节和第 14.2.3 节将专门介绍该表的组成与实现。

　　在 x86 处理器系统中，系统资源由 ACPI BIOS 维护，操作系统使用 ACPI 提供的标准 API 从 ACPI BIOS 中获得这些资源，而不必关心这些"非标"外设的具体实现方式，因此也不需要使用特定的驱动程序访问这些"非标"外设。

　　因为这些"非标"外设的管理由 ACPI BIOS 完成，x86 处理器使用 ACPI 表描述这些"非标"外设，并将这个 ACPI 表存放到 BIOS 中。OEM 厂商需要在标准 PC 处理器平台上添加一些"自定义"的功能时，只需改动 ACPI 表即可，而不需要改动操作系统，从而极大地降低了操作系统的集成与维护难度。

　　ACPI 机制使用的"标准 API"在 ACPICA（ACPI Component Architecture Programmer Reference）规范中定义。这些标准 API 与操作系统相对独立，从而便于 ACPICA 在不同操作系统中的实现。

　　如图 14-1 所示，ACPI 机制所覆盖的内容包括 ACPI 寄存器组、ACPI BIOS 和 ACPI 表。在 ACPI 寄存器组中含有电源管理、处理器控制和 GPE（General-Purpose Event）寄存器组。其中处理器控制寄存器组是可选的，而电源管理和 GPE 寄存器组是必须实现的。这些与 ACPI

机制相关的寄存器在 Intel 的 ICH 中定义。

电源管理寄存器组由 PM1a_STS、PM1a_EN、PM1b_STS、PM1b_EN、PM1_CNTa、PM1_CNTb 等寄存器组成。在这些寄存器中，PM1a_STS、PM1_CNTa 寄存器和 PM1a_EN 是必须支持的，而其他寄存器是可选的。在 Intel 的 ICH9 中，PM1a_STS 寄存器与 PM1_STS 寄存器对应，PM1_CNTa 寄存器与 PM1_CNT 寄存器对应，而 PM1a_EN 寄存器与 PM1_EN 寄存器对应。这些寄存器的简单描述如下，有兴趣的读者可以参考[Intel I/O Controller Hub 9]的第 13.8 节以获得这些寄存器的详细说明。

- PM1_STS 寄存器包含当前处理器被唤醒的原因，以及一些与电源按键(Power Button)相关的信息。
- 通过操作 PM1_CNT 寄存器可以使处理器进入不同的休眠状态，并确定 ACPI 中断请求使用 SCI 中断请求还是 SMI⊖ 中断请求。
- PM1_EN 寄存器设置 SCI(System Control Interrupt)中断使能位，决定当 PM1_STS 寄存器的状态有效时，是否向处理器提交 SCI 中断请求。SCI 中断请求由 ACPI 规定的相应事件使用，并缺省使用中断向量 9 向处理器提交中断请求，操作系统使用中断服务程序进一步处理来自 ACPI 的中断请求。

GPE 寄存器组是 ACPI 寄存器组的一个重要组成部分，由 GPE0_STS、GPE0_EN、GPE1_STS 和 GPE1_EN 寄存器组成。在 Intel 的 ICH9 中，由 General Purpose I/O 寄存器组实现 ACPI 规范的 GPE 寄存器组。General Purpose I/O 寄存器组的使用方法非常简单，对此有兴趣的读者可以参考[Intel I/O Controller Hub 9]的第 13.10 节。

ACPI 的 GPEx_STS 和 GPEx_EN 寄存器的使用方法较为简单。其中 GPEx_STS 寄存器的每一位在 GPEx_EN 寄存器中都有一个使能位，当 GPEx_STS 寄存器的某位有效时，表示产生了一个 GPE 事件，如果与该位相对应的使能位也有效时，ICH 将向处理器提交 SCI 中断请求，由中断服务程序进一步处理这个 GPE 事件。

ACPI BIOS 与操作系统中的 ACPI 驱动程序/AML 解释器(ACPI Driver/ACPI Machine Language Interpreter)密切相关。操作系统可以使用 ACPICA 提供的标准 API，再通过 ACPI 驱动程序/AML 解释器访问 ACPI BIOS，并从 ACPI BIOS 获得相应的信息后执行与底层硬件相关的代码操纵实际的设备，有关这部分内容的详细说明见下文。

ACPI 表描述处理器平台使用的资源和管理这些资源的执行操作，操作系统可以通过标准的 API 函数访问 ACPI 表并执行相关的程序，从而维护整个 ACPI 系统的运转。ACPI 表是 BIOS 提供给系统软件的重要资源。

14.2.1　ACPI 驱动程序与 AML 解释器

ACPI 驱动程序与 AML 解释器与操作系统实现相关，其主要目的是将操作系统与 ACPI 提供的资源进行隔离。如上文所述，ACPI 使用一组标准的 API 函数访问 ACPI 表，目前 Unix/Linux 系统使用 ACPICA 规范实现这些接口函数，ACPICA 的组成结构如图 14-2 所示。值得注意的是 Windows 使用了其他方式实现这些接口函数。

⊖　x86 处理器接收 SMI 中断请求后，将进入 SMM 模式，此时将由 BIOS 处理 ACPI 中断请求。而 SCI 中断也被称为 ACPI 中断，下文将详细介绍该中断的实现机制。

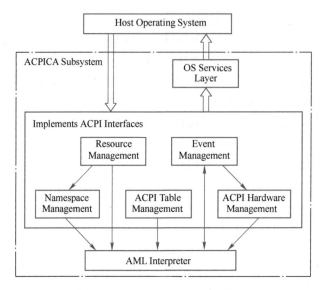

图 14-2　ACPICA 的组成结构

由上图所示，当操作系统需要访问 ACPI 表时，将首先通过 ACPICA 接口函数，因此在一个操作系统中，仅需要关注 ACPICA 接口函数，而不必了解硬件的具体实现细节，并由 BIOS 管理硬件的具体实现细节。从而使得某 x86 处理器平台引入的某些"自定义"功能仅与 BIOS 有关，而与操作系统无关。

1. ACPICA 接口函数

ACPICA 子系统提供了一系列标准的函数接口，Host OS 可以通过这些函数接口向 AML 解释器传递数据，并由 AML 解释器访问 ACPI 的相关资源。在 Linux 系统的 ./drivers/acpi/ acpica 目录中，定义了这些 ACPI 接口函数，这些 ACPI 接口函数包括以下几大类。本章并不会详细介绍这些接口函数，而仅在分析相关代码时简要介绍对应的接口函数。

- ACPI Table Management 接口函数。这组 API 负责分析和管理在操作系统中存放的 DS-DT、FAT 等描述符，ACPI 表在操作系统引导时放入系统内存中，有关 ACPI 表的详细描述见第 14.2.2 节。
- Namespace Management 接口函数。这组 API 负责创建 APCI 表在操作系统中存放的名字空间，并管理这些名字空间。
- Resource Management 接口函数。在名字空间中包含一些硬件资源，如 I/O 地址空间和中断向量等，这组 API 负责管理名字空间中使用的各类资源。
- Event Management 接口函数。这组 API 负责处理 ACPI 中的各类 Event，包括 GPE 事件和 PM 事件。
- ACPI Hardware Management 接口函数。这组 API 负责访问 ACPI 提供的各类硬件资源，包括寄存器和中断。

Host OS 通过 ACPICA 提供的接口函数最终可以访问 AML 解释器，并由 AML 解释器访问底层硬件。当一个系统使能了 ACPI 机制后，底层硬件的实现细节将被屏蔽，AML 解释器并不会直接访问底层硬件，而是直接访问 ACPI 提供的硬件抽象层。ACPI 使用 AML 语言描述这个硬件抽象层。

在一个处理器系统中，ACPI BIOS 将提供 ACPI 表，并由 BIOS 存放到处理器系统的特定存储器空间中。操作系统在初始化时，需要通过某个地址找到这个 ACPI 表。

值得注意的是 ACPI 主要管理"非标准"外部设备的硬件资源，并不会管理一些标准外部设备，如标准 PCI 设备，因此在 ACPI 表中并不包含标准 PCI 设备使用的 BAR 地址空间等一系列标准信息，但是会管理 PCI 总线中的中断路由表。

ACPI 表由 AML 解释器负责分析并维护，在 ACPI 表中除了存放底层硬件的资源描述外，还可以操作这些资源。有关 ACPI 表的详细介绍见下文。

如图 14-2 所示，在 ACPICA 中还存在一个 OS 服务层（OS Services Layer）接口，该接口的主要目的是保证 ACPICA 实现的"系统独立性"。目前在 Unix/Linux 系统中，ACPICA 接口函数使用 OS 服务层接口，访问与 ACPI 相关的硬件资源或者执行相应的操作。

2. OS 服务层接口函数

ACPICA 的实现与操作系统无关，但是 ACPI 接口函数仍然需要使用一些操作系统资源，比如 ACPI 接口函数需要使用操作系统提供的分配与释放内存资源，访问 PCI 设备配置空间等一系列 API 函数。

但是在不同的操作系统中，访问系统内存资源、访问 PCI 配置空间所需要调用的 API 函数并不相同。为了保证 ACPICA 的实现与操作系统无关，ACPICA 抽象了 OS 服务层接口函数。ACPICA 的接口函数使用 OS 服务层接口函数，而不是操作系统提供的函数访问 HOST OS 的资源，以保证 ACPICA 的独立性。值得注意的是，在不同的操作系统中，ACPICA 定义这组函数的实现并不相同，目前 Linux/Unix 系统使用了 ACPICA 定义的这组函数，而 Windows 使用其他的方法实现这些功能。

在 Linux 系统中，OS 服务层接口函数的实现在 ./drivers/acpi/osl.c 文件中，在该文件中提供了一系列访问系统资源的标准函数，这些函数实现的功能相对简单，如 acpi_os_printf 函数、acpi_os_sleep 函数、acpi_os_write_memory、acpi_os_read_pci_configuration。在该文件中，还包含一些最基本的与访问外部设备、内存管理和进程调度相关的操作函数。

例如在 ACPICA 程序释放中断服务例程时，需要调用 acpi_os_remove_interrupt_handler 函数，而不能直接调用 Linux 系统提供的 free_irq 函数，即便在 Linux 系统中，这两个函数几乎等价。因为 acpi_os_remove_interrupt_handler 函数的主要工作就是调用 free_irq 函数。该函数的实现如源代码 14-11 所示。

源代码 14-11　acpi_os_remove_interrupt_handler 函数

```
acpi_status
acpi_os_remove_interrupt_handler(u32 irq, acpi_osd_handler handler)
{
    if (irq) {
        free_irq(irq, acpi_irq);
        acpi_irq_handler = NULL;
        acpi_irq_irq = 0;
    }

    return AE_OK;
}
```

但是在开发与 ACPICA 相关的函数时，需要调用 acpi_os_remove_interrupt_handler 函数，而不能直接使用 free_irq 函数，以保证 ACPICA 的平台无关性，因为在不同的操作系统中，释放中断服务例程使用的函数并不相同。

ACPICA 使用 OS 服务层接口函数，极大降低了 ACPICA 接口函数的移植难度，在 Linux 系统中实现的 ACPICA 接口函数可以方便地移植到其他操作系统中。

14.2.2　ACPI 表

ACPI 规范使用了一系列描述符表管理处理器系统的部分硬件信息，而且包含与这些硬件相关的操作，并使用 RSDP 指针（Root System Description Pointer）指向这些描述符表。ACPI 规范定义了以下描述符表。

- XSDT（Extended System Description Table）。XSDT 包含 ACPI 规范的版本号和一些与 OEM 相关的信息，并含有其他描述符表的 64 位物理地址，如 FADT（Fixed ACPI Description Table）和 SSDT（Secondary System Description Table）等。
- RSDT（Root System Description Table）。RSDT 包含的信息与 XSDT 基本一致，只是在 RSDT 中存放的物理地址为 32 位。在 V1.0 之后的 ACPI 版本中，该描述符表被 XSDT 取代。但是有些 BIOS 可能会为操作系统同时提供 RSDT 和 XSDT，并由操作系统选择使用 RSDT 还是 XSDT。
- FADT。FADT 包含 ACPI 寄存器组使用的系统 I/O 端口地址、FACS（Firmware ACPI Control Structure）和 DSDT（Differentiated System Description Table）的基地址等信息。FADT 中还存放了一个"Boot Architecture Flags"字段，在这个字段中存放一些有关处理器系统初始化的基本信息，详见［Advanced Configuration and Power Interface Specification 4.0］的 Table 5-11。值得注意的是，FADT 的识别标识是"FACP"，在 ACPI 表中，FACP. dat 文件存放处理器系统的 FADT 表。
- FACS。FACS 包含 OS 与 BIOS 进行数据交换使用的一些参数，包括处理器系统的硬件签名，以及 Firmware 在处理器系统被唤醒后使用的、用来通知操作系统 Firmware 工作已经告一段落的中断向量，即 Firmware Waking Vector。在处理器被唤醒之后，Firmware 将执行一些基本的加载操作，并通过 Firmware Waking 中断向量，将控制权交还给操作系统，由操作系统完成其他的唤醒操作。在 FACS 中，还包含一个全局锁（Global Lock），当 Firmware 和操作系统对某些临界资源进行访问时，需要使用该锁。
- DSDT。该表是 ACPI 规范最复杂，同时也是最重要的一个表。该表包含处理器系统使用的硬件资源以及对这些硬件资源的管理操作。SSDT 可以对 DSDT 进行补充，在一个处理器系统中可以存在多个 SSDT。
- ACPI 规范还定义了一些其他表项，如 MADT（Multiple APIC Description Table）、SBST（Smart Battery Table）、SRAT（System Resource Affinity Table）和 SLIT（System Locality Information Table）等一系列表项。其中 MADT 描述处理器系统的中断资源和多处理器相关的配置信息；SBST 与电池的管理相关；而 SRAT 和 SLIT 与 NUMA 系统的资源管理相关。

在 ACPI 4.0 中，上述这些表的组成结构如图 14-3 所示。RSDP 提供了两个物理地址分别指向 RSDT 和 XSDT。其中在 RSDT 和在 RSDT 指向的其他描述符表中，如 SSDT 和 FADT 都使用 32 位物理地址，而在 XSDT 和在 XSDT 指向的其他描述符表中都使用 64 位物理地址。在 ACPI 2.0 规范之后的版本，均提供对 XSDT 的支持，即使用 64 位物理地址。

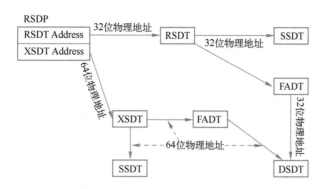

图 14-3 ACPI 表的组成结构

ACPI 表存放在处理器的主存储器中，当处理器系统初始化时，BIOS 将这些表放入特定物理内存，之后系统软件可以访问这些表项。Linux 系统提供了一系列操作 ACPI 表的工具，用户可以使用这些工具读取在系统内存中的 ACPI 表，并将其分解为 DSDT、XSDT 等描述符表。其使用方法如源代码 14-12 所示。

源代码 14-12　ACPI 表的使用方法

```
$ acpidump > tylersburg-hedt. out
$ acpixtract -a tylersburg-hedt. out
$ iasl -d APCI. dat
$ iasl -d DSDT. dat
...
$ iasl -d XSDT. dat
```

首先用户可以使用 acpidump 命令将 ACPI 表从内存读出，之后存放到 tylersburg-hedt. out 文件中；然后使用 acpixtract 命令将 tylersburg-hedt. out 文件存放的 ACPI 表全部分解，并得到一系列后缀为 . dat 的文件，其中 RSDP. dat 文件存放 RSDT 和 XSDT 表的物理地址；RSDT. dat 文件存放对 RSDT 的描述；而 XSDT. dat 文件存放对 XSDT 的描述。

这些 . dat 文件使用 AML 语法规范，操作系统中的 AML 解释器可以分析这些在 . dat 文件中的数据。但是这些 . dat 文件并不适合阅读，用户可以使用 iasl 命令将这些 . dat 文件转换为相应的 . dsl 文件。在 . dsl 文件中存放 ASL(ACPI Source Language) 源代码，ASL 是一种高级语言，便于阅读和编写。在 Linux 系统中，可以使用以下方法调试 ACPI 表。通过源代码 14-12，可以得到 DSDT. dsl 文件，之后可以使用源代码 14-13 所示的方法调试 DSDT 表。

源代码 14-13　DSDT 表的调试

```
$ iasl -tc DSDT. dsl                    \\产生一个 DSDT. hex 文件
$ cp DSDT. hex $ SRC/include/           \\将这个文件复制到 Linux 源代码的 include 文件夹下
...
向 . config 文添加以下描述
CONFIG_STANDALONE=n                     \\将原 . config 的 y 改写为 n
CONFIG_ACPI_CUSTOM_DSDT=y
CONFIG_ACPI_CUSTOM_DSDT_FILE="DSDT. hex"
```

经过以上操作，重新编译 Linux 内核，并用这个内核重新引导 Linux 系统后，Linux 系统将使用源代码 14-13 指定的 DSDT. hex 替代 BIOS 提供的 DSDT 表。采用这种方法，可以对 DSDT 表进行调试。

14. 2. 3　ACPI 表的使用实例

在 ACPI 提供的各类表中，DSDT 描述符表最为重要。DSDT 描述符表包含当前处理器系统使用的一些硬件资源，如某些外部设备使用的地址空间，以及对这些硬件资源的操作等其他描述信息。

当操作系统收到 ACPI 中断请求，即 SCI 中断请求时，将根据 DSDT 中提供的代码对相应的 ACPI 寄存器进行操作，从而完成所需的功能。DSDT、ACPI 寄存器和操作系统之间的关系如图 14-4 所示。

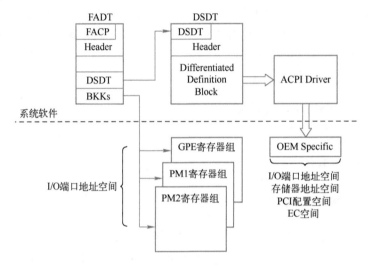

图 14-4　DSDT、ACPI 寄存器和操作系统之间的关系

下文将举例说明图 14-4 中各模块之间的关系，以及系统软件如何处理 ACPI 表。假设在一个 x86 处理器系统中，电源按钮（Power Button）使用 GPIO（General Purpose I/O）方式与处理器系统连接，而不是使用 Fixed hardware 方式。

在 ICH9 中定义了一个 PWRBTN#信号，该信号用来处理电源按钮。如果在一个处理器系统中，电源按钮信号连接到 ICH9 的 PWRBTN#信号时，处理器系统将使用 PM 寄存器组处理这个电源按钮，即电源按钮使用了 Fixed hardware 方式与处理器系统进行连接，而不是 GPE 方式与处理器系统进行连接。

使用 Fixed hardware 方式处理电源按钮的主要缺点是不够灵活，有时 OEM 厂商（Original Equipment Manufacturer）可以利用电源按键实现一些自定义的功能。此时主板设计者可以将电源按钮与 EC[⊖]（Embedded Controller）直接相连，并将电源按钮事件与 GPE 联系在一起。使用这种方式时 OEM 厂商可以灵活地控制电源按钮。

⊖ EC 可以连接 PS2 口鼠标、键盘，并可以扩展其他自定义接口。在 x86 处理器中，EC 由一个简单的 MCU（Micro Control Unit）实现。

当用户按下电源按钮时，EC 可以根据其按键时间的长短产生不同的电源按钮事件，如
"按键小于 4s"和"按键大于 4s"所对应的电源按钮事件。而且在 x86 处理器系统处于不同
的运行状态，如 G0、G1 和 G2 时，对电源按钮事件的解释也并不相同。

x86 处理器规定了一系列休眠状态，其中 G0 为工作状态，与 S0 状态对应；G1 为休眠状态，
G1 状态分为 4 个等级，分别为 S1~S4，其中编号越大，休眠的程度越深；G2 状态为 Soft Off 状
态，该状态与 S5 状态对应，表示当前处理器处于软下电状态，此时处理器除了一些最基本模
块，如 EC、ICH 中的部分逻辑和 Wake-on-LAN 机制仍然保持电源供应之外，其他所有模块均不
供电；G3 状态为 Mechanical Off 状态[⊖]，此时处理器处于完全断电状态，全部模块均不上电。

下文仅讨论 x86 处理器处于 G0 和 G1 状态时，如何处理电源按钮事件。在 x86 处理器
中，处理电源按钮事件的解释程序在 DSDT 表中，如源代码 14-14[⊖]所示。

源代码 14-14　与电源按钮事件相关的 ASL 程序

```
        // Define a control method power button
        Device( \_SB. PWRB) {
            Name( _HID, EISAID("PNP0C0C") )
            Name( _PRW, Package( ) {0, 0x4} )
            OperationRegion(\PHO, SystemIO, 0x200, 0x1)
            Field( \PHO, ByteAcc, NoLock, WriteAsZeros) {
                PBP, 1, // sleep/off request
                PBW, 1 // wakeup request
            }
        } // end of power button device object

        Scope( \_GPE) { // Root level event handlers
            Method( _L00) { // uses bit 0 of GP0_STS register
                If( \PBP) {
                    Store( One, \PBP) // clear power button status
                    Notify( \_SB. PWRB, 0x80) // Notify OS of event
                }
                If( \PBW) {
                    Store( One, \PBW)
                    Notify( \_SB. PWRB, 0x2)
                }
            } // end of _L00 handler
        } // end of \_GPE scope
```

这段程序的说明如下：

- 创建一个"PWRB"设备，其标识(_HID)为"PNP0C0C"，即 PWRB 设备与电源按钮
  对应。在 ACPI 中，每一个设备使用的标识不相同。

⊖　处理器系统没有打开电源开关时，处理器系统处于 S5 状态。通常这个开关在 ATX 电源模块中。

⊖　这段源代码来自 ACPI 规范 4.0，在一个实际的 x86 处理器系统中，电源按钮的处理可能与此不同。

- 将 _PRW[⊖]定义为 Package( ){0, 0x4}。其含义为在处理器处于 S1~S4 状态时，电源按钮可以将处理器系统唤醒，而且此时使用 GPEx_STS 寄存器的第 0 位作为唤醒状态位。处理器在即将进入休眠模式时，需要检查对应设备的 _PRW 参数，并保证处理器系统进入的休眠等级不大于设备在 _PRW 的定义，同时需要保证 GPEx_EN 寄存器的对应位是有效的，否则处理器进入休眠模式时，不能被这个按键事件唤醒。对于本节所提供的实例，如果处理器进入的休眠等级大于 S4，或者在进入休眠状态之前 GPEx_EN 寄存器的第 0 位没有使能时，用户将不能使用 "ACPI 机制提供的电源按钮事件" 激活处理器系统。

- 声明一个 PHO 变量，使用的 I/O 端口地址为 0x200，这个 I/O 端口的第 0 位和第 1 位分别与 PBP 和 PBW 位对应。其中 PBP 位为 1 表示处理器系统处于 S0 状态时电源按钮被按下，此时处理器需要进入休眠状态；PBW 位为 1 表示处理器系统处于 S1~S4 状态时，电源按钮被按下，此时处理器需要被唤醒。

- 从 Scope(_GPE) 开始的这段程序描述对电源按钮事件的处理过程。当 GPEx_STS 寄存器的第 0 位为 1 时，将进一步检查 PBP 和 PBW 位。

- 如果 PBP 位为 1，则首先向 PBP 位写 1，清除这个状态位，之后通知 OSPM 当前电源按钮对应的回调号为 0x80[⊖]。回调号为 0x80 表示在处理器处于 S0 状态时，电源按钮被按下。

- 如果 PBW 位为 1，则首先向 PBW 位写 1，清除这个状态位，之后通知 OSPM 当前电源按钮对应的回调号为 0x02。回调号为 0x02 表示设备发出了一个唤醒信号。

由以上描述，可以发现在源代码 14-14 中，除了定义了一个 PWRB 设备之外，还使用 ASL 语言简单描述了当有 PBW 或者 PBP 事件发生时，处理器的执行操作。对于一个具体的操作系统，如 Linux，需要将 PBW/PBP 事件和处理这些事件的执行操作联系在一起。

当电源按钮被按下时，如果 GPEx_EN 寄存器的相应位被使能，则处理器的 GPIO 接口将置 GPEx_STS 寄存器的对应位为 1，同时向处理器提交 SCI 中断请求。Linux 系统首先需要提供处理这个 SCI 中断请求的中断服务例程，然后进一步处理这些 SCI 中断请求。

在 Linux 系统中，这个中断服务例程为 acpi_ev_sci_xrupt_handler 函数，该函数即为 SCI 中断服务例程。SCI 中断服务例程具有 3 个输入参数，如下所示。

- gsi 参数为 acpi_gbl_FADT. sci_interrupt，缺省值为 0x09。
- handler 参数为 acpi_ev_sci_xrupt_handler。
- context 参数为 acpi_gbl_gpe_xrupt_list_head。

Linux 系统进行初始化，该中断服务例程由 acpi_early_init 函数调用 acpi_enable_subsystem 函数挂接到 Linux 系统的中断处理服务主程序(do_IRQ 函数)中, acpi_ev_sci_xrupt_handler 函数的详细说明在 ./drivers/acpi/acpica/evsci. c 文件中。

acpi_enable_subsystem 函数的详细实现在 ./drivers/acpi/acpica/utxface. c 文件中，该函数将调用 acpi_ev_install_xrupt_handlers→acpi_ev_install_sci_handler 函数注册 SCI 中断服务例程。acpi_ev_install_sci_handler 函数如源代码 14-15 所示。

⊖ _PRW 是 Power Resources for Wake 的缩写，可以将处理器从休眠状态唤醒的设备需要使用 _PRW。

⊖ ACPI 4.0 规范的第 5.6 节 APIC Event Programming Model 中定义了一系列回调号。

源代码 14-15　acpi_ev_install_sci_handler 函数

```
u32 acpi_ev_install_sci_handler( void )
{
    u32 status = AE_OK;

    ACPI_FUNCTION_TRACE( ev_install_sci_handler );

    status =
        acpi_os_install_interrupt_handler( ( u32) acpi_gbl_FADT. sci_interrupt,
                        acpi_ev_sci_xrupt_handler,
                        acpi_gbl_gpe_xrupt_list_head );
    return_ACPI_STATUS( status );
}
```

acpi_ev_install_sci_handler 函数将调用 acpi_os_install_interrupt_handler 函数，并将 acpi_gbl_FADT. sci_interrupt、acpi_ev_sci_xrupt_handler 和 acpi_gbl_gpe_xrupt_list_head 参数传递给该函数。acpi_gbl_FADT. sci_interrupt 为 SCI 中断使用的 irq 号，acpi_ev_sci_xrupt_handler 即为 SCI 中断处理函数，acpi_gbl_gpe_xrupt_list_head 为 SCI 中断处理函数使用的入口参数。

acpi_os_install_interrupt_handler 函数的实现如源代码 14-16 所示。

源代码 14-16　acpi_os_install_interrupt_handler 函数

```
acpi_status
acpi_os_install_interrupt_handler( u32 gsi, acpi_osd_handler handler, void * context)
{
    unsigned int irq;

    acpi_irq_stats_init( );

    /*
     * Ignore the GSI from the core, and use the value in our copy of the
     * FADT. It may not be the same if an interrupt source override exists
     * for the SCI.
     */
    gsi = acpi_gbl_FADT. sci_interrupt;
    if ( acpi_gsi_to_irq( gsi, &irq) < 0) {
        printk( KERN_ERR PREFIX "SCI ( ACPI GSI %d) not registered\n", gsi);
        return AE_OK;
    }

    acpi_irq_handler = handler;
    acpi_irq_context = context;
    if ( request_irq( irq, acpi_irq, IRQF_SHARED, "acpi", acpi_irq)) {
        printk( KERN_ERR PREFIX "SCI ( IRQ%d) allocation failed\n", irq);
        return AE_NOT_ACQUIRED;
```

```
    |
    acpi_irq_irq = irq;

    return AE_OK;
|
```

这段程序首先调用 acpi_irq_stats_init 函数建立 sysfs 中的 kobject，之后从 FADT[⊖]中获得
ACPI 使用的中断向量，在绝大多数 x86 处理器系统中，SCI 中断使用的 irq 号为 0x9。之后这
段程序调用 request_irq，将 acpi_irq 函数与 irq 号 0x9 联系在一起。之后 Linux 系统将使用
acpi_irq 函数处理 SCI 中断请求，该函数的实现如源代码 14-17 所示。

源代码 14-17　acpi_irq 函数

```
    static irqreturn_t acpi_irq( int irq, void ∗ dev_id)
    |
        u32 handled;

        handled = ( ∗ acpi_irq_handler) ( acpi_irq_context) ;

        if ( handled) |
            acpi_irq_handled++;
            return IRQ_HANDLED;
        | else |
            acpi_irq_not_handled++;
            return IRQ_NONE;

        |

    |
```

acpi_irq 函数的主要作用是执行(∗ acpi_irq_handler) (acpi_irq_context) 函数，并检查执行结果
是否正确。acpi_irq_handler 函数指针在 acpi_os_install_interrupt_handler 函数中被赋值为 acpi_ev_
sci_xrupt_handler 函数。因此在 Linux ACPI 的实现中，acpi_ev_sci_xrupt_handler 函数为真正的 SCI
中断服务例程，该函数在 . / drivers/acpi/acpica/evsci. c 文件中，如源代码 14-18 所示。

源代码 14-18　acpi_ev_sci_xrupt_handler 函数

```
    / ∗∗∗∗∗∗∗∗∗∗∗∗∗∗∗∗∗∗∗∗∗∗∗∗∗∗∗∗∗∗∗∗∗∗∗∗∗∗∗∗∗∗∗∗∗∗∗∗∗∗∗∗∗∗∗∗∗∗∗∗∗∗∗∗∗∗∗∗∗∗∗∗∗∗∗
     ∗
     ∗ FUNCTION:        acpi_ev_sci_xrupt_handler
     ∗
     ∗ PARAMETERS:      Context - Calling Context
     ∗
     ∗ RETURN:          Status code indicates whether interrupt was handled.
     ∗
     ∗ DESCRIPTION:     Interrupt handler that will figure out what function or
```

⊖　在 FACP.dsl 文件中存放 SCI Interrupt 使用的中断向量。

```
 *                   control method to call to deal with a SCI.
 *
 ******************************************************************/
static u32 ACPI_SYSTEM_XFACE acpi_ev_sci_xrupt_handler( void  * context)
{
    struct acpi_gpe_xrupt_info  * gpe_xrupt_list = context;
    u32 interrupt_handled = ACPI_INTERRUPT_NOT_HANDLED;

    ACPI_FUNCTION_TRACE( ev_sci_xrupt_handler) ;

    / *
     * We are guaranteed by the ACPI CA initialization/shutdown code that
     * if this interrupt handler is installed, ACPI is enabled.
     * /

    / *
     * Fixed Events:
     * Check for and dispatch any Fixed Events that have occurred
     * /
    interrupt_handled  | = acpi_ev_fixed_event_detect( ) ;

    / *
     * General Purpose Events:
     * Check for and dispatch any GPEs that have occurred
     * /
    interrupt_handled  | = acpi_ev_gpe_detect( gpe_xrupt_list) ;

    return_UINT32( interrupt_handled) ;
}
```

　　该函数首先调用 acpi_ev_fixed_event_detect 函数检查 PM 寄存器组，判断是否存在 PM 事件，之后调用 acpi_ev_gpe_detect 函数检查是否存在 GPE 事件。上文中描述的 PBW 和 PBP 事件由 acpi_ev_gpe_detect 函数处理。

　　acpi_ev_gpe_detect 函数的执行逻辑较为简单，本节不再列出该函数的源代码，该函数在 ./drivers/acpi/acpica/evgpe.c 文件中，属于 ACPICA 提供的 Event Management 接口函数。该函数首先获得一个自旋锁 acpi_gbl_gpe_lock，之后检查 GPEx_STS 寄存器和 GPEx_EN 寄存器以确定处理器系统中存在的 GPE 事件，然后调用 acpi_ev_gpe_dispatch 函数执行源代码 14-14 中 Method(_L00) 之后的程序。

　　acpi_ev_gpe_dispatch 函数在执行源代码 14-14 中的 ASL 程序时，采用解释执行的方法。而解释执行相比编译执行而言，执行效率较低，为此该函数调用 acpi_os_execute 函数[⊖]，使用 Linux 系统提供的 Work Queue 机制，脱离中断处理程序的上下文环境，"异步"地分析并解释执行这些 ASL 程序。

　　⊖　该函数为 ACPICA 提供的 OS 服务层接口函数。

在 Linux 系统中，与 ACPI 机制相关的程序虽然数量众多，处理的事务也较多，但是其逻辑结构较为简单，本章对此不做进一步分析和说明。

14.3 基于 ACPI 机制的 Linux PCI 的初始化

本节重点介绍 Linux 系统如何使用 ACPI 机制，对 PCI 总线树进行枚举。Linux 的 ACPI 系统的初始化较为复杂。本节重点介绍与 PCI 总线相关的一些基本模块，并不会介绍与 ACPI 系统初始化相关的全部内容。

在 Linux 系统中，ACPI 系统的初始化由两部分组成，一部分由 start_kernel→setup_arch 函数执行，另一部分作为模块由 do_initcalls 函数执行。

14.3.1 基本的准备工作

setup_arch 函数将分别调用 acpi_boot_table_init、early_acpi_boot_init 和 acpi_boot_init 函数完成 ACPI 系统的初始化，这几个函数的源代码在 ./arch/x86/kernel/acpi/boot.c 文件中。

acpi_boot_table_init 函数调用 acpi_table_init 函数在内存中找到 RSDP 和 RSDT/XSDT，从而定位 ACPI 表。BIOS 在系统初始化时将 ACPI 表放到一块固定物理地址区域中；early_acpi_boot_init 函数调用 early_acpi_process_madt 函数进一步处理 MADT；而 acpi_boot_init 函数依次分析 SBFT[⊖]（Simple Boot Flag Table）、FADT 和 HPET（IA-PC High Precision Event Timer Table），其中 HPET 是 Intel 定义的一个高精度定时器。

setup_arch 函数执行完毕后，Linux 系统将调用 do_initcalls 函数执行与 ACPI 系统相关的一些模块，其中与 PCI 总线有关的模块有 acpi_pci_init、acpi_pci_root_init 和 acpi_pci_link_init 函数。这些函数的说明如下。

1. acpi_pci_init 函数

acpi_pci_init 函数的执行过程较为简单，该函数在 ./drivers/pci/pci-acpi.c 文件中，如源代码 14-19 所示。

源代码 14-19　acpi_pci_init 函数

```
static int _init acpi_pci_init(void)
{
    int ret;

    if (acpi_gbl_FADT. boot_flags & ACPI_FADT_NO_MSI) {
        printk(KERN_INFO"ACPI FADT declares the system doesn't support MSI,
                so disable it\n");
        pci_no_msi();
    }

    if (acpi_gbl_FADT. boot_flags & ACPI_FADT_NO_ASPM) {
        printk(KERN_INFO"ACPI FADT declares the system doesn't support PCIe
```

⊖　该表由 Microsoft 定义，详情见 http://www.microsoft.com/whdc/resources/respec/specs/simp_boot.mspx。

```
                      ASPM, so disable it\n");
              pcie_no_aspm();
        }ret=register_acpi_bus_type(&acpi_pci_bus);
        if (ret)
              return 0;
        pci_set_platform_pm(&acpi_pci_platform_pm);
        return 0;
    }
    arch_initcall(acpi_pci_init);
```

该函数首先分析 "Boot Architecture Flags" 字段, 确定当前处理器系统是否需要使能 MSI 中断机制和 PCIe 设备的 ASPM(Active State Power Management)机制, ASPM 机制的详细描述见第 8.3 节, 而 MSI 机制的详细说明见第 10 章。该函数调用 register_acpi_bus_type 函数, 将 acpi_pci_bus 结构加入到全局链表 bus_type_list, 最后调用 pci_set_platform_pm 函数将全局变量 pci_platform_pm 赋值为 acpi_pci_platform_pm。

2. acpi_pci_root_init 函数

acpi_pci_root_init 函数调用 acpi_pci_root_add 和 acpi_pci_root_start 函数遍历处理器系统中的 PCI 总线树。在 Linux 系统中, acpi_pci_root_init 函数的调用关系较为复杂, 本节仅介绍其调用过程, 并不详细介绍其实现机制。

acpi_pci_root_init 函数的调用过程如源代码 14-20 所示。

源代码 14-20　acpi_pci_root_init 函数的调用过程

```
acpi_pci_root_init->acpi_bus_register_driver->driver_register
->bus_add_driver->driver_attach->_driver_attach
->driver_probe_device->really_probe->(dev->bus->probe)
```

由以上过程可见 acpi_pci_root_init 函数将调用 really_probe 函数中的(dev->bus->probe)函数, 而 dev->bus->probe 函数在 acpi_device_register 函数中被赋值为 acpi_device_probe 函数。

acpi_device_probe 函数又经过了一系列复杂的调用, 最终调用 acpi_pci_root_add 和 acpi_pci_root_start 函数, 其调用过程如源代码 14-21 所示。

源代码 14-21　acpi_device_probe 函数的调用过程

```
acpi_device_probe
    |---->acpi_bus_driver_init
    |        |---->driver->ops. add
    |---->acpi_start_single_object
            |---->driver->ops. start
```

其中 driver->ops. add 函数与 acpi_pci_root_add 函数对应; 而 driver->ops. start 函数与 acpi_pci_root_start 函数对应。acpi_pci_root_add 函数在 ./drivers/acpi/pci_root. c 文件中, 该函数的主要功能是遍历 PCI 总线树, 如源代码 14-22 和 14-23 和源代码 14-31 所示。

源代码 14-22　acpi_pci_root_add 函数片段 1

```
static int _devinit acpi_pci_root_add( struct acpi_device * device)
{
    unsigned long long segment, bus;
    acpi_status status;
    int result;
    struct acpi_pci_root * root;
    acpi_handle handle;
    struct acpi_device * child;
    u32 flags, base_flags;

    segment = 0;
    status = acpi_evaluate_integer( device->handle, METHOD_NAME_SEG, NULL,
                &segment);
    if ( ACPI_FAILURE( status) && status ! = AE_NOT_FOUND) {
        printk( KERN_ERR PREFIX "can't evaluate _SEG\n");
        return −ENODEV;
    }

    /* Check _CRS first, then _BBN. If no _BBN, default to zero. */
    bus = 0;
    status = try_get_root_bridge_busnr( device->handle, &bus);
    if ( ACPI_FAILURE( status)) {
        status = acpi_evaluate_integer( device->handle, METHOD_NAME_BBN,
                    NULL, &bus);
        if ( ACPI_FAILURE( status) && status ! = AE_NOT_FOUND) {
            printk( KERN_ERR PREFIX
                "no bus number in _CRS and can't evaluate _BBN\n");
            return −ENODEV;
        }
    }

    root = kzalloc( sizeof( struct acpi_pci_root), GFP_KERNEL);
    if ( ! root)
      return −ENOMEM;

    INIT_LIST_HEAD( &root->node);
    root->device = device;
    root->segment = segment & 0xFFFF;
    root->bus_nr = bus & 0xFF;
    strcpy( acpi_device_name( device), ACPI_PCI_ROOT_DEVICE_NAME);
    strcpy( acpi_device_class( device), ACPI_PCI_ROOT_CLASS);
    device->driver_data = root;

    /*
      * All supported architectures that use ACPI have support for
```

```
     * PCI domains, so we indicate this in _OSC support capabilities.
     */
    flags=base_flags=OSC_PCI_SEGMENT_GROUPS_SUPPORT;
    acpi_pci_osc_support(root, flags);

    /*
     * TBD: Need PCI interface for enumeration/configuration of roots.
     */

    /* TBD: Locking */
    list_add_tail(&root->node, &acpi_pci_roots);

    printk(KERN_INFO PREFIX "%s [%s] (%04x:%02x)\n",
        acpi_device_name(device), acpi_device_bid(device),
        root->segment, root->bus_nr);
```

这段代码通过 ACPI 表中的_SEG 和_BBN 参数获得 HOST 主桥使用的 Segment 和 Bus 号，创建一个 acpi_pci_root 结构，并对该结构进行初始化，随后将 acpi_pci_root 结构加入到 acpi_pci_roots 队列中。acpi_pci_root 结构的主要功能是对当前 HOST 主桥控制器进行描述，而在 acpi_pci_roots 队列中包含当前 x86 处理器系统所有 HOST 主桥⊖的信息。

当 x86 处理器系统中只有一个 HOST 主桥时，acpi_pci_root_add 函数仅会被 Linux 调用一次，此时 acpi_pci_roots 队列中只有一个数据成员，即 root，其 Segment 和 Bus 号均为 0；如果存在多个 HOST 主桥时，acpi_pci_root_add 函数将在 PCI 总线初始化时被调用多次，并将所有主桥信息加入到 acpi_pci_roots 队列中。

这段代码还将 HOST 主桥的_OSC 参数的 PCI Segment Groups supported 位设置为 1，该参数在 ACPI 规范中定义，该位为 1 时表示当前处理器系统支持 PCI Segment Group。

源代码 14-23　acpi_pci_root_add 函数片段 2

```
    /*
     * Scan the Root Bridge
     * --------------------
     * Must do this prior to any attempt to bind the root device, as the
     * PCI namespace does not get created until this call is made (and
     * thus the root bridge's pci_dev does not exist).
     */
    root->bus=pci_acpi_scan_root(device, segment, bus);
    if (! root->bus) {
        printk(KERN_ERR PREFIX
            "Bus %04x:%02x not present in PCI namespace\n",
            root->segment, root->bus_nr);
        result=-ENODEV;
        goto end;
    }
```

⊖　Itanium 处理器系统含有多个对等 HOST 主桥；而在多数 x86 处理器系统中，仅含有一个 HOST 主桥。

在一个 x86 处理器系统中，如果没有使能 ACPI 机制，则 Linux 系统调用 pci_legacy_init→pcibios_scan_root 函数枚举 PCI 设备。如果 Linux 系统使能了 ACPI 机制，则由这段程序调用 pci_acpi_scan_root 函数完成 PCI 设备的枚举。pci_acpi_scan_root 和 pcibios_scan_root 函数对 PCI 总线树的枚举过程类似。

pci_acpi_scan_root 函数在 ./arch/x86/pci/acpi.c 文件中，如源代码 14-24 所示。

源代码 14-24　pci_acpi_scan_root 函数

```
struct pci_bus * _devinit
pci_acpi_scan_root(struct acpi_device * device, int domain, int busnum)
{
    struct pci_bus * bus;
    struct pci_sysdata * sd;
    int node;
...
    /* Allocate per-root-bus (not per bus) arch-specific data.
     * TODO: leak; this memory is never freed.
     * It's arguable whether it's worth the trouble to care.
     */
    sd = kzalloc(sizeof( * sd), GFP_KERNEL);
    if (! sd) {
        printk(KERN_ERR "PCI: OOM, not probing PCI bus %02x\n", busnum);
        return NULL;
    }

    sd->domain = domain;
    sd->node = node;
    /*
     * Maybe the desired pci bus has been already scanned. In such case
     * it is unnecessary to scan the pci bus with the given domain,busnum.
     */
    bus = pci_find_bus(domain, busnum);
    if (bus) {
        /*
         * If the desired bus exits, the content of bus->sysdata will
         * be replaced by sd.
         */
        memcpy(bus->sysdata, sd, sizeof( * sd));
        kfree(sd);
    } else {
        bus = pci_create_bus(NULL, busnum, &pci_root_ops, sd);
        if (bus) {
            if (pci_probe & PCI_USE_CRS)
                get_current_resources(device, busnum, domain,bus);
```

```
                    bus->subordinate=pci_scan_child_bus(bus);
                }
            }
    ...
        return bus;
    }
```

这段代码首先判断当前总线号是否已经存在，如果存在说明这条总线已经被遍历过，该函数将直接退出。否则将首先调用 pci_create_bus 函数，pci_create_bus 函数的源代码在 ./drivers/pci/probe.c 文件中，其主要作用是为当前 HOST 主桥创建 pci_bus 结构，并初始化这个 pci_bus 结构的部分参数如 resource[0/1]，secondary 参数⊖等，然后将这个 pci_bus 结构加入到全局链表 pci_root_buses 中，最后进行一些与 sysfs 相关的初始化工作。

之后调用 pci_scan_child_bus 函数对当前 PCI 总线上的设备进行枚举，pci_scan_child_bus 函数将完成对 PCI 总线树的枚举操作，该函数是 Linux 遍历 PCI 总线树的要点，下一节将专门介绍讨论该函数的实现机制。

14.3.2　Linux PCI 初始化 PCI 总线号

PCI 总线树的枚举由 pci_scan_child_bus 函数完成，该函数的主要作用是分配 PCI 总线树的 PCI 总线号，而并不初始化 PCI 设备使用的 BAR 空间。

pci_scan_child_bus 函数在第一次执行时⊖，首先遍历当前 HOST 主桥之下所有的 PCI 设备，如果在 HOST 主桥下含有 PCI 桥，将再次遍历这个 PCI 桥下的 PCI 设备。并以此递归，直到将当前 PCI 总线树遍历完毕，并返回当前 HOST 主桥的 subordinate 总线号。subordinate 总线号记载当前 PCI 总线树中最后一个 PCI 总线号，因此只有完成了对 PCI 总线树的枚举后，才能获得该参数。pci_scan_child_bus 函数如源代码 14-25 和源代码 14-29 所示。

源代码 14-25　pci_scan_child_bus 函数片段 1

```
    unsigned int _devinit pci_scan_child_bus(struct pci_bus * bus)
    {
        unsigned int devfn, pass, max=bus->secondary;
        struct pci_dev * dev;

        pr_debug("PCI: Scanning bus %04x:%02x\n", pci_domain_nr(bus),
                bus->number);

        /* Go find them, Rover! */
        for (devfn=0; devfn < 0x100; devfn +=8)
            pci_scan_slot(bus, devfn);
        ...
```

⊖　resource 参数存放 HOST 主桥管理的存储器和 I/O 地址空间，secondary 参数存放 Secondary 总线号。
⊖　Linux PCI 将递归调用 pci_scan_child_bus 函数。

该函数首先调用 pci_scan_slot 函数，扫描当前 PCI 总线的所有设备，并将其加入到对应总线的设备队列中。在 pci_scan_bus_parented 函数调用 pci_scan_child_bus 函数时，其输入参数为 HOST 主桥的 pci_bus 结构，此时 pci_scan_slot 函数首先初始化与 HOST 主桥直接相连的 PCI 设备，即 Bus 号为 0 的 PCI 设备。

1. pci_scan_slot 函数

一条 PCI 总线上最多有 32 个设备，每个设备最多有 8 个 Function。pci_scan_child_bus 函数需要枚举每一个可能存在的 Function。因此对于一条 PCI 总线，pci_scan_child_bus 函数需要调用 0x100 次 pci_scan_slot 函数。而 pci_scan_slot 函数调用 pci_scan_single_device 函数配置对当前 PCI 总线上的所有 PCI 设备。

pci_scan_single_device 函数进一步调用了 pci_scan_device 和 pci_device_add 函数。其中 pci_scan_device 函数主要对 PCI 设备的配置寄存器进行读写操作，侧重于 PCI 设备进行硬件层面的初始化操作，而 pci_device_add 函数侧重于软件层面的初始化。pci_scan_device 函数如源代码 14-26 所示。

源代码 14-26　pci_scan_device 函数

```
static struct pci_dev * pci_scan_device( struct pci_bus * bus, int devfn)
{
    struct pci_dev * dev;
    u32 l;
    int delay = 1;

    if ( pci_bus_read_config_dword( bus, devfn, PCI_VENDOR_ID, &l))
        return NULL;

    /* some broken boards return 0 or ~0 if a slot is empty: */
    if ( l = = 0xffffffff || l = = 0x00000000 ||
        l = = 0x0000ffff || l = = 0xffff0000)
        return NULL;

    /* Configuration request Retry Status */
    while ( l = = 0xffff0001) {
        msleep( delay);
        delay * = 2;
        if ( pci_bus_read_config_dword( bus, devfn, PCI_VENDOR_ID, &l))
            return NULL;
        /* Card hasn't responded in 60 seconds? Must be stuck. */
        if ( delay > 60 * 1000) {
            printk( KERN_WARNING "pci %04x:%02x:%02x. %d: not "
                    "responding\n", pci_domain_nr( bus),
                    bus->number, PCI_SLOT( devfn),
                    PCI_FUNC( devfn));
            return NULL;
        }
    }
```

```
        dev = alloc_pci_dev();
        if ( ! dev)
            return NULL;

        dev->bus = bus;
        dev->devfn = devfn;
        dev->vendor = l & 0xffff;
        dev->device = (l >> 16) & 0xffff;

        if ( pci_setup_device(dev)) {
            kfree(dev);
            return NULL;
        }

        return dev;
    }
```

　　pci_scan_device 函数首先读取 PCI 设备的 Vendor ID 和 Header Type 寄存器, 并根据这两个寄存器的内容对 PCI 设备进行完整性检查, 之后创建 pci_dev 结构, 并对该结构进行基本的初始化。

　　set_pcie_port_type 函数的主要作用是处理 PCI Express Extended Capabilities 结构, 并将其保存在 pci_dev→pcie_type 参数中, 该结构的详细描述见第 4.3.2 节。值得注意的是, 在 Linux 系统中, 许多 PCIe 设备并没有提供该结构。在这段源代码的最后将调用 pci_setup_device 函数, 其实现如源代码 14-27 所示。

源代码 14-27　pci_setup_device 函数

```
    static int pci_setup_device(struct pci_dev * dev)
    {
        u32 class;

    ...

        switch ( dev->hdr_type) {              /* header type */
        case PCI_HEADER_TYPE_NORMAL:       /* standard header */
            if ( class == PCI_CLASS_BRIDGE_PCI)
                goto bad;
            pci_read_irq(dev);
            pci_read_bases(dev, 6, PCI_ROM_ADDRESS);
            pci_read_config_word(dev,
                    PCI_SUBSYSTEM_VENDOR_ID, &dev->subsystem_vendor);
            pci_read_config_word(dev, PCI_SUBSYSTEM_ID, &dev->subsystem_device);
    ...
            }
            break;
        case PCI_HEADER_TYPE_BRIDGE:        /* bridge header */
```

```
        if (class！=PCI_CLASS_BRIDGE_PCI)
            goto bad;
    /* The PCI-to-PCI bridge spec requires that subtractive
        decoding (i. e. transparent) bridge must have programming
        interface code of 0x01. */
        pci_read_irq(dev);
        dev->transparent=((dev->class & 0xff)==1);
        pci_read_bases(dev, 2, PCI_ROM_ADDRESS1);
        break;

    case PCI_HEADER_TYPE_CARDBUS:                    /* CardBus bridge header */
        if (class！=PCI_CLASS_BRIDGE_CARDBUS)
            goto bad;
        pci_read_irq(dev);
        pci_read_bases(dev, 1, 0);
        pci_read_config_word(dev,
                PCI_CB_SUBSYSTEM_VENDOR_ID, &dev->subsystem_vendor);
        pci_read_config_word(dev,
                PCI_CB_SUBSYSTEM_ID, &dev->subsystem_device);
        break;
    ...
    }
    return 0;
}
```

　　pci_setup_device 函数首先根据 Header Type 寄存器，判断当前 PCI 设备是 PCI Agent 设备、PCI 桥还是 Card Bus。PCI Agent 设备使用的配置空间与 PCI 桥所使用的配置空间并不相同，因此 Linux PCI 需要区别处理这两种配置空间。本节忽略 Card Bus 的处理过程。

　　pci_setup_device 函数需要调用 pci_read_irq 和 pci_read_bases 函数访问 PCI 设备的配置空间，并进一步初始化 pci_dev 结构的其他参数。

　　pci_read_irq 函数的主要作用是读取 PCI 设备配置空间的 Interrupt Pin 和 Interrupt Line 寄存器，并将结构赋值到 pci_dev→pin 和 irq 参数中。其中 pin 参数记录当前 PCI 设备使用的中断引脚，而 irq 参数存放系统软件使用的 irq 号。

　　值得注意的是，在 pci_setup_device 函数中初始化的 pci_dev→irq 参数并不一定是 PCI 设备驱动程序在 request_irq 函数中使用的 irq 入口参数。如果当前 Linux x86 系统使用了 I/O APIC 控制器时，Linux 设备驱动程序调用 pci_enable_device 函数将会改变 pci_dev→irq 参数，详见第 15.1.1 节。

　　而如果 PCIe 设备使能了 MSI/MSI-X 中断处理机制，pci_dev→irq 参数在设备驱动程序调用 pci_enable_msi/pci_enable_msix 函数后也将会发生变化，详见第 15.2 节。只有 x86 处理器使用 8259A 中断控制器处理 PCI 设备的中断请求时，pci_dev→irq 参数才与 Interrupt Line 寄存器中的值一致。

　　pci_read_bases 函数访问 PCI 设备的 BAR 空间和 ROM 空间，并初始化 pci_dev→resource

参数。在第 12.3.2 节 Capric 卡的初始化中使用的 pci_resource_start 和 pci_resource_len 函数就是从 pci_dev→resource 参数中获得 BAR 空间使用的基地址与长度。

这里有一个细节需要提醒读者注意,在 pci_dev→resource 参数中存放的 BAR 空间的基地址属于存储器域,而在 PCI 设备的 BAR 寄存器中存放的基地址属于 PCI 总线域。在 x86 处理器中,这两个值虽然相同,但是所代表的含义不同。

pci_read_bases 函数调用_pci_read_base 函数对 pci_dev→resource 参数进行初始化,_pci_read_base 函数的实现方式如源代码 14-28 所示。

源代码 14-28　_pci_read_base 函数

```
int _pci_read_base(struct pci_dev *dev, enum pci_bar_type type,
            struct resource *res, unsigned int pos)
{
    u32 l, sz, mask;

    mask = type ? ~PCI_ROM_ADDRESS_ENABLE : ~0;

    res->name = pci_name(dev);

    pci_read_config_dword(dev, pos, &l);
    pci_write_config_dword(dev, pos, mask);
    pci_read_config_dword(dev, pos, &sz);
    pci_write_config_dword(dev, pos, l);
    ...
    if (type == pci_bar_mem64) {
    ...
    } else {
        sz = pci_size(l, sz, mask);

        if (!sz)
            goto fail;

        res->start = l;
        res->end = l + sz;
    ...
    }
out:
    return (type == pci_bar_mem64) ? 1 : 0;
fail:
    res->flags = 0;
    goto out;
}
```

_pci_read_base 函数的实现较为简单,本节仅介绍该函数获取 BAR 空间长度的方法。PCI 总线规范规定了获取 BAR 空间的标准实现方法。其步骤是首先向 BAR 寄存器写全 1,之后再读取 BAR 寄存器的内容,即可获得 BAR 空间的大小。

我们以 Capric 卡为例说明该过程,由上文所示 Capric 卡的 BAR0 空间为不可预读的存储器空间,大小为 0x10000 字节。这个设备在被初始化之前,其 BAR0 寄存器的值由硬件预置,其值为 0xFFFF-0000，其中 BAR0 寄存器的第 15~0 位只读，其 15~4 字段为 0 表示所申请的空间大小为 64 KB；第 3 位为 0 表示不可预读；第 2~1 字段为 0x00 表示 BAR0 空间必须映射到 PCI 总线域的 32 位地址空间中；第 0 位为 0 表示为存储器空间。

当系统初始化完毕后，将 BAR0 寄存器重新进行赋值，其值为 PCI 总线域的地址，如 0x9030-0000。当软件对这个寄存器写入"~0x0"之后，该寄存器的值将变为 0xFFFF-0000，因为最后 16 位只读。采用此方法可以获得 Capric 卡 BAR0 空间的大小。在 Linux 系统中，可以使用 pci_size 函数将 0xFFFF-0000 转换为 BAR0 空间使用的实际大小，即 64 KB。这段程序在获得 BAR 空间的基地址和长度后，继续判断当前 BAR 空间为 64 位 PCI 总线地址空间，还是 32 位 PCI 总线地址空间。为简化程序，本节仅列出处理"32 位 PCI 总线地址这种情况"的源代码。

如果是当前 PCI 设备使用 32 位地址空间，则这段程序将初始化 pci_dev→resource 的 start 和 end 参数；如果是 64 位地址空间，该函数也需要初始化 pci_dev→resource 的 start 和 end 参数，只是过程稍微复杂。这段代码留给读者分析。

细心的读者在分析_pci_read_base 函数后，会对"pci_read_config_dword(dev, pos, &l)"语句产生疑问。因为从 Linux PCI 的初始化过程，我们并没有发现处理器何时将 PCI 设备的 BAR 寄存器初始化，此时读到变量 l 的究竟是什么数值？

在 x86 处理器系统中，虽然 Linux PCI 并没有对 PCI 设备的 BAR 空间进行初始化操作，但是 BIOS 已经完成了对 PCI 总线树的枚举过程，因此变量 l 将保存有效的 BAR 空间基地址。对于其他处理器体系，负责初始化引导的 Firmware 可能并没有实现 PCI 总线树的枚举[⊖]，此时变量 l 将保存 PCI 设备的硬件复位值。

无论对于哪种处理器系统，执行_pci_read_base 函数总能获得正确 BAR 空间的大小。但是如果有些处理器系统的 Firmware 没有对 PCI 总线树进行枚举时，PCI 设备的 BAR 空间中仅为上电复位值。在这些处理器系统中，__pci_read_base 函数执行完毕后，在 pci_dev→resource 中保存的 start 和 end 参数仅是 PCI 设备从 E2PROM 中获得的初始值。

2. pci_scan_bridge 函数

再次回到 pci_scan_child_bus 函数，分析剩余的程序，如源代码 14-29 所示。

源代码 14-29　pci_scan_child_bus 函数片段 2

```
    ...
    /*
     * After performing arch-dependent fixup of the bus, look behind
     * all PCI-to-PCI bridges on this bus.
     */
    if (! bus->is_added) {
        pr_debug("PCI: Fixups for bus %04x:%02x\n",
            pci_domain_nr(bus), bus->number);
        pcibios_fixup_bus(bus);
        if (pci_is_root_bus(bus))
            bus->is_added = 1;
    }
```

⊖　这些处理器的 Linux 系统，将在 pcibios_assign_resources 函数中初始化 BAR 空间，详见下文。

```
        for (pass=0; pass < 2; pass++)
            list_for_each_entry(dev, &bus->devices, bus_list) {
                if (dev->hdr_type = = PCI_HEADER_TYPE_BRIDGE ||
                    dev->hdr_type = = PCI_HEADER_TYPE_CARDBUS)
                    max=pci_scan_bridge(bus, dev, max, pass);
            }

    /*
     * We've scanned the bus and so we know all about what's on
     * the other side of any bridges that may be on this bus plus
     * any devices.
     *
     * Return how far we've got finding sub-buses.
     */
    pr_debug("PCI: Bus scan for %04x:%02x returning with max=%02x\n",
        pci_domain_nr(bus), bus->number, max);
    return max;
}
```

pci_scan_child_bus 函数执行完毕 pci_scan_slot 函数后，将首先调用 pcibios_fixup_bus 函数。pcibios_fixup_bus 函数的主要目的是为一些 PCI 设备中的 errata 提供 work-around，但是在该函数中还含有一个非常重要的函数，即 pci_read_bridge_bases 函数。

因为历史原因 pci_read_bridge_bases 函数一直存在于 pcibios_fixup_bus 函数中，但是这个函数更应该直接放入到 pci_scan_child_bus 函数中。pci_read_bridge_bases 函数将读取当前 PCI 桥⊖的 I/O Limit、I/O Base、Memory Limit、Memory Base、Prefetchable Memory Limit 和 Prefetchable Memory Base 寄存器，并根据这些寄存器的值，初始化 pci_bus→resource 参数，该参数存放当前 PCI 桥所能管理的地址空间。

之后 pci_scan_child_bus 函数将调用 pci_scan_bridge 函数处理当前 PCI 总线上所挂接的 PCI 桥，并初始化在这个桥片 Secondary PCI 总线上的 PCI 设备。值得注意的是 pci_scan_bridge 函数被调用了两次，一次 pass 参数等于 0，另外一次 pass 参数等于 1。

在一个处理器系统中，有些负责初始化引导的 Firmware 可能已经完成对 PCI 总线树的枚举操作，而有些 Firmware 没有做这样的操作。当 pass 参数等于 0 时，pci_scan_bridge 函数处理"已完成枚举"的 PCI 桥；当 pass 参数等于 1 时，pci_scan_bridge 函数处理"尚未完成枚举"的 PCI 桥。对于 x86 处理器系统而言，BIOS 将预先对 PCI 总线树进行枚举；而对于其他处理器系统，如 PowerPC 处理器系统，U-Boot 并没有进行这个枚举操作；当然还存在一种可能，就是 Firmware 完成了部分枚举。无论是哪种情况，通过两次调用 pci_scan_bridge 函数，都将完成对处理器系统中所有 PCI 桥的处理。

在 Linux PCI 中有许多函数都是通用函数，即各类处理器系统都需要使用的函数，这些

⊖ 如果当前 PCI 桥为 HOST 主桥，pci_read_bridge_bases 函数将直接返回。因为 HOST 主桥使用的 pci_bus 结构已经在 pci_create_bus 函数中进行了初始化。

通用函数给 Linux PCI 的设计带来了不小的麻烦。为不同的处理器平台开发通用架构，是对任何资深系统程序员的巨大考验。在 Linux PCI 中有许多这样的程序。pci_scan_bridge 函数是其中之一，该函数的主体实现如源代码 14-30 所示。

源代码 14-30　pci_scan_bridge 函数

```
int _devinit pci_scan_bridge(struct pci_bus * bus, struct pci_dev * dev, int max, int pass)
{
    struct pci_bus  * child;
    int is_cardbus = (dev->hdr_type = = PCI_HEADER_TYPE_CARDBUS);
    u32 buses, i, j = 0;
    u16 bctl;
    int broken = 0;

    pci_read_config_dword(dev, PCI_PRIMARY_BUS, &buses);
...
    if ((buses & 0xffff00) && ! pcibios_assign_all_busses()
            && ! is_cardbus && ! broken) {
...
        if (pass)
            goto out;
        busnr = (buses >> 8) & 0xFF;

            goto out;
        busnr = (buses >> 8) & 0xFF;
...
        child = pci_find_bus(pci_domain_nr(bus), busnr);
        if (! child) {
            child = pci_add_new_bus(bus, dev, busnr);
            if (! child)
                goto out;
            child->primary = buses & 0xFF;
            child->subordinate = (buses >> 16) & 0xFF;
            child->bridge_ctl = bctl;
        }

        cmax = pci_scan_child_bus(child);
        if (cmax > max)
            max = cmax;
        if (child->subordinate > max)
            max = child->subordinate;
    } else {
        if (! pass) {
...
```

```
                    if ( ! pass) {
                        if ( pcibios_assign_all_busses( ) || broken)
    ...
                            pci_write_config_dword( dev, PCI_PRIMARY_BUS,
                                            buses & ~0xffffff) ;
                        goto out;
                    }

                    /* Clear errors */
                    pci_write_config_word( dev, PCI_STATUS, 0xffff) ;

                    /* Prevent assigning a bus number that already exists.
                     * This can happen when a bridge is hot-plugged */
                    if ( pci_find_bus( pci_domain_nr( bus) , max+1) )
                        goto out;
                    child = pci_add_new_bus( bus, dev, ++max) ;
                    buses = ( buses & 0xff000000)
                        | ( ( unsigned int) ( child->primary)        << 0)
                        | ( ( unsigned int) ( child->secondary)      << 8)
                        | ( ( unsigned int) ( child->subordinate)    << 16) ;
    ...
                    pci_write_config_dword( dev, PCI_PRIMARY_BUS, buses) ;

    ...
                    child->subordinate = max;
                    pci_write_config_byte( dev, PCI_SUBORDINATE_BUS, max) ;
                }
    ...
    out:
            pci_write_config_word( dev, PCI_BRIDGE_CONTROL, bctl) ;
            return max;
    }
```

pci_scan_bridge 函数首先读取当前 PCI/HOST 主桥配置空间的第 21～18 字节，这段数据的描述如第 2.3 节所示。在这段数据中，依次存放 PCI 桥配置寄存器的 Secondary Latency Timer、Subordinate Bus Number、Secondary Bus Number 和 Primary Bus Number 寄存器。

这段程序通过判断 PCI 桥的 Subordinate 和 Secondary 总线号是否为 0，判断当前 PCI 桥是否已经被初始化。如果 Subordinate 或者 Secondary 总线号不为 0，则表示该 PCI 桥已经被 Firmware 遍历；如果为 0，表示没有被 Firmware 遍历。

如果当前 PCI 桥已经被 Firmware 遍历，即((buses & 0xffff00)...)的计算结果为 True 时，这段程序将继续判断 pass 参数，如果为 1 则跳出；否则这段程序将直接调用 pci_add_new_bus 函数为这个 PCI 桥创建 pci_bus 结构，然后递归调用 pci_scan_child_bus 函数初始化该 PCI 桥管理的 PCI 子树。当 pci_scan_child_bus 函数递归执行完毕后，这段程序将重新修正 pci_bus→subordinate 参数。

如果当前 PCI 桥没有被 Firmware 遍历，即((bus & 0xffff00)...)的计算结果为 False 时，这段程序将执行"else"分支，并首先判断 pass 参数是否为 0，如果为 0 则跳出；否则这段程序将调用 pci_add_new_bus 函数为这个 PCI 桥创建并初始化 pci_bus 结构，同时还需要初始化 PCI 桥的 Subordinate Bus Number、Secondary Bus Number 和 Primary Bus Number 寄存器，之后这段程序也递归调用 pci_scan_child_bus 函数。当 pci_scan_child_bus 函数递归完毕后，重新修正 pci_bus→subordinate 参数。

3. acpi_pci_root_add 函数的剩余操作

当 pci_scan_bridge 函数执行完毕后，我们再次回到 acpi_pci_root_add 函数，如源代码 14-31 所示。

源代码 14-31　acpi_pci_root_add 函数片段 3

```
            result = acpi_pci_bind_root(device);
            if (result)
                goto end;
...
            status = acpi_get_handle(device->handle, METHOD_NAME_PRT, &handle);
            if (ACPI_SUCCESS(status))
                result = acpi_pci_irq_add_prt(device->handle, root->bus);
...
            list_for_each_entry(child, &device->children, node)
                acpi_pci_bridge_scan(child);

            /* Indicate support for various _OSC capabilities. */
            if (pci_ext_cfg_avail(root->bus->self))
                flags |= OSC_EXT_PCI_CONFIG_SUPPORT;
            if (pcie_aspm_enabled())
                flags |= OSC_ACTIVE_STATE_PWR_SUPPORT |
                    OSC_CLOCK_PWR_CAPABILITY_SUPPORT;
            if (pci_msi_enabled())
                flags |= OSC_MSI_SUPPORT;
            if (flags != base_flags)
                acpi_pci_osc_support(root, flags);

            return 0;

end:
            if (!list_empty(&root->node))
                list_del(&root->node);
            kfree(root);
            return result;
    }
```

这段代码首先调用 acpi_pci_bind_root 函数绑定 acpi_device 与 pci_bus 结构。该函数还将 acpi_device→ops.bind 和 ops.unbind 参数分别赋值为 acpi_pci_bind 和 acpi_pci_unbind。然后这段代码调用 acpi_pci_irq_add_prt 和 acpi_pci_bridge_scan 函数分析当前处理器系统的中断路由表，这部分内容将在第 15.1.2 节介绍。

这段代码在 pcie_aspm_enabled、pci_msi_enabled 函数成功返回后将 HOST 主桥的_OSC
参数的"MSI supported 位"和"Active State Power Management supported"位设置 1。

4. acpi_pci_root_start 函数

acpi_pci_root_add 函数执行完毕后，Linux x86 将调用 acpi_pci_root_start 函数。该函数首
先扫描 acpi_pci_roots 链表，并调用 pci_bus_add_devices 函数处理这个链表中的每一个 HOST
主桥。pci_bus_add_devices 函数在 ./driver/pci/bus.c 文件中，其实现如源代码 14-32 所示。

源代码 14-32　pci_bus_add_devices 函数

```
void pci_bus_add_devices(const struct pci_bus * bus)
{
    struct pci_dev * dev;
    struct pci_bus * child;
    int retval;

    list_for_each_entry(dev, &bus->devices, bus_list) {
        /* Skip already-added devices */
        if (dev->is_added)
            continue;
        retval = pci_bus_add_device(dev);
        if (retval)
            dev_err(&dev->dev, "Error adding device, continuing\n");
    }

    list_for_each_entry(dev, &bus->devices, bus_list) {
        BUG_ON(! dev->is_added);

        child = dev->subordinate;
...
        if (! child)
            continue;
        if (list_empty(&child->node)) {
            down_write(&pci_bus_sem);
            list_add_tail(&child->node, &dev->bus->children);
            up_write(&pci_bus_sem);
        }
        pci_bus_add_devices(child);
...
        if (child->is_added)
            continue;
        retval = pci_bus_add_child(child);
        if (retval)
            dev_err(&dev->dev, "Error adding bus, continuing\n");
    }
}
```

这段代码首先调用 pci_bus_add_devices 函数，将当前 PCI 总线（pci_bus 结构）上的所有
PCI 设备的相关信息（pci_dev 结构）加入到 proc 和 sysfs 文件系统中。

之后这段代码递归调用 pci_bus_add_devices 函数遍历当前 PCI 总线上所有 PCI 子桥。这段代码最后调用 pci_bus_add_child 函数初始化 PCI 子桥 pci_bus 结构的 dev.parent 参数，并将一些相关信息加入到 sysfs 文件系统中。

当 acpi_pci_root_start 函数返回后，acpi_pci_root_init 函数将执行完毕。Linux 系统将继续调用 acpi_pci_link_init 函数进一步初始化 PCI 总线，该函数与 PCI 总线的中断路由相关，在第 15.1.3 节将详细介绍该函数的实现。

14.3.3 Linux PCI 检查 PCI 设备使用的 BAR 空间

当 acpi_pci_link_init 函数执行完毕后，Linux PCI 开始执行 pci_subsys_init 函数。在第 14.1.3 节曾简要介绍了该函数的实现，该函数如源代码 14-9 所示。

当一个处理器系统使能了 ACPI 机制，pci_subsys_init 函数的执行路径将会发生变化。该函数将首先执行 pci_acpi_init 函数，并跳过 pci_legacy_init 和 pcibios_irq_init 函数之后，执行 pcibios_init 函数。pci_acpi_init 函数的实现较为简单，其源代码在 ./arch/x86/pci/acpi.c 文件中，如源代码 14-33 所示。

源代码 14-33 pci_acpi_init 函数

```
int _init pci_acpi_init(void)
{
    struct pci_dev  * dev = NULL;

    if (pcibios_scanned)
        return 0;

    if (acpi_noirq)
        return 0;

    printk(KERN_INFO "PCI: Using ACPI for IRQ routing\n");
    acpi_irq_penalty_init();
    pcibios_scanned++;
    pcibios_enable_irq = acpi_pci_irq_enable;
    pcibios_disable_irq = acpi_pci_irq_disable;

    if (pci_routeirq) {
...
        for_each_pci_dev(dev)
            acpi_pci_irq_enable(dev);
    }

    return 0;
}
```

该函数首先调用 acpi_irq_penalty_init 函数更新 acpi_irq_penalty 表，该函数与 Linux 系统使用的 IRQ Balance 技术相关，对此感兴趣的读者可以从 http://www.irqbalance.org 网站获得更多的信息，本书并不关心这部分内容。

这段程序将 pcibios_scanned 参数置 1，并将 pcibios_enable_irq 和 pcibios_disable_irq 参数初始化为 acpi_pci_irq_enable 和 acpi_pci_irq_disable。这也是 Linux 系统使能 ACPI 机制后，

Linux PCI 并不执行 pci_legacy_init[一]和 pcibios_irq_init[一]函数的原因。最后这段程序使用 acpi_pci_irq_enable 函数为当前 PCI 总线树上的所有 PCI 设备分配 irq 号。

如果当前处理器系统使能了 ACPI 机制, pci_acpi_init 函数执行后, pci_subsys_init 函数将执行 pcibios_init 函数。pcibios_init→pcibios_resource_survey 函数将检查当前处理器系统的所有 PCI 设备的 BAR 空间, 该函数并不会操作 PCI 设备的 BAR 寄存器, 而只是检查当前处理器系统中所有 PCI 设备的 pci_dev→resource 参数是否合法。

由第 14.3.2 节所示, pci_scan_slot 函数已经将 pci_dev→resource 参数进行基本的初始化工作, 但是对于不同的处理器系统, resource→start 参数的值并不一定有效。

pcibios_resource_survey 函数在 ./arch/x86/pci/i386.c 文件中, 如源代码 14-34 所示。

源代码 14-34　pcibios_resource_survey 函数

```
void _init pcibios_resource_survey(void)
{
    DBG("PCI: Allocating resources\n");
    pcibios_allocate_bus_resources(&pci_root_buses);
    pcibios_allocate_resources(0);
    pcibios_allocate_resources(1);

    e820_reserve_resources_late();
    /*
     * Insert the IO APIC resources after PCI initialization has
     * occured to handle IO APICS that are mapped in on a BAR in
     * PCI space, but before trying to assign unassigned pci res.
     */
    ioapic_insert_resources();
}
```

在 Linux x86 中, 所有 PCI 总线树的根节点使用一个双向链表连接在一起, pci_root_buses 指向这个链表的起始地址。pcibios_allocate_bus_resources 函数使用 DFS 算法检查并分配 PCI 总线树中的所有 PCI 桥使用的系统资源, 函数的源代码在 ./arch/x86/pci/i386.c 文件中, 如源代码 14-35 所示。

源代码 14-35　pcibios_allocate_bus_resources 函数

```
static void _init pcibios_allocate_bus_resources(struct list_head * bus_list)
{
    struct pci_bus * bus;
    struct pci_dev * dev;
    int idx;
    struct resource * r;
    /* Depth-First Search on bus tree */
    list_for_each_entry(bus, bus_list, node) {
```

[一]　如第 14.1.3 节所示, pci_legacy_init 函数在执行过程中需要检查 pcibios_scanned 参数, 当该参数为 1 时, 该函数将直接返回。

[一]　pcibios_irq_init 函数需要检查 pcibios_enable_irq 参数, 如果该参数不为 NULL, 该函数也将直接返回。

```
        if ( ( dev = bus->self ) ) {
            for ( idx = PCI_BRIDGE_RESOURCES;
                idx < PCI_NUM_RESOURCES; idx++ ) {
                r = &dev->resource[ idx ];
                if ( ! r->flags )
                    continue;
                if ( ! r->start ||
                    pci_claim_resource( dev, idx ) < 0 ) {
...
                    r->flags = 0;
                }
            }
        }
        pcibios_allocate_bus_resources( &bus->children );
    }
```

pcibios_allocate_bus_resources 函数首先遍历链表 pci_root_buses 中的所有 pci_bus 结构,
之后调用 pci_claim_resource→pci_find_parent_resource 函数对 pci_bus 结构进行检查。pci_find_
parent_resource 函数在 ./driver/pci/pci.c 文件中, 如源代码 14-36 所示, 该函数成功返回时,
将获得当前 PCI 桥的上游 PCI 桥使用的 resource 参数。

源代码 14-36 pci_find_parent_resource 函数

```
    struct resource *
    pci_find_parent_resource( const struct pci_dev * dev, struct resource * res )
    {
        const struct pci_bus * bus = dev->bus;
        int i;
        struct resource * best = NULL;

        for( i = 0; i < PCI_BUS_NUM_RESOURCES; i++ ) {
            struct resource * r = bus->resource[ i ];
            if ( ! r )
                continue;
            if ( res->start && ! ( res->start >= r->start && res->end <= r->end ) )
                continue; /* Not contained */
            if ( ( ( res->flags ^ r->flags ) & ( IORESOURCE_IO | IORESOURCE_MEM ) )
                continue; /* Wrong type */
            if ( ! ( ( res->flags ^ r->flags ) & IORESOURCE_PREFETCH ) )
                return r; /* Exact match */
            if ( ( res->flags & IORESOURCE_PREFETCH )
                    && ! ( r->flags & IORESOURCE_PREFETCH ) )
                best = r; /* Approximating prefetchable by non-prefetchable */
        }
        return best;
    }
```

pci_find_parent_resource 首先对 PCI 桥管理的地址空间进行检查。如图 3-2 所示，每一个 PCI 桥都管理一段 PCI 总线地址空间，而且这段地址空间必须隶属于上游 PCI 桥管理的地址空间，其中 PCI 桥 2 管理的地址空间隶属于 PCI 桥 1，而 PCI 桥 1 管理的地址空间隶属于 HOST 主桥，而且这些地址空间的类型需要一致。

之后这段代码检查上下游 PCI 桥的预读设置位，PCI 总线规定下游设备"不可预读空间"不能使用 PCI 桥的"可预读空间"；而下游设备"可预读空间"可以使用 PCI 桥的"不可预读空间"和"可预读空间"，下游设备的"可预读空间"优先使用 PCI 桥的"可预读空间"。

当完成这些检查后 pcibios_allocate_bus_resources → request_resource 函数将从上游 PCI 桥管理的地址空间中为当前 PCI 桥分配地址空间，如果该函数返回失败，则将 r→flags 参数置 0，标记资源没有被正确分配，这种情况可能是因为 BIOS 的 bug，也可能因为其他原因。之后 pcibios_allocate_bus_resources 函数将递归调用 pcibios_allocate_bus_resources 函数遍历其下游的 PCI 总线树。

我们再次回到 pcibios_resource_survey 函数，发现该函数分别使用两个不同的入口参数 0 和 1 调用了 pcibios_allocate_resources 函数。当入口参数为 0 时，pcibios_allocate_resources 函数为"在 BIOS 中已经启用了 PCI 设备"优先分配资源；当入口参数为 1 时，该函数为其他 PCI 设备分配资源。

该函数的实现较为简单，其主要过程依然是调用 pci_find_parent_resource 函数获得上游 PCI 桥管理的资源，并使用 request_resource 函数为当前 PCI 设备分配地址空间。值得注意的是，当入口参数为 0 时，pcibios_resource_survey 函数将暂时禁止 PCI 设备的 ROM 空间，ROM 空间的初始化将在下文介绍。

pcibios_init 函数主要操作 Linux 系统中的数据结构，并没有对 PCI 设备的 BAR 寄存器进行读写操作。在 x86 处理器系统中，BIOS 会枚举 PCI 总线树，并初始化 PCI 设备的 BAR 寄存器；但是在其他处理器系统中，Firmware 可能并没有做出这些操作，为此 Linux 系统将继续遍历 PCI 总线树，并初始化这些 PCI 设备的 BAR 寄存器。

14.3.4　Linux PCI 分配 PCI 设备使用的 BAR 寄存器

pci_subsys_init 函数执行完毕后，Linux PCI 将调用 pcibios_assign_resources 函数，设置 PCI 设备的 BAR 寄存器。pcibios_assign_resources 函数首先处理 PCI 设备的 ROM 空间，并进行资源分配，之后调用 pci_assign_unassigned_resources 函数设置 PCI 设备的 BAR 寄存器。该函数在 ./drivers/pci/setup-bus.c 文件中，如源代码 14-37 所示。

源代码 14-37　pci_assign_unassigned_resources 函数

```
void _init
pci_assign_unassigned_resources(void)
{
    struct pci_bus * bus;

    /* Depth first, calculate sizes and alignments of all
        subordinate buses. */
    list_for_each_entry(bus, &pci_root_buses, node) {
```

```
        pci_bus_size_bridges(bus);
    }
    /* Depth last, allocate resources and update the hardware. */
    list_for_each_entry(bus, &pci_root_buses, node) {
        pci_bus_assign_resources(bus);
        pci_enable_bridges(bus);
    }

    /* dump the resource on buses */
    list_for_each_entry(bus, &pci_root_buses, node) {
        pci_bus_dump_resources(bus);
    }
}
```

该函数依次调用 pci_bus_size_bridges、pci_bus_assign_resources 和 pci_enable_bridges 函数，下文将分别讨论这些函数。而 pci_bus_dump_resources 函数的主要作用是将 Linux 系统分配的 PCI 设备的资源信息打印出来，本节对该函数不做介绍。

1. pci_bus_size_bridges 函数

pci_bus_size_bridges 函数的主要作用是修复和对界当前 PCI 总线树下的所有 PCI 设备（包括 PCI 桥）所使用的 I/O 和存储器地址空间。该函数的实现如源代码 14-38 所示。

源代码 14-38　pci_bus_size_bridges 函数

```
    void _ref pci_bus_size_bridges(struct pci_bus * bus)
    {
        struct pci_dev * dev;
        unsigned long mask, prefmask;
        list_for_each_entry(dev, &bus->devices, bus_list) {
            struct pci_bus * b=dev->subordinate;
...

            switch (dev->class >> 8) {
...

            case PCI_CLASS_BRIDGE_PCI:
            default:
                pci_bus_size_bridges(b);
                break;
            }
        }
        /* The root bus? */
        if (! bus->self)
            return;

        switch (bus->self->class >> 8) {
...
```

```
        case PCI_CLASS_BRIDGE_PCI：
            pci_bridge_check_ranges( bus)；
    default：
        pbus_size_io( bus)；
...
        mask = IORESOURCE_MEM；
        prefmask = IORESOURCE_MEM | IORESOURCE_PREFETCH；
        if ( pbus_size_mem( bus, prefmask, prefmask))
            mask = prefmask；/* Success, size non-prefetch only. */
        pbus_size_mem( bus, mask, IORESOURCE_MEM)；
        break；
    }
}
```

这段代码首先递归调用 pci_bus_size_bridges 函数，直到找到当前 PCI 总线树最底层的 PCI 桥，然后调用 pci_bridge_check_ranges 函数检查这个 PCI 桥所管理的地址空间是否支持 I/O 或者可预读的存储器空间，如果支持，则将当前 PCI 桥的 pci_bus→self→resource 参数的相应状态位置 1。这段代码随后调用 pbus_size_io 和 pbus_size_mem 函数修复并对界当前 PCI 桥的 I/O 空间和存储器空间，并从低到高逐层递归调用 pci_bus_size_bridges 函数。

2. pci_bus_assign_resources 函数

pci_bus_assign_resources 函数在 ./drivers/pci/setup-bus. c 文件中，如源代码 14-39 和源代码 14-41 所示。

源代码 14-39　pci_bus_assign_resources 函数片段 1

```
void _ref pci_bus_assign_resources( const struct pci_bus *bus)
{
    struct pci_bus *b；
    struct pci_dev *dev；

    pbus_assign_resources_sorted( bus)；
```

该函数首先调用 pbus_assign_resources_sorted 函数遍历并初始化当前 PCI 总线上的所有 PCI 设备的 BAR 寄存器，包括 PCI Agent 设备和 PCI 桥，之后递归调用自身遍历当前 PCI 总线的所有下游总线，最后调用 pci_setup_bridge 函数初始化 PCI 桥的存储器和 I/O Base、Limit 寄存器。

在第 14.3.2 中曾经使用 pci_scan_bridge 函数，将 PCI 桥的 Primary Bus Number、Secondary Bus Number 和 Subordinate Bus Number 寄存器初始化完毕，此时 Linux PCI 可以访问 HOST 主桥之下的所有 PCI 设备的配置空间，但是不能访问"未初始化的 PCI 设备"的 BAR 空间。PCI/PCIe 总线规定使用 ID 寻址方式访问配置空间，而使用地址寻址方式访问存储器空间，因此处理器虽然不能访问 BAR 空间，但是依然能够访问 PCI 设备的配置空间。

值得注意的是这段代码中的一个细节问题。其中 pbus_assign_resources_sorted 函数在 pci_bus_assign_resources 函数递归调用之前执行，而 pci_setup_bridge 函数在递归调用之后执行。Linux PCI 采用这种方式，可以保证 PCI 设备 BAR 寄存器初始化是从上游 PCI 总线到下游

PCI 总线，而 PCI 桥 Base、Limit 寄存器的初始化是从下游 PCI 总线到上游 PCI 总线。

这一细节对 PCI 设备的初始化非常重要，因为 PCI 桥所管理的地址空间是其下所有 PCI 设备使用地址空间的合集，因此 PCI 桥 Base、Limit 寄存器的初始化需要从下而上进行。而 PCI 设备的 BAR 寄存器的初始化的方向并没有严格规定，PCI 规范并没有对此做具体的要求，在实现中只要保证系统软件在初始化 PCI 桥的 Base、Limit 寄存器之前，其下所有 PCI 设备的 BAR 寄存器已经完成初始化即可。目前 Linux 系统使用从上游总线到下游总线的方法初始化 PCI 设备的 BAR 寄存器。

对于 x86 处理器系统，PCI 设备的 BAR 空间已经被 BIOS 初始化，因此只要 BIOS 正确分配了 PCI 设备的 BAR 寄存器，Linux 系统不执行 pci_assign_unassigned_resources 函数也没有什么关系。不过对于一些处理器系统，其 Firmware 并没有完全枚举 PCI 总线树上的 PCI 设备，此时必须调用 pci_assign_unassigned_resources 中的 pci_bus_assign_resources[0] 函数初始化"未初始化 BAR 空间"的 PCI 设备。

pbus_assign_resources_sorted 函数负责分配"未初始化 PCI 设备的 BAR 寄存器"，该函数将对这些 PCI 设备的 BAR 寄存器进行写操作。该函数的实现如源代码 14-40 所示。

源代码 14-40 pbus_assign_resources_sorted 函数

```
static void pbus_assign_resources_sorted(const struct pci_bus * bus)
{
    struct pci_dev * dev;
    struct resource * res;
    struct resource_list head, * list, * tmp;
    int idx;

    head. next = NULL;
    list_for_each_entry(dev, &bus->devices, bus_list) {
        u16 class = dev->class >> 8;
...
        pdev_sort_resources(dev, &head);
    }

    for (list = head. next; list;) {
        res = list->res;
        idx = res - &list->dev->resource[0];
        if (pci_assign_resource(list->dev, idx)) {
            res->start = 0;
            res->end = 0;
            res->flags = 0;
        }
        tmp = list;
        list = list->next;
        kfree(tmp);
    }
}
```

这段代码首先调用 pdev_sort_resources 函数，该函数的实现过程较为简单，其主要作用是将"未初始化"的 PCI 设备使用的资源进行排序对齐，然后加入到 head 链表中，随后调用 pci_assign_resource 函数初始化这些 PCI 设备的 BAR 寄存器。

pci_assign_resource 函数在 ./drivers/pci/setup-res.c 文件中，该函数的实现逻辑较为简单，本节并不列出这段源代码。该函数两次调用了 pci_bus_alloc_resource 函数，第一次试图从上游总线的可预读存储器空间为当前 PCI 设备分配资源，第二次从"不可预读的存储器空间"分配资源。当资源分配成功后，pci_assign_resource→pci_update_resource 函数将初始化 PCI 设备的 BAR 寄存器，这些代码并不复杂，本节将这些代码留给读者。

源代码 14-41　pci_bus_assign_resources 函数片段 2

```
list_for_each_entry(dev, &bus->devices, bus_list) {
    b=dev->subordinate;
    if (! b)
        continue;

    pci_bus_assign_resources(b);

    switch (dev->class >> 8) {
    case PCI_CLASS_BRIDGE_PCI:
        pci_setup_bridge(b);
        break;

    case PCI_CLASS_BRIDGE_CARDBUS:
        pci_setup_cardbus(b);
        break;

    default:
        dev_info(&dev->dev, "not setting up bridge for bus "
            "%04x:%02x\n", pci_domain_nr(b), b->number);
        break;
    }
}
```

再次回到 pci_bus_assign_resources 函数，该函数开始递归调用自身，寻找当前 PCI 总线子树的最后一个 PCI 桥，之后调用 pci_setup_bridge 函数初始化这个 PCI 桥的 Base、Limit 寄存器。pci_setup_bridge 函数的源代码在 ./drivers/pci/set-bus.c 文件中，本节对此不作介绍。

当 Linux PCI 执行 pci_setup_bridge 函数初始化当前 PCI 桥之后，这个桥的上游设备和这个桥管理的 PCI 设备的 BAR 寄存器已经初始化完毕。因此 pci_setup_bridge 函数通过简单的计算，即可得出当前 PCI 桥 Base、Limit 寄存器的值，之后调用 pci_write_config_dword 函数将这个数据对 PCI 桥的这些寄存器更新即可。

至此，PCI 总线树上的所有 PCI 设备的 BAR 寄存器，以及 PCI 桥的 Base、Limit 寄存器全部初始化完毕，从硬件的角度来看，PCI 总线系统已经初始化完毕。

3. pci_enable_bridges 函数

我们再次回到 pci_assign_unassigned_resources 函数, 如源代码 14-37 所示, 该函数将调用 pci_enable_bridges 函数, 使能所有 PCI 桥设备。pci_enable_bridges 函数的实现如源代码 14-42 所示。

源代码 14-42　pci_enable_bridges 函数

```
void pci_enable_bridges( struct pci_bus  * bus)
{
    struct pci_dev  * dev;
    int retval;

    list_for_each_entry( dev, &bus->devices, bus_list) {
        if ( dev->subordinate) {
            if ( ! pci_is_enabled( dev) ) {
                retval = pci_enable_device( dev) ;
                pci_set_master( dev) ;
            }
            pci_enable_bridges( dev->subordinate) ;
        }
    }
}
```

该函数的实现较为简单, 分别调用 pci_enable_device、pci_set_master 函数启动当前 PCI 桥, 之后递归调用 pci_enable_bridges 函数启动当前 PCI 桥下游的 PCI 桥。至此 Linux PCI 完成对当前 PCI 总线树的主要初始化工作。

14.4　Linux PowerPC 如何初始化 PCI 总线树

Linux PowerPC 初始化 PCI 总线树的步骤与 Linux x86 类似, 也调用了一些 Linux 系统中与 PCI 总线相关的通用函数。但是 PowerPC 处理器使用的 HOST 主桥与 x86 处理器并不相同, 因此 Linux PowerPC 初始化 PCI 总线树的过程与 Linux x86 有些差别。本节以 MPC8572 处理器为例, 说明 Linux PowerPC 初始化 PCI 总线树的过程。

MPC8572 处理器共有 3 个 PCIe 总线控制器, 其中每一个总线控制器都可以管理一个独立的 PCI 总线树。在每一个总线控制器中都包含一组独立的寄存器, MPC8572 处理器可以通过设置 Inbound 和 Outbound 寄存器, 访问对应 PCI 总线树上所有 PCI 设备的配置空间。这组寄存器与 MPC8548 处理器提供的对应寄存器较为类似, 详见第 2.2 节。

Linux PowerPC 在引入了 Open Firmware 机制[⊖]后, 使用 dts 文件管理 PCI 总线控制器。MPC8572 处理器系统使用的 dts 文件为 ./arch/powerpc/boot/dts/mpc8572ds.dts 文件, 其中与 PCI 总线控制器相关的部分如源代码 14-43 所示。

⊖　该机制由 Sun Microsystems 引入, 广泛应用于 Sun、Apple、IBM 和 Freescale 的非 x86 处理器系统中。

源代码 14-43　MPC8572 处理器系统使用的 dts 文件

```
        pci0: pcie@ffe08000 {
            compatible="fsl,mpc8548-pcie";
            device_type="pci";
            #interrupt-cells=<1>;
            #size-cells=<2>;
            #address-cells=<3>;
            reg=<0 0xffe08000 0 0x1000>;
            bus-range=<0 255>;
            ranges =<0x2000000 0x0 0x80000000 0 0x80000000 0x0 0x20000000
                    0x1000000 0x0 0x00000000 0 0xffc00000 0x0 0x00010000>;
    ...
        }
        pci1: pcie@ffe09000 {
            compatible="fsl,mpc8548-pcie";
            device_type="pci";
            #interrupt-cells=<1>;
            #size-cells=<2>;
            #address-cells=<3>;
            reg=<0 0xffe09000 0 0x1000>;
            bus-range=<0 255>;
            ranges =<0x2000000 0x0 0xa0000000 0 0xa0000000 0x0 0x20000000
                    0x1000000 0x0 0x00000000 0 0xffc10000 0x0 0x00010000>;
    ...
        }
        pci2: pcie@ffe0a000 {
            compatible="fsl,mpc8548-pcie";
            device_type="pci";
            #interrupt-cells=<1>;
            #size-cells=<2>;
            #address-cells=<3>;
            reg=<0 0xffe0a000 0 0x1000>;
            bus-range=<0 255>;
            ranges =<0x2000000 0x0 0xc0000000 0 0xc0000000 0x0 0x20000000
                    0x1000000 0x0 0x00000000 0 0xffc20000 0x0 0x00010000>;
    ...
        }
```

以上代码分别描述了 MPC8572 处理器系统的 3 个 PCIe 控制器，其使用的寄存器空间为 0xFFE08000 ~ 0xFFE08FFFF、0xFFE09000 ~ 0xFFE09FFFF 和 0xFFE0A000 ~ 0xFFE0AFFFF。这 3 个 PCIe 控制器分别管理 3 棵 PCI 总线树，其 PCI 总线的编号都为 0 ~ 255，在这个 dts 文件中还包含了 PCIe 控制器的其他信息，本节并不关心这些内容。

Linux PowerPC 在调用 setup_arch→mpc85xx_cds_setup_arch 函数时，分别初始化这 3 个 PCIe 控制器，该函数的实现如源代码 14-44 所示。

源代码 14-44　mpc85xx_cds_setup_arch 函数

```
static void _init mpc85xx_cds_setup_arch(void)
{
#ifdef CONFIG_PCI
    struct device_node *np;
#endif
    ...
#ifdef CONFIG_PCI
    for_each_node_by_type(np, "pci") {
        if (of_device_is_compatible(np, "fsl,mpc8540-pci") ||
            of_device_is_compatible(np, "fsl,mpc8548-pcie")) {
            struct resource rsrc;
            of_address_to_resource(np, 0, &rsrc);
            if ((rsrc.start & 0xfffff) == 0x8000)
                fsl_add_bridge(np, 1);
            else
                fsl_add_bridge(np, 0);
        }
    }

    ppc_md.pci_irq_fixup = mpc85xx_cds_pci_irq_fixup;
    ppc_md.pci_exclude_device = mpc85xx_exclude_device;
#endif
}
```

　　mpc85xx_cds_setup_arch 函数分析 mpc8572ds.dts 文件，并将"pci0"作为主 PCI 总线控制器，并调用 fsl_add_bridge(np, 1)函数进行初始化操作，"pci1"和"pci2"作为从 PCI 总线控制器调用 fsl_add_bridge(np, 0)函数进行初始化操作。在 MPC8572 处理器中，主 PCI 总线控制器需要处理 ISA 总线使用的存储器和 I/O 地址空间。

　　fsl_add_bridge 函数在 ./arch/powerpc/sysdev/fsl_pci.c 文件中，该函数的实现如源代码14-45 和 14-46 所示。Linux PowerPC 使用 pci_controller 结构描述 HOST 主桥，包括这个主桥管理的 PCI 总线域地址范围、PCI 总线号和访问配置寄存器的方法等一系列信息，pci_controller 结构在 ./arch/powerpc/include/asm/pci-bridge.h 文件中。

源代码 14-45　fsl_add_bridge 函数片段 1

```
int _init fsl_add_bridge(struct device_node *dev, int is_primary)
{
    int len;
    struct pci_controller *hose;
    struct resource rsrc;
    const int *bus_range;
    ...
    /* Fetch host bridge registers address */
    if (of_address_to_resource(dev, 0, &rsrc)) {
```

```
            printk( KERN_WARNING "Can't get pci register base!") ;
            return -ENOMEM;
        }
...
        ppc_pci_add_flags( PPC_PCI_REASSIGN_ALL_BUS) ;
        hose = pcibios_alloc_controller( dev) ;
        if ( ! hose)
            return -ENOMEM;

        hose->first_busno = bus_range ? bus_range[0] : 0x0;
        hose->last_busno = bus_range ? bus_range[1] : 0xff;

        setup_indirect_pci( hose, rsrc. start, rsrc. start + 0x4,
            PPC_INDIRECT_TYPE_BIG_ENDIAN) ;
```

这段代码首先分析 mpc8572ds. dts 文件，然后获得 PCIe 主桥管理的 PCI 总线范围，对于 pci0 控制器，bus_range[0] 为 0，而 bus_range[1] 为 255。之后为当前 PCIe 主桥使用的 hose 结构分配空间，并初始化其 first_busno 和 last_busno 参数。

setup_indirect_pci 函数设置在 Linux PowerPC 中间接访问 PCI 设备配置空间的函数，如第 2.2 节所示，在 PowerPC 处理器中，访问 PCI 设备配置空间有两种方式，一种是使用间接访问方式，一种是使用 ECAM 方式。与 x86 处理器略有不同，PowerPC 处理器使用间接访问方式也可以访问 PCIe 设备的扩展配置空间，因此 ECAM 方式对于 PowerPC 处理器而言，并不是必须的。

源代码 14-46　fsl_add_bridge 函数片段 2

```
...
        /* Interpret the "ranges" property */
        /* This also maps the I/O region and sets isa_io/mem_base */
        pci_process_bridge_OF_ranges( hose, dev, is_primary) ;

        /* Setup PEX window registers */
        setup_pci_atmu( hose, &rsrc) ;

        return 0;
}
```

pci_process_bridge_OF_ranges 函数分析 mpc8572ds. dts 文件的 "ranges" 字段，在 dts 文件中，ranges 字段的解释如下。

```
    ranges = <0x2000000 0x0 0x80000000 0 0x80000000 0x0 0x20000000
        0x1000000 0x0 0x00000000 0 0xffc00000 0x0 0x00010000>;
```

ranges 字段共由 14 个双字组成，每 7 个双字为 1 组，每一组描述一段 PCI 总线域地址空间与存储器域地址空间的对应关系。

- 每一组的第一个双字代表 pci_space，为 0x2000000 表示这段 PCI 总线地址空间为存储器地址空间，为 0x1000000 表示这段 PCI 总线地址空间为 I/O 地址空间。

- 每一组的第 2~3 个双字存放 pci_address，即 PCI 域地址空间。
- 每一组的第 4~5 个双字存放 cpu_address，即存储器域地址空间。
- 每一组的第 6~7 个双字存放 size，即这段地址空间的大小。

pci_process_bridge_OF_ranges 函数的主要作用就是根据 dts 文件中的 ranges 字段，初始化 hose 结构的对应参数，本节对该函数不做进一步介绍。

setup_pci_atmu 函数首先设置 MPC8572 处理器中的 Outbound 和 Inbound 寄存器组，这两组寄存器的描述见第 2.2 节。然后设置 PEXCSRBAR 寄存器。

如果 MPC8572 处理器作为 RC[⊖]，而且支持 MSI 中断机制时，需要设置 PCIe 主桥的 BAR0 寄存器，即 PEXCSRBAR（PCI Express Base Address Register）寄存器。在 PCI 规范中，MSI 中断机制以存储器写的方式实现，当这个 MSI 存储器写最终到达 RC 时，需要能够被 RC 接收。在 PowerPC 处理器中，MSI 存储器写的目的地址为 MSIIR 寄存器在 PCI 总线域的物理地址。此时 PowerPC 处理器可以采用两种方式接收这个 MSI 存储器写，一种是设置 Inbound 寄存器，映射 MSIIR 寄存器所在的 PCI 总线空间，另一种是设置 RC 的 BAR0 寄存器。Linux PowerPC 使用了后一种方式。

Linux PowerPC 执行完毕 setup_arch 函数后，还会执行一些和 PCI 总线初始化相关的函数，如下所示。

```
c053e04c t _initcall_pcibus_class_init2
c053e050 t _initcall_pci_driver_init2
c053e088 t _initcall_pcibios_init4
c053e0ac t _initcall_pci_slot_init4
c053e28c t _initcall_pci_init6
c053e290 t _initcall_pci_proc_init6
c053e3ec t _initcall_pci_resource_alignment_sysfs_init7
c053e3f0 t _initcall_pci_sysfs_init7
```

这些函数在第 14.3 节中都有介绍，虽然 Linux PowerPC 执行这些函数的过程与 Linux x86 略有不同，但大体类似，本章对此不做进一步说明。

14.5　小结

本章使用了一定的篇幅介绍 Linux PCI 的实现过程。Linux PCI 中的源代码对于读者理解 PCI 体系结构有较大的帮助，但希望读者不要拘泥于此。Linux PCI 只是 PCI 软件体系结构的一种实现方式，这种实现并不是最合理的。

Linux PCI 子系统在其发展过程中，遇到了各种各样的问题与 Bug，这些代码经历了一遍又一遍的修改。这种修改有如向一个满是补丁的衣服上继续打补丁，最后已无法识别衣服的原本模样。同许多通用代码类似，Linux PCI 需要兼容各类处理器系统，目前的实现远非完美，而这些不完美将继续。

⊖　MPC8572 的 PCIe 总线控制器可以作为 RC，也可以作为 EP。

第 15 章　Linux PCI 的中断处理

Linux PCI 的中断处理包含两部分内容，一部分是 PCI 设备使用 INTx 信号，包括 PCIe 设备使用 INTx 消息，向处理器提交的中断请求，这种中断请求方式也被称为 PCI 设备的传统中断请求；而另一部分是处理 MSI/MSI-X 中断机制。

Linux PCI 在处理传统中断请求时，需要考虑 PCI 总线的中断路由。本章将首先介绍 PCI 总线的中断路由，并在第 15.2 节介绍 MSI 和 MSI-X 中断机制，而不再详细介绍 PCI 设备的传统中断请求。

15.1　PCI 总线的中断路由

在多数 x86 处理器系统中，PCI 设备的 INTA~D#四个中断请求信号与 LPC 接口提供的外部引脚 PIRQA~D#相连，之后 PIRQA~D#与 I/O APIC 的中断请求信号 IRQ_PIN16~19#相连。如果 PCIe 设备没有使用 MSI 中断请求机制，而是使用了 Legacy INTx 方式⊖模拟 INTA~D#信号时，这些 Assert INTx 和 Deassert INTx 消息也由 Chipset 处理，并由 Chipset 将这些消息转换为一根硬件引脚，然后将这个硬件引脚与 I/O APIC 的中断输入引脚相连。其连接关系如图 15-1 所示。I/O APIC 最终使用 REDIR_TBL 表，将来自输入引脚的中断请求发送至 Local APIC，并由 CPU 进一步处理这个中断请求。

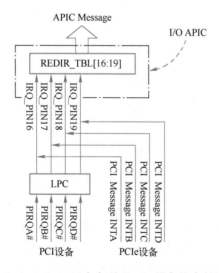

图 15-1　I/O APIC 如何处理 PCI 设备的中断请求

⊖ I/O APIC 将这种方式称为 PCI Message。PCIe 设备可以通过 INTx 中断消息报文，向 I/O APIC 提交中断请求，详见第 6.3.4 节。

本书并不关心 I/O APIC 如何使用 APIC Message 将中断消息传递给 Local APIC，而重点关注 PCI 和 PCIe 设备使用的中断信号与 I/O APIC 输入引脚 IRQ_PIN16~19 的连接关系。如图 15-1 所示，LPC 的 PIRQA~D#分别与 IRQ_PIN16~19 对应，但是 PCI 设备的 INTA~D#与 PIRQA~D#的连接关系并不是唯一的，图 15-1 所示的 PCI 设备与中断控制器连接方法只是其中一种连接方法。

而无论硬件采用何种连接结构，系统软件都需要能够正确识别是哪个 PCI 设备发出的中断请求，为此系统软件使用 PCI 中断路由表（PCI Interrupt Routing Table）记录 PCI 设备使用的 INTA~D#与 I/O APIC 中断输入引脚 IRQ16~19 的对应关系。

如果在 x86 处理器系统中存在 Switch，而这个 Switch 的每一个端口都相当于一个虚拟 PCI 桥，当 Switch 的下游端口收到 PCI Message INTx 消息后，将通过虚拟 PCI 桥向上传递这个消息。值得注意的是，虚拟 PCI 桥可能会改变 PCI Message INTx 消息，如将设备号为 1 的 INTA#消息转换为 INTB#消息。在虚拟 PCI 桥中，Primary 总线和 Secondary 总线 PCI Message INTx 消息的映射关系如表 15-1 所示。

表 15-1　虚拟 PCI 桥 Primary 总线与 Secondary 总线间 INTx 消息间的映射关系

设备号	PCI 桥 Secondary 总线的虚拟中断信号 INTx#	PCI 桥 Primary 总线的虚拟中断信号 INTx#
0, 4, 8, 12, 16, 20, 24, 28	INTA#	INTA#
	INTB#	INTB#
	INTC#	INTC#
	INTD#	INTD#
1, 5, 9, 13, 17, 21, 25, 29	INTA#	INTB#
	INTB#	INTC#
	INTC#	INTD#
	INTD#	INTA#
2, 6, 10, 14, 18, 22, 26, 30	INTA#	INTC#
	INTB#	INTD#
	INTC#	INTA#
	INTD#	INTB#
3, 7, 11, 15, 19, 23, 27, 31	INTA#	INTD#
	INTB#	INTA#
	INTC#	INTB#
	INTD#	INTC#

PCIe 设备发送的 PCI Message INTx 消息首先到达虚拟 PCI 桥的 Secondary 总线，之后虚拟 PCI 桥根据 PCIe 设备的设备号将这些 PCI Message INTx 消息转换为 Primary 总线合适的虚拟中断信号。如设备号为 1 的 PCIe 设备使用 PCI Message INTA 消息进行中断请求时，该消息在通过虚拟 PCI 桥后，将被转换为 PCI Message INTB 消息，然后继续传递该消息报文，最终 PCI Message INTx 消息将到达 RC，并由 RC 将该消息报文转换为虚拟中断信号 INTx，并与 I/O APIC 的中断请求引脚 IRQ_PIN16~19 相连。

然而直接使用 PCIe 总线提供的标准方法会带来一些问题。因为一条 PCIe 链路只能挂接一个 EP，这个 EP 的设备号通常为 0，而这些设备使用的虚拟中断信号多为 INTA#，因此这些 PCIe 设备通过 Switch 的虚拟 PCI-to-PCI 桥进行中断路由后，将使用虚拟中断信号 INTA#，并与 I/O APIC 的 IRQ_PIN16 引脚相连，并不会使用其他 IRQ_PIN 引脚，这造成了 IRQ_PIN16 的负载过重。其连接拓扑结构如图 15-2 所示。

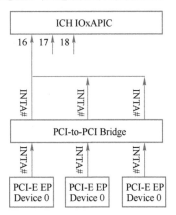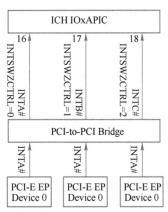

图 15-2　PCI Message 中断路由

如上图所示，PCIe 设备使用的 INTx 中断请求都最终使用 I/O APIC 的 IRQ_PIN16 引脚，从而造成了这个引脚所申请的中断过于密集，因此采用这种中断路由方法并不合理。为此 Intel 在 5000 系列的 Chipset 中使用了 Interrupt Swizzling 技术将这些来自 PCIe 设备的中断请求平均分配到 I/O APIC 的 IRQ_PIN16~19 引脚中。

在图 15-2 中，Chipset 设置了一个 INTSWZCTRL 寄存器，通过这些寄存器可以将 PCIe 设备提交的中断请求均衡地发送至 I/O APIC 中。如果一个 EP 对应的 INTSWZCTRL 位为 0，则该设备的 INTA#将与 IRQ_PIN16 相连；如果为 1，将与 IRQ_PIN17 相连，并以此类推，最终实现中断请求的负载均衡。

在一个 x86 处理器系统中，PCI 设备或者 PCIe 设备使用的中断信号 INTA~D#与 I/O APIC 的 IRQ_PIN16~19 之间的对应关系并不明确，各个厂商完全可以按照需要定制其映射关系。这为系统软件的设计带来了不小的麻烦。为此 BIOS 为系统软件提供了一个 PCI 中断路由表，存放这个映射关系，ACPI 规范将这个中断路由表存放在 DSDT 中。

值得注意的是，每一个 HOST 主桥和每一条 PCI 总线都含有一个中断路由表。在讲述 PCI 中断路由表之前，我们简要回顾 Linux 系统如何为 PCI 设备分配中断向量。

15.1.1　PCI 设备如何获取 irq 号

在 Linux 系统中，PCI 设备使用的 irq 号存放在 pdev→irq 参数中，该参数在 Linux 设备驱动程序进行初始化时，由 pci_enable_device 函数设置。本书在第 12.3.2 节曾简要介绍过这个函数，下文进一步说明如何使用该函数设置 PCI 设备的 irq 号。pci_enable_device 函数将依次调用__pci_enable_device_flags→do_pci_enable_device→pcibios_enable_device 函数设置 PCI 设备使用的 irq 号。

pcibios_enable_device 函数将调用 pcibios_enable_irq 函数，设置 PCI 设备使用的 irq 号。如果处理器系统使能了 ACPI 机制，pcibios_enable_irq 函数将被赋值为 acpi_pci_irq_enable。acpi_pci_irq_enable 函数在 ./drivers/acpi/pci_irq.c 文件中，其实现过程如源代码 15-1 所示。

源代码 15-1　　acpi_pci_irq_enable 函数

```
int acpi_pci_irq_enable( struct pci_dev  * dev)
{
    struct acpi_prt_entry  * entry;
    int gsi;
    u8 pin;
    int triggering = ACPI_LEVEL_SENSITIVE;
    int polarity = ACPI_ACTIVE_LOW;
    char  * link = NULL;
    char link_desc[ 16 ];
    int rc;


    pin = dev->pin;
    if ( ! pin) {
        ACPI_DEBUG_PRINT( ( ACPI_DB_INFO ,
            "No interrupt pin configured for device %s\n",
            pci_name( dev) ) ) ;
        return 0;
    }


    entry = acpi_pci_irq_lookup( dev, pin) ;
    if ( ! entry) {
        /*
         * IDE legacy mode controller IRQs are magic.  Why do compat
         * extensions always make such a nasty mess.
         */
        if ( dev->class >> 8  = =  PCI_CLASS_STORAGE_IDE &&
                ( dev->class & 0x05)  = =  0)
            return 0;
    }


    if ( entry) {
        if ( entry->link)
            gsi = acpi_pci_link_allocate_irq( entry->link,
                    entry->index,
                    &triggering, &polarity,
                    &link) ;
        else
            gsi = entry->index;
    } else
        gsi = -1;
...
```

```
        if ( gsi < 0 ) {
            dev_warn(&dev->dev, "PCI INT %c: no GSI", pin_name(pin));
            / *  Interrupt Line values above 0xF are forbidden  * /
            if ( dev->irq > 0 && ( dev->irq <= 0xF ) ) {
                printk(" - using IRQ %d\n", dev->irq);
                acpi_register_gsi(&dev->dev, dev->irq,
                    ACPI_LEVEL_SENSITIVE,
                    ACPI_ACTIVE_LOW);
                return 0;
            } else {
                printk("\n");
                return 0;
            }
        }


        rc = acpi_register_gsi(&dev->dev, gsi, triggering, polarity);
        if ( rc < 0 ) {
            dev_warn(&dev->dev, "PCI INT %c: failed to register GSI\n",
                pin_name(pin));
            return rc;
        }
        dev->irq = rc;
    ...
        return 0;
    }
```

该函数首先调用 acpi_pci_irq_lookup→ acpi_pci_irq_find_prt_entry 函数，从 acpi_prt_list 链表中获得一个 acpi_prt_entry 结构的 Entry。在 acpi_prt_list 链表中存放 PCI 总线的中断路由表，本章将在第 15.1.2 节进一步介绍该表。在这个 Entry 中，存放 PCI 设备使用的 Segment、Bus、Device 和 Function 号，PCI 设备使用的中断请求信号（INTA#~INTD#）和 GSI（Global System Interrupt）号。

这段程序在获得 Entry 后，将判断 Entry→link 是否为空，如果为空，表示当前 x86 处理器系统使用 I/O APIC 管理外部中断，而不是使用 8259A。在 Intel 的 ICH9 中集成了两个中断控制器，一个是 8259A，另一个是 I/O APIC。Linux x86 通过软件配置，决定究竟使用哪个中断控制器，在绝大多数情况下，Linux x86 使用 I/O APIC 而不是 8259A 管理外部中断请求 ⑳。本章不再关心 8259A 中断控制器，因此也不再关心 Entry→link 不为空的处理情况⊖。

这段程序在获得 GSI 号之后，将调用 acpi_register_gsi 函数，将 GSI 号转换为系统软件使用的 irq 号。acpi_register_gsi 函数使用三个入口参数，分别为 GSI 号、中断触发方式和采用

⊖　Linux IA 在引导时可以加入 "noapic" 参数关闭 I/O APIC，此时处理器系统将使用 8259A 中断控制器。

电平触发时的极性。其中 PCI 设备使用低电平触发方式。

acpi_register_gsi 函数执行完毕后，将为 PCI 设备分配一个 irq 号，这个 irq 号是系统软件使用的，之后 PCI 设备的驱动程序可以使用 request_irq 函数将中断服务例程与 irq 号建立映射关系；该函数还将设置 I/O APIC 的 REDIR_TBL 表，将 GSI 号与 REDIR_TBL 表中的中断向量建立对应关系，同时初始化与操作系统相关的 irq 结构[⊖]。为了深入理解 acpi_register_gsi 函数，读者需要理解 GSI 号、I/O APIC 的 REDIR_TBL 表、IRQ_PIN 引脚和 Linux 使用的 irq 号之间的对应关系。

GSI 号是 ACPI 规范引入的，用于记录 I/O APIC 的 IRQ_PIN 引脚号的参数。如果 x86 处理器系统使用 I/O APIC 管理外部中断请求，而且在这个处理器系统中具有多个 I/O APIC 控制器，那么 GSI 号和 I/O APIC 中断引脚号的对应关系如图 15-3 所示。

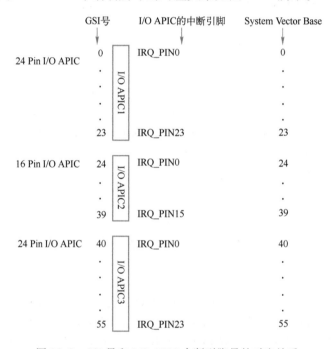

图 15-3 GSI 号和 I/O APIC 中断引脚号的对应关系

假设在一个 x86 处理器系统中存在 3 个 I/O APIC，其中有两个 I/O APIC 的外部中断引脚数为 24 根，另外一个 I/O APIC 的外部中断引脚数为 16 根。其中 GSI 号的 0~23 与 I/O A-PIC1 的 IRQ_PIN0~23 对应；GSI 号的 24~39 与 I/O APIC2 的 IRQ_PIN0~15 对应；而 GSI 号的 40~55 与 I/O APIC3 的 IRQ_PIN0~23 对应。ACPI 规范为统一起见使用 GSI 号描述外部设备与 I/O APIC 中断引脚的连接关系。

I/O APIC 的 IRQ_PIN 引脚与外部设备的中断请求引脚相连，如 I/O APIC1 的 IRQ_PIN16 与某个 PCI 设备的 INTA#相连。值得注意的是，PCI 设备的 INTA#信号首先与 LPC 的 PIRQA#信号相连，而 PIRQA#信号再与 I/O APIC1 的 IRQ_PIN16 相连。其中 I/O APIC 集成在 ICH 中，因此这些 IRQ_PIN 引脚并没有从 ICH 中引出。

⊖ 在 Linux 系统中，该结构为 irq_desc，该结构记录与 irq 号相关的信号。

　　REDIR_TBL 表中存放对 IRQ_PIN 引脚的描述,一个 I/O APIC 具有多少个 IRQ_PIN 引脚,REDIR_TBL 表就由多少项组成。该表的每一个 Entry 由多个字段组成,本节仅对这个 Entry 的 Vector 字段感兴趣,Vector 字段是这个 Entry 的第 7~0 位,存放对应 IRQ_PIN 引脚使用的中断向量。

　　在 Linux 系统中,与 IRQ_PIN 引脚对应的中断向量由 acpi_register_gsi 函数设置,当 x86 处理器系统使用 I/O APIC 管理外部中断时,acpi_register_gsi 函数将调用 mp_register_gsi 函数。mp_register_gsi 函数在 ./drivers/acpi/boot.c 文件中定义,其实现机制如源代码 15-2 所示。我们假定在 Linux 系统中使能了 CONFIG_X86_32 选项。

源代码 15-2　　mp_register_gsi 函数

```
int mp_register_gsi(struct device * dev, u32 gsi, int trigger, int polarity)
{
    int ioapic;
    int ioapic_pin;
...
    ioapic = mp_find_ioapic(gsi);
    if (ioapic < 0) {
        printk(KERN_WARNING "No IOAPIC for GSI %u\n", gsi);
        return gsi;
    }


    ioapic_pin = mp_find_ioapic_pin(ioapic, gsi);

#ifdef CONFIG_X86_32
    if (ioapic_renumber_irq)
        gsi = ioapic_renumber_irq(ioapic, gsi);
#endif

    if (ioapic_pin > MP_MAX_IOAPIC_PIN) {
        printk(KERN_ERR "Invalid reference to IOAPIC pin "
            "%d-%d\n", mp_ioapics[ioapic].apicid,
            ioapic_pin);
        return gsi;
    }

    if (enable_update_mptable)
        mp_config_acpi_gsi(dev, gsi, trigger, polarity);

    set_io_apic_irq_attr(&irq_attr, ioapic, ioapic_pin,
```

```
                trigger = = ACPI_EDGE_SENSITIVE ? 0 : 1,
                polarity = = ACPI_ACTIVE_HIGH ? 0 : 1);
        io_apic_set_pci_routing(dev, gsi, &irq_attr);


        return gsi;

    }
```

这段程序首先根据 GSI 号，使用 mp_find_ioapic 和 mp_find_ioapic_pin 函数，确定当前 PCI 设备与 I/O APIC 中断控制器的哪个 IRQ_PIN 引脚相连（GSI 号与 I/O APIC 和 IRQ_PIN 引脚的对应关系如图 15-1 所示）。

然后 mp_register_gsi 函数调用 io_apic_set_pci_routing 函数设置 I/O APIC 中的寄存器。在 Linux x86 的源代码中，mp_register_gsi 函数调用 io_apic_set_pci_routing 函数时，有一个并不恰当的处理，在 mp_register_gsi 函数中使用 GSI 号作为 io_apic_set_pci_routing 函数的第二个入口参数，但是 io_apic_set_pci_routing 函数要求的这个输入参数是 irq 号。

在 Linux x86 系统中，irq 号是一个纯软件[⊖]概念，而这段代码的作用实际上是令 GSI 号直接等于 irq 号。笔者认为这种方法并不十分恰当，因为 GSI 号用来描述 I/O APIC 的 IRQ_PIN 输入引脚，而 irq 号是设备驱动程序用来挂接中断服务例程的。

本节在此强调这个问题，主要为了读者辨明 GSI 号和 irq 号的关系，目前在 Linux x86 系统中，PCI 设备使用的 GSI 号与 irq 号采用了"直接相等"[⊖]的一一映射关系，实际上，GSI 号并不等同于 irq 号。在系统软件的实现中，两者只要建立一一映射的对应关系即可，并不一定要"直接相等"。还有一点需要提醒读者注意，就是不同的 PCI 设备可以共享同一个 GSI 号，即共享 I/O APIC 的一个 IRQ_PIN 引脚，从而在 Linux 系统中共享同一个 irq 号。

io_apic_set_pci_routing 函数调用 __io_apic_set_pci_routing→setup_IO_APIC_irq 操作 I/O APIC 中的寄存器。setup_IO_APIC_irq 是一个重要函数，如源代码 15-3 所示。

源代码 15-3　setup_IO_APIC_irq 函数

```
    static void setup_IO_APIC_irq(int apic_id, int pin, unsigned int irq,
            struct irq_desc * desc, int trigger, int polarity)

    {

        struct irq_cfg * cfg;
        struct IO_APIC_route_entry entry;
        unsigned int dest;
    ...
        cfg = desc->chip_data;
        if (assign_irq_vector(irq, cfg, TARGET_CPUS))
            return;
    ...
        if (setup_ioapic_entry(mp_ioapics[apic_id]. apicid, irq, &entry,
```

⊖　如果 Linux x86 并没有使用 8825A 作为中断控制器，irp 号和中断向量并没有直接的对应关系。

⊖　如果在一个处理器系统中，irp 号大于 16，那么 irp 号等于 GSI 号。

```
            dest, trigger, polarity, cfg->vector, pin)) {
        printk("Failed to setup ioapic entry for ioapic %d, pin %d\n",
            mp_ioapics[apic_id].apicid, pin);
        __clear_irq_vector(irq, cfg);
        return;
    }

    ioapic_register_intr(irq, desc, trigger);
    if (irq < NR_IRQS_LEGACY)
        disable_8259A_irq(irq);

    ioapic_write_entry(apic_id, pin, entry);
}
```

该函数首先调用 assign_irq_vector→_assign_irq_vector 函数将外部设备使用的 GSI 号与 I/O APIC 中 REDIR_TBL 表建立联系，并将其结果记录到 CPU 的 vector_irq 表中。这个步骤非常重要，在 Linux x86 系统中，如果存在多个 CPU，那么每一个 CPU 都有一个 vector_irq 表，这张表中包含了 vector 号与 irq 号的对应关系。这张表也是处理器硬件与系统软件联系的桥梁。

处理器硬件并不知道 irq 号的存在，而仅仅知道 vector 号，而 Linux x86 系统使用的是 irq 号。在处理外部中断请求时，Linux 系统需要通过 vector_irq 表将 vector 号转换为 irq 号才能通过 irq_desc 表找到相关设备的中断服务例程。

setup_ioapic_entry 函数将初始化 entry 参数。该参数是一个 IO_APIC_route_entry 类型的结构。而 ioapic_register_intr 函数调用 set_irq_chip_and_handler_name 函数设置 irq_desc[irq] 变量，并将这个变量的 chip 参数设置为 ioapic_chip，handle_irq 参数设置为 handle_fasteoi_irq，这个步骤对于 Linux x86 中断处理系统非常重要。

ioapic_write_entry 函数将保存在 entry 参数中的数据写入到与 GSI 号对应的 REDIR_TBL 表中，该函数将直接操作 I/O APIC 的寄存器。

由以上描述，我们可以发现当 acpi_pci_irq_enable 函数执行完毕后，Linux 系统将 GSI 号与 irq 号建立映射关系，同时又将 irq 号与 I/O APIC 中的 vector 号进行映射，并将这个映射关系记录到 vector_irq 表中，这个映射表由操作系统使用。之后该程序还将初始化 I/O APIC 的 REDIR_TBL 表，将 PCI 设备使用的 GSI 号与 I/O APIC 的 vector 号联系在一起。

在 x86 处理器系统中，PCI 设备的 INTx 引脚首先与 LPC 的 PIRQA~H 引脚直接相连，而 LPC 中的 PIRQA~H 引脚将与 I/O APIC 的 IRQ_PIN16~23 引脚相连。当 PCI 设备通过 INTx 引脚提交中断请求时，最终将传递到 IRQ_PIN16~23 引脚。而 I/O APIC 接收到这个中断请求后，将根据 REDIR_TBL 表与"IRQ_PIN16~23 引脚"对应的 Entry 向 Local APIC 发送中断请求消息，处理器通过 Local APIC 收到这个中断请求后，将执行中断处理程序进一步处理这个来自 PCI 设备的中断请求。

Linux x86 系统使用 do_IRQ 函数处理外部中断请求，该函数在 ./arch/x86/kernel/irq.c 文件中，如源代码 15-4 所示。

源代码 15-4　do_IRQ 函数

```
unsigned int __irq_entry do_IRQ( struct pt_regs * regs)
{
    struct pt_regs * old_regs = set_irq_regs( regs);

    / * high bit used in ret_from_ code * /
    unsigned vector = ~ regs->orig_ax;
    unsigned irq;

    exit_idle( );
    irq_enter( );

    irq = __get_cpu_var(vector_irq)[vector];

    if ( ! handle_irq( irq, regs)) {
        ack_APIC_irq( );

        if ( printk_ratelimit( ))
            pr_emerg("%s: %d. %d No irq handler for vector ( irq %d) \n",
                __func__, smp_processor_id( ), vector, irq);
    }

    irq_exit( );

    set_irq_regs( old_regs);
    return 1;
}
```

do_IRQ 函数首先获得 vector 号，这个 vector 号由 I/O APIC 传递给 Local APIC，并与某个 IRQ_PIN 引脚对应，其描述在 I/O APIC 的 REDIR_TBL 表中。vector 号是一个硬件概念，x86 处理器系统在处理外部中断请求时，仅仅知道 vector 号的存在，而不知道 irq 号。

Linux x86 系统通过 vector_irq 表，将 vector 号转换为 irq 号，之后执行 handle_irq 函数进一步处理这个中断请求。对于 PCI 设备，这个 handle_irq 函数将调用 handle_fasteoi_irq 函数，而 handle_fasteoi_irq 函数将最终执行 PCI 设备使用的中断服务例程。handle_fasteoi_irq 函数的源代码在 ./kernel/irq/chip.c 文件中，本节对该函数不做进一步分析。

在 PCI 设备的 Linux 驱动程序中，将使用 request_irq 函数将其中断服务例程挂接到系统中断服务处理程序中。

15.1.2　PCI 中断路由表

上节简要介绍了 PCI 设备如何获取中断向量。由上文所述，PCI 设备在获取中断向量之前需要从 acpi_prt_list 链表获得 GSI 号，在 acpi_prt_list 链表中存放 PCI 总线的中断路由表，而这个中断路由表中存放 PCI 设备所使用的 GSI 号。

这个 PCI 中断路由表由 BIOS 提供，如果 x86 处理器系统支持 ACPI 机制，这个中断路由表存在于 DSDT. dsl 文件中，如源代码 15-5 所示。ACPI 规范使用 ASL 语言描述 PCI 中断路由表。

源代码 15-5　DSDT 表中的 PCI 中断路由表

```
Device (PCI0)
{
...
    Method (_PRT, 0, NotSerialized)
    {
        If (LEqual (GPIC, Zero))
        {
            Package (0x04) {0x0001FFFF, 0x00, \_SB. PCI0. LPC. LNKA, 0x00},
            Package (0x04) {0x0001FFFF, 0x01, \_SB. PCI0. LPC. LNKB, 0x00},
            Package (0x04) {0x0001FFFF, 0x02, \_SB. PCI0. LPC. LNKC, 0x00},
            Package (0x04) {0x0001FFFF, 0x03, \_SB. PCI0. LPC. LNKD, 0x00},
        ...
        }
        Else
        {
            Return (Package (0x47) {
            ...
                Package (0x04) { 0x001CFFFF, Zero, Zero, 0x11 },
                Package (0x04) { 0x001CFFFF, One, Zero, 0x10 },
                Package (0x04) { 0x001CFFFF, 0x02, Zero, 0x12 },
                Package (0x04) { 0x001CFFFF, 0x03, Zero, 0x13 },

                Package (0x04) { 0x001DFFFF, Zero, Zero, 0x17 },
                Package (0x04) { 0x001DFFFF, One, Zero, 0x13 },
                Package (0x04) { 0x001DFFFF, 0x02, Zero, 0x12 },
                Package (0x04) { 0x001DFFFF, 0x03, Zero, 0x10 },
            ...})
        }
    }
}
```

在以上源代码中，_PRT 存放 x86 处理器系统 PCI 总线 0 的中断路由表，在 x86 处理器体系结构中，每一条 PCI 总线都有一个中断路由表，因此在 DSDT 中，将存在多个中断路由表。在以上源代码中，我们仅列出 PCI 总线 0 使用的中断路由表，即 RC 使用的中断路由表，在一个处理器系统中还可能有其他中断路由表，如 PCIe 桥使用的中断路由表等。

在以上源代码中，首先判断 GPIC 是否为 0，如果为 0 表示当前 x86 处理器系统使用 PIC

模式，即使用 8259A 中断控制器管理外部中断，在第 15.1.3 节将介绍这种情况；如果为 1 表示当前 x86 处理器系统使用 I/O APIC 管理外部中断，此时"Package（0x04）"中含有四个参数，这四个参数的定义如表 15-2 所示。

表 15-2　PCI 中断路由表使用的参数

参数	类型	描　　述
Address	DWORD	设备地址，其中高两个字节表示 PCI 设备的 Device 号，低两个字节表示 PCI 设备的 Function 号，如果低两字节为 0xFFFF 表示全部 Function 号
Pin	Byte	其中 0~3 分别与 INTA~D#引脚#对应
Source	Name Path 或者 Byte	该字段为 0 表示使用 GSI 号描述 PCI 设备使用的中断资源，否则该字段存放该设备与 LPC 的 PIRQ 引脚的相连关系，如 LPC 的 PIRQA 信号连接，在第 15.1.3 节将讲述 LPC 的 PIRQ 引脚的描述
Source Index	DWORD	Source 字段为 0 时，该字段存放 PCI 设备使用的 GSI 号

通过以上描述，发现"Package（0x04）｛0x0001FFFF, 0x00, _SB. PCI0. LPC. LNKA, 0x00｝"的含义为，PCI 总线 0 的某个设备，其 Device 号为 0x01，而且这个设备的 INTA#引脚与 LPC 的 PIRQA 相连，INTB#引脚与 PIRQB 相连，INTC#引脚与 PIRQC 相连，而 INTD#引脚与 PIRQD 相连。

而"Package（0x04）｛0x001CFFFF, Zero, Zero, 0x11｝..."这段代码的含义为，PCI 总线 0 的某个 PCI 设备，其 Device 号为 0x1C，而且这个设备的 INTA#引脚使用的 GSI 号为 0x11；这个 PCI 设备的 INTB#引脚使用的 GSI 号为 0x10；这个 PCI 设备的 INTC#使用的 GSI 号为 0x12，这个 PCI 设备的 INTD#引脚使用的 GSI 号为 0x13。

Linux x86 系统进行初始化时，将_PRT 表加载到 acpi_prt_list 链表中，操作系统首先执行 acpi_pci_root_init 函数，之后调用 acpi_device_probe→acpi_bus_driver_init→acpi_pci_root_add 函数。acpi_pci_root_add 函数将调用 acpi_pci_irq_add_prt→acpi_pci_irq_add_entry 函数将_PRT 表中的中断路由表的每一个 Entry 加载到 acpi_prt_list 链表。

通过上文的分析，可以发现在每一个 PCI 桥中，包括 Switch 的虚拟 PCI 桥中都有一个中断路由表，因此 acpi_pci_root_add 还会调用 acpi_pci_bridge_scan 函数分析并加载每一个 PCI 桥的中断路由表。对 Linux x86 系统初始化 PCI 中断路由表感兴趣的读者可以自行分析这段代码，本节对此不做进一步介绍。

在 Linux x86 系统中，PCI 设备在获取 irq 号时，将从这个链表中获得 GSI 号，从而最终获得 irq 号，具体过程见第 15.1.1 节。

15.1.3　PCI 插槽使用的 irq 号

在 x86 处理器系统中，还有一类特殊的 PCI 设备，即 PCI 插槽。PCI 插槽无法确定其上的 PCI 设备如何使用 INTA#~INTD#信号，因此必须处理全部中断请求引脚，而在其上的

⊖　对应 Else 之后的这段代码。
⊜　使用 8859A 中断控制器的情况。
⊜　使用 APIC 中断控制器的情况。

PCI 设备有选择地使用这些信号。

PCI 插槽使用的中断请求信号将与 LPC 的 PIRQA~F 相连，如果处理器系统使能了 I/O APIC，LPC 的这些中断请求引脚将与 IRQ_PIN16~23 相连，否则中断控制器 8259A 将管理这些中断引脚。在 ACPI 表中含有对这些 PCI 插槽中断请求信号的描述，这些描述主要针对处理器系统没有使用 I/O APIC 的处理情况，如源代码 15-6 所示。

源代码 15-6　PCI 插槽使用中断请求信号

```
Device（LPC）
{
...
    Device（LNKA）
    {
        Name（_HID, EisaId（"PNP0C0F"））
        Name（_UID, 0x01）
        Method（_STA, 0, NotSerialized）
        {
            If（And（PIRA, 0x80））
            {
                Return（0x09）
            }
            Else
            {
                Return（0x0B）
            }
        }
        Method（_DIS, 0, NotSerialized）
        {
            Or（PIRA, 0x80, PIRA）
        }
        Method（_CRS, 0, NotSerialized）
        {
            Name（BUF0, ResourceTemplate（））
            {
                IRQ（Level, ActiveLow, Shared, _Y02）
                {0}
            })
            CreateWordField（BUF0, \_SB. PCI0. LPC. LNKA. _CRS. _Y02. _INT, IRQW）
            If（And（PIRA, 0x80））
            {
                Store（Zero, Local0）
            }
            Else
```

```
            }
                Store ( One, Local0 )                   }
            ShiftLeft ( Local0, And ( PIRA, 0x0F ), IRQW )
            Return ( BUF0 )
        }
        Name ( _PRS, ResourceTemplate ( )
        {
            IRQ ( Level, ActiveLow, Shared, )
            {3,4,5,7,9,10,11,12}
        })
        Method ( _SRS, 1, NotSerialized )
        {
            CreateWordField ( Arg0, 0x01, IRQW )
            FindSetRightBit ( IRQW, Local0 )
            If ( LNotEqual ( IRQW, Zero ) )
            {
                And ( Local0, 0x7F, Local0 )
                Decrement ( Local0 )
            }
            Else
            {
                Or ( Local0, 0x80, Local0 )
            }
                Store ( Local0, PIRA )
            }
        }
    }
```

　　在 ACPI 规范中，PCI 插槽的中断请求信号的标识符"PNP0C0F"。在这段源代码中 LNKA 与 LPC 的 PIRQA 引脚对应，这段代码的作用是描述 LPC 的 PIRQA 引脚。在 ICH 中，使用 PIRQA_ROUT 寄存器描述 PIRQA 引脚。在以上这段源程序中，"_STA"、"_DIS"、"_CRS"和"_PRS"可以操作 PIRQA_ROUT 寄存器，具体含义如下所示。

　　_STA 用来测试当前 PIRQA 引脚的状态，这段代码判断 PIRQA_ROUT 寄存器的第 7 位是否为 1，如果为 1 表示当前 PIRQ 引脚并没有与 8259A 相连，此时 I/O APIC 将管理该引脚，_STA 将返回 0x09 表示 PIRQA 没有与 8259A 相连；否则返回 0x0B，表示 PIRQA 与 8259A 相连。_STA 的返回值在 ACPI 规范中具有明确的定义。

　　_DIS 用来关闭 PIRQA 引脚与 8259A 的联系，即使用 I/O APIC 管理该引脚。_DIS 的作用是将 PIRQA_ROUT 寄存器的第 7 位置 1。

　　_CRS 用来获得当前资源的描述，对于 PIRQA 引脚而言，这段描述表示 PIRQA 引脚使用"低电平有效的共享中断请求"，随后通过 PIRQ[A]_ROUT 寄存器的最高位判断，该中断信号是由 8259A 中断控制器还是 APIC 中断控制器接管，最后将 IRQW 根据 PIRQ[A]_

ROUT 寄存器的 IRQ Routing 字段赋值，IRQ Routing 字段可以使用的资源在 ｛3，4，5，7，9，10，11，12｝ 集合中。

　　_PRS 描述 PCI 插槽的中断请求信号可能使用的中断资源，对于 PIRQA 而言，可能使用的 irq 号为 ｛3，4，5，7，9，10，11，12｝。这些 irq 号由 x86 处理器系统规定，这些 irq 号与 ISA 总线兼容，如果一个系统使用了 I/O APIC，这些规定将不再有效。

　　在 Linux 系统中，acpi_pci_link_init 函数处理 PCI 插槽的中断请求，该函数在 ./drivers/acpi/pci_link.c 文件中，其实现如源代码 15-7 所示。

源代码 15-7　acpi_pci_link_init 函数

```
static int __init acpi_pci_link_init(void)
{
...
    if (acpi_bus_register_driver(&acpi_pci_link_driver) < 0)
        return -ENODEV;

    return 0;
}

subsys_initcall(acpi_pci_link_init);
```

　　acpi_pci_link_init 函数调用 acpi_bus_register_driver→...→ acpi_pci_link_add 函数将 LPC 的 PIRQA~H 引脚与 irq 号对应在一起。acpi_pci_link_add 函数的执行过程较为简单，首先该函数调用 acpi_pci_link_get_possible 函数，运行_PRS 代码获得 ｛3，4，5，7，9，10，11，12｝ 这个集合；之后调用 acpi_pci_link_get_current 函数，运行_CRS 代码并从 ｛3，4，5，7，9，10，11，12｝ 集合中获得 irq 号。acpi_pci_link_init 函数执行完毕后，Linux 系统将显示以下信息。

```
ACPI: PCI Interrupt Link [LNKA] (IRQs 3 4 5 7 9 10 *11 12)
ACPI: PCI Interrupt Link [LNKB] (IRQs 3 4 5 7 9 *10 11 12)
ACPI: PCI Interrupt Link [LNKC] (IRQs 3 4 5 7 9 10 *11 12)
ACPI: PCI Interrupt Link [LNKD] (IRQs 3 4 5 7 9 10 *11 12)
ACPI: PCI Interrupt Link [LNKE] (IRQs 3 4 5 7 *9 10 11 12)
ACPI: PCI Interrupt Link [LNKF] (IRQs 3 4 5 7 9 *10 11 12)
ACPI: PCI Interrupt Link [LNKG] (IRQs 3 4 5 7 *9 10 11 12)
ACPI: PCI Interrupt Link [LNKH] (IRQs 3 4 5 7 9 10 *11 12)
```

　　其中 LNKA 使用 IRQ11，LNKB 使用 IRQ10，并以此类推。如果一个处理器系统使能了 I/O APIC，acpi_pci_link_init 函数的执行结果并不重要，因为 PCI 设备在执行 pci_enable_device 函数后，该设备使用的 irq 号，还将发生变化。

　　目前 Linux x86 系统在大多数情况下，都会使能 I/O APIC，在这种情况下，即便不执行 acpi_pci_link_add 函数对系统也没有什么影响，也正是基于这个考虑，本节对 acpi_pci_link_init 函数并不做深入研究。

15.2 使用 MSI/MSIX 中断机制申请中断向量

上文讲述了 ACPI 如何为 PCI 设备或者"使用 INTx Emulation 方式"的 PCIe 设备分配中断向量。本节讲述 PCIe 设备使用 MSI/MSIX 中断机制时，Linux 系统如何分配中断向量。对于 PCI 设备，MSI/MSIX 中断机制是可选的，但是 PCIe 设备必须支持 MSI 或者 MSI-X 中断机制，或者同时支持这两种中断机制。

15.2.1 Linux 如何使能 MSI 中断机制

如果 PCI/PCIe 设备需要使用 MSI 中断机制，将调用 pci_enable_msi 函数，在 Linux 2.6.31 内核中，pci_enable_msi 函数使用 pci_enable_msi_block(pdev, 1)实现。pci_enable_msi_block 函数在 ./drivers/pci/msi.c 文件中，如源代码 15-8 所示。pci_enable_msi_block 函数具有两个入口参数，其中 dev 参数存放 PCIe 设备的 pci_dev 结构，而 nvec 参数为申请的 irq 号个数。

该函数返回值为 0 时，表示成功返回，此时该函数将更新 pci_dev→irq 参数，此时在 Linux 设备驱动程序中，可以使用的 irq 号在 pci_dev→irq ~ pci_dev→irq+nvec-1 之间；当函数返回值为负数时，表示出现错误；而为正数时，表示 pci_enable_msi_block 函数没有成功返回，返回值为该 PCIe 设备 MSI Cabalibities 结构的 Multiple Message Capable 字段。

源代码 15-8　pci_enable_msi_block 函数

```
int pci_enable_msi_block(struct pci_dev * dev, unsigned int nvec)
{
    int status, pos, maxvec;
    u16 msgctl;

    pos = pci_find_capability(dev, PCI_CAP_ID_MSI);
    if (! pos)
        return -EINVAL;
    pci_read_config_word(dev, pos + PCI_MSI_FLAGS, &msgctl);
    maxvec = 1 << ((msgctl & PCI_MSI_FLAGS_QMASK) >> 1);
    if (nvec > maxvec)
        return maxvec;

    status = pci_msi_check_device(dev, nvec, PCI_CAP_ID_MSI);
    if (status)
        return status;

    WARN_ON(!! dev->msi_enabled);

    /* Check whether driver already requested MSI-X irqs */
    if (dev->msix_enabled) {
```

```
            dev_info( &dev->dev, "can't enable MSI "
                "( MSI-X already enabled) \n") ;
            return -EINVAL;
        }

        status = msi_capability_init( dev, nvec) ;
        return status;

    }
```

这段代码首先检查 PCI 设备是否支持 MSI 中断机制, 如果不支持将直接退出该函数。否则检查 nvec 参数和 Multiple Message Capable 字段的大小, 如果 nvec 的值较大时, 该函数直接使用 Multiple Message Capable 字段返回。

如果 pci_enable_msi_block 函数通过了这些检查, 将调用 pci_msi_check_device 函数, 检查 Linux 系统是否能够使能 PCI 设备的 MSI 中断机制。这个检查包含两方面内容, 一方面是纯软件层面的, 包括检查全局变量 pci_msi_enable、pci_dev→no_msi 参数等; 一方面是硬件层面的检测, 包括当前 PCI 设备的上游 PCI 桥是否支持 MSI 报文的转发, PCI 设备是否具有 Capabilities 链表, 是否具有 MSI Capability 结构。完成这些检查后, pci_enable_msi 将进一步调用 msi_capability_init 函数, 完成与 MSI 中断相关的设置, msi_capability_init 函数的实现如源代码 15-9、15-10 所示。

源代码 15-9　msi_capability_init 函数片段 1

```
    static int msi_capability_init( struct pci_dev  * dev, int nvec)
    {
        struct msi_desc  * entry;
        int pos, ret;
        u16 control;
        unsigned mask;

        pos = pci_find_capability( dev, PCI_CAP_ID_MSI) ;
        msi_set_enable( dev, pos, 0) ;/ *  Disable MSI during set up  */

        pci_read_config_word( dev, msi_control_reg( pos) , &control) ;
        / *  MSI Entry Initialization  */
        entry = alloc_msi_entry( dev) ;
        if ( ! entry)
            return -ENOMEM;

        entry->msi_attrib. is_msix = 0;
        entry->msi_attrib. is_64 = is_64bit_address( control) ;
        entry->msi_attrib. entry_nr = 0;
        entry->msi_attrib. maskbit = is_mask_bit_support( control) ;
```

```
entry->msi_attrib. default_irq=dev->irq;/∗ Save IOAPIC IRQ ∗/
entry->msi_attrib. pos=pos;

entry->mask_pos=msi_mask_reg(pos, entry->msi_attrib. is_64);
/∗ All MSIs are unmasked by default, Mask them all ∗/
if (entry->msi_attrib. maskbit)
    pci_read_config_dword(dev, entry->mask_pos, &entry->masked);
mask=msi_capable_mask(control);
msi_mask_irq(entry, mask, mask);

list_add_tail(&entry->list, &dev->msi_list);
```

  msi_capability_init 函数具有两个入口参数，在 Linux 2. 6. 30 内核中，该函数具有一个入口参数，仅能获得一个 irq 号。msi_capability_init 函数参考了 msix_capability_init 函数的实现机制。这段代码置 PCI 设备的 MSI Capability 结构的 Enable 位为 0，msi_capability_init 函数需要对 MSI Capability 结构进行读写操作，因此需要暂时禁止当前设备使用 MSI 中断机制。

  这段程序随后读取 MSI Capabilty 结构的 Message Control 字段，并暂时保存在 control 变量中，在 control 变量中存放 PCIe 设备使用的 MSI Capability 结构的格式，如图 10-1 所示，MSI Capability 结构可以使用 4 种格式。

  最后这段程序调用 alloc_msi_entry 函数分配一个 msi_desc 结构的 entry 参数，并将其初始化后，加入到 pci_dev→msi_list 链表中。在 entry 参数中存放该 PCI 设备使用的 MSI 中断机制的详细信息。

源代码 15-10 msi_capability_init 函数片段 2

```
/∗ Configure MSI capability structure ∗/
ret=arch_setup_msi_irqs(dev, nvec, PCI_CAP_ID_MSI);
if (ret) {
    msi_mask_irq(entry, mask, ~mask);
    msi_free_irqs(dev);
    return ret;
}

/∗ Set MSI enabled bits ∗/
pci_intx_for_msi(dev, 0);
msi_set_enable(dev, pos, 1);
dev->msi_enabled=1;

dev->irq=entry->irq;
return 0;
}
```

  这段代码继续调用 arch_setup_msi_irqs 函数设置 MSI Capability 结构的其他字段，并设置

entry 结构的 irq 参数，arch_setup_msi_irqs 函数的实现与体系结构相关，下文将分别介绍 x86
和 PowerPC 处理器的实现方式。

然后这段代码调用 pci_intx_for_msi 函数，关闭 PCI 设备配置空间 Command 寄存器的 In-
terrupt Disable 位，因为该 PCI 设备将使用 MSI 中断机制，而不是传统的 INTx 中断机制；并
调用 msi_set_enable 函数使能 MSI Capability 结构的 Enable 位；最后对 pci_dev→msi_enabled
位置 1，并将 pci_dev→irq 参数赋值。

1. Linux x86

Linux x86 使用的 arch_setup_msi_irqs 函数在 ./arch/x86/kernel/apic/io_apic.c 文件中，
其实现如源代码 15-11 所示，本节并不关心 intr_remapping_enabled 参数为 1 的情况，该参数
与 IOMMU 机制的 IRQ Remapping 相关。

源代码 15-11　Linux x86 使用的 arch_setup_msi_irqs 函数

```
int arch_setup_msi_irqs( struct pci_dev * dev, int nvec, int type)
{
    /* x86 doesn't support multiple MSI yet */
    if ( type = = PCI_CAP_ID_MSI && nvec > 1)
        return 1;

    node = dev_to_node( &dev->dev) ;
    irq_want = nr_irqs_gsi ;
    sub_handle = 0 ;
    list_for_each_entry( msidesc, &dev->msi_list, list) {
        irq = create_irq_nr( irq_want, node) ;
        if ( irq = = 0)
            return −1 ;
        irq_want = irq + 1 ;
        if ( ! intr_remapping_enabled)
            goto no_ir ;
...
no_ir:
        ret = setup_msi_irq( dev, msidesc, irq) ;
        if ( ret < 0)
            goto error ;
        sub_handle++ ;
    }
    return 0 ;

error:
    destroy_irq( irq) ;
    return ret ;
}
```

这段代码首先判断 type 是否为 PCI_CAP_ID_MSI，而且 nvec 参数是否大于 1，如果满足这两个条件，该函数将直接返回 1。通过这段代码可以发现，虽然在 Linux 2.6.31 内核中定义了一个新的 pci_enable_msi_block 函数，但是 PCIe 设备依然只能使用一个中断向量号。

这段程序随后调用 create_irq_nr 函数，分配 PCI 设备使用的 irq 号，并将其保存到 irq 变量中，之后调用 setup_msi_irq 函数初始化当前 PCI 设备的 MSI Capability 结构。setup_msi_irq 函数是一个重要函数，其实现如源代码 15-12 所示。

源代码 15-12　　setup_msi_irq 函数

```
static int setup_msi_irq(struct pci_dev * dev, struct msi_desc * msidesc, int irq)
{
    int ret;
    struct msi_msg msg;

    ret = msi_compose_msg(dev, irq, &msg);
    if (ret < 0)
        return ret;

    set_irq_msi(irq, msidesc);
    write_msi_msg(irq, &msg);

    if (irq_remapped(irq)) {
        struct irq_desc * desc = irq_to_desc(irq);
...
        desc->status |= IRQ_MOVE_PCNTXT;
        set_irq_chip_and_handler_name(irq, &msi_ir_chip,
            handle_edge_irq, "edge");
    } else
        set_irq_chip_and_handler_name(irq, &msi_chip,
            handle_edge_irq, "edge");

    dev_printk(KERN_DEBUG, &dev->dev, "irq %d for MSI/MSI-X\n", irq);

    return 0;
}
```

这段代码首先调用 msi_compose_msg 函数，初始化 msg 结构的 address_hi、address_lo 和 data 参数，与 MSI Capability 结构的 Message Upper Address、Message Address 和 Message Data 字段对应。

对于 x86 处理器系统，Message Address 字段的格式见图 10-1，其中 Destination ID 字段与 CPU 的 ACPI ID 相关，Linux x86 使用 cpu_mask_to_apicid_and 函数获得该字段的值；而 Message Data 字段的格式如图 10-1 所示，其 Vector 字段由 assign_irq_vector 函数设置，

Trigger Mode 字段为 0x00 表示使用边沿触发方式，而 Delivery Mode 字段为 "Fixed Mode" 或者 "Lowest Priority"。值得注意的是，在 Message Data 字段中存放的是中断向量号（vector），是一个硬件的概念，而设备驱动程序中使用的 irq 号是一个软件关系，两者之间存在对应关系，但是并不等同。

set_irq_msi 函数设置 PCIe 设备使用的 irq_desc 结构；而 write_msi_msg 函数将 msg 结构中的参数写入到 PCIe 设备的对应寄存器中；而 set_irq_chip_and_handler_name 函数设置 MSI 中断使用的中断处理程序。本节对这些函数不做进一步介绍。

2. PowerPC

Linux PowerPC 使用的 arch_setup_msi_irqs 函数在 ./arch/powerpc/kernel/msi. c 文件中，对于 Freescale 的 PowerPC 处理器，该函数等效与 fsl_setup_msi_irqs。fsl_setup_msi_irqs 函数的实现，如源代码 15-13 所示。

源代码 15-13　fsl_setup_msi_irqs 函数

```
static int fsl_setup_msi_irqs(struct pci_dev * pdev, int nvec, int type)
{
…
    list_for_each_entry(entry, &pdev->msi_list, list) {
        hwirq = msi_bitmap_alloc_hwirqs(&msi_data->bitmap, 1);
…
        virq = irq_create_mapping(msi_data->irqhost, hwirq);
…
        set_irq_msi(virq, entry);
        fsl_compose_msi_msg(pdev, hwirq, &msg);
        write_msi_msg(virq, &msg);
    }
    return 0;
out_free:
    return rc;
}
```

该函数的实现机制与 x86 处理器类似，值得提醒读者注意的是在 fsl_compose_msi_msg 函数中 msg→address_hi 等于 fsl_msi→msi_addr_lo，其值为 MSIIR 寄存器在 PCI 总线域的物理地址。在该函数中使用的 address_hi、address_lo 和 data 参数的详细描述见第 10.2 节。本节对此不一一叙述。目前在 PowerPC 处理器系统中，PCIe 设备也只能使用一个中断向量号。

15.2.2　Linux 如何使能 MSI-X 中断机制

在 Linux 系统中，如果 PCI/PCIe 设备需要使用 MSI-X 中断机制，需要调用 pci_enable_msix 函数，pci_enable_msix 函数调用的大多数函数与 pci_enable_msi 类似，本节并不会重复解释这些函数，该函数的实现如源代码 15-14 所示。

源代码 15-14　pci_enable_msix 函数

```
int pci_enable_msix(struct pci_dev * dev, struct msix_entry * entries, int nvec)
{
    int status, nr_entries;
    int i, j;

    if (! entries)
        return -EINVAL;

    status = pci_msi_check_device(dev, nvec, PCI_CAP_ID_MSIX);
    if (status)
        return status;

    nr_entries = pci_msix_table_size(dev);
    if (nvec > nr_entries)
        return nr_entries;

    /* Check for any invalid entries */
    for (i=0; i < nvec; i++) {
        if (entries[i].entry >= nr_entries)
            return -EINVAL;/* invalid entry */
        for (j=i + 1; j < nvec; j++) {
            if (entries[i].entry == entries[j].entry)
                return -EINVAL;/* duplicate entry */
        }
    }
    WARN_ON(!! dev->msix_enabled);

    /* Check whether driver already requested for MSI irq */
    if (dev->msi_enabled) {
        dev_info(&dev->dev, "can't enable MSI-X "
            "(MSI IRQ already assigned)\n");
        return -EINVAL;
    }
    status = msix_capability_init(dev, entries, nvec);
    return status;
}
```

与 pci_enable_msi_block 函数不同，pci_enable_msix 函数的入口参数包括一个 msix_entry 结构的 entries 链表（在使用这个 entries 链表之前需要将 msix_entry.entry 参数赋值），而 nvec 参数保存 entries 链表的长度。该函数首先对入口参数进行检查，然后调用 msix_ capability_init 函数为 PCIe 设备分配多个中断向量号。msix_capability_init 函数的实现与 msi_ capability_init 函数的实现方法类似，本章对此不做进一步描述。

该函数成功返回后，PCIe 设备将得到多个中断向量，并将结果放入 pci_dev→msi_list 和 entries 链表中，之后 PCIe 设备的 Linux 驱动程序可以使用多个 request_irq 函数注册相应的中断服务例程。

下文将以 Intel 的 e1000e 网卡驱动程序说明如何使用 MSI-X 中断机制挂接中断服务例程。在 Linux 中，与 e1000e 网卡相关的驱动程序在 ./drivers/net/e1000e/netdev.c 文件中。其中 MSI-X 中断机制的初始化在 e1000_probe→e1000_sw_init→e1000e_set_interrupt_capability 函数中，该函数的实现如源代码 15-15 所示。

源代码 15-15　e1000e_set_interrupt_capability 函数

```
void e1000e_set_interrupt_capability( struct e1000_adapter * adapter)
{
...
    switch (adapter->int_mode) {
    case E1000E_INT_MODE_MSIX:
        if (adapter->flags & FLAG_HAS_MSIX) {
            numvecs = 3; /* RxQ0, TxQ0 and other */
            adapter->msix_entries = kcalloc( numvecs,
                        sizeof( struct msix_entry),
                        GFP_KERNEL);
            if (adapter->msix_entries) {
                for (i = 0; i < numvecs; i++)
                    adapter->msix_entries[i]. entry = i;
                err = pci_enable_msix( adapter->pdev,
                        adapter->msix_entries,
                        numvecs);
                if (err == 0)
                    return;
            }
...
        }
    }
}
```

当 e1000e_set_interrupt_capability 函数返回后，MSI-X 中断机制使用的中断向量将被保存在 adapter->msix_entries 数组中，之后 e1000_open→e1000_request_irq→e1000_request_msix 函数将多次调用 request_irq 函数将 e1000e 使用的中断服务例程挂接到系统中断服务程序中，e1000_request_msix 函数的实现如源代码 15-16 所示。

源代码 15-16　e1000_request_msix 函数

```
static int e1000_request_msix( struct e1000_adapter * adapter)
{
```

```
        ...
        err = request_irq( adapter->msix_entries[ vector]. vector,
            &e1000_intr_msix_rx, 0, adapter->rx_ring->name,
            netdev) ;
        ...
        err = request_irq( adapter->msix_entries[ vector]. vector,
            &e1000_intr_msix_tx, 0, adapter->tx_ring->name,
            netdev) ;
        ...
        err = request_irq( adapter->msix_entries[ vector]. vector,
            &e1000_msix_other, 0, netdev->name, netdev) ;
        ...
    }
```

e1000_request_msix 函数将 "接收完成中断请求 e1000_intr_msix_rx" "发送完成中断请求 e1000_intr_msix_tx" 和 "其他中断请求 e1000_msix_other" 分别注册。当有中断事件发生时，驱动程序不需要读取中断状态寄存器之后再进行处理，从而有效降低了系统延时。

15.3　小结

本节主要介绍了 PCI 设备的中断请求在 Linux 系统中的处理过程。Linux 系统的更新速度较快，并不断加入新的功能。本章的内容基于 Linux 系统，目前 Linux 系统支持多种架构的处理器系统，而且得到了极大的普及。对于有志于学习体系结构的工程师而言，深入了解几种操作系统是必须的。而在这些操作系统中，Linux 无疑最为开放，读者也最容易了解其实现细节。但是值得注意的是，在体系结构的学习过程中，不要拘泥于 Linux 系统本身，Linux 系统仅包含了体系结构的部分内容，也只是一种实现方法。

本书到此告一段落，而 PCIe 总线仍然在发展，PCIe V3.0 规范即将发布，其中增加了许多新的功能，而这些新的功能在许多处理器系统中并没有意义。这些新的功能在本书中多有提及，但并不是本书的重点。本书的重点是以 PCIe 总线为例说明处理器的体系结构，是对 PCIe 体系结构进行导读，更准确地说，是以 PCIe 总线为例说明处理器体系结构中局部总线的设计原理与使用方法。

参 考 文 献

[1] PCISIG. PCI local bus specification, revision 3. 0 [S]. 2003.

[2] PCISIG. PCI-to-PCI bridge architecture specification, revision 1. 2 [S]. 2003.

[3] PCISIG. PCI express base specification, revision 2. 1 [S]. 2009.

[4] PCISIG. PCI express base specification, revision 3. 0, version 0. 7 [S]. 2009.

[5] PCISIG. PCI express to PCI/PCI-X bridge specification, revision 1. 0 [S]. 2003.

[6] PCISIG. PCI bus power management interface specification, revision 1. 2 [S]. 2004.

[7] PCISIG. address translation services, revision 1. 1 [S]. 2009.

[8] PCISIG. Single root I/O virtualization and sharing specification, revision 1. 0 [S]. 2007.

[9] PCISIG. Multi-root I/O virtualization and sharing specification, revision 1. 0 [S]. 2008.

[10] SHANLEY T, ANDERSON D. "Chapter 25: Transaction Ordering & Deadlocks", PCI system architecture [M]. 4th ed. Reading: Addison Wesley, 1999: 651-671.

[11] BUDRUK R, ANDERSON D, SHANLEY T. PCI express system architecture, chapter 5 ACK/NAK protocal [M]. Reading: Addision Wesley, 2003.

[12] Intel. 21555 Non-Transparent PCI-to-PCI bridge user manual [S]. 2001.

[13] Intel. Intel 64 and IA-32 architectures software developer's manual volume 3A: system programming guide, part 1 [S]. 2008.

[14] Intel. Intel 64 and IA-32 architectures software developer's manual volume 3B: system programming guide, part 2 [S]. 2008.

[15] Intel. mobile intel® 4 series express chipset family, revision 2. 1 [S]. 2008.

[16] Intel. Intel I/O controller hub 9(ICH9) family datasheet [S]. 2008.

[17] Intel. Intel virtualization technology for directed I/O [S]. 2008.

[18] Intel. Interrupt swizzling solution for intel 5000 chipset series-based platforms [OL]. http:// www. intel. com/assets/pdf/appnote/314337. pdf. 2006.

[19] Intel. Multiprocessor specification version 1. 4 [S]. 1997.

[20] Intel. ACPI component architecture programmer reference—OS-independent subsystem, debugger, and utilities, Revision 1. 22 [S]. 2009.

[21] IBM. Power ISA, version 2. 05[S]. 2007.

[22] Freescale. PowerPC e500 core family reference manual, revision 1 [S]. 2005.

[23] Freescale. MPC8548E PowerQUICC™ III integrated processor family reference manual, revision 2 [S]. 2007.

[24] Freescale. MPC8572E PowerQUICC™ III integrated processor family reference manual, revision A [S]. 2008.

[25] Freescale. QorIQ P4080 communications process product brief [S]. 2009.

[26] Freescale. Embedded multicore: an introduction [S]. 2009.

[27] AMD. AMD64 technology—AMD64 architecture programmer's manual volume 2: system programming [S]. 2007.

[28] AMD. AMD I/O virtualization technology (IOMMU) specification [S]. 2009.

[29] Xilinx. LogiCORE™ Endpoint PIPE v1. 7 for PCI Express® User Guide [S]. 2007.

[30] HP, Intel, Microsoft, Phoenix, Toshiba. Advanced configuration and power interface specification 4. 0

[S]. 2009.

[31] MAPDOX R A, SINGH G, SAFRANEK R J. Weaving high performance multiprocessor fabric [M]. Santa Clara: Intel Press, 2009.

[32] GARBUS E, SANKHAGOWIT P, GODSCHMIDT M, et al. Architecture for an I/O processor that integrates a PCI to PCI bridge [P]. 1999.

[33] WINKLES J. Sizing of the replay buffer in PCI express devices [OL]. http:// www. mindshare. com/files/resources/MindShare_PCIe_Elastic_Buffer. pdf. MindShare, Inc. 2003.

[34] WINKLES J. Elastic buffer implementations in PCI express devices [OL]. http:// www. mindshare. com/files/resources/MindShare_PCIe_Elastic_Buffer. pdf. MindShare, Inc. 2003.

[35] TIPLEY R E. Split transaction protocol for the peripheral component interconnect bus:5533204 [P]. 1996-07-02.

[36] James E Smith. A Study of Branch Prediction Strategies, Proceedings of the 8th Annual Symposium on Computer Architecture [J]. p. 135-148, May 12-14, 1981, Minneapolis, Minnesota, United States. 1981.

[37] T Y Yeh, Y N Patt. Alternative Implementation of Two-level Adaptive Branch Prediction [J]. Computer architecture, 1992: 124-134.

[38] Intel. The white paper of Intel® next generation nehalem microarchitecture [OL]. http://www. intel. com/technology/architecture-silicon/next-gen. 2009.

[39] VANDERWIEL S P, LILJA D J. Data prefetch mechnisms [J]. ACM computing surverys, 2002, 32(2): 26-38.

[40] JOUPPI N P. Improving direct-mapped cache performance by the addition of a small fully-associative cache and prefetch buffers [J]. Proceedings of the 17th annual international symposium on computer architecture, 1990: 364-373.

[41] LIPASTI M H, WILKERSON C B, SHEN J P. Value locality and load value prediction [J]. Proceedings of the seventh international conference on architectural support for programming Languages and operating systems, 1996: 138-147.

[42] BONOMI F, FENDICK K W. The rate-based flow control framework for available bit-rate ATM services [J]. IEEE network, 1995: 25-39.

[43] DALLY W J. Virtual-channel flow control [J]. IEEE Transcactions On Parallel and Distributed System, 1992, 3(2): 13-17.

[44] H T Kung, Robert Morris. Credit-Based Flow Control for ATM Networks [J]. IEEE Network, 1995: 40-48.

[45] KUNG H T, BLACKWELL T, CHAPMAN A. Credit-based flow control for ATM networks: credit update protocal, adaptive credit allocation, and statistical multiplexing [J]. Proceedings of the ACM SIGCOMM 1994 symposium on communications architectures, protocals, ans applications, 1994: 101-104.

[46] KUANG H T, CHAPMAN A. The FCVC(Flow-controlled Virtual Channels) Proposal for ATM Networks [S]. 1993.

[47] PAREKH A, GALLAGER R. A generalized processor sharing approach to flow control: the single node case [J]. In technical report LIDS-TR-2040, laboratory for information and decision systems, massachusetts institute of technology, 1991.

[48] PAREKH A. A generalized processor sharing approach to flow control in integrated services networks [J]. In Technical Report LIDS-TR-2089, Laboratory for Information and Decision Systems, Massachusetts Institute of Technology, 1992.

[49] KERNAMI P, KLEINROCK L. Virtual cut through: a new computer communication controller [J]. IEEE Computer Society Press, 1987: 230-234.

［50］ SHREEDHAR M, VARGHESE G. Efficient fair queueing using deficit round-robin ［J］. IEEE/ACM Transactions on Networking, 1996, 4(3): 24-32.

［51］ FERGUSON P, HUSTON G. Quality of service: delivering QoS on the internet and in corporate networks ［M］. Hoboken: John Wiley & Sons, Inc., 1998.

［52］ DALLY W J. Performance analysis of k-ary n-cube interconnection networks ［J］. IEEE Transactions on Computers, 1990, 39(6): 775-785.

［53］ REGULA J. Using PCIe in a variety of multiprocessor system configurations ［OL］. http:// www. plxtech. com/about/news/archive/articles2007. PLX Technology. 2007.

［54］ ALBERT X, FRANASZAK A. A DC-balanced, partitioned-block, 8B/10B transmission code ［J］. IBM J. RES. DEVELOP, 1983, 27(5): 362-376.

［55］ BOTTOMLEY J E J. Dynamic DMA mapping using the generic device ［OL］. http://www. kernel. org/doc/Documentation/DMA-API. txt.

［56］ HANDY J. Cache memory book ［M］. 2nd ed. Burlington: Morgan Kaufmann, 1998.

［57］ KRISHNAN V. Towards an integrated IO and clustering solution using PCI express ［J］. IEEE International Conference on Cluster Computing (CLUSTER 2007), 2007.

［58］ HUM H, GOODMAN J A. Forward state for use in cache coherency in a multiprocessor system: US6922756 ［P］. 2002-12-19.

［59］ REGULA J. Using PCIe in a variety of multiprocessor system configurations ［OL］. http:// www. embedded. com/columns/technicalinsights/196902357? _requestid=349156. 2007.

［60］ HOLDEN B. Latency comparision between hyperTransport and PCI-express in communication systems ［OL］. http:// enterprise2. and. com/Downloads/Industry/Telecommunications/Latency_Comparison_Hyper-Transport. pdf. 2006.

［61］ GOLDHAMMER A, JR J A. Understanding performance of PCI express system ［OL］. http://www. xilinx. com/support/documentation/white_papers/wp350. pdf. 2008.

［62］ SBS Implementers Forum. System management bus specification verison 2. 0 ［S］. 2000.

［63］ Application Notes from Maxim. Comparing the I^2C bus to the SMBus ［OL］. http://pdfserv. maxim-ic. com/en/an/AN476. pdf. 2000.

［64］ PLX. ExpressLane PEX 8518AA/AB/AC 5-Port/16-Lane PCI Express Switch Data Book ［S］. 2007.